Rust 程式設計 第二版
開發快速、安全的系統

Programming Rust
Fast, Safe Systems Development

Jim Blandy, Jason Orendorff,
and Leonora F. S. Tindall　著

賴屹民　譯

目錄

前言

Rust 是針對「systems programming（系統程式設計）」設計的語言。

這句話需要解釋一下，因為大多數的程式設計師都不熟悉系統程式設計，然而，它是每一項工作的基礎。

當你闔上筆電時，作業系統會察覺你的動作，暫停正在運行的所有程式，關閉螢幕，讓電腦進入睡眠狀態。當你打開筆電時，螢幕與其他組件會再次通電，每一個程式都從上次離開的地方繼續運行。我們認為這是理所當然的事情，但系統程式設計師需要使用很多程式碼來實現它。

系統程式是為這些系統而寫的：

- 作業系統
- 各種設備的驅動程式
- 檔案系統
- 資料庫
- 在很便宜的設備或必須非常可靠的設備上運行的程式
- 加密
- 媒體編解碼程式（讀取和寫入音訊、視訊和圖像檔的軟體）
- 媒體處理（例如語音辨識，或照片編輯軟體）
- 記憶體管理（例如實作垃圾回收程式（garbage collector））
- 文字算繪（將文字與字型轉換成像素）

- 實作高階語言（例如 JavaScript 與 Python）
- 網路
- 虛擬化與軟體容器
- 科學模擬
- 遊戲

簡言之，系統程式設計就是在資源有限的情況下設計程式，每一個 byte 與每一個 CPU 週期都很重要。

支援基本的 app 所需的系統程式碼多得驚人。

本書教的不是系統程式設計，事實上，這本書涵蓋許多記憶體管理細節，如果你沒有寫過系統程式，在一開始，你可能認為這些細節玄之又玄。但如果你是經驗豐富的系統程式設計師，你將發現 Rust 是一種特別的語言，它是一項新工具，可排除幾十年來困擾業界的重大問題。

誰該閱讀本書？

如果你是系統程式設計師，而且準備接受 C++ 的替代方案，這本書是為你準備的。如果你是任何程式語言的高階開發者，無論你使用 C#、Java、Python、JavaScript 或其他語言，本書也是為你寫的。

但是，光是學習 Rust 還不夠，為了充分利用這個語言，你也要累積一些系統程式設計的經驗。建議你在閱讀本書的同時，使用 Rust 來實作一些業餘系統程式設計專案，你可以寫一些你從未寫過，而且可以充分利用 Rust 的速度、並行功能與安全性的作品，上述的主題清單可提供一些靈感。

著作動機

我們想要寫當初我們學習 Rust 時希望擁有的書。我們的目標是正面迎戰最重要的 Rust 新概念，清楚且深入地介紹它們，盡量避免讀者用試誤法來學習。

導覽本書

本書的前兩章對 Rust 進行簡要介紹，第 3 章介紹基本資料型態，第 4 章與第 5 章說明所有權與參考的核心概念。我們建議你完整地依序看完前五章。

第 6 章到第 10 章介紹這個語言的基本概念：運算式（第 6 章）、錯誤處理（第 7 章）、crate 與模組（第 8 章）、結構（第 9 章），以及 enum 與模式（第 10 章）。你不一定要詳細閱讀這幾章，但相信我們，千萬不要跳過「錯誤處理」一章。

第 11 章介紹 trait 與泛型，它們是最後兩項必須知道的重要概念。trait 就像 Java 或 C# 的介面，它們也是 Rust 將你的型態整合到這種語言本身的主要手段。第 12 章說明 trait 如何支援運算子多載，第 13 章介紹更多公用 trait。

學會 trait 與泛型之後，你就可以理解本書其餘的內容了。closure 與 iterator 是不可錯過的兩項重要工具，它們分別是第 14 章與第 15 章的主題。你可以用任何順序來閱讀其餘的章節，也可以在必要時查閱它們，其餘各章探討這種語言的其他功能，包括集合（第 16 章）、字串與文本（第 17 章）、輸入與輸出（第 18 章）、並行（第 19 章）、非同步程式（第 20 章）、巨集（第 21 章）、unsafe 程式碼（第 22 章），以及呼叫其他語言的函式（第 23 章）。

本書編排方式

本書使用下列的編排方式：

斜體字（*Italic*）

    代表新術語、URL、email 地址、檔名，與副檔名。中文用楷體表示。

定寬字（`Constant width`）

    代表程式，也在文章中代表程式元素，例如變數或函式名稱、資料庫、資料類型、環境變數、陳述式，與關鍵字。

定寬粗體字（**`Constant width bold`**）

    代表應由使用者親自輸入的命令或其他文字。

定寬斜體（*`Constant width italic`*）

    這種文字應換成使用者提供的值，或由程式脈絡決定的值。

這個圖示代表一般注意事項。

使用範例程式

你可以在 *https://github.com/ProgrammingRust* 下載補充教材（範例程式碼、練習題，等等）。

本書旨在協助你完成工作。一般來說，你可以在自己的程式或文件中使用本書的程式碼而不需要聯繫出版社以取得許可，除非你更動了程式的重要部分。例如，使用這本書的程式段落來編寫程式不需要取得許可。出售或發表 O'Reilly 書籍的範例需要取得許可。引用這本書的內容與範例程式碼來回答問題不需要我們的許可。但是在產品的文件中大量使用本書的範例程式，則需要我們的授權。

我們會非常感激你在引用它們時標明出處（但不強制要求）。出處一般包含書名、作者、出版社和 ISBN。例如：「*Programming Rust, Second Edition* by Jim Blandy, Jason Orendorff, and Leonora F.S. Tindall (O'Reilly). Copyright 2021 Jim Blandy, Leonora F.S. Tindall, and Jason Orendorff, 978-1-492-05259-3.」。

如果你覺得自己使用範例程式的程度超出上述的允許範圍，歡迎隨時與我們聯繫：*permissions@oreilly.com*。

誌謝

我們的官方技術校閱為你手中的這本書做出很大的貢獻：Brian Anderson、Matt Brubeck、J. David Eisenberg、Ryan Levick、Jack Moffitt、Carol Nichols 與 Erik Nordin，還有我們的翻譯：Hidemoto Nakada（中田秀基）（日文）、Mr. Songfeng（簡中），與 Adam Bochenek 和 Krzysztof Sawka（波蘭文）。

此外還有許多非官方審稿人看了早期的草稿，並提供寶貴的回饋。我們想要感謝 Eddy Bruel、Nick Fitzgerald、Graydon Hoare、Michael Kelly、Jeffrey Lim、Jakob Olesen、Gian-Carlo Pascutto、Larry Rabinowitz、Jaroslav Šnajdr、Joe Walker 與 Yoshua Wuyts 提供深刻的見解。Jeff Walden 與 Nicolas Pierron 特別慷慨地抽出時間，幾乎審閱了整本書。如同任何偉大的程式，程式設計書籍也是在高品質的 bug 回報中茁壯成長的，感謝你們。

Mozilla 寬容地允許 Jim 與 Jason 進行這項專案,即使這項專案不是我們的正職,並且分散我們的注意力。我們感謝 Jim 與 Jason 的主管們:Dave Camp、Naveed Ihsanullah、Tom Tromey 與 Joe Walker 的支持。他們對 Mozilla 很有遠見,希望這些結果可以證明他們的信任是對的。

我們也想感謝協助完成這項專案的所有 O'Reilly 人,尤其是極富耐心的編輯 Jeff Bleiel 和 Brian MacDonald,還有採購編輯 Zan McQuade。

最重要的是,衷心感謝家人們堅定的愛、熱情和耐心。

## 第一章

系統程式設計師 也可以使用好東西

在某些情況下（例如，*Rust* 所針對的情況），比競爭對手快 *10* 倍甚至 *2* 倍是決定性因素，它決定了一個系統在市場上的命運，和硬體市場一樣。

——Graydon Hoare（*https://oreil.ly/Akgzc*）

現在的電腦都是平行的…
設計平行程式等於設計程式。

——Michael McCool 等，*Structured Parallel Programming*

民族國家的攻擊者利用 *TrueType* 解析器的缺陷來監視別人，所有軟體都是安全敏感的。

——Andy Wingo（*https://oreil.ly/7dnHr*）

本書開頭列出這三條引言是有原因的，不過，讓我們從一個謎題談起。下面的 C 程式會產生什麼？

```c
int main(int argc, char **argv) {
  unsigned long a[1];
  a[3] = 0x7ffff7b36cebUL;
  return 0;
}
```

今天早上，這段程式在 Jim 的筆電中印出：

```
undef: Error: .netrc file is readable by others.
undef: Remove password or make file unreadable by others.
```

然後崩潰了。當你在自己的電腦裡執行它時，你可能會看到不一樣的行為。為何如此？

這段程式有缺陷。陣列 a 只有一個元素長，所以根據 C 語言標準，a[3] 是一種未定義行為（*undefined behavior*）：

> 它是在使用「不可移植的，或錯誤的程式結構」或「錯誤的資料」時發生的行為，國際標準未規定此時該怎麼辦？

未定義行為不只會造成不可預測的結果，該標準明確地允許程式做任何事情。這個例子將值存入陣列的第四個元素剛好破壞了函式呼叫堆疊（call stack），因此當 main 函式 return 時，程式不會優雅地退出，而是跳到標準 C 程式庫的程式裡，從用戶的主目錄裡的檔案提取密碼。程式沒有正常地執行。

C 與 C++ 有上百條避免未定義行為的規則，這些規則大多是常識：不要存取不該存取的記憶體、別讓算術運算子溢位、不要除以零…等，但是編譯器並不強制執行這些規則，它甚至沒有義務檢查公然違規的行為。事實上，上述的程式在編譯時不會出現錯誤或警告，避免未定義行為的責任完全落在你這位程式設計師身上。

據經驗，程式設計師不會妥善地記錄它們。研究員 Peng Li 在猶他大學就學時，曾經修改 C 與 C++ 編譯器，讓它們編譯出來的程式可以回報自己是否執行了某種未定義行為。他發現，幾乎所有程式都執行了未定義行為，包括高標準且備受尊敬的專案。如果有人認為他可以在 C 與 C++ 裡避免未定義行為，那就相當於他認為只要了解下棋規則，即可贏得棋局。

偶發的奇怪訊息或崩潰也許是一種品質問題，但無意間寫出來的未定義行為向來是安全缺陷的主因之一，這種安全缺陷最早可追溯到 1988 年出現的莫里斯蠕蟲（Morris Worm），它使用上述技術的變體，透過早期的網際網路從一台電腦感染另一台電腦。

所以 C 與 C++ 讓程式設計師面臨一種尷尬的情境：這些語言是系統程式設計的業界標準，但是它們對程式員的要求，幾乎保證會持續帶來層出不窮的崩潰與資訊安全問題。我們的謎題帶來一個更大的問題：我們真的沒辦法做得更好嗎？

Rust 為你承擔重任

我們的答案可以從本書的三個引言裡找到。第三個引言是指 2010 年有一隻電腦蠕蟲入侵工業控制設備，利用未定義行為和許多其他技術來控制受害者的電腦，那個未定義行為出現在一段解析 TrueType 字體的程式裡面。可以確定的是，那段程式的作者並未想到它會被那樣子使用，這個故事告訴我們，不是只有作業系統和伺服器需要擔心安全問題，只要你的軟體需要處理不可信任的來源送來的資料，它就可能變成入侵目標。

Rust 語言給你一個簡單的承諾：只要編譯器認為你的程式沒有問題，它就沒有未定義行為。懸空指標（dangling pointer）、重複釋出（double-free）、對空指標解參考…等問題都會在編譯期抓到。陣列參考是透過編譯期與執行期檢查來保護的，所以不會出現緩衝區溢位（buffer overrun）：Rust 會產生一條錯誤訊息，並安全地退出，而不會像可悲的 C 程式那樣。

此外，Rust 的目標是用起來既安全且愉快。為了更有力地保證程式的行為，Rust 對你的程式施加了比 C 和 C++ 更多的限制，你必須透過練習與經驗來習慣這些限制。但是整體來說，這個語言比較靈活，而且更有表現力，Rust 程式及其應用領域的廣度可以證明這一點。

根據我們的經驗，「相信這個語言能夠抓到更多錯誤」可以鼓勵我們嘗試更有企圖心的專案。如果記憶體管理和指標有效性等問題可以解決，那麼修改大量、複雜程式的風險就會降低。而且，如果 bug 絕對不會破壞不相關的部分，偵錯將容易許多。

當然，Rust 無法偵測的 bug 仍然很多，但是在實務上，將未定義行為排除可以大幅改善開發品質。

平行程式設計被馴服了

在 C 與 C++ 裡面使用並行（concurrency）是出了名的困難。開發者通常只會在無法用單執行緒程式來實現性能目標時，才會轉而使用並行。但是第二句引言認為，平行化對現代電腦而言太重要了，不能視為最終手段。

事實上，在 Rust 裡面確保記憶體安全的那些限制，也保證了 Rust 程式不會出現資料爭用。你可以在執行緒之間自由地分享資料，只要它不會改變即可。會改變的資料只能使用同步基元（synchronization primitive）來操作。你可以使用所有的傳統並行工具，包括互斥鎖（mutex）、條件變數、通道（channel）、原子（atomic）…等。Rust 會檢查你有沒有正確地使用它們。

所以 Rust 是一種充分利用現代多核心電腦能力的優秀語言。除了一般的並行基元之外，Rust 生態系統也提供許多其他的程式庫，可協助你將複雜的工作負擔平均分給許多處理器、使用 Read-Copy-Update 之類的無鎖同步機制…等。

然而，Rust 仍然很快

最後要討論第一條引言。Rust 的目標與 Bjarne Stroustrup 在其論文「Abstraction and the C++ Machine Model」中敘述的 C++ 目標一致：

> 一般來說，C++ 的實作應遵守零額外開銷（*zero-overhead*）原則：用不到的東西不需要為它付出代價，甚至更進一步，用最好的程式來編寫你所使用的東西。

系統程式設計的目標通常是將機器的性能推到極限，對遊戲而言，那就是讓整台機器全力為玩家創造最棒的體驗。對網頁瀏覽器而言，瀏覽器的效率就是網頁內容的作者可發揮的上限。在機器固有的限制之內，你必須盡量把記憶體與處理器的工作重點放在內容本身。同樣的原則也適用於作業系統：kernel 必須把機器的資源留給用戶的程式使用，而不是自己耗用它們。

但是 Rust「很快」到底是什麼意思？任何通用的語言都可能寫出緩慢的程式。比較準確的說法是，如果你準備投入資源，設計出充分利用底層機器的程式，Rust 會支持你的付出。這種語言具備高效的預設機制，可讓你控制記憶體的使用情況，以及處理器應專心處理哪裡。

Rust 可促進合作

本章其實還有隱藏版的第四條引言：「系統程式設計師也可以擁有好東西。」意思是 Rust 支援程式共享與重複使用。

Rust 的程式包（package）管理器和組建工具 Cargo，可讓你輕鬆地使用別人在 Rust 的公用程式包版本庫（crates.io 網站）發表的程式庫。你只要將程式庫名稱與版本號碼加入一個檔案，Cargo 就會幫你下載程式庫，並且下載該程式庫所使用的其他程式庫，並將所有程式庫連結起來。你可以將 Cargo 視為 Rust 對 NPM 或 RubyGems 的回應，強調健全的版本管理，以及可重現的組建結果。現在有一些流行的 Rust 程式庫提供了所有東西，包括現成的序列化、HTTP 用戶端與伺服器，以及現代的圖形 API。

更進一步說，這個語言本身也是為了支援合作而設計的：Rust 的 trait 與泛型可讓你建立具備靈活介面的程式庫，讓它們可在許多不同的環境中發揮作用。Rust 的標準程式庫也提供了一組基本的核心型態，可為常見的情況建立共享的規範，讓你更容易同時使用不同的程式庫。

下一章將用幾段 Rust 小程式來具體說明本章提出的廣泛主張，並展示這個語言的優點。

## 第二章

Rust 導覽

Rust 為本書作者帶來一項挑戰：這種語言的特點並不是可用一頁來展示的神奇功能，其特點在於，它的各個部分在設計上可以順暢地合作，以滿足上一章提出來的目標——安全、高效地設計系統程式。這種語言的各個組件對其他部分而言都是最合理的安排。

所以，我們不會一次討論一種語言功能，而是用幾個完整的小例子來介紹這種語言的多種功能，這些例子的背景包括：

- 先熱身一下，用一個程式以命令列引數來進行簡單的計算，並且寫一些單元測試。這個例子將展示 Rust 的核心型態，並介紹 *trait*。

- 接下來要建構一個 web 伺服器。我們將使用第三方程式庫來處理 HTTP 的細節，並介紹字串處理、closure，以及錯誤處理。

- 第三個程式將繪製一幅漂亮的碎形（fractal）圖，將計算工作分配給多個執行緒，以提升速度。這個程式包含一個泛形函式範例，說明如何處理像素緩衝區之類的東西，並展示 Rust 的並行。

- 最後展示一個可靠的命令列工具，它可以用正規表達式來處理檔案。你將看到 Rust 標準程式庫處理檔案的工具，以及最常用的第三方正規表達式程式庫。

Rust 承諾在防止未定義行為時盡量不影響性能，這個承諾影響了系統的每個部分的設計，從標準資料結構，例如 vector（向量）與字串，到 Rust 程式使用第三方程式庫的方式。本書將詳細討論管理這些事情的細節。但現在，我們想要讓你知道 Rust 是一種能幹的、用起來很愉快的語言。

當然，你要先在電腦上安裝 Rust。

rustup 與 Cargo

安裝 Rust 的最佳做法是使用 rustup。前往 *https://rustup.rs* 並按照下面的指示來操作。

或者，你也可以到 Rust 網站（*https://oreil.ly/4Q2FB*）取得 Linux、macOS 與 Windows 的預先組建程式包。有些作業系統版本也內建了 Rust。我們比較喜歡 rustup，因為它是管理 Rust 版本的工具，就像 Ruby 的 RVM，或 Node 的 NVM。例如，當新版的 Rust 被發表時，你只要輸入 rustup update 就可以升級它。

無論如何，一旦你完成安裝，你就可以在命令列使用三個新命令：

```
$ cargo --version
cargo 1.49.0 (d00d64df9 2020-12-05)
$ rustc --version
rustc 1.49.0 (e1884a8e3 2020-12-29)
$ rustdoc --version
rustdoc 1.49.0 (e1884a8e3 2020-12-29)
```

其中的 $ 是命令列提示符號，在 Windows 上，它是 C:\> 之類的東西。在這個抄本（transcript）中，我們執行安裝好的三條命令，要求它們回報各自的版本。以下依序介紹這三個命令：

- cargo 是 Rust 的編譯管理器、程式包管理器，以及通用工具。你可以用 Cargo 來建立新專案、組建和執行程式，以及管理程式所使用的任何外部程式庫。

- rustc 是 Rust 編譯器。我們通常讓 Cargo 為我們呼叫編譯器，但有時直接執行它很有幫助。

- rustdoc 是 Rust 文件工具。如果你在原始碼裡面以格式正確的註釋來撰寫文件，rustdoc 可以用它們來建立格式正確的 HTML。如同 rustc，我們通常讓 Cargo 為我們執行 rustdoc。

為了方便，Cargo 可以為我們建立一個新 Rust 程式包，使用一些適當安排的標準參考資訊（metadata）：

```
$ cargo new hello
    Created binary (application) `hello` package
```

這個命令會建立一個名為 *hello* 的新程式包目錄，可組建一個命令列可執行檔。

我們來看一下這個程式包的最上層目錄：

```
$ cd hello
$ ls -la
total 24
drwxrwxr-x.  4 jimb jimb 4096 Sep 22 21:09 .
drwx------. 62 jimb jimb 4096 Sep 22 21:09 ..
drwxrwxr-x.  6 jimb jimb 4096 Sep 22 21:09 .git
-rw-rw-r--.  1 jimb jimb    7 Sep 22 21:09 .gitignore
-rw-rw-r--.  1 jimb jimb   88 Sep 22 21:09 Cargo.toml
drwxrwxr-x.  2 jimb jimb 4096 Sep 22 21:09 src
```

我們可以看到 Cargo 建立一個 *Cargo.toml* 檔來保存程式包的參考資訊。這個檔案目前還沒有什麼內容：

```
[package]
name = "hello"
version = "0.1.0"
edition = "2021"

# 其他索引鍵及其定義請參考：
# https://doc.rust-lang.org/cargo/reference/manifest.html

[dependencies]
```

如果我們的程式依賴其他的程式庫，我們可以將它們寫在這個檔案裡，Cargo 會負責幫我們下載、組建與更新這些程式庫。我將在第 8 章詳細討論 *Cargo.toml* 檔。

Cargo 為我們的程式包做了一項設定，讓它可以使用 git 版本控制系統，並建立了一個 *.git* 參考資訊子目錄，以及一個 *.gitignore* 檔。你可以要求 Cargo 跳過這一步，做法是在命令列執行 cargo new 時傳遞 --vcs none。

在 *src* 子目錄裡面有實際的 Rust 程式：

```
$ cd src
$ ls -l
total 4
-rw-rw-r--. 1 jimb jimb 45 Sep 22 21:09 main.rs
```

看來，Cargo 已經開始為我們編寫程式了。在 *main.rs* 檔案裡面有這段文字：

```
fn main() {
    println!("Hello, world!");
}
```

在 Rust 裡面，你甚至不需要自己撰寫「Hello, World!」程式。以上就是 Rust 程式樣板的規模：2 個檔案，共 13 行。

你可以在程式包內的任何目錄中呼叫 cargo run 命令來組建與執行程式：

```
$ cargo run
   Compiling hello v0.1.0 (/home/jimb/rust/hello)
    Finished dev [unoptimized + debuginfo] target(s) in 0.28s
     Running `/home/jimb/rust/hello/target/debug/hello`
Hello, world!
```

Cargo 呼叫 Rust 編譯器（rustc），然後執行它產生的可執行檔。Cargo 將可執行檔放在程式包最上層的 *target* 子目錄裡面：

```
$ ls -l ../target/debug
total 580
drwxrwxr-x. 2 jimb jimb    4096 Sep 22 21:37 build
drwxrwxr-x. 2 jimb jimb    4096 Sep 22 21:37 deps
drwxrwxr-x. 2 jimb jimb    4096 Sep 22 21:37 examples
-rwxrwxr-x. 1 jimb jimb 576632 Sep 22 21:37 hello
-rw-rw-r--. 1 jimb jimb    198 Sep 22 21:37 hello.d
drwxrwxr-x. 2 jimb jimb      68 Sep 22 21:37 incremental
$ ../target/debug/hello
Hello, world!
```

完成執行後，Cargo 可以幫忙清除生成的檔案：

```
$ cargo clean
$ ../target/debug/hello
bash: ../target/debug/hello: No such file or directory
```

Rust 函式

Rust 的語法被故意設計成非原創的，如果你熟悉 C、C++、Java 或 JavaScript，你應該看得懂 Rust 程式的一般結構。下面這個函式使用 Euclid 演算法來計算兩個整數的最大公因數（*https://oreil.ly/DFpyb*）。你可以將這段程式加入 *src/main.rs* 的結尾：

```
fn gcd(mut n: u64, mut m: u64) -> u64 {
    assert!(n != 0 && m != 0);
    while m != 0 {
        if m < n {
            let t = m;
            m = n;
            n = t;
        }
        m = m % n;
    }
    n
}
```

fn 關鍵字（讀成「fun」）代表接下來有一個函式。我們定義一個名為 gcd 的函式，它有兩個參數，n 與 m，兩者的型態皆為 u64，即 unsigned（無正負號）64-bit 整數。在 -> 後面的型態是回傳型態，這個函式回傳一個 u64 值。用 4 個空格來縮排是 Rust 的標準風格。

Rust 的機器整數型態名稱反映了它們的大小與符號：i32 是 signed（帶正負號）32-bit 整數，u8 是 unsigned 8-bit 整數（用於「byte」值），以此類推。isize 與 usize 型態保存指標大小的 signed 與 unsigned 整數，它們在 32-bit 平台上是 32 bits，在 64-bit 平台上是 64 bits。Rust 也有兩個浮點數型態，f32 與 f64，它們是 IEEE 單精度與雙精度浮點型態，就像 C 與 C++ 裡面的 float 與 double。

在預設情況下，一旦變數被初始化，它的值就無法改變，但是在參數 n 與 m 的前面加上 mut 關鍵字（讀成「mute」，mutable（可變）的簡寫）可讓函式的本體對它們賦值。在實務上，大多數的變數都不能賦值，在可以賦值的變數前面加上 mut 關鍵字可提醒程式的讀者。

函式的本體始於呼叫 assert! 巨集的地方，這個巨集的目的是確認兩個引數都不是零。! 字元代表它是一個巨集呼叫式，不是函式呼叫式。如同 C 和 C++ 裡面的 assert 巨集，Rust 的 assert! 會確定它的引數是 true，如果不是，它會終止程式，並提供有用的訊息，包括未通過檢查的原始碼位置，這種突然終止的情況稱為 panic（恐慌）。C 和 C++ 的斷言（assertion）是可以跳過的，但 Rust 一定會檢查斷言，無論程式如何編譯。Rust 也有一個 debug_assert! 巨集，當程式被編譯成加速版時，它的斷言會被跳過。

這個函式的核心是一個 while 迴圈，裡面有一個 if 陳述式與一個賦值。與 C 和 C++ 不同的是，Rust 的條件運算式不需要使用括號，但它們控制的陳述式需要加上大括號。

我們用 let 陳述式來宣告區域變數，例如函式中的 t。只要 Rust 可以從變數的用法推斷 t 的型態，我們就不需要寫出它的型態。在這個函式中，t 能用的型態只有 u64，與 m 和 n 的型態一樣。Rust 只會在函式主體內推斷型態，你必須寫出函式參數與回傳值的型態，如同這裡的做法。你可以這樣寫出 t 的型態：

```
let t: u64 = m;
```

Rust 有 return 陳述式，但 gcd 函式不需要它。如果函式本體的結尾是一個運算式，而且結尾沒有分號，那個運算式就是函式的回傳值。事實上，被大括號包起來的任何區域都可以當成一個運算式。例如，這是印出一條訊息，然後產生 x.cos() 作為值的運算式：

```
{
    println!("evaluating cos x");
    x.cos()
}
```

當控制流程跑到函式的結尾時，Rust 通常使用這種形式來建立函式的值，只在函式的中間提早返回時，明確地使用 return 陳述式。

編寫與執行單元測試

Rust 內建簡單的測試功能，你可以在 *src/main.rs* 的結尾加入這段程式來測試 gcd 函式：

```
#[test]
fn test_gcd() {
    assert_eq!(gcd(14, 15), 1);

    assert_eq!(gcd(2 * 3 * 5 * 11 * 17,
                   3 * 7 * 11 * 13 * 19),
              3 * 11);
}
```

我們定義一個名為 test_gcd 的函式，它呼叫 gcd，並檢查該函式是否回傳正確的值。在函式定義上面的 #[test] 代表 test_gcd 是一個測試函式，如此一來，當我們進行一般的編譯時會跳過它，但是在使用 cargo test 命令來執行程式時，會加入並自動呼叫它。我們可以在原始碼裡面到處撰寫測試函式，將它們寫在被它們檢查的程式旁邊，cargo test 會自動找到它並執行它們全部。

#[test] 標記是一種屬性（*attribute*），屬性是一種開放式系統，它用額外的資訊來標記函式和其他宣告式，很像 C++ 與 C# 的屬性，或 Java 的註解（annotation）。它們的用途是控制編譯器的警告訊息和編寫風格檢查、按條件加入程式碼（就像 C 和 C++ 的 #ifdef）、告訴 Rust 如何與其他語言的程式互動…等。我們接下來會看到更多屬性的例子。

將 gcd 與 test_gcd 的定義加入本章開頭建立的 *hello* 程式包之後，即可在程式包的子目錄中執行這個測試：

```
$ cargo test
  Compiling hello v0.1.0 (/home/jimb/rust/hello)
   Finished test [unoptimized + debuginfo] target(s) in 0.35s
    Running unittests (/home/jimb/rust/hello/target/debug/deps/hello-2375...)

running 1 test
test test_gcd ... ok

test result: ok. 1 passed; 0 failed; 0 ignored; 0 measured; 0 filtered out
```

處理命令列引數

為了讓程式接收一系列的命令列引數，並印出它們的最大公因數，我們將 main 函式放入 *src/ main.rs* 如下：

```
use std::str::FromStr;
use std::env;

fn main() {
    let mut numbers = Vec::new();

    for arg in env::args().skip(1) {
        numbers.push(u64::from_str(&arg)
                     .expect("error parsing argument"));
    }

    if numbers.len() == 0 {
        eprintln!("Usage: gcd NUMBER ...");
        std::process::exit(1);
    }

    let mut d = numbers[0];
    for m in &numbers[1..] {
        d = gcd(d, *m);
    }

    println!("The greatest common divisor of {:?} is {}",
             numbers, d);
}
```

這段程式有相當的長度，讓我們來分別講解各個部分：

```
use std::str::FromStr;
use std::env;
```

第一個 use 宣告式將標準程式庫 *trait* FromStr 加入作用域。trait 就是該型態可以實作的方法。實作了 FromStr trait 的任何型態都有 from_str 方法，可以嘗試從一個字串解析出該型態的值。u64 型態實作了 FromStr，我們將呼叫 u64::from_str 來解析命令列引數。雖然其他地方都不會使用 FromStr 這個名稱，但我們必須將 trait 加入作用域才可以使用它的方法。第 11 章會介紹 trait。

第二個 use 宣告式加入 std::env 模組，它提供一些實用的函式與型態來讓你和執行環境互動，包括 args 函式，可用來讀取程式的命令列引數。

接下來是程式的 main 函式：

```
fn main() {
```

我們的 main 函式不回傳值，所以可以省略參數後面的 -> 與回傳型態。

```
let mut numbers = Vec::new();
```

我們宣告一個可變區域變數 numbers，並將它設為空向量。Vec 是 Rust 的可擴展向量型態，相當於 C++ 的 std::vector、Python 的 list、JavaScript 的 array。雖然這種向量在設計上可以動態伸縮，但是為了讓 Rust 允許我們將數字推入它的末端，我們仍然必須將這個變數標成 mut。

numbers 的型態是 Vec<u64>，它是以 u64 值組成的向量，但是與之前一樣，我們不需要寫出這件事，Rust 會幫我們推斷出來，原因是我們推入向量的值是 u64，也因為我們將向量的元素傳給 gcd，它只接收 u64 值。

```
for arg in env::args().skip(1) {
```

我們使用 for 迴圈來處理命令列引數，依序將變數 arg 設為各個引數，並執行迴圈本體。

std::env 模組的 args 函式會回傳一個 *iterator*，iterator 是一個可以按需求產生各個引數的值，它也會在結束提示我們。iterator 在 Rust 裡面很普遍，標準程式庫還有其他的 iterator 可產生向量的元素、檔案的行、從通訊通道接收的訊息，以及可迭代的幾乎所有其他東西。Rust 的 iterator 非常有效率，編譯器通常可以將它們轉換成手寫迴圈般的程式。我們將在第 15 章展示它如何運作，並提供一些範例。

iterator 除了可以和 for 迴圈一起使用之外，也提供了大量的方法可以直接使用。例如，args 回傳的 iterator 產生的第一個值一定是我們執行的程式的名稱，我們想要跳過它，所以呼叫 iterator 的 skip 方法來產生省略了第一個值的新 iterator。

```
numbers.push(u64::from_str(&arg)
          .expect("error parsing argument"));
```

我們呼叫 u64::from_str 來將命令列引數 arg 解析成 unsigned 64-bit 整數。u64::from_st 與對著某些 u64 值呼叫的方法不同，它是與 u64 型態關聯的函式，類似 C++ 和 Java 的靜態（static）方法。from_str 函式不會直接回傳 u64，而是回傳一個 Result 值，它會指出解析成功還是失敗。Result 值有兩個 variant（變式）：

- 寫成 Ok(v) 的值，代表解析成功，v 是產生的值。

- 寫成 Err(e) 的值，代表解析失敗，e 是解釋為何錯誤的錯誤值。

只要函式做的事情可能會失敗，例如進行輸入或輸出，或是做與作業系統互動的其他事情，它都可以回傳 Result 型態，用 Ok variant 來傳送成功的結果（已轉換的 bytes 數、已打開的檔案⋯等），用 Err variant 來傳送錯誤碼，指出為何出錯。與大多數現代語言不同的是，Rust 沒有例外（exception），它用 Result 或 panic 來處理所有錯誤，第 7 章會說明這個主題。

我們使用 Result 的 expect 方法來檢查解析成功與否，如果結果是 Err(e)，expect 會印出一條訊息，裡面有 e 的敘述，並且立刻退出程式。如果結果是 Ok(v)，expect 只會回傳 v 本身，我們將它推入數字向量的結尾。

```
if numbers.len() == 0 {
    eprintln!("Usage: gcd NUMBER ...");
    std::process::exit(1);
}
```

數字空集合沒有最大公因數，所以我們先確定向量至少有一個元素，如果沒有，就退出程式，並送出一條錯誤訊息。我們使用 eprintln! 巨集來將錯誤訊息寫到標準錯誤輸出串流。

```
let mut d = numbers[0];
for m in &numbers[1..] {
    d = gcd(d, *m);
}
```

這個迴圈使用 d 作為運行值，迴圈會修改它，並用它來保存已經處理過的數字的最大公因數。同樣的，為了可在迴圈中設定 d 的值，我們必須將它標成可變。

for 迴圈有兩個奇怪的地方。首先，for m in &numbers[1..] 裡面的 & 有什麼作用？其次，在 gcd(d, *m); 裡，*m 的 * 有什麼作用？這兩個細節是相輔相成的。

目前我們的程式只處理簡單的值，例如整數，它們都被放在固定大小的記憶體區塊裡面。但接下來，我們要迭代向量了，它可能有任何大小，或許非常大。Rust 在處理這種值的時候很謹慎：它希望讓程式設計師控制記憶體的使用，明確表示每一個值的生命期，同時也要確保記憶體在用不到時立刻釋出。

所以在迭代時，我們要告訴 Rust，向量的所有權仍然屬於 numbers，我們只是借用它的元素來執行迴圈。&numbers[1..] 的 & 運算子代表借用向量第二個之後的元素的參考（reference）。for 迴圈會迭代參考的元素，讓 m 依序借用每一個元素。*m 的 * 運算子會解參考（dereference）m，產生它參考的值，那個值是接下來要傳給 gcd 的 u64。最後，因為 numbers 擁有向量，所以 Rust 會在 main 的結尾，當 numbers 離開作用域時自動釋出它。

Rust 的所有權規則與參考規則是 Rust 管理記憶體和執行安全的並行的關鍵，我們將在第 4 章與第 5 章詳細討論它們。你必須習慣這些規則才能習慣 Rust，但是在這趟入門的旅途中，你只要知道，&x 借用 x 的參考，而 *r 是 r 參考所引用的值即可。

我們繼續看這段程式：

```
println!("The greatest common divisor of {:?} is {}",
         numbers, d);
```

迭代 numbers 的元素之後，程式將結果印到標準輸出串流。println! 巨集接收一個模板字串，將模板字串裡面的 {...} 換成其餘的引數，並將結果寫到標準輸出串流。

C 和 C++ 要求 main 在程式成功結束時回傳零，在出錯時回傳非零的退出狀態，但是 Rust 假設一旦 main 返回，那就代表程式成功完成了。你必須明確地呼叫 expect 或 std::process::exit 等函式，才能在程式終止時顯示錯誤狀態碼。

cargo run 命令可將引數傳給程式，我們來嘗試一下我們的命令列處理程式：

```
$ cargo run 42 56
   Compiling hello v0.1.0 (/home/jimb/rust/hello)
    Finished dev [unoptimized + debuginfo] target(s) in 0.22s
     Running `/home/jimb/rust/hello/target/debug/hello 42 56`
The greatest common divisor of [42, 56] is 14
$ cargo run 799459 28823 27347
    Finished dev [unoptimized + debuginfo] target(s) in 0.02s
     Running `/home/jimb/rust/hello/target/debug/hello 799459 28823 27347`
The greatest common divisor of [799459, 28823, 27347] is 41
$ cargo run 83
    Finished dev [unoptimized + debuginfo] target(s) in 0.02s
     Running `/home/jimb/rust/hello/target/debug/hello 83`
The greatest common divisor of [83] is 83
$ cargo run
    Finished dev [unoptimized + debuginfo] target(s) in 0.02s
     Running `/home/jimb/rust/hello/target/debug/hello`
Usage: gcd NUMBER ...
```

我們在這一節使用 Rust 標準程式庫的一些功能。如果你想知道還有什麼功能可用，強烈建議你參考 Rust 的網路文件，它有即時搜尋功能，可讓你輕鬆地探索，甚至有原始碼的超連結。當你安裝 Rust 時，rustup 命令會在你的電腦安裝它。你可以在 Rust 網站瀏覽標準程式庫文件（*https://oreil.ly/CGsB5*），或是用下面的命令，在瀏覽器內瀏覽它：

```
$ rustup doc --std
```

提供 web 網頁

Rust 的優勢之一在於它在 crates.io 網站公布了許多免費的程式庫。你可以用 cargo 命令來讓程式使用 crates.io 程式包：它會下載正確的程式包版本、組建它，並按需求修改它。Rust 程式包稱為 *crate*，無論它是程式庫還是可執行檔；Cargo 與 crates.io 的名稱都是從這個字衍生的。

為了展示它如何運作，我們將使用 actix-web web 框架 crate、serde 序列化 crate，以及它們所使用的各種其他 crate 來建立一個簡單的 web 伺服器。如圖 2-1 所示，我們的網站會提示用戶輸入兩個數字，並計算它們的最大公因數。

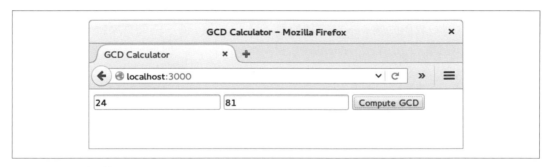

圖 2-1　供用戶計算 GCD 的網頁

首先，我們讓 Cargo 為我們建立一個新的程式包，名為 actix-gcd：

```
$ cargo new actix-gcd
    Created binary (application) `actix-gcd` package
$ cd actix-gcd
```

然後編輯新專案的 *Cargo.toml* 檔案，在裡面列出我們想要使用的程式包，其內容為：

```
[package]
name = "actix-gcd"
version = "0.1.0"
edition = "2021"

# 在這個網址有更多索引鍵和它們的定義：
# https://doc.rust-lang.org/cargo/reference/manifest.html

[dependencies]
actix-web = "1.0.8"
serde = { version = "1.0", features = ["derive"] }
```

在 *Cargo.toml* 的 [dependencies] 段落裡面的每一行都是一個 crates.io 的 crate 的名稱，以及我們想要使用的版本。在這個例子裡，我們想要使用 1.0.8 版的 actix-web crate，以及 1.0 版的 serde crate。在 crates.io 可能有更新的版本，但列出具體的版本可以確保你的程式在有新程式包問世的情況下也可以成功編譯。我們將在第 8 章詳細討論版本管理。

crate 可能有選用的功能，它們是並非所有用戶都需要的介面或實作，但適合放在該 crate 裡。serde crate 提供一種絕妙的 web 表單資料處理工具，但根據 serde 的文件，我們必須選擇 crate 的 derive 功能才能使用它，這就是為什麼我們在 *Cargo.toml* 檔案裡面那樣寫。

注意，你只要列出打算直接使用的 crate 即可，cargo 會加入這些 crate 所使用的其他 crate。

在第一個版本裡，我們先讓 web 伺服器簡單一點：它只提供一個網頁來提示用戶輸入計算用的數字。我們在 *actix-gcd/src/main.rs* 裡面加入下面的程式：

```rust
use actix_web::{web, App, HttpResponse, HttpServer};

fn main() {
    let server = HttpServer::new(|| {
        App::new()
            .route("/", web::get().to(get_index))
    });

    println!("Serving on http://localhost:3000...");
    server
        .bind("127.0.0.1:3000").expect("error binding server to address")
        .run().expect("error running server");
}

fn get_index() -> HttpResponse {
    HttpResponse::Ok()
        .content_type("text/html")
        .body(
            r#"
                <title>GCD Calculator</title>
                <form action="/gcd" method="post">
                <input type="text" name="n"/>
                <input type="text" name="m"/>
                <button type="submit">Compute GCD</button>
                </form>
            "#,
        )
}
```

我 們 先 用 use 宣 告 式 來 方 便 使 用 actix-web crate 的 一 些 定 義。 當 你 使 用
use actix_web::{...} 時，在大括號裡面的每一個名稱都可以直接在程式中使用，不需要
在每次使用時拚出全名，例如 actix_web::HttpResponse，只要以 HttpResponse 來稱呼它
即可（稍後會討論 serde crate）。

main 函式很簡單：它呼叫 HttpServer::new 來建立一個伺服器，該伺服器會回應針對單路
徑 "/" 的請求，印出一個訊息來提醒我們如何連接它，然後讓它監聽本地機器的 TCP 埠
3000。

我們傳給 HttpServer::new 的引數是 Rust *closure* 運算式 || { App::new() ... }。closure
就是可以當成函式來呼叫的值。這個 closure 不接收引數，如果 closure 接收引數，引數的
名稱要放在豎線 || 之間。{ ... } 是 closure 的本體。當我們啟動伺服器時，Actix 會啟
動一個執行緒池來處理被傳入的請求。每一個執行緒都會呼叫 closure 來取得一個最新的
App 值，用它來確定如何轉傳與處理請求。

這個 closure 呼叫 App::new 來建立一個新的、空的 App，然後呼叫它的 route 方法來為
路徑 "/" 加入一個路由。我們提供給該路由的處理程式 web::get().to(get_index) 呼叫
get_index 函式來服務 HTTP GET 請求。route 方法會回傳呼叫它時的 App，並加入新的路
由。因為 closure 本體的結尾沒有分號，所以 App 是 closure 的回傳值，可讓 HttpServer 執
行緒使用。

get_index 函 式 建 立 一 個 HttpResponse 值， 代 表 針 對 HTTP GET / 請 求 的 回 應。
HttpResponse::Ok() 代 表 HTTP 200 OK 狀 態， 表 示 請 求 成 功 了。 我 們 呼 叫 它 的
content_type 與 body 方 法 來 填 入 回 應 的 細 節， 這 兩 次 呼 叫 都 會 回 傳 它 們 處 理 的
HttpResponse 以及所做的修改。最後，body 的回傳值就是 get_index 的回傳值。

因為回應文字裡面有許多雙引號，所以我們使用 Rust 的「原始字串」語法來編寫它，也
就是字母 r 加上零個以上的 # 字元，加上一個雙引號，然後加上字串的內容，最後加上另
一個雙引號，以及同樣數量的 # 字元。在原始字串裡面的任何字元都不會被轉義（強制轉
型），包括雙引號，事實上，像 \" 這種轉義序列都不被承認。我們可以在引號的前後使用
更多的 # 來確保字串在我們想要的地方結束。

寫好 *main.rs* 之後，我們可以使用 cargo run 命令來安排所有事情，讓它可以執行：抓取
crate、編譯它們、組建我們自己的程式、連結所有東西，然後開始執行它：

```
$ cargo run
    Updating crates.io index
 Downloading crates ...
  Downloaded serde v1.0.100
```

```
   Downloaded actix-web v1.0.8
   Downloaded serde_derive v1.0.100
...
  Compiling serde_json v1.0.40
  Compiling actix-router v0.1.5
  Compiling actix-http v0.2.10
  Compiling awc v0.2.7
  Compiling actix-web v1.0.8
  Compiling gcd v0.1.0 (/home/jimb/rust/actix-gcd)
   Finished dev [unoptimized + debuginfo] target(s) in 1m 24s
    Running `/home/jimb/rust/actix-gcd/target/debug/actix-gcd`
Serving on http://localhost:3000...
```

此時，你可以在瀏覽器內前往指定的 URL，查看之前展示的網頁。

目前按下 Compute GCD 不會發生任何事情，只會讓瀏覽器前往一個空白的網頁。接下來我們要在 App 裡面加入另一個路由，用它來處理來自表單的 POST 請求。

現在終於要使用我們在 *Cargo.toml* 檔案裡面指定的 serde crate 了，它提供了方便的工具來協助處理表單資料。首先，在 *src/main.rs* 的最上面加入下面的 use 指令：

```
use serde::Deserialize;
```

Rust 程式設計師通常會將所有的 use 宣告放在檔案的最上面，但你不一定要這樣做，Rust允許你用任何順序放置宣告式，只要它們出現在適當的嵌套層級裡面即可。

接下來，我們定義一個 Rust 結構型態，用來代表我們期望從表單收到的值：

```
#[derive(Deserialize)]
struct GcdParameters {
    n: u64,
    m: u64,
}
```

它定義了一個名為 GcdParameters 的新型態，裡面有兩個欄位，n 與 m，兩者皆為 u64，也就是 gcd 函式期望收到的引數型態。

在 struct 定義上面的註解是一個屬性，類似我們用來標記 test 函式的 #[test] 屬性。在型態定義式上面加一個 #[derive(Deserialize)] 屬性就是要求 serde crate 在編譯程式時檢查型態，並自動產生程式碼，從 HTML 表單在 POST 請求中使用的格式的資料解析出這種型態的值。事實上，這個屬性可以讓你從幾乎任何一種結構化資料解析出 GcdParameters值，包括 JSON、YAML、TOML 或其他文字與二進制格式的數字。serde crate 也提供一個 Serialize 屬性可產生反方向操作的程式碼，將 Rust 值轉換成結構化的格式。

完成這個定義之後,寫出處理函式就很簡單了:

```
fn post_gcd(form: web::Form<GcdParameters>) -> HttpResponse {
    if form.n == 0 || form.m == 0 {
        return HttpResponse::BadRequest()
            .content_type("text/html")
            .body("Computing the GCD with zero is boring.");
    }

    let response =
        format!("The greatest common divisor of the numbers {} and {} \
                 is <b>{}</b>\n",
                form.n, form.m, gcd(form.n, form.m));

    HttpResponse::Ok()
        .content_type("text/html")
        .body(response)
}
```

若要將函式當成 Actix 請求的處理函式來使用,該函式的引數型態必須是 Actix 知道如何從 HTTP 請求中提取的型態。我們的 post_gcd 函式有一個引數,form,它的型態是 web::Form<GcdParameters>。Actix 知道如何從 HTTP 請求提取任何 web::Form<T> 型態的值,若且唯若 T 可以從 HTML 表單 POST 資料反序列化出來。因為我們在 GcdParameters 型態定義的上面加上 #[derive(Deserialize)] 屬性,所以 Actix 可以從表單資料將它反序列化出來,所以請求處理函式可以期望接收 web::Form<GcdParameters> 參數值。這些型態與函式之間的關係都是在編譯期確定的,如果你的處理函式使用 Actix 不知道如何處理的引數型態,Rust 編譯器會立刻讓你知道錯誤。

看看 post_gcd 內部,這個函式先在參數為零的情況下回傳一個 HTTP 400 BAD REQUEST 錯誤,因為我們的 gcd 函式會在這種情況下 panic。然後,它使用 format! 巨集來建立請求的回應。format! 巨集很像 println! 巨集,但是它不是將文字寫到標準輸出,而是以字串回傳它。當它取得回應的文字之後,post_gcd 會將它包在 HTTP 200 OK 回應裡面,設定它的內容型態,並回傳它,以傳給傳送方。

我們也必須註冊 post_gcd 成為表單的處理函式。我們將 main 函式改成這個版本:

```
fn main() {
    let server = HttpServer::new(|| {
        App::new()
            .route("/", web::get().to(get_index))
            .route("/gcd", web::post().to(post_gcd))
    });
```

```
    println!("Serving on http://localhost:3000...");
    server
        .bind("127.0.0.1:3000").expect("error binding server to address")
        .run().expect("error running server");
}
```

它唯一修改的地方只是加入另一個 route 呼叫,建立 web::post().to(post_gcd) 作為 "/gcd" 路徑的處理函式。

最後一個元素是我們寫過的 gcd,我們將它放在 *actix-gcd/src/main.rs* 檔案內。完成之後,中斷正在運行的任何伺服器,並重新組建和啟動程式:

```
$ cargo run
   Compiling actix-gcd v0.1.0 (/home/jimb/rust/actix-gcd)
    Finished dev [unoptimized + debuginfo] target(s) in 0.0 secs
     Running `target/debug/actix-gcd`
Serving on http://localhost:3000...
```

當你前往 *http://localhost:3000* 並輸入一些數字,然後按下 Compute GCD 按鈕之後,你會看到一些結果(圖 2-2)。

圖 2-2　展示 GCD 計算結果的網頁

並行

Rust 最大的好處之一是它支援並行程式設計。「確保 Rust 沒有記憶體錯誤」的那一套規則,也能確保「執行緒在共用記憶體時,不會造成資料爭用」,例如:

- 如果你使用互斥鎖來協調執行緒對一個共享的資料結構進行修改,Rust 會確保你只能在持有鎖的情況下操作資料,並且在完成工作時自動打開鎖。在 C 與 C++ 裡面,互斥鎖與它保護的資料之間的關係只用註釋來說明。

- 如果你想要讓幾個執行緒共用唯讀資料，Rust 會確保資料不會被不小心修改。在 C 與 C++ 裡，雖然型態系統可以幫助你，但很容易出錯。

- 如果你將一個資料結構的所有權從一個執行緒交給另一個執行緒，Rust 會確保你放棄了針對它的所有操作。在 C 與 C++ 裡面，你必須確認發送的執行緒不會再次接觸資料。沒有處理好這件事的後果取決於處理器的快取裡面有什麼東西，以及你最近對記憶體做了多少次寫入。

在這一節，我們將帶領你寫出你的第二個多執行緒程式。

你已經寫出第一個了，你用來實作 Greatest Common Divisor 伺服器的 Actix web 框架使用了執行緒來執行請求處理函式。如果伺服器同時收到多個請求，它可能會在多個執行緒裡面同時執行 get_form 與 post_gcd 函式。也許你有點驚訝，因為我們寫這些函式時，沒有考慮到並行。但是 Rust 保證這樣做是安全的，無論你的伺服器多麼精密：如果你的程式可以編譯，它就不會出現資料爭用。所有的 Rust 函式都是執行緒安全的。

這一節的程式將繪製 Mandelbrot 集合，這種集合是藉著反覆執行一個簡單的複數函數而產生的碎形。繪製 Mandelbrot 集合通常稱為 *embarrassingly parallel* 演算法，因為執行緒之間的溝通模式非常簡單，第 19 章會介紹更複雜的模式，這個程式的目的，只是為了展示一些基本要素。

我們先建立一個新的 Rust 專案：

```
$ cargo new mandelbrot
     Created binary (application) `mandelbrot` package
$ cd mandelbrot
```

所有的程式都會寫在 *mandelbrot/src/main.rs* 裡面，我們會在 *mandelbrot/Cargo.toml* 裡面加入一些依賴項目。

在討論並行 Mandelbrot 實作之前，我們先來介紹即將執行的計算。

Mandelbrot 集合是什麼

在閱讀程式之前，我們應該先了解程式想做的事情，所以我們來簡單地探討一下純數學。我們會從一個簡單的例子看起，然後加入複雜的細節，最後說明 Mandelbrot 集合的核心計算。

下面是一個無窮迴圈，使用 loop 陳述式，這是 Rust 專門為無窮迴圈設計的語法：

```
fn square_loop(mut x: f64) {
    loop {
        x = x * x;
    }
}
```

實際上，Rust 會發現我們沒有使用 x 來做任何事情，所以不會計算它的值。不過，我們先假設程式會按照編寫的方式執行。x 的值會變怎樣？小於 1 的數字的平方值會變小，所以它會接近零；1 的平方是 1；大於 1 的平方會變大，所以它會接近無限大；負數的平方是正數，接下來的行為與大於 1 一樣（圖 2-3）。

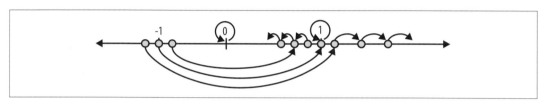

圖 2-3　反覆計算一個數字的平方的效果

所以根據你傳給 square_loop 的值，x 可能維持 0 或 1、接近 0，或接近無限大。

我們來看一個稍微不同的迴圈：

```
fn square_add_loop(c: f64) {
    let mut x = 0.;
    loop {
        x = x * x + c;
    }
}
```

這一次，x 最初是 0，我們調整它的增加幅度，在每次迭代時，在計算它的平方之後加上 c。這讓我們比較難知道 x 如何變化，但做一些實驗可以知道，如果 c 大於 0.25 或小於 –2.0，那麼 x 最終會變成無限大，否則，它會停留在零附近。

接下來，我們不使用 f64 值，而是使用複數來執行同一個迴圈。crates.io 的 num crate 有複數型態可以使用，我們必須在程式的 *Cargo.toml* 檔案內的 [dependencies] 區域中，加入一行關於 num 的設定。下面是整個檔案目前的狀況（稍後會加入更多）：

```
[package]
name = "mandelbrot"
version = "0.1.0"
edition = "2021"
```

```
# 在這個網址有更多索引鍵和它們的定義:
# https://doc.rust-lang.org/cargo/reference/manifest.html

[dependencies]
num = "0.4"
```

現在我們可以撰寫倒數第二個迴圈版本了:

```
use num::Complex;

fn complex_square_add_loop(c: Complex<f64>) {
    let mut z = Complex { re: 0.0, im: 0.0 };
    loop {
        z = z * z + c;
    }
}
```

根據慣例,我們用 z 來代表複數,所以我們改變迴圈變數的名稱。運算式 Complex { re: 0.0, im: 0.0 } 就是使用 num crate 的 Complex 型態來表示的複數零。Complex 是 Rust 結構型態(或 *struct*),它的定義是:

```
struct Complex<T> {
    /// 複數的實數部分
    re: T,

    /// 複數的虛數部分
    im: T,
}
```

上面的程式定義了一個名為 Complex 的 struct,它有兩個欄位,re 與 im。Complex 是一個泛型結構:你可以將型態名稱後面的 <T> 視為「對任何型態 T 而言」。例如,Complex<f64> 是 re 與 im 欄位為 f64 值的複數,Complex<f32> 使用 32-bit 複數,以此類推。根據這個定義,運算式 Complex { re: 0.24, im: 0.3 } 會產生一個 Complex 值,其 re 欄位的初始值是 0.24,im 欄位的初始值是 0.3。

num crate 用 *、+ 與其他算術運算子來處理 Complex 值,所以函式其餘部分的運作方式類似之前的版本,只不過它處理的是複數平面上的點,而非只是沿著實數線的點。我們將在第 12 章解釋如何用 Rust 的運算子來處理你自己的型態。

最後,我們終於到達純數學之旅的目的地了。Mandelbrot 集合的定義是:讓 z 不會趨近無限大的 c 複數集合。最原始的平方迴圈可以預測:大於 1 或小於 −1 的數字都會趨近無限大。在每次迭代時加上 + c 比較難預測一些:如前所述,大於 0.25 或小於 −2 的 c 值都會讓 z 趨近無限大。使用複數可以產生奇幻的美麗圖案,我們要畫出它。

因為複數 c 有實數與虛數 c.re 與 c.im，我們將它們視為卡氏平面的 x 與 y 座標，並且在 c 屬於 Mandelbrot 集合時，用黑色來顯示該點，否則用較淺的顏色來顯示它。所以，在繪製圖像的每一個像素時，我們要用上述的迴圈來處理它在複數平面上的對映點，看看它會趨近無限大，還是永遠繞著原點，並據此幫它標上顏色。

無窮迴圈需要花一點時間執行，但是沒耐心的人可以採取兩個技巧。第一種，放棄永遠執行迴圈，只嘗試有限的迭代次數，事實上，這種做法仍然可以產生一個不錯的近似集合，需要迭代的次數取決於你想要將邊界畫得多精確。第二種，如果 z 曾經離開以圓點為中心、半徑為 2 的圓，它最終一定會飛往離原點無限遠的地方。下面是最後一個迴圈版本，也是程式的核心：

```rust
use num::Complex;

/// 試著使用有限的迭代來確定 `c`
/// 是否屬於 Mandelbrot 集合。
///
/// 若 `c` 不是成員，則回傳 `Some(i)`，其中 `i` 是讓 `c`
/// 離開以原點為中心、半徑為 2 的圓所需的
/// 迭代次數。若 `c` 似乎是成員（更精確地說，
/// 若迭代次數到達上限，卻無法證明 `c` 不是成員），
/// 則回傳 `None`。
fn escape_time(c: Complex<f64>, limit: usize) -> Option<usize> {
    let mut z = Complex { re: 0.0, im: 0.0 };
    for i in 0..limit {
        if z.norm_sqr() > 4.0 {
            return Some(i);
        }
        z = z * z + c;
    }

    None
}
```

這個函式接收一個複數 c（我們要檢查它是否屬於 Mandelbrot 集合），以及一個迭代次數上限，迭代至該次數時，我們就放棄，並宣告 c 可能是成員。

這個函式的回傳值是 Option<usize>。Rust 的標準程式庫是這樣定義 Option 型態的：

```rust
enum Option<T> {
    None,
    Some(T),
}
```

Option 是一種列舉型態（*enumerated type*），通常稱為 *enum*，因為它的定義列出這種型態的值可能有哪些 variant：對任何型態 T 而言，型態 Option<T> 的值可能是 Some(v)，其中的 v 是 T 型態的值，也可能是 None，代表沒有 T 值。如同之前討論的 Complex 型態，Option 是一種泛型型態，你可以使用 Option<T> 來代表你喜歡的任何 T 型態的可選值。

在例子裡，escape_time 回傳 Option<usize> 來指出 c 是否屬於 Mandelbrot 集合，以及當它不屬於集合時，迭代多久才發現這件事。如果 c 不屬於集合，escape_time 會回傳 Some(i)，其中的 i 是 z 離開半徑為 2 的圓的迭代次數。否則，c 顯然屬於集合，escape_time 回傳 None。

```
    for i in 0..limit {
```

之前的範例用 for 迴圈來迭代命令列引數與向量元素，這個 for 迴圈只迭代從 0 到（但不含）limit 的整數範圍。

z.norm_sqr() 方法回傳 z 與原點的距離的平方。為了確定 z 是否離開半徑 2 的圓，我們直接拿平方距離與 4.0 做比較，而不是計算平方根，因為這種做法比較快。

你可以看到，我們在函式定義上面使用 /// 來標記註釋，位於 Complex 結構成員上面的註解也是以 /// 開頭的。它們是文件註釋（*documentation comments*），rustdoc 公用程式知道如何解析它們以及它們所描述的程式碼，以產生線上文件。Rust 標準程式庫的文件就是用這種格式來撰寫的。我們將在第 8 章說明文件註釋。

程式其餘的部分負責決定以何種解析度來繪製集合的哪個部分，以及將工作分配給多個執行緒來提升計算速度。

解析成對的命令列引數

這個程式接收幾個命令列引數，這些引數的用途是控制圖像解析度，以及要在圖像中顯示 Mandelbrot 集合的哪個部分。因為這些命令列引數都使用共同的形式，所以我們用這個函式來解析它們：

```
use std::str::FromStr;

/// 將字串 `s` 視為成對的座標來解析，例如 `"400x600"` 或 `"1.0,0.5"`。
///
/// 具體來說，`s` 的格式是 <left><sep><right>，
/// 其中的 <sep> 是 `separator` 引數提供的字元，
/// <left> 與 <right> 是可用 `T::from_str` 來解析的字串。
/// `separator` 一定是 ASCII 字元。
///
```

```
/// 如果 `s` 的格式正確,回傳 `Some<(x, y)>`。
/// 如果它無法正確解析,回傳 `None`。
fn parse_pair<T: FromStr>(s: &str, separator: char) -> Option<(T, T)> {
    match s.find(separator) {
        None => None,
        Some(index) => {
            match (T::from_str(&s[..index]), T::from_str(&s[index + 1..])) {
                (Ok(l), Ok(r)) => Some((l, r)),
                _ => None
            }
        }
    }
}

#[test]
fn test_parse_pair() {
    assert_eq!(parse_pair::<i32>("",          ','), None);
    assert_eq!(parse_pair::<i32>("10,",       ','), None);
    assert_eq!(parse_pair::<i32>(",10",       ','), None);
    assert_eq!(parse_pair::<i32>("10,20",     ','), Some((10, 20)));
    assert_eq!(parse_pair::<i32>("10,20xy", ','), None);
    assert_eq!(parse_pair::<f64>("0.5x",      'x'), None);
    assert_eq!(parse_pair::<f64>("0.5x1.5", 'x'), Some((0.5, 1.5)));
}
```

parse_pair 的定義是一個泛型函式:

```
fn parse_pair<T: FromStr>(s: &str, separator: char) -> Option<(T, T)> {
```

你可以將 <T: FromStr> 視為「對任何實作了 FromStr trait 的 T 型態而言…」,它實質上一次定義一系列的函式:parse_pair::<i32> 是用來解析成對的 i32 值的函式,parse_pair::<f64> 是解析成對的浮點值的函式,以此類推。它很像 C++ 的函式模板(function template)。Rust 程式設計師將 T 稱為 parse_pair 的型態參數(*type parameter*)。當你使用泛型函式時,Rust 通常可以為你推斷型態參數,你不需要像測試程式這樣將它們寫出來。

我們的回傳型態是 Option<(T, T)>,這個值要嘛是 None,要嘛是 Some((v1, v2)) 值,其中的 (v1, v2) 是個包含兩個值的 tuple,那兩個值的型態都是 T。parse_pair 函式沒有明確地使用 return 陳述式,所以它回傳本體內的最後一個(也是唯一的)運算式的值:

```
match s.find(separator) {
    None => None,
    Some(index) => {
        ...
```

```
        }
    }
```

String 型態的 find 方法會在字串裡面尋找符合 separator 的字元。如果 find 回傳 None，代表字串裡面沒有分隔字元，所以整個 match 運算式的結果是 None，代表解析失敗。否則，index 就是分隔字元在字串內的位置。

```
match (T::from_str(&s[..index]), T::from_str(&s[index + 1..])) {
    (Ok(l), Ok(r)) => Some((l, r)),
    _ => None
}
```

這段程式展示了 match 運算式的威力。match 的引數是這個 tuple 運算式：

```
(T::from_str(&s[..index]), T::from_str(&s[index + 1..]))
```

運算式 &s[..index] 與 &s[index + 1..] 是字串 slice（片段），它們分別位於分隔字元的前面與後面。型態參數 T 的 from_str 函式接收它們，並且試著將它們解析為 T 型態的值，產生以結果組成的 tuple。我們比對它：

```
(Ok(l), Ok(r)) => Some((l, r)),
```

當 tuple 的兩個元素都是 Result 型態的 Ok variant 時，這個模式才會相符，代表兩個元素都成功解析了。若是如此，Some((l, r)) 是比對運算式的值，所以它是函式的回傳值。

```
_ => None
```

萬用模式 _ 可匹配任何東西，並忽略它的值。如果程式執行到這裡，代表 parse_pair 失敗了，所以將結果設為 None，同樣提供函式的回傳值。

完成 parse_pair 之後，我們可以寫一個函式來解析一對浮點數座標，並且用 Complex<f64> 值來回傳它們：

```
/// 解析一對以逗號分隔的
/// 浮點數複數。
fn parse_complex(s: &str) -> Option<Complex<f64>> {
    match parse_pair(s, ',') {
        Some((re, im)) => Some(Complex { re, im }),
        None => None
    }
}

#[test]
fn test_parse_complex() {
    assert_eq!(parse_complex("1.25,-0.0625"),
```

```
                Some(Complex { re: 1.25, im: -0.0625 }));
        assert_eq!(parse_complex(",-0.0625"), None);
    }
```

parse_complex 函式呼叫 parse_pair，如果座標可以成功解析，則建立一個 Complex 值。

仔細閱讀這段程式可以看到，我們使用一個簡寫來建構 Complex 值。將 struct 欄位的初始值設成同名變數很常見，所以 Rust 可以讓你寫成 Complex { re, im } 即可，不會強迫你寫出 Complex { re: re, im: im }。這種做法來自 JavaScript 與 Haskell 的類似寫法。

將像素對映至複數

我們的程式要處理兩個相關的座標空間，在輸出圖像裡面的每一個像素都對映複數平面的一個點。這兩個空間之間的關係取決於要繪製的是 Mandelbrot 集合的哪個部分，以及圖像的解析度，它們都是用命令列引數來設定的。下面的函式可將圖像空間轉換成複數空間：

```
/// 根據輸出圖像的像素在哪一列與哪一行，
/// 回傳它在複數平面上的對映點。
///
/// `bounds` 是一對數字，它們是圖像的像素寬與高。
/// `pixel` 是一對 ( 行 , 列 )，代表在該圖像的特定像素。
/// `upper_left` 與 `lower_right` 參數是複數平面上的一點，
/// 代表圖像覆蓋的區域。
fn pixel_to_point(bounds: (usize, usize),
                  pixel: (usize, usize),
                  upper_left: Complex<f64>,
                  lower_right: Complex<f64>)
    -> Complex<f64>
{
    let (width, height) = (lower_right.re - upper_left.re,
                           upper_left.im - lower_right.im);
    Complex {
        re: upper_left.re + pixel.0 as f64 * width  / bounds.0 as f64,
        im: upper_left.im - pixel.1 as f64 * height / bounds.1 as f64
        // 為什麼要使用減法？因為當我們往下移時，pixel.1 會增加，
        // 但是當我們往上移時，虛數部分會增加。
    }
}

#[test]
fn test_pixel_to_point() {
    assert_eq!(pixel_to_point((100, 200), (25, 175),
                              Complex { re: -1.0, im:  1.0 },
```

```
                                Complex { re:  1.0, im: -1.0 }),
                    Complex { re: -0.5, im: -0.75 });
    }
```

圖 2-4 是 `pixel_to_point` 執行的計算。

`pixel_to_point` 的程式只進行計算,所以我們不詳細解釋。但是,有幾點必須特別說明。這個運算式是在引用 tuple 的元素:

```
    pixel.0
```

它是指 tuple `pixel` 的第一個元素。

```
    pixel.0 as f64
```

這是 Rust 的型態轉換語法:將 `pixel.0` 轉換成 f64 值。與 C 和 C++ 不同的是,Rust 通常拒絕隱性轉換數字型態,你必須明確地寫出你想要做的轉換,雖然這種做法很麻煩,但說明「你要做哪些轉換」以及「什麼時候轉換」有驚人的助益。雖然隱性轉換看似人畜無害,但是回顧歷史,它們經常成為 C 與 C++ 程式的 bug 和安全漏洞的根源。

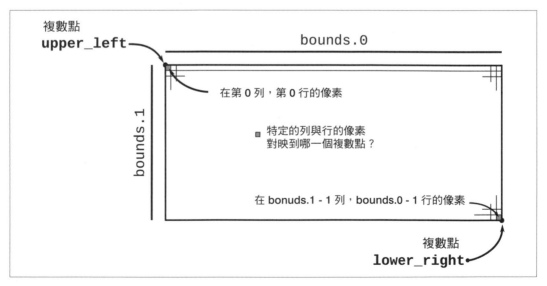

圖 2-4　複數平面與圖像像素之間的關係

畫出集合

為了畫出 Mandelbrot 集合,我們用 escape_time 來計算每一個圖像像素對映在複數平面的哪一點,並且根據結果來為像素上色:

```
/// 將一個矩形的 Mandelbrot 集合算繪成一個像素緩衝區。
///
/// `bounds` 引數是 `pixels` 緩衝區的寬與高,
/// 它保存每個 byte 的灰階像素。`upper_left` 與 `lower_right`
/// 引數指定像素緩衝區的左上角與右下角
/// 對映到複數平面的哪兩個點。
fn render(pixels: &mut [u8],
          bounds: (usize, usize),
          upper_left: Complex<f64>,
          lower_right: Complex<f64>)
{
    assert!(pixels.len() == bounds.0 * bounds.1);

    for row in 0..bounds.1 {
        for column in 0..bounds.0 {
            let point = pixel_to_point(bounds, (column, row),
                                       upper_left, lower_right);
            pixels[row * bounds.0 + column] =
                match escape_time(point, 255) {
                    None => 0,
                    Some(count) => 255 - count as u8
                };
        }
    }
}
```

你應該非常熟悉這段程式了。

```
pixels[row * bounds.0 + column] =
    match escape_time(point, 255) {
        None => 0,
        Some(count) => 255 - count as u8
    };
```

如果 escape_time 說 point 屬於集合,render 就會將對映的像素設為黑色(0),否則,render 會將花較多時間離開圓的數字設成較深的顏色。

寫入圖像檔

image crate 有許多函式可以讀取和寫入各種圖像格式,並且提供一些基本的圖像操作函式。它有一個 PNG 圖像檔格式的編碼器,我們的程式用它來儲存最終結果。為了使用 image,請在 *Cargo.toml* 的 [dependencies] 區域加入這一行:

```
image = "0.13.0"
```

完成後,你可以這樣寫:

```
use image::ColorType;
use image::png::PNGEncoder;
use std::fs::File;

/// 將緩衝區 `pixels` (它的維度是以 `bounds` 提供的) 寫入
/// 名為 `filename` 的檔案
fn write_image(filename: &str, pixels: &[u8], bounds: (usize, usize))
    -> Result<(), std::io::Error>
{
    let output = File::create(filename)?;

    let encoder = PNGEncoder::new(output);
    encoder.encode(pixels,
                   bounds.0 as u32, bounds.1 as u32,
                   ColorType::Gray(8))?;

    Ok(())
}
```

這個函式的工作很簡單,它會打開一個檔案,並試著將圖像寫入。我們將 pixels 的實際像素資料,以及它的寬與高 bounds 傳給編碼器,並用最後一個引數指示如何解讀 pixels 裡面的 bytes。ColorType::Gray(8) 值代表各個 byte 都是一個 8 位元的灰階值。

這些程式都很簡單,這個函式有趣的地方在於出錯時的做法。當你遇到錯誤時,你必須將錯誤回報給呼叫方。如前所述,在 Rust 裡面,可能失敗的函式要回傳一個 Result 值,成功時,它是 Ok(s),其中的 s 是成功值,失敗時,它是 Err(e),其中的 e 是錯誤碼。那麼,write_image 的成功與失敗型態是什麼?

如果一切順利,我們的 write_image 函式會將所有東西寫入檔案,沒有實用的值可回傳,所以它的成功型態是單元(*unit*)型態 (),這個名稱的由來是它只有一個值,另一個原因是它寫成 ()。單元型態類似 C 與 C++ 的 void。

出現錯誤時，其原因可能是 File::create 無法建立檔案，或是 encoder.encode 無法將圖像寫入，I/O 操作會回傳一個錯誤碼。File::create 的回傳型態是 Result<std::fs::File, std::io::Error>，encoder.encode 的回傳型態是 Result<(), std::io::Error>，所以兩者有相同的錯誤型態，std::io::Error。所以讓 write_image 函式採取相同的做法是合理的。無論如何，失敗應立刻返回，並傳遞 std::io::Error 值來說明為何出錯。

為了妥善地處理 File::create 的結果，我們必須比對它的回傳值，像這樣：

```
let output = match File::create(filename) {
    Ok(f) => f,
    Err(e) => {
        return Err(e);
    }
};
```

如果成功，我們將 output 設為 OK 值附帶的 File。如果失敗，我們將錯誤傳給呼叫方。

因為這種 match 陳述式在 Rust 裡面太常見了，所以 Rust 語言提供 ? 作為整段程式的簡寫。所以，你不需要在每次做一件可能失敗的事情時都明確地寫出這個邏輯，只要使用下面這個等效的、更容易辨認的陳述式即可：

```
let output = File::create(filename)?;
```

如果 File::create 失敗，? 運算子會從 write_image 返回，並傳遞錯誤，否則，在 output 裡面會有成功打開的 File。

 初學者經常在 main 函式裡錯誤地使用 ?。因為 main 本身不回傳值，所以這種寫法是無效的，你必須使用 match 陳述式，或是 unwrap 與 expect 等簡寫方法。你也可以直接修改 main 來回傳 Result，稍後會說明做法。

並行的 Mandelbrot 程式

完成所有元素之後，接下來終於要展示 main 函式了，我們要在裡面使用並行。首先，這是非並行的版本：

```
use std::env;

fn main() {
    let args: Vec<String> = env::args().collect();

    if args.len() != 5 {
        eprintln!("Usage: {} FILE PIXELS UPPERLEFT LOWERRIGHT",
```

```
                args[0]);
        eprintln!("Example: {} mandel.png 1000x750 -1.20,0.35 -1,0.20",
                args[0]);
        std::process::exit(1);
    }

    let bounds = parse_pair(&args[2], 'x')
        .expect("error parsing image dimensions");
    let upper_left = parse_complex(&args[3])
        .expect("error parsing upper left corner point");
    let lower_right = parse_complex(&args[4])
        .expect("error parsing lower right corner point");

    let mut pixels = vec![0; bounds.0 * bounds.1];

    render(&mut pixels, bounds, upper_left, lower_right);

    write_image(&args[1], &pixels, bounds)
        .expect("error writing PNG file");
}
```

將命令列引數全部放入 String 向量之後,我們解析每一個引數,然後開始計算。

```
    let mut pixels = vec![0; bounds.0 * bounds.1];
```

巨集呼叫式 vec![v; n] 會建立一個 n 個元素長的向量,並將元素初始值都設為 v,所以上述的程式會建立一個以零組成的向量,其長度為 bounds.0 * bounds.1,bounds 是從命令列解析來的圖像解析度。我們將這個向量當成以 1 byte 灰階像素值組成的長方形陣列,如圖 2-5 所示。

接下來要注意這一行:

```
    render(&mut pixels, bounds, upper_left, lower_right);
```

它呼叫 render 函式來實際計算圖像。運算式 &mut pixels 借用一個指向像素緩衝區的可變參考,雖然 pixels 仍然是向量的所有權人,但 render 可以將算出來的灰階值填入。其餘的引數傳遞圖像的維度,以及我們選擇繪製的矩形複數平面。

```
    write_image(&args[1], &pixels, bounds)
        .expect("error writing PNG file");
```

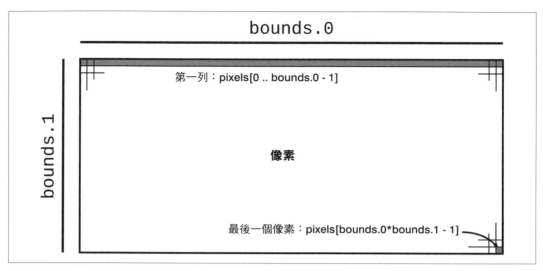

圖 2-5　將向量當成像素的矩形陣列來使用

最後，我們將像素緩衝區寫入磁碟，成為一個 PNG 檔。在這個例子裡，我們將一個共享的（不可變的）參考傳給緩衝區，因為 write_image 不需要修改緩衝區的內容。

我們用 release 模式來組建並執行程式，這種模式會進行許多強大的編譯器優化，幾秒之後，它會將一幅漂亮的圖像寫至 *mandel.png* 檔：

```
$ cargo build --release
    Updating crates.io index
   Compiling autocfg v1.0.1
   ...
   Compiling image v0.13.0
   Compiling mandelbrot v0.1.0 ($RUSTBOOK/mandelbrot)
    Finished release [optimized] target(s) in 25.36s
$ time target/release/mandelbrot mandel.png 4000x3000 -1.20,0.35 -1,0.20
real    0m4.678s
user    0m4.661s
sys     0m0.008s
```

這個命令會建立一個名為 *mandel.png* 的檔案，你可以用看圖程式或瀏覽器來觀察它。一切順利的話，它會像圖 2-6。

在上一個抄本裡面，我們使用 Unix 的 time 程式來分析程式的執行時間，它總共花了 5 秒來執行圖像每個像素的 Mandelbrot 計算。幾乎所有現代電腦都有多個處理器核心，但是這個程式只用了一個核心。如果我們可以將工作分配給電腦可提供的所有計算資源，完成圖像的速度應該會快很多。

圖 2-6　執行平行 Mandelbrot 程式的結果

為此，我們要將圖像分成幾個部分，讓每一個處理器負責一個部分，為它該部分的像素上色。為了簡單起見，我們將它拆成橫條，如圖 2-7 所示。我們會在所有處理器都完成工作時，將像素寫入磁碟。

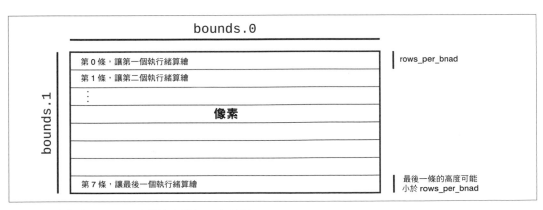

圖 2-7　將像素緩衝區分成橫條來進行平行算繪

crossbeam crate 有一些好用的並行工具，包括我們需要的 *scoped* 執行緒工具。你要在 *Cargo.toml* 檔裡面加入下面這一行才能使用它：

```
crossbeam = "0.8"
```

然後將呼叫 render 的那行程式換成下面的程式：

```
let threads = 8;
let rows_per_band = bounds.1 / threads + 1;

{
    let bands: Vec<&mut [u8]> =
        pixels.chunks_mut(rows_per_band * bounds.0).collect();
    crossbeam::scope(|spawner| {
        for (i, band) in bands.into_iter().enumerate() {
            let top = rows_per_band * i;
            let height = band.len() / bounds.0;
            let band_bounds = (bounds.0, height);
            let band_upper_left =
                pixel_to_point(bounds, (0, top), upper_left, lower_right);
            let band_lower_right =
                pixel_to_point(bounds, (bounds.0, top + height),
                                upper_left, lower_right);

            spawner.spawn(move |_| {
                render(band, band_bounds, band_upper_left, band_lower_right);
            });
        }
    }).unwrap();
}
```

我們來逐步講解這段程式：

```
let threads = 8;
let rows_per_band = bounds.1 / threads + 1;
```

我們使用 8 個執行緒 [1]。然後計算每一個橫條有幾列像素。列數採無條件進位，以確保即使圖像的高度不是 threads 的倍數，橫條也可以覆蓋整張圖像。

```
let bands: Vec<&mut [u8]> =
    pixels.chunks_mut(rows_per_band * bounds.0).collect();
```

我們將像素緩衝區分成橫條。緩衝區的 chunks_mut 方法會回傳一個 iterator，這個 iterator 會產生可變的（mutable）、不重疊的緩衝區 slice，每一個 slice 都包含 rows_per_band * bounds.0 像素，也就是完整的 rows_per_band 列像素。chunks_mut 產生的最後一個 slice 的列數可能比較少，但是每一列都包含相同數量的像素。最後，iterator 的 collect 方法建立一個向量，裡面有這些可變的、不重疊的 slice。

現在我們可以使用 crossbeam 程式庫了：

1　num_cpus crate 有一個函式可以回傳當前系統可提供的 CPU 數量。

```
crossbeam::scope(|spawner| {
    ...
}).unwrap();
```

引數 |spawner| { ... } 是 Rust closure，這個 closure 接收一個引數，spawner。注意，與使用 fn 來宣告的函式不同的是，我們不需要宣告 closure 引數的型態，Rust 會推斷它們，也會推斷 closure 的回傳型態。在這個例子裡，crossbeam::scope 呼叫 closure，用 spawner 引數傳遞一個值，讓 closure 用來建立新執行緒。crossbeam::scope 函式會等待所有的執行緒都完成執行，再 return 它自己，這可讓 Rust 確保這些執行緒在離開作用域之後不會再操作它的像素，並且讓我們確保當 crossbeam::scope return 時，圖像的計算就完成了。若一切順利，crossbeam::scope 會回傳 Ok(())，但是如果我們生產的任何執行緒 panic，它會回傳 Err。我們對著 Result 呼叫 unwrap，所以，萬一發現這種情況時，我們也會panic，用戶會收到報告。

```
for (i, band) in bands.into_iter().enumerate() {
```

我們在這裡迭代像素緩衝區的橫條。into_iter() iterator 會讓每一次迴圈本體迭代獨占一個橫條，確保每次只有一個執行緒可以對它進行寫入。我們會在第 5 章詳細解釋它是如何工作的。然後，enumerate 改造方法（adapter）產生 tuple，裡面有每一個向量元素及其索引。

```
let top = rows_per_band * i;
let height = band.len() / bounds.0;
let band_bounds = (bounds.0, height);
let band_upper_left =
    pixel_to_point(bounds, (0, top), upper_left, lower_right);
let band_lower_right =
    pixel_to_point(bounds, (bounds.0, top + height),
                    upper_left, lower_right);
```

取得索引與橫條的實際大小之後（最後一個可能比其他的短），我們製作 render 需要的邊界框，但每一個框都只限於緩衝區的該橫條，不是整張圖像。我們再次利用算繪程式的 pixel_to_point 函式來尋找橫條在複數平面上的左上角與右下角。

```
spawner.spawn(move |_| {
    render(band, band_bounds, band_upper_left, band_lower_right);
});
```

最後，我們建立一個執行緒來執行 closure move |_| { ... }。開頭的 move 關鍵字指出這個 closure 擁有它使用的變數的所有權，只有這個 closure 可以使用可變的 slice 橫條。引數列 |_| 代表這個 closure 接收一個引數，它不使用它（它是用來製作嵌套的執行緒的另一個執行緒生產器）。

如前所述，crossbeam::scope 呼叫式會確保執行緒都在 return 前會完成，也就是說，將圖像存入檔案是安全的，我們的下一個動作就是存入檔案。

執行 Mandelbrot 繪製程式

我們在這個程式中用了幾個外部的 crate，我們用 num 來進行複數算術，用 image 來寫入 PNG 檔，用 crossbeam 來建立 scoped 執行緒。下面是包含所有依賴項目的最終 *Cargo. toml* 檔：

```
[package]
name = "mandelbrot"
version = "0.1.0"
edition = "2021"

[dependencies]
num = "0.4"
image = "0.13"
crossbeam = "0.8"
```

接下來，我們要組建並執行程式：

```
$ cargo build --release
    Updating crates.io index
  Compiling crossbeam-queue v0.3.2
  Compiling crossbeam v0.8.1
  Compiling mandelbrot v0.1.0 ($RUSTBOOK/mandelbrot)
    Finished release [optimized] target(s) in #.## secs
$ time target/release/mandelbrot mandel.png 4000x3000 -1.20,0.35 -1,0.20
real    0m1.436s
user    0m4.922s
sys     0m0.011s
```

我們再次使用 time 來確認程式的執行時間，注意，雖然這次仍然花了將近 5 秒的處理器時間，但是實際經過的時間只有大約 1.5 秒。你可以將寫入圖像檔的程式碼改成註釋，再測量一遍，以驗證做這件事的時間。在筆電測試這段程式時，並行版本可將 Mandelbrot 計算時間縮短將近 4 倍。我們將在第 19 章介紹如何在這個基礎上進行實質性的改善。

同樣地，這段程式會建立一個名為 *mandel.png* 的檔案。使用這個更快的版本時，你只要改變命令列引數就可以輕鬆地探索 Mandelbrot 了。

安全是看不到的

最終的並行程式與使用其他語言寫出來的程式沒有本質上的不同：我們將像素緩衝區的各個部分分給幾個處理器，讓每個處理器分別處理各自的部分，並在它們全部完成時顯示結果。那麼，Rust 提供的並行有什麼特別之處？

我們並未展示我們無法寫出來的 Rust 程式。本章的程式可以正確地將緩衝區分給執行緒，但許多不同的寫法都無法做到這一點（因此會產生資料爭用），那些寫法都無法通過 Rust 編譯器的靜態檢查。雖然 C 或 C++ 編譯器可以幫你研究可能有資料爭用的程式，但是 Rust 會在可能出錯的情況下預先告訴你。

在第 4 章和第 5 章，我們將介紹 Rust 的記憶體安全規則，並解釋這些規則如何確保適當的並行衛生。

檔案系統與命令列工具

Rust 已經在命令列工具領域找到一個重要的利基了，作為一種現代、安全且快速的系統程式設計語言，Rust 提供一組工具來讓程式設計師製作成熟的命令列介面，以複製或擴展既有工具的功能。例如，bat 命令提供一種具備語法突顯功能的 cat 替代方案，且支援分頁工具。而 hyperfine 可以自動測量能用命令或流水線（pipeline）來執行的任何東西的性能。

雖然有些複雜的事情超出了本書的討論範圍，但 Rust 可讓你輕鬆地摸索人體工學（ergonomic）命令列 app 的世界。本節將展示如何建構你自己的「搜尋 / 替代」工具，並讓它具備彩色的輸出與友善的錯誤訊息。

我們先建立一個新的 Rust 專案：

```
$ cargo new quickreplace
    Created binary (application) `quickreplace` package
$ cd quickreplace
```

我們的程式需要兩個其他的 crate：用 text-colorizer 在終端機建立彩色輸出，用 regex 來進行實際的搜尋和替代。與之前一樣，我們將這些 crate 放入 *Cargo.toml* 來告訴 cargo 我們需要它們：

```
[package]
name = "quickreplace"
version = "0.1.0"
edition = "2021"
```

```
# 在這個網址有更多索引鍵和它們的定義：
# https://doc.rust-lang.org/cargo/reference/manifest.html

[dependencies]
text-colorizer = "1"
regex = "1"
```

這些 1.0 版的 Rust crate 都遵守「語義版本控制（semantic versioning）」規則：除非 major 版本號碼 1 改變，否則新版本必須是以前版本的相容擴展版本。所以如果我們用某個 crate 的 1.2 版來測試程式，我們的程式應該可以繼續使用第 1.3、1.4…等版本，但是 2.0 版可能引入不相容的改變。當我們在 *Cargo.toml* 檔案裡面只請求版本 "1" 的 crate 時，Cargo 會使用該 crate 2.0 版之前的最新版本。

命令列介面

這個程式的介面很簡單。它有四個引數：一個你想搜尋的字串（或正規表達式），一個取代它的字串（或正規表達式），輸入檔案的名稱，以及輸出檔案的名稱。最初的 *main.rs* 檔有一個包含這些引數的 struct：

```
#[derive(Debug)]
struct Arguments {
    target: String,
    replacement: String,
    filename: String,
    output: String,
}
```

#[derive(Debug)] 屬性要求編譯器產生額外的程式，來讓我們使用 println! 裡面的 {:?} 來將 Arguments struct 格式化。

如果用戶輸入錯誤數量的引數，它必須印出簡單的說明，解釋如何使用程式。我們將用一個名為 print_usage 的簡單函式來做這件事，並匯入 text-colorizer 的所有東西，以便加入一些顏色：

```
use text_colorizer::*;

fn print_usage() {
    eprintln!("{} - change occurrences of one string into another",
              "quickreplace".green());
    eprintln!("Usage: quickreplace <target> <replacement> <INPUT> <OUTPUT>");
}
```

在字串常值的後面加上 .green() 就可以將字串包在適當的 ANSI 轉義碼裡面，在終端模擬器將它顯示成綠色。然後該字串會被插入其餘的訊息再印出。

現在我們可以收集和處理程式的引數了：

```
use std::env;

fn parse_args() -> Arguments {

    let args: Vec<String> = env::args().skip(1).collect();

    if args.len() != 4 {
        print_usage();
        eprintln!("{} wrong number of arguments: expected 4, got {}.",
            "Error:".red().bold(), args.len());
        std::process::exit(1);
    }

    Arguments {
        target: args[0].clone(),
        replacement: args[1].clone(),
        filename: args[2].clone(),
        output: args[3].clone()
    }
}
```

我們使用之前的範例用過的 args iterator 來取得用戶輸入的引數，.skip(1) 會跳過 iterator 的第一個值（程式名稱），所以最終只會得到命令列引數。

collect() 方法會產生引數的 Vec。我們接著檢查數量是否正確，若不正確，則印出訊息，顯示錯誤碼並退出。我們同樣為部分訊息上色，並使用 .bold() 來加粗文字。如果引數的數量正確，我們將它放入 Arguments struct，並回傳它。

接下來，我們加入 main 函式，在裡面呼叫 parse_args 並印出結果：

```
fn main() {
    let args = parse_args();
    println!("{:?}", args);
}
```

此時，我們可以執行程式，看著它印出正確的錯誤訊息：

```
$ cargo run
 Updating crates.io index
Compiling libc v0.2.82
Compiling lazy_static v1.4.0
```

```
Compiling memchr v2.3.4
Compiling regex-syntax v0.6.22
Compiling thread_local v1.1.0
Compiling aho-corasick v0.7.15
Compiling atty v0.2.14
Compiling text-colorizer v1.0.0
Compiling regex v1.4.3
Compiling quickreplace v0.1.0 (/home/jimb/quickreplace)
Finished dev [unoptimized + debuginfo] target(s) in 6.98s
Running `target/debug/quickreplace`
quickreplace - change occurrences of one string into another
Usage: quickreplace <target> <replacement> <INPUT> <OUTPUT>
Error: wrong number of arguments: expected 4, got 0
```

當你將一些引數傳給程式時，它會印出 Arguments struct：

```
$ cargo run "find" "replace" file output
    Finished dev [unoptimized + debuginfo] target(s) in 0.01s
     Running `target/debug/quickreplace find replace file output`
Arguments { target: "find", replacement: "replace", filename: "file", output: "output" }
```

這是很好的開始！程式正確地接收引數，並將它們放入 Arguments struct 的正確部分。

讀取與寫入檔案

接下來，我們要從檔案系統取得資料，並在處理完成時將資料寫回。雖然 Rust 已經有一組可靠的輸入和輸出工具了，但標準程式庫的設計師知道讀取和寫入檔案很常見，所以他們貼心地讓那些工具更方便使用。我們只要匯入 std::fs 模組就可以使用 read_to_string 與 write 函式了：

```
use std::fs;
```

std::fs::read_to_string 回傳一個 Result<String, std::io::Error>。如果函式成功，它會產生一個 String，如果失敗，它會產生 std::io::Error，也就是標準程式庫用來表示 I/O 問題的型態。std::fs::write 同樣回傳 Result<(), std::io::Error>，在成功時不回傳任何東西，在出錯時回傳一些錯誤細節。

```
fn main() {
    let args = parse_args();

    let data = match fs::read_to_string(&args.filename) {
        Ok(v) => v,
        Err(e) => {
            eprintln!("{} failed to read from file '{}': {:?}",
```

```
                        "Error:".red().bold(), args.filename, e);
            std::process::exit(1);
        }
    };

    match fs::write(&args.output, &data) {
        Ok(_) => {},
        Err(e) => {
            eprintln!("{} failed to write to file '{}': {:?}",
                "Error:".red().bold(), args.filename, e);
            std::process::exit(1);
        }
    };
}
```

我們使用之前寫好的 `parse_args()` 函式,並將產生的檔名傳給 `read_to_string` 與 `write`。處理函式輸出的 `match` 陳述式會優雅地處理錯誤、印出檔名、錯誤的原因,以及使用一些顏色來吸引用戶的注意力。

改好 `main` 函式之後,執行程式可以看到,新檔案與舊檔案的內容是完全一樣的:

```
$ cargo run "find" "replace" Cargo.toml Copy.toml
   Compiling quickreplace v0.1.0 (/home/jimb/rust/quickreplace)
    Finished dev [unoptimized + debuginfo] target(s) in 0.01s
     Running `target/debug/quickreplace find replace Cargo.toml Copy.toml`
```

這段程式的確讀取輸入檔 *Cargo.toml*,也的確寫至輸出檔 *Copy.toml*,但是因為我們還沒有寫好任何尋找與替換的程式,所以輸出沒有任何不同。我們可以執行 `diff` 命令來確認這件事,它找不到任何差異:

```
$ diff Cargo.toml Copy.toml
```

尋找與替代

這個程式的最後一步是實作實際的功能:尋找與替代。我們將使用 regex crate,它可以編譯和執行正規表達式,它提供一個稱為 `Regex` 的 struct,代表編譯過的正規表達式。`Regex` 有一個 `replace_all` 方法,顧名思義,它可以在字串裡面尋找符合正規表達式的所有實例,並將它們都換成指定的替代字串。我們可以將這個邏輯寫成一個函式:

```
use regex::Regex;
fn replace(target: &str, replacement: &str, text: &str)
    -> Result<String, regex::Error>
{
    let regex = Regex::new(target)?;
```

```
    Ok(regex.replace_all(text, replacement).to_string())
}
```

注意這個函式的回傳型態。如同我們用過的標準程式庫函式，replace 回傳 Result，但這一次它有一個 regex crate 提供的錯誤型態。

Regex::new 會編譯用戶提供的 regex，並在收到無效的字串時失敗。我們在 Mandelbrot 程式裡面使用 ? 來進行短路，以防 Regex::new 失敗，但是這個函式回傳一個 regex crate 專用的錯誤型態。當 regex 可以編譯時，它的 replace_all 方法會將文本中符合的字串都換成指定的替代字串。

如果 replace_all 找到符合的字串，它會將符合的字串換成我們提供的文字，並回傳一個新的 String，否則，replace_all 會回傳一個指向原始文本的指標，避免進行沒必要的記憶體配置與複製。但是，在這種情況下，我們一定希望有一個獨立的複本，所以在這兩種情況下，我們都使用 to_string 方法來取得一個 String，並將那個字串包在 Result::Ok 裡面回傳，如同其他函式的做法。

接下來要在 main 程式裡面使用新函式：

```
fn main() {
    let args = parse_args();

    let data = match fs::read_to_string(&args.filename) {
        Ok(v) => v,
        Err(e) => {
            eprintln!("{} failed to read from file '{}': {:?}",
                "Error:".red().bold(), args.filename, e);
            std::process::exit(1);
        }
    };

    let replaced_data = match replace(&args.target, &args.replacement, &data) {
        Ok(v) => v,
        Err(e) => {
            eprintln!("{} failed to replace text: {:?}",
                "Error:".red().bold(), e);
            std::process::exit(1);
        }
    };

    match fs::write(&args.output, &replaced_data) {
        Ok(v) => v,
        Err(e) => {
            eprintln!("{} failed to write to file '{}': {:?}",
```

```
                "Error:".red().bold(), args.filename, e);
            std::process::exit(1);
        }
    };
}
```

進行最終的修改之後,我們可以測試寫好的程式了:

```
$ echo "Hello, world" > test.txt
$ cargo run "world" "Rust" test.txt test-modified.txt
   Compiling quickreplace v0.1.0 (/home/jimb/rust/quickreplace)
    Finished dev [unoptimized + debuginfo] target(s) in 0.88s
     Running `target/debug/quickreplace world Rust test.txt test-modified.txt`

$ cat test-modified.txt
Hello, Rust
```

錯誤處理機制也寫好了,它可以優雅地報告錯誤:

```
$ cargo run "[[a-z]" "0" test.txt test-modified.txt
    Finished dev [unoptimized + debuginfo] target(s) in 0.01s
     Running `target/debug/quickreplace '[[a-z]' 0 test.txt test-modified.txt`
Error: failed to replace text: Syntax(
~~~~~~~~~~~~~~~~~~~~~~~~~~~~~~~~~~~~~~~~~~~~~~~~~~~~~~~~~~~~~~~~~~~~~~~~
regex parse error:
    [[a-z]
    ^
error: unclosed character class
~~~~~~~~~~~~~~~~~~~~~~~~~~~~~~~~~~~~~~~~~~~~~~~~~~~~~~~~~~~~~~~~~~~~~~~~
)
```

雖然這個簡單的範例還缺少許多功能,但它介紹了一些基本知識,告訴你如何讀取和寫入檔案,傳遞與顯示錯誤,以及為輸出上色,以改善用戶在終端機上的體驗。

接下來的章節將探索更先進的 app 開發技術,包括資料集合、使用 iterator 來進行泛函設計、使用非同步設計技術來執行高效率的並行。但在那之前,我們要先在下一章打下紮實的基礎,學習 Rust 的基本資料型態。

## 第三章

基本型態

世界上有琳瑯滿目的書是很正常的事情，因為世界上有各種不同的人，
每一個人都想要看不一樣的東西。

—Lemony Snicket

在很大程度上，Rust 語言是圍繞著型態設計的。Rust 可以提供高性能程式碼的原因來自它可以讓開發者選擇最適當的資料表示法，在簡單性和成本之間取得正確的平衡。Rust 的記憶體與執行緒安全保證也依靠型態系統的健全性，Rust 的彈性則來自它的泛型型態和trait。

本章介紹 Rust 用來表示值的基本型態，這些原始碼等級的型態都有具體的機器等級對映物，它們的成本和性能都是可預測的。雖然 Rust 不保證它能完全按你的要求來表示一樣東西，但除非偏離你的要求是一種可靠的改善，否則它不會這樣做。

與 JavaScript 或 Python 等動態定型語言相比，Rust 要求你在前期進行更多規劃，你必須寫出函式引數與回傳值、struct 欄位，以及一些其他結構的型態。但是，Rust 有兩項功能讓這些工作比你想像的還要簡單：

• Rust 的型態推斷機制可以根據你定義的型態來為你推斷其餘大部分的程式碼。在實務上，有些變數或運算式只適合一種型態，若是如此，Rust 允許你省略型態。例如，你可以在函式中寫出每一個型態：

```
fn build_vector() -> Vec<i16> {
    let mut v: Vec<i16> = Vec::<i16>::new();
    v.push(10i16);
    v.push(20i16);
    v
}
```

但是這種寫法既凌亂且多餘。從函式的回傳型態來看，v 一定是 Vec<i16>，也就是 16-bit 帶正負號整數向量，不可能是其他型態。由此可見，向量的元素一定都是 i16。這就是可以利用 Rust 的型態推斷機制的情況，所以程式可以改寫成：

```rust
fn build_vector() -> Vec<i16> {
    let mut v = Vec::new();
    v.push(10);
    v.push(20);
    v
}
```

這兩個定義完全等效，Rust 會幫它們產生相同的機器碼。型態推斷讓動態定型語言更容易閱讀，也可以在編譯時抓到型態錯誤。

- 函式可以是泛型的，也就是單一函式可以處理許多不同型態的值。

在 Python 和 JavaScript 中，所有函式都是以這種方式工作的，只要一個值具備函式需要的屬性和方法，函式就可以操作那個值（這種特性通常稱為鴨子定型（*duck typing*）：只要牠的叫聲像鴨子，它就是鴨子）。但是，正是這種靈活性讓這些語言難以及早診測錯誤，這種錯誤通常只能透過測試抓到。Rust 的泛型函式讓它具備一定的靈活性，又可以在編譯期抓到所有型態錯誤。

儘管泛型函式有靈活性，但它們與非泛型函式一樣高效。例如，「為所有整數寫一個泛型的 sum 函式」的性能不亞於「為各種整數分別撰寫一個函式」。我們將在第 11 章詳細討論泛型函式。

本章接下來將由下而上討論 Rust 的型態，我們從簡單的數字型態開始看起，例如整數與浮點數，然後討論保存更多資料的型態：box、tuple、陣列（array）與字串。

表 3-1 是你會在 Rust 裡看到的各種型態，它展示了 Rust 的基本型態、標準程式庫的一些常見的型態，以及一些用戶定義型態的範例。

表 3-1　Rust 的型態範例

型態	說明	值
i8, i16, i32, i64, i128, u8, u16, u32, u64, u128	特定位元寬度的帶正負號與無正負號整數。	42, -5i8, 0x400u16, 0o100i16, 20_922_789_888_000u64, b'*' (u8 byte literal)
isize, usize	帶正負號與無正負號整數，大小與機器的位址相同（32 或 64 bits）	137, -0b0101_0010isize, 0xffff_fc00usize

型態	說明	值
f32, f64	IEEE 浮點數，單精度與雙精度	1.61803, 3.14f32, 6.0221e23f64
bool	布林	true, false
char	Unicode 字元，32 bits 寬	'*', '\n', '字', '\x7f', '\u{CA0}'
(char, u8, i32)	tuple：允許混用型態	('%', 0x7f, -1)
()	"Unit"（空 tuple）	()
struct S { x: f32, y: f32 }	具名欄位 struct	S { x: 120.0, y: 209.0 }
struct T (i32, char);	類 tuple 的 struct	T(120, 'X')
struct E;	類 Unit 的 struct，沒有欄位	E
enum Attend { OnTime, Late(u32) }	列舉，代數資料型態	Attend::Late(5), Attend::OnTime
Box<Attend>	Box，擁有 heap 值指標	Box::new(Late(15))
&i32, &mut i32	共享且可變的參考：無所有權指標，生命期不得超過它們的參考對象	&s.y, &mut v
String	UTF-8 字串，動態大小	"ラーメン：ramen".to_string()
&str	str 的參考：指向 UTF-8 文本的無所有權指標	"そば：soba", &s[0..12]
[f64; 4], [u8; 256]	陣列，固定長度，所有元素的型態相同	[1.0, 0.0, 0.0, 1.0], [b' '; 256]
Vec<f64>	向量，可變長度，所有元素的型態相同	vec![0.367, 2.718, 7.389]
&[u8],&mut [u8]	slice 的參考：參考陣列或向量的一個部分，包含指標與長度	&v[10..20], &mut a[..]
Option<&str>	選用值：不是 None（不存在）就是 Some(v)（存在，值為 v）	Some("Dr."), None
Result<u64, Error>	可能失敗的操作的結果：不是成功值 Ok(v) 就是失敗值 Err(e)	Ok(4096), Err(Error::last_os_error())
&dyn Any, &mut dyn Read	trait 物件：指向「實作了一套特定的方法的任何值」的參考	value as &dyn Any, &mut file as &mut dyn Read
fn(&str) -> bool	函式指標	str::is_empty
（closure 型態沒有字面形式）	closure	|a, b| { a*a + b*b }

本章會討論表中的多數型態,除了以下這些:

- 我們會用一章來介紹 struct 型態,第 9 章。

- 我們會用一章來介紹列舉型態,第 10 章。

- 我們會在第 11 章介紹 trait 物件。

- 我們會在這一章介紹 String 與 &str 的要點,在第 17 章更詳細地介紹它們。

- 我們會在第 14 章介紹函式與 closure 型態。

定寬數字型態

Rust 型態系統的基礎是一系列的定寬數字型態,之所以選擇這些型態是為了配合絕大多數現代處理器的硬體所實作的型態。

定寬數字型態可能溢位或失去精度,但是它們對大多數的 app 而言已經夠用了,而且可能比任意精度整數和精確的有理數還要快好幾千倍。如果你需要這種數字表示形式,你可以使用 num crate。

Rust 的數字型態名稱採取一種規律的模式,這種模式會說明它們的 bits 寬,以及它們使用的表示法(表 3-2)。

表 3-2　Rust 數字型態

大小(bits)	無正負號整數	帶正負號整數	浮點數
8	u8	i8	
16	u16	i16	
32	u32	i32	f32
64	u64	i64	f64
128	u128	i128	
機器 word	usize	isize	

機器 *word* 是執行程式的電腦的位址的大小,可能是 32 或 64 bits。

整數型態

Rust 的無正負號整數型態使用它的全部範圍來表示正值與零(表 3-3)。

表 3-3　Rust 的無正負號整數型態

型態	範圍
u8	0 至 2^8–1（0 至 255）
u16	0 至 2^{16}–1（0 至 65,535）
u32	0 至 2^{32}–1（0 至 4,294,967,295）
u64	0 至 2^{64}–1（0 至 18,446,744,073,709,551,615, 或 18 quintillion）
u128	0 至 2^{128}–1（0 至大約 3.4×10^{38}）
usize	0 至 2^{32}–1 或 2^{64}–1

Rust 的帶正負號整數型態使用「二的補數」表示法，它使用和對映的無正負號型態一樣的位元模式來涵蓋一個範圍的正值與負值（表 3-4）。

表 3-4　Rust 的帶正負號整數型態

型態	範圍
i8	-2^7 至 2^7–1（–128 至 127）
i16	-2^{15} 至 2^{15}–1（–32,768 至 32,767）
i32	-2^{31} 至 2^{31}–1（–2,147,483,648 至 2,147,483,647）
i64	-2^{63} 至 2^{63}–1（–9,223,372,036,854,775,808 至 9,223,372,036,854,775,807）
i128	-2^{127} 至 2^{127}–1（大約 -1.7×10^{38} 至 $+1.7 \times 10^{38}$）
isize	-2^{31} 至 2^{31}–1，或 -2^{63} 至 2^{63}–1

Rust 使用 u8 型態來表示 byte 值。例如，從某個二進制檔或端點讀取資料都會取得一連串的 u8 值。

與 C 和 C++ 不同的是，Rust 以不同的方式看待字元與數字型態：char 不是 u8，也不是 u32（儘管它有 32 bits 長）。我們將在第 61 頁的「字元」討論 Rust 的 char 型態。

usize 與 isize 相當於 C 與 C++ 的 size_t 與 ptrdiff_t。它們的精度與目標機器上的位址空間大小一樣，它們在 32-bit 架構上面是 32 bits 長，在 64-bit 架構上是 64 bits 長。Rust 的陣列索引必須使用 usize 值。Rust 通常也使用 usize 型態來表示陣列或向量的大小，或表示某個資料結構裡面的元素數量。

Rust 的整數常值可以加上後綴詞來指出它的型態：42u8 是 u8 值，1729isize 是 isize。如果整數常值沒有型態後綴詞，Rust 會延後確定它的型態，直到可用該值的用法來判斷它的型態為止，例如該值被儲存至特定型態的變數、被傳給接收特定型態的函式、與另一個特定型態的值進行比較⋯諸如此類的事情。如果型態有多種可能，Rust 預設使用 i32（如果 i32 是其中一種可能型態的話），否則，Rust 會將這種不確定性視為一項錯誤，並回報它。

前綴詞 0x、0o 與 0b 代表十六進制、八進制與二進制常值。

為了讓長數字更容易辨認，你可以在數字之間插入底線，例如，你可以將最大的 u32 值寫成 4_294_967_295。底線的確切位置並不重要，所以你可以將十六進制或二進制數字分成每四個字一組，而不是三個，例如 0xffff_ffff，或是將後綴詞與數字分開，例如127_u8。表 3-5 是一些整數常值的範例。

表 3-5　整數常值範例

常值	型態	十進制值
116i8	i8	116
0xcafeu32	u32	51966
0b0010_1010	根據推斷	42
0o106	根據推斷	70

雖然數字型態與 char 型態不同，但 Rust 提供了 *byte* 常值，它是表示 u8 值的類字元（character-like）常值：b'X' 代表字元 X 的 ASCII 碼的 u8 值。例如，因為 A 的 ASCII 碼是 65，所以常值 b'A' 和 65u8 是完全等效的。只有 ASCII 字元可以出現在 byte 常值裡面。

有些字元不能直接放在單引號後面，因為這會造成語法上的歧義，或難以閱讀。表 3-6 列出的字元只能採取替代寫法來撰寫，這種寫法的開頭是反斜線。

表 3-6　需要使用替代寫法的字元

字元	byte 常值	等效的數字
單引號，'	b'\''	39u8
反斜線，\	b'\\'	92u8
換行	b'\n'	10u8
歸位字元	b'\r'	13u8
Tab	b'\t'	9u8

如果字元難以閱讀或撰寫，你可以將它們寫成十六進制的代碼。像 `b'\xHH'` 這種格式的 byte 常值（其中的 HH 是任何雙位數十六進制數字）代表值為 HH 的 byte。例如，你可以將 ASCII 的「escape」控制字元寫成 byte 常值 `b'\x1b'`，因為「escape」的 ASCII 碼是 27，即十六進制的 1B。因為 byte 常值是 u8 值的另一種表示法，所以你必須想一下使用數字常值是否比較容易了解，例如，除非你想要強調一個值是 ASCII 碼，否則就不要使用 `b'\x1b'` 來取代 27。

你可以使用 as 運算子來將一個整數型態轉換成另一個。我們將在第 153 頁的「轉義」介紹轉換的動作，這裡先展示一些範例：

```
assert_eq!(   10_i8  as u16,    10_u16); // 在範圍內
assert_eq!( 2525_u16 as i16,  2525_i16); // 在範圍內

assert_eq!(   -1_i16 as i32,    -1_i32); // 符號擴展
assert_eq!(65535_u16 as i32, 65535_i32); // 零擴展

// 超出目的值範圍的轉換
// 會產生相當於原始的 modulo 2^N 的值，
// 其中的 N 是目的值的 bit 寬。
// 這種情況有時稱為 "truncation"。
assert_eq!( 1000_i16 as  u8,    232_u8);
assert_eq!(65535_u32 as i16,    -1_i16);

assert_eq!(   -1_i8  as  u8,    255_u8);
assert_eq!(  255_u8  as  i8,    -1_i8);
```

標準程式庫提供一些整數運算方法，例如：

```
assert_eq!(2_u16.pow(4), 16);            // 指數
assert_eq!((-4_i32).abs(), 4);           // 絕對值
assert_eq!(0b101101_u8.count_ones(), 4); // 1 的數量
```

你可以在線上文件找到它們，請注意，這份文件將「i32（基本型態）」與該型態的模組（搜尋「std::i32」）寫在不同頁裡。

在實際的程式裡，你通常不需要像這裡一樣寫出型態後綴詞，因為 Rust 可根據程式脈絡決定型態。但是，如果 Rust 無法決定型態，你可能會看到意外的錯誤訊息，例如，這行程式無法編譯：

```
println!("{}", (-4).abs());
```

Rust 抱怨：

```
error: can't call method `abs` on ambiguous numeric type `{integer}`
```

這個訊息可能令人摸不著頭緒：所有帶正負號整數型態都有 abs 方法，到底問題是什麼？由於技術上的原因，Rust 想要先知道值到底是哪一個整數型態，再呼叫型態的方法。Rust 只會在解析所有方法呼叫卻還不知道型態是哪一種時，才使用預設的 i32 型態，此時已經太晚了，沒有幫助。解決這個問題的辦法是使用後綴詞來指定你想使用的型態，或是使用特定型態的函式：

```
println!("{}", (-4_i32).abs());
println!("{}", i32::abs(-4));
```

注意，方法呼叫的順位高於一元（unary）前綴運算子，所以當你對著負數值執行方法時要很小心，如果你沒有將第一個陳述式的 -4_i32 放在小括號裡，-4_i32.abs() 會先對正值 4 執行 abs 方法，再加上負號，產生 -4。

checked、wrapping、saturating 與 overflowing 算術

當整數算術運算溢位時，在 debug build 中，Rust 會 panic，在 release build 中，這個操作會環繞（wraps around），產生的結果相當於「在數學上正確的結果」modulo「值的範圍」。（無論在哪個 build，溢位都不是未定義行為，如同 C 和 C++ 的溢位。）

例如，下面的程式在 debug build 內會 panic：

```
let mut i = 1;
loop {
    i *= 10; // panic: 試著執行溢位乘法
             // （但只有在 debug build 裡面如此！）
}
```

在 release build 裡，這個乘法會環繞為負數，而且迴圈會無限期地執行。

如果你不想要這個預設的行為，整數型態提供一些方法來讓你說明你想要怎麼做。例如，下面的程式在任何 build 裡都會 panic：

```
let mut i: i32 = 1;
loop {
    // panic: 乘法溢位（在任何 build 裡）
    i = i.checked_mul(10).expect("multiplication overflowed");
}
```

整數算術方法可分成四大類：

- *checked* 運算會回傳結果的 Option：若數學上正確的結果可以用該型態的值來表示，則回傳 Some(v)，否則 None。例如：

```
// 10 與 20 的和可以用 u8 來表示。
assert_eq!(10_u8.checked_add(20), Some(30));

// 很遺憾，100 與 200 的和不行。
assert_eq!(100_u8.checked_add(200), None);

// 進行加法，當它溢位時 panic。
let sum = x.checked_add(y).unwrap();

// 奇怪的是，在一種特殊情況下，帶正負號的除法也可能溢位。
// 帶正負號的 n 位元型態可以表示 -2^{n-1} 但不能表示 2^{n-1}。
assert_eq!((-128_i8).checked_div(-1), None);
```

- wrapping 操作會回傳相當於「數學上正確的結果」modulo「值的範圍」的結果：

```
// 第一個乘法可以用 u16 來表示；
// 第二個不行，所以我們得到 250000 modulo 2^{16}。
assert_eq!(100_u16.wrapping_mul(200), 20000);
assert_eq!(500_u16.wrapping_mul(500), 53392);

// 針對帶正負號型態進行運算可能會 wrap 成負值。
assert_eq!(500_i16.wrapping_mul(500), -12144);

// 在逐位元移位操作中，移位距離會被
// wrap 成值的大小之內。
// 所以在 16-bit 型態中，移位 17 bits
// 就是移動 1 bit。
assert_eq!(5_i16.wrapping_shl(17), 10);
```

如同我們解釋的那樣，它是普通的算術運算子在 release build 裡面的行為。這些方法的優點在於：它們在所有的 build 裡面的行為都是相同的。

- *saturating* 操作會回傳最接近正確數學結果的可表示值，換句話說，計算結果會被「限制」在該型態可以表示的最大與最小值之間：

```
assert_eq!(32760_i16.saturating_add(10), 32767);
assert_eq!((-32760_i16).saturating_sub(10), -32768);
```

除法、餘數與逐位元移位運算沒有 saturating 方法。

- *overflowing* 運算會回傳一個 tuple：(result, overflowed)，其中的 result 是 wrapping 版本的函式回傳的東西，overflowed 則是一個布林，代表是否發生 overflow（溢位）：

```
assert_eq!(255_u8.overflowing_sub(2), (253, false));
assert_eq!(255_u8.overflowing_add(2), (1, true));
```

overflowing_shl 與 overflowing_shr 的模式稍微不同：它們的 overflowed 只會在移動距離與型態本身的位元寬一樣大或更大時回傳 true。實際的移動距離是你請求的移動距離 mod 型態的位元寬度：

```
// 移動 17 bit 對 `u16` 而言太大了，而 17 mod 16 是 1。
assert_eq!(5_u16.overflowing_shl(17), (10, true));
```

表 3-7 是可以使用 checked_、wrapping_、saturating_ 或 overflowing_ 前綴詞的運算名稱：

表 3-7　運算名稱

運算	名稱前綴詞	範例
加法	add	100_i8.checked_add(27) == Some(127)
減法	sub	10_u8.checked_sub(11) == None
乘法	mul	128_u8.saturating_mul(3) == 255
除法	div	64_u16.wrapping_div(8) == 8
餘數	rem	(-32768_i16).wrapping_rem(-1) == 0
負數	neg	(-128_i8).checked_neg() == None
絕對值	abs	(-32768_i16).wrapping_abs() == -32768
取冪	pow	3_u8.checked_pow(4) == Some(81)
位元左移	shl	10_u32.wrapping_shl(34) == 40
位元右移	shr	40_u64.wrapping_shr(66) == 10

浮點型態

Rust 提供 IEEE 單精度與雙精度浮點型態。這些型態包括正與負無限大、正零與負零，以及一個非數字（*not-a-number*）值（表 3-8）。

表 3-8　IEEE 單精度與雙精度浮點型態

型態	精度	範圍
f32	IEEE 單精度（至少 6 位小數）	大約 -3.4×10^{38} 至 $+3.4 \times 10^{38}$
f64	IEEE 雙精度（至少 15 位小數）	大約 -1.8×10^{308} 至 $+1.8 \times 10^{308}$

Rust 的 **f32** 與 **f64** 相當於 C 與 C++（支援 IEEE 浮點數的版本）與 Java（一直都使用 IEEE 浮點數）的 **float** 與 **double** 型態。

圖 3-1 是浮點常值的一般形式。

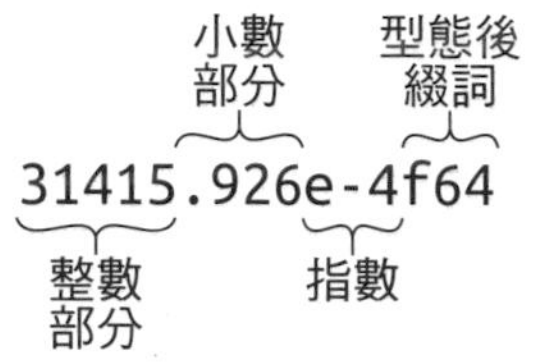

圖 3-1　浮點常值

浮點數的整數部分後面的部分都是非必需的，但是浮點數至少必須包含小數部分、指數，或型態後綴詞之一，以區分它與整數常值的不同。小數部分可以只有一個小數點，所以 **5.** 是有效的浮點常數。

如果浮點常值沒有型態後綴，Rust 會從程式脈絡了解該值的用法，與處理整數常值時一樣。如果它發現任何一種浮點型態都可以，它會選擇預設的 **f64**。

為了進行型態推斷，Rust 將整數常值與浮點數常值視為不同種類：它不會將整數常值推斷成浮點型態，反之亦然。表 3-9 是一些浮點常值的範例。

表 3-9　浮點常值範例

常值	型態	數學值
-1.5625	根據推斷	$-(1\frac{9}{16})$
2.	根據推斷	2
0.25	根據推斷	$\frac{1}{4}$
1e4	根據推斷	10,000
40f32	f32	40
9.109_383_56e-31f64	f64	大約是 9.10938356×10^{-31}

f32 與 **f64** 型態有一些關聯常數是 IEEE 規定的特殊值，例如 INFINITY、NEG_INFINITY（負無限大）、NAN（非數字值）、MIN 與 MAX（最大與最小的有限值）：

```
assert!((-1. / f32::INFINITY).is_sign_negative());
assert_eq!(-f32::MIN, f32::MAX);
```

f32 與 f64 型態提供完整的數學計算方法，例如 2f64.sqrt() 是雙精度 2 的平方根。舉一些例子：

```
assert_eq!(5f32.sqrt() * 5f32.sqrt(), 5.); // 5.0，根據 IEEE
assert_eq!((-1.01f64).floor(), -2.0);
```

方法呼叫的順位比前綴運算子高，所以當你對著一個帶負號的值呼叫方法時，務必正確地使用括號。

std::f32::consts 與 std::f64::consts 模組提供各種常用的數學常數，例如 E、PI 與二的平方根。

當你搜尋文件時，別忘了這兩種型態被寫在各自的網頁，名為 "f32 (primitive type)" 與 "f64 (primitive type)"，它們也有各自的模組，std::f32 與 std::f64。

與整數一樣，在實際的程式裡面，你通常不需要為浮點常值附加型態後綴詞，但是當你需要這樣做時，只要為常值或函式之一附加型態即可：

```
println!("{}", (2.0_f64).sqrt());
println!("{}", f64::sqrt(2.0));
```

與 C 和 C++ 不同的是，Rust 幾乎不會進行隱性數字轉換。如果函式期望接收 f64 引數，傳遞 i32 值引數是錯的。事實上，Rust 甚至不會隱性地將 i16 值轉換成 i32 值，雖然所有的 i16 值都是 i32 值。但是你始終可以使用 as 運算子來明確地做轉換，例如 i as f64 或 x as i32。

由於 Rust 沒有隱性轉換，所以有時它的運算式比 C 和 C++ 的更冗長，但是，隱性的整數轉換經常造成 bug 和安全漏洞，特別是在整數代表記憶體內的某個東西的大小，並且發生意想不到的溢位時。根據我們的經驗，在 Rust 裡面清楚地寫出數字轉換可以讓我們發現原本忽視的問題。

我們將在第 153 頁的「轉義」詳細解釋轉換的行為。

布林型態

Rust 的布林型態 bool 有兩個值，true 與 false。== 與 < 等比較運算子會產生 bool 結果：2 < 5 的值是 true。

許多語言都可以在需要使用布林值的背景之下使用其他型態的值：C 與 C++ 會將字元、整數、浮點數與指標隱性地轉換成布林值，你可以在 if 或 while 陳述式裡面直接將它們

當成條件來使用。Python 可在布林背景下使用字串、串列、字典甚至集合，如果那種值不是空的，它們就會被視為 true。但是 Rust 非常嚴格，像 if 與 while 之類的控制結構都要求它們的條件必須是布林運算式，即使是短路邏輯運算子 && 與 || 也是如此。你必須寫出 if x != 0 { ... }，不能只寫 if x { ... }。

Rust 的 as 運算子可以將 bool 值轉換成整數型態：

```
assert_eq!(false as i32, 0);
assert_eq!(true  as i32, 1);
```

但是，as 不能反方向轉換，將數字型態轉換成 bool，你必須明確地寫出比較式來做這件事，例如 x != 0。

雖然 bool 只需要使用一個位元來表示，但 Rust 在記憶體裡面使用整個 byte 來表示 bool 值，所以你可以建立一個指向它的指標。

字元

Rust 的字元型態 char 代表一個 Unicode 字元，它是 32-bit 值。

雖然 Rust 使用 char 型態來表示獨立的單一字元，但它使用 UTF-8 編碼來表示字串與文字串流，所以，String 是用一系列的 UTF-8 bytes 來表示它的文字，而不是用字元陣列。

字元常值是用單引號包起來的字元，例如 '8' 或 '!'。你可以使用 Unicode 的全部範圍，' 錆 ' 就是日文的 kanji 或 *sabi*（rust）的 char 常值。

如同 byte 常值，有些字元需要使用反斜線來轉義（表 3-10）。

表 3-10　需要以反斜線來轉義的字元

字元	Rust 字元常值
單引號，'	'\''
反斜線，\	'\\'
換行	'\n'
歸位字元	'\r'
Tab	'\t'

你也可以使用十六進制來撰寫字元的 Unicode 字碼：

- 如果字元的字碼（code point）在 U+0000 與 U+007F 之間（也就是說，它來自 ASCII 字元集），你可以將字元寫成 '\xHH'，其中，HH 是二位數的十六進制數字。例如，字元常值 '*' 與 '\x2A' 是等效的，因為字元 * 的字碼是 42，即十六進制的 2A。

- 你可以將任何 Unicode 字元寫成 '\u{HHHHHH}'，其中的 HHHHHH 是六位數的十六進制數字，同樣可以使用底線來分組。例如，字元常值 '\u{CA0}' 代表字元 "ಠ"，它是在 Unicode 裡面用來表示不贊成表情 "ಠ_ಠ" 的 Kannada 字元，同一個常值也可以直接寫成 'ಠ'。

char 一定保存 0x0000 至 0xD7FF 或 0xE000 至 0x10FFFF 的 Unicode 字碼。char 絕對不會是一半的代理對（surrogate pair）（也就是在 0xD800 與 0xDFFF 之間的字碼），或超出 Unicode 範圍（也就是大於 0x10FFFF）的值。Rust 會使用型態系統並進行動態檢查來確保 char 一定在合規的範圍之內。

Rust 絕對不會在 char 與任何其他型態之間進行隱性的轉換。你可以使用 as 轉換運算子來將 char 轉換成整數型態，如果該型態小於 32 bits，字元值的高位元會被切除：

```
assert_eq!('*' as i32, 42);
assert_eq!('ಠ' as u16, 0xca0);
assert_eq!('ಠ' as i8, -0x60); // U+0CA0 被切成 8 位元，帶正負號
```

反過來看，as 只能將 u8 這個型態轉換成 char：Rust 只打算讓 as 執行低成本、不會失敗的（infallible）轉換，但是除了 u8 之外的每一種整數型態都包含不合規的 Unicode 字碼值，所以這些轉換需要做執行期檢查。標準程式庫的函式 std::char::from_u32 只接收 u32 值，並回傳 Option<char>：若 u32 是不合規的 Unicode 字碼，則 from_u32 回傳 None，否則回傳 Some(c)，其中的 c 是 char 結果。

標準程式庫提供一些實用的字元方法，你可以在線上文件的 "char (primitive type)" 與模組 "std::char" 部分了解它們。例如：

```
assert_eq!('*'.is_alphabetic(), false);
assert_eq!('β'.is_alphabetic(), true);
assert_eq!('8'.to_digit(10), Some(8));
assert_eq!('ಠ'.len_utf8(), 3);
assert_eq!(std::char::from_digit(2, 10), Some('2'));
```

獨立的單一字元不像字串或文本串流那麼有趣。我們將在第 73 頁的「字串型態」討論 Rust 的標準 String 型態與文本處理。

tuple

tuple 是一對，或三個、四個、五個…（此時稱為 *n-tuple* 或 *tuple*）各種型態的值組成的值。你可以自己寫一個 tuple：將多個元素放在一對小括號裡面，並且用逗號來分隔它們，例如 ("Brazil", 1985) 是一個 tuple，它的第一個元素是靜態配置的字串，第二個元素是整數，這個 tuple 的型態是 (&str, i32)。當你獲得一個 tuple 值 t 時，你可以用 t.0、t.1…來讀取它的元素。

tuple 在某種程度上類似陣列，這兩種型態都代表一系列的有序值。許多程式語言都會混淆或結合 tuple 與陣列這兩種概念，但是在 Rust 裡面，它們是完全不同的型態。首先，tuple 的每一個元素可以是不同的型態，而陣列的元素必須全部是同一種型態，此外，tuple 只能使用常數來檢索，例如 t.4，不能用 t.i 或 t[i] 來取得第 i 個元素。

Rust 程式通常使用 tuple 型態從函式回傳多個值。假如有一個處理 string slice 的 split_at 方法可將字串分成兩半並回傳它們，它的宣告式可能是這樣：

```
fn split_at(&self, mid: usize) -> (&str, &str);
```

回傳型態 (&str, &str) 是包含兩個字串 slice 的 tuple。你可以使用模式匹配語法來將回傳值的各個元素指派給不同的變數：

```
let text = "I see the eigenvalue in thine eye";
let (head, tail) = text.split_at(21);
assert_eq!(head, "I see the eigenvalue ");
assert_eq!(tail, "in thine eye");
```

它比這段等效的程式更容易理解：

```
let text = "I see the eigenvalue in thine eye";
let temp = text.split_at(21);
let head = temp.0;
let tail = temp.1;
assert_eq!(head, "I see the eigenvalue ");
assert_eq!(tail, "in thine eye");
```

有些人將 tuple 當成一種簡單的 struct 型態來使用。例如，在第 2 章的 Mandelbrot 程式裡，我們將圖像的寬與高傳給函式來繪製它，以及將它寫至磁碟。雖然我們可以宣告一個具備 width 與 height 成員的 struct，但是將如此明顯的東西寫成那樣太複雜了，我們直接使用 tuple：

```
/// 將緩衝區 `pixels`（它的維度是以 `bounds` 提供的）寫入
/// 名為 `filename` 的檔案
fn write_image(filename: &str, pixels: &[u8], bounds: (usize, usize))
```

```
    -> Result<(), std::io::Error>
{ ... }
```

bounds 參數的型態是 (usize, usize)，它是有兩個 usize 值的 tuple。你當然可以使用分開的 width 與 height 參數，無論採用哪一種寫法，它們的機器碼都是相同的。你的選擇與是否要求簡明有關。我們可以將大小（size）當成一個值，而不是兩個，使用 tuple 可以表達我們的意思。

另一種常見的 tuple 型態是零 tuple ()，我們通常稱之為單元型態（*unit type*），因為它只有一個值，它也寫成 ()。Rust 會在沒有有意義的值可以使用，但上下文需要某種型態時使用單元型態。

例如，不回傳值的函式有 () 這個回傳型態。標準程式庫的 std::mem::swap 函式沒有有意義的回傳值，它的工作只是對換兩個引數的值，它的宣告式是：

```
fn swap<T>(x: &mut T, y: &mut T);
```

<T> 代表 swap 是泛型的：你可以用它來處理任何型態 T 的值的參考。但是 swap 函式的簽章完全省略回傳型態，這種寫法是回傳單元型態的簡寫：

```
fn swap<T>(x: &mut T, y: &mut T) -> ();
```

我們曾經看過的 write_image 的回傳型態是 Result<(), std::io::Error>，意思是這個函式會在出錯時回傳 std::io::Error 值，在成功時不回傳值。

你也可以在 tuple 的最後一個元素後面加上逗號，型態 (&str, i32,) 與 (&str, i32) 是等效的，運算式 ("Brazil", 1985,) 與 ("Brazil", 1985) 也是。Rust 允許你在可使用逗號的任何地方使用額外的結尾逗號，包括函式引數、陣列、struct 與 enum 定義…等，對人類來說，結尾的逗號看起來或許有點奇怪，但是當你想要在一系列項目的結尾加入或移除項目時，它可以讓你一眼看出差異。

為了一致，Rust 甚至有只有一個值的 tuple。常值 ("lonely hearts",) 是只有單一字串的 tuple，它的型態是 (&str,)。為了區別單值 tuple 與簡單的帶括號運算式，在值後面的逗號是不可省略的。

指標型態

Rust 有幾種代表記憶體位址的型態。

這是 Rust 和具備垃圾回收（garbage collection，也稱為記憶體回收）機制的多數語言之間的巨大差異。在 Java 裡，如果 class Rectangle 有欄位 Vector2D upperLeft;，upperLeft 是分別建立的另一個 Vector2D 物件的參考，Java 物件內部絕對不會有實際的其他物件。

Rust 不一樣，這種語言的設計是為了盡量減少記憶體配置。在預設情況下，值是嵌套的，Rust 會將 ((0, 0), (1440, 900)) 值存成四個相鄰的整數。如果你將它存入一個區域變數，你會得到一個寬為四個整數的區域變數。Rust 不會在 heap 配置任何東西。

這種做法對記憶體效率來說是好事，但是當 Rust 程式要讓一個值指向其他值時，它必須明確地使用指標型態。好消息是，在 safe Rust 內的指標型態都受到約束，以消除未定義行為，所以在 Rust 裡面正確地使用指標比在 C++ 裡面容易許多。

我們將討論三種指標型態：reference（參考）、box 與 unsafe 指標。

參考（reference）

當值的型態是 &String（讀成「ref String」）時，它就是一個指向 String 值的參考，&i32 就是一個指向 i32 的參考，以此類推。

在入門階段，你可以簡單地將參考當成 Rust 的基本指標。在執行期，指向 i32 的參考是一個機器 word，參考保存了 i32 的位址，該位址可能在堆疊（stack）或 heap 上。運算式 &x 會產生一個指向 x 的參考，在 Rust 的術語中，我們說它借用了一個指向 x 的參考。如果你有一個參考 r，運算式 *r 代表 r 所指的值。它們很像 C 與 C++ 裡面的 & 與 * 運算子。而且就像 C 指標那樣，當參考離開作用域時，它不會自動釋出任何資源。

但是，與 C 指標不同的是，Rust 參考絕對不是 null，在 safe Rust 裡面根本無法產生 null 參考。另一個與 C 不同的地方在於，Rust 會記錄值的所有權和生命期，所以懸空指標、重複釋出與無效指標等錯誤都會在編譯期排除。

Rust 參考有兩種形式：

&T

不可變的、共享的參考。一個值可以有多個共享參考，但它們都是唯讀的，Rust 禁止你修改它們指的任何值，如同 C 的 const T*。

`&mut T`

> 可變的、獨占的參考。你可以讀取和修改它所指的值,如同 C 的 T*。但是只要參考存在,它所指的值就不能有任何其他參考。事實上,你只能透過可變參考來操作那個值。

Rust 使用「共享參考」與「可變參考」兩者來執行「一個寫入者」或「多個讀取方」規則,要嘛,你可以被讀取和寫入那個值,要嘛,那個值可被任何數量的讀取方共享,但是絕對不會同時存在兩種情況。這種區別是在編譯期檢查與執行的,它是 Rust 安全保證的核心,第 5 章將解釋 Rust 的安全參考使用規則。

Box

若要在 heap 裡面配置值,最簡單的做法是使用 `Box::new`。

```
let t = (12, "eggs");
let b = Box::new(t);  // 在 heap 裡面配置一個 tuple
```

t 的型態是 (i32, &str),所以 b 的型態是 Box<(i32, &str)>。呼叫 Box::new 可以在 heap 配置足夠的記憶體來容納該 tuple。當 b 離開作用域時,記憶體會立刻釋出,除非 b 被移動了,例如,被回傳。移動對 Rust 處理 heap 值而言非常重要,我們將在第 4 章詳細解釋它。

原始指標

Rust 也有原始指標型態 *mut T 與 *const T。原始指標就像 C++ 的指標,使用原始指標是 unsafe(不安全的),因為 Rust 不會費心追蹤它指向什麼東西。例如,原始指標可能是 null,或指向已被釋出的記憶體,或指向已經儲存不同型態的值的記憶體,它將讓你體驗到 C++ 的各種經典指標錯誤。

但是,你只能在 unsafe 區塊裡面解參考原始指標。unsafe 區塊是 Rust 為進階語言功能提供的機制,它的安全性由你負責。如果你的程式沒有 unsafe 區塊(或是那種區塊有正確編寫),那麼本書反覆強調的安全保證在你的程式中一定成立。詳情見第 22 章。

陣列、向量與 slice

Rust 用三種型態來表示記憶體裡面的值序列:

- 型態 [T; N] 代表包含 N 個值的陣列，每一個值的型態都是 T。陣列的大小是在執行期決定的常數，它是型態的一部分，你不能幫陣列附加新元素或縮小它。

- 型態 Vec<T> 稱為 T 的向量（*vector*），它是動態配置的、可擴增的、型態為 T 的一系列值。向量的元素會被放在 heap，所以你可以隨意改變向量的大小，在裡面放入新元素、對它們附加其他向量、刪除元素…等。

- 型態 &[T] 與 &mut [T] 稱為 T 的共享 *slice* 與 T 的可變 *slice*，它們是某個其他值（例如陣列或向量）的一群部分元素的參考。你可以將 slice 想成指向它的第一個元素的指標，以及可以從那個地方開始操作的元素數量。可變 slice &mut [T] 可讓你讀取和修改元素，但是不能共享，共享 slice &[T] 可讓多個讀取方讀取，但不能修改元素。

如果 v 值是這三種型態的任何一種，運算式 v.len() 提供 v 的元素數量，v[i] 是 v 的第 i 個元素。第一個元素是 v[0]，最後一個元素是 v[v.len() - 1]。Rust 會確認 i 一定落在這個範圍之內，如果沒有，運算式會 panic。v 的長度可能是零，此時，試著檢索它會造成 panic。i 必須是 usize 值，你不能將任何其他整數型態當成索引。

陣列

陣列值有多種寫法，最簡單的一種是將一系列的值寫在中括號裡面：

```
let lazy_caterer: [u32; 6] = [1, 2, 4, 7, 11, 16];
let taxonomy = ["Animalia", "Arthropoda", "Insecta"];

assert_eq!(lazy_caterer[3], 7);
assert_eq!(taxonomy.len(), 3);
```

如果你要寫一個長陣列，你可以寫成 [*V*; *N*]，其中的 *V* 是各個元素該有的值，*N* 是長度。例如，[true; 10000] 是有 10,000 個 bool 元素的陣列，所有元素都被設為 true：

```
let mut sieve = [true; 10000];
for i in 2..100 {
    if sieve[i] {
        let mut j = i * i;
        while j < 10000 {
            sieve[j] = false;
            j += i;
        }
    }
}

assert!(sieve[211]);
assert!(!sieve[9876]);
```

有些人用這個語法來表示固定大小的緩衝區：[0u8; 1024] 是 1 KB 的緩衝區，裡面都是零。Rust 無法表示未初始化的陣列（一般來說，Rust 會確保你絕對無法存取任何一種未初始化的值）。

陣列的長度是型態的一部分，它在編譯期是固定的。如果 n 是變數，你不能用 [true; n] 來產生一個有 n 個元素的陣列，當你需要長度在執行期可變的陣列時（通常都是如此），請改用向量。

你希望陣列提供的方法（迭代元素、搜尋、排序、填寫、篩選…等）都是以 slice 的方法來提供的，不是陣列。但是 Rust 在尋找方法時，會私下將陣列的參考轉換成 slice，所以你可以對著陣列呼叫任何 slice 方法：

```
let mut chaos = [3, 5, 4, 1, 2];
chaos.sort();
assert_eq!(chaos, [1, 2, 3, 4, 5]);
```

sort 方法其實是在 slice 定義的，但是因為它用參考來接收運算元，所以 Rust 會私下產生一個參考整個陣列的 &mut [i32] slice，並將它傳給 sort 來處理。事實上，之前提到的 len 方法也是個 slice 方法。我們將在第 71 頁的「slice」詳細討論 slice。

向量

向量 Vec<T> 是具有 T 型態元素的大小可變陣列，它是在 heap 配置的。

向量有多種建立方式。最簡單的一種是使用 vec! 巨集，這種語法讓向量看起來很像陣列常值：

```
let mut primes = vec![2, 3, 5, 7];
assert_eq!(primes.iter().product::<i32>(), 210);
```

它當然是向量，不是陣列，所以我們可以動態地加入元素：

```
primes.push(11);
primes.push(13);
assert_eq!(primes.iter().product::<i32>(), 30030);
```

你也可以藉著多次重複指定某個值來建立向量，同樣使用類似陣列常值的語法：

```
fn new_pixel_buffer(rows: usize, cols: usize) -> Vec<u8> {
    vec![0; rows * cols]
}
```

vec! 巨集相當於呼叫 Vec::new 來建立一個新的空向量，然後將元素放入，這是另一種常見寫法：

```
let mut pal = Vec::new();
pal.push("step");
pal.push("on");
pal.push("no");
pal.push("pets");
assert_eq!(pal, vec!["step", "on", "no", "pets"]);
```

另一種做法是用 iterator 產生的值來建立向量：

```
let v:Vec<i32> = (0..5).collect();
assert_eq!(v, [0, 1, 2, 3, 4]);
```

使用 collect 時通常要提供型態（就像這裡的做法），因為它可能建立各種不同的集合，而不是只建立向量。指定 v 的型態可以清楚地表明我們想要哪種類型的集合。

如同陣列，你可以對著向量使用 slice 方法：

```
// 回文！
let mut palindrome = vec!["a man", "a plan", "a canal", "panama"];
palindrome.reverse();
// 合理但令人失望：
assert_eq!(palindrome, vec!["panama", "a canal", "a plan", "a man"]);
```

這裡的 reverse 方法其實是在 slice 定義的，但呼叫式私下向向量借了一個 &mut [&str] slice，並對著它呼叫 reverse。

Vec 是重要的 Rust 型態，在需要動態改變大小的串列的地方幾乎都會用到它，所以 Rust 還有許多其他方法可以建立新的向量，或擴展既有的向量。我們將在第 16 章介紹它們。

Vec<T> 包含三個值：一個指向元素的 heap 緩衝區的指標，它是 Vec<T> 建立並擁有的、緩衝區可以儲存的元素數量，以及它現在實際儲存的數量（也就是它的長度）。當緩衝區已滿時，將其他元素加入向量需要配置更大的緩衝區、將既有的內容複製到那個緩衝區裡面、更改向量的指標與容量來描述新緩衝區，最後釋出舊緩衝區。

如果你事先知道向量需要多少元素，你不必呼叫 Vec::new，你可以呼叫 Vec::with_capacity 來建立一個具備夠大的緩衝區的向量來保存所有元素，然後一次將一個元素放入向量，如此一來就不會造成任何的重新配置。vec! 巨集就是使用這種技巧，因為它知道向量最終有多少元素。注意，這種做法只是確定向量的初始大小，如果元素數量超出估計，向量也可以像往常一樣擴大它的儲存空間。

許多程式庫函式都會伺機使用 Vec::with_capacity 而不是 Vec::new。例如，在 collect 範例裡面，iterator 0..5 事先知道它會產生五個值，所以 collect 函式利用這一點，以正確的容量來預先配置它要回傳的向量。你將在第 15 章看到它的工作方式。

如同向量的 len 方法可回傳它目前容納的元素數量，它的 capacity 方法可回傳在不重新配置的情況下可以容納的元素數量：

```
let mut v = Vec::with_capacity(2);
assert_eq!(v.len(), 0);
assert_eq!(v.capacity(), 2);

v.push(1);
v.push(2);
assert_eq!(v.len(), 2);
assert_eq!(v.capacity(), 2);

v.push(3);
assert_eq!(v.len(), 3);
// 通常印出 "capacity is now 4":
println!("capacity is now {}", v.capacity());
```

最後印出來的容量不一定剛好是 4，但至少是 3，因為該向量存有三個值。

你可以在向量中的任何地方插入和移除元素，但是這些操作會將該位置後面的所有元素往前或往後移動，所以如果向量很長，這些操作可能很慢：

```
let mut v = vec![10, 20, 30, 40, 50];

// 將索引 3 的元素設成 35。
v.insert(3, 35);
assert_eq!(v, [10, 20, 30, 35, 40, 50]);

// 移除索引 1 的元素。
v.remove(1);
assert_eq!(v, [10, 30, 35, 40, 50]);
```

你可以使用 pop 方法來刪除最後一個元素並回傳它。更精確地說，如果向量已經是空的，從 Vec<T> pop 值會得到 Option<T>: None，或者，如果它的最後一個元素是 v，則回傳 Some(v)：

```
let mut v = vec!["Snow Puff", "Glass Gem"];
assert_eq!(v.pop(), Some("Glass Gem"));
assert_eq!(v.pop(), Some("Snow Puff"));
assert_eq!(v.pop(), None);
```

你可以使用 for 迴圈來迭代向量：

```
// 取得命令列引數，做成 String 向量
let languages: Vec<String> = std::env::args().skip(1).collect();
for l in languages {
    println!("{}: {}", l,
             if l.len() % 2 == 0 {
                 "functional"
             } else {
                 "imperative"
             });
}
```

用一系列的程式語言來運行這段程式可以讓你學到東西：

```
$ cargo run Lisp Scheme C C++ Fortran
    Compiling proglangs v0.1.0 (/home/jimb/rust/proglangs)
    Finished dev [unoptimized + debuginfo] target(s) in 0.36s
      Running `target/debug/proglangs Lisp Scheme C C++ Fortran`
Lisp: functional
Scheme: functional
C: imperative
C++: imperative
Fortran: imperative
$
```

我們終於得到令人滿意的泛函（*functional*）語言定義了。

雖然 Vec 扮演重要的角色，但它是 Rust 定義的一種普通型態，而不是這種語言內建的。我們將在第 22 章介紹實作這種型態的技術。

slice

slice 的寫法是 [T]，不需要指定長度，它是一個陣列或向量的一個區域。因為 slice 可能有任意長度，所以它不能直接存入變數，或當成函式引數來傳遞。slice 一定用參考來傳遞。

slice 的參考是胖指標（*fat pointer*），胖指標是一個雙 word 值，包含一個指向 slice 的第一個元素的指標，以及 slice 的元素數量。

假如你執行下面的程式：

```
let v: Vec<f64> = vec![0.0,  0.707,  1.0,  0.707];
let a: [f64; 4] =     [0.0, -0.707, -1.0, -0.707];
```

```
let sv: &[f64] = &v;
let sa: &[f64] = &a;
```

在最後兩行，Rust 會將 &Vec<f64> 參考與 &[f64; 4] 參考自動轉換成指向資料的 slice 參考。

最後，記憶體會變成圖 3-2 這樣。

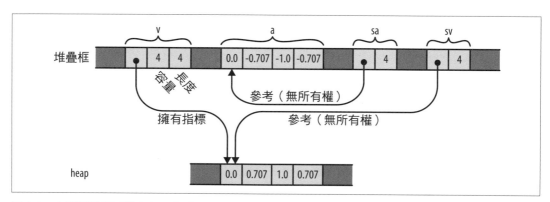

圖 3-2　在記憶體裡面的向量 v 與陣列 a，以及引用它們的 slice sa 與 sv

普通參考是指向單一值的無所有權（non-owning）指標，而 slice 的參考是指向記憶體內連續多個值的無所有權指標。所以當你想要寫一個函式來處理陣列或向量時，slice 參考是不錯的選擇。例如，這個函數會印出一個數字 slice，每行一個：

```
fn print(n: &[f64]) {
    for elt in n {
        println!("{}", elt);
    }
}

print(&a);  // 處理陣列
print(&v);  // 處理向量
```

因為這個函數接收 slice 參考引數，所以你可以用它來處理向量或陣列，如範例所示。很多看起來像是向量或陣列的方法，其實是 slice 的方法，例如，sort 與 reverse 其實是 slice 型態 [T] 的方法，它們分別可以就地排序和反向排列一系列的元素。

你可以用一個範圍來檢索陣列、向量或既有的 slice，以取得一段 slice 的參考：

```
print(&v[0..2]);   // 印出 v 的前兩個元素
print(&a[2..]);    // 印出 a[2] 之後的元素
print(&sv[1..3]);  // 印出 v[1] 與 v[2]
```

與一般的陣列存取一樣，Rust 會檢查索引是否有效。借用超出資料結尾的 slice 會造成 panic。

因為 slice 幾乎都出現在參考後面，所以我們通常將 &[T] 與 &str 等型態直接稱為「slice」，以簡短的名稱來代表常見的概念。

字串型態

熟悉 C++ 的程式設計師都知道，C++ 有兩個字串型態。字串常值有指標型態 const char *。標準程式庫也提供一個類別 std::string，來讓你在執行期動態建立字串。

Rust 有類似的設計。在這一節，我們將展示如何撰寫字串常值，然後介紹 Rust 的兩個字串型態。我們將在第 17 章更詳細地介紹字串與文本。

字串常值

字串常值應放在雙引號裡面。它們使用與 char 常值一樣的反斜線轉義序列：

```
let speech = "\"Ouch!\" said the well.\n";
```

與 char 常值不同的是，在字串常值裡面，單引號不需要用反斜線來轉義，雙引號要。

一個字串可以跨越多行：

```
println!("In the room the women come and go,
    Singing of Mount Abora");
```

在那一個字串常值裡面的換行字元被放在字串裡，所以被放在輸出裡，第二行開頭的空格也一樣。

如果一行字串以反斜線結尾，那麼換行字元與下一行開頭的空格會被移除：

```
println!("It was a bright, cold day in April, and \
    there were four of us—\
    more or less.");
```

這會印出一行文字。這個字串的 "and" 與 "there" 之間有一個空格，因為在程式中，反斜線的前面有一個空格，但是在短線與 "more" 之間沒有空格。

有時在字串中使用兩個反斜線很麻煩（典型的例子是正規表達式與 Windows 路徑），此時你可以使用 Rust 的原始字串。原始字串是用小寫字母 r 來標記的。在原始字串裡面的反斜線與空格字元都會被逐字納入字串內，它不會辨識轉義序列：

```
let default_win_install_path = r"C:\Program Files\Gorillas";

let pattern = Regex::new(r"\d+(\.\d+)*");
```

若要在原始字串裡面加入雙引號字元，你不能在它的前面加上反斜線，別忘了，剛才說過，它不會辨識轉義序列。但是我們也有應對之道，你可以在原始字串的開頭與結尾加上 # 號：

```
println!(r###"
    This raw string started with 'r###"'.
    Therefore it does not end until we reach a quote mark ('"')
    followed immediately by three pound signs ('###'):
"###);
```

你可以加入任意數量的井號來指示原始字串在哪裡結束。

byte 字串

開頭有 b 的常值字串就是 *byte* 字串。這種字串是 u8 值（即 byte）slice，不是 Unicode 文字：

```
let method = b"GET";
assert_eq!(method, &[b'G', b'E', b'T']);
```

method 的型態是 &[u8; 3]：它是一個指向 3 bytes 陣列的參考。它沒有接下來要討論的字串方法，它最像字串的地方在於它的寫法。

byte 字串可以使用我們看過的所有其他字串語法：它們可以跨越多行、使用轉義序列，以及使用反斜線來連接各行。原始 byte 字串的開頭是 br"。

byte 字串裡面不能有任何 Unicode 字元，它們必須使用 ASCII 與 \xHH 轉義序列。

在記憶體裡面的字串

Rust 字串是 Unicode 字元序列，但它們在記憶體裡面的格式不是 char 陣列，而是 UTF-8，UTF-8 是一種可變寬度編碼。在字串內的每一個 ASCII 字元都被存為 1 byte。其他的字元占用多個 bytes。

圖 3-3 是用下面的程式建立的 String 與 &str 值：

```
let noodles = "noodles".to_string();
let oodles = &noodles[1..];
let poodles = "ಠ_ಠ";
```

String 有大小可變、保存 UTF-8 文字的緩衝區，這個緩衝區位於 heap，所以可以視需求改變大小。在這個範例裡，noodles 是一個擁有 8 bytes 緩衝區的 String，其中有 7 個被使用。你可以將 String 視為保存格式良好（well-formed）的 UTF-8 的 Vec<u8>，事實上，這正是 String 的實作方式。

&str（讀成 "stir" 或 "string slice"）是指向別人擁有的 UTF-8 文字的參考，它「借用」別人的文字。在這個例子裡，oodles 是一個 &str，它參考 noodles 所擁有的文字的後面 6 bytes，所以它代表文字 "oodles"。如同其他的 slice 參考，&str 是胖指標，裡面有資料的位址和它的長度。你可以將 &str 想成保證保存正確格式的 UTF-8 &[u8]。

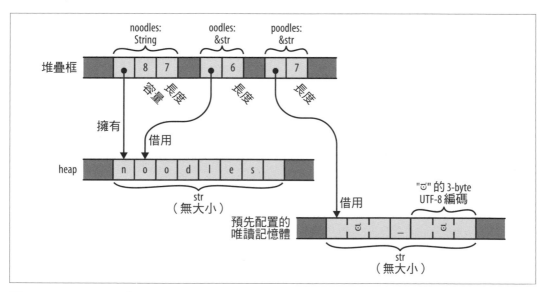

圖 3-3　String、&str 與 str

字串常值就是指向預先配置的文字的 &str，通常與程式的機器碼一起存放在唯讀記憶體裡面。在上面的範例裡，poodles 是一個字串常值，指向程式開始執行時建立，並持續存在，直到程式結束為止的 7 bytes。

String 或 &str 的 .len() 方法會回傳它的長度。長度的單位是 bytes，不是字元：

```
assert_eq!("ಠ_ಠ".len(), 7);
assert_eq!("ಠ_ಠ".chars().count(), 3);
```

你不能修改 &str：

```
let mut s = "hello";
s[0] = 'c';     // 錯誤：`&str` 不能修改，以及其他原因
s.push('\n');   // 錯誤：`&str` 參考沒有名為 `push` 的方法
```

若要在執行期建立新字串，你要使用 String。

Rust 有 &mut str 型態，但它不太實用，因為針對 UTF-8 進行的操作幾乎都會改變它的 byte 長度，而 slice 無法重新配置參考對象。事實上，可處理 &mut str 的操作只有 make_ascii_uppercase 與 make_ascii_lowercase，根據定義，它們會就地修改文字，而且只會影響 1 byte 的字元。

字串

&str 很像 &[T]，都是指向某筆資料的胖指標。String 類似 Vec<T>，如表 3-11 所示。

表 3-11　Vec⟨T⟩ 與 String 的比較

	Vec<T>	String
自動釋出緩衝區	是	是
可增長	是	是
::new() 與 ::with_capacity() 型態關聯函式	有	有
.reserve() 與 .capacity() 方法	有	有
.push() 與 .pop() 方法	有	有
範圍語法 v[start..stop]	有，returns &[T]	有，returns &str
自動轉換	&Vec<T> 至 &[T]	&String 至 &str
繼承方法	從 &[T]	從 &str

如同 Vec，每一個 String 都配置了它自己的 heap 緩衝區，而且不和其他 String 共享。當 String 變數離開作用域時，緩衝區會被自動釋出，除非 String 被移動。

你可以用幾種方式建立 String：

- .to_string() 方法可將 &str 轉換成 String。這會複製字串：

    ```
    let error_message = "too many pets".to_string();
    ```

    .to_owned() 方法可做同一件事，也許你會看到有人用同一種方式使用它。它也適用於一些其他型態，我們將在第 13 章說明。

- `format!()` 巨集的工作方式很像 `println!()`，但是它會回傳一個新 String，而不是將文字寫到 stdout，而且它不會在結尾自動加上換行：

```
assert_eq!(format!("{}°{:02}′{:02}″N", 24, 5, 23),
           "24° 05′ 23″ N".to_string());
```

- 字串的陣列、slice 與向量有兩個方法，`.concat()` 與 `.join(sep)`，它們可以用許多字串來建立新 String：

```
let bits = vec!["veni", "vidi", "vici"];
assert_eq!(bits.concat(), "venividivici");
assert_eq!(bits.join(", "), "veni, vidi, vici");
```

有時你不知道該選擇 &str 還是 String，第 5 章會處理這個問題。現在你只要知道，&str 可以參考任何東西的任何 slice，無論它是字串常值（儲存在可執行檔裡面），還是 String（在執行期配置與釋出）。這意味著，&str 比較適合當成函式引數來讓呼叫方傳遞任何一種字串。

使用字串

字串支援 == 與 != 運算子。若兩個字串有相同的字元，且字元有相同的順序，則它們是相等的（無論它們是否指向同一個記憶體位置）：

```
assert!("ONE".to_lowercase() == "one");
```

字串也支援比較運算子 <、<=、> 與 >=，以及許多實用的方法和函式，你可以在線上文件的 "str (primitive type)" 和 "std::str" 模組部分找到它們（或直接翻到第 17 章）。舉幾個例子：

```
assert!("peanut".contains("nut"));
assert_eq!("ʊ̈_ʊ̈".replace("ʊ̈", "■"), "■_■");
assert_eq!("   clean\n".trim(), "clean");

for word in "veni, vidi, vici".split(", ") {
    assert!(word.starts_with("v"));
}
```

切記，由於 Unicode 的性質，單純進行逐字元比較產生的答案不一定如你預期。例如，Rust 字串 "th\u{e9}" 與 "the\u{301}" 都是 *thé* 的 Unicode 表示法，即法文的 tea。Unicode 規定它們應該以同一種方式來顯示與處理，但是 Rust 將它們視為兩個完全不同的字串。同樣的，Rust 的排序運算子，例如 <，使用基於字元字碼值的字典順序，這個順序不一定符合用戶的語言和文化中的文字順序。我們將在第 17 章詳細討論這個問題。

其他的類字串型態

Rust 保證字串都是有效的 UTF-8。有時程式需要處理非有效的 Unicode 的字串,這種情況通常在 Rust 程式和其他系統合作時發生,當其他系統不遵守這種規則時。例如,在大多數的作業系統裡面,檔案名稱很容易不是有效的 Unicode。當 Rust 程式遇到這種檔名怎麼辦?

在這些情況下,Rust 的解決辦法是提供一些類字串型態:

- 繼續使用 String 與 &str 來處理 Unicode 文字。
- 在處理檔案時,改用 std::path::PathBuf 與 &Path。
- 在處理完全不是用 UTF-8 來編碼的二進制資料時,使用 Vec<u8> 與 &[u8]。
- 在處理作業系統提供的原生形式的環境變數名稱與命令列引數時,使用 OsString 與 &OsStr。
- 在與 C 程式庫合作,而且它使用 null 結尾的字串時,使用 std::ffi::CString 與 &CStr。

型態別名

你可以使用 type 關鍵字來為既有的型態宣告新名稱,就像 C++ 的 typedef 那樣:

```
type Bytes = Vec<u8>;
```

我們在這裡宣告的 Bytes 型態是這一種 Vec 的簡寫:

```
fn decode(data: &Bytes) {
    ...
}
```

除了基本型態之外

型態是 Rust 的核心,本書還會繼續討論型態,並介紹新的型態。Rust 的用戶定義型態是這種語言的特色,因為方法就是在那裡定義的。用戶定義型態有三種,我們將用連續三章討論它們,在第 9 章討論 struct,在第 10 章討論 enum,在第 11 章討論 trait。

函式與 closure 有自己的型態,我們將在第 14 章討論它們。本書會隨時討論標準程式庫裡的型態。例如,第 16 章會介紹標準的集合型態。

不過,先別急,在介紹它們之前,我們要先討論 Rust 的安全規則的核心概念。

## 第四章

所有權與移動

說到記憶體管理，我們希望程式語言提供兩種功能：

- 讓記憶體能夠在我們選擇的時間迅速釋出，以便控制程式耗用的記憶體。

- 指標絕對不能指向已釋出的物件，這是未定義行為，會導致崩潰與安全漏洞。

但是這兩個功能看起來互相抵觸，如果你在值有指標指向它時釋出它，那些指標就會懸空。所有的主要語言都屬於兩大陣營之一，取決於它們放棄兩種品質中的哪一種：

- 「安全優先」陣營使用垃圾回收來管理記憶體，當指向某個物件的指標都消失時，它們會自動釋出該物件，這種做法可以消除懸空指標，它們會保留物件直到沒有指標指向它們為止。幾乎所有現代語言都屬於這個陣營，包括 Python、JavaScript、Ruby、Java、C# 與 Haskell。

  但是使用垃圾回收意味著放棄「自行決定何時將物件交給回收程式」的權力。一般來說，垃圾回收程式是一頭異獸（surprising beast），你可能難以了解為何記憶體在你認為該被釋出時沒有被釋出。

- 「控制優先」陣營讓你自己負責釋出記憶體。程式的記憶體使用情況完全由你控制，但避免懸空指標也完全是你的責任。這個陣營的主流語言只有 C 與 C++。

  如果你絕對不會犯錯，這種做法的確很棒，但人都會犯錯。指標誤用一向是安全問題常見的罪魁禍首。

Rust 的目標是既安全又高效，因此不接受兩種妥協。不過，如果調解這個矛盾那麼容易的話，早就有人這樣做了。Rust 必須改變一些根本性的事情。

Rust 用一種出乎意料的方式來打破僵局：藉著限制程式如何使用指標。本章與下一章將專門解釋這些限制是什麼，以為它們為何有效。現在你只要知道，有些你常用的結構可能不符合這些規則，你必須尋找替代方案。但是這些限制可以為混亂帶來秩序，讓 Rust 的編譯期檢查機制確認程式沒有記憶體安全錯誤，包括懸空指標、重複釋出、使用未初始化的記憶體…等。在執行期，指標只是記憶體的位址，和它們在 C 與 C++ 裡面一樣，差異在於，Rust 已確定你的程式有安全地使用它們。

這一套規則也是 Rust 支援安全並行設計的基礎。確保程式正確使用記憶體的規則也利用 Rust 精心設計的執行緒基元（threading primitive）來確保程式沒有資料爭用。Rust 程式的 bug 不會導致一個執行緒損壞另一個執行緒的資料，進而在無關的部分產生難以重現的 bug。多執行緒程式的不確定行為會被專門處理它們的功能（mutex、訊息通道、原子值…等）隔開，不會出現在普通的記憶體參考中。雖然多執行緒程式在 C 與 C++ 裡惡名昭彰，但 Rust 幫它們洗刷冤屈。

Rust 下了一個激進賭注：即使有這些限制，這種語言仍然可以靈活地處理幾乎每一項工作，而且消除大量的記憶體管理和並行 bug 等好處將說服你必須調整自己的寫作風格。這是它賴以成功的主張，也是這種語言的根本。本書的作者之所以看好 Rust，正是因為我們有豐富的 C 和 C++ 使用經驗，對我們來說，Rust 提出的交易條件太划算了。

Rust 的規則可能和語言不同，使用它們並將它們轉化成你的優勢是學習 Rust 的核心挑戰。在這一章，我們要先展示同樣的基本問題在其他語言裡面的情況，並深入了解 Rust 規則背後的邏輯和目的。然後，我們將詳細解釋 Rust 的規則，在概念和機械（mechanical）層面上了解所有權的意義，並學習如何在各種情況下追蹤所有權的改變，以及為了提供更大的彈性而調整或打破一些規則的型態。

所有權

如果你看過很多 C 和 C++ 程式，你應該看過一些註釋寫道：「某個類別的實例擁有被它指的其他物件」，這通常意味著所有權人必須決定何時該釋出它擁有的物件，當所有權人被銷毀時，它也要銷毀它擁有的物件。

例如，假設你寫了下面的 C++ 程式：

```
std::string s = "frayed knot";
```

在記憶體裡面，字串 s 通常是圖 4-1 的樣子。

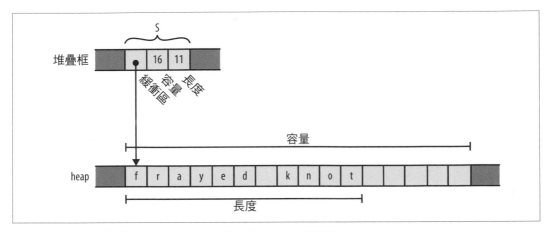

圖 4-1　在 C++ 堆疊上的 std::string，指向它的 heap 緩衝區

實際的 std::string 物件始終是 3 words 長，裡面有一個指向 heap 緩衝區的指標、緩衝區的總容量（也就是文字必須成長到多大，才需要配置更大的緩衝區來保存它），以及它現在保存的文字長度。這些欄位是 std::string 類別的私用欄位，字串的使用者無法讀取它們。

std::string 擁有它自己的緩衝區，當程式銷毀字串時，字串的解構式（destructor）會釋出緩衝區。以前，有些 C++ 程式庫會讓幾個 std::string 值共享一個緩衝區，並用參考的數量來決定何時該釋出緩衝區。新版的 C++ 規格捨棄那種表示法，所有現代的 C++ 程式庫都使用這裡的做法。

在這些情況下，人們普遍認為，雖然其他的程式可以建立臨時指標來指向已經有人擁有的記憶體，但是那個程式必須確保它的指標在所有權人決定銷毀它擁有的記憶體之前移除。你可以建立一個指標，指向位於 std::string 的緩衝區內的一個字元，但是當該字串被銷毀時，你的指標會失效，你要負責確保自己再也不會使用它。所有權人可以決定它擁有的東西的生命期，其他人都必須尊重它的決定。

我們以 std::string 為例，說明 C++ 的所有權是什麼情況，這只是標準程式庫通常遵守的慣例，雖然這個語言鼓勵你採取類似的做法，但你可以自行決定如何設計你自己的型態。

但是，在 Rust 裡，所有權的概念被整合到語言本身，並且用編譯期檢查來實施。每一個值都有一個決定其生命期的所有權人。當所有權人被釋出時（用 Rust 的術語來說，就是被卸除（dropped）），它擁有的值也會被卸除。這些規則是為了讓我們可以從程式中看出任何一個值的生命期，讓你可以控制它的生命期，這種能力是系統語言應該提供的。

變數擁有它的值,當控制離開宣告該變數的區塊時,該變數會被卸除,於是它的值也會被卸除。例如:

```
fn print_padovan() {
    let mut padovan = vec![1,1,1];  // 在此配置
    for i in 3..10 {
        let next = padovan[i-3] + padovan[i-2];
        padovan.push(next);
    }
    println!("P(1..10) = {:?}", padovan);
}                                   // 在此卸除
```

變數 padovan 的型態是 Vec<i32>,也就是 32-bit 整數向量。在記憶體裡面,padovan 的最終值長得像圖 4-2。

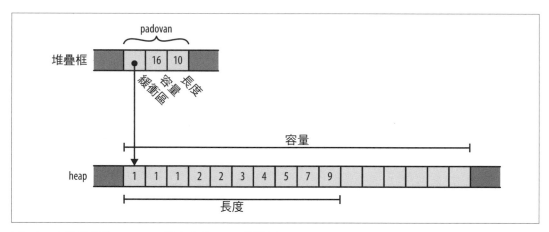

圖 4-2　在堆疊裡的 Vec<i32> 指向它的 heap 緩衝區

它很像之前的 C++ std::string,但是在緩衝區裡面的元素是 32-bit 值,不是字元。注意,儲存 padovan 的指標、容量和長度的 word 被直接放在 print_padovan 函式的堆疊框,被放在 heap 的東西只有向量的緩衝區。

如同之前的字串 s,向量元素緩衝區的所有權屬於向量。當變數 padovan 在函式的結尾離開作用域時,程式會卸除向量,因為向量擁有緩衝區,所以緩衝區會跟它一起移除。

我們再以 Rust 的 Box 型態為例說明所有權。Box<T> 是指向 heap 裡的一個 T 型態值的指標。呼叫 Box::new(v) 會配置一些 heap 空間,將 v 移到裡面,然後回傳一個指向 heap 空間的 Box。因為 Box 擁有它所指的空間,所以當 Box 被卸出時,它也會釋出空間。

例如，你可以在 heap 裡面配置一個 tuple 如下：

```
{
    let point = Box::new((0.625, 0.5));  // point 在此配置
    let label = format!("{:?}", point);  // label 在此配置
    assert_eq!(label, "(0.625, 0.5)");
}                                        // 兩者皆在此卸除
```

當程式呼叫 Box::new 時，它會在 heap 幫包含兩個 f64 值的 tuple 配置空間，將它的引數 (0.625, 0.5) 移入該空間，並回傳一個指向它的指標。圖 4-3 是堆疊框在控制到達 assert_eq! 呼叫處的樣子。

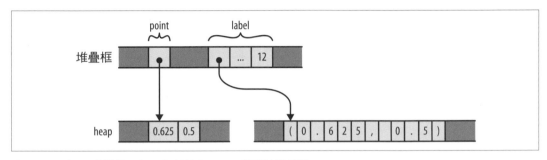

圖 4-3　兩個區域變數，每一個都擁有 heap 裡面的記憶體

堆疊框本身保存了變數 point 與 label，兩個變數都指向它擁有的 heap 空間，當它們被卸除時，它們擁有的空間會跟著它們一起被釋出。

struct 擁有它們的欄位，tuple、陣列與向量擁有它們的元素，如同變數擁有它們的值：

```
struct Person { name: String, birth: i32 }

let mut composers = Vec::new();
composers.push(Person { name: "Palestrina".to_string(),
                        birth: 1525 });
composers.push(Person { name: "Dowland".to_string(),
                        birth: 1563 });
composers.push(Person { name: "Lully".to_string(),
                        birth: 1632 });
for composer in &composers {
    println!("{}, born {}", composer.name, composer.birth);
}
```

在此，composers 是 Vec<Person>，它是一個 struct 向量，裡面的每一個 struct 都保存一個字串與一個數字。圖 4-4 是 composers 在記憶體裡面的最終值。

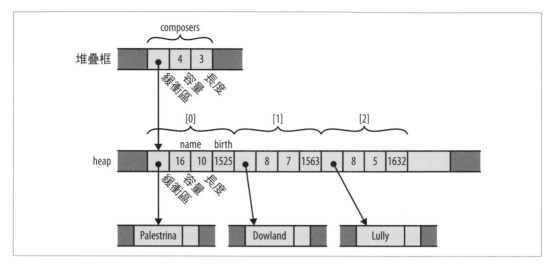

圖 4-4 　更複雜的所有權樹狀關係

這個例子有很多所有權關係，但每一種都相當簡單：composers 有一個向量，向量有它的元素，每個元素都是一個 Person 結構，每個結構都有它的欄位，而字串欄位有它的文字。當控制離開宣告 composers 的作用域時，程式會卸除它的值，並將它的整個配置全部移除。如果這個例子有其他的集合種類，例如 HashMap 或 BTreeSet，情況也是如此。

現在我們後退一步，考慮我們展示過的所有權關係帶來的後果。每個值都有一個所有權人，所以卸除它的時機很容易決定。但是一個值可能擁有許多其他值，例如，向量 composers 擁有它的所有元素，而且這些值可能還會擁有其他值：每一個 composers 的元素都擁有一個字串，字串擁有它的文字。

所以，所有權人與它擁有的值形成樹狀關係：你的所有權人是你的父輩，你擁有的值是你的子輩。每個樹狀關係的根是一個變數，當那個變數離開作用域時，整棵樹亦隨之消失。你可以在描繪 composers 的圖表裡面看到這種所有權樹狀關係，它不是搜索樹這種資料結構，或 HTML 文件裡的 DOM 元素那種「樹」，而是以多種型態構成的樹，Rust 的單一所有權人規則禁止可能讓整個安排比樹狀結構更複雜的任何結構重新結合（rejoining of structure），在 Rust 程式裡面的每個值都是某棵樹的成員，樹的根是某個變數。

Rust 程式通常不會用明確的指令來卸除值，例如 C 與 C++ 程式的 free 與 delete。在 Rust 裡面，卸除值的做法是將它從所有權樹移除，也許是藉著離開一個變數的作用域，或刪除向量的一個元素，或類似的動作。此時，Rust 會確保值被正確卸除，連同它擁有的任何東西。

從某種意義上說，Rust 沒有其他語言那麼強大：其他的程式語言都可以讓你隨便建立物件圖，並且以你認為適合的方式，讓那些物件互相指向對方，但正因為 Rust 沒那麼強大，它才可以對程式執行更仔細的分析，Rust 的安全保證之所以可以實現，正是因為它在程式中看到的關係比較容易處理。這是稍早談到的 Rust 的「激進賭注」的一部分：Rust 聲稱，實務上，人們在解決問題時，通常有足夠的彈性，確保在語言施加的限制範圍內，至少可以想出幾個完美的解決方案。

話雖如此，我們到目前為止解釋的所有權概念仍然過於僵化，沒有實際的用處。Rust 以幾種方式延伸這個簡單的概念：

- 你可以將值從一個所有權人轉移到另一個，你可以建立、重新排列與拆除樹狀關係。

- 整數、浮點數、字元這種非常簡單的型態不受所有權規則的約束，它們稱為 Copy 型態。

- 標準程式庫提供了參考計數（reference-counted）指標型態 Rc 與 Arc，可讓值在某種限制下有多位所有權人。

- 你可以「借用一個值的參考」，參考是無所有權的指標，具有有限的生命期。

這些策略可讓所有權模式更靈活，同時支持 Rust 的承諾。我們將依序解釋每一個策略，並在下一章討論參考。

移動

在 Rust 中，對大多數的型態而言，諸如將值指派給變數、將值傳給函式、從函式回傳值等操作都不會複製值，而是移動它。來源端將值的所有權轉移給目的端，並成為未初始化，接下來，值的生命期是由目的端控制的。當 Rust 程式建立與拆除複雜結構時，它一次處理一個值，一次進行一次移動。

Rust 改變這些基本操作的含義顯得有些突兀，因為賦值該怎麼做應該已成定局了。但是，如果你仔細觀察不同的語言如何處理賦值，你會發現各個派別之間存在很大的差異，比較它們也可以讓你更了解 Rust 做出來的選擇背後的意義和帶來的後果。

考慮這段 Python 程式：

```
s = ['udon', 'ramen', 'soba']
t = s
u = s
```

每一個 Python 物件都有一個參考數量，用來紀錄目前有多少值引用它。所以，當我們對 s 賦值之後，程式的狀態如圖 4-5 所示（省略一些欄位）。

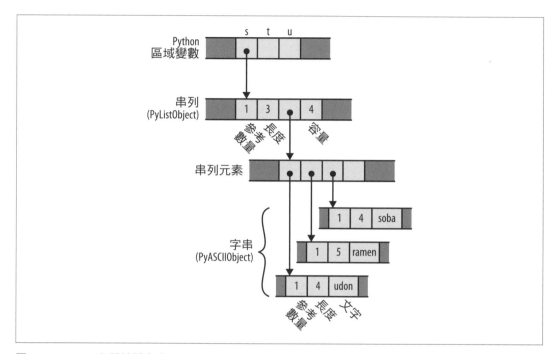

圖 4-5　Python 在記憶體內表示一個字串串列的做法

因為只有 s 指向串列，所以串列的參考數是 1，因為指向各個字串的物件只有串列，所以各個字串的參考數也是 1。

當程式對 t 與 u 進行賦值之後會怎樣？ Python 的賦值只是讓目的指向來源的同一個物件，並增加參考數。所以程式的最終狀態如圖 4-6 所示。

Python 將指標從 s 複製到 t 與 u，並將串列的參考數改成 3。在 Python 裡，賦值的成本很低，但因為它會建立指向物件的新參考，所以必須記錄參考數，才能夠知道何時可以釋出值。

現在考慮等效的 C++ 程式：

```
using namespace std;
vector<string> s = { "udon", "ramen", "soba" };
vector<string> t = s;
vector<string> u = s;
```

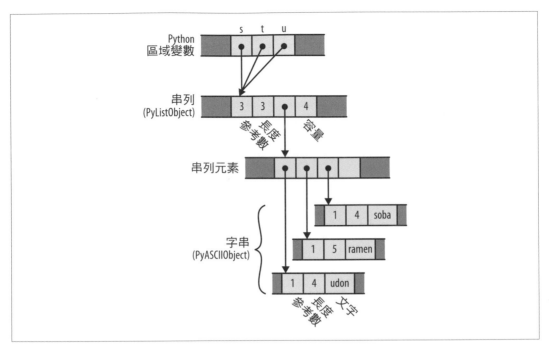

圖 4-6　在 Python 中，將 s 指派給 t 與 u 的結果

s 的原始值在記憶體裡面長得像圖 4-7。

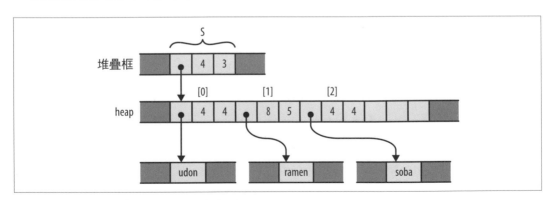

圖 4-7　C++ 在記憶體裡面如何表示字串向量

當程式將 s 指派給 t 與 u 時會怎樣？在 C++ 裡，指派 std::vector 會產生向量的複本，std::string 也差不多。所以當程式跑到結尾時，它已經配置了三個向量與九個字串（圖 4-8）。

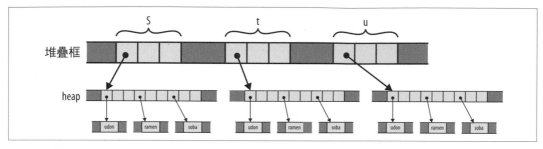

圖 4-8　將 s 指派給 t 與 u 的結果

C++ 的賦值可能耗用無上限的記憶體與處理器時間，取決於參與其中的值。但是這種做法的優點在於，程式很容易決定何時該釋出它的所有記憶體：當變數離開作用域時，在那裡配置的所有東西都會自動清除。

在某種意義上，C++ 與 Python 做了相反的取捨：Python 讓賦值的成本很低，代價是需要計算參考數量（而且通常需要做垃圾回收）。C++ 讓所有記憶體的所有權很明確，代價是賦值時需要進行深度的物件複製。C++ 程式設計師通常不怎麼喜歡這種選擇：深度複製可能很昂貴，而且往往有更實用的替代方案。

那麼，Rust 是怎麼處理等效的程式的？ Rust 的程式長這樣：

```
let s = vec!["udon".to_string(), "ramen".to_string(), "soba".to_string()];
let t = s;
let u = s;
```

如同 C 與 C++，Rust 會將 "udon" 這種普通的字串常值放入唯讀記憶體，所以為了清楚地和 C++ 和 Python 範例進行比較，我們在這裡呼叫 to_string，以便在 heap 配置 String 值。

設定 s 的初始值之後，因為 Rust 與 C++ 使用類似的方式來表示向量與字串，所以 Rust 的情況與 C++ 很像（圖 4-9）。

但是之前說過，在 Rust 裡，多數型態的賦值都會將值從來源端搬到目的端，並將來源端變成未初始化。所以初始化 t 之後，程式的記憶體如圖 4-10 所示。

為何如此？初始化 let t = s;，將向量的三個欄位從 s 移到 t，現在 t 擁有向量。向量的元素維持在原本的位置，字串也沒有任何變化，每一個值仍然有一個所有權人，雖然有一個已經易手了。我們不需要改變參考數。而且編譯器現在將 s 視為未初始化。

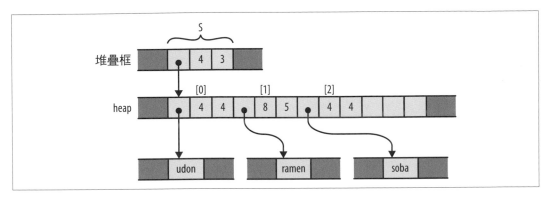

圖 4-9　Rust 在記憶體裡面如何表示字串向量

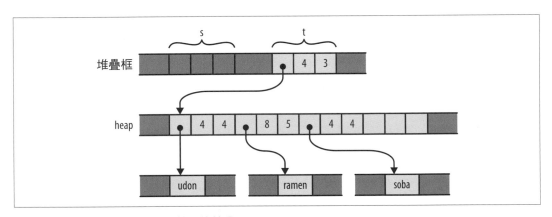

圖 4-10　在 Rust 裡，將 s 指派給 t 的結果

那麼，當程式執行到初始化 let u = s; 時會怎樣？它會將未初始化的值 s 指派給 u。Rust 慎重地禁止使用未初始化的值，因此編譯器會駁回這段程式，並顯示下面的錯誤訊息：

```
error: use of moved value: `s`
  |
7 |     let s = vec!["udon".to_string(), "ramen".to_string(), "soba".to_string()];
  |         - move occurs because `s` has type `Vec<String>`,
  |           which does not implement the `Copy` trait
8 |     let t = s;
  |             - value moved here
9 |     let u = s;
  |             ^ value used here after move
```

我們來看看 Rust 的「移動」造成什麼結果。如同 Python，Rust 的賦值代價很低，程式只要將向量的 3 word 標頭從一個地方移到另一個地方即可，但 Rust 的所有權和 C++ 一樣始終很明確：程式不需要計算參考數或使用垃圾回收來確認何時該釋出向量元素與字串內容。

使用 Rust 的代價是你必須在需要複本時明確地提出要求。如果你最終想要產生與 C++ 程式相同的狀態，讓每個變數都保存獨立的結構複本，你必須呼叫向量的 clone 方法，它會對向量及其元素進行深複製：

```
let s = vec!["udon".to_string(), "ramen".to_string(), "soba".to_string()];
let t = s.clone();
let u = s.clone();
```

你也可以使用 Rust 的參考計數指標型態來復刻 Python 的行為，我們會在第 97 頁的「Rc 與 Arc：共享所有權」討論它。

會進行移動的其他操作

我們用之前的例子展示了初始化，用 let 陳述式來為進入作用域的變數提供值。對變數賦值稍微不同，因為當你將值移入一個已經初始化的變數時，Rust 會卸除那個變數之前的值。例如：

```
let mut s = "Govinda".to_string();
s = "Siddhartha".to_string(); // "Govinda" 值在這裡被卸除
```

在這段程式裡，當程式將字串 "Siddhartha" 指派給 s 時，程式會先卸除 s 的上一個值 "Govinda"。但是考慮這段程式：

```
let mut s = "Govinda".to_string();
let t = s;
s = "Siddhartha".to_string(); // 在此不卸除任何東西
```

這一次，t 從 s 獲得原始字串的所有權，所以對 s 賦值時，它是未初始化的，在這種情況下，沒有字串被卸除。

這個範例使用初始化與賦值的原因是它們很簡單，但是 Rust 會將移動語義（move semantic）用在幾乎任何一種值的使用上。將引數傳給函式會將所有權移交給函式的參數，從函式回傳一個值會將所有權移交給呼叫方，建立一個 tuple 會將值移入 tuple…以此類推。

你應該已經從上一節的範例了解實際的脈絡了。例如，當我們建立 composers 向量時，我們這樣寫：

```
struct Person { name: String, birth: i32 }

let mut composers = Vec::new();
composers.push(Person { name: "Palestrina".to_string(),
                        birth: 1525 });
```

這段程式除了進行初始化和賦值之外，也展示了幾個發生移動的地方：

從函式回傳值

呼叫 Vec::new() 會建立一個新向量，並回傳向量本身，而不是回傳一個指向向量的指標；向量的所有權從 Vec::new 轉移到變數 composers。類似地，呼叫 to_string 會回傳一個新的 String 實例。

建構新值

用 to_string 的回傳值來初始化新結構 Person 的 name 欄位。這個結構接收字串的所有權。

將值傳給函式

整個 Person 結構（而不是指向它的指標）被傳給向量的 push 方法，該方法將它放到結構的結尾。向量接收 Person 的所有權，因此也成為 name String 的間接所有權人。

雖然移動值看起來效率不高，但注意兩件事。首先，移動只針對 *value proper*，不是針對它們擁有的 heap 儲存區。對向量與字串來說，value proper 是一個 3-word 標頭，大量的元素陣列與文字緩衝區都位於 heap 內。其次，Rust 編譯器的程式碼產生機制很擅長「看穿」這些移動，在實務上，機器碼通常會將值直接存放在它所屬之處。

移動與控制流

之前的範例都有簡單的控制流，但「移動」是怎麼和較複雜的程式互動的？一般來說，如果變數的值可能被移動，而且它的值被移走後不會被設定新值，那個變數就被視為未初始化的。例如，如果有一個變數在 if 運算式的條件式執行之後還有值，你就可以在兩個分支裡使用它：

```
let x = vec![10, 20, 30];
if c {
    f(x); // ... 可從 x 移到這裡
} else {
    g(x); // ... 也可以從 x 移到這裡
}
h(x); // 錯誤：若任一路徑使用 x，則 x 在此是未初始化的
```

出於類似的原因，在迴圈裡面也不能移動變數：

```
let x = vec![10, 20, 30];
while f() {
    g(x); // 錯誤：x 可能在第一次迭代時移動，
          // 在第二次迭代是未初始化的
}
```

除非我們在下一次迭代之前給它一個新值：

```
let mut x = vec![10, 20, 30];
while f() {
    g(x);              // 從 x 移動
    x = h();           // 給 x 一個新值
}
e(x);
```

移動與檢索內容

我們說過，移動會將值的來源端變成未初始化，而且會讓目的端獲得值的所有權。但並非每一種所有權人都已經做好未初始化的準備。例如，考慮這段程式：

```
// 建立以字串 "101", "102", ... 組成的向量 "105"
let mut v = Vec::new();
for i in 101 .. 106 {
    v.push(i.to_string());
}

// 隨機從向量拉出元素。
let third = v[2]; // 錯誤：不能從 Vec 的索引移出
let fifth = v[4]; // 這裡也是
```

為了執行這段程式，Rust 必須記住向量的第三個元素與第五個元素已經變成未初始化了，並追蹤那個資訊，直到向量被卸除為止。一般情況下，向量要附帶額外的資訊來說明哪些元素是活躍的，哪些已經變成未初始化了，但是對系統程式語言來說，這顯然不是正確的行為，向量只是一個向量，事實上，Rust 不接受上面的程式，並顯示這段錯誤訊息：

```
error: cannot move out of index of `Vec<String>`
   |
14 |     let third = v[2];
   |                 ^^^^
   |                 |
   |                 move occurs because value has type `String`,
   |                 which does not implement the `Copy` trait
   |                 help: consider borrowing here: `&v[2]`
```

錯誤訊息也對於移動至 fifth 發出類似的抱怨。在這段錯誤訊息裡面，Rust 建議使用參考，以防萬一你想要操作元素，但不想移動它，通常這也是你真正想做的事情。但如果你真的想要將元素移出向量呢？你必須遵守型態限制，可能的做法有：

```
// 建立以字串 "101", "102", ... 組成的向量 "105"
let mut v = Vec::new();
for i in 101 .. 106 {
    v.push(i.to_string());
}

// 1. 將一個值從向量的結尾 pop 出去：
let fifth = v.pop().expect("vector empty!");
assert_eq!(fifth, "105");

// 2. 將值移出向量的特定索引，
// 並將最後一個元素移至其位置：
let second = v.swap_remove(1);
assert_eq!(second, "102");

// 3. 用一個值來替換我們取出的值：
let third = std::mem::replace(&mut v[2], "substitute".to_string());
assert_eq!(third, "103");

// 我們來看看向量剩下什麼。
assert_eq!(v, vec!["101", "104", "substitute"]);
```

這些方法都會將一個元素移出向量，但是它們都會讓向量處於填滿的狀態，雖然向量可能會變小。

Vec 這類的集合型態通常提供一組方法來讓你在迴圈中耗用（consume）它的所有元素：

```
let v = vec!["liberté".to_string(),
             "égalité".to_string(),
             "fraternité".to_string()];

for mut s in v {
    s.push('!');
    println!("{}", s);
}
```

當我們直接將向量傳入迴圈時，例如 for ... in v，我們會將向量移出 v，使得 v 變成未初始化。for 迴圈的內部機制會取得向量的所有權，並將它剖析成它的元素。在每一次迭代時，迴圈會將另一個元素移至變數 s，因為 s 擁有字串，所以我們可以在迴圈本體內修改它再印出它。因為向量本身無法被程式碼看見了，所以在迴圈中，任何東西都無法在部分清空狀態下看到它。

如果你要將一個值從編譯器無法追蹤的所有權人移出，也許你要考慮將所有權人的型態改成可以動態追蹤有沒有值的型態。例如，這是之前範例的修改版：

```
struct Person { name: Option<String>, birth: i32 }

let mut composers = Vec::new();
composers.push(Person { name: Some("Palestrina".to_string()),
                        birth: 1525 });
```

你不能這樣做：

```
let first_name = composers[0].name;
```

這只會引發同樣的「cannot move out of index」錯誤。但是因為你已經將 name 欄位的型態從 String 改成 Option<String> 了，這意味著 None 是欄位可以保存的合法值，所以這段程式是有效的：

```
let first_name = std::mem::replace(&mut composers[0].name, None);
assert_eq!(first_name, Some("Palestrina".to_string()));
assert_eq!(composers[0].name, None);
```

呼叫 replace 會移出 composers[0].name 的值，在它的位置留下 None，並將原始值的所有權交給它的呼叫方。事實上，Option 的這種用法很常見，所以這個型態有一個 take 方法。你可以將上述的操作寫得更簡潔：

```
let first_name = composers[0].name.take();
```

呼叫 take 的效果與之前呼叫 replace 一樣。

複製型態：移動的例外情況

截至目前為止的範例移動的值都涉及向量、字串與其他型態，它們可能占用大量的記憶體，而且複製成本很高。移動可讓這些型態的所有權更明確，並且讓賦值更便宜。但是整數或字元等簡單的型態沒必要如此小心翼翼地處理。

讓我們來比較一下，對著 String 與 i32 賦值的時候，記憶體內是什麼情況：

```
let string1 = "somnambulance".to_string();
let string2 = string1;

let num1: i32 = 36;
let num2 = num1;
```

執行這段程式之後，記憶體長得像圖 4-11。

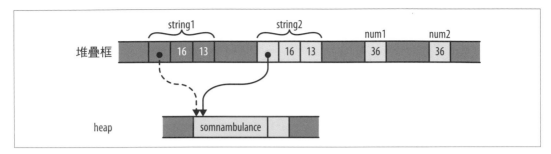

圖 4-11　對著 String 賦值會移動值，但對著 i32 賦值會複製它

如同之前的向量，賦值會將 string1 移至 string2，所以不會讓兩個字串最終都要負責釋出同一個緩衝區。但是 num1 與 num2 的情況不同，i32 在記憶體裡面只是一種位元模式（bit pattern），沒有任何 heap 資源，也不依靠它容納的 bytes 之外的任何東西，將它的位元移到 num2 會產生一個完全獨立的 num1 複本。

移動值會將來源端變成未初始化，將 string1 視為無值有重要的目的，但是以同樣的做法對待 num1 沒有意義，繼續使用它沒有任何壞處，移動帶來的好處不適用於此，甚至帶來不便。

我們曾經保守地說，大多數的型態都可移動；讓我們來看一下例外的情況，也就是被 Rust 定義成 *Copy* 的型態。指派 Copy 型態值會複製值，而不是移動它，賦值的來源端仍維持初始化且可用狀態，它的值與之前一樣。將 Copy 型態傳給函式和建構式也有類似的行為。

標準的 Copy 型態包括所有的機器整數與浮點數型態、char 與 bool 型態，以及一些其他型態。tuple 和大小固定的 Copy 型態陣列也是 Copy 型態。

「只要做簡單的逐位元複製就可以複製」的型態才能成為 Copy 型態。如前所述，String 不是 Copy 型態，因為它有一個 heap 緩衝區。出於類似的理由，Box<T> 不是 Copy，因為它有 heap 參考對象。代表作業系統檔案控制碼（file handle）的 File 型態不是 Copy，複製這種值必須要求作業統提供另一個檔案控制碼，代表互斥鎖的 MutexGuard 型態也不是 Copy，複製這種型態毫無意義，因為一次只有一個執行緒可以持有一個互斥鎖。

如果一種型態的值被卸除時需要做某種特別的事情，那個型態就不能是 Copy，例如 Vec 需要釋出它的元素，File 需要關閉它的檔案控制碼，MutexGuard 需要將它的互斥鎖解鎖…等。對這種型態進行逐位元複製會讓 Rust 搞不懂原始的資源現在究竟是由哪個值負責的。

那麼，你自己定義的型態呢？在預設情況下，truct 與 enum 型態都不是 Copy：

```
struct Label { number: u32 }

fn print(l: Label) { println!("STAMP: {}", l.number); }

let l = Label { number: 3 };
print(l);
println!("My label number is: {}", l.number);
```

這段程式無法編譯，Rust 會抱怨：

```
error: borrow of moved value: `l`
   |
10 |     let l = Label { number: 3 };
   |         - move occurs because `l` has type `main::Label`,
   |           which does not implement the `Copy` trait
11 |     print(l);
   |           - value moved here
12 |     println!("My label number is: {}", l.number);
   |                                        ^^^^^^^^
   |                     value borrowed here after move
```

因為 Label 不是 Copy，所以將它傳給 print 會將值的所有權交給 print 函式，該函式會在 return 之前卸除它。但是樣子很蠢，因為 Label 其實只是一個 u32，將 l 傳給 print 需要移動值沒有道理。

但是用戶定義的型態是非 Copy 只是預設的做法，如果你的 struct 的所有欄位本身都是 Copy，你可以在定義型態的程式上面加入屬性 #[derive(Copy, Clone)] 來將它設為 Copy：

```
#[derive(Copy, Clone)]
struct Label { number: u32 }
```

如此一來，上面的程式就可以編譯，而不會產生抱怨了。但是，如果你的型態有一些欄位不是 Copy，你就不能這樣做。假如我們編譯這段程式：

```
#[derive(Copy, Clone)]
struct StringLabel { name: String }
```

它會產生這個錯誤：

```
error: the trait `Copy` may not be implemented for this type
  |
7 | #[derive(Copy, Clone)]
  |          ^^^^
8 | struct StringLabel { name: String }
  |                      ----------- this field does not implement `Copy`
```

為何用戶定義的型態不會自動成為 Copy，如果它們符合條件的話？一個型態是不是 Copy 會影響哪些程式可使用它：Copy 型態比較靈活，因為對它賦值和進行相關的操作不會導致原始值未初始化。但是對型態的實作者來說，它反而帶來不便：Copy 型態可以容納的型態非常有限，但是非 Copy 的型態可以使用 heap，以及擁有其他種類的資源。所以將一個型態設為 Copy 代表實現者做出一個莊嚴的承諾：如果以後需要將它改成非 Copy，那麼使用它的程式可能都要做相應的調整。

雖然 C++ 可讓你覆載賦值運算子，與定義專門的複製和移動建構式，但 Rust 不允許這種客製化。在 Rust 裡，每一個移動都是逐 byte 的淺複製，並將來源端變成未初始化。Copy 也一樣，只不過來源端會維持已初始化。這意味著 C++ 的類別可以提供 Rust 型態無法提供的方便介面，並且使用平凡的程式來暗中調整參考數量，推遲昂貴的複製，或使用其他複雜的實作技巧。

但是這種彈性會讓 C++ 語言的賦值、參數傳遞、由函式回傳值等基本操作變得更難預測。例如，本章說過，在 C++ 裡面將一個變數指派給另一個變數可能需要無限數量的記憶體和處理器時間。Rust 的基本原則是讓程式設計師清楚地知道成本，基本的操作必須保持簡單，可能很昂貴的操作必須明確表示，例如在前面的範例中，對向量及其字串進行深複製的 clone 呼叫式。

這一節將 Copy 與 Clone 說成型態的一種特性，它們其實是 *trait*，trait 是 Rust 的一種開放式機制，可讓你根據型態的用途來對它們進行分類。我們將在第 11 章介紹 trait，在第 13 章專門介紹 Copy 與 Clone。

Rc 與 Arc：共享所有權

雖然在典型的 Rust 程式中，大多數的值都只有一個所有權人，你希望值可以存活到所有人都已經使用它為止，但有時幫值找一個生命期符合需求的所有權人不容易。Rust 為這些情況提供了參考計數指標型態 Rc 與 Arc。如同 Rust 給你的印象，它們使用起來都很安全：你不會忘記調整參考數量、建立多個指標指向參考對象卻沒有被 Rust 發現，或遇到 C++ 的參考計數指標型態帶來的其他問題。

Rc 與 Arc 型態很相似，它們唯一的區別在於 Arc 可以讓不同的執行緒安全地共享，Arc 這個名稱是 *atomic reference count* 的簡寫，而普通的 Rc 使用較快的非執行緒安全程式碼來更改參考數量。如果你不需要在執行緒之間共用指標，你就不需要付出 Arc 帶來的性能損失，應該使用 Rc 才對，Rust 會防止你不小心將它傳出執行緒邊界。這兩種型態的其他方面是等效的，所以本節接下來的內容只討論 Rc。

我們之前展示了 Python 如何使用參考數來管理值的生命期，你可以在 Rust 裡面使用 Rc 來得到類似的效果。考慮下面的程式：

```
use std::rc::Rc;

// Rust 可以推斷以下所有型態，將型態寫出來是為了清楚說明
let s:Rc<String> = Rc::new("shirataki".to_string());
let t:Rc<String> = s.clone();
let u:Rc<String> = s.clone();
```

對任何型態 T 而言，Rc<T> 值是一個指向 heap 裡的 T 的指標，以及一個參考數量。複製 Rc<T> 值不會複製 T，只會建立另一個指向它的指標，並遞增參考數量。所以上面的程式會在記憶體裡面產生圖 4-12 的情況。

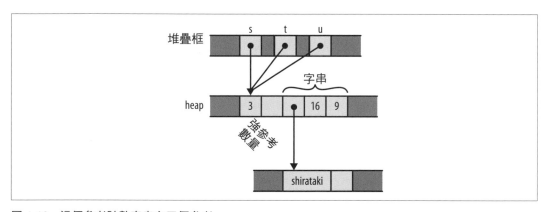

圖 4-12 這個參考計數字串有三個參考

這三個 Rc<String> 指標都指向同一塊記憶體，那一塊記憶體保存一個參考數量，以及保留 String 的空間。一般的所有權規則也適用於 Rc 指標本身，當最後一個存活的 Rc 被卸除時，String 也會被卸除。

你可以對著 Rc<String> 使用 String 的任何一個普通方法：

```
assert!(s.contains("shira"));
assert_eq!(t.find("taki"), Some(5));
println!("{} are quite chewy, almost bouncy, but lack flavor", u);
```

被 Rc 指標擁有的值是不可變的，假如你試著在字串結尾加入一些文字：

```
s.push_str(" noodles");
```

Rust 會顯示：

```
error: cannot borrow data in an `Rc` as mutable
   |
13 |     s.push_str(" noodles");
   |     ^ cannot borrow as mutable
   |
```

Rust 的記憶體與執行緒安全保證，是建立在「確保任何值都不能既是共享也是可變」之上。Rust 假設 Rc 指標的參考對象是共享的，所以它一定不可變。我們將在第 5 章解釋為何這個限制很重要。

使用參考數來管理記憶體有一個很有名的問題：如果兩個參考計數的值互指，那麼它們保存的另一個值的參考數都大於零，所以它們永遠都不會被釋出（圖 4-13）。

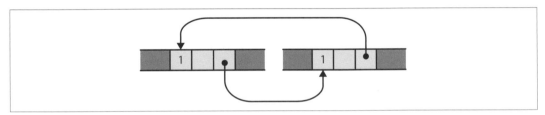

圖 4-13　計算參考數造成的循環，這些物件不會被釋出

雖然在 Rust 裡可能有這種洩漏值（leak value）的情況，但很罕見。為了創造這種循環，你必須讓舊值指向新值，為此，舊值顯然必須是可變的。因為 Rc 指標的參考對象是不可變的，所以這種循環不太可能做得出來。但是，Rust 提供幾種方式在不可變的值建立可變的部分，這就是所謂的內部可變性（*interior mutability*），我們將在第 228 頁的「內部可變性」介紹它。同時使用這種技術與 Rc 指標就有可能做出循環，並洩漏記憶體。

有時你可以在一些連結改用弱指標（*weak pointer*）std::rc::Weak 來避免建立循環的 Rc 指標。但是，本書不討論它們，詳情請參考標準程式庫的文件。

移動與參考計數指標是放鬆所有權樹的僵化特性的兩種手段。下一章將介紹第三種手段：借用值的參考。當你習慣所有權與借用之後，你就征服 Rust 學習曲線中最陡峭的部分，可以開始利用 Rust 的獨特優勢了。

## 第五章

參考

> 程式庫不應該帶來新的不便。
> —Mark Miller

我們到目前為止看過的所有指標型態，包括簡單的 Box<T> heap 指標，以及 String 與 Vec 值的內部指標，都有指標的所有權：當所有權人被卸除時，它的參考對象也隨之卸除。Rust 也有無所有權指標型態，稱為參考（*reference*），它不會影響參考對象的生命期。

事實上，情況恰恰相反：參考的生命期絕對不能超過參考對象的生命期，你必須在程式中明確地指出，任何參考的生命期都不能超過它指的值。為了強調這一點，Rust 將「建立一個值的參考」稱為「借用值」：你向別人借的東西，終究必須還給它的所有權人。

如果你覺得「你必須在程式中明確地指出」這句話很奇怪，代表你是優秀的伙伴。參考本身沒有什麼特別之處，在底下，它們只不過是位址。但是 Rust 確保安全的規則很新鮮，除了用於研究的語言之外，你不會看到類似的東西。雖然這些規則需要費很大的工夫才能掌握，但令人驚訝的是，它們可以防止眾多經典的、日常的 bug，而且對多執行緒程式造成正面的影響。它是 Rust 的另一個激進賭注。

這一章將介紹 Rust 的參考如何運作，展示參考、函式與用戶定義的型態如何加入生命期資訊來確保它們被安全地使用，並說明這些行動可以在編譯期防止哪些 bug，同時不會影響執行期性能。

值的參考

舉個例子，假設我們要建立一個性格凶狠的文藝復興藝術家及其作品的表格。Rust 的標準程式庫有一個雜湊（hash）表格型態，我們可以這樣定義型態：

```
use std::collections::HashMap;

type Table = HashMap<String, Vec<String>>;
```

它是一個將 String 值對映到 Vec<String> 值的雜湊表，也就是將藝術家的名字對映到他們的作品名稱。我們可以用 for 迴圈來迭代 HashMap 的項目，我們用一個函式來印出一個 Table：

```
fn show(table: Table) {
    for (artist, works) in table {
        println!("works by {}:", artist);
        for work in works {
            println!("  {}", work);
        }
    }
}
```

建構與印出表格很簡單：

```
fn main() {
    let mut table = Table::new();
    table.insert("Gesualdo".to_string(),
                 vec!["many madrigals".to_string(),
                      "Tenebrae Responsoria".to_string()]);
    table.insert("Caravaggio".to_string(),
                 vec!["The Musicians".to_string(),
                      "The Calling of St. Matthew".to_string()]);
    table.insert("Cellini".to_string(),
                 vec!["Perseus with the head of Medusa".to_string(),
                      "a salt cellar".to_string()]);

    show(table);
}
```

程式可以順利執行：

```
$ cargo run
     Running `/home/jimb/rust/book/fragments/target/debug/fragments`
works by Gesualdo:
  many madrigals
  Tenebrae Responsoria
```

```
works by Cellini:
  Perseus with the head of Medusa
  a salt cellar
works by Caravaggio:
  The Musicians
  The Calling of St. Matthew
$
```

但是如果你看過上一章關於「移動」的部分，show 的定義應該會讓你產生一些疑問，具體來說，HashMap 不是 Copy（它不可能是，因為它擁有一個動態配置的表），所以當程式呼叫 show(table) 時，整個結構都會被移到函式，導致變數 table 變成未初始化（這個函式不會以特定的順序迭代內容，萬一看到不同的順序時不用擔心）。如果現在呼叫方試著使用 table，它會遇到麻煩：

```
...
show(table);
assert_eq!(table["Gesualdo"][0], "many madrigals");
```

Rust 抱怨那個 table 已經不能用了：

```
error: borrow of moved value: `table`
   |
20 |     let mut table = Table::new();
   |         --------- move occurs because `table` has type
   |                   `HashMap<String, Vec<String>>`,
   |                   which does not implement the `Copy` trait
...
31 |     show(table);
   |          ----- value moved here
32 |     assert_eq!(table["Gesualdo"][0], "many madrigals");
   |                ^^^^^ value borrowed here after move
```

事實上，從 show 的定義可以看到，外面的 for 迴圈會取得雜湊表的所有權，並完全耗用它，裡面的 for 迴圈會對每一個向量做同樣的事情（我們曾經在「liberté, égalité, fraternité」範例中看過這種行為）。由於移動語義，我們只要印出整個結構就會完全銷毀它。謝啦，Rust！

這個範例的正確做法是使用參考，參考可讓你存取一個值，又不影響它的所有權。參考有兩種：

- 共享參考（*shared reference*）可讓人讀取它的參考對象，但不能修改參考對象。但是你可以讓任意數量的共享參考同時指向同一個值。運算式 &e 會產生 e 的值的共享參考，如果 e 的型態是 T，那麼 &e 的型態就是 &T，讀成「ref T」。共享參考是 Copy。

- 值的可變參考（*mutable reference*）可讓你讀取和修改值，但是，你不能同時讓任何種類的任何其他參考指向那個值。運算式 &mut e 會產生一個 e 的值的可變參考，它的型態寫成 &mut T，讀成「ref mute T」。可變參考不是 Copy。

你可以將共享參考與可變參考想成在編譯期執行「多個讀取方」或「單一寫入方」的手段。事實上，這條規則不只適用於參考，也適用於被借用的值的所有權人。只要一個值有共享參考，那個值就會被鎖住，即使是它的所有權人也不能修改它。任何人都不能在 show 處理 table 時修改 table。同樣的，如果一個值有可變參考，那麼只有那個參考可以操作該值，在可變參考消失之前，你完全不能使用所有權人。將共用性與可變性完全分開對記憶體安全至關重要，本章稍後會說明原因。

在範例中的列印函式不需要修改表格，只需要讀取它的內容，所以函式呼叫方可以將表格的共享參考傳給它，如下所示：

```
show(&table);
```

參考是無所有權指標，所以 table 變數仍然是整個結構的所有權人，show 只是暫時借用它。當然，我們要相應地調整 show 的定義，但你必須仔細觀察才能看出差異：

```
fn show(table: &Table) {
    for (artist, works) in table {
        println!("works by {}:", artist);
        for work in works {
            println!("  {}", work);
        }
    }
}
```

show 的 table 參數的型態已經從 Table 改成 &Table 了，現在不是以值傳遞表格（將所有權移入函式），而是傳遞一個共享參考。這只是文字上的改變，它會對本體的運作造成什麼影響？

雖然原始的外部 for 迴圈擁有 HashMap 並耗用它，但在新版本裡面，該迴圈會接收 HashMap 的共享參考。根據定義，迭代 HashMap 的共享參考會產生各個項目的索引鍵與值的共享參考：artist 會從 String 變成 &String，而 works 會從 Vec<String> 變成 &Vec<String>。

內部迴圈也有類似的改變。根據定義，迭代向量的共享參考會產生其元素的共享參考，所以現在 work 是 &String。這個函式裡面的任何地方都不會轉移所有權，只會傳遞無所有權的參考。

如果你要寫一個函式來按字母順序排列每位藝術家的作品，共享參考就派不上用場了，因為共享參考不允許修改。排序函式必須接收表格的可變參考：

```
fn sort_works(table: &mut Table) {
    for (_artist, works) in table {
        works.sort();
    }
}
```

我們必須傳一個可變參考給它：

```
sort_works(&mut table);
```

這種可變借用可讓 sort_works 讀取和修改我們的結構，向量的 sort 方法也要這樣做。

當你傳值給函式時，將值的所有權交給函式稱為以值傳遞它。如果你將值的參考傳給函式，我們稱之為以參考傳值。例如，我們修改 show 函式，讓它以參考接收表格，而不是以值。許多語言都有這種區別，但是這種區別在 Rust 裡面特別重要，因為它指出所有權是如何被影響的。

使用參考

上面的範例展示了非常典型的參考用法：讓函式操作一個結構，而不獲得所有權。但是參考的靈活度不只如此，我們用幾個例子來詳細說明它的作用。

Rust 參考 vs. C++ 參考

C++ 的參考與 Rust 的參考有一些共同點。最重要的是，它們都只是機器層面上的位址。但是在實務上，Rust 的參考給人非常不同的感受。

在 C++，參考是透過轉換來隱性建立的，也是隱性地解參考的：

```
// C++ 程式！
int x = 10;
int &r = x;              // 初始化隱性地建立參考
assert(r == 10);         // 隱性解參考 r，以取得 x 的值
r = 20;                  // 將 20 存入 x，r 本身仍然指向 x
```

在 Rust 裡，參考是用 & 運算子來明確建立的，並且用 * 運算子來明確解參考的：

```
// 接下來都回到 Rust 程式
let x = 10;
```

```
let r = &x;              // &x 是 x 的共享參考
assert!(*r == 10);       // 明確地解參考 r
```

你要用 &mut 運算子來建立可變參考：

```
let mut y = 32;
let m = &mut y;          // &mut y 是 y 的可變參考
*m += 32;                // 明確地解參考 m 來設定 y 的值
assert!(*m == 64);       // 以及查看 y 的新值
```

但是你應該還記得，當我們修改 show 函式，讓它以參考接收藝術家表格，而不是以值接收時，我們不需要使用 * 運算子，為什麼？

因為參考在 Rust 裡面實在太常使用了，所以在需要時，. 運算子可以隱性地將它的左運算元解參考：

```
struct Anime { name: &'static str, bechdel_pass: bool }
let aria = Anime { name: "Aria: The Animation", bechdel_pass: true };
let anime_ref = &aria;
assert_eq!(anime_ref.name, "Aria: The Animation");

// 相當於上面的程式，但是將解參考寫出來：
assert_eq!((*anime_ref).name, "Aria:The Animation");
```

show 函式使用的 println! 巨集會展開成使用 . 運算子的程式碼，所以它也利用這種隱性解參考。

. 運算子也可以隱性地借用左運算元的參考，如果方法呼叫需要它的話。例如，Vec 的 sort 方法接收向量的可變參考，所以這兩個呼叫式是等效的：

```
let mut v = vec![1973, 1968];
v.sort();                // 隱性地借用 v 的可變參考
(&mut v).sort();         // 等效，但比較冗長
```

簡言之，C++ 會隱性地互相轉換參考與 lvalue（也就是指出記憶體內的位置的運算式），這些轉換會在需要它們的任何地方出現。在 Rust 裡，你要用 & 與 * 運算子來建立與追蹤參考，但 . 運算子例外，它會隱性地借用與解參考。

指派參考

將一個參考指派給變數可讓那個變數指向一個新的位置：

```
let x = 10;
let y = 20;
let mut r = &x;

if b { r = &y; }

assert!(*r == 10 || *r == 20);
```

參考 r 最初指向 x，但如果 b 是 true，程式會將它指向 y，如圖 5-1 所示。

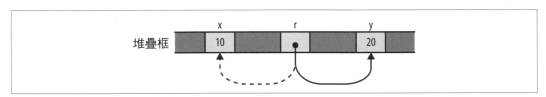

圖 5-1　參考 r 現在指向 y 而不是 x

這個行為似乎簡單得不值得一提：r 現在當然指向 y，因為我們在它裡面儲存 &y，在此特別說這件事是因為，C++ 的解參考有非常不同的行為：如前所述，在 C++ 裡，將值指派給參考會將值存入參考對象。一旦 C++ 參考已經初始化了，你就無法讓它指向別的東西。

參考的參考

Rust 允許參考別的參考：

```
struct Point { x: i32, y: i32 }
let point = Point { x: 1000, y: 729 };
let r: &Point = &point;
let rr: &&Point = &r;
let rrr: &&&Point = &rr;
```

（為了清楚地說明，我們寫出參考型態，但你可以省略它們；這裡的東西 Rust 都可以自行推斷。）. 運算子會追隨必要數量的參考來找到它的目標：

```
assert_eq!(rrr.y, 729);
```

在記憶體裡面，參考是以圖 5-2 的方式安排的。

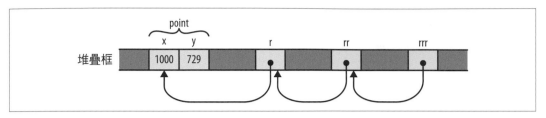

圖 5-2　一連串參考的參考

所以運算式 rrr.y 在 rrr 的型態的引導之下，會經過三個參考，到達 Point，再抓取它的 y
欄位。

比較參考

如同 . 運算子，Rust 的比較運算子可以「看穿」任何數量的參考：

```
let x = 10;
let y = 10;

let rx = &x;
let ry = &y;

let rrx = &rx;
let rry = &ry;

assert!(rrx <= rry);
assert!(rrx == rry);
```

最後一個斷言會成功，即使 rrx 與 rry 指向不同的值（即 rx 與 ry），因為 == 運算子會追
蹤所有的參考，並且用它們的最終目標 x 與 y 進行比較。這應該是你想要的行為，尤其
是在撰寫泛型函式時。如果你其實想知道兩個參考是否指向同一個記憶體，你可以使用
std::ptr::eq，它會比較位址：

```
assert!(rx == ry);              // 它們的參考對象是相等的
assert!(!std::ptr::eq(rx, ry)); // 但是位於不同的位址
```

注意，進行比較的運算元必須有完全相同的型態，包括參考：

```
assert!(rx == rrx);    // 錯誤：型態不符：`&i32` vs `&&i32`
assert!(rx == *rrx);   // 可以
```

參考絕不會是 null

Rust 的參考絕對不會是 null。Rust 沒有相當於 C 的 NULL 或 C++ 的 nullptr 的東西。參考沒有預設的初始值（變數必須初始化之後才能使用，無論它是什麼型態），Rust 不會將整數轉換成參考（不屬於 unsafe 程式碼的程式），所以不能將零轉換成參考。

C 與 C++ 程式通常使用 null 指標來代表值不存在，例如，malloc 函式可回傳指向新記憶體區塊的指標，如果沒有足夠的記憶體可以滿足請求，則回傳 nullptr。在 Rust 裡，如果你需要一個可能參考某個東西，但也可能不參考任何東西的值時，你可以使用 Option<&T> 型態。在機器層面上，Rust 用 null 指標與 Some(r) 來表示 None，Some(r) 的 r 是一個 &T 值，它是非零位址，所以 Option<&T> 與 C 或 C++ 的 nullable 指標一樣有效，但它更安全：它的型態要求你在使用它之前先檢查它是不是 None。

借用任意運算式的參考

C 與 C++ 只讓你對某些種類的運算式使用 & 運算子，但 Rust 可讓你借用任何類型的運算式的值的參考：

```
fn factorial(n: usize) -> usize {
    (1..n+1).product()
}
let r = &factorial(6);
// 算術運算子可以看穿一層參考
assert_eq!(r + &1009, 1729);
```

在這種情況下，Rust 會建立一個匿名變數來保存運算式的值，並讓參考指向它。這個匿名變數的生命期取決於你怎麼使用參考：

- 如果你立刻用 let 陳述式將參考指派給一個變數（或讓它成為某個 struct 或陣列的一部分，並立刻賦值），那麼 Rust 會讓匿名變數的生命期和你使用 let 來初始化的變數一樣久。在上面的例子裡，Rust 會對 r 的參考對象這樣做。

- 否則，匿名變數的生命期會在封閉陳述式的結尾結束。在我們的例子裡，Rust 保存 1009 的匿名變數只會存活到 assert_eq! 陳述式的結尾。

如果你用過 C 或 C++，你可能覺得這種做法好像很容易出錯，但是別忘了，Rust 絕不讓你寫出可能產生懸空參考的程式。如果程式可能在匿名變數的生命期結束之後使用參考，Rust 一定會在編譯期回報這個問題，此時你可以修改程式，讓被點名的變數內的參考對象有適當的生命期。

slice 與 trait 物件的參考

目前展示過的參考都只是簡單的位址。但是，Rust 也有兩種胖指標，它們是雙 word 值，存有某個值的位址，以及使用該值所需的其他資訊。

slice 的參考是一種胖指標，存有 slice 的起點位址與長度。我們已經在第 3 章詳細介紹 slice 了。

Rust 的另一種胖指標是 *trait* 物件，它是實作了某個 trait 的值的參考。trait 物件存有值的位址，以及一個指向 trait 的實作的指標，用來呼叫 trait 的方法。我們將在第 262 頁的「trait 物件」詳細介紹 trait 物件。

除了存有額外資料之外，slice 與 trait 物件參考的行為就像本章介紹過的其他參考：它們沒有參考對象的所有權，它們的生命期不能超過它們的參考對象，它們可能是可變的或共享的…等。

參考安全

如同我們介紹過的，參考看起來很像 C 或 C++ 裡面的普通指標，但是它們是不安全的；Rust 究竟是怎麼控制參考的？為了了解規則如何運作，試著打破規則也許是個好辦法。

為了介紹基本概念，我們將從最簡單的案例看起，說明 Rust 如何確保參考在函式本體內被正確使用。然後，我們要看一個在函式之間傳遞參考，以及將它們存入資料結構的例子，這涉及提供生命期參數給函式與資料型態。最後，我們要展示 Rust 為了簡化常見的使用模式而提供的捷徑。在過程中，我們會展示 Rust 如何指出不正確的程式，以及提出解決方案。

借用區域變數

這是非常簡單的案例。你不能借用區域變數的參考並帶它離開變數的作用域：

```
{
    let r;
    {
        let x = 1;
        r = &x;
    }
    assert_eq!(*r, 1);  // 不對：讀取 `x` 曾使用的記憶體
}
```

Rust 編譯器會拒絕這段程式，並提供詳細的錯誤訊息：

```
error: `x` does not live long enough
   |
7  |          r = &x;
   |              ^^ borrowed value does not live long enough
8  |      }
   |      - `x` dropped here while still borrowed
9  |      assert_eq!(*r, 1);   // 不對：讀取 `x` 曾使用的記憶體
10 | }
```

Rust 抱怨 x 的生命期只到內部區塊的結尾，參考則繼續存活到外部區塊結尾，導致它變成懸空指標，這是禁止的行為。

雖然對人類讀者而言，這段程式明顯是錯的，但是我們應該看一下 Rust 本身是如何得出這個結論的。就算這個例子很簡單，它也展示了 Rust 用來檢查複雜程式的邏輯工具。

Rust 試著為程式中的每一個參考型態指定一個生命期，以符合它的用法限制。生命期就是參考可以在哪一段程式內安全地使用，例如陳述式、運算式、某個變數的作用域…等。生命期是 Rust 在編譯期想像出來的東西。在執行期，參考只是一個位址，它的生命期是型態的一部分，沒有執行期的表示法。

在這個範例中，我們需要釐清三個生命期之間的關係。變數 r 與 x 都有生命期，從它們被初始化的地方，到編譯器可以證明程式再也不會使用它們的地方。第三個生命期是參考型態的生命期：我們借給 x 並存入 r 的參考的型態。

我們可以看到一個非常明顯的限制：如果你有一個變數 x，那麼 x 的參考的生命期不能超過 x 本身，如圖 5-3 所示。

參考在 x 離開作用域之後的地方會變成懸空指標。變數的生命期必須涵蓋（*contain* 或 *enclose*）向它借用的參考的生命期。

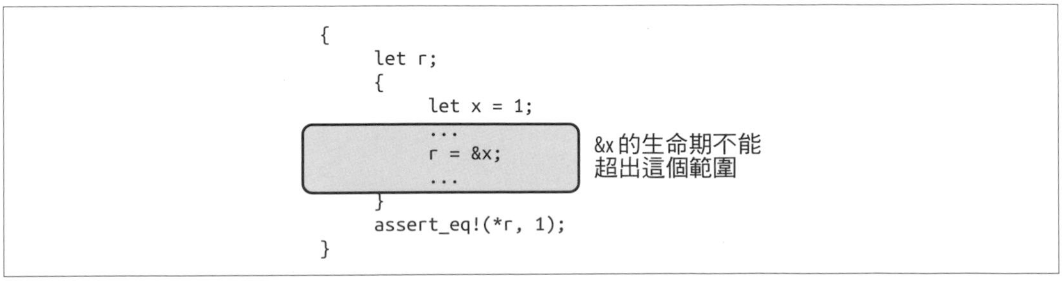

```
{
    let r;
    {
        let x = 1;
        ...
        r = &x;          &x 的生命期不能
        ...              超出這個範圍
    }
    assert_eq!(*r, 1);
}
```

圖 5-3　&x 的生命期

我們還有另一種限制：如果你將一個參考存入變數 r，那個參考的型態必須在變數的整個生命期都是存活的，從變數的初始化到它最後一次使用，如圖 5-4 所示。

如果參考的生命期比變數還要短，那麼在某個時刻，r 會變成懸空指標。我們說，參考的生命期必須涵蓋變數的生命期。

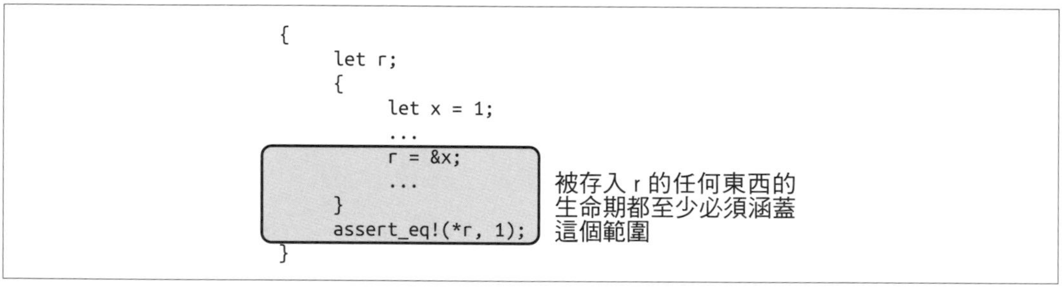

```
{
    let r;
    {
        let x = 1;
        ...
        r = &x;
        ...
    }
    assert_eq!(*r, 1);
}
```

被存入 r 的任何東西的
生命期都至少必須涵蓋
這個範圍

圖 5-4　r 儲存的參考的生命期

第一種限制約束了參考的生命期可以多長，第二種則約束了它可以多短。Rust 會試著幫每一個參考找出滿足所有限制的生命期。但是，我們的例子沒有這種生命期，如圖 5-5 所示。

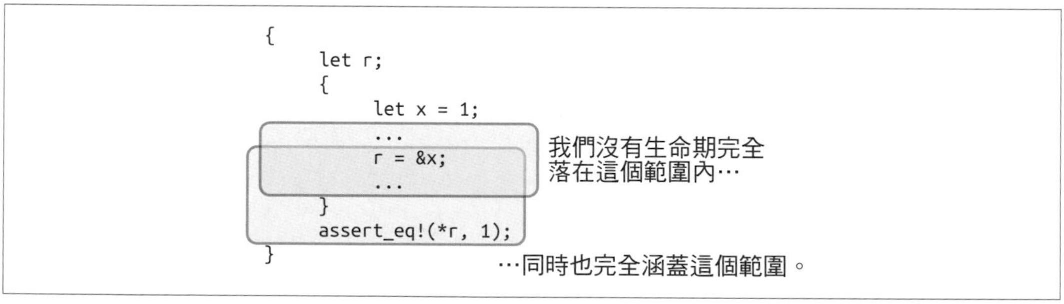

```
{
    let r;
    {
        let x = 1;
        ...
        r = &x;
        ...
    }
    assert_eq!(*r, 1);
}
```

我們沒有生命期完全
落在這個範圍內…

…同時也完全涵蓋這個範圍。

圖 5-5　這個參考的生命期有矛盾的限制

我們來考慮一個不同的例子，裡面的條件都滿足。我們有同一組限制條件：參考的生命期必須被 x 涵蓋，但完全涵蓋 r 的生命期。因為現在 r 的生命期比較短，所以有一個生命期符合限制，如圖 5-6 所示。

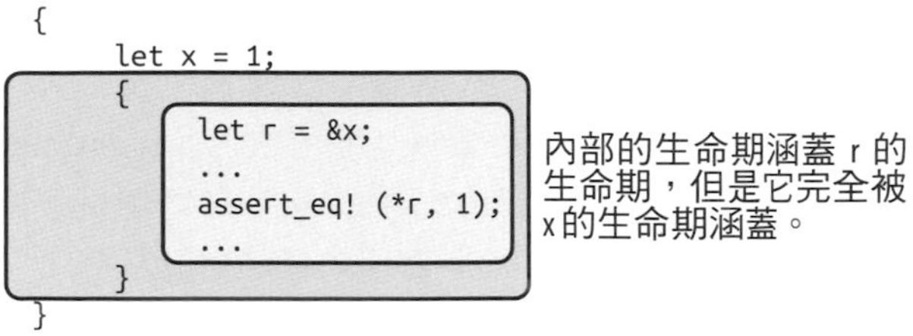

圖 5-6　這個參考的生命期涵蓋 r 的作用域，但是被 x 的作用域涵蓋

當你借用大型資料結構的一個部分，例如向量的一個元素時，這些規則自然成立：

```
let v = vec![1, 2, 3];
let r = &v[1];
```

因為 v 擁有向量，向量擁有它的元素，所以 v 的生命期一定涵蓋 &v[1] 的參考型態的生命期。同樣的，如果你在某個資料結構儲存一個參考，它的生命期一定涵蓋資料結構的生命期。例如，如果你建立一個以參考組成的向量，它們的生命期一定涵蓋擁有向量的變數的生命期。

這就是 Rust 用來處理所有程式的流程的本質。加入更多語言功能（例如資料結構與函式呼叫）會帶來新的限制，但原則依然不變：首先，了解程式使用參考的方式帶來的限制，然後，找出滿足它們的生命期。這與 C 和 C++ 程式設計師自行執行的流程沒有什麼不同，不同的是，Rust 知道這些規則，並執行它們。

用函式引數來接收參考

當我們將參考傳給函式時，Rust 如何確保函式可以安全地使用它？假設我們有一個函式 f，它接收一個參考，並將它存入一個全域變數。這段程式只是第一版，我們還會修改它：

```
// 這段程式有一些問題，而且無法編譯。
static mut STASH: &i32;
fn f(p: &i32) { STASH = p; }
```

在 Rust 中，相當於全域變數的東西叫做 *static*，它是在程式開始執行時建立的值，它會持續存在，直到程式結束為止（如同任何其他宣告，Rust 的模組系統會控制 static 在哪裡是可見的，因此它們的「全域」只是指它們的生命期，而不是指它們的可見性）。我們將在第 8 章討論 static，現在只想要指出剛才的程式沒有遵守的規則：

- 每一個 static 都必須初始化。

- 可變的 static 本質上不是執行緒安全的（畢竟，任何執行緒都可以隨時存取 static），
  就算在單執行緒程式裡面，它們也可能淪為其他可重入（reentrancy）問題的犧牲品。
  因此，你只能在 unsafe 區塊裡面操作可變的 static。在這個例子裡，我們不想處理那
  些特殊的問題，所以直接加入一個 unsafe 區塊並繼續討論。

修改後的程式變成：

```
static mut STASH: &i32 = &128;
fn f(p: &i32) { // 仍然不夠好
    unsafe {
        STASH = p;
    }
}
```

我們快改好了。為了展示其餘的問題，我們要將可省略的程式碼寫出來。f 的簽章其實是
下面這段程式的簡寫：

```
fn f<'a>(p: &'a i32) { ... }
```

在裡面，生命期 'a（讀成「tick A」）是 f 的生命期參數。你可以將 <'a> 讀成「對任何生
命期 'a 而言」，所以寫成 fn f<'a>(p: &'a i32) 就是定義這個函式接收生命期為 'a 的 i32
的參考。

因為我們必須允許 'a 是任何生命期，如果它是最短的生命期，事情最容易解決，也就是
剛好涵蓋 f 的呼叫的生命期。所以，這個賦值式變成我們關注的焦點：

```
STASH = p;
```

因為 STASH 可在程式的整個執行期存活，所以它保存的參考型態的生命期必須有相同長
度，Rust 將它稱為 'static 生命期。但是 p 的參考的生命期是 'a，它可能是任何範圍，
只要涵蓋 f 的呼叫即可。所以，Rust 拒絕我們的程式：

```
error: explicit lifetime required in the type of `p`
  |
5 |         STASH = p;
  |                 ^ lifetime `'static` required
```

顯然我們的函式無法接受任何參考引數。但是如同 Rust 所言，它必須接收一個 'static
生命期的參考：將這種參考存入 STASH 不會產生懸空指標。事實上，下面的程式可以正確
編譯：

```
static mut STASH: &i32 = &10;

fn f(p: &'static i32) {
    unsafe {
        STASH = p;
    }
}
```

f 的簽章指出 p 必須是個生命期為 'static 的參考，所以這一次將它存入 STASH 就沒有任何問題了。我們只能用 f 來處理其他的 static 的參考，但這是確保 STASH 不會懸空的唯一解。所以我們可以這樣寫：

```
static WORTH_POINTING_AT: i32 = 1000;
f(&WORTH_POINTING_AT);
```

因為 WORTH_POINTING_AT 是 static，所以 &WORTH_POINTING_AT 的型態是 &'static i32，所以可以安全地傳給 f。

但是，退一步看，注意在修改的過程中，f 的簽章發生了什麼事：原本的 f(p: &i32) 最後變成 f(p: &'static i32) 了。換句話說，為了讓函式可以在全域變數中儲存一個參考，我們必須在函式的簽章說明這個意圖。在 Rust 裡，函式的簽章總是公開本體的行為。

反過來說，如果我們看到一個函式的簽章是 g(p: &i32)（或寫出生命期的 g<'a>(p: &'a i32)），我們可以知道，它不會將引數 p 藏在生命期超出這次呼叫的任何地方，你不需要閱讀 g 的定義就可以從簽章知道，g 會對它的引數做什麼，不會做什麼，這件事對提升函式呼叫安全性的幫助很大。

將參考傳給函式

我們已經知道函式的簽章與它的本體之間的關係了，接著要來看一下它與函式的呼叫方之間的關係。假如你有下面的程式：

```
// 它可以寫得更簡單：fn g(p: &i32)
// 但我們將生命期寫出來。
fn g<'a>(p: &'a i32) { ... }

let x = 10;
g(&x);
```

單從 g 的簽章來看，Rust 知道它將來不會將 p 儲存在生命期比呼叫更長的任何地方，涵蓋呼叫的任何生命期都可當成 'a。所以 Rust 為 &x 選擇最短的生命期：g 的呼叫的生命期。這滿足所有限制：它的生命期不超過 x，而且它涵蓋整個 g 的呼叫。所以這段程式是合格的。

注意，雖然 g 接收一個生命期參數 'a，但是我們在呼叫 g 時不需要提到它。你只要在定義函式與型態時關心生命期參數即可，在使用它們時，Rust 會幫你推斷生命期。

試著將 &x 傳給之前的那個將引數存入 static 的 f 函式會怎樣？

```
fn f(p: &'static i32) { ... }

let x = 10;
f(&x);
```

它無法編譯：參考 &x 的生命期不能超過 x，但是將它傳給 f 會限制它的存活期必須和 'static 一樣長，條件無法全部滿足，所以 Rust 拒絕這段程式。

回傳參考

函式經常接收某個資料結構的參考，然後回傳一個指向該結構的某個部分的參考。例如，這個函式回傳一個指向 slice 的最小元素的參考：

```
// v 至少必須有一個元素。
fn smallest(v: &[i32]) -> &i32 {
    let mut s = &v[0];
    for r in &v[1..] {
        if *r < *s { s = r; }
    }
    s
}
```

我們的函式簽章省略了生命期。當函式接收一個參考引數，並回傳一個參考時，Rust 假設兩者必定有相同的生命期。明確地寫出生命期會是：

```
fn smallest<'a>(v: &'a [i32]) -> &'a i32 { ... }
```

假如我們這樣子呼叫 smallest：

```
let s;
{
    let parabola = [9, 4, 1, 0, 1, 4, 9];
    s = smallest(&parabola);
}
assert_eq!(*s, 0); // 不對：指向已卸除的陣列的元素
```

我們可以從 smallest 的簽章看到，它的引數與回傳值必須有相同的生命期，'a。在我們的呼叫中，引數 &parabola 的生命期不能超過 parabola 本身，而 smallest 的回傳值的生命期必須至少與 s 一樣長。不可能有 'a 可以滿足這兩個限制，所以 Rust 拒絕這段程式：

```
error: `parabola` does not live long enough
   |
11 |         s = smallest(&parabola);
   |                      ------- borrow occurs here
12 |     }
   |     ^ `parabola` dropped here while stil
13 |     assert_eq!(*s, 0); // 不好：指向已卸除的陣列的元素
   |                  - borrowed value needs to live until here
14 | }
```

我們移動 s，讓它的生命期被 parabola 的生命期涵蓋即可修正這個問題：

```
{
    let parabola = [9, 4, 1, 0, 1, 4, 9];
    let s = smallest(&parabola);
    assert_eq!(*s, 0); // 沒問題：parabola 仍然活著
}
```

在函式簽章裡面的生命期可讓 Rust 知道你傳給函式的參考和函式回傳的參考之間的關係，並確保它們有被安全地使用。

包含參考的結構

Rust 如何處理資料結構儲存的參考？下面是之前看過的錯誤程式，但是我們將參考放入結構：

```
// 這段程式無法編譯
struct S {
    r: &i32
}

let s;
{
    let x = 10;
    s = S { r: &x };
}
assert_eq!(*s.r, 10); // 錯誤：讀取被卸除的 `x`
```

Rust 針對參考施加的安全限制不會因為參考被放入 struct 而神奇地消失。這些限制最終也必定會施加在 S 上。事實上，Rust 對這段程式有疑慮：

```
error: missing lifetime specifier
  |
7 |         r: &i32
  |             ^ expected lifetime parameter
```

當參考型態在另一個型態定義式裡面時，你必須寫出它的生命期，你可以這樣寫：

```
struct S {
    r: &'static i32
}
```

這段程式說，r 只能引用生命期與程式一樣久的 i32。另一種寫法是為型態指定生命期參數 'a，並讓 r 使用它：

```
struct S<'a> {
    r: &'a i32
}
```

現在 S 型態有生命期了，參考型態也有。你建立的每一個 S 型態的值都有一個新的生命期 'a，取決於你如何使用那個值。你儲存在 r 裡面的任何參考最好涵蓋 'a，而且 'a 的生命期必須比你儲存在 S 裡面的任何東西還要久。

回到上面的程式，運算式 S { r: &x } 建立一個新的 S 值，它的生命期是 'a。當你將 &x 存入 r 欄位時，你就限制 'a 完全被 x 的生命期涵蓋了。

賦值式 s = S { ... } 將 S 存入一個生命期延伸至範例結尾的變數內，限制 'a 的生命期超過 s 的生命期。現在 Rust 看到與之前一樣的矛盾限制：'a 的生命期不能超過 x，但必須與 s 一樣長，任何生命期都無法滿足這個限制，所以 Rust 拒絕這段程式。我們再次避免災難！

將一個有生命期參數的型態放入另一個型態時，它有什麼行為？

```
struct D {
    s: S  // 不完全
}
```

Rust 持懷疑態度，就像我們在將一個參考放入 S，卻不指定它的生命期時那樣：

```
error: missing lifetime specifier
  |
8 |     s: S  // 不完全
  |        ^ expected named lifetime parameter
  |
```

我們不能省略 S 的生命期參數，Rust 必須知道 D 的生命期與它的 S 裡面的參考的生命期之間的關係，才能像檢查 S 和一般參考那樣檢查 D。

我們可以幫 s 指定 'static 生命期。這段程式是正確的：

```
struct D {
    s: S<'static>
}
```

這樣定義的話，s 欄位就只能借用生命期和整個程式的執行期一樣久的值。雖然這是很大的限制，但它也意味著 D 不可能借用區域變數。D 的生命期沒有特別的限制。

Rust 的錯誤訊息其實建議另一種做法，它比較普遍：

```
help: consider introducing a named lifetime parameter
  |
7 | struct D<'a> {
8 |     s: S<'a>
  |
```

我們為 D 指定它自己的生命期參數，並讓 S 也使用它：

```
struct D<'a> {
    s: S<'a>
}
```

藉著使用生命期參數 'a，並且在 s 的型態裡面使用它，我們讓 Rust 掌握 D 值的生命期與它的 S 所保存的參考的生命期之間的關係。

函式的簽章可以展示它將如何處理我們傳給它的參考，現在你看到對型態而言類似的東西：型態的生命期參數一定會揭露它裡面的參考的生命期是不是特別的（也就是非 'static 的），以及那些生命期是什麼。

例如，假設我們有一個解析函式接收一個 bytes slice，並回傳一個結構，裡面有解析的結果：

```
fn parse_record<'i>(input: &'i [u8]) -> Record<'i> { ... }
```

即使完全不看 Record 型態的定義也可以知道，如果我們從 parse_record 接收一個 Record，它裡面的參考一定指到我們傳入的輸入緩衝區裡面，不會指到任何其他地方（也許除了指到 'static 值）。

事實上，Rust 要求包含參考的型態明確地接收生命期參數就是為了揭露內部行為。Rust 當然可以為 struct 裡面的每一個參考指定獨立的生命期，為你省下親自寫出它們的麻煩，其實 Rust 的早期版本就是這樣做的，但開發者發現這種做法令人困惑：知道一個值何時向另一個值借東西是有幫助的，尤其是在處理錯誤時。

有生命期的東西不是只有參考與 S 之類的型態而已，Rust 的每一種型態都有生命期，包括 i32 與 String，它們的生命期大多只是 'static，意思是你希望這些型態的值可以存活多久，它就可以存活多久，例如，Vec<i32> 是自成一體的，在任何特定的變數離開作用域之前都不需要卸除，但是 Vec<&'a i32> 這種型態的生命期必須被 'a 涵蓋，它必須在它的參考對象仍然存活時被卸除。

不同的生命期參數

假如你定義了一個結構，裡面有兩個參考：

```
struct S<'a> {
    x: &'a i32,
    y: &'a i32
}
```

這兩個參考都使用同一個生命期 'a，這種寫法在你想要做這種事情時可能會出問題：

```
let x = 10;
let r;
{
    let y = 20;
    {
        let s = S { x: &x, y: &y };
        r = s.x;
    }
}
println!("{}", r);
```

這段程式不會產生任何懸空指標。y 的參考待在 s 之內，它會在 y 離開作用域之前離開作用域。x 的參考最終在 r 之內，r 的生命期不會超過 x。

編譯它會看到 Rust 抱怨 y 活得不夠久，即使看起來不是如此。Rust 在擔心什麼？仔細閱讀程式的話，你可以知道它在想什麼：

- S 的兩個欄位都是具有生命期 'a 的參考，所以 Rust 必須找到適合 s.x 與 s.y 兩者的生命期。

- 我們指定 r = s.x，要求 'a 涵蓋 r 的生命期。

- 我們用 &y 來初始化 s.y，要求 'a 不能超過 y 的生命期。

這些限制不可能同時滿足，沒有生命期可以短於 y 的作用域但長於 r 的作用域，所以 Rust 駁回了。

問題的原因是 S 裡面的兩個參考有相同的生命期 'a。修改 S 的定義來讓兩個參考有不同的生命期就可以修正所有問題了：

```
struct S<'a, 'b> {
    x: &'a i32,
    y: &'b i32
}
```

在這個定義裡，s.x 與 s.y 有不同的生命期。用 s.x 來做的事情不會影響 s.y 裡面的東西，所以現在滿足限制很簡單：'a 可為 r 的生命期，'b 可為 s 的生命期（y 的生命期也可以當成 'b，但 Rust 會試著選擇最短的生命期）。一切都完美解決了。

函式簽章也有類似的效果。假如我們有這個函式：

```
fn f<'a>(r: &'a i32, s: &'a i32) -> &'a i32 { r } // 可能太嚴格了
```

這裡的兩個參考參數使用同一個生命期 'a，與之前一樣沒必要地限制呼叫方。如果這是問題，你可以讓參數的生命期彼此不同：

```
fn f<'a, 'b>(r: &'a i32, s: &'b i32) -> &'a i32 { r } // 較寬鬆
```

這種寫法的缺點在於，加上生命期可能會讓型態與函式的簽章更難閱讀。筆者會先嘗試最簡單的定義，再放鬆限制，直到程式可以編譯為止。因為 Rust 會先確定程式安全才允許它執行，所以讓 Rust 告訴你問題出在哪裡是絕對可行的策略。

省略生命期參數

本書已經展示許多回傳參考或接收參考參數的函式了，但我們通常不需要寫出每一個生命期，生命期都在，Rust 只是讓我們在明顯知道生命期的情況下省略它們。

舉個最簡單的例子：你可能永遠都不需要寫出參數的生命期。Rust 會幫每個需要生命期的參數指定不同的生命期。例如：

```
struct S<'a, 'b> {
    x: &'a i32,
    y: &'b i32
}

fn sum_r_xy(r: &i32, s: S) -> i32 {
    r + s.x + s.y
}
```

上面的函式簽章是下面這個簽章的簡寫：

```
fn sum_r_xy<'a, 'b, 'c>(r: &'a i32, s:S<'b, 'c>) -> i32
```

如果你要回傳的參考或其他型態有生命期參數，Rust 仍然會試著讓無歧義的情況容易編寫。如果在函式的參數群裡，只出現一個生命期，Rust 會假設回傳值的生命期都是那一個：

```
fn first_third(point: &[i32; 3]) -> (&i32, &i32) {
    (&point[0], &point[2])
}
```

將生命期全部寫出來的等效程式是：

```
fn first_third<'a>(point: &'a [i32; 3]) -> (&'a i32, &'a i32)
```

如果你的參數群有多個生命期，Rust 無法從中選擇一個，所以會讓你寫出生命期。

如果你的函式是某個型態的方法，並且用參考來接收它的 self 參數，Rust 會假設 self 的生命期是提供給回傳值裡面的所有東西的生命期（self 參數參考的是「你對著呼叫方法的那個值」，它相當於 C++、Java 或 JavaScript 的 this，或 Python 的 self，我們將在第 216 頁的「用 impl 來定義方法」探討方法）。

例如，你可以這樣寫：

```
struct StringTable {
    elements: Vec<String>,
}

impl StringTable {
    fn find_by_prefix(&self, prefix: &str) -> Option<&String> {
        for i in 0 .. self.elements.len() {
            if self.elements[i].starts_with(prefix) {
                return Some(&self.elements[i]);
            }
        }
        None
    }
}
```

find_by_prefix 方法的簽章是這段程式的簡寫：

```
fn find_by_prefix<'a, 'b>(&'a self, prefix: &'b str) -> Option<&'a String>
```

Rust 預設當你進行借用時，就是向 self 借用。

同樣的，它們都只是簡寫，目的是提供幫助且不造成意外，如果它們不是你要的，你可以明確地寫出生命期。

共用 vs. 可變性

我們討論了 Rust 如何確保參考不會指向離開作用域的變數，但造成懸空指標的因素不只如此，舉個簡單的例子：

```
let v = vec![4, 8, 19, 27, 34, 10];
let r = &v;
let aside = v;  // 將向量移到 aside
r[0];           // 錯誤：使用 `v`，但它現在是未初始化的
```

為 aside 賦值會移動向量，導致 v 未初始化，r 變成懸空指標，如圖 5-7 所示。

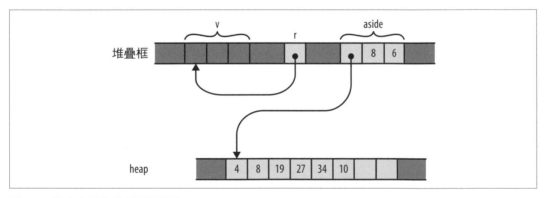

圖 5-7　指向向量的參考已被移除

雖然 v 在 r 的整個生命期之中都待在作用域內，但這段程式的問題在於，v 的值被移到別的地方，導致 v 變成未初始化，但 r 仍然參考它。Rust 當然可以抓到錯誤：

```
error: cannot move out of `v` because it is borrowed
   |
9  |     let r = &v;
   |             - borrow of `v` occurs here
10 |     let aside = v;  // 將向量移至 aside
   |         ^^^^^ move out of `v` occurs here
```

在它的整個生命期中，共享的參考使得參考對象是唯讀的：你不能對著參考對象賦值，或將它的值移至別處。在這段程式裡，r 的生命期涵蓋向量的移動，所以 Rust 駁回程式。將程式改成這樣就沒問題了：

```
let v = vec![4, 8, 19, 27, 34, 10];
{
    let r = &v;
    r[0];        // ok：向量還在
}
let aside = v;
```

在這一版，r 比較早離開作用域，參考的生命期在 v 被移走之前結束，一切都沒問題。

接著是另一種破壞方式。假如我們有一個方便的函式可使用 slice 的元素來擴展一個向量：

```
fn extend(vec: &mut Vec<f64>, slice: &[f64]) {
    for elt in slice {
        vec.push(*elt);
    }
}
```

這是標準程式庫的 extend_from_slice 方法的另一個版本，它比較不靈活，而且不太優化。我們可以用其他的向量或陣列的 slice 還有它來建構一個向量：

```
let mut wave = Vec::new();
let head = vec![0.0, 1.0];
let tail = [0.0, -1.0];

extend(&mut wave, &head);    // 用其他向量來擴展 wave
extend(&mut wave, &tail);    // 用陣列來擴展 wave

assert_eq!(wave, vec![0.0, 1.0, 0.0, -1.0]);
```

我們製作了一個 sine 波的週期。如果我們想要加入另一個起伏，該如何在這個向量後面附加它自己？

```
extend(&mut wave, &wave);
assert_eq!(wave, vec![0.0, 1.0, 0.0, -1.0,
                      0.0, 1.0, 0.0, -1.0]);
```

不仔細看的話，也許你會認為這段程式沒問題。但是別忘了，當我們將元素加入向量時，如果緩衝區已滿，它必須配置一個空間更大的新緩衝區。假如 wave 最初的空間是四個元素，當 extend 試著加入第五個元素時，它必須配置一個更大的緩衝區。記憶體最後長得像圖 5-8。

extend 函式的 vec 引數借用 wave（所有權屬於呼叫方），它為自己配置了一個新緩衝區，空間為八個元素。但是 slice 繼續指向四個元素的舊緩衝區，那個緩衝區已經被卸除了。

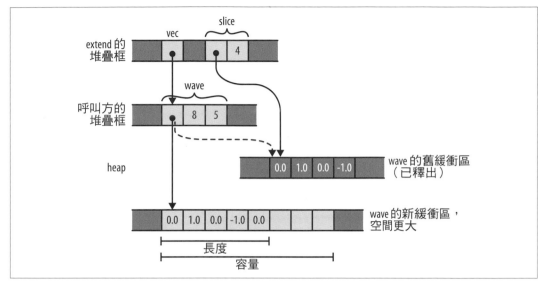

圖 5-8　因為重新配置向量，而將一個 slice 變成懸空指標

這種問題不是只會在 Rust 裡出現，對很多語言而言，「在修改集合的同時指向那個集合」都是很容易出問題的情況。C++ 的 std::vector 規格警告你：「重新配置向量的緩衝區會使得指向序列元素的參考、指標和 iterator 都失效」。Java 也說，在修改 java.util.Hashtable 物件時：

> 在建立 *iterator* 之後的任何時刻，除非你透過 *iterator* 本身的移
> 除方法來對 *Hashtable* 進行結構性修改，否則 *iterator* 會丟出
> ConcurrentModificationException。

這種 bug 特別棘手的原因是它不一定會發生。你的向量在測試時可能剛好有足夠的空間、緩衝區可能未被解除配置，所以問題不會浮現。

但是，Rust 會在編譯期回報呼叫 extend 帶來的問題：

```
error: cannot borrow `wave` as immutable because it is also
       borrowed as mutable
   |
9  |      extend(&mut wave, &wave);
   |                 ----   ^^^^- mutable borrow ends here
   |                 |      |
   |                 |      immutable borrow occurs here
   |             mutable borrow occurs here
```

換句話說，我們可以借用指向向量的可變參考，也可以借用指向它的元素的共享參考，但這兩個參考的生命期不能重疊。在例子裡，這兩個參考的生命期都涵蓋 extend 呼叫，所以 Rust 駁回程式。

這些錯誤都是因為你違反了 Rust 的可變性與共用規則：

共享操作是唯讀操作。

用共享參考來借用的值是唯讀的。在共享參考的生命期內，它的參考對象，以及可以透過參考對象接觸的任何東西，都不能被任何東西改變。不能有活躍的可變參考指向那個結構內的任何東西，它的所有權人以唯讀的方式擁有它…等，它其實是被凍結的。

可變操作是獨家操作。

用可變參考來借用的值只能透過那個參考來接觸，在可變參考的生命期內，你無法透過其他路徑接觸它的參考對象，也無法從那裡抵達任何值。只有你從可變參考本身借用的參考的生命期可能與可變參考的生命期重疊。

Rust 說 extend 範例違反第二條規則：因為我們借用一個指向 wave 的可變參考，所以那個可變參考是到達向量或它的元素的唯一路徑。指向 slice 的共享參考本身是到達元素的另一條路徑，這違反第二條規則。

但是 Rust 也可以認為 bug 違反第一條規則：因為我們借用了指向 wave 的元素的共享參考，所以元素與 Vec 本身都是唯讀的，我們不能借用指向唯讀值的可變參考。

每一種參考都會影響你在前往參考對象的路途中可以做哪些事情，以及可以透過參考對象接觸哪些值（圖 5-9）。

注意，在這兩個情況下，前往參考對象的所有權路徑在參考的生命期之內不能改變。對共享借用而言，這條路徑是唯讀的，對可變借用而言，它是完全不可操作的。所以程式無法做任何事情來讓參考失效。

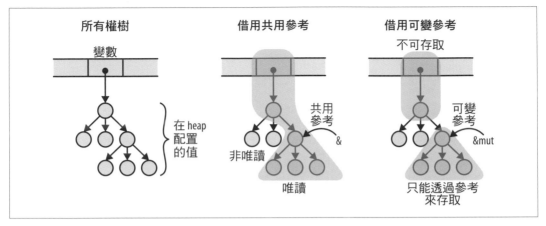

圖 5-9　借用參考會影響你可以對著同一棵所有權樹的其他值做什麼事情

我們將這些原則簡化成最簡單的例子：

```
let mut x = 10;
let r1 = &x;
let r2 = &x;        // ok：允許多次共享借用
x += 10;            // 錯誤：不能對 `x` 賦值，因為它是借用的
let m = &mut x;     // 錯誤：不能借用可變的 `x`，因為它
                    // 也是以不可變形式來借用的
println!("{}, {}, {}", r1, r2, m); // 參考在此使用，
                    // 所以它們的生命期至少必須
                    // 維持這麼久

let mut y = 20;
let m1 = &mut y;
let m2 = &mut y;    // 錯誤：不能以可變的形式借用超過一次
let z = y;          // 錯誤：不能使用 `y` 因為它是以可變的形式借用的
println!("{}, {}, {}", m1, m2, z); // 參考在此使用
```

你可以向共享參考再次借用一個共享參考：

```
let mut w = (107, 109);
let r = &w;
let r0 = &r.0;      // ok：以共享形式再次借用共享
let m1 = &mut r.1;  // 錯誤：不能以可變形式再次借用共享
println!("{}", r0); // 在此使用 r0
```

你可以再次借用可變參考：

```
let mut v = (136, 139);
let m = &mut v;
```

```
let m0 = &mut m.0;        // ok：向可變形式再次借用可變形式
*m0 = 137;
let r1 = &m.1;           // ok：從可變形式再次借用共享形式，
                         // 而且沒有與 m0 重疊
v.1;                     // 錯誤：仍然禁止透過其他路徑來接觸
println!("{}", r1);      // 在此使用 r1
```

這些限制很嚴格。回到我們試著呼叫 extend(&mut wave, &wave) 的地方，我們無法用簡單的方式修改程式，讓它按照預期的方式運作。而且 Rust 到處實施這些規則：假如我們借用 HashMap 的索引鍵的共享參考，在共享參考的生命期結束前，我們就不能借用 HashMap 的可變參考。

但是這種規定有很好的理由：讓集合可以被毫無限制地同時迭代和修改很難，而且往往阻礙你無法寫出簡單、高效的程式。Java 的 Hashtable 與 C++ 的 vector 不管這種事情，而 Python 的字典和 JavaScript 的物件都沒有定義這種存取如何進行。雖然 JavaScript 的其他集合型態有定義，但你會寫出更複雜的程式。C++ 的 std::map 承諾插入新項目不會導致指向 map 的其他項目的指標失效，但正是因為有這個承諾，這個標準阻礙了更具快取效率的設計，無法像 Rust 的 BTreeMap 那樣，可以將多個項目存入樹狀結構的各個節點。

我們來看這些規則可以抓到 bug 的另一個例子。考慮下面的 C++ 程式，其用途是管理檔案描述符（descriptor）。為了保持簡單，我們只展示建構式，以及一個複製賦值運算子，並省略錯誤處理：

```cpp
struct File {
  int descriptor;

  File(int d) : descriptor(d) { }

  File& operator=(const File &rhs) {
    close(descriptor);
    descriptor = dup(rhs.descriptor);
    return *this;
  }
};
```

賦值運算子很簡單，但是它在這種情況之下會悲慘地失敗：

```cpp
File f(open("foo.txt", ...));
...
f = f;
```

如果我們將 File 指派給它自己，那麼 rhs 與 *this 是同一個物件，所以 operator= 關閉它要傳給 dup 的檔案 descriptor。我們銷毀了原本想要複製的資源。

在 Rust 裡，對映的程式是：

```
struct File {
    descriptor: i32
}

fn new_file(d: i32) -> File {
    File { descriptor: d }
}

fn clone_from(this: &mut File, rhs: &File) {
    close(this.descriptor);
    this.descriptor = dup(rhs.descriptor);
}
```

（這不是道地的寫法。Rust 有一些很棒的方式可以為型態加上建構式與方法，我們將在第 9 章介紹，但上述的定義可以執行。）

我們用這段程式來使用 File：

```
let mut f = new_file(open("foo.txt", ...));
...
clone_from(&mut f, &f);
```

Rust 當然拒絕編譯這段程式：

```
error: cannot borrow `f` as immutable because it is also
       borrowed as mutable
   |
18 |    clone_from(&mut f, &f);
   |                   -    ^- mutable borrow ends here
   |                   |    |
   |                   |    immutable borrow occurs here
   |                   mutable borrow occurs here
```

你應該覺得很眼熟。事實上，那兩個經典的 C++ bug（無法處理自我賦值，以及使用無效的 iterator）在底層是同一種 bug！在這兩種情況下，程式認為它在修改某個值，同時查詢另一個值，但事實上它們是相同的值。如果你曾經在 C 與 C++ 裡呼叫 memcpy 或 strcpy 時，不小心讓來源與目的重疊，那也是這個 bug 的另一種表現。因為 Rust 要求可變操作是獨家的，所以它可以避開一大類常見的錯誤。

共享與可變參考的不互溶性在撰寫並行程式時可以充分展現它們的價值。資料爭用只可能在某個值在執行緒之間既是可變的，也是共享的時候發生，Rust 的規則剛好排除這種可能性。無 unsafe 程式的 Rust 並行程式在結構上是不會出現資料爭用的。第 19 章會在介

紹並行時，更詳細地探討這個層面，總之，Rust 的並行比大多數的其他語言更容易使用
許多。

Rust 的共享參考 vs. C 的 const 指標

乍看之下，Rust 的共享參考似乎與 C 和 C++ 的 const 值指標很像。但是，Rust 的
共享參考規則嚴格許多。例如，考慮下面的 C 程式：

```
int x = 42;              // int 變數，非 const
const int *p = &x;       // 指向 const int 的指標
assert(*p == 42);
x++;                     // 直接修改變數
assert(*p == 43);        // 「常數」參考對象的值改變了
```

p 是 const int * 意味著你不能透過 p 本身來修改它的參考對象，(*p)++ 是禁止
的。但是你仍然可以直接接觸參考對象 x，它不是 const，並且改變它的值。C 家族
的 const 關鍵字有它的用法，但不適用於常數。

在 Rust 裡，共享參考不能對它的參考對象做任何修改，直到它的生命期結束為止：

```
let mut x = 42;          // 非 const i32 變數
let p = &x;              // 指向 i32 的共享參考
assert_eq!(*p, 42);
x += 1;                  // 錯誤：不能對 x 賦值，因為它是借用的
assert_eq!(*p, 42);      // 如果你拿走賦值，這個斷言就是 true
```

為了確保值是固定的，我們必須追蹤前往該值的所有路徑，並確保它們不會被修
改，或根本不能被使用。C 與 C++ 指標太寬鬆了，所以編譯器無法檢查這些事情。
Rust 的參考總是綁定特定的生命期，所以可以在編譯期檢查它們。

拿起武器對抗物件之海

自從自動記憶體管理在 1990 年代興起以來，所有程式的預設架構都是物件之海（sea of
objects），如圖 5-10 所示。

它就是當你使用垃圾回收，而且沒有進行任何設計就開始編寫程式時的情況。我們都做過
這樣的系統。

這個架構有許多圖中未展示的優點：剛開始的進度很快、很容易進行修改，然後在幾年
後，你將發現徹底重寫是最簡單的做法。（我們來聽一首 AC/DC 的「Highway to Hell」）

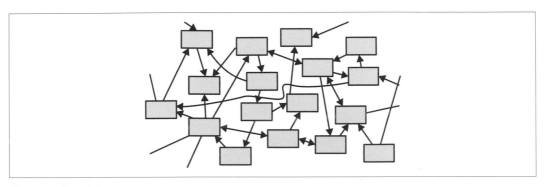

圖 5-10　物件之海

當然，它也有很多缺點，當所有東西都依賴所有其他東西時，你將難以測試、發展，甚至獨立考慮任何組件。

Rust 的有趣之處在於，所有權模型在通往地獄的高速公路上安裝了減速丘。在 Rust 裡面製造循環（兩個值都包含一個指向對方的參考）並不容易，你必須使用聰明指標型態，例如 Rc，以及內部可變性（我們還沒有談到這個主題）。Rust 喜歡讓指標、所有權與資料流都朝著一個方向穿越系統，如圖 5-11 所示。

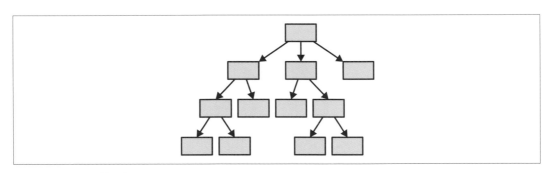

圖 5-11　值的樹狀結構

我們談這件事的原因在於，在閱讀本章之後，你自然立刻想要動手建立「結構之海」，全部使用 Rc 聰明指標來連結，並將你熟悉的物件導向反模式全部改寫。你不會馬上成功，因為 Rust 的所有權模型會讓你遇到一些麻煩。解決辦法是預先做一些設計，並建構更好的程式。

Rust 其實是將理解程式的痛苦從未來搬到現在，這樣做的效果好得不可思議：Rust 除了強迫你了解為何程式可以執行緒安全之外，甚至要求你做一些高階的架構設計。

## 第六章

運算式

LISP 設計師知道所有東西的價值，但不知道任何東西的代價。

—Alan Perlis，警句 #55

本章將介紹 Rust 的運算式（*expression*），它們是 Rust 函式本體的組件，因此占了 Rust 程式的絕大部分。在 Rust 裡，大部分的東西都是運算式。本章將探討它的威力，以及如何克服它的局限性。我們將討論控制流，它在 Rust 裡是完全運算式導向的，以及 Rust 的基本運算子如何獨立運作和一起合作。

本書也會用獨立的章節來介紹一些技術上屬於這類的概念，例如 closure 與 iterator。我們現在的目標是在幾頁之內介紹盡可能多的語法。

運算式語言

Rust 貌似 C 語言家族，但事實並非如此。在 C 裡，長這樣的運算式（*expression*）：

```
5 * (fahr-32) / 9
```

和長這樣的陳述式（*statement*）：

```
for (; begin != end; ++begin) {
    if (*begin == target)
        break;
}
```

有明顯的差異，運算式有值，但陳述式沒有。

Rust 是所謂的運算式語言（*expression language*），這意味著它遵守一項古老的傳統：用運算式來完成所有工作，這個傳統可追溯到 Lisp。

在 C 裡，if 與 switch 是陳述式，不產生值，而且不能在運算式的中間使用。在 Rust 裡，if 與 match 可以產生值。我們曾經在第 2 章看過這個產生數字的 match 運算式：

```
pixels[r * bounds.0 + c] =
    match escapes(Complex { re: point.0, im: point.1 }, 255) {
        None => 0,
        Some(count) => 255 - count as u8
    };
```

if 運算式可以用來初始化一個變數：

```
let status =
    if cpu.temperature <= MAX_TEMP {
        HttpStatus::Ok
    } else {
        HttpStatus::ServerError  // 伺服器壞了
    };
```

match 運算式可以當成引數，傳給函式或巨集：

```
println!("Inside the vat, you see {}.",
    match vat.contents {
        Some(brain) => brain.desc(),
        None => "nothing of interest"
    });
```

這可以解釋為何 Rust 沒有 C 的三元運算子（*expr1 ? expr2 : expr3*）。在 C 裡，它是相當於 if 陳述式的簡便運算式。但是在 Rust 裡，它是多餘的：if 運算式本來就可以處理兩種情況。

在 C 裡，大多數的控制流程工具都是陳述式。在 Rust 裡，它們都是運算式。

優先順序與結合方向

表 6-1 是 Rust 運算式語法的摘要。本章將討論所有這類運算式。我們按照優先順序，從最高到最低列出運算子（如同大多數的程式語言，當運算式有多個相鄰的運算子時，Rust 用運算子優先順序來決定運算子的順序。例如，在 limit < 2 * broom.size + 1 裡，. 有最高的優先順序，所以會先讀取欄位）。

表 6-1　運算式

運算式類型	範例	相關的 trait
陣列常值	`[1, 2, 3]`	
重複的陣列常值	`[0; 50]`	
tuple	`(6, "crullers")`	
分組	`(2 + 2)`	
區塊	`{ f(); g() }`	
控制流程運算式	`if ok { f() }`	
	`if ok { 1 } else { 0 }`	
	`if let Some(x) = f() { x } else { 0 }`	
	`match x { None => 0, _ => 1 }`	
	`for v in e { f(v); }`	`std::iter::IntoIterator`
	`while ok { ok = f(); }`	
	`while let Some(x) = it.next() { f(x); }`	
	`loop { next_event(); }`	
	`break`	
	`continue`	
	`return 0`	
巨集呼叫	`println!("ok")`	
路徑	`std::f64::consts::PI`	
結構常值	`Point {x: 0, y: 0}`	
tuple 欄位存取	`pair.0`	Deref, DerefMut
struct 欄位存取	`point.x`	Deref, DerefMut
方法呼叫	`point.translate(50, 50)`	Deref, DerefMut
函式呼叫	`stdin()`	Fn(Arg0, ...) -> T,
		FnMut(Arg0, ...) -> T,
		FnOnce(Arg0, ...) -> T
索引	`arr[0]`	Index, IndexMut
		Deref, DerefMut
錯誤檢查	`create_dir("tmp")?`	
邏輯 / 位元 NOT	`!ok`	Not
否定	`-num`	Neg
解參考	`*ptr`	Deref, DerefMut
借用	`&val`	
轉義	`x as u32`	
乘	`n * 2`	Mul
除	`n / 2`	Div
餘數（模）	`n % 2`	Rem

運算式類型	範例	相關的 trait
加	n + 1	Add
減	n - 1	Sub
左移	n << 1	Shl
右移	n >> 1	Shr
位元 AND	n & 1	BitAnd
位元互斥 OR	n ^ 1	BitXor
位元 OR	n | 1	BitOr
小於	n < 1	std::cmp::PartialOrd
小於或等於	n <= 1	std::cmp::PartialOrd
大於	n > 1	std::cmp::PartialOrd
大於或等於	n >= 1	std::cmp::PartialOrd
等於	n == 1	std::cmp::PartialEq
不等於	n != 1	std::cmp::PartialEq
邏輯 AND	x.ok && y.ok	
邏輯 OR	x.ok || backup.ok	
不包含結尾的範圍	start .. stop	
包含結尾的範圍	start ..= stop	
賦值	x = val	
複合賦值	x *= 1	MulAssign
	x /= 1	DivAssign
	x %= 1	RemAssign
	x += 1	AddAssign
	x -= 1	SubAssign
	x <<= 1	ShlAssign
	x >>= 1	ShrAssign
	x &= 1	BitAndAssign
	x ^= 1	BitXorAssign
	x |= 1	BitOrAssign
closure	|x, y| x + y	

可串接的運算子通常都是往左結合的，也就是說，諸如 a - b - c 等一系列的運算子應分組成 (a - b) - c，而不是 a - (b - c)。如此串接的運算子應該和你想的一樣：

    *   /   %   +   -   <<   >>   &   ^ | && || as

比較運算子、賦值運算子，以及範圍運算子 .. 與 ..= 完全不能串接。

區塊與分號

區塊（block）是最普通的運算式。區塊會產生一個值，那個值可以在任何一個需要值的地方使用：

```
let display_name = match post.author() {
    Some(author) => author.name(),
    None => {
        let network_info = post.get_network_metadata()?;
        let ip = network_info.client_address();
        ip.to_string()
    }
};
```

在 `Some(author) =>` 之後的程式是簡單的運算式 `author.name()`。在 `None =>` 之後的程式是區塊運算式，對 Rust 來說，這個區塊的值是它的最後一個運算式產生的值，`ip.to_string()`。

注意，在 `ip.to_string()` 方法呼叫的後面沒有分號。Rust 程式的結尾大都有分號或大括號，與 C 和 Java 一樣。如果區塊和 C 程式一樣，在你熟悉的地方都有分號，它們的執行方式就會像 C 的區塊，而且區塊的值將是 ()。如第 2 章所述，如果區塊的最後一行沒有分號，那麼最後一個運算式的值就是區塊的值，而不是一般的 ()。

在一些語言裡面，尤其是在 JavaScript 裡面，你可以省略分號，那些語言會幫你填上它們，為你帶來一點方便。但 Rust 不一樣，它的分號是有意義的：

```
let msg = {
    // let 宣告式必須使用分號
    let dandelion_control = puffball.open();

    // 運算式 + 分號：呼叫方法，卸除回傳值
    dandelion_control.release_all_seeds(launch_codes);

    // 無分號的運算式：呼叫方法，
    // 將回傳值存入 `msg`
    dandelion_control.get_status()
};
```

區塊可容納宣告式並且在結尾產生值是一種簡便的功能，很快就會讓人感到自然。但這種做法的缺點是，當你不小心漏掉分號時，Rust 會產生奇怪的錯誤訊息：

```
...
if preferences.changed() {
    page.compute_size()  // 哎呀，漏掉分號
```

```
    }
    ...
```

如果你在 C 或 Java 程式裡面犯了這個錯，編譯器會直接指出你漏掉分號了。Rust 則是這麼說：

```
error: mismatched types
22 |            page.compute_size()  // 哎呀，漏了分號！
   |            ^^^^^^^^^^^^^^^^^^^- help: try adding a semicolon: `;`
   |            |
   |            expected (), found tuple
   |
   = note: expected unit type `()`
               found tuple `(u32, u32)`
```

當你漏掉分號時，區塊的值將是 page.compute_size() 回傳的值，但沒有 else 的 if 一定回傳 ()。幸好，Rust 預料到這種事情，並建議你加入分號。

宣告式

除了運算式與分號之外，區塊可以包含任何數量的宣告式。最常見的宣告式是 let，用來宣告區域變數：

```
let name: type = expr;
```

型態（type）與初始值是選用的，分號是必要的。如同 Rust 的所有符號，變數名稱的開頭必須是字母或底線，第一個字元之外可以使用數字。Rust 的「字母」有廣泛的定義，包括希臘字母、重音的拉丁字元，以及許多其他符號，Unicode Standard Annex #31 宣布適合的都行，但不能使用 Emoji。

let 宣告式可宣告變數但不對它進行初始化。你可以之後再用賦值式來將變數初始化。有時這種做法很有用，因為有時變數需要在某個控制流程結構的中間初始化：

```
let name;
if user.has_nickname() {
    name = user.nickname();
} else {
    name = generate_unique_name();
    user.register(&name);
}
```

這段程式用兩種不同的方式來將 name 變數初始化，但這兩種方式都只會初始化一次，所以 name 不需要宣告成 mut。

使用未初始化的變數是一種錯誤。（這種錯誤與「在值被移動後使用它」這種錯誤密切相關，Rust 希望你只在值存在時使用它們！）

有時你會看到有人重新宣告既有的變數，例如：

```
for line in file.lines() {
    let line = line?;
    ...
}
```

let 宣告式建立第二個新變數，它有不同的型態。第一個 line 變數的型態是 Result<String, io::Error>，第二個 line 是 String，在區塊剩餘的地方，它的定義將取代第一個的定義，這種情況稱為 *shadowing*，在 Rust 程式中很常見。這段程式相當於：

```
for line_result in file.lines() {
    let line = line_result?;
    ...
}
```

在本書中，我們會在遇到這種情況時，使用 _result 後綴，讓變數有不同的名稱。

區塊也可以容納項目宣告式（*item declaration*）。項目（item）就是可以在程式或模組中全域出現的任何宣告式，例如 fn、struct 或 use。

稍後的章節會詳細介紹項目。我們先以 fn 為例。任何區塊都可能容納一個 fn：

```
use std::io;
use std::cmp::Ordering;

fn show_files() -> io::Result<()> {
    let mut v = vec![];
    ...

    fn cmp_by_timestamp_then_name(a: &FileInfo, b: &FileInfo) -> Ordering {
        a.timestamp.cmp(&b.timestamp)     // 首先，比較時戳
            .reverse()                    // 把最新的檔案放前面
            .then(a.path.cmp(&b.path))    // 比較路徑
    }

    v.sort_by(cmp_by_timestamp_then_name);
    ...
}
```

當你在區塊裡面宣告 fn 時，它的作用域是整個區塊，也就是說，你可以在整個區塊裡面使用它。但是內部的 fn 不能操作作用域內的區域變數或引數。例如，cmp_by_timestamp_then_name 不能直接使用 v（Rust 也有 closure，它能看到圍封的作用域。見第 14 章）。

區塊甚至可以容納整個模組，雖然這看起來有點過頭了──真的有必要把語言的每一個部分都放入每一個其他部分裡面嗎？但程式設計師（尤其是使用巨集的程式設計師）總是可以幫語言提供的每一個正交性（orthogonality）找到用途。

if 與 match

if 運算式的格式很熟悉：

```
if condition1 {
    block1
} else if condition2 {
    block2
} else {
    block_n
}
```

每一個 condition（條件式）都必須是 bool 型態的運算式，Rust 不會私下將數字或指標轉換成布林值。

與 C 不同的是，你不需要幫條件式加上括號。事實上，當你加上沒必要的括號時，rustc 會發出警告。但是，你要使用大括號。

else if 區塊和最終的 else 是選用的。沒有 else 區塊的 if 運算式的行為如同它有一個空的 else 區塊。

match 運算式很像 C 的 switch 陳述式，但更靈活，舉個簡單的例子：

```
match code {
    0 => println!("OK"),
    1 => println!("Wires Tangled"),
    2 => println!("User Asleep"),
    _ => println!("Unrecognized Error {}", code)
}
```

switch 陳述式可以做這種事情。這個 match 陳述式會根據 code 值來執行四個分支之一。萬用模式 _ 可匹配任何東西，它就像 switch 陳述式的 default: case，但它一定要放在最後一個；將 _ 模式放在其他模式的上面代表它的順位在它們之前，導致它們無法匹配任何東西（而且編譯器會警告你）。

編譯器可以使用 jump table 來優化這種 match，如同 C++ 裡面的 switch 陳述式。當 match 的每一個分支都產生一個常數值時，Rust 也會做類似的優化。此時，編譯器會建立這些值的陣列，並將 match 編譯成陣列存取。在編譯好的程式裡，除了進行邊界檢查之外，完全沒有分支。

match 的通用性在於你可以在每一個分支的 => 的左邊使用各種 Rust 支援的模式（*pattern*）。在上面的程式中，每一個模式都只是一個常數整數。我們曾經用一個 match 運算式來區分兩種 Option 值：

```
match params.get("name") {
    Some(name) => println!("Hello, {}!", name),
    None => println!("Greetings, stranger.")
}
```

這個範例只是為了告訴你模式可以用來做什麼。模式可以比對一個範圍的值、可以拆開 tuple、可以比對 struct 的各個欄位、可以追蹤參考、可以借用值的一部分…等。Rust 的模式本身就是一種迷你語言。我們將在第 10 章用幾頁來介紹它們。

match 運算式的一般形式是：

```
match value {
    pattern => expr,
    ...
}
```

如果 *expr* 是一個區塊，你可以移除分支後面的逗號。

Rust 會拿 *value* 依序與每一個模式比對，從第一個模式開始做起。如果有模式符合，它會計算對映的 *expr*，並完成 match 運算式，不會比對接下來的模式。match 必須至少有一個符合的模式，Rust 禁止未涵蓋所有可能值的 match 運算式：

```
let score = match card.rank {
    Jack => 10,
    Queen => 10,
    Ace => 11
}; // 錯誤：模式不全
```

一個 if 運算式的所有區塊都必須產生同一種型態的值：

```
let suggested_pet =
    if with_wings { Pet::Buzzard } else { Pet::Hyena };  // ok

let favorite_number =
    if user.is_hobbit() { "eleventy-one" } else { 9 };  // 錯誤

let best_sports_team =
    if is_hockey_season() { "Predators" };  // 錯誤
```

（最後一個例子錯誤的原因是在七月時，結果將是 ()。）

類似地，match 運算式的所有分支都必須有相同的型態：

```
let suggested_pet =
    match favorites.element {
        Fire => Pet::RedPanda,
        Air => Pet::Buffalo,
        Water => Pet::Orca,
        _ => None  // 錯誤：型態不相容
    };
```

if let

if 還有另一種形式，if let 運算式：

```
if let pattern = expr {
    block1
} else {
    block2
}
```

expr 要嘛符合 *pattern*，此時執行 *block1*，要嘛不符合它，此時執行 *block2*。它很適合用來取出 Option 或 Result：

```
if let Some(cookie) = request.session_cookie {
    return restore_session(cookie);
}

if let Err(err) = show_cheesy_anti_robot_task() {
    log_robot_attempt(err);
    politely_accuse_user_of_being_a_robot();
} else {
    session.mark_as_human();
}
```

嚴格來說，你不一定要使用 if let，因為 match 可以做 if let 可做的任何事情。if let
運算式是「只有一個 pattern 的 match」的簡寫：

```
match expr {
    pattern => { block1 }
    _ => { block2 }
}
```

迴圈

迴圈運算式有四種：

```
while condition {
    block
}

while let pattern = expr {
    block
}

loop {
    block
}

for pattern in iterable {
    block
}
```

Rust 的迴圈是運算式，但 while 或 for 迴圈的值永遠是 ()，所以它們的值沒什麼用處。
loop 運算式可以產生值，如果你有指定的話。

while 迴圈的行為與 C 的一樣，但是，它的 condition 同樣必須是 bool 型態。

while let 迴圈相當於 if let。在每一次迴圈迭代開始時，expr 的值要嘛符合 pattern，
此時執行區塊，要嘛不符合，此時迴圈退出。

你可以使用 loop 來撰寫無窮迴圈，它會永遠反覆執行 block（或直到它到達 break 或
return，或執行緒 panic 為止）。

for 迴圈會計算 iterable 運算式，然後針對 iterator 的每一個值執行 block 一次。許多型
態都可以迭代，包括所有的標準集合，例如 Vec 與 HashMap。C 的標準 for 迴圈：

```
for (int i = 0; i < 20; i++) {
    printf("%d\n", i);
}
```

在 Rust 裡面是這樣寫的：

```
for i in 0..20 {
    println!("{}", i);
}
```

如同 C，它最後印出來的數字是 19。

.. 運算子會產生一個範圍，範圍是一種簡單的 struct，它有兩個欄位：start 與 end。
0..20 與 std::ops::Range { start: 0, end: 20 } 一樣。範圍可以和 for 迴圈一起使用，
因為 Range 是一種可迭代型態：它實作了 std::iter::IntoIterator trait，我們將在第 15
章介紹它。標準的集合都是可迭代的，例如陣列與 slice。

用 for 迴圈來處理一個值會耗用那個值，與 Rust 的移動語義一致：

```
let strings: Vec<String> = error_messages();
for s in strings {                  // 在此，每個 String 都被移入 s ...
    println!("{}", s);
}                                   // ... 並在此卸除
println!("{} error(s)", strings.len()); // 錯誤：使用被移動的值
```

這可能帶來不便，有一種簡單的辦法是改以迴圈執行集合的參考，如此一來，迴圈變數將
是集合的每個項目的參考：

```
for rs in &strings {
    println!("String {:?} is at address {:p}.", *rs, rs);
}
```

&strings 的型態是 &Vec<String>，rs 的型態是 &String。

迭代 mut 參考會產生一個指向各個元素的 mut 參考：

```
for rs in &mut strings {  // rs 的型態是 &mut String
    rs.push('\n'); // 幫每個字串加上換行
}
```

第 15 章會詳細介紹 for 迴圈，並展示 iterator 的其他用法。

迴圈內的控制流程

break 運算式會退出一個圍封迴圈（在 Rust 裡，break 只能在迴圈裡面使用，在 match 運算式裡面用不到它，與 switch 陳述式不同）。

在 loop 的本體裡面，你可以幫 break 指定一個運算式，它的值將是迴圈的值：

```
// 每次呼叫 `next_line` 都會回傳 `Some(line)`，其中的
// `line` 是一行輸入，或回傳 `None`，如果我們到達輸入的
// 結尾。回傳開頭有 "answer: " 的第一行，
// 否則，回傳 "answer: nothing"。
let answer = loop {
    if let Some(line) = next_line() {
        if line.starts_with("answer: ") {
            break line;
        }
    } else {
        break "answer: nothing";
    }
};
```

當然，在 loop 裡面的所有 break 運算式都必須產生同一種型態的值，它是 loop 本身的型態。

continue 運算式會跳到下一個迴圈迭代：

```
// 讀取資料，一次一行
for line in input_lines {
    let trimmed = trim_comments_and_whitespace(line);
    if trimmed.is_empty() {
        // 跳回迴圈的最上面，
        // 並移往輸入的下一行。
        continue;
    }
    ...
}
```

在 for 迴圈裡，continue 會前往集合的下一個值。如果沒有值，迴圈就會退出。類似地，在 while 迴圈裡，continue 會重新檢查迴圈條件，如果是 false，迴圈會退出。

迴圈可以標上生命期，下面的例子用 'search: 來標記外部迴圈，如此一來，break 'search 會退出那個迴圈，而不是內部迴圈：

```
'search:
for room in apartment {
```

```
    for spot in room.hiding_spots() {
        if spot.contains(keys) {
            println!("Your keys are {} in the {}.", spot, room);
            break 'search;
        }
    }
}
```

break 可以加上一個標記與一個值運算式：

```
// 找出序列中的第一個完全平方的
// 平方根。
let sqrt = 'outer: loop {
    let n = next_number();
    for i in 1.. {
        let square = i * i;
        if square == n {
            // 找出平方根。
            break 'outer i;
        }
        if square > n {
            // `n` 不是完全平方，嘗試下一個
            break;
        }
    }
};
```

你也可以標記 continue。

return 運算式

return 運算式會退出當前的函式，並回傳一個值給呼叫方。

無值的 return 就是 return () 的簡寫：

```
fn f() {     // 省略回傳型態：預設為 ()
    return;  // 省略回傳值：預設為 ()
}
```

函式不一定需要有明確的 return 運算式。函式本體就像區塊運算式：如果最後一個運算式的結尾沒有分號，它的值就是函式的回傳值。事實上，這是 Rust 函式回傳值的首選方法。

但是這不代表 return 沒有用處，或它只是為了方便沒有用過運算式語言的程式設計師。如同 break 運算式，return 可以放棄進行中的工作。例如，在第 2 章，我們曾經在呼叫一個可能失敗的函式之後使用 ? 運算子來檢查錯誤：

```
let output = File::create(filename)?;
```

當時，我們說它是 match 運算式的簡寫：

```
let output = match File::create(filename) {
    Ok(f) => f,
    Err(err) => return Err(err)
};
```

這段程式先呼叫 File::create(filename)，如果它回傳 Ok(f)，整個 match 運算式的計算結果將是 f，所以 f 會被存入 output，並繼續執行 match 的下一行程式。

否則匹配 Err(err)，並遇到 return 運算式。此時，即使我們正在計算 match 運算以決定 output 變數的值，我們也會放棄所有值，並退出圍封的函式，回傳我們從 File::create() 取得的錯誤。

我們將在第 164 頁的「傳播錯誤」完整地介紹 ? 運算子。

為何 Rust 有迴圈

Rust 的編譯器會在幾個時間點分析穿越程式的控制流：

- Rust 會檢查穿越函式的每一條路徑是否回傳一個具有預期回傳型態的值，為了正確地做這件事，它必須知道路徑有沒有可能到達函式的結尾。

- Rust 會確認區域變數絕對不會在未初始化的情況下被使用。它必須檢查穿越函式的每條路徑，以確保任何路徑都不會使用未初始化的變數。

- Rust 會警告接觸不到的程式碼，接觸不到的程式碼就是穿越函式的路徑都無法到達的地方。

這些分析稱為 *flow-sensitive* 分析，它不是新鮮事，Java 已經使用「definite assignment」分析多年了，它類似 Rust 的分析。

在執行這類規則時，語言必須在簡單和聰明之間取得平衡，前者可讓程式設計師知道編譯器在說什麼，後者有助於排除錯誤的警告，並且避免編譯器駁回絕對安全的程式。Rust 選擇簡單，它的 flow-sensitive 分析完全不檢查迴圈條件，而是單純假設程式中的任何條件都可能是 true 或 false 之一。

這使得 Rust 有時會拒絕安全的程式：

```
fn wait_for_process(process: &mut Process) -> i32 {
    while true {
        if process.wait() {
            return process.exit_code();
        }
    }
}  // 錯誤：不匹配的型態：期望 i32，發現 ()
```

這個錯誤是偽報。這個函式能透過 return 陳述式退出，所以 while 迴圈不產生 i32 並不重要。

對於這種問題，loop 運算式提供「表達你的意思」的解決方案。

Rust 的型態系統也會被控制流影響。之前說過，if 運算式的所有分支都必須有相同的型態，但規定以下的結構也必須如此有點愚蠢：以 break 或 return 運算式結束的區塊、無窮迴圈、panic!() 呼叫，或 std::process::exit() 呼叫。這些運算式都不會以一般的方式結束並產生一個值，例如 break 和 return 會突然退出當前的區塊，無窮迴圈永遠不會結束…等。

所以在 Rust 裡，這些運算式沒有正常的型態，非正常結束的運算式會被指定特殊型態 !，它們不必遵守「型態必須相符」的規則。你可以在 std::process::exit() 的函式簽章看到 !：

```
fn exit(code: i32) -> !
```

! 代表 exit() 絕不 return，它是一個發散函式。

你可以使用同樣的語法來編寫自己的發散函式，在某些情況下，這是很自然的做法：

```
fn serve_forever(socket: ServerSocket, handler: ServerHandler) -> ! {
    socket.listen();
    loop {
        let s = socket.accept();
        handler.handle(s);
    }
}
```

當然，如此一來，若函式正常 return，Rust 會將之視為錯誤。

知道這些大型的控制流程元素之後，我們來認識比較細膩的運算式，它們通常是在上述的流程中使用的，例如函式呼叫式與算術運算子。

函式與方法呼叫

在 Rust 裡，呼叫函式和呼叫方法的語法與許多其他語言一樣：

```
let x = gcd(1302, 462);  // 函式呼叫

let room = player.location();  // 方法呼叫
```

在第二個例子裡，player 變數具有虛構型態 Player，該型態有一個虛構的 .location() 方法（我們將在第 9 章討論自訂型態時，介紹如何定義自己的方法）。

Rust 通常會明顯地區分參考與它們引用的值。將 &i32 傳給期望接收 i32 的函式會產生型態錯誤。你將發現，. 運算子稍微放鬆了這些規則。在方法呼叫式 player.location() 裡，player 可能是 Player、&Player 型態的參考、Box<Player> 或 Rc<Player> 型態的聰明指標。.location() 方法可能用值或用參考來接收 player。同一個 .location() 語法適用於所有情況，因為 Rust 的 . 運算子可以視情況自動解參考 player，或借用指向它的參考。

第三種語法是用來呼叫型態關聯函式（例如 Vec::new()）的：

```
let mut numbers = Vec::new();  // 呼叫型態關聯函式
```

它們很像物件導向語言的 static 方法：普通方法是對著值呼叫的（例如 my_vec.len()），型態關聯函式是對著型態呼叫的（例如 Vec::new()）。

你可以將方法呼叫串接起來：

```
// 來自第 2 章的 Actix web 伺服器：
server
    .bind("127.0.0.1:3000").expect("error binding server to address")
    .run().expect("error running server");
```

Rust 語法有一個怪癖（quirk）：在函式呼叫或方法呼叫裡，經常用來代表泛型的語法 Vec<T> 是無效的：

```
return Vec<i32>::with_capacity(1000);  // 錯誤：關於串接比較的某個東西
let ramp = (0 .. n).collect<Vec<i32>>();  // 同樣錯誤
```

問題在於，在運算式裡，< 是「小於」運算子。Rust 編譯器很盡職地建議你用 ::<T> 來取代 <T>，它可以解決這個問題：

```
return Vec::<i32>::with_capacity(1000);  // ok, 使用 ::<

let ramp = (0 .. n).collect::<Vec<i32>>();  // ok, 使用 ::<
```

Rust 社群親切地將符號 ::<...> 稱為 *turbofish*。

或者，你通常可以移除型態參數，讓 Rust 推斷它們：

```
return Vec::with_capacity(10);  // ok, 如果 fn 的回傳型態是 Vec<i32>

let ramp: Vec<i32> = (0 .. n).collect();  // ok, 有提供變數的型態
```

當型態可以推斷出來時，省略它們被視為一種優良的寫法。

欄位與元素

結構的欄位也是用類似的語法來操作的，tuple 也一樣，但它們的欄位使用數字，而不是名稱：

```
game.black_pawns     // struct 欄位
coords.1             // tuple 元素
```

如果句點左邊的值是參考或聰明指標型態，它會被自動解參考，與方法呼叫一樣。

中括號可用來操作陣列、slice 或向量中的元素：

```
pieces[i]            // 陣列元素
```

中括號左邊的值會被自動解參考。

這三種運算式稱為 *lvalue*，因為它們可能出現在賦值式的左邊：

```
game.black_pawns = 0x00ff0000_00000000_u64;
coords.1 = 0;
pieces[2] = Some(Piece::new(Black, Knight, coords));
```

當然，它只能在 game、coords 與 pieces 被宣告成 mut 變數時使用。

從陣列或向量提取一個 slice 很簡單：

```
let second_half = &game_moves[midpoint .. end];
```

game_moves 可能是陣列、slice 或向量，無論如何，結果都是長度為 end - midpoint 的借用 slice。game_moves 是借用的，借用時間是 second_half 的生命期。

.. 運算子可讓你省略運算元；它可以產生四種物件，取決於運算元是什麼：

```
..        // RangeFull
a ..      // RangeFrom { start: a }
.. b      // RangeTo { end: b }
a .. b    // Range { start: a, end: b }
```

最後兩種範圍不包含結尾（*end-exclusive* 或 *half-open*），例如，範圍 0 .. 3 包括數字 0、1 與 2。

..= 運算子可產生包含結尾（end-inclusive 或 closed）的範圍：

```
..= b     // RangeToInclusive { end: b }
a ..= b   // RangeInclusive::new(a, b)
```

例如，範圍 0 ..= 3 包括數字 0、1、2 與 3。

只有包含開始值的範圍才可以迭代，因為迴圈必須有一個開始的地方。但是當你製作陣列 slice 時，全部的六種形式都有用。如果你省略範圍的開始或結束，它的預設位置是原始資料的開頭或結尾。

所以，當你實作 quicksort（典型的分治排序演算法）時，部分的程式可能像這樣：

```
fn quicksort<T: Ord>(slice: &mut [T]) {
    if slice.len() <= 1 {
        return;  // 沒東西可排序
    }

    // 將 slice 分成兩個部分，前與後。
    let pivot_index = partition(slice);

    // 遞迴排序 `slice` 的前半部。
    quicksort(&mut slice[.. pivot_index]);

    // 和後半部。
    quicksort(&mut slice[pivot_index + 1 ..]);
}
```

參考運算子

第 5 章曾經介紹 address-of（…的位址）運算子，& 與 &mut。

* 運算子的用途是存取參考所指的值,之前說過,當你使用 . 運算子來存取一個欄位或使用方法時,Rust 會自動追隨參考,所以當你想要讀取或寫入參考所指的整個值的時候,才需要使用 * 運算子。

例如,有時 iterator 產生的是參考,但程式需要它底下的值:

```
let padovan: Vec<u64> = compute_padovan_sequence(n);
for elem in &padovan {
    draw_triangle(turtle, *elem);
}
```

在這個例子裡,elem 的型態是 &u64,所以 *elem 是 u64。

算術、位元、比較與邏輯運算子

Rust 的二元運算子和許多其他語言的一樣。為了節省時間,我們假設你已經熟悉這種語言了,並把重點放在 Rust 與傳統語言不一樣的地方。

Rust 有常見的算術運算子,+、-、*、/ 與 %。如第 3 章所述,debug build 會偵測整數溢位並造成 panic。標準程式庫提供了 a.wrapping_add(b) 等方法來執行不檢查的算術。

整數除法會朝零捨入,將一個整數除以零會觸發 panic,即使是 release build。整數有 a.checked_div(b) 方法,它會回傳一個 Option(若 b 是零,則為 None),且絕不 panic。

一元的 - 會否定一個數字,它支援無正負號整數之外的所有數字型態。Rust 沒有一元的 + 運算子。

```
println!("{}", -100);      // -100
println!("{}", -100u32);   // 錯誤:不能對 `u32` 使用一元的 `-`
println!("{}", +100);      // 錯誤:應收到運算式,但是有 `+`
```

如同 C,a % b 會計算除法的帶正負號餘數,或模數,且朝零捨入,計算結果的符號與左運算元相同。注意,% 可用於浮點數和整數:

```
let x = 1234.567 % 10.0;  // 大約 4.567
```

Rust 也繼承了 C 的位元整數運算子 &、|、^、<< 與 >>。但是,Rust 使用 ! 來計算位元 NOT,而不是使用 ~。

```
let hi: u8 = 0xe0;
let lo = !hi;  // 0x1f
```

這意味著,你不能對著整數 n 使用 !n 來代表「n 是零」,而是要寫成 n == 0。

對帶正負號整數型態進行位元移動一定是符號擴展（sign-extending），對無正負號整數型態是零擴展（zero-extending）。因為 Rust 有無正負號整數，所以它不需要「無正負號移動」運算子，例如 Java 的 >>> 運算子。

位元運算子的順位高於比較運算子，這與 C 不同，所以 x & BIT != 0 代表 (x & BIT) != 0，應該和你想的一樣。C 則解讀成 x & (BIT != 0)，檢查錯誤的位元！Rust 的解讀實用多了。

Rust 的比較運算子有 ==、!=、<、<=、> 與 >=，被比較的兩個值必須有相同的型態。

Rust 也有兩個短路邏輯運算子 && 與 ||。它們的兩個運算元必須是 bool 型態。

賦值

= 運算子可以針對 mut 變數及其欄位或元素進行賦值。但是賦值在 Rust 裡面不像其他語言那樣常見，因為變數預設是不可變的。

如第 4 章所述，如果值的型態是非 Copy，賦值會將它移入目的端。值的所有權會從來源端移交給目的端，如果目的端之前有值，那個值會被卸除。

Rust 支援複合賦值：

```
total += item.price;
```

它相當於 total = total + item.price;。Rust 也支援其他的運算子：-=、*=…等。本章開頭的表 6-1 是完整的清單。

與 C 不同的是，Rust 不支援串接賦值：你不能用 a = b = 3 來將 3 指派給 a 與 b。因為賦值在 Rust 裡很少見，所以你應該不會懷念這種簡寫。

Rust 沒有 C 的遞增和遞減運算子，++ 與 --。

轉義

在 Rust 裡，將值從一個型態轉換成另一個型態通常要做明確的轉義（cast）。轉義是用 as 關鍵字來做的：

```
let x = 17;              // x 的型態是 i32
let index = xas usize;   // 轉換成 usize
```

Rust 允許幾種轉義：

- 你可以將任何內建的數字型態轉義成任何其他的數字型態。將整數轉義成另一個整數型態一定是定義明確的（well-defined）。轉換成範圍較窄的型態會導致裁切。將帶正負號整數轉義成範圍較寬的型態是符號擴充（sign-extended），轉義無正負號整數是零擴充（zero-extended），以此類推。總之，你不會看到任何意外。

  將浮點型態轉換成整數型態會朝零捨入：i32 的 -1.99 會是 -1。如果值太大，無法放入整數型態，轉義會產生可用整數型態來表示的最接近值：u8 的 1e6 是 255。

- 型態為 bool 或 char 的值，或 C 風格的 enum 型態，可以轉義為任何整數型態（我們將在第 10 章介紹 enum）。

  你不能反向轉義，bool、char 與 enum 型態都對它們的值施加限制，必須透過執行期檢查來執行。例如，將 u16 轉義成 char 型態是禁止的，因為有些 u16 值，例如 0xd800，對映 Unicode 代用碼位（surrogate code point），因此無法產生有效的 char 值。標準方法 std::char::from_u32() 會在執行期進行檢查，並回傳 Option<char>，但更重要的是，這種轉換的需求已經越來越少了。我們通常會一次轉換整個字串或串流，處理 Unicode 文字的演算法通常不好寫，最好直接使用程式庫。

  但有一個例外，u8 可以轉義成 char 型態，因為 0 至 255 的整數都是有效的 Unicode 碼位，可存入 char。

- 有些涉及 unsafe 指標型態的轉義也是允許的。見第 654 頁的「原始指標」。

我們說過，轉換通常需要轉義。有些涉及參考型態的轉換非常簡單，這種語言即使不做轉義也可以執行，其中一個簡單的例子是將 mut 參考轉換成非 mut 參考。

有時你會遇到一些比較重要的自動轉換：

- 將 &String 型態的值自動轉換成 &str 型態，但不進行轉義。
- 將 &Vec<i32> 型態的值自動轉換成 &[i32]。
- 將 &Box<Chessboard> 型態的值自動轉換成 &Chessboard。

它們稱為 *deref coercion*，因為它們處理的型態實作了 Deref 內建 trait。Deref coercion 的目的是讓聰明指標型態（例如 Box）的行為盡量類似底下的值。拜 Deref 之賜，使用 Box<Chessboard> 就像使用一般的 Chessboard。

自訂型態也可以實作 Deref trait。當你需要自己編寫聰明指標型態時，可參考第 318 頁的「Deref 與 DerefMut」。

closure

Rust 有 *closure*，它是輕量級的類函式值。closure 通常包含一系列引數，以及一個運算式，引數要被放在一對豎線之間：

```
let is_even = |x| x % 2 == 0;
```

Rust 會推斷引數型態與回傳型態，你也可以明確地寫出它們，和撰寫函式時一樣。如果你指定了回傳型態，那麼為了語法合理性，closure 的本體必須是個區塊：

```
let is_even = |x: u64| -> bool x % 2 == 0;  // 錯誤
```

```
let is_even = |x: u64| -> bool { x % 2 == 0 };  // ok
```

呼叫 closure 的語法與呼叫函式一樣：

```
assert_eq!(is_even(14), true);
```

closure 是 Rust 最令人愉悅的功能之一，我們將在第 14 章更詳細地介紹它們。

展望未來

運算式就是我們所認為的「運行碼（running code）」，它們是被編譯成機器指令的 Rust 程式，但它們只是整個語言的一小部分。

大多數的程式語言也是如此。程式的首要任務是執行，但它的工作不是只有這個，程式也必須進行溝通，必須可被測試，必須保持組織性和靈活性，以便繼續發展。它們必須和其他團隊製作的程式和服務合作。即使只是為了運行，像 Rust 這種靜態定型語言也需要 tuple 與陣列之外的資料組織工具。

接下來，我們將用幾章的篇幅來討論這個領域的功能，包括讓你的程式具有結構的模組與 crate，以及讓你的資料具有結構的 struct 與 enum。

首先，我們將用幾頁來討論一個重要的主題：當事情出錯時該怎麼辦。

## 第七章

錯誤處理

> 我知道只要活得夠久，這種事就必然發生。
>
> —George Bernard Shaw 墓誌銘

Rust 處理錯誤的方法很特別，所以值得用簡短的一章來探討這個主題。本章沒有困難的概念，只有你可能沒看過的新概念。本章將介紹 Rust 的兩種錯誤處理機制：panic 與 Result。

Result 型態是用來處理普通錯誤的，通常用來代表程式之外的事情造成的問題，例如錯誤的輸入、網路中斷、權限問題，我們無法控制那些情況的出現，即使是無 bug 的程式也會不時遇到它們，本章大多數的內容將探討這一種錯誤。但是，我們要先來討論 panic，因為它是這兩種機制中比較簡單的一種。

panic 是另一種錯誤，它是絕對不應該發生的錯誤。

Panic

當程式遇到亂七八糟的事情，代表程式本身必定有 bug 時，程式就會 panic。那些事情包括：

- 存取範圍之外的陣列
- 將整數除以零
- 對剛好是 Err 的 Result 呼叫 .expect()
- 斷言失敗

（Rust 也有 panic!() 巨集，讓你的程式可以在發現出錯時直接觸發 panic，panic!() 接收選用的引數，可用來建立錯誤訊息，引數採 println!() 格式。）

這些條件的共同點在於——它們都是程式設計師的錯。根據經驗，比較好的做法是：「不要驚慌（Don't panic）」。

但我們都會犯錯。當這些不該發生的錯誤發生時，該怎麼辦？值得注意的是，Rust 可讓你做出選擇。你可以在 panic 發生時回溯堆疊，或中止程序。回溯是預設的做法。

回溯（unwinding）

當海盜分贓時，船長會得到一半的戰利品，另一半的戰利品則平均分給普通船員（海盜討厭分數，所以如果平分的結果不是整數，他們會採取無條件捨去法，多出來的部分歸船上的鸚鵡所有）。

```
fn pirate_share(total: u64, crew_size: usize) -> u64 {
    let half = total / 2;
    half / crew_size as u64
}
```

也許這種算法可以正常運作好幾個世紀，直到有一次劫掠只有船長存活。如果我們將零值的 crew_size 傳給這個函式，它將除以零。在 C++ 裡，這是未定義行為，在 Rust 裡，它會觸發 panic，過程通常是這樣進行的：

- 終端機印出一條錯誤訊息：

    ```
    thread 'main' panicked at 'attempt to divide by zero', pirates.rs:3780
    note: Run with `RUST_BACKTRACE=1` for a backtrace.
    ```

    如果你按照訊息的建議設定 RUST_BACKTRACE 環境變數，Rust 也會 dump（傾印）此時的堆疊。

- 回溯堆疊，這很像 C++ 的例外處理。

    將當前函式使用的臨時值、區域變數、參數全部卸除，卸除的順序是它們的建立順序的相反。卸除值意味著清理它：程式所使用的任何 String 或 Vec 都會被釋出，被打開的任何 File 都會被關閉…等。此時也會呼叫用戶定義的 drop 方法，見第 310 頁的「Drop」。在 pirate_share() 這個例子裡，沒有東西需要清理。

    清理當前的函式呼叫之後，前往它的呼叫方，以同樣的做法卸除它的變數與引數。然後前往該函式的呼叫方，沿著堆疊向上反覆操作。

- 最後，執行緒退出。如果 panic 的執行緒是主執行緒，那麼整個程序都會退出（並產生非零的退出碼）。

將這個井然有序的過程稱為 *panic* 或許有誤導性，panic 不是崩潰。它不是未定義行為。它比較像 Java 的 `RuntimeException` 或 C++ 的 `std::logic_error`。它是定義良好的行為，只是不該發生。

panic 是安全的。它沒有違反 Rust 的任何安全規則，即使是在執行標準程式庫的方法的過程中發生 panic，它也不會產生懸空指標，或在記憶體裡面產生半初始化的值。Rust 的概念是，它會在壞事發生之前抓到無效的陣列操作或任何事情。因為繼續執行是不安全的，所以 Rust 會回溯堆疊。但是其餘的程序可以繼續執行。

panic 是各個執行緒各自發生的，程式可能有一個執行緒正在 panic，但其他執行緒繼續正常工作。我們將在第 19 章說明父執行緒如何知道子執行緒正在 panic、並優雅地處理錯誤。

我們也可以用一種方式來捕捉堆疊回溯，讓執行緒可以存活並繼續執行。標準程式庫函式 `std::panic::catch_unwind()` 可以做這件事。在此不介紹怎麼使用它，但它是 Rust 的測試工具在測試斷言失敗時用來復原的機制（當你撰寫可從 C 或 C++ 呼叫的 Rust 程式時，可能也需要使用它，因為在非 Rust 程式之間進行回溯是未定義行為，見第 22 章）。

在完美的世界裡，我們所有人都會寫出永遠不會 panic 而且沒有 bug 的程式，但沒有人是完美的，你可以使用執行緒與 `catch_unwind()` 來處理 panic，讓程式更可靠。重點是，這些工作只會抓到造成堆疊回溯的 panic，並非每個 panic 都以這種方式進行。

中止

堆疊回溯是預設的 panic 行為，但 Rust 在兩種情況下不會嘗試回溯堆疊。

如果 `.drop()` 方法觸發第二個 panic，但此時 Rust 仍然試著清理第一個 panic，這種情況會被視為致命的（fatal）。Rust 會停止回溯，並中止整個程序。

此外，Rust 的 panic 行為是可訂製的。如果你用 `-C panic=abort` 來進行編譯，在程式裡面的第一個 panic 會立刻中止程序（當你使用這個選項時，Rust 不需要知道如何回溯堆疊，所以可以減少編譯後的程式大小）。

關於 Rust 的 panic 的討論就此結束，這個主題沒什麼其他可談的，因為一般的 Rust 程式沒有義務處理 panic。即使你使用執行緒或 catch_unwind()，處理 panic 的程式可能只集中在少數幾個地方。我們不可能讓程式的每個函式都預測和處理它自己的程式中的 bug。由其他因素引發的錯誤又是另一回事了。

Result

Rust 沒有例外（exception）。可能失敗的函式要使用這種回傳型態：

```
fn get_weather(location:LatLng) -> Result<WeatherReport, io::Error>
```

Result 型態代表可能失敗。當我們呼叫 get_weather() 函式時，它可能回傳成功的結果 Ok(weather)，其中的 weather 是個新的 WeatherReport 值，或回傳錯誤的結果 Err(error_value)，其中的 error_value 是解釋錯誤原因的 io::Error。

Rust 要求我們在呼叫這個函式時要寫出錯誤處理程式。如果你沒有對著 Result 做某些事情，你就不會拿到 WeatherReport，如果你沒有使用 Result 值，你就會看到編譯錯誤。

在第 10 章，我們將了解標準程式庫如何定義 Result，以及如何定義你自己的類似型態。現在我們要先介紹一種「食譜式」方法，並把重點放在如何使用 Results 來寫出你想要怎麼處理錯誤。我們將了解如何捕捉、傳播與回報錯誤，以及組織和使用 Result 型態的常見模式。

捕捉錯誤

要處理 Result，最徹底的做法就是採取第 2 章介紹過的方式，也就是使用 match 運算式。

```
match get_weather(hometown) {
    Ok(report) => {
        display_weather(hometown, &report);
    }
    Err(err) => {
        println!("error querying the weather: {}", err);
        schedule_weather_retry();
    }
}
```

它相當於其他語言的 try/catch。如果你想要直接處理錯誤，而不是將錯誤傳給呼叫方，你就要使用它。

match 有點繁複，所以 Result<T, E> 提供各種方法，讓你在特定的常見情況下使用，這些方法的實作都使用 match 運算式。（線上文件有 Result 的所有方法，這裡只列出我們最常用的方法。）

result.is_ok(), result.is_err()

回傳一個 bool 來表示 result 是成功的結果還是錯誤的結果。

result.ok()

以 Option<T> 回傳成功值，如果有的話。如果 result 是成功的結果，它會回傳 Some(success_value)；否則，它會回傳 None，並捨棄錯誤值。

result.err()

以 Option<E> 回傳錯誤值，如果有的話。

result.unwrap_or(fallback)

回傳成功值，如果 result 是成功的結果。否則回傳 fallback，捨棄錯誤值。

```
// 對南加州來說，這是相當安全的預測。
const THE_USUAL: WeatherReport = WeatherReport::Sunny(72);

// 可以的話，取得真正的天氣預報。
// 如果不行，退回去使用應變的普通天氣。
let report = get_weather(los_angeles).unwrap_or(THE_USUAL);
display_weather(los_angeles, &report);
```

這是很好的 .ok() 替代方案，因為回傳型態是 T，不是 Option<T>。當然，它只能在有適當的 fallback 值的時候運作。

result.unwrap_or_else(fallback_fn)

一樣，但它不是直接傳遞 fallback 值，而是傳遞一個函式或 closure。它適合在計算 fallback 值很昂貴，但有時你不需要使用它時使用。fallback_fn 只會在產生錯誤的結果的時候執行。

```
let report =
    get_weather(hometown)
    .unwrap_or_else(|_err| vague_prediction(hometown));
```

（第 14 章會詳細介紹 closure。）

```
result.unwrap()
```

如果 result 是成功的結果，此方法也會回傳成功值。但是，如果 result 是錯誤的結果，它會 panic。這個方法有特別的用途，稍後會進一步討論它。

```
result.expect(message)
```

它與 .unwrap() 一樣，但是可讓你提供 panic 發生時想要印出來的訊息。

最後是處理 Result 內的參考的方法：

```
result.as_ref()
```

將 Result<T, E> 轉換成 Result<&T, &E>。

```
result.as_mut()
```

一樣，但借用一個可變參考。它的回傳型態是 Result<&mut T, &mut E>。

最後兩個方法很有用，因為上面列出的所有方法，除了 .is_ok() 與 .is_err() 之外，都會耗用它們所操作的 result，也就是說，它們以值接收 self 引數。有時你需要在不破壞 result 的情況下取得它裡面的資料，這就是使用 .as_ref() 與 .as_mut() 的時機。例如，假如你想要呼叫 result.ok()，但是你需要保留完整的結果，此時你可以使用 result.as_ref().ok()，它只會借用 result，並回傳一個 Option<&T>，而不是回傳 Option<T>。

Result 型態別名

有時你會看到 Rust 文件似乎忽略 Result 的錯誤型態：

```
fn remove_file(path: &Path) -> Result<()>
```

這代表它用了 Result 型態別名。

型態別名是型態名稱的一種簡寫。模組通常會定義 Result 型態別名，來避免使用模組的幾乎所有函式都重複使用的錯誤型態。例如，標準程式庫的 std::io 模組有這一行程式：

```
pub type Result<T> = result::Result<T, Error>;
```

它定義了一個公用型態 std::io::Result<T>，它是 Result<T, E> 的別名，但是寫死 std::io::Error 錯誤型態。實際上，這意味著，當你使用 use std::io; 時，Rust 會將 io::Result<String> 視為 Result<String, io::Error> 的簡寫。

當你在線上文件看到 Result<()> 之類的東西時，你可以按下識別符 Result 來了解它使用了哪個型態別名，以及了解錯誤型態。在實務上，這通常可以從上下文看出。

印出錯誤

有時處理錯誤的唯一手段就是將它印（dump）到終端機，並繼續處理。我們已經介紹一種做法了：

```
println!("error querying the weather: {}", err);
```

標準程式庫用一些枯燥的名稱來定義幾種錯誤型態：std::io::Error、std::fmt::Error、std::str::Utf8Error…等，它們都實作了共同的介面，即 std::error::Error trait，這意味著它們都有下面的功能與方法：

println!()

所有的錯誤型態都可以用它來印出。使用 {} 格式符號來印出錯誤通常只會顯示一則簡短的錯誤訊息。你也可以使用 {:?} 格式符號來列印，以顯示 error 的 Debug 畫面，雖然它比較不易理解，但它會顯示額外的技術資訊。

```
// `println!("error: {}", err);` 的結果
error: failed to look up address information: No address associated with
hostname

// `println!("error: {:?}", err);` 的結果
error: Error { repr: Custom(Custom { kind: Other, error: StringError(
"failed to look up address information: No address associated with
hostname") }) }
```

err.to_string()

以 String 來回傳錯誤訊息。

err.source()

回傳造成底層錯誤 err 的 Option，若有的話。例如，網路錯誤可能造成銀行交易失敗，進而造成你的船運被撤回。如果 err.to_string() 是 "boat was repossessed"，那麼 err.source() 可能回傳一個關於交易失敗的錯誤。error 的 .to_string() 可能是 "failed to transfer $300 to United Yacht Supply"，它的 .source() 可能是 io::Error，裡面有造成麻煩的網路中斷細節。第三種錯誤是根本原因，所以它的 .source() 方法會回傳 None。因為標準程式庫只有非常低階的功能，所以標準程式庫回傳的錯誤根源通常是 None。

印出錯誤值不會印出它的根源，若要印出所有可用的資訊，你可以使用這個函式：

```
use std::error::Error;
use std::io::{Write, stderr};

/// 將錯誤訊息印到 `stderr`。
///
/// 如果在建立錯誤訊息或寫入 `stderr`
/// 的同時發生另一個錯誤，它會被忽略
fn print_error(mut err: &dyn Error) {
    let _ = writeln!(stderr(), "error: {}", err);
    while let Some(source) = err.source() {
        let _ = writeln!(stderr(), "caused by: {}", source);
        err = source;
    }
}
```

writeln! 巨集的功能很像 println!，但是它將資料寫到你選擇的串流。我們在此將錯誤訊息寫到標準錯誤串流 std::io::stderr。你也可以使用 eprintln! 來做同一件事，但 eprintln! 會在錯誤發生時 panic。在 print_error 內，我們忽略在寫入訊息時發生的錯誤，我們將在第 169 頁的「忽略錯誤」解釋原因。

標準程式庫的錯誤型態沒有堆疊追蹤（stack trace），熱門的 anyhow crate 有一個現成的錯誤型態提供這種功能，但是要和不穩定的 Rust 編譯器版本一起使用（在 Rust 1.50 時，捕捉 backtrace 的標準程式庫函式還不穩定）。

傳播錯誤

當我們嘗試可能失敗的事情時，往往不想要立刻捕捉和處理錯誤，因為在每一個可能出錯的地方寫 10 幾行 match 陳述式實在太麻煩了。

當錯誤發生時，我們通常讓呼叫方處理它。我們想讓錯誤沿著呼叫堆疊（call stack）往上傳播。

Rust 有個 ? 運算子可以做這件事。你可以幫產生 Result 的任何一個運算式加上 ?，例如函式呼叫的結果：

```
let weather = get_weather(hometown)?;
```

? 的行為取決於它的函式回傳成功結果還是錯誤結果：

- 成功時，它會打開 Result 並取得裡面的成功值。這裡的 weather 的型態不是 Result<WeatherReport, io::Error>，而是 WeatherReport。

- 錯誤時，它會立刻從圍封的函式 return，將錯誤結果沿著呼叫鏈往上傳。為了確保順利運作，? 只能用於具有 Result 回傳型態的函式裡面的 Result 上。

? 運算子沒有什麼特別之處。你可以用 match 運算式來表達同一件事，只是需要用更多程式：

```
let weather = match get_weather(hometown) {
    Ok(success_value) => success_value,
    Err(err) => return Err(err)
};
```

它與 ? 運算子唯一的區別在於一些涉及型態與轉換的細節，我們將在下一節討論。

在較舊的程式裡，你可能會看到 try!() 巨集，它是 Rust 在 1.13 版加入 ? 運算子之前，傳播錯誤的常見手段。

```
let weather = try!(get_weather(hometown));
```

這個巨集可以展開成 match 運算式，與之前的那一個一樣。

我們很容易忘記，在程式中，可能出錯的地方有多麼普遍，尤其是在與作業系統連接的程式裡面。有的函式幾乎每一行程式都有 ? 運算子：

```
use std::fs;
use std::io;
use std::path::Path;

fn move_all(src: &Path, dst: &Path) -> io::Result<()> {
    for entry_result in src.read_dir()? {  // 打開目錄可能會失敗
        let entry = entry_result?;          // 讀取目錄可能會失敗
        let dst_file = dst.join(entry.file_name());
        fs::rename(entry.path(), dst_file)?;  // 重新命名可能會失敗
    }
    Ok(())  // 終於結束了！
}
```

? 也以類似的方式與 Option 型態合作。在回傳 Option 的函式裡面，你可以使用 ? 來拆開一個值，並且在 None 的情況下儘早返回。

```
let weather = get_weather(hometown).ok()?;
```

處理多種錯誤型態

有時可能出錯的事情不只一件，假如從一個文字檔讀出數字時：

```
use std::io::{self, BufRead};

/// 從文字檔讀出整數。
/// 這個檔案應該一行有一個數字。
fn read_numbers(file: &mut dyn BufRead) -> Result<Vec<i64>, io::Error> {
    let mut numbers = vec![];
    for line_result in file.lines() {
        let line = line_result?;           // 讀取行可能失敗
        numbers.push(line.parse()?);       // 解析整數可能失敗
    }
    Ok(numbers)
}
```

Rust 顯示編譯錯誤：

```
error: `?` couldn't convert the error to `std::io::Error`

   numbers.push(line.parse()?);       // 解析整數可能失敗
                         ^
               the trait `std::convert::From<std::num::ParseIntError>`
               is not implemented for `std::io::Error`

note: the question mark operation (`?`) implicitly performs a conversion
on the error value using the `From` trait
```

你必須看完介紹 trait 的第 11 章才能了解這個錯誤訊息，現在你只要知道，Rust 在抱怨？運算子無法將 std::num::ParseIntError 值轉換成 std::io::Error 型態。

問題在於，從檔案中讀取一行文字並解析整數可能產生兩種不同的錯誤型態。line_result 的型態是 Result<String, std::io::Error>，line.parse() 的型態是 Result<i64, std::num::Parse IntError>。read_numbers() 函式的回傳型態只考慮到 io::Error。Rust 試著處理 ParseIntError，將它轉換成 io::Error，但是沒有這種轉換，所以產生型態錯誤。

這個問題有幾種解決方式。例如，第 2 章用來建立 Mandelbrot 集合圖像的 image crate 定義了它自己的錯誤型態，ImageError，並將 io::Error 與一些其他的錯誤型態轉換成 ImageError。如果你要採取這種做法，你可以嘗試 thiserror crate，它可以協助你用少量的程式來定義良好的錯誤型態。

比較簡單的做法是使用 Rust 內建的工具。標準程式庫的錯誤型態都可以轉換成 Box<dyn std::error::Error + Send + Sync + 'static> 型態。雖然這段程式有點拗口，但 dyn std::error::Error 代表「任何錯誤」，Send + Sync + 'static 讓它可在執行緒之間傳遞[1]。為了方便起見，你可以定義型態別名：

```
type GenericError = Box<dyn std::error::Error + Send + Sync + 'static>;
type GenericResult<T> = Result<T, GenericError>;
```

然後，將 read_numbers() 的回傳型態改成 GenericResult<Vec<i64>>，完成修改後，函式就可以編譯了。? 運算子會視需求將任何一種錯誤型態轉換成 GenericError。

順便說一下，? 運算子使用一種標準方法來進行這個自動轉換。你可以呼叫 GenericError::from() 來將任何錯誤轉換成 GenericError 型態：

```
let io_error = io::Error::new(          // 製作我們自己的 io::Error
    io::ErrorKind::Other, "timed out");
return Err(GenericError::from(io_error));  // 手動轉換成 GenericError
```

我們將在第 13 章完整地介紹 From trait 與它自己的 from() 方法。

使用 GenericError 有一個缺點：如此一來，回傳型態就無法準確地告訴呼叫方可能收到哪些錯誤了。呼叫方必須做好接收任何東西的準備。

如果你呼叫一個回傳 GenericResult 的函式，但你只想處理某種特定的錯誤，並且將所有其他的錯誤傳播出去，你可以使用泛型方法 error.downcast_ref::<ErrorType>()，它會借用錯誤的參考，如果那個錯誤剛好是你想要找的錯誤型態的話：

```
loop {
    match compile_project() {
        Ok(()) => return Ok(()),
        Err(err) => {
            if let Some(mse) = err.downcast_ref::<MissingSemicolonError>() {
                insert_semicolon_in_source_code(mse.file(), mse.line())?;
                continue;  // 再試一次！
            }
            return Err(err);
        }
    }
}
```

許多語言都有做這種事情的內建語法，但事實上，它們很少派上用場。Rust 用一個方法來處理。

---

[1]　你也可以考慮使用熱門的 anyhow crate，它有類似 GenericError 與 GenericResult 的錯誤與結果型態，但加入一些很棒的功能。

處理「不會發生」的錯誤

有時我們知道錯誤不會發生。例如，假如我們寫一段程式來解析一個設置檔，在某個地方，我們發現下一個東西是數字字串：

```
if next_char.is_digit(10) {
    let start = current_index;
    current_index = skip_digits(&line, current_index);
    let digits = &line[start..current_index];
    ...
```

我們想要將這個數字字串轉換成實際的數字。有一種標準的方法可以做這件事：

```
let num = digits.parse::<u64>();
```

問題來了，str.parse::<u64>() 方法不是回傳 u64，而是回傳 Result，它可能失敗，因為有些字串不是數字：

```
"bleen".parse::<u64>()   // ParseIntError: invalid digit
```

但是在這個例子中，我們知道 digits 完全是數字組成的。我們該怎麼做？

如果我們的程式已經是回傳 GenericResult 了，我們可以加上 ? 並忘了這件事。否則，我們就要為一個不可能發生的錯誤編寫錯誤處理程式，此時，最好的做法是使用 .unwrap()，它是 Result 的方法，當結果是 Err 時，它會 panic，但是在 Ok 時，它會直接回傳成功值：

```
let num = digits.parse::<u64>().unwrap();
```

它很像 ?，但如果我們對這個錯誤（error）的預測錯了，也就是錯誤可能發生，那麼當錯誤發生時，程式會 panic。

事實上，我們真的錯了，如果輸入有一串夠長的數字字串，數字會因為太大，而無法放入 u64：

```
"99999999999999999999".parse::<u64>()     // 溢位錯誤
```

所以，在這個例子中使用 .unwrap() 是個 bug。錯誤的輸入不應該造成 panic。

話雖如此，有時 Result 值真的不可能是 error。例如，在第 18 章，你會看到 Write trait 為文字與二進制輸入定義了一組通用的方法（.write() 與其他方法），這些方法都回傳 io::Result，但如果寫入的對象是 Vec<u8>，它們不會失敗，此時，你可以使用 .unwrap() 或 .expect(message) 來取代 Result。

當錯誤代表非常嚴重或奇怪的情況，所以你要用 panic 來處理它時，這些方法也很有用：

```
fn print_file_age(filename: &Path, last_modified: SystemTime) {
    let age = last_modified.elapsed().expect("system clock drift");
    ...
}
```

.elapsed() 方法只會在系統時間早於檔案建立時間時失敗，這種情況可能在檔案剛被建立，但系統時間在執行程式的過程中被往前調整時發生。此時或許 panic 是較好的做法，而不是處理錯誤或將它傳播給呼叫方法，但這要取決於這段程式的用途。

忽略錯誤

有時我們想要完全忽略一個錯誤，例如，在 print_error() 函式裡，我們必須處理「在印出錯誤時觸發另一個錯誤」這種罕見的情況，這種情況可能在 stderr 被 pipe 到另一個程序，而且那一個程序被殺掉時發生。此時，將原本要回報的錯誤傳播出去可能比較重要，所以我們想忽略 stderr 的問題，但是 Rust 編譯器發出關於未使用的 Result 值的警告：

```
writeln!(stderr(), "error: {}", err);  // 警告：未使用的結果
```

let _ = ... 可以隱藏這個警告：

```
let _ = writeln!(stderr(), "error: {}", err);  // ok，忽略結果
```

在 main() 裡面處理錯誤

在產生 Result 的大多數地方，讓錯誤上浮至呼叫方是正確的行為。這就是為什麼？在 Rust 裡面是一個字元。我們看過，在一些程式裡，有連續好幾行程式碼使用它。

但如果你將一個錯誤傳播得夠久，最終它會抵達 main()，此時你必須處理它。通常 main() 不能使用 ?，因為它的回傳型態不是 Result：

```
fn main() {
    calculate_tides()?;  // 錯誤：不能再推卸責任了
}
```

若要在 main() 裡面處理錯誤，最簡單的做法是使用 .expect()：

```
fn main() {
    calculate_tides().expect("error");  // 責任到此為止
}
```

如果 calculate_tides() 回傳錯誤的結果，.expect() 方法會 panic。在主執行緒裡面 panic 會印出錯誤訊息，然後退出程式並顯示非零的退出碼，這基本上是我們想看到的行為。我們在寫小型程式時，一直都採取這種用法。

不過，錯誤訊息有點嚇人：

```
$ tidecalc --planet mercury
thread 'main' panicked at 'error: "moon not found"', src/main.rs:2:23
note: run with `RUST_BACKTRACE=1` environment variable to display a backtrace
```

真正的錯誤訊息被埋在雜訊中了。此外，RUST_BACKTRACE=1 對這個例子而言是糟糕的建議。

但是，你也可以修改 main() 的型態簽章，讓它回傳 Result 型態，以便使用？：

```
fn main() -> Result<(), TideCalcError> {
    let tides = calculate_tides()?;
    print_tides(tides);
    Ok(())
}
```

這種做法適合處理可用 {:?} 格式化符號來列印的錯誤型態，所有標準的錯誤型態都是如此，例如 std::io::Error。這項技術很容易使用，也可以產生比較好的錯誤訊息，但仍然不太理想：

```
$ tidecalc --planet mercury
Error:TideCalcError { error_type:NoMoon, message: "moon not found" }
```

如果錯誤型態比較複雜，或你想要在訊息中加入更多細節，你可以自己印出錯誤訊息：

```
fn main() {
    if let Err(err) = calculate_tides() {
        print_error(&err);
        std::process::exit(1);
    }
}
```

這段程式使用 if let 運算式，只會在 calculate_tides() 回傳錯誤的結果時印出錯誤訊息。關於 if let 運算式的細節，請參考第 10 章。第 163 頁的「印出錯誤」有列出 print_error 函式。

現在輸出變簡潔了：

```
$ tidecalc --planet mercury
error: moon not found
```

宣告自訂的錯誤型態

假設你要寫一個新的 JSON 解析器，而且你想要讓它使用自己的錯誤型態（我們尚未介紹自訂型態，接下來幾章會介紹它們，但錯誤型態很方便，所以在此先稍微劇透一下）。

這應該是最簡單的程式：

```
// json/src/error.rs

#[derive(Debug, Clone)]
pub struct JsonError {
    pub message: String,
    pub line: usize,
    pub column: usize,
}
```

這個 struct 稱為 json::error::JsonError，當你想要發出這個型態的錯誤時，你可以這樣寫：

```
return Err(JsonError {
    message: "expected ']' at end of array".to_string(),
    line: current_line,
    column: current_column
});
```

雖然這段程式可以運作，但是，如果你想要讓你的錯誤型態像標準的錯誤型態一樣工作，以符合用戶的期待，你還要做一些事情：

```
use std::fmt;

// 錯誤必須是可列印的。
impl fmt::Display for JsonError {
    fn fmt(&self, f: &mut fmt::Formatter) -> Result<(), fmt::Error> {
        write!(f, "{} ({}:{})", self.message, self.line, self.column)
    }
}

// 錯誤應實作 std::error::Error trait，
// 但是 Error 方法的預設定義可以使用。
impl std::error::Error for JsonError { }
```

接下來幾章會解釋 impl 關鍵字、self 與所有其他程式的意義。

如同 Rust 語言的許多層面，crate 的目的是讓你用更簡單、更簡潔的方式來處理錯誤。crate 有很多種，最常用的一種是 thiserror，它可以為你做之前的所有工作，可讓你寫出這種 error：

```
use thiserror::Error;
#[derive(Error, Debug)]
#[error("{message:} ({line:}, {column})")]
pub struct JsonError {
    message: String,
    line: usize,
    column: usize,
}
```

#[derive(Error)] 指令要求 thiserror 產生之前展示的程式碼，為你節省大量的時間和勞力。

為何使用 Result？

現在我們已經掌握足夠背景，可以了解 Rust 為何選擇 Result 而不是例外（exception）了。以下是這個設計的重點：

- Rust 要求程式設計師在每個可能出現錯誤的地方做出某種決定，並且在程式碼裡面寫下它。這是很好的策略，否則，人們很容易疏忽，沒有做好錯誤處理。

- 最常見的決定是將錯誤傳播出去，這是用 ? 字元來編寫的。因此，錯誤處理程式不會像 C 與 Go 那樣把程式碼搞得亂七八糟。而且它仍然可被看見，你一眼就可以從一段程式中看出將錯誤傳播出去的所有地方。

- 因為錯誤的可能性是每個函式的回傳型態的一部分，所以我們很容易看出哪些函式可能失敗、哪些不會失敗。如果你將函式改成可能失敗的（fallible），你就要改變它的回傳型態，編譯器會提示你修改那個函式的下游使用方。

- Rust 會檢查被使用的 Result 值，所以你不會不小心讓錯誤默默地繞過去（這是 C 常見的錯誤）。

- 因為 Result 是一種資料型態，與任何其他資料型態一樣，所以在同一個集合裡面儲存成功與錯誤的結果很容易，因此建立部分成功（partial success）模型很簡單。例如，如果你要從文字檔載入上百萬筆紀錄，而且你要採取一種手段來處理多數結果都成功，但有些結果失敗的情況，你可以在記憶體裡面使用 Result 向量來表達這種情況。

使用 Result 的代價是我們考慮和設計錯誤處理程式的時間比其他語言還要多。和其他許多領域一樣，Rust 的錯誤處理機制比你習慣的還要嚴格一些。對系統程式設計而言，這樣做是值得的。

crate 與模組

這是 *Rust* 主題的一項重點：系統程式設計師也可以擁有好東西。

—Robert O'Callahan, "Random Thoughts on Rust: crates.io and IDEs"
（ *https://oreil.ly/Y22sV* ）

假如你要寫一個模擬蕨類植物生長過程的程式，而且打算從一個細胞開始模擬。你的程式將和蕨類植物一樣，剛開始非常簡單，全部可以寫在一個檔案裡面，因為它只是剛萌芽的想法。隨著程式的擴增，它開始有內部結構，不同的部分有不同的功能，它會擴展成多個檔案，可能會涵蓋整個樹狀結構的目錄。隨著時間過去，它可能成為整個軟體生態系統的重要成分。對不只少數幾個資料結構或幾百行程式碼的任何程式而言，做一些組織是必要的工作。

本章將介紹 Rust 協助你組織程式的功能：crate 與模組（module）。我們也會介紹關於 Rust crate 的結構和發布的主題，包括如何記錄與測試 Rust 程式、如何隱藏不想看到的編譯器警告、如何使用 Cargo 來管理專案依賴項目與版本、如何在 Rust 的公共 crate 版本庫 crates.io 裡面發布開放原始碼程式庫、Rust 如何在語言版本之間演變…等。我們將以蕨類植物模擬器為例。

crate

Rust 程式是 *crate* 組成的。每一個 crate 都是一個完整的、內聚的單元，它是一個程式庫或可執行檔的所有原始碼，加上相關的測試、範例、工具、組態，與其他雜七雜八的東西。蕨類植物模擬器可能會使用第三方程式庫來處理 3D 圖像、生物資訊學、平行計算…等，這些程式庫都是用 crate 來發布的（見圖 8-1）。

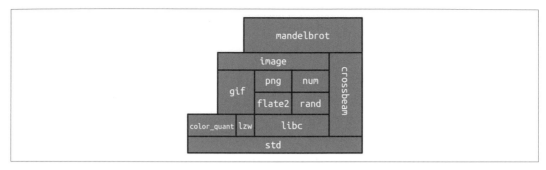

圖 8-1　crate 與它的依賴項目

若要了解什麼是 crate，以及它們如何合作，最簡單的做法就是使用 cargo build 與
--verbose 旗標來組建一個使用一些依賴項目的既有專案。我們以第 34 頁的「並行的
Mandelbrot 程式」為例，組建結果如下：

```
$ cd mandelbrot
$ cargo clean     # 刪除已編譯的程式碼
$ cargo build --verbose
    Updating registry `https://github.com/rust-lang/crates.io-index`
 Downloading autocfg v1.0.0
 Downloading semver-parser v0.7.0
 Downloading gif v0.9.0
 Downloading png v0.7.0

... (downloading and compiling many more crates)

Compiling jpeg-decoder v0.1.18
    Running `rustc
      --crate-name jpeg_decoder
      --crate-type lib
      ...
      --extern byteorder=.../libbyteorder-29efdd0b59c6f920.rmeta
      ...
   Compiling image v0.13.0
    Running `rustc
      --crate-name image
      --crate-type lib
      ...
      --extern byteorder=.../libbyteorder-29efdd0b59c6f920.rmeta
      --extern gif=.../libgif-a7006d35f1b58927.rmeta
      --extern jpeg_decoder=.../libjpeg_decoder-5c10558d0d57d300.rmeta
   Compiling mandelbrot v0.1.0 (/tmp/rustbook-test-files/mandelbrot)
    Running `rustc
```

```
        --edition=2021
        --crate-name mandelbrot
        --crate-type bin
        ...
        --extern crossbeam=.../libcrossbeam-f87b4b3d3284acc2.rlib
        --extern image=.../libimage-b5737c12bd641c43.rlib
        --extern num=.../libnum-1974e9a1dc582ba7.rlib -C link-arg=-fuse-ld=lld`
    Finished dev [unoptimized + debuginfo] target(s) in 16.94s
$
```

為了方便閱讀，我們改了 rustc 命令行的格式，並刪除許多與目前的討論無關的編譯器選項，將它們換成 ...。

你應該還記得，當我們完成時，Mandelbrot 程式的 *main.rs* 裡面有一些宣告其他的 crate 的項目的 use 宣告式：

```
use num::Complex;
// ...
use image::ColorType;
use image::png::PNGEncoder;
```

我們也在 *Cargo.toml* 檔裡面指定各個 crate 的版本：

```
[dependencies]
num = "0.4"
image = "0.13"
crossbeam = "0.8"
```

dependencies 這個字代表這個專案所使用的其他 crate，它的意思是我們依賴的程式碼。我們在 Rust 社群的開放原始碼 crate 網站 crates.io 找到這些 crate。例如，image 是我們在 crates.io 搜尋圖像程式庫找到的。在 crates.io 上，每一個 crate 的網頁都展示它的 *README.md* 檔、前往文件和原始碼的連結，以及一行可供複製並加入 *Cargo.toml* 的組態設定，例如 image = "0.13"。這裡的版本號碼是這三個程式包在我們編寫這段程式時的最新版本。

Cargo 抄本說明了如何使用這項資訊。當我們執行 cargo build 時，Cargo 會先從 crates.io 下載這些 crate 的特定版本的原始碼，然後讀取這些 crate 的 *Cargo.toml* 檔，下載它們的依賴項目，並反覆執行這項操作。例如，image crate 的 0.13.0 版的原始碼有一個 *Cargo.toml* 檔，它的內容是：

```
[dependencies]
byteorder = "1.0.0"
num-iter = "0.1.32"
```

```
num-rational = "0.1.32"
num-traits = "0.1.32"
enum_primitive = "0.1.0"
```

Cargo 從這個檔案知道,它也必須抓取這些 crate 才能使用 image。稍後你會知道如何要求 Cargo 從 Git 版本庫或本地檔案系統抓取原始碼,而不是從 crates.io。

由於 mandelbrot 依賴 image crate,進而間接依賴那些 crate,所以我們將那些 crate 稱為 mandelbrot 的遞移(*transitive*)依賴項目。Cargo 藉由這些依賴關係來知道該組建哪些 crate,以及按照什麼順序組建,它們稱為 crate 的依賴圖(*dependency graph*)。因為 Cargo 可以自動處理依賴圖與遞移依賴關係,所以它大幅降低程式設計師的時間和精力。

當 Cargo 取得原始碼之後,它會編譯所有的 crate。它會幫專案的依賴圖裡面的每一個 crate 執行 Rust 編譯器 rustc。在編譯程式庫時,Cargo 會使用 --crate-type lib 選項,告訴 rustc 不要尋找 main() 函式,而是產生一個 *.rlib* 檔。這個檔案裡面有編譯好的程式碼,可以用來建立二進制檔與其他 *.rlib* 檔。

在編譯程式時,Cargo 使用 --crate-type bin,它會幫目標平台產生一個二進制可執行檔,例如,在 Windows 上是 *mandelbrot.exe*。

Cargo 會在執行各個 rustc 命令時傳遞 --extern 選項,並提供 crate 將使用的每個程式庫的檔名。如此一來,當 rustc 看到 useimage::png::PNGEncoder 這種程式時,它就可以知道 image 是另一個 crate 的名稱,而且多虧有 Cargo,它知道該去磁碟的哪裡尋找編譯好的 crate。Rust 編譯器必須讀取這些 *.rlib* 檔,因為它們裡面有編譯好的程式庫。Rust 會將那些程式碼靜態地連結至最終的可執行檔內。*.rlib* 裡面也有型態資訊,所以 Rust 可以確認程式使用的程式庫功能確實在 crate 裡面,而且我們有正確地使用它們。*.rlib* 裡面也有 crate 的公用行內(inline)函式、泛型、巨集的複本,這些功能在 Rust 看到它們被如何使用之前無法完全編譯成機器碼。

cargo build 支援各式各樣的選項,大部分都不在本書的討論範圍之內,但我們要介紹其中一個:cargo build --release 可產生優化的版本(build)。release build 跑得比較快,但編譯時間較久,它們不會檢查整數溢位,它們會跳過 debug_assert!() 斷言,而且它們在 panic 時產生的堆疊追蹤通常沒那麼可靠。

edition

Rust 有極強的相容性保證。用 Rust 1.0 來編譯的程式必須能夠用 Rust 1.50 或 Rust 1.900 (如果真的問世的話)來編譯。

但有人可能會提出令人信服的擴展建議，導致舊程式再也無法編譯。例如，經過大量討論之後，Rust 決定將識別符號 async 與 await 改成關鍵字，以支援非同步程式設計語法（見第 20 章），但是這項改變可能破壞將 async 或 await 當成變數名稱來使用的舊程式。

為了在演進的同時不破壞既有程式，Rust 使用 *edition*。Rust 的 2015 edition 與 Rust 1.0 相容。2018 edition 將 async 與 await 改成關鍵字，並簡化了模組系統。2021 edition 改善陣列人體工學（array ergonomic），並且讓一些常用的程式庫定義在預設情況下可以到處使用。它們都是這個語言的重大改善，但是會破壞既有程式。為了避免這種情況，每一個 crate 都會在它的 *Cargo.toml* 檔案中最上面的 [package] 區域中，列出類似下面這行文字，來指出它用哪個 Rust edition 來編寫：

```
edition = "2021"
```

如果沒有這個關鍵字，Rust 默認它使用 2015 edition，所以舊 crate 完全不需要修改。但是如果你想要使用非同步函式，或新模組系統，你就要在 *Cargo.toml* 檔案內加入 edition = "2018"（或是更新的版本）。

Rust 承諾編譯器絕對接受所有現存的 edition，程式可以自由地混用以不同的 edition 寫成的 crate。2015 edition crate 甚至可以依賴 2021 edition crate。換句話說，crate 的 edition 只會影響原始碼的解釋方式，當程式被編譯之後，edition 的區別就會消失。這意味著，你可以修改舊 crate 來繼續參與現代的 Rust 生態系統，你也可以讓 crate 繼續維持舊的 edition，以避免用戶的不便。你只需要在想要使用新的語言功能時修改 editon。

edition 不會每年推出，只會在 Rust 專案認為有必要時推出，例如，Rust 沒有 2020 edition，將 edition 設為 "2020" 會導致錯誤。Rust Edition Guide（*https://oreil.ly/bKEO7*）介紹了各個 edition 的改變，並提供了 edition 系統的背景。

使用最新的 edition 幾乎一定是最好的做法，尤其是對新程式碼而言。cargo new 在預設情況下會用最新的 edition 來建立新專案。本書全部使用 2021 edition。

如果你有使用舊的 Rust edition 寫成的 crate，cargo fix 命令可協助你將程式自動升級成新 edition。Rust Edition Guide 有 cargo fix 命令的詳細說明。

build profile

你可以在 *Cargo.toml* 檔案裡面加入一些組態設定來影響 cargo 產生的 rustc 命令（表 8-1）。

表 8-1　Cargo.toml 組態設定區域

命令行	使用的 Cargo.toml 區域
cargo build	[profile.dev]
cargo build --release	[profile.release]
cargo test	[profile.test]

通常你只要使用預設值即可，但我們發現一個例外——當你想要使用 profiler 時。profiler 可以測量你的程式在哪裡花費 CPU 時間。為了利用 profiler 來獲得最好的資料，你要啟用優化（通常只能在 release build 裡面啟用）與 debug symbol（通常只能在 debug build 裡面啟用）。為了啟用兩者，你要在 *Cargo.toml* 裡面加入這些內容：

```
[profile.release]
debug = true  # 在 release build 裡面啟用 debug symbol
```

debug 設定控制了 rustc 的 -g 選項。這樣設定之後，當你輸入 cargo build --release 時，你就會獲得一個具有 debug symbol 的二進制檔。優化設定不會被影響。

你可以在 Cargo 文件（*https://oreil.ly/mTNiN*）裡面找到可在 *Cargo.toml* 裡面調整的其他設定。

模組

crate 與不同的專案之間的程式碼共用有關，而模組（*module*）與專案內的程式碼組織有關。它們是 Rust 的名稱空間，也是函式、型態、常數…等組成 Rust 程式或程式庫的容器。模組長這樣：

```
mod spores {
    use cells::{Cell, Gene};

    /// 成年蕨類產生的細胞。它是蕨類生命週期的一部分，
    /// 會隨風飄散，孢子會成長為原葉體，
    /// 原葉體是一種完整且獨立的生物體，直徑可達 5 mm，
    /// 原葉體會成長為合子，它會長成新的蕨類（植物的性別很複雜）。
    pub struct Spore {
        ...
    }

    /// 模擬以減數分裂產生孢子的過程。
    pub fn produce_spore(factory: &mut Sporangium) -> Spore {
        ...
```

```
    }

    /// 提取特定孢子的基因。
    pub(crate) fn genes(spore: &Spore) -> Vec<Gene> {
        ...
    }

    /// 混合基因，為減數分裂（間期的一部分）預做準備。
    fn recombine(parent: &mut Cell) {
        ...
    }

    ...
}
```

模組是項目（*item*）的集合，項目是具名功能，例如範例中的 Spore struct 與兩個函式。pub 關鍵字可將項目宣告成公用（public），讓你可以在模組之外使用它們。

有一個函式被標成 pub(crate)，代表它可以在這個 crate 裡面的任何地方使用，但不會在外部介面公開。其他的 crate 不能使用它，它也不會被列在這個 crate 的文件內。

沒有標上 pub 的東西都是私用的，只能在定義它的同一個模組裡面使用，或是在它的任何子模組內使用：

```
let s = spores::produce_spore(&mut factory);  // ok

spores::recombine(&mut cell);  // 錯誤：`recombine` 是私用的
```

將項目標成 pub 通常稱為「匯出」該項目。

本節的其餘內容將介紹使用模組時需要知道的細節：

- 我們將展示如何嵌套模組，以及如何在必要時將它們分到不同的檔案與目錄。

- 我們將解釋 Rust 用來引用其他模組的項目的路徑語法，並展示如何匯入項目，不需要寫出完整路徑即可使用它們。

- 我們會討論 Rust 針對 struct 欄位的精細控制。

- 我們將介紹 *prelude* 模組，它藉著收集幾乎所有用戶都需要的 import 來減少樣板程式。

- 我們會展示 *constants* 與 *statics*，它們是定義具名值的兩種方式，可提升清晰度和一致性。

嵌套模組

模組可以嵌套，你經常可以看到，有些模組單純是用許多子模組組成的：

```
mod plant_structures {
    pub mod roots {
        ...
    }
    pub mod stems {
        ...
    }
    pub mod leaves {
        ...
    }
}
```

如果你想要讓嵌套模組內的項目被其他 crate 看到，你要將它與所有包住它的模組都標為公用，否則你會看到這個警告：

```
warning: function is never used: `is_square`
   |
23 | /          pub fn is_square(root: &Root) -> bool {
24 | |              root.cross_section_shape().is_square()
25 | |          }
   | |_____^
   |
```

雖然這個函式目前只是一段死程式，但如果你想要在其他 crate 裡面使用它，Rust 會讓你知道它們其實無法看見它。你也要確保包住它的模組也都是 pub。

你也可以指定 pub(super) 來讓一個項目只能被父模組看到，以及指定 pub(in <path>) 來讓它只能被特定的父模組及其後代看到。這些語法特別適合在深度嵌套的模組裡面使用：

```
mod plant_structures {
    pub mod roots {
        pub mod products {
            pub(in crate::plant_structures::roots) struct Cytokinin {
                ...
            }
        }

        use products::Cytokinin; // ok：在 `roots` 模組內
    }

    use roots::products::Cytokinin; // 錯誤：`Cytokinin` 是私用的
}
```

```
// 錯誤：`Cytokinin` 是私用的
use plant_structures::roots::products::Cytokinin;
```

我們可以用這種方式，在單一原始檔內寫出整個程式，包含大量的程式碼與整個模組階層，並且按照我們的想法來安排它們的關係。

但這種做法實際上很痛苦，所以有一種替代方案可用。

將模組放入不同的檔案

模組也可以這樣寫：

```
mod spores;
```

我們曾經加入 spores 模組的本體，將本體包在一對大括號裡面。在這裡，我們想要告訴 Rust 編譯器：spores 模組位於另一個稱為 *spores.rs* 的檔案內：

```
// spores.rs

/// 成年蕨類植物產生的細胞…
pub struct Spore {
    ...
}

/// 模擬以減數分裂產生孢子的過程
pub fn produce_spore(factory: &mut Sporangium) -> Spore {
    ...
}

/// 提取特定孢子的基因。
pub(crate) fn genes(spore: &Spore) -> Vec<Gene> {
    ...
}

/// 混合基因，為減數分裂（間期的一部分）預做準備。
fn recombine(parent: &mut Cell) {
    ...
}
```

spores.rs 裡面只有組成模組的項目，它不需要用任何樣板程式來宣告它是個模組。

這個 spores 模組與上一節的版本之間唯一的差異是程式碼的位置。在這兩種寫法中，關於「哪些是公用的、哪些是私用的」的規則完全相同。Rust 不會分別編譯模組，即使它們位於不同的檔案內：當你組建 Rust crate 時，你將重新編譯它的所有模組。

模組可以擁有它自己的目錄。當 Rust 看到 `mod spores;` 時，它會檢查 *spores.rs* 與 *spores/mod.rs*，如果兩者都不存在，或兩者都存在，那就是個錯誤。我們在這個例子中使用 *spores.rs*，因為 `spores` 模組沒有任何子模組。但是考慮之前寫的 `plant_structures` 模組，如果我們要將那個模組與它的三個子模組拆到它們自己的檔案內，專案最終將是：

```
fern_sim/
├── Cargo.toml
└── src/
    ├── main.rs
    ├── spores.rs
    └── plant_structures/
        ├── mod.rs
        ├── leaves.rs
        ├── roots.rs
        └── stems.rs
```

我們在 *main.rs* 裡面宣告 `plant_structures` 模組：

```
pub mod plant_structures;
```

使得 Rust 載入 *plant_structures/mod.rs*，它宣告了三個子模組：

```
// 在 plant_structures/mod.rs 裡
pub mod roots;
pub mod stems;
pub mod leaves;
```

這三個模組的內容被放在三個不同的檔案內，分別是 *leaves.rs*、*roots.rs* 與 *stems.rs*，它們被放在 *plant_structures* 目錄內，與 *mod.rs* 放在一起。

你也可以用一個檔案與一個同名的目錄來製作一個模組。例如，如果 `stems` 需要加入名為 `xylem` 與 `phloem` 的模組，我們可以將 `stems` 放入 *plant_structures/stems.rs*，並加入一個 *stems* 目錄：

```
fern_sim/
├── Cargo.toml
└── src/
    ├── main.rs
    ├── spores.rs
    └── plant_structures/
        ├── mod.rs
        ├── leaves.rs
        ├── roots.rs
        ├── stems/
```

```
|    ├── phloem.rs
|    └── xylem.rs
└── stems.rs
```

接下來，在 *stems.rs* 內，宣告兩個新的子模組：

```
// 在 plant_structures/stems.rs 內
pub mod xylem;
pub mod phloem;
```

所以我們可以採取三種做法：將模組放入它們自己的檔案內、將模組放入它們自己的目錄內並使用一個 *mod.rs*，以及將模組放在它們自己的檔案內，並使用一個包含子模組的補充目錄。這三個做法使得模組系統有足夠的彈性可以支援幾乎任何一種專案結構。

路徑與匯入

:: 運算子的用途是使用模組的功能。在專案內的任何地方的程式碼都可以藉著寫出標準程式庫的任何一個功能的路徑來引用它：

```
if s1 > s2 {
    std::mem::swap(&mut s1, &mut s2);
}
```

std 是標準程式庫的名稱。std 路徑指的是標準程式庫的最頂層模組。std::mem 是標準程式庫內的子模組，而 std::mem::swap 是那個模組內的公用函式。

雖然你可以用這種方式來編寫所有程式，每次想畫一個圓或使用一個字典時，就使用 std::f64::consts::PI 與 std::collections::HashMap::new，但是它們寫起來很繁瑣，而且難以閱讀。另一種做法是將那些功能匯入模組再使用它們：

```
use std::mem;

if s1 > s2 {
    mem::swap(&mut s1, &mut s2);
}
```

在圍封區域或模組內，use 宣告式會使得 mem 變成 std::mem 的在地別名。

雖然你可以不匯入 mem 模組，而是使用 use std::mem::swap; 來匯入 swap 函式本身，但是，上面的做法通常是最佳寫法：先匯入型態、trait 與模組（例如 std::mem），再使用相對路徑來使用函式、常數與裡面的其他成員。

你可以一次匯入多個名稱：

```
use std::collections::{HashMap, HashSet};  // 匯入兩者

use std::fs::{self, File}; // 匯入 `std::fs` 與 `std::fs::File`.

use std::io::prelude::*;  // 匯入所有東西
```

它們只是個別寫出匯入的簡寫：

```
use std::collections::HashMap;
use std::collections::HashSet;

use std::fs;
use std::fs::File;

// 在 std::io::prelude 裡面的所有公用項目：
use std::io::prelude::Read;
use std::io::prelude::Write;
use std::io::prelude::BufRead;
use std::io::prelude::Seek;
```

你也可以使用 as 來匯入一個項目，並為它指定一個在地別名：

```
use std::io::Result as IOResult;

// 這個回傳型態只是 `std::io::Result<()>` 的另一種寫法：
fn save_spore(spore: &Spore) -> IOResult<()>
...
```

模組不會從它們的父模組自動繼承名稱。例如，假如在 *proteins/mod.rs* 裡面有這段程式：

```
// proteins/mod.rs
pub enum AminoAcid { ... }
pub mod synthesis;
```

那麼，在 *synthesis.rs* 裡面的程式不會自動看到 AminoAcid 型態：

```
// proteins/synthesis.rs
pub fn synthesize(seq: &[AminoAcid])  // 錯誤：找不到 `AminoAcid` 型態
...
```

每一個模組最初都是一張白紙，必須匯入它們要使用的名稱：

```
// proteins/synthesis.rs
use super::AminoAcid;  // 明確地從父模組匯入

pub fn synthesize(seq: &[AminoAcid])  // ok
    ...
```

在預設情況下，路徑是在相對於當前模組的位置：

```
// 在 proteins/mod.rs 內

// 從子模組匯入
use synthesis::synthesize;
```

self 也是當前模組的同義詞，所以我們可以這樣寫：

```
// 在 proteins/mod.rs 內

// 從一個 enum 匯入名稱，
// 如此一來，我們可以用 `Lys` 來代表 lysine，而不必使用 `AminoAcid::Lys`
use self::AminoAcid::*;
```

或直接這樣寫：

```
// 在 proteins/mod.rs 內

use AminoAcid::*;
```

（當然，AminoAcid 範例違反之前提到的「只匯入型態、trait 與模組」這條原則。如果我們的程式包含冗長的氨基酸（amino acid）序列，根據 Orwell 的第六條寫作原則，這是合理的做法：「如果你因為遵守這些規則而寫出荒唐的東西，那就不必遵守以上的規則。」）

關鍵字 super 與 crate 在路徑中有特殊的含義：super 是指父模組，crate 是指包住當前模組的 crate。

使用相對於 crate 根路徑的路徑而不是相對於當前模組的路徑比較容易在專案中四處移動程式碼，如此一來，萬一當前模組的路徑改變，所有的匯入都不會被破壞。例如，我們可以使用 crate 來撰寫 *synthesis.rs*：

```
// proteins/synthesis.rs
use crate::proteins::AminoAcid;  // 相對於 crate 根路徑明確地匯入

pub fn synthesize(seq: &[AminoAcid])  // ok
    ...
```

子模組可用 super::* 來使用它的父模組的私用項目。

如果你有一個模組的名稱與你正在使用的 crate 一樣，當你引用它們的內容時必須特別注意。例如，如果你的程式在它的 *Cargo.toml* 檔案裡面將 image crate 列為依賴項目，但是你也有一個稱為 image 的模組，那麼以 image 開頭的路徑是不明的：

```
mod image {
    pub struct Sampler {
        ...
    }
}

// 錯誤：它是指我們的 `image` 模組，還是 `image` crate ？
use image::Pixels;
```

即使 image 模組沒有 Pixels 型態，Rust 仍然將這種不明確性視為一種錯誤，以免稍後加入這個定義悄悄地改變程式的其他地方所引用的路徑，造成困擾。

為了解決這種不明確性，Rust 有一種特殊的路徑，稱為絕對路徑，它的開頭是 ::，始終指向外部的 crate。你可以這樣子引用 image crate 裡面的 Pixels 型態：

```
use ::image::Pixels;        // `image` crate 的 `Pixels`
```

若要引用你自己的模組的 Sampler 型態，你可以這樣寫：

```
use self::image::Sampler;   // `image` 模組的 `Sampler`
```

模組與檔案是不一樣的東西，但模組與 Unix 檔案系統的檔案和目錄有天然的相似性。use 關鍵字可建立別名，如同 ln 命令可建立連結。路徑就像檔名，具有絕對與相對形式，而 self 與 super 就像 . 與 .. 特殊目錄。

標準 prelude

我們剛才說過，就匯入名稱而言，每個模組在一開始都是一張「白紙」。但是這張白紙不是全白的。

首先，每個專案都會自動連結標準程式庫 std，這意味著，你隨時可以在程式中使用 use std::whatever 或以名稱來引用 std 的項目，例如 std::mem::swap()。此外，標準 *prelude* 加入一些很方便的名稱，例如 Vec 與 Result，它們都會被自動匯入。Rust 的做法彷彿每個模組在一開始都進行以下的匯入，包括根模組：

```
use std::prelude::v1::*;
```

標準 prelude 裡面有幾十個常用的 trait 與型態。

我們曾經在第 2 章說過，程式庫有時提供名為 prelude 的模組，但是只有 std::prelude::v1 是自動匯入的 prelude。將模組稱為 prelude 只是一種習慣，可讓用戶知道它要用 * 來匯入。

為 use 宣告式加上 pub

雖然 use 宣告只是別名，但它們可以設為 pub：

```
// 在 plant_structures/mod.rs 裡
...
pub use self::leaves::Leaf;
pub use self::roots::Root;
```

這 意 味 著 Leaf 與 Root 是 plant_structures 模 組 的 公 用 項 目。 它 們 仍 然 是 plant_structures::leaves::Leaf 與 plant_structures::roots::Root 的簡稱。

標準 prelude 就是寫成這樣的一系列 pub 匯入。

將 struct 欄位設為 pub

模組可以使用 struct 關鍵字來加入自訂的結構型態，我們將在第 9 章詳細說明結構，但現在很適合介紹模組如何與 struct 欄位的能見性互動。

有一個簡單的 struct 長這樣：

```
pub struct Fern {
    pub roots: RootSet,
    pub stems: StemSet
}
```

struct 的欄位可以在宣告該 struct 的整個模組及其子模組的任何地方使用，即使那是私用欄位。在模組外面的程式只能使用公用欄位。

事實上，透過模組來控制存取，而不是像 Java 或 C++ 那樣透過類別來控制，對軟體設計有驚人的幫助。它可以減少「getter」與「setter」樣板方法，而且在很大程度上排除了 C++ 的 friend 宣告之類的需求。一個模組可以定義多個密切合作的型態，例如 frond::LeafMap 與 frond::LeafMapIter，可以根據需要使用彼此的私用欄位，同時仍然可隱藏它們的實作細節不讓其餘的程式看到。

static 與 constant

除了函式、型態與嵌套模組之外，模組也可以定義 *constant* 與 *static*。

你可以用 const 關鍵字來加入一個常數（constant），它的語法就像 let，但是它可以標上 pub，而且必須宣告型態。此外，constant 的名稱通常寫成 UPPERCASE_NAMES（大寫 _ 名稱）：

```
pub const ROOM_TEMPERATURE: f64 = 20.0;  // 攝氏度
```

static 關鍵字可以加入一個 static 項目，它幾乎是同一個東西：

```
pub static ROOM_TEMPERATURE: f64 = 68.0;  // 華氏度
```

constant 有點像 C++ 的 #define：它的值會被編譯到使用它的每一個地方。static 是在程式開始執行之前就設定好，並持續到程式結束為止的變數。你可以在程式中，將魔術數字（magic number）與字串宣告成 constant，用 static 來宣告更大量的資料，或每次你需要借用一個指向常數值的參考時，用 static 來宣告它。

Rust 沒有 mut constant。static 可以標上 mut，但是第 5 章說過，Rust 無法執行「獨家操作 mut static」的規則。因此，它們本質上不是執行緒安全的，而且 safe 程式完全無法使用它們：

```
static mut PACKETS_SERVED: usize = 0;

println!("{} served", PACKETS_SERVED);  // 錯誤：使用可變的 static
```

Rust 不鼓勵全域可變狀態。關於替代方案的討論，請見第 552 頁的「全域變數」。

將程式轉換成程式庫

隨著蕨類植物模擬器越來越流行，你決定多寫幾個程式。假如你已經完成一個命令列程式，可以執行這個模擬器，並將結果存入檔案。現在，你想要寫其他的程式來用儲存的結果進行科學分析，即時顯示正在成長的植物，顯示真實的照片…等，這些程式都需要使用基本的蕨類模擬程式，你需要製作一個程式庫。

你的第一步是將既有的專案分成兩部分，一個部分是程式庫 crate，裡面有所有的共享程式碼，另一個部分是一個可執行檔，裡面只有既有的命令列程式需要的程式碼。

我們使用一個非常簡化的範例程式來展示怎麼做這件事：

```
struct Fern {
    size: f64,
    growth_rate: f64
}
```

```
impl Fern {
    /// 模擬一天蕨類植物的成長過程。
    fn grow(&mut self) {
        self.size *= 1.0 + self.growth_rate;
    }
}

/// 執行幾天蕨類植物模擬。
fn run_simulation(fern: &mut Fern, days: usize) {
    for _ in 0 .. days {
        fern.grow();
    }
}

fn main() {
    let mut fern = Fern {
        size: 1.0,
        growth_rate: 0.001
    };
    run_simulation(&mut fern, 1000);
    println!("final fern size: {}", fern.size);
}
```

假設這個程式有個簡單的 *Cargo.toml* 檔：

```
[package]
name = "fern_sim"
version = "0.1.0"
authors = ["You <you@example.com>"]
edition = "2021"
```

將這段程式轉換成程式庫很簡單，步驟如下：

1. 將檔案 *src/main.rs* 重新命名為 *src/lib.rs*。

2. 在 *src/lib.rs* 裡面，為想要設成程式庫的公用功能的項目加上 pub 關鍵字。

3. 將 main 函式移入某個臨時檔案。我們等一下會回來處理它。

我們產生的 *src/lib.rs* 檔長這樣：

```
pub struct Fern {
    pub size: f64,
    pub growth_rate: f64
}

impl Fern {
    /// 模擬一天蕨類植物的成長過程。
```

```
    pub fn grow(&mut self) {
        self.size *= 1.0 + self.growth_rate;
    }
}

/// 執行幾天蕨類植物模擬。
pub fn run_simulation(fern: &mut Fern, days: usize) {
    for _ in 0 .. days {
        fern.grow();
    }
}
```

注意，我們不需要修改 *Cargo.toml* 裡面的任何東西，因為這個精簡的 *Cargo.toml* 檔讓 Cargo 使用它的預設行為。在預設情況下，`cargo build` 會檢查原始（source）目錄裡面的檔案，確定該組建什麼，當它看到 *src/lib.rs* 檔時，它知道該組建一個程式庫。

在 *src/lib.rs* 裡面的程式碼形成程式庫的根模組。使用我們的程式庫的 crate 只能使用這個根模組的公用項目。

src/bin 目錄

讓最初的命令列程式 fern_sim 再次執行也很簡單：Cargo 也為同一個程式庫 crate 裡面的小程式提供一些內建的支援。

事實上，Cargo 本身也是這樣寫的。大部分的程式都被放在 Rust 程式庫裡面。我們一直使用的 cargo 命令列程式是一層很薄的包裝程式，它會呼叫程式庫來處理所有的繁重工作。程式庫與命令列程式都位於同一個原始版本庫（*https://oreil.ly/aJKOk*）。

我們也可以將程式與程式庫放入同一個 crate 裡面。我們將這段程式放入一個名為 *src/bin/efern.rs* 的檔案內：

```
use fern_sim::{Fern, run_simulation};

fn main() {
    let mut fern = Fern {
        size: 1.0,
        growth_rate: 0.001
    };
    run_simulation(&mut fern, 1000);
    println!("final fern size: {}", fern.size);
}
```

main 函式是之前先放到一邊的函式。我們用一個 use 來宣告 fern_sim crate 的 Fern 與 run_simulation 項目，也就是將那個 crate 當成程式庫來使用。

因為我們將這個檔案放入 *src/bin*，所以下次執行 cargo build 時，Cargo 會編譯 fern_sim 程式庫與這個程式。我們可以使用 cargo run --bin efern 來執行 efern 程式。這是執行它的情況，我們使用 --verbose 來展示 Cargo 正在執行的命令：

```
$ cargo build --verbose
  Compiling fern_sim v0.1.0 (file:///.../fern_sim)
    Running `rustc src/lib.rs --crate-name fern_sim --crate-type lib ...`
    Running `rustc src/bin/efern.rs --crate-name efern --crate-type bin ...`
$ cargo run --bin efern --verbose
      Fresh fern_sim v0.1.0 (file:///.../fern_sim)
    Running `target/debug/efern`
final fern size: 2.7169239322355985
```

我們仍然不需要對 *Cargo.toml* 進行任何修改，因為 Cargo 的預設動作是查看原始檔案來確認事情，它會自動將 *src/bin* 裡面的 *treats.rs* 視為有待組建的額外程式。

我們也可以在 *src/bin* 目錄裡面使用子目錄來組建更大的程式。假如我們想要提供第二個程式在螢幕上畫出蕨類植物，但是繪圖程式很大，而且模組化，所以有自己的檔案。我們可以讓第二個程式擁有自己的子目錄：

```
fern_sim/
├── Cargo.toml
└── src/
    └── bin/
        ├── efern.rs
        └── draw_fern/
            ├── main.rs
            └── draw.rs
```

這樣做的好處是可讓較大的二進制檔有它們自己的子模組，所以不會弄亂程式庫的程式碼或 *src/bin* 目錄。

當然，既然 fern_sim 是程式庫了，我們也有其他選項。我們可以將這個程式放入它自己的獨立專案，放在完全分開的目錄內，讓它有自己的 *Cargo.toml*，在裡面將 fern_sim 列為依賴項目：

```
[dependencies]
fern_sim = { path = "../fern_sim" }
```

也許你以後真的會幫另一個蕨類模擬程式做這件事。*src/bin* 目錄只適合 efern 與 draw_fern 這類的簡單程式。

屬性

在 Rust 程式裡面的任何項目都可以加上屬性（*attribute*）。屬性是 Rust 的全包（catchall）語法，用來編寫各種指令和建議，以通知編譯器。例如，如果你看到這個警告：

```
libgit2.rs: warning: type `git_revspec` should have a camel case name
    such as `GitRevspec`, #[warn(non_camel_case_types)] on by default
```

但是你選擇這個名稱是有理由的，所以希望 Rust 不要對它發出抱怨，你可以幫這個型態加上 #[allow] 屬性來停止這個警告：

```
#[allow(non_camel_case_types)]
pub struct git_revspec {
    ...
}
```

條件式編譯是屬性的另一種功能，也就是 #[cfg]：

```
// 在組建 Android 版本時，才將這個模組加入專案。
#[cfg(target_os = "android")]
mod mobile;
```

在 Rust Reference 裡面有 #[cfg] 的完整語法（*https://oreil.ly/F7gqB*）；表 8-2 是最常用的選項。

表 8-2　最常用的 #[cfg] 選項

#[cfg(...)] 選項	啟用時機
test	啟用測試（用 cargo test 或 rustc --test 來編譯）。
debug_assertions	啟用偵錯斷言（通常在非優化的 build 裡）。
unix	為 Unix 編譯，包括 macOS。
windows	為 Windows 編譯。
target_pointer_width = "64"	針對 64-bit 平台。另一個值是 "32"。
target_arch = "x86_64"	特別針對 x86-64。其他的值是："x86", "arm", "aarch64", "powerpc", "powerpc64", "mips"。
target_os = "macos"	為 macOS 編譯。其他的值是："windows", "ios", "android", "linux", "freebsd", "openbsd", "netbsd", "dragonfly"。
feature = "robots"	啟用名為 "robots" 的自訂功能（用 cargo build --feature robots 或 rustc --cfg feature='"robots"' 來編譯）。功能在 *Cargo.toml* 的 [features] 區域內宣告（*https://oreil.ly/IfEpj*）。

#[cfg(...)] 選項	啟用時機
not(A)	A 不滿足。若要提供一個函式的兩個不同實作，用 #[cfg(X)] 來標記其中一個函式，用 #[cfg(not(X))] 來標記另一個。
all(A,B)	A 與 B 都滿足（相當於 &&）。
any(A,B)	A 或 B 滿足（相當於 ||）。

有時我們需要針對函式的內聯擴展（inline expansion）進行微觀管理，我們通常樂於將這種優化工作交給編譯器去做。我們可以使用 #[inline] 屬性來做這件事：

```
/// 兩個相鄰的細胞之間有滲透作用，
/// 所以調整它們的離子等級。
#[inline]
fn do_osmosis(c1: &mut Cell, c2: &mut Cell) {
    ...
}
```

有一種情況一定要使用 #[inline] 才會發生內聯。當一個 crate 定義的函式或方法被另一個 crate 呼叫時，Rust 不會將它內聯，除非它是泛型（有型態參數），或是被明確地標上 #[inline]。

否則，編譯器會將 #[inline] 視為建議。Rust 也支援更堅決的 #[inline(always)]，要求每一個呼叫該函式的地方都要將它內聯擴展，以及 #[inline(never)]，要求該函式絕對不內聯。

有些屬性可以附加至整個模組，並應用至模組內的所有東西，例如 #[cfg] 與 #[allow]。有些屬性則必須附加到個別的項目，例如 #[test] 與 #[inline]。如同所有的全包功能，每一個屬性都是量身訂做的，而且支援引數。Rust Reference 文件詳細記載完整的屬性（*https://oreil.ly/FtJWN*）。

若要將一個屬性附加到整個 crate，你要將它放在 *main.rs* 或 *lib.rs* 檔案的最上面、在任何項目之前，並使用 #! 來取代 #：

```
// libgit2_sys/lib.rs
#![allow(non_camel_case_types)]

pub struct git_revspec {
    ...
}

pub struct git_error {
    ...
}
```

#! 要求 Rust 將屬性附加到包起來的項目，而不是接下來的東西，在這個例子中，
#![allow] 屬性被附加到整個 libgit2_sys crate，而不是只有 struct git_revspec。

#! 也可以在函式、struct…等元素裡面使用，但是它通常位於檔案的最上面，對整個模組
或 crate 附加屬性。有些屬性必定使用 #! 語法，因為它們只能套用到整個 crate。

例如，#![feature] 屬性的功能是打開 Rust 語言與程式庫的不穩定功能、實驗功能，所以
可能有 bug，或將來可能被修改或移除。例如，當筆者行文至此時，Rust 實驗性地支援追
蹤 assert! 等巨集的展開程式碼，但是因為這項支援是實驗性的，所以若要使用它，你只
能 (1) 安裝 Rust 的 nightly 版本，與 (2) 明確地宣告你的 crate 使用巨集追蹤：

```
#![feature(trace_macros)]

fn main() {
    // 我想知道這段使用 assert_eq! 的 Rust 程式
    // 會被換成什麼程式碼！
    trace_macros!(true);
    assert_eq!(10*10*10 + 9*9*9, 12*12*12 + 1*1*1);
    trace_macros!(false);
}
```

Rust 團隊可能會讓實驗功能更穩定，將它變成語言的標準部分，此時，#![feature] 屬性
會變成多餘的，Rust 會產生警告訊息，建議你移除它。

測試與記錄

我們曾經在第 12 頁的「編寫與執行單元測試」中看過，Rust 內建了簡單的單元測試框
架。測試程式就是用 #[test] 屬性來標記的普通函式：

```
#[test]
fn math_works() {
    let x: i32 = 1;
    assert!(x.is_positive());
    assert_eq!(x + 1, 2);
}
```

cargo test 可以執行你的專案內的所有測試：

```
$ cargo test
   Compiling math_test v0.1.0 (file:///.../math_test)
     Running target/release/math_test-e31ed91ae51ebf22

running 1 test
```

```
test math_works ... ok

test result: ok. 1 passed; 0 failed; 0 ignored; 0 measured; 0 filtered out
```

（你也會看到一些關於「doc-tests」的輸出，等一下會討論這件事。）

無論你的 crate 是可執行檔還是程式庫，它的功能都一樣。你可以藉著將引數傳給 Cargo 來執行特定的測試：cargo test math 可執行名稱有 math 的所有測試。

測試程式通常使用 Rust 標準程式庫的 assert! 與 assert_eq! 巨集。assert!(expr) 在 expr 為 true 時成功，否則，它會 panic，造成測試失敗。assert_eq!(v1, v2) 很像 assert!(v1 == v2)，但是當這個斷言失敗時，錯誤訊息會顯示這兩個值。

你可以在普通的程式中使用這些巨集來檢查不變性（invariant），但請注意，assert! 與 assert_eq! 會被放入 release build。你可以改用 debug_assert! 與 debug_assert_eq! 來撰寫只有 debug build 會檢查的斷言。

你可以幫測試程式加上 #[should_panic] 屬性來測試錯誤的案例：

```
/// 這個測試只會在除以零造成 panic 時通過，
/// 如同我們在上一章所說的。
#[test]
#[allow(unconditional_panic, unused_must_use)]
#[should_panic(expected="divide by zero")]
fn test_divide_by_zero_error() {
    1 / 0;  // 應該要 panic！
}
```

在這個例子裡，我們也要加入一個 allow 屬性，來要求編譯器讓我們做一些可以讓它靜態地證明將會 panic 的事情，並且在執行除法之後直接丟掉答案，因為它通常會試著阻止這種蠢事。

你也可以讓測試程式回傳 Result<(), E>。只要錯誤 variant 是 Debug（通常如此），你就可以使用 ? 來捨棄 Ok variant，直接回傳 Result：

```
use std::num::ParseIntError;

/// 這個測試會在 "1024" 是有效數字時通過，它正是如此。
#[test]
fn explicit_radix() -> Result<(), ParseIntError> {
  i32::from_str_radix("1024", 10)?;
  Ok(())
}
```

標上 #[test] 的函式是視情況編譯的。一般的 cargo build 或 cargo build --release 會跳過測試程式。但是當你執行 cargo test 時，Cargo 會組建程式兩次：一次採取普通的方式，一次啟用測試程式與測試工具。這意味著，你的單元測試可以和它們測試的程式碼共存，如果需要，你可以讀取內部實作細節，不需要付出執行期代價。但是，它可能導致一些警告，例如：

```
fn roughly_equal(a: f64, b: f64) -> bool {
    (a - b).abs() < 1e-6
}

#[test]
fn trig_works() {
    use std::f64::consts::PI;
    assert!(roughly_equal(PI.sin(), 0.0));
}
```

在省略測試程式的 build 裡，roughly_equal 看似未被使用，所以 Rust 發出抱怨：

```
$ cargo build
   Compiling math_test v0.1.0 (file:///.../math_test)
warning: function is never used: `roughly_equal`
  |
7 | / fn roughly_equal(a: f64, b: f64) -> bool {
8 | |     (a - b).abs() < 1e-6
9 | | }
  | |_^
  |
  = note: #[warn(dead_code)] on by default
```

所以，當測試程式變得夠大，需要支援程式時，我們通常將它們放入 tests 模組，並使用 #[cfg] 屬性來宣告整個模組是僅供測試的：

```
#[cfg(test)]    // 只在測試時加入這個模組
mod tests {
    fn roughly_equal(a: f64, b: f64) -> bool {
        (a - b).abs() < 1e-6
    }

    #[test]
    fn trig_works() {
        use std::f64::consts::PI;
        assert!(roughly_equal(PI.sin(), 0.0));
    }
}
```

Rust 的測試工具使用多個執行緒來同時執行多個測試,這是「Rust 程式在預設情況下是執行緒安全的」的一種很棒的副作用。若要停用這項功能,你可以只執行一個測試,cargo test *testname*,或是執行 cargo test -- --test-threads 1(第一組 -- 是為了確保 cargo test 將 --test-threads 選項傳給測試可執行檔)。這意味著,在技術上,第 2 章的 Mandelbrot 程式不是那一章的第二個多執行緒程式,而是第三個!因為在第 12 頁的「編寫與執行單元測試」執行的 cargo test 是第一個。

一般來說,測試工具只會顯示失敗的測試的輸出。如果你也想看通過的測試的輸出,可執行 cargo test -- --no-capture。

整合測試

因為蕨類模擬器持續成長,你決定將主要功能都放入一個程式庫來讓多個可執行檔使用。我們想讓一些測試與程式庫連結,使用 *fern_sim.rlib* 作為外部 crate。此外,有一些測試會從二進制檔載入已儲存的模擬,將這些大型的測試檔放在 *src* 目錄裡面很奇怪。整合測試可協助處理這兩個問題。

整合測試是與專案的 *src* 目錄同一層的 *tests* 目錄裡面的 *.rs* 檔案。當你執行 cargo test 時,Cargo 會將各個整合測試編譯成獨立的 crate,並且與你的程式庫和 Rust 測試工具連結。舉個例子:

```
// tests/unfurl.rs - 蕨類嫩芽在陽光下展開

use fern_sim::Terrarium;
use std::time::Duration;

#[test]
fn test_fiddlehead_unfurling() {
    let mut world = Terrarium::load("tests/unfurl_files/fiddlehead.tm");
    assert!(world.fern(0).is_furled());
    let one_hour = Duration::from_secs(60 * 60);
    world.apply_sunlight(one_hour);
    assert!(world.fern(0).is_fully_unfurled());
}
```

整合測試之所以很有價值,部分的原因是它們可以像你的用戶一樣從外界看待你的 crate。它們測試的是 crate 公開的 API。

cargo test 可執行單元測試與整合測試。如果你想要執行特定檔案(例如 *tests/unfurl.rs*)內的整合測試,你可以使用 cargo test --test unfurl。

文件

cargo doc 命令可以為你的程式庫建立 HTML 文件：

```
$ cargo doc --no-deps --open
 Documenting fern_sim v0.1.0 (file:///.../fern_sim)
```

--no-deps 選項要求 Cargo 只為 fern_sim 本身產生文件，不必為它使用的所有 crate 產生文件。

--open 選項要求 Cargo 在完成之後，在瀏覽器打開文件。

結果如圖 8-2 所示。Cargo 會將新文件檔放在 *target/doc* 裡面。它的開始網頁是 *target/doc/fern_sim/index.html*。

文件是程式庫的 pub 功能以及你附加的文件註釋（*doc comment*）產生的。你已經在本章看過一些文件註釋了，它們長得像一般的註釋：

```
/// 模擬以減數分裂產生孢子的過程。
pub fn produce_spore(factory: &mut Sporangium) -> Spore {
    ...
}
```

但是當 Rust 看到三個斜線開頭的註釋時，它會將它們視為 #[doc] 屬性。Rust 處理上述的範例的方式與處理這段程式完全相同：

```
#[doc = "Simulate the production of a spore by meiosis."]
pub fn produce_spore(factory: &mut Sporangium) -> Spore {
    ...
}
```

當你編譯程式庫或二進制檔時，這些屬性不會造成任何不同，但是當你產生文件時，公用功能的文件註釋會被加入輸出。

//! 開頭的註釋會被視為 #![doc] 屬性，並且附加至圍封的功能，通常是一個模組或 crate。例如，*fern_sim/src/lib.rs* 檔案的開頭可能是：

```
//! 模擬蕨類的成長，
//! 從個別的細胞開始。
```

文件註釋的內容會會被當成 Markdown 來處理，Markdown 是一種簡寫標記，用來表示簡單的 HTML 格式。它用星號來表示 *italics*（斜體）與 **bold type**（粗體），用空行來代表段落截止…等。你也可以加入 HTML 標籤，它會被逐字複製到格式化的文件內。

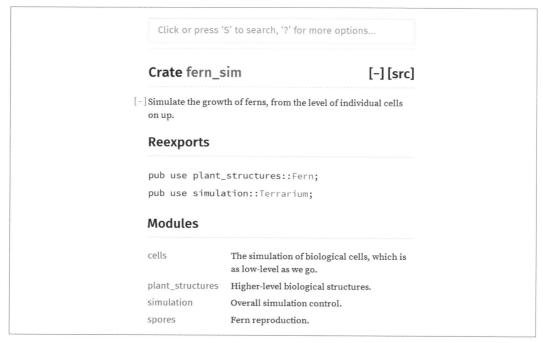

圖 8-2　rustdoc 產生的文件

Rust 的文件註釋有一個特殊的功能：Markdown 連結可以使用 Rust 項目路徑來指出它們引用什麼東西，例如 leaves::Leaf，而不是使用相對 URL。Cargo 會檢查該路徑引用什麼，並且換成一個指向正確頁面的正確位置的連結。例如，這段程式產生的文件會連接 VascularPath、Leaf 與 Root 的文件網頁：

```
/// 建立並回傳一個 [`VascularPath`]，代表
/// 從 [`Root`][r] 到 [`Leaf`](leaves::Leaf) 的營養路徑。
///
/// [r]: roots::Root
pub fn trace_path(leaf: &leaves::Leaf, root: &roots::Root) -> VascularPath {
    ...
}
```

你也可以加入搜尋別名，以便輕鬆地使用內建的搜尋功能來找到東西。在這個 crate 的文件裡面搜尋 "path" 或 "route" 會找到 VascularPath：

```
#[doc(alias = "route")]
pub struct VascularPath {
    ...
}
```

若要處理更長的文件區塊或簡化工作流程，你可以在文件中加入外部檔案，例如，如果版本庫的 *README.md* 檔案裡面有你想在 crate 的頂層文件中使用的文字，你可以在 lib.rs 或 main.rs 最上面加入這段程式碼：

```
#![doc = include_str!("../README.md")]
```

你可以在文字中間使用 `backticks`（反引號）來代表程式碼，在輸出中，這段程式碼會被顯示成定寬字體。你也可以藉著縮排四格來加入更長的範例程式碼：

```
/// 在文件註釋裡面的一段程式碼：
///
///     if samples::everything().works() {
///         println!("ok");
///     }
```

你也可以用 Markdown 來隔出一塊程式碼。這段程式有一樣的效果：

```
/// 另一段註釋，同樣的程式碼，但採取不同的寫法：
///
/// ```
/// if samples::everything().works() {
///     println!("ok");
/// }
/// ```
```

無論你使用哪種格式，當你在文件註釋中加入一段程式碼的時候，有一件好玩的事情就會發生：Rust 會自動把它變成測試。

doc-test（文件測試）

當你執行 Rust 程式庫 crate 內的測試時，Rust 會確認在文件裡面的所有程式碼都可以實際執行和運作。它會將文件註釋裡面的每一段程式編譯成個別的可執行 crate，將它和你的程式庫連結，再執行它。

以下是個獨立的 doc-test 範例。請執行 cargo new --lib ranges 來建立一個新專案（--lib 旗標要求 Cargo 建立一個程式庫 crate，而不是可執行的 crate），並將下面的程式放入 *ranges/src/lib.rs*：

```
use std::ops::Range;

/// 當兩個範圍重疊時回傳 true。
///
///     assert_eq!(ranges::overlap(0..7, 3..10), true);
///     assert_eq!(ranges::overlap(1..5, 101..105), false);
```

```
///
/// 如果其中一個範圍是空的，它們就不是重疊的。
///
///     assert_eq!(ranges::overlap(0..0, 0..10), false);
///
pub fn overlap(r1: Range<usize>, r2: Range<usize>) -> bool {
    r1.start < r1.end && r2.start < r2.end &&
        r1.start < r2.end && r2.start < r1.end
}
```

圖 8-3 是文件註釋內的兩段小程式在 cargo doc 產生的文件裡面的樣子。

圖 8-3　顯示 doc-tests 的文件

它們也會變成兩個獨立的測試：

```
$ cargo test
   Compiling ranges v0.1.0 (file:///.../ranges)
...
   Doc-tests ranges

running 2 tests
test overlap_0 ... ok
test overlap_1 ... ok

test result: ok. 2 passed; 0 failed; 0 ignored; 0 measured; 0 filtered out
```

如果你將 --verbose 旗標傳給 Cargo，你會看到它使用 rustdoc --test 來執行這兩個測試。rustdoc 會將各個範例程式存到不同的檔案並加入幾行樣板程式，產生兩個程式（program）。這是第一個程式：

```
use ranges;
fn main() {
    assert_eq!(ranges::overlap(0..7, 3..10), true);
    assert_eq!(ranges::overlap(1..5, 101..105), false);
}
```

這是第二個：

```
use ranges;
fn main() {
    assert_eq!(ranges::overlap(0..0, 0..10), false);
}
```

如果這些程式可以編譯，而且成功執行，測試就會通過。

這兩個範例程式裡面都有斷言，因為在這兩個例子中，使用斷言可以寫出不錯的文件。doc-tests 的理念是不要把所有測試都放入註釋裡面。你應該盡量寫出最好的文件，Rust 會確保在文件裡面的範例程式都真的可以編譯和執行。

很多時候，最精簡的可運作範例都包含一些細節，例如匯入或設定程式碼，它們是編譯程式時必要的，但沒有重要到需要顯示在文件裡。你可以在一行程式的開頭加上一個 # 和一個空格來隱藏那一行程式：

```
/// 讓陽光照進來，
/// 模擬一定的時間。
///
///     # use fern_sim::Terrarium;
///     # use std::time::Duration;
///     # let mut tm = Terrarium::new();
///     tm.apply_sunlight(Duration::from_secs(60));
///
pub fn apply_sunlight(&mut self, time: Duration) {
    ...
}
```

有時在文件中展示完整的範例程式是有幫助的，包括 main 函式。顯然，如果你的範例程式裡面有這些程式片段，你不希望 rustdoc 自動加入它們，否則將無法編譯，因此 rustdoc 會將包含字串 fn main 的程式區塊都視為完整的程式，不會在裡面加入任何東西。

你可以停用特定程式區塊的測試。如果你想要求 Rust 編譯你的範例，但不實際運行它，你可以使用 no_run 註解來圍住那段程式：

```
/// 將所有本地陶罐都上傳到線上藝廊。
///
/// ```no_run
/// let mut session = fern_sim::connect();
/// session.upload_all();
/// ```
pub fn upload_all(&mut self) {
    ...
}
```

如果你根本不想編譯那段程式碼，你可以使用 ignore 來取代 no_run。被標上 ignore 的區塊不會顯示在 cargo run 的輸出裡，但是 no_run 測試可以編譯的話，它會顯示為通過（passed）。如果程式區塊不是 Rust 程式，你可以使用語言名稱，例如 c++ 或 sh，或代表一般文字的 text。rustdoc 不認得上百個程式語言的名稱，它會將它不認識的註解都視為非 Rust 的程式區塊，並停用程式碼視覺提示和 doc-testing 功能。

指定依賴項目

我們已經看過一種告訴 Cargo 到哪裡取得專案使用的 crate 原始碼的方式了：使用版本號碼。

```
image = "0.6.1"
```

指定依賴項目的方式不只一種，你可能想要指出一些關於版本的細節，所以我們要用幾頁來討論這件事。

首先，你想使用的依賴項目可能不是在 crates.io 上面發表的。對此，有一種做法是指定 Git 版本庫 URL 與 revision：

```
image = { git = "https://github.com/Piston/image.git", rev = "528f19c" }
```

這個 crate 是開放原始碼的，它被放在 GitHub 上，但你可以同樣輕鬆地指向你的公司網路的私用 Git 版本庫。如同這個例子，你可以指定特定的 rev、tag 或 branch（它們可以告訴 Git 該簽出原始碼的哪個修訂版）。

另一種做法是指出存放 crate 原始碼的目錄：

```
image = { path = "vendor/image" }
```

當你的團隊只有一個版本控制庫，而且裡面有多個 crate 的原始碼，或整個依賴圖時，這種做法很方便。每一個 crate 都可以使用相對路徑來指定它的依賴項目。

用這種程度來控制依賴項目有很大的效益。如果任何一個開放原始碼 crate 不完全符合你的要求，你可以分叉（fork）它：只要在 GitHub 按下 Fork 按鈕，並且在你的 *Cargo.toml* 檔案裡面修改一行即可。你的下一個 cargo build 會無縫地使用 crate 的分支，而不是官方的版本。

版本

當你在 *Cargo.toml* 檔案裡面編寫 image = "0.13.0" 之類的東西時，Cargo 會以相當寬鬆的方式解讀它，它會使用與 0.13.0 版本相容的最新版 image。

Cargo 的相容性規則改編自 Semantic Versioning（*http://semver.org*）。

- 開頭為 0.0 的版本號碼太原始了，所以 Cargo 不假設它與任何其他版本相容。

- 開頭為 0.*x* 且 *x* 不是零的版本與 0.*x* 系列的其他小數點版本相容。雖然我們指定 0.6.1 版的 image，但如果可以的話，Cargo 會使用 0.6.3（Semantic Versioning 標準的 0.*x* 版本不是這樣規定的，但這條規則很實用，所以未被排除）。

- 當專案到達 1.0 以上時，只有新的 major 版本會破壞相容性。所以當你要求 2.0.1 版時，Cargo 可能使用 2.17.99，但不會使用 3.0。

版本號碼在預設情況下是有彈性的，否則，「該使用哪個版本」很快就會變得過度嚴格。假如有個程式庫 libA 使用 num = "0.1.31"，另一個程式庫 libB 使用 num = "0.1.29"，如果版本號碼必須完全一致，那麼任何專案都無法同時使用這兩個程式庫。讓 Cargo 使用任何相容的版本是比較務實的預設做法。

但是，不同的專案對依賴項目與版本有不同的需求。你可以使用運算子來指定精確的版本或一個範圍的版本，見表 8-3。

表 8-3　在 Cargo.toml 檔案內指定版本

Cargo.toml 設定	意義
image = "=0.10.0"	只使用 0.10.0 這個版本
image = ">=1.0.5"	使用 1.0.5 或任何更高的版本（甚至 2.9，若有的話）
image = ">1.0.5 <1.1.9"	使用高於 1.0.5，但低於 1.1.9 的版本
image = "<=2.7.10"	使用 2.7.10 之前的任何版本

有些人使用萬用字元 * 來告訴 Cargo 任何版本都行，此時除非在其他的 *Cargo.toml* 檔案裡面有更具體的限制，否則 Cargo 會使用最新的可用版本。在 *doc.crates.io*（*https://oreil.ly/gI1Lq*）的 Cargo 文件詳細地介紹如何指定版本。

注意，相容性規則的存在，意味著你不能單純因為市場因素而選擇版本號碼。版本號碼是有實際意義的，它們是 crate 的維護者和用戶之間的契約。如果你負責維護一個 1.7 版的 crate，決定要移除一個函式，或進行不回溯相容的修改，你就一定要跳到 2.0 版，如果你將它稱為 1.8，那就相當於宣告它與 1.7 相容，導致你的用戶做出有問題的 build。

Cargo.lock

Rust 刻意讓 *Cargo.toml* 裡面的版本號碼有彈性，但你一定不想讓 Cargo 在每次組建時，都使用最新的程式庫版本。想像一下，在時間緊迫的偵錯期間，`cargo build` 突然幫你升級新版程式庫的情況…這可能造成難以置信的破壞，在偵錯過程中發生的任何改變都不是好事。事實上，程式庫始終沒有適合發生意外改變的時機。

因此，Cargo 內建預防這件事的機制。當你第一次組建專案時，Cargo 會輸出一個 *Cargo.lock* 檔，記錄它使用的每一個 crate 的版本，後續的 build 會查看這個檔案，並繼續使用相同的版本。Cargo 只會在你要求它升級新版本時這樣做，無論你是在你的 *Cargo.toml* 檔案內手動增加版本號碼，還是藉著執行 `cargo update`：

```
$ cargo update
    Updating registry `https://github.com/rust-lang/crates.io-index`
    Updating libc v0.2.7 -> v0.2.11
    Updating png v0.4.2 -> v0.4.3
```

`cargo update` 只會升級成與 *Cargo.toml* 內的版本相容的最新版本。如果你指定了 `image = "0.6.1"`，但你想要升級到 0.10.0 版，你就要在 *Cargo.toml* 裡面修改它，下一次組建時，Cargo 會升級到 `image` 程式庫的最新版本，並將新的版本號碼存入 *Cargo.lock*。

在上面的範例中，Cargo 升級兩個 crates.io 上的 crate，對於 Git 上的依賴項目，它也採取相似的做法。假如在 *Cargo.toml* 裡面有這段設定：

```
image = { git = "https://github.com/Piston/image.git", branch = "master" }
```

如果 `cargo build` 看到我們已經有 *Cargo.lock* 檔，它就不會從 Git 版本庫抓取新的改變，它會讀取 *Cargo.lock*，並使用上一次的版本。但是 `cargo update` 會從 `master` 抓取，所以下一次組建會使用最新的版本。

Cargo.lock 是自動產生的，你應該不會親自編輯它。儘管如此，如果你的專案是可執行檔，你就要將 *Cargo.lock* 提交至版本控制系統，如此一來，組建你的專案的任何人都可以得到相同的版本。*Cargo.lock* 的歷史紀錄會記錄依賴項目的更新狀況。

如果你的專案是普通的 Rust 程式庫，你就不需要提交 *Cargo.lock*。程式庫的下游用戶都會獲得 *Cargo.lock* 檔，裡面有整個依賴圖的版本資訊，他們會忽略你的程式庫的 *Cargo.lock* 檔。在罕見的情況下，你的專案是共享程式庫（也就是說，輸出是 *.dll*、*.dylib* 或 *.so* 檔），此時沒有下游的 cargo 用戶，因此你要提交 *Cargo.lock*。

Cargo.toml 靈活的版本指定機制可讓你在專案中輕鬆地使用 Rust 程式庫，並將程式庫的相容性最大化。*Cargo.lock* 的記錄功能可在不同的電腦之間提供一致的、可重現的 build。它們的組合可以協助你避免依賴關係地獄。

將 crate 公布到 crates.io

你決定將蕨類模擬程式庫當成開放原始碼軟體發表出去了。恭喜你，這個部分很簡單！

首先，確保 Cargo 可以為你包裝 crate。

```
$ cargo package
warning: manifest has no description, license, license-file, documentation,
homepage or repository. See http://doc.crates.io/manifest.html#package-metadata
for more info.
    Packaging fern_sim v0.1.0 (file:///.../fern_sim)
    Verifying fern_sim v0.1.0 (file:///.../fern_sim)
    Compiling fern_sim v0.1.0 (file:///.../fern_sim/target/package/fern_sim-0.1.0)
```

cargo package 命令會建立一個檔案（在這個例子中，它是 *target/package/fern_sim-0.1.0.crate*），裡面有程式庫的所有原始檔，包括 *Cargo.toml*，它就是你要上傳到 crates.io 與全世界分享的檔案（你可以使用 cargo package --list 來查看裡面有哪些檔案）。然後，Cargo 會用 *.crate* 檔案來組建你的程式庫，以再次檢查它可以運作，與你的最終用戶所做的事情一樣。

Cargo 警告 *Cargo.toml* 的 [package] 區域缺少一些對下游用戶來說很重要的資訊，例如允許你發布程式碼的許可證。在警告訊息裡面的 URL 是很棒的資源，在此不解釋所有欄位。簡言之，你可以在 *Cargo.toml* 裡面加入幾行設定來修正警告：

```
[package]
name = "fern_sim"
version = "0.1.0"
```

```
edition = "2021"
authors = ["You <you@example.com>"]
license = "MIT"
homepage = "https://fernsim.example.com/"
repository = "https://gitlair.com/sporeador/fern_sim"
documentation = "http://fernsim.example.com/docs"
description = """
Fern simulation, from the cellular level up.
"""
```

 當你將這個 crate 發表到 crates.io 之後，下載你的 crate 的人都可以看到 *Cargo.toml* 檔。所以如果 authors 欄位裡面有你不想公開的 email 地址，別忘了在這個時候修改它。

在這個階段有時會出現另一個問題：你的 *Cargo.toml* 檔案可能用 path 來指定其他 crate 的位置，例如第 203 頁的「指定依賴項目」所展示的：

```
image = { path = "vendor/image" }
```

對你和你的團隊而言，這樣寫應該沒問題，但是，當其他人下載 fern_sim 程式庫時，他們的電腦沒有你的檔案與目錄，因此 Cargo 會忽略自動下載的程式庫裡面的 path 索引鍵，這可能導致組建錯誤。但是，修正這個問題很簡單：如果你打算在 crates.io 發表程式庫，你也要將它的依賴項目放到 crates.io。你要指定版本號碼，而不是使用 path：

```
image = "0.13.0"
```

喜歡的話，你也可以指定 path（對你自己的本地 build 而言，它是優先使用的），並為所有其他用戶指定 version：

```
image = { path = "vendor/image", version = "0.13.0" }
```

當然，如此一來，你必須負責確保這兩個設定是同步的。

最後，在發表 crate 之前，你要登入 crates.io 並取得 API 金鑰。這個步驟很簡單：取得 crates.io 的帳戶之後，你的「Account Settings」網頁會顯示一個類似這樣的 cargo login 命令：

```
$ cargo login 5j0dV54BjlXBpUUbfIj7G9DvNl1vsWW1
```

Cargo 將金鑰存入一個設定檔，你要像保護密碼一樣小心地保護金鑰，所以你只能在你可以控制的電腦上執行這個命令。

完成之後，最後一步是執行 cargo publish：

```
$ cargo publish
    Updating registry `https://github.com/rust-lang/crates.io-index`
    Uploading fern_sim v0.1.0 (file:///.../fern_sim)
```

如此一來，你的程式庫就加入 crates.io 裡的成千上萬個其他程式庫的行列了。

工作空間

隨著專案的持續成長，你最終會寫出許多 crate。它們都在同一個原始版本庫裡面：

```
fernsoft/
├── .git/...
├── fern_sim/
│   ├── Cargo.toml
│   ├── Cargo.lock
│   ├── src/...
│   └── target/...
├── fern_img/
│   ├── Cargo.toml
│   ├── Cargo.lock
│   ├── src/...
│   └── target/...
└── fern_video/
    ├── Cargo.toml
    ├── Cargo.lock
    ├── src/...
    └── target/...
```

按照 Cargo 的做法，每一個 crate 都有它自己的 build 目錄 target，裡面有該 crate 的所有依賴項目的 build。這些 build 目錄是完全獨立的。即使有兩個 crate 使用同一個依賴項目，它們也不會共享任何編譯好的程式碼，這樣很浪費空間。

你可以使用 Cargo *workspace* 來節省編譯時間與磁碟空間，Cargo workspace 就是使用同一個 build 目錄與 *Cargo.lock* 檔案的一群 crate。

你只要在版本庫的根目錄建立一個 *Cargo.toml* 檔，並將這幾行加入即可：

```
[workspace]
members = ["fern_sim", "fern_img", "fern_video"]
```

fern_sim 等項目就是儲存 crate 的子目錄名稱。請在這些子目錄裡面，將多餘的 *Cargo.lock* 檔與 *target* 目錄都刪除。

完成之後，在任何 crate 裡面執行 cargo build 都會在根目錄底下（在此是 *fernsoft/ target*）自動建立與使用共享的 build 目錄。cargo build --workspace 會組建當前的 workspace 裡面的所有的 crate。cargo test 與 cargo doc 也可接受 --workspace 選項。

其他的好東西

如果你意猶未盡，Rust 社群也提供了其他的零碎功能：

- 當你在 crates.io 發表開放原始碼的 crate 時，拜 Onur Aslan 之賜，你的文件會被自動顯示出來，並放在 *docs.rs* 上。

- 如果你將專案放在 GitHub，Travis CI 可以在你每次 push 時，組建並測試你的程式。設定它非常簡單，詳情見 travis-ci.org。如果你已經熟悉 Travis 了，這個 *.travis.yml* 檔可以幫你起步：

    ```
    language: rust
    rust:
      - stable
    ```

- 你可以用 crate 的頂層 doc-comment 來產生 *README.md* 檔。這個功能是 Livio Ribeiro 製作的第三方 Cargo 外掛提供的。你可以執行 cargo install cargo-readme 來安裝這個外掛，然後執行 cargo readme --help 來了解如何使用它。

可介紹的內容還有很多。

Rust 很新，但它是為了支援宏偉的大型專案而設計的。它有很棒的工具與積極的社群。系統程式設計師也可以擁有好東西。

## 第九章

結構

> 很久很久以前，當牧羊人想知道兩群羊是不是異種同形時，
> 他們會尋找明確的同形性。
>
> ——John C. Baez 與 James Dolan，"Categorification"（*https://oreil.ly/EpGpb*）

Rust 的 struct，有時稱為結構（*structure*），類似 C 與 C++ 的 struct 型態、Python 的類別、JavaScript 的物件。結構可將多個不同型態的值組成一個值，讓你將它們視為一個單元來處理，你可以讀取和修改結構的個別組件，結構可以擁有操作組件的方法。

Rust 有三種結構，*named-field*（具名欄位）、*tuple-like*（類 tuple）與 *unit-like*（類單元），它們的差異在於組件的引用方式：具名欄位結構的每個組件都有一個名稱，類 tuple 結構的組件必須根據順序來引用，類單元結構完全沒有組件，雖然這種結構不常見，但它可能比你想像的還要實用。

本章將詳細介紹各種結構，並展示它們在記憶體裡面的樣貌。我們將討論如何為它們加入方法、如何定義泛型結構型態並用它來處理許多不同的組件型態、如何要求 Rust 為結構產生常見且方便的 trait 實作。

具名欄位結構

具名欄位結構型態的定義是這樣：

```
/// 一個以八位元灰階像素來顯示的矩形。
struct GrayscaleMap {
    pixels: Vec<u8>,
    size: (usize, usize)
}
```

這段程式宣告一個 GrayscaleMap 型態，裡面有兩個具體型態欄位，其名稱分別是 pixels 與 size。根據慣例，Rust 的型態名稱（包括結構）的每一個單字的第一個字母都是大寫，例如 GrayscaleMap，這種寫法稱為 *CamelCase*（或 *PascalCase*）。欄位與方法都使用小寫，並用底線來分開每一個單字，這種寫法稱為 *snake_case*。

你可以使用結構運算式來建構一個這種型態的值：

```
let width = 1024;
let height = 576;
let image = GrayscaleMap {
    pixels: vec![0; width * height],
    size: (width, height)
};
```

結構運算式的開頭是型態名稱（GrayscaleMap），在接下來的一對大括號裡面的是各個欄位的名稱與值。你也可以用同名的引數和區域變數來設定欄位：

```
fn new_map(size: (usize, usize), pixels: Vec<u8>) -> GrayscaleMap {
    assert_eq!(pixels.len(), size.0 * size.1);
    GrayscaleMap { pixels, size }
}
```

結構運算式 GrayscaleMap { pixels, size } 是 GrayscaleMap { pixels: pixels, size: size } 的簡寫。你可以在同一個結構運算式裡面使用 key: value 語法來設定一些欄位，用簡寫來設定其他欄位。

你可以使用熟悉的 . 來存取結構的一個欄位：

```
assert_eq!(image.size, (1024, 576));
assert_eq!(image.pixels.len(), 1024 * 576);
```

如同所有其他項目，結構在預設情況下是私用的，只有宣告它們的模組和子模組裡的程式可以看到它。你可以在結構定義式的前面加上 pub 來讓模組外的程式可以看到它，你也可以對它的欄位採取同樣的做法，欄位在預設情況下也是私用的：

```
/// 一個以八位元灰階像素來顯示的矩形。
pub struct GrayscaleMap {
    pub pixels: Vec<u8>,
    pub size: (usize, usize)
}
```

即使你將結構宣告成 pub，它的欄位也是私用的：

```
/// 一個以八位元灰階像素來顯示的矩形。
pub struct GrayscaleMap {
```

```
    pixels: Vec<u8>,
    size: (usize, usize)
}
```

其他的模組可以使用這個結構與它的任何公用關聯函式，但無法用名稱來存取私用欄位，或使用結構運算式來建立新的 GrayscaleMap 值，也就是說，結構的所有欄位都必須可見，才可以建立結構值。這就是為什麼你不能用結構運算式來建立新的 String 或 Vec，雖然這些標準型態是結構，但它們的所有欄位都是私用的，你必須使用 Vec::new() 這類的公用型態關聯函式來建立它們。

在建立具名欄位結構值時，你可以使用另一個同樣型態的結構來設定被省略的欄位的值。在結構運算式裡，如果具名欄位的後面有 .. EXPR，那麼未被指名的欄位將從 EXPR 取得它們的值。EXPR 必須是同一個結構型態的另一個值。假如我們用一個結構來表示遊戲中的怪物：

```
// 在這個遊戲中，Broom（掃帚）是怪物。你等一下就會知道原因。
struct Broom {
    name: String,
    height: u32,
    health: u32,
    position: (f32, f32, f32),
    intent: BroomIntent
}

///  `Broom` 可能處理的兩項工作。
#[derive(Copy, Clone)]
enum BroomIntent { FetchWater, DumpWater }
```

對程式設計師來說，最棒的童話故事就是《魔法師的學徒》：有一位菜鳥魔法師施展魔法，讓掃帚幫他工作，但是在工作完成之後，他不知道怎麼讓它停下來。用斧頭將掃帚砍成兩半只會產生兩把一半長度的掃帚，它們同樣會盲目地繼續工作：

```
// 以值接收 Broom，取得所有權。
fn chop(b: Broom) -> (Broom, Broom) {
    // 用 `b` 來設定 `broom1` 的大部分初始值，只改變 `height`。
    // 因為 `String` 不是 `Copy`，`broom1` 取得 `b` 的名稱的所有權。
    let mut broom1 = Broom { height: b.height / 2, .. b };

    // 用 `broom1` 來設定 `broom2` 的大部分初始值。
    // 因為 `String` 不是 `Copy`，我們必須明確地複製（clone）`name`。
    let mut broom2 = Broom { name: broom1.name.clone(), .. broom1 };

    // 讓每一個片段有不同的名稱。
    broom1.name.push_str(" I");
```

```
    broom2.name.push_str(" II");

    (broom1, broom2)
}
```

完成定義之後，我們建立一根掃帚，把它砍成兩半，看看會得到什麼：

```
let hokey = Broom {
    name: "Hokey".to_string(),
    height: 60,
    health: 100,
    position: (100.0, 200.0, 0.0),
    intent: BroomIntent::FetchWater
};

let (hokey1, hokey2) = chop(hokey);
assert_eq!(hokey1.name, "Hokey I");
assert_eq!(hokey1.height, 30);
assert_eq!(hokey1.health, 100);

assert_eq!(hokey2.name, "Hokey II");
assert_eq!(hokey2.height, 30);
assert_eq!(hokey2.health, 100);
```

新的 hokey1 與 hokey2 掃帚被設定新名稱，高度減半，而且健康值與原本一樣。

類 tuple 結構

第二種結構稱為類 *tuple* 結構，因為它很像 tuple：

```
struct Bounds(usize, usize);
```

建立這種型態的值很像建立 tuple，但是你必須加入結構名稱：

```
let image_bounds = Bounds(1024, 768);
```

類 tuple 結構保存的值稱為元素（*element*），與 tuple 的值一樣。存取它們的方式與存取 tuple 的元素一樣：

```
assert_eq!(image_bounds.0 * image_bounds.1, 786432);
```

類 tuple 結構的個別元素可以是公用的，也可以不是：

```
pub struct Bounds(pub usize, pub usize);
```

運算式 Bounds(1024, 768) 很像函式呼叫式，事實上，它的確是，因為定義這個型態會私下定義一個函式：

```
fn Bounds(elem0: usize, elem1: usize) -> Bounds { ... }
```

在最底層，具名欄位與類 tuple 結構非常相似，如何選擇取決於可讀性、模糊性和簡潔性。如果你幾乎都用 . 運算子來取得一個值的組件，那麼用名稱來引用欄位可傳達更多資訊給讀者，而且比較不容易打錯字。如果你通常使用模式比對來尋找元素，類 tuple 結構可能比較好。

類 tuple 結構很適合用來製作 *newtype*，*newtype* 是只有一個組件的結構，可用來進行更嚴格的型態檢查。例如，為了處理純 ASCII 文本，你定義了這種 newtype：

```
struct Ascii(Vec<u8>);
```

用這種型態來表示 ASCII 字串比傳遞 Vec<u8> 緩衝區再用註釋來解釋它們是什麼更好。newtype 可協助 Rust 抓到一些錯誤，例如將其他的 byte 緩衝區傳給接收 ASCII 文本的函式。第 22 章會展示一個使用 newtype 來進行型態轉換的例子。

類單元結構

第三種結構比較難懂，它在宣告結構型態時完全沒有元素：

```
struct Onesuch;
```

這種型態的值完全不占記憶體，很像單元型態 ()。Rust 不會在記憶體內儲存類單元結構值，也不會產生程式碼來操作它們，因為 Rust 從值的型態就知道它的一切了。但是在邏輯上，空結構是一種型態，它的值與任何其他型態的值類似，或者更準確地說，它是個只有一個值的型態：

```
let o = Onesuch;
```

我們在第 150 頁的「欄位與元素」介紹 .. 範圍運算子的時候，已經展示過類單元結構了。3..5 這種運算式是結構值 Range { start: 3, end: 5 } 的簡寫，運算式 ..（省略範圍的兩端）則是類單元結構值 RangeFull 的簡寫。

類單元結構也很適合與 trait 一起使用，我們將在第 11 章討論它。

結構佈局

在記憶體裡面,具名欄位與類 tuple 結構是同樣的東西,它們都是值的集合,可能混合不同的型態,並以特定的方式在記憶體裡面排列。例如,我們在本章定義過這個結構:

```
struct GrayscaleMap {
    pixels: Vec<u8>,
    size: (usize, usize)
}
```

GrayscaleMap 在記憶體裡面被排列成圖 9-1 的樣子。

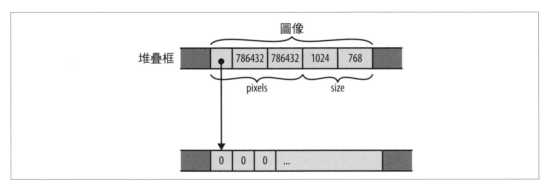

圖 9-1　GrayscaleMap 結構在記憶體裡面的樣子

與 C 和 C++ 不同的是,Rust 不具體承諾它如何在記憶體中排列結構的欄位或元素,這張圖只是一種可能的安排。但是,Rust 承諾將欄位的值直接儲存在結構的記憶體區塊裡面。JavaScript、Python 與 Java 會將 pixels 與 size 值放在它們自己的 heap 區塊裡面,並且讓 GrayscaleMap 的欄位指向它們,但是 Rust 會將 pixels 與 size 值直接放在 GrayscaleMap 值裡面。只有 pixels 向量擁有的 heap 緩衝區會被放在它自己的區塊內。

我們可以使用 #[repr(C)] 屬性來要求 Rust 以和 C 和 C++ 相容的方式來佈局結構。我們將在第 23 章詳細說明。

用 impl 來定義方法

本書一直以來都對著各種值呼叫方法,我們曾經使用 v.push(e) 來將元素推入向量、使用 v.len() 來取得它們的長度,使用 r.expect("msg") 來檢查 Result 值的錯誤…等。你也可以為自己的結構型態定義方法。Rust 的方法寫在單獨的 impl 區塊內,而不是像 C++ 或 Java 那樣,寫在結構定義式裡面。

impl 區塊就是一群 fn 的定義，那些 fn 就是在 impl 區塊最上面提到的結構型態的方法。
我們來定義一個公用結構 Queue，然後為它定義兩個公用方法，push 與 pop：

```
/// 先入先出的字元佇列
pub struct Queue {
    older: Vec<char>,    // 較舊的元素，最舊的放在最後。
    younger: Vec<char>   // 較新的元素，最新的放在最後。
}

impl Queue {
    /// 將一個字元 push 至佇列的後面。
    pub fn push(&mut self, c: char) {
        self.younger.push(c);
    }

    /// 從佇列的前面 pop 一個字元，如果有字元可 pop 的話。
    /// 回傳 `Some(c)`，如果佇列是空的，回傳 `None`。
    pub fn pop(&mut self) -> Option<char> {
        if self.older.is_empty() {
            if self.younger.is_empty() {
                return None;
            }

            // 將較新的元素與較舊的元素對調，
            // 並按照承諾的順序排列它們。
            use std::mem::swap;
            swap(&mut self.older, &mut self.younger);
            self.older.reverse();
        }

        // 現在 older 保證有東西。Vec 的 pop 方法
        // 已經回傳一個 Option，所以我們完成了。
        self.older.pop()
    }
}
```

在 impl 區塊裡面定義的函式稱為關聯函式（*associated function*），因為它們與特定的型
態有關。關聯函式的相反是自由函式（*free function*），這種函式不是在 impl 區塊裡面定
義的。

Rust 會將你用來呼叫方法的值當成該方法的第一個引數，它有一個特殊名稱：self。
因為 self 的型態一定是 impl 區塊最上面的那個型態，所以你可以省略型態，所以可將
self: Queue、self: &Queue 與 self: &mut Queue 寫成 self、&self 與 &mut self。喜歡的
話，你也可以使用長格式，但幾乎所有的 Rust 程式都使用簡寫，與之前的程式一樣。

在我們的例子中，push 與 pop 方法用 self.older 與 self.younger 來引用 Queue 的欄位。在 C++ 和 Java 裡，「this」物件的成員在方法主體裡面是 unqualified identifier，可被直接看見，但 Rust 的方法必須明確地使用 self 來稱呼用來呼叫該方法的值，類似在 Python 的方法裡面使用 self，以及在 JavaScript 的方法裡面使用 this 的方式。

因為 push 與 pop 需要修改 Queue，所以它們都接收 &mut self。但是，當你呼叫方法時，你不需要自己借用可變參考，原始的方法呼叫語法會私下處理它。所以寫好這些定義之後，你可以這樣使用 Queue：

```
let mut q = Queue { older: Vec::new(), younger: Vec::new() };

q.push('0');
q.push('1');
assert_eq!(q.pop(), Some('0'));

q.push('∞');
assert_eq!(q.pop(), Some('1'));
assert_eq!(q.pop(), Some('∞'));
assert_eq!(q.pop(), None);
```

你只要使用 q.push(...) 就可以借用一個指向 q 的可變參考了，與使用 (&mut q).push(...) 一樣，因為它就是 push 方法的 self 需要的東西。

如果你的方法不需要修改它的 self，你可以定義它接收共享參考。例如：

```
impl Queue {
    pub fn is_empty(&self) -> bool {
        self.older.is_empty() && self.younger.is_empty()
    }
}
```

方法呼叫運算式同樣知道該借用哪一種參考：

```
assert!(q.is_empty());
q.push(' ⊙ ');
assert!(!q.is_empty());
```

或者，如果方法想要取得 self 的所有權，它可以用值來取得 self：

```
impl Queue {
    pub fn split(self) -> (Vec<char>, Vec<char>) {
        (self.older, self.younger)
    }
}
```

呼叫這個 split 方法的寫法就像呼叫其他方法：

```
let mut q = Queue { older: Vec::new(), younger: Vec::new() };

q.push('P');
q.push('D');
assert_eq!(q.pop(), Some('P'));
q.push('X');

let (older, younger) = q.split();
// 現在 q 未初始化。
assert_eq!(older, vec!['D']);
assert_eq!(younger, vec!['X']);
```

但是請注意，因為 split 以值來取得它的 self，所以它會將 Queue 移出 q，導致 q 未初始化。因為現在 split 的 self 擁有佇列，所以它可以從佇列移出個別的向量，並將它們回傳給呼叫方。

有時像這樣以值接收 self（甚至以參考接收）還不夠，所以 Rust 允許你用聰明指標型態來傳遞 self。

用 Box、Rc 或 Arc 傳遞 Self

方法的 self 引數也可以使用 Box<Self>、Rc<Self> 或 Arc<Self>，如果方法使用它們，你只能對著特定指標型態值呼叫這種方法，呼叫該方法會將指標的所有權傳給它。

你通常不需要採取這種做法。當你對著這些指標型態進行呼叫時，以參考接收 self 的方法本來就可以正常運作：

```
let mut bq = Box::new(Queue::new());

// `Queue::push` 期望收到 `&mut Queue`，但 `bq` 是 `Box<Queue>`。
// 這樣寫沒問題：Rust 在呼叫期間，向 `Box` 借用 `&mut Queue`。
bq.push('■');
```

在呼叫方法與存取欄位時，Rust 會從 Box、Rc 與 Arc 等指標型態借用參考，所以在方法簽章裡面使用 &self 與 &mut self 以及偶爾使用 self 應該沒什麼問題。

但如果有方法需要 Self 的指標的所有權，而且它的呼叫方有這種指標，Rust 會讓你將它當成方法的 self 引數來傳遞。為此，你必須寫出 self 的型態，如同它是普通的參數一般：

```
impl Node {
    fn append_to(self: Rc<Self>, parent: &mut Node) {
        parent.children.push(self);
    }
}
```

型態關聯函式

特定型態的 impl 區塊也可以定義完全不接收 self 引數的函式，它們仍然是關聯函式，因為它們在 impl 區塊內，但它們不是方法，因為它們不接收 self 引數。為了區分它們與方法，我們稱它們為型態關聯函式（*type-associated function*）。

它們通常用來製作建構函式，例如：

```
impl Queue {
    pub fn new() -> Queue {
        Queue { older: Vec::new(), younger: Vec::new() }
    }
}
```

使用這種函式的語法是：Queue::new，包括型態名稱、兩個冒號，以及函式名稱。現在我們的範例程式比較簡潔了：

```
let mut q = Queue::new();

q.push('*');
...
```

將建構函式命名為 new 是 Rust 的慣例，我們已經看過 Vec::new、Box::new、HashMap::new… 等函式了。但是 new 這個名稱沒有特別之處，它不是關鍵字，而且有些型態也會使用其他的關聯函式作為建構函式，例如 Vec::with_capacity。

你可以幫一個型態寫許多不同的 impl 區塊，但必須將它們放在定義該型態的 crate 裡面。但是，Rust 可讓你將自己的方法附加至其他型態，我們將在第 11 章說明做法。

如果你用過 C++ 或 Java，也許你覺得將型態的方法與型態的定義分開很奇怪，但是它有幾個好處：

- 型態的資料成員很容易找到。在大型的 C++ 類別定義裡面，你可能要瀏覽上百行成員函式定義，以確保沒有遺漏任何資料成員，但是在 Rust 裡，它們都在同一個地方。

- 有些人認為可將方法放入具名欄位結構的語法中，但是這種做法對類 tuple 與類單元結構來說並不簡潔。將方法拉出來，全部放入一個 impl 區塊裡，可讓三種結構使用同一種語法。事實上，Rust 也用同一種語法來定義非結構型態的方法，例如 enum 型態與 i32 等基本型態（因為任何型態都可以擁有方法，所以 Rust 不常使用物件一詞，Rust 喜歡將所有東西都稱為值）。

- 同樣的 impl 語法也可以靈活地實作 trait，我們將在第 11 章介紹。

關聯常數

Rust 也在型態系統中採用「與型態有關的值」這個來自 C# 和 Java 等其他語言的概念。在 Rust 裡，它們稱為關聯常數（associated const）。

顧名思義，關聯常數是常數值，它們通常用來代表型態常用的值。例如，你可以用關聯單元向量來定義一個二維向量，在線性代數中使用它：

```rust
pub struct Vector2 {
    x: f32,
    y: f32,
}

impl Vector2 {
    const ZERO: Vector2 = Vector2 { x: 0.0, y: 0.0 };
    const UNIT: Vector2 = Vector2 { x: 1.0, y: 0.0 };
}
```

這些值與型態本身結合，當你使用它們時不需要引用另一個 Vector2 的實例。讀取它們的方式很像使用關聯函式，你必須寫出它們的型態和它們的名稱：

```rust
let scaled = Vector2::UNIT.scaled_by(2.0);
```

關聯常數的型態不必與相關型態相同，你可以利用這項特性，幫型態加入 ID 或名稱。例如，如果你有幾種類似 Vector2 的型態需要寫入檔案並在稍後載入記憶體，你可以用關聯常數來加入名稱與數字 ID，寫在資料的旁邊來指出它的型態：

```rust
impl Vector2 {
    const NAME: &'static str = "Vector2";
    const ID: u32 = 18;
}
```

泛型結構

之前的 Queue 定義不是很好，雖然我們為了儲存字元而定義它，但它的結構和方法並不是專為字元量身打造的。如果我們需要另外定義一個用來保存 String 值的結構，我們應該會寫出一模一樣的程式，只是將 char 換成 String，這很浪費時間。

幸好 Rust 結構可以寫成泛型，也就是說，它們的定義是一個樣板，你可以在裡面插入任何型態。例如，這是可以保存任何型態的值的 Queue 的定義：

```
pub struct Queue<T> {
    older: Vec<T>,
    younger: Vec<T>
}
```

你可以將 Queue<T> 裡面的 <T> 視為「對任何元素型態 T 而言…」。所以這個定義可以看成「對任何型態 T 而言，Queue<T> 有兩個 Vec<T> 型態的欄位。」例如，在 Queue<String> 裡，T 是 String，所以 older 與 younger 的型態是 Vec<String>。在 Queue<char> 裡，T 是 char，所以這個結構與我們當初為 char 定義的一樣。事實上，Vec 本身就是以這種方式定義的泛型結構。

在泛型結構定義裡，在角括號 <> 裡面的型態名稱稱為型態參數（*type parameter*）。泛型結構的 impl 區塊長這樣：

```
impl<T> Queue<T> {
    pub fn new() -> Queue<T> {
        Queue { older: Vec::new(), younger: Vec::new() }
    }

    pub fn push(&mut self, t: T) {
        self.younger.push(t);
    }

    pub fn is_empty(&self) -> bool {
        self.older.is_empty() && self.younger.is_empty()
    }

    ...
}
```

你可以將 impl<T> Queue<T> 這一行讀成「對於任何型態 T 而言，以下是 Queue<T> 的關聯函式。」然後，你可以在關聯函式的定義裡面將型態參數 T 當成型態來使用。

雖然 impl<T> 的語法看起來有點多餘，但它可以清楚地表明 impl 區塊涵蓋任何型態 T，藉以區分它與針對某種特定的 Queue 而寫的 impl 區塊，例如：

```
impl Queue<f64> {
    fn sum(&self) -> f64 {
        ...
    }
}
```

這個 impl 區塊的開頭代表「以下是 Queue<f64> 專屬的關聯函式。」它讓 Queue<f64> 有一個 sum 方法，其他種類的 Queue 都不能使用。

上面的程式的 self 參數使用簡寫，到處使用 Queue<T> 很拗口，而且令人分心。每一個 impl 區塊，無論是不是泛型，都將特殊型態參數 Self（注意 CamelCase 名稱）定義成方法所屬的型態。在上面的程式中，Self 是 Queue<T>，所以我們可以進一步簡化 Queue::new 的定義：

```
pub fn new() -> Self {
    Queue { older: Vec::new(), younger: Vec::new() }
}
```

也許你已經發現，在 new 的本體裡面，我們不需要在結構運算式內寫出型態參數，只要寫出 Queue { ... } 即可，這是 Rust 的型態推斷機制的效果：因為函式的回傳值只能使用一種型態，也就是 Queue<T>，所以 Rust 為我們提供參數。但是，你一定要在函式簽章與型態定義裡面提供型態參數，Rust 不會推斷它們，而是根據這些明確的型態，來推斷函式主體裡面的型態。

Self 也可以這樣子使用，我們可以改寫成 Self { ... }。你可以自行判斷哪一種最容易理解。

在呼叫關聯函式時，你可以使用 ::<> 符號（turbofish）來明確地提供型態參數：

```
let mut q = Queue::<char>::new();
```

但是在實務上，你可以讓 Rust 為你推斷：

```
let mut q = Queue::new();
let mut r = Queue::new();

q.push("CAD");  // 顯然是 Queue<&'static str>
r.push(0.74);   // 顯然是 Queue<f64>

q.push("BTC");   // 每塊美元兌換多少比特幣，2019-6
r.push(13764.0); // Rust 無法偵測非理性多頭
```

事實上，這正是這本書使用的另一種泛型結構型態 Vec 所做的事情。

可寫成泛型的東西不是只有結構，enum 也可以使用非常相似的語法來接收型態參數，我們將在第 234 頁的「enum」詳細說明。

有生命期參數的泛型結構

如同我們在第 117 頁的「包含參考的結構」裡面所討論的，如果結構型態裡面有參考，你必須寫出那些參考的生命期。例如，這個結構保存某個 slice 的最大與最小元素的參考：

```
struct Extrema<'elt> {
    greatest: &'elt i32,
    least: &'elt i32
}
```

之前，我們邀請你將 struct Queue<T> 這類的宣告式想成：對任何型態 T 而言，你可以用 Queue<T> 來儲存該型態。同樣的，你可以將 struct Extrema<'elt> 想成：對任何生命期 'elt 而言，你可以用 Extrema<'elt> 來保存具有該生命期的參考。

下面的函式可以掃描一個 slice 並回傳一個 Extrema 值，Extrema 值的欄位引用 slice 的元素：

```
fn find_extrema<'s>(slice: &'s [i32]) -> Extrema<'s> {
    let mut greatest = &slice[0];
    let mut least = &slice[0];

    for i in 1..slice.len() {
        if slice[i] < *least    { least    = &slice[i]; }
        if slice[i] > *greatest { greatest = &slice[i]; }
    }
    Extrema { greatest, least }
}
```

因為 find_extrema 借用 slice 的元素，而 slice 的生命期是 's，所以我們回傳的 Extrema 結構也使用 's 作為它的參考的生命期。Rust 一定會幫呼叫式推斷生命期參數，所以呼叫 find_extrema 時不需要指出它們：

```
let a = [0, -3, 0, 15, 48];
let e = find_extrema(&a);
assert_eq!(*e.least, -3);
assert_eq!(*e.greatest, 48);
```

因為回傳型態的生命期經常與引數的生命期相同，所以 Rust 允許我們在有明顯的對象時省略生命期。我們也可以將 find_extrema 的簽章寫成這樣，意思不變：

```
fn find_extrema(slice: &[i32]) -> Extrema {
    ...
}
```

當然，這樣寫也有可能是指 Extrema<'static>，但這種情況不常見。Rust 是為常見的案例提供簡寫。

有常數參數的泛型結構

泛型結構也可以接收常數值的參數。例如，你可以定義一個代表任意度數的多項式的型態：

```
/// N-1 度的多項式
struct Polynomial<const N: usize> {
    /// 多項式的係數。
    ///
    /// 多項式 a + bx + cx² + ... + zxⁿ⁻¹,
    /// 第 i 個元素是 xⁱ 的係數。
    coefficients: [f64; N]
}
```

按照這個定義，Polynomial<3> 是一個二次多項式。<const N: usize> 子句指出，Polynomial 型態期望接收 usize 值作為它的泛型參數，用它來決定將要儲存多少係數。

Vec 有保存長度、容量的欄位，並將元素存放在 heap 裡，但 Polynomial 直接將它的係數存放在值裡。

長度是以型態來決定的（不需要容量，因為 Polynomial 無法動態增長）。

我們可以在型態的關聯函式中使用參數 N：

```
impl<const N: usize> Polynomial<N> {
    fn new(coefficients: [f64; N]) -> Polynomial<N> {
        Polynomial { coefficients }
    }

    /// 計算位於 `x` 的多項式。
    fn eval(&self, x: f64) -> f64 {
        // Horner 的方法在數值上是穩定的、高效的、簡單的：
        // c₀ + x(c₁ + x(c₂ + x(c₃ + ... x(c[n-1] + x c[n]))))
        let mut sum = 0.0;
```

```
        for i in (0..N).rev() {
            sum = self.coefficients[i] + x * sum;
        }

        sum
    }
}
```

在此，`new` 函式接收長度為 N 的陣列，並將它的元素當成 Polynomial 值的係數。`eval` 方法迭代範圍 `0..N`，以找出 x 點的多項式的值。

如同型態與生命期參數，Rust 通常可以正確地推斷常數參數的值：

```
use std::f64::consts::FRAC_PI_2; // π/2

// 近似 `sin` 函數：sin x ≅ x - 1/6 x³ + 1/120 x⁵
// 在零左右，它非常準確！
let sine_poly = Polynomial::new([0.0, 1.0, 0.0, -1.0/6.0, 0.0,
                                 1.0/120.0]);
assert_eq!(sine_poly.eval(0.0), 0.0);
assert!((sine_poly.eval(FRAC_PI_2) - 1.).abs() < 0.005);
```

因為我們將一個具有六個元素的陣列傳給 Polynomial::new，所以 Rust 知道我們一定建構一個 Polynomial<6>。eval 方法只要查詢它的 consulting 型態就可以知道 for 迴圈需要執行幾次迭代。因為長度可在編譯期知道，所以編譯器可能會用直線程式碼來完全取代迴圈。

const 泛型參數可以是整數型態、char 或 bool。不能使用浮點數、enum 與其他型態。

如果 struct 接收其他類型的泛型參數，生命期參數必須寫在第一個，接下來是型態，接下來是任何 const 值。例如，你可以這樣宣告一個保存參考陣列的型態：

```
struct LumpOfReferences<'a, T, const N: usize> {
    the_lump: [&'a T; N]
}
```

常數泛型參數是較新的 Rust 功能，目前它們的用法受到一定的限制。例如，這樣定義 Polynomial 應該比較好：

```
/// N 度的多項式。
struct Polynomial<const N: usize> {
    coefficients: [f64; N + 1]
}
```

但是，Rust 拒絕這個定義：

```
error: generic parameters may not be used in const operations
  |
6 |     coefficients: [f64; N + 1]
  |                         ^ cannot perform const operation using `N`
  |
  = help: const parameters may only be used as standalone arguments, i.e. `N`
```

雖然寫成 [f64; N] 也無妨，但 [f64; N + 1] 這種型態顯然對 Rust 來說太突兀了。但是，Rust 暫時施加了這個限制，以避免這類的問題：

```
struct Ketchup<const N: usize> {
    tomayto: [i32; N & !31],
    tomahto: [i32; N - (N % 32)],
}
```

事實上，N & !31 與 N - (N % 32) 對任何 N 值來說都是相等的，所以 tomayto 與 tomahto 始終有相同的型態。Rust 應該允許將其中一個指派給另一個，舉例來說。但是，教 Rust 的型態檢查器使用位元級的代數來確認這件事，可能在這種已經相當複雜的語言的某方面引入令人困惑的罕見情況。當然，像 N + 1 這種簡單的表達式容易處理許多，目前相關單位正在教導 Rust 順利地處理它們。

因為這裡的問題是型態檢查器的行為，所以這個限制只限於型態中的常數參數，例如陣列的長度。在普通的表達式裡，你可以隨意使用 N：N + 1 與 N & !31 都沒問題。

如果你想要提供給 const 泛型參數的值不是常值或單一代號，你就要將它放在大括號裡，例如 Polynomial<{5 + 1}>。這條規則可讓 Rust 更準確地回報語法錯誤。

為 struct 型態衍生常見的 trait

有的結構很容易寫：

```
struct Point {
    x: f64,
    y: f64
}
```

但是，你很快就會發現這個 Point 型態用起來有點痛苦，因為 Point 不能複製（copy 或 clone），你不能用 println!("{:?}", point); 來印出它，而且它不支援 == 與 != 運算子。

這些功能在 Rust 裡面都有名稱——Copy、Clone、Debug 與 PartialEq，它們稱為 *trait*。在第 11 章，我們將展示如何為你自己的結構親自撰寫 trait，但是這些標準 trait 以及一些其他的 trait 不需要你親自實作，除非你需要某種自訂行為。Rust 可以幫你自動實作它們，這個動作具備機械般的準確性。你只要幫結構加上 #[derive] 屬性即可：

```
#[derive(Copy, Clone, Debug, PartialEq)]
struct Point {
    x: f64,
    y: f64
}
```

Rust 會幫結構自動實作這些 trait，前提是結構的每一個欄位都實作了該 trait。因為 Point 的兩個欄位都是 f64 型態，而 f64 實作了 PartialEq，所以我們可以要求 Rust 為 Point 衍生（derive）PartialEq。

Rust 也可以衍生 PartialOrd，支援 <、>、<= 與 >= 等比較運算子。這個範例沒有衍生它，因為比較兩個點，看看其中一點是否「小於」另一點是很奇怪的事情，點沒有常規的順序，所以我們不為 Point 值提供這些運算子。這就是 Rust 要求我們使用 #[derive] 屬性，而不是自行衍生可衍生的所有 trait 的原因之一。另一個原因是，實作 trait 會讓它自動變成公用的功能，所以複製功能…等將成為結構的公用 API 之一，應慎重選擇。

我們將在第 13 章詳細介紹 Rust 的標準 trait，並解釋哪些可使用 #[derive] 來衍生。

內部可變性

可變性很像所有其他東西：過度使用會造成問題，但通常你只需要稍微使用它。例如，假如你的蜘蛛機器人控制系統有個中心結構 SpiderRobot，裡面有一些設定與 I/O 控制程式。它會在機器人啟動時進行設定，而且值絕不改變：

```
pub struct SpiderRobot {
    species:String,
    web_enabled: bool,
    leg_devices: [fd::FileDesc; 8],
    ...
}
```

機器人的每一個主要系統都是用不同的結構來處理的，每一個結構都有一個指標，指回 SpiderRobot：

```
use std::rc::Rc;

pub struct SpiderSenses {
    robot:Rc<SpiderRobot>,  // <-- 指向設定與 I/O 的指標
    eyes: [Camera; 32],
    motion:Accelerometer,
    ...
}
```

用來建構網路、捕食、控制毒液…等的結構也有 Rc<SpiderRobot> 聰明指標。之前說過，Rc 代表參考計數，在 Rc box 裡面的值始終是共享的，因此始終是不可變的。

如果你想要在 SpiderRobot 結構裡使用標準型態 File 來加入一些記錄，你會遇到一個問題：File 必須 mut，對它進行寫入的方法都需要一個 mut 參考。

這種情況經常出現。我們需要在一個不可變的值（SpiderRobot 結構）裡面加入少量的可變資料（File），這種情況稱為內部可變性（*interior mutability*）。Rust 提供好幾種手段，在這一節，我們將討論最簡單的兩種型態：Cell<T> 與 RefCell<T>，它們都是 std::cell 模組提供的。

Cell<T> 是一個結構，裡面有一個 T 型態的私用值。Cell 唯一特別的地方在於，即使你無法 mut 存取 Cell 本身，你也可以 get 與 set 它的欄位：

Cell::new(value)

建立新 Cell，將 value 移入。

cell.get()

回傳 cell 裡面的值的複本。

cell.set(value)

將 value 存入 cell，卸除之前儲存的值。

這個方法接收 self 的非 mut 參考：

```
fn set(&self, value:T)   // 注意：不是 `&mut self`
```

當然，將這個方法稱為 set 不太正常。Rust 已經訓練我們，當我們想要對資料進行更改時，就要使用 mut 存取，這個不正常的細節是 Cell 的重點所在，它們以一種安全的方式違反不變性規則，恰如其分。

Cell 也有一些其他的方法,請自行參考文件(*https://oreil.ly/WqRrt*)。

如果你想在 SpiderRobot 裡面加入簡單的計數器,使用 Cell 很方便,你可以這樣寫:

```
use std::cell::Cell;

pub struct SpiderRobot {
    ...
    hardware_error_count:Cell<u32>,
    ...
}
```

接下來,即使是 SpiderRobot 的非 mut 方法,也可以使用 .get() 與 .set() 方法來存取那個 u32:

```
impl SpiderRobot {
    /// 將錯誤數量加 1。
    pub fn add_hardware_error(&self) {
        let n = self.hardware_error_count.get();
        self.hardware_error_count.set(n + 1);
    }

    /// 有硬體錯誤被回報時為 true。
    pub fn has_hardware_errors(&self) -> bool {
        self.hardware_error_count.get() > 0
    }
}
```

雖然它很簡單,但它無法解決我們的記錄問題。Cell 不允許你對著共享值呼叫 mut 方法。.get() 方法會回傳 cell 裡面的值的複本,所以它只能在 T 實作了 Copy trait 時使用。為了進行記錄,我們需要可變的 File,但 File 不能複製。

在這個例子中,正確的工具是 RefCell。如同 Cell<T>,RefCell<T> 是一個泛型型態,裡面有一個 T 型態的值。但是與 Cell 不同的是,RefCell 允許借用它的 T 值的參考:

RefCell::new(value)

建立一個新的 RefCell,將值移入。

ref_cell.borrow()

回傳 Ref<T>,它實質上只是 ref_cell 裡面的值的共享參考。

如果值已經被可變地借用,這個方法會 panic,等一下會說明詳情。

ref_cell.borrow_mut()

回傳一個 RefMut<T>，它實質上是 ref_cell 裡面的值的可變參考。

如果該值已經被借用了，這個方法會 panic，等一下會說明詳情。

ref_cell.try_borrow(), ref_cell.try_borrow_mut()

功能很像 borrow() 與 borrow_mut()，但回傳一個 Result。當值已經被可變地借用時，它不會 panic，而是回傳一個 Err 值。

RefCell 也有一些其他的方法，請參考文件（*https://oreil.ly/FtnIO*）。

它的兩個 borrow 方法只會在 Rust 的這條規則被破壞時 panic：mut 參考是獨占參考。例如，這會 panic：

```
use std::cell::RefCell;

let ref_cell:RefCell<String> = RefCell::new("hello".to_string());

let r = ref_cell.borrow();      // ok，回傳 Ref<String>
let count = r.len();            // ok，回傳 "hello".len()
assert_eq!(count, 5);

let mut w = ref_cell.borrow_mut(); // panic：已借用
w.push_str(" world");
```

為了避免 panic，你可以將這兩個 borrow 放入獨立的區塊。如此一來，r 就會在你試著借用 w 之前卸除。

這很像一般的參考的動作，唯一的區別在於，一般來說，當你借用一個變數的參考時，Rust 會在編譯期進行檢查，以確保你安全地使用參考，如果檢查失敗，你會看到編譯錯誤。RefCell 使用執行期檢查來實施同樣的規則。所以，如果你破壞規則，你會得到 panic（或 Err，對 try_borrow 與 try_borrow_mut 而言）。

我們現在可以在 SpiderRobot 型態裡面使用 RefCell 了：

```
pub struct SpiderRobot {
    ...
    log_file:RefCell<File>,
    ...
}

impl SpiderRobot {
    /// 在記錄檔寫入一行
```

```
    pub fn log(&self, message: &str) {
        let mut file = self.log_file.borrow_mut();
        // `writeln!` 很像 `println!`，但是會
        // 將輸出傳給檔案。
        writeln!(file, "{}", message).unwrap();
    }
}
```

file 變數的型態是 RefMut<File>。你可以像使用 File 的可變參考一樣使用它。第 18 章會
介紹寫入檔案的細節。

Cell 很容易使用。雖然呼叫 .get() 與 .set() 或 .borrow() 與 .borrow_mut() 有點奇怪，但
這是違反規則的代價。使用它們的另一個缺點比較不明顯，但比較嚴重：cell（以及容納
它們的任何型態）不是執行緒安全的。因此，Rust 不允許多個執行緒同時存取它們。我們
將在第 19 章的第 542 頁討論「Mutex<T>」，在第 550 頁討論「原子」，在第 552 頁討論
「全域變數」時，介紹執行緒安全版的內部可變性。

當結構擁有具名欄位，或者結構是類 tuple 結構時，它就是其他值的集合：如果我有一個
SpiderSenses 結構，那麼我就有一個指向共享的 SpiderRobot 結構的 Rc 指標，也有 eyes、
accelerometer…等。所以這種結構的本質是「與（and）」這個字：我有一個 X 與一個 Y，
但是如果你的型態是圍繞著「或（or）」這個字建構的呢？也就是說，當你有一個這種型
態的值時，代表你有一個 X 或一個 Y？事實上，這種型態很有用，在 Rust 中隨處可見，
它是下一章的主題。

enum 與模式

> 很多計算機玩意兒都可視為悲劇性地缺乏 *sum type* 的結果
> （比如，缺乏 *lambda*），其數量之多令人驚訝。
>
> —Graydon Hoare（*https://oreil.ly/cyYQc*）

本章的第一個主題很強大，它與山一樣古老，可以幫助你在短時間內完成很多事情（需要付出代價），它在許多文化裡面有不一樣的名稱。但它不是魔鬼，它是一種用戶定義的資料型態，長期以來被 ML 與 Haskell 黑客稱為 sum type、discriminated union 或代數資料型態，在 Rust 裡，它們稱為 *enumeration*，簡稱 *enum*。與魔鬼不一樣的是，它們非常安全，而且它們要求的代價不會造成多大的損失。

C++ 與 C# 有 enum，你可以用它們來定義你自己的型態，將它們的值設為一組具名常數。例如，你可以定義一個名為 Color 的型態，將它的值定義成 Red、Orange、Yellow⋯等。Rust 也有這種 enum，但是 Rust 的 enum 更厲害。Rust 的 enum 也可以容納資料，甚至各種型態的資料。例如，Rust 的 Result<String, io::Error> 型態是一種 enum，這種值可能是一個 Ok 值，裡面有一個 String，也可能是一個 Err 值，裡面有 io::Error。C++ 與 C# 的 enum 無法如此。Rust 的 enum 比較像 C 的 union，但是與 union 不同的是，Rust 的 enum 是型態安全的。

enum 很適合在一個值不是某個東西就是另一個東西時使用。使用它們的「代價」是你必須安全地存取資料，使用模式比對，這是本章後半部的主題。

如果你用過 Python 的 unpacking，或 JavaScript 的 destructuring，你應該也很熟悉模式（pattern），但 Rust 的模式更強大。Rust 的模式有點類似處理資料的正規表達式。它們被用來檢查一個值有沒有特定的外形（shape），它們可以一次從一個結構或 tuple 提取多個欄位，並放入一個區域變數，它們與正規表達式一樣簡潔，只要一行程式就可以完成所有工作。

本章會先討論 enum 的基本知識，展示資料如何與 enum variant 結合，以及 enum 如何被儲存在記憶體裡面。然後我們會展示 Rust 的模式與 match 陳述式如何基於 enum、結構、陣列與 slice 簡潔地指定邏輯。模式也可以容納參考、移動與 if 條件，使得它可以做更多事情。

enum

C 風格的 enum 很簡單：

```
enum Ordering {
    Less,
    Equal,
    Greater,
}
```

它宣告一個可能有三種值的 Ordering 型態，enum 的值稱為 *variant* 或 *constructor*：Ordering::Less、Ordering::Equal 與 Ordering::Greater。這個 enum 本身是標準程式庫的一部分，所以 Rust 程式可以匯入它，無論是匯入它本身：

```
use std::cmp::Ordering;

fn compare(n: i32, m: i32) -> Ordering {
    if n < m {
        Ordering::Less
    } else if n > m {
        Ordering::Greater
    } else {
        Ordering::Equal
    }
}
```

還是匯入它的所有 constructor：

```
use std::cmp::Ordering::{self, *};    // 用 `*` 來匯入所有子元素

fn compare(n: i32, m: i32) -> Ordering {
```

```
        if n < m {
            Less
        } else if n > m {
            Greater
        } else {
            Equal
        }
    }
```

匯入 constructor 之後，你就可以用 Less 來取代 Ordering::Less…等，但是這種寫法比較不明確，所以一般認為不匯入 constructor 比較好，甚非它們可以讓你的程式更易讀。

你可以使用 self 來匯入在當前的模組裡面宣告的 enum 的 constructor：

```
enum Pet {
    Orca,
    Giraffe,
    ...
}

use self::Pet::*;
```

在記憶體裡面，C 風格 enum 的值會被存為整數。有時你需要告訴 Rust 該使用哪些整數：

```
enum HttpStatus {
    Ok = 200,
    NotModified = 304,
    NotFound = 404,
    ...
}
```

否則，Rust 會從 0 開始為你指定數字。

在預設情況下，Rust 會使用可以容納 C 風格 enum 的最小內建整數型態來儲存 enum。大多數的 enum 都可以用一個 byte 來儲存：

```
use std::mem::size_of;
assert_eq!(size_of::<Ordering>(), 1);
assert_eq!(size_of::<HttpStatus>(), 2);   // 404 無法放入一個 u8
```

你可以幫 enum 加上 #[repr] 屬性來選擇記憶體內的表示法。詳情見第 680 頁的「尋找通用資料表示法」。

你可以將 C 風格的 enum 轉義成整數：

```
assert_eq!(HttpStatus::Ok as i32, 200);
```

但是你不能反向轉義，也就是從整數到 enum。與 C 和 C++ 不同的是，Rust 保證 enum 值一定是在 enum 宣告裡面指定的值之一。以未檢查的轉義（unchecked cast）將整數型態轉換成 enum 型態可能破壞這個保證，所以 Rust 不允許這樣做。你可以自己編寫有檢查的轉換：

```rust
fn http_status_from_u32(n: u32) -> Option<HttpStatus> {
    match n {
        200 => Some(HttpStatus::Ok),
        304 => Some(HttpStatus::NotModified),
        404 => Some(HttpStatus::NotFound),
        ...
        _ => None,
    }
}
```

或使用 enum_primitive crate（*https://oreil.ly/8BGLH*）。它裡面有一個巨集，可以為你自動產生這種轉換程式。

如同結構，編譯器會幫你實作 == 運算子等功能，但你必須提出要求：

```rust
#[derive(Copy, Clone, Debug, PartialEq, Eq)]
enum TimeUnit {
    Seconds, Minutes, Hours, Days, Months, Years,
}
```

enum 與結構一樣可以擁有方法：

```rust
impl TimeUnit {
    /// 為這個時間單元回傳複數。
    fn plural(self) -> &'static str {
        match self {
            TimeUnit::Seconds => "seconds",
            TimeUnit::Minutes => "minutes",
            TimeUnit::Hours => "hours",
            TimeUnit::Days => "days",
            TimeUnit::Months => "months",
            TimeUnit::Years => "years",
        }
    }

    /// 為這個時間單元回傳單數。
    fn singular(self) -> &'static str {
        self.plural().trim_end_matches('s')
    }
}
```

C 風格 enum 的討論就到此為止。以 variant 來保存資料的 Rust enum 比較有趣。我們將展示它們如何被儲存在記憶體裡、如何加入型態參數來將它們寫成泛型,以及如何用 enum 來建構複雜的資料結構。

含資料的 enum

有些程式需要顯示完整日期和時間,直到毫秒為止,但是對大多數的 app 來說,使用粗略的近似值比較方便用戶,例如「兩個月之前」。我們可以寫一個 enum 來協助實現它,使用之前定義的 enum:

```
/// 刻意四捨五入的時戳,讓我們的程式顯示「6 個月前」,
/// 而不是「2016 年 2 月 9 日上午 9:49」
#[derive(Copy, Clone, Debug, PartialEq)]
enum RoughTime {
    InThePast(TimeUnit, u32),
    JustNow,
    InTheFuture(TimeUnit, u32),
}
```

這個 enum 的 InThePast 與 InTheFuture variant 可接收引數,它們稱為 *tuple variant*。如同 tuple 結構,這些 constructor 是建立新 RoughTime 值的函式:

```
let four_score_and_seven_years_ago =
    RoughTime::InThePast(TimeUnit::Years, 4 * 20 + 7);

let three_hours_from_now =
    RoughTime::InTheFuture(TimeUnit::Hours, 3);
```

enum 也可以擁有結構 *variant*,它裡面有具名欄位,很像普通的 struct:

```
enum Shape {
    Sphere { center: Point3d, radius: f32 },
    Cuboid { corner1: Point3d, corner2: Point3d },
}

let unit_sphere = Shape::Sphere {
    center: ORIGIN,
    radius: 1.0,
};
```

總之,Rust 有三種 enum variant,可對映上一章介紹的三種結構。無資料的 variant 類似類單元 struct。tuple variant 的外觀與功能類似 tuple struct。struct variant 有大括號與具名欄位。同一個 enum 可以擁有全部的三種 variant:

```
enum RelationshipStatus {
    Single,
    InARelationship,
    ItsComplicated(Option<String>),
    ItsExtremelyComplicated {
        car: DifferentialEquation,
        cdr: EarlyModernistPoem,
    },
}
```

enum 的所有 constructor 與欄位的可見性與 enum 本身一樣。

在記憶體內的 enum

有資料的 enum 在記憶體內被存為一個小的整數標記（*tag*），再加上足以保存最大的 variant 的所有欄位的記憶體。標記欄位是 Rust 在內部使用的，可指出哪個 constructor 建立了值，因而代表它有哪些欄位。

在 Rust 1.50 時，RoughTime 有 8 bytes，如圖 10-1 所示。

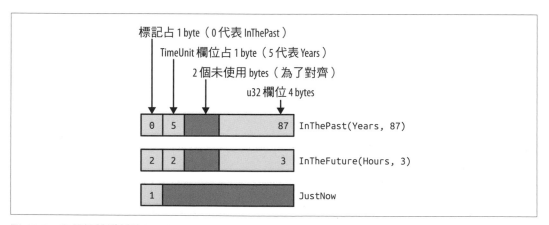

圖 10-1　在記憶體裡面的 RoughTime

但是，Rust 並未針對 enum 的佈局做出任何承諾，以便將來進行優化。在某些情況下，你可以採取比這張圖更有效率的方式包裝 enum。例如，稍後你會看到，有些泛型結構完全不需要儲存標記。

使用 enum 來製作豐富的資料結構

enum 也很適合用來快速製作樹狀資料結構。例如，假設有個 Rust 程式需要使用 JSON 資料。在記憶體內，任何 JSON 文件都可以用這種 Rust 型態的值來表示：

```
use std::collections::HashMap;

enum Json {
    Null,
    Boolean(bool),
    Number(f64),
    String(String),
    Array(Vec<Json>),
    Object(Box<HashMap<String, Json>>),
}
```

這段 Rust 程式不需要用白話來解釋。JSON 標準規定了可以出現在 JSON 文件裡面的資料型態：null、布林值、數字、字串、JSON 值陣列、有字串索引鍵的物件，以及 JSON 值。Json enum 只是列出這些型態。

這不是虛構的例子。你可以在 serde_json 裡面找到一個極相似的 enum，serde_json 是一個處理 Rust struct 的序列化程式庫，它是在 crates.io 下載次數最多的 crate 之一。

在 Object 裡，將 HashMap 放入 Box 是為了讓所有的 Json 值更緊湊。在記憶體裡面，Json 型態的值占四個機器 words，String 與 Vec 值是三個 words，Rust 會加上一個標記 byte。Null 與 Boolean 值不足以占用所有空間，但所有的 Json 值都必須一樣大。額外的空間不會被使用。圖 10-2 是 Json 值在記憶體裡面的實際情況。

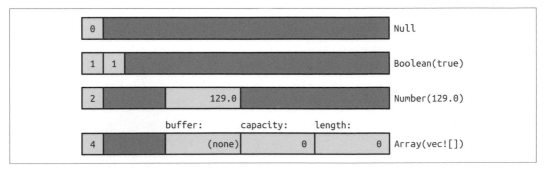

圖 10-2　在記憶體內的 Json 值

HashMap 更大。如果你必須在每一個 Json 值裡面保留它的空間，它們就會很大，大概 8 words 左右。但是 Box<HashMap> 占一個 word，因為它只是一個指向 heap 資料的指標。我們可以用 box 來宣告其他欄位，讓 Json 更緊湊。

值得注意的是，製作這個結構非常簡單。在 C++ 裡，你可能要用一個類別來做這件事：

```cpp
class JSON {
private:
    enum Tag {
        Null, Boolean, Number, String, Array, Object
    };
    union Data {
        bool boolean;
        double number;
        shared_ptr<string> str;
        shared_ptr<vector<JSON>> array;
        shared_ptr<unordered_map<string, JSON>> object;

        Data() {}
        ~Data() {}
        ...
    };

    Tag tag;
    Data data;

public:
    bool is_null() const { return tag == Null; }
    bool is_boolean() const { return tag == Boolean; }
    bool get_boolean() const {
        assert(is_boolean());
        return data.boolean;
    }
    void set_boolean(bool value) {
        this->~JSON();   // 清理字串 / 陣列 / 物件值
        tag = Boolean;
        data.boolean = value;
    }
    ...
};
```

我們還沒開始工作就已經寫了 30 行程式了，這個類別需要建構式、解構式，以及一個賦值運算子。另一種做法是建立一個類別階層，使用一個基礎類別 JSON，以及子類別 JSONBoolean、JSONString…等。無論採取哪一種做法，完成之後，我們的 C++ JSON 程式庫會有十幾個方法，其他程式設計師必須花時間瀏覽，才能了解並使用它。相較之下，整個 Rust enum 只需要八行程式。

泛型 enum

enum 可以寫成泛型。在標準程式庫裡面有兩個案例，它們也是這個語言最常用的資料型態：

```
enum Option<T> {
    None,
    Some(T),
}

enum Result<T, E> {
    Ok(T),
    Err(E),
}
```

你已經非常熟悉這些型態了，泛型 enum 的語法與泛型結構一樣。

Rust 有一個不明顯的細節在於，當型態 T 是參考、Box 或其他聰明指標型態時，Rust 可移除 Option<T> 的標記欄位。因為這些指標型態都不能為零，所以 Rust 可以用一個機器 word 來表示 Option<Box<i32>>：0 代表 None，非 0 代表 Some 指標。所以 Option 型態非常類似 C 或 C++ 的可為 null 的指標值，它們之間的區別在於，Rust 的型態系統要求你在使用它的內容之前必須先確認 Option 是 Some，以避免解參考 null 指標。

泛型資料結構可以只用幾行程式來建構：

```
// `T` 的有序集合。
enum BinaryTree<T> {
    Empty,
    NonEmpty(Box<TreeNode<T>>),
}

// BinaryTree 的一部分。
struct TreeNode<T> {
    element: T,
    left: BinaryTree<T>,
    right: BinaryTree<T>,
}
```

這幾行程式定義了一個 `BinaryTree` 型態，它可以儲存任何數量的 `T` 型態的值。

這兩個定義包含大量的資訊，所以讓我們花一點時間將程式翻譯成白話文。每一個 `BinaryTree` 值都是 `Empty` 或 `NonEmpty` 之一。如果它是 `Empty`，那麼它裡面完全沒有資料，如果它是 `NonEmpty`，那麼它有一個 `Box`，也就是指向 heap 上的 `TreeNode` 的指標。

每一個 `TreeNode` 值都有一個實際的元素，以及兩個 `BinaryTree` 值。這意味著樹（tree）可包含子樹（subtree），因此 `NonEmpty` 樹可擁有任何數量的後代。

圖 10-3 是 `BinaryTree<&str>` 型態值的示意圖。如同 `Option<Box<T>>`，Rust 會移除標記欄位，所以 `BinaryTree` 值只有一個機器 word。

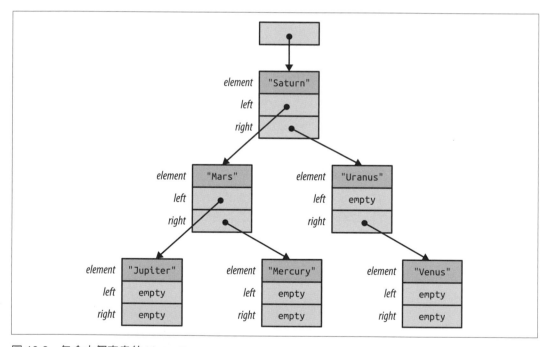

圖 10-3　包含六個字串的 `BinaryTree`

在這棵樹裡建立任何節點都很簡單：

```
use self::BinaryTree::*;
let jupiter_tree = NonEmpty(Box::new(TreeNode {
    element: "Jupiter",
    left: Empty,
    right: Empty,
}));
```

你可以用比較小的樹來建立比較大的樹:

```
let mars_tree = NonEmpty(Box::new(TreeNode {
    element: "Mars",
    left: jupiter_tree,
    right: mercury_tree,
}));
```

這個賦值式很自然地將 jupiter_node 與 mercury_node 的所有權轉換給它們的父節點。

樹的其餘部分採取相同的模式。根節點與其他節點沒有不同:

```
let tree = NonEmpty(Box::new(TreeNode {
    element: "Saturn",
    left: mars_tree,
    right: uranus_tree,
}));
```

本章稍後將展示如何為 BinaryTree 型態實作與加入方法,好讓我們可以這樣使用它:

```
let mut tree = BinaryTree::Empty;
for planet in planets {
    tree.add(planet);
}
```

無論你來自哪種語言,你可能要先練習一下在 Rust 裡建立 BinaryTree 這種資料結構。你剛開始可能不知道該將 Box 放在哪裡。有一種辦法是先畫出圖 10-3 這種圖表,以規劃你要怎麼在記憶體裡面安排它,然後根據圖表編寫程式。每一個矩形集合都是一個 struct 或 tuple,每一個箭頭都是一個 Box 或其他聰明指標。釐清每個欄位的型態有點難,但這不是不能解決的問題,解決這個問題的獎勵是你可以自己控制程式記憶體的使用。

接著要來談談我們在簡介中提到的「代價」了。enum 的標記欄位需要使用一些記憶體,在最糟的情況下需要 8 bytes,但是它通常可以忽略不計。enum 真正的缺點(如果可以稱之為缺點的話)在於,Rust 不會不顧風險地試著存取欄位,不管它們有沒有在值裡面:

```
let r = shape.radius;  // 錯誤: `Shape` 型態沒有 `radius` 欄位
```

你只能用安全的方式存取 enum 內的資料:使用模式。

模式

復習一下本章稍早的 RoughTime 型態的定義:

```
enum RoughTime {
    InThePast(TimeUnit, u32),
    JustNow,
    InTheFuture(TimeUnit, u32),
}
```

假如你有一個 RoughTime 值,你想要在網頁上顯示它,所以你要讀取值裡面的 TimeUnit 與 u32 欄位。Rust 不允許你用 rough_time.0 與 rough_time.1 來直接讀取它們,畢竟值可能是 RoughTime::JustNow,它沒有欄位。那麼,你該如何取出資料?

此時你要使用 match 運算式:

```
 1  fn rough_time_to_english(rt: RoughTime) -> String {
 2      match rt {
 3          RoughTime::InThePast(units, count) =>
 4              format!("{} {} ago", count, units.plural()),
 5          RoughTime::JustNow =>
 6              format!("just now"),
 7          RoughTime::InTheFuture(units, count) =>
 8              format!("{} {} from now", count, units.plural()),
 9      }
10  }
```

match 可進行模式比對,在這個例子中,模式就是第 3、5、7 行的 => 符號前面的部分。比對 RoughTime 值的模式看起來就像建立 RoughTime 值的運算式,這不是巧合。運算式產生值,模式耗用值,兩者的語法很像。

我們來看看這個 match 運算式執行時會怎樣。假如 rt 是 RoughTime::InTheFuture(TimeUnit:: Months, 1) 值。在第 3 行,Rust 會先拿這個值與模式比對,如圖 10-4 所示,結果不相符。

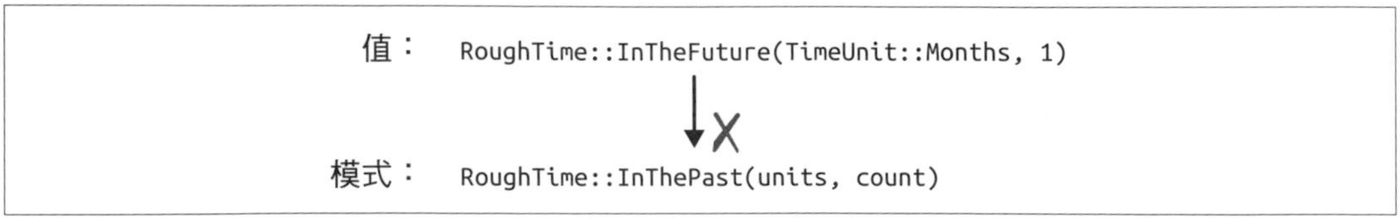

值: RoughTime::InTheFuture(TimeUnit::Months, 1)

模式: RoughTime::InThePast(units, count)

圖 10-4 RoughTime 值與模式不相符

enum、結構或 tuple 的比對模式在進行比對時,彷彿 Rust 進行簡單的由左至右掃描,它會檢查模式的各個組件,看看值是否符合,如果不符合,Rust 會繼續比對下一個模式。

第 3 行與第 5 行的模式都不相符，但是第 7 行的模式成功了（圖 10-5）。

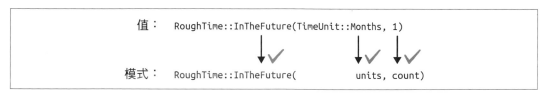

圖 10-5　成功比對

當模式裡面有 units 與 count 這種簡單的代號時，它們會成為模式後面的程式裡的區域變數。值裡面的東西會被複製或移到新變數。Rust 會將 TimeUnit::Months 存入 units，將 1 存入 count，執行第 8 行，然後回傳字串 "1 months from now"。

這個輸出有小小的語法問題，你可以為 match 加入另一個分支來修正它：

```
RoughTime::InTheFuture(unit, 1) =>
    format!("a {} from now", unit.singular()),
```

這個分支只會在 count 欄位是 1 時匹配。注意，這段新程式必須放在第 7 行之前，如果你將它放在最後面，Rust 將永遠不會執行它，因為在第 7 行的模式可成功匹配所有的 InTheFuture 值。如果你犯下這種錯誤，Rust 編譯器會警告有一個「無法到達的模式（unreachable pattern）」。

即使使用新程式，RoughTime::InTheFuture(TimeUnit::Hours, 1) 仍然有一個問題："a hour from now" 這個結果不太正確，你同樣可以在 match 加入另一個分支來修正它。

如本例所示，模式比對與 enum 合作無間，甚至可以檢測它裡面的資料，所以 match 比 C 的 switch 陳述式更強大、更靈活。到目前為止，我們只看過符合 enum 值的模式。但模式的功能不只如此，Rust 模式有自己的小語言，見表 10-1 的摘要。我們將用本章接下來的內容說明這張表裡面的功能。

表 10-1　模式

模式類型	範例	說明
常值	100 "name"	比對精確值，也可以使用某個 const 的名稱
範圍	0 ..= 100 'a' ..= 'k' 256..	比對範圍內的任何值，包括最後一個值（若提供的話）

模式類型	範例	說明
萬用模式	_	比對任何值並忽略它
變數	name mut count	如同 _，但是將值移入或複製到新區域變數
ref 變數	ref field ref mut field	借用匹配的值的參考，而不是移動它或複製它
結合子模式	val @ 0 ..= 99 ref circle @ Shape::Circle { .. }	比對 @ 右邊的模式，使用左邊的變數名稱
enum 模式	Some(value) None Pet::Orca	
tuple 模式	(key, value) (r, g, b)	
陣列模式	[a, b, c, d, e, f, g] [heading, carom, correction]	
slice 模式	[first, second] [first, _, third] [first, .., nth] []	
結構模式	Color(r, g, b) Point { x, y } Card { suit:Clubs, rank: n } Account { id, name, .. }	
參考	&value &(k, v)	只比對參考值
Or 模式	'a' | 'A' Some("left" | "right")	
守衛運算式	x if x * x <= r2	只能在 match 內使用（不能在 let…等內使用）

模式內的常值、變數與萬用模式

我們已經展示如何一起使用 match 運算式與 enum 了。你也可以比對其他的型態。當你需要類似 C 的 switch 陳述式的功能時，你可以使用 match 與整數值，0 與 1 這種整數常值也可以當成模式：

```
match meadow.count_rabbits() {
    0 => {}  // 沒什麼好說的
    1 => println!("A rabbit is nosing around in the clover."),
    n => println!("There are {} rabbits hopping about in the meadow", n),
}
```

草地（meadow）上沒有兔子（rabbit）符合模式 0。只有一隻兔子符合 1。兩隻以上兔子符合第三個模式，n，這個模式只是一個變數名稱，符合任何值，符合它的值會被移到或複製到新區域變數內。所以在這個例子裡，meadow.count_rabbits() 的值會被存入新區域變數 n 並印出。

其他的常值也可以當成模式來使用，包括布林、字元，甚至字串：

```
let calendar = match settings.get_string("calendar") {
    "gregorian" => Calendar::Gregorian,
    "chinese" => Calendar::Chinese,
    "ethiopian" => Calendar::Ethiopian,
    other => return parse_error("calendar", other),
};
```

在這個例子裡，other 是全包（catchall）模式，和上一個例子裡的 n 一樣。這些模式的功能與 switch 陳述式裡面的 default case 一樣，可匹配與其他模式不符的值。

如果你需要全包模式，但你不在乎值，你可以將底線 _ 當成模式，它是萬用模式：

```
let caption = match photo.tagged_pet() {
    Pet::Tyrannosaur => "RRRAAAAAHHHHHH",
    Pet::Samoyed => "*dog thoughts*",
    _ => "I'm cute, love me", // 通用字幕，適合任何寵物
};
```

萬用模式可匹配任何值，但不會將值存到任何地方。因為 Rust 要求 match 運算式必須處理所有可能的值，所以萬用模式通常放在最後。即使你非常確定其餘的案例不會發生，你至少也要加入一個備用分支，或許是 panic 分支：

```
// Shape 很多，但我們只支援「選擇」
// 一些文字，或是在一個矩形區域的所有東西。
// 你不能選擇橢圓形或不規則四邊形。
match document.selection() {
    Shape::TextSpan(start, end) => paint_text_selection(start, end),
    Shape::Rectangle(rect) => paint_rect_selection(rect),
    _ => panic!("unexpected selection type"),
}
```

tuple 與結構模式

tuple 模式可比對 tuple，它很適合在你想要用一個 match 來處理許多資料時使用：

```
fn describe_point(x: i32, y: i32) -> &'static str {
    use std::cmp::Ordering::*;
    match (x.cmp(&0), y.cmp(&0)) {
        (Equal, Equal) => "at the origin",
        (_, Equal) => "on the x axis",
        (Equal, _) => "on the y axis",
        (Greater, Greater) => "in the first quadrant",
        (Less, Greater) => "in the second quadrant",
        _ => "somewhere else",
    }
}
```

結構模式使用大括號，很像結構運算式。它們裡面有比對每個欄位的子模式：

```
match balloon.location {
    Point { x: 0, y: height } =>
        println!("straight up {} meters", height),
    Point { x: x, y: y } =>
        println!("at ({}m, {}m)", x, y),
}
```

在這個例子裡，如果第一個分支成功匹配，balloon.location.y 會被存入新的區域變數 height。

假如 balloon.location 是 Point { x: 30, y: 40 }，Rust 同樣會依序檢查每個模式的每個組件。

圖 10-6　用結構來比對

第二個分支相符，所以輸出將是 at (30m, 40m)。

在比對結構時，Point { x: x, y: y } 這種模式很常見，重複的名稱容易造成視覺上的混亂，所以 Rust 提供它的縮寫：Point {x, y}，兩種寫法的意思相同，這個模式仍然會將 point 的 x 欄位存入新區域變數 x，將它的 y 欄位存入新區域變數 y。

即使使用縮寫，如果我們只在乎少數幾個欄位，在比對大型結構時，程式也會很冗長：

```
match get_account(id) {
    ...
    Some(Account {
            name, language,   // <--- 我們在乎的兩個東西
            id: _, status: _, address: _, birthday: _, eye_color: _,
            pet: _, security_question: _, hashed_innermost_secret: _,
            is_adamantium_preferred_customer: _, }) =>
        language.show_custom_greeting(name),
}
```

為了避免這種情況，你可以使用 .. 來告訴 Rust，你不在乎任何其他欄位：

```
Some(Account { name, language, .. }) =>
    language.show_custom_greeting(name),
```

陣列與 slice 模式

陣列模式可比對陣列。它們通常用來篩選一些特殊值，也很適合在陣列的值在不同的位置有不同的意義時使用。

例如，當你將色調、飽和度、亮度（HSL）顏色值轉換成紅、綠、藍（RGB）顏色值時，亮度為零或最大值就是黑色或白色。我們可以輕鬆地使用 match 運算式來處理這些案例。

```
fn hsl_to_rgb(hsl: [u8; 3]) -> [u8; 3] {
    match hsl {
        [_, _, 0] => [0, 0, 0],
        [_, _, 255] => [255, 255, 255],
        ...
    }
}
```

slice 模式很像陣列模式，但是 slice 的長度是可變的，因此在比對 slice 模式時，不只比對值，也比對長度。在 slice 模式中，.. 會比對任何數量的元素：

```
fn greet_people(names: &[&str]) {
    match names {
        [] => { println!("Hello, nobody.") },
        [a] => { println!("Hello, {}.", a) },
        [a, b] => { println!("Hello, {} and {}.", a, b) },
        [a, .., b] => { println!("Hello, everyone from {} to {}.", a, b) }
    }
}
```

參考模式

Rust 模式有兩種處理參考的語法。ref 模式會借用部分的匹配值。& 模式會比對參考。我們先介紹 ref 模式。

匹配不可複製的值會移動該值。延續 account 範例,這段程式是無效的:

```
match account {
    Account { name, language, .. } => {
        ui.greet(&name, &language);
        ui.show_settings(&account);  // 錯誤:借用已移動的值:`account`
    }
}
```

在此,account.name 與 account.language 欄位會被移入區域變數 name 與 language。account 的其餘部分會被卸除。因此之後不能借用它的參考。

如果 name 與 language 都是可複製的值,Rust 會複製欄位,而不是移動它們,如此一來這段程式就沒有問題。但如果它們是 String 呢?

我們需要一種借用匹配值,而不是移動匹配值的模式。這就是 ref 關鍵字的功能:

```
match account {
    Account { ref name, ref language, .. } => {
        ui.greet(name, language);
        ui.show_settings(&account);  // ok
    }
}
```

現在區域變數 name 與 language 都是 account 的對映欄位的參考了。因為 account 只被借用,沒有被耗用,所以你可以繼續對著它呼叫方法。

你可以使用 ref mut 來借用 mut 參考:

```
match line_result {
    Err(ref err) => log_error(err),   // `err` 是 &Error(共享的 ref)
    Ok(ref mut line) => {             // `line` 是 &mut String(mut ref)
        trim_comments(line);          // 就地修改 String
        handle(line);
    }
}
```

模式 Ok(ref mut line) 可匹配任何成功的結果,並借用儲存在裡面的成功值的 mut 參考。

& 模式與參考模式相反。& 開頭的模式可匹配一個參考：

```
match sphere.center() {
    &Point3d { x, y, z } => ...
}
```

在這個例子裡，假設 sphere.center() 回傳一個指向 sphere 的私用欄位的參考，這在 Rust 是一種常見的模式，它的回傳值是 Point3d 的位址。若中心（center）在圓點，則 sphere.center() 回傳 &Point3d { x: 0.0, y: 0.0, z: 0.0 }。

圖 10-7 是模式比對的過程。

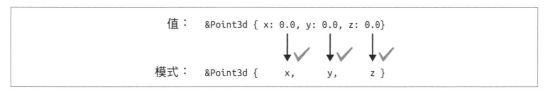

圖 10-7　使用參考來比對模式

這有點難懂，因為 Rust 追隨指標，這個動作通常使用 * 運算子來聯繫，不是 & 運算子。請記住，模式與運算式是相反的。運算式 (x, y) 將兩個值組成一個新 tuple，但是模式 (x, y) 做相反的事情，它會比對一個 tuple，並拆出兩個值。& 也一樣，在運算式裡，& 建立一個參考，在模式裡，& 比對一個參考。

比對參考的規則與你預期的所有規則一樣，生命期是有效的，你不能透過共享參考進行 mut 存取，而且你不能將值移出參考，甚至是 mut 參考。當我們比對 &Point3d { x, y, z } 時，變數 x、y 與 z 會收到座標的複本，原始的 Point3d 值維持不變。之所以如此，是因為這些欄位是可複製的。如果我們對著具有不可複製的欄位的結構做同樣的事情，我們會得到錯誤：

```
match friend.borrow_car() {
    Some(&Car { engine, .. }) =>  // 錯誤：不能移出 borrow
        ...
    None => {}
}
```

將借來的車子的零件拆掉是不可取的行為，Rust 不容許這件事。你可以使用 ref 模式來借用一個零件的參考，但它不是你的：

```
        Some(&Car { ref engine, .. }) =>  // OK，引擎是個參考
```

我們來看更多 & 模式的範例。假如我們有一個 iterator chars，它會迭代一個字串裡面的字元，而且它有一個方法 chars.peek()，該方法回傳 Option<&char>，即下一個字元的參考，若有的話（我們將在第 15 章看到，能偷窺（peekable）的 iterator 真的回傳一個 Option<&ItemType>）。

程式可以使用 & 模式來取得被指的字元：

```
match chars.peek() {
    Some(&c) => println!("coming up: {:?}", c),
    None => println!("end of chars"),
}
```

match guard

有些 match 分支必須符合額外的條件才能成功匹配。假如我們要製作一個棋盤遊戲，它有六邊形的空間，玩家只要按下棋子就可以移動它，為了確認按下的動作是有效的，我們可能會試著這樣做：

```
fn check_move(current_hex: Hex, click: Point) -> game::Result<Hex> {
    match point_to_hex(click) {
        None =>
            Err("That's not a game space."),
        Some(current_hex) =>  // 試著比對用戶是否按下 current_hex
                              // （這是錯的，見下面的解釋）
            Err("You are already there! You must click somewhere else."),
        Some(other_hex) =>
            Ok(other_hex)
    }
}
```

這段程式失敗了，因為在模式裡面的代號引入新變數。模式 Some(current_hex) 建立一個新的區域變數 current_hex，將引數 current_hex shadow 了。Rust 會發出一些關於這段程式的警告，包括 match 的最後一個分支無法到達。修正這個警告的做法之一，就是在 match 分支裡面使用 if 運算式：

```
match point_to_hex(click) {
    None => Err("That's not a game space."),
    Some(hex) => {
        if hex == current_hex {
            Err("You are already there! You must click somewhere else")
        } else {
```

```
            Ok(hex)
        }
    }
}
```

但是 Rust 也有 *match guard* 可用，match guard 是額外的條件，它必須為 true 才能讓一個 match 分支成立。match guard 的寫法是在模式與分支的 => 記號之間加上 if CONDITION：

```
match point_to_hex(click) {
    None => Err("That's not a game space."),
    Some(hex) if hex == current_hex =>
        Err("You are already there! You must click somewhere else"),
    Some(hex) => Ok(hex)
}
```

如果模式匹配，但是條件是 false，程式會繼續比對下一個分支。

比對多個可能性

當 *pat1* | *pat2* 內的任何子模式匹配時，整個模式匹配：

```
let at_end = match chars.peek() {
    Some(&'\r' | &'\n') | None => true,
    _ => false,
};
```

在運算式裡面，| 是位元 OR 運算子，但是它在這裡的功能類似正規表達式的 | 符號。如果 chars.peek() 是 None，或 Some 有回車或換行，at_end 會被設為 true。

你可以使用 ..= 來比對一個範圍的值。範圍模式包括開始與結束值，所以 '0' ..= '9' 可比對所有的 ASCII 數字：

```
match next_char {
    '0'..='9' => self.read_number(),
    'a'..='z' | 'A'..='Z' => self.read_word(),
    ' ' | '\t' | '\n' => self.skip_whitespace(),
    _ => self.handle_punctuation(),
}
```

Rust 也允許範圍模式，例如 x..，它可匹配 x 至該型態的最大值之間的任何值。然而，包含結尾值的其他寫法，例如 0..100 或 ..100，以及無限制的範圍，例如 ..，都還不能在模式中使用。

使用 @ 模式來結合

最後，*x @ pattern* 比對的東西很像 *pattern*，但是當它成功匹配時，它不會幫部分的匹配值建立變數，而是建立一個變數 *x*，並將整個值移到裡面或複製到裡面。例如，假設你有這段程式：

```
match self.get_selection() {
    Shape::Rect(top_left, bottom_right) => {
        optimized_paint(&Shape::Rect(top_left, bottom_right))
    }
    other_shape => {
        paint_outline(other_shape.get_outline())
    }
}
```

注意，第一個 case 取出一個 Shape::Rect 值，其目的只是為了在下一行重新建立一個一模一樣的 Shape::Rect 值。你可以將它改成 @ 模式：

```
rect @ Shape::Rect(..) => {
    optimized_paint(&rect)
}
```

@ 模式也可以處理範圍：

```
match chars.next() {
    Some(digit @ '0'..='9') => read_number(digit, chars),
    ...
},
```

模式可在哪裡使用

雖然模式最適合在 match 運算式裡面使用，但它們也可以在一些其他地方使用，通常用來取代代號。它們都有相同的意義：Rust 使用模式比對來將值拆開，而非只是將值存入一個變數。

這意味著模式可以用來…

```
// ... 將一個結構拆成三個新的區域變數
let Track { album, track_number, title, .. } = song;

// ... 將一個 tuple 函式引數拆開
fn distance_to((x, y): (f64, f64)) -> f64 { ... }

// ... 迭代 HashMap 的索引鍵與值
for (id, document) in &cache_map {
```

```
        println!("Document #{}: {}", id, document.title);
    }

    // ... 自動將一個引數解參考成 closure
    // (這很方便，因為有時其他程式傳給你一個參考，
    // 但你想要一個複本)
    let sum = numbers.fold(0, |a, &num| a + num);
```

這些用法都可以節省兩三行樣板程式。其他語言也有同樣的概念：在 JavaScript 裡，它稱為 *destructuring*，在 Python 裡，它稱為 *unpacking*。

注意，在全部的四個例子裡，我們使用的模式都是保證可匹配的。模式 Point3d { x, y, z } 可匹配 Point3d 結構型態的每一個可能的值，(x，y) 可匹配任何 (f64，f64)…等。一定可以匹配的模式在 Rust 裡很特別，它們稱為 *irrefutable pattern*（無法反駁的模式），你只能在這四個地方使用它們（在 let 之後、在函式引數內、在 for 之後、在 closure 引數內）。

可反駁的模式（*refutable pattern*）是可能無法匹配的模式，例如 Ok(x)，它無法匹配錯誤結果，或 '0' ..= '9'，它無法匹配字元 'Q'。可反駁的模式可以在 match 分支裡面使用，因為 match 就是為它們設計的：如果模式無法匹配，我們可以明確地知道接下來會發生的事情。上面的四個範例是很適合使用模式的地方，但 Rust 不允許比對失敗。

可反駁模式也可以在 if let 與 while let 運算式裡面使用，它可以用來…

```
    // ... 只特別處理一個 enum variant
    if let RoughTime::InTheFuture(_, _) = user.date_of_birth() {
        user.set_time_traveler(true);
    }

    // ... 在成功查詢表格時執行一些程式
    if let Some(document) = cache_map.get(&id) {
        return send_cached_response(document);
    }

    // ... 反覆嘗試某件事情，直到它成功為止
    while let Err(err) = present_cheesy_anti_robot_task() {
        log_robot_attempt(err);
        // 讓用戶再試一次 (他可能仍然是人類)
    }

    // ... 手動迭代一個 iterator
    while let Some(_) = lines.peek() {
        read_paragraph(&mut lines);
    }
```

關於這些運算式的細節，請參考第 142 頁的「if let」與第 143 頁的「迴圈」。

填寫二元樹

我們之前承諾將會展示如何實作 BinaryTree::add() 方法，它可以將一個節點加入這種型態的 BinaryTree：

```
// `T` 的有序集合。
enum BinaryTree<T> {
    Empty,
    NonEmpty(Box<TreeNode<T>>),
}

// BinaryTree 的一部分。
struct TreeNode<T> {
    element: T,
    left: BinaryTree<T>,
    right: BinaryTree<T>,
}
```

現在你已經了解模式了，所以可以開始撰寫這個方法了。二元樹不在本書的討論範圍內，但是熟悉這個主題的讀者可以看一下它在 Rust 裡面是如何實現的。

```
1   impl<T: Ord> BinaryTree<T> {
2       fn add(&mut self, value: T) {
3           match *self {
4               BinaryTree::Empty => {
5                   *self = BinaryTree::NonEmpty(Box::new(TreeNode {
6                       element: value,
7                       left: BinaryTree::Empty,
8                       right: BinaryTree::Empty,
9                   }))
10              }
11              BinaryTree::NonEmpty(ref mut node) => {
12                  if value <= node.element {
13                      node.left.add(value);
14                  } else {
15                      node.right.add(value);
16                  }
17              }
18          }
19      }
20  }
```

第 1 行告訴 Rust：我們為有序型態的 BinaryTree 定義一個方法。這種語法與定義泛型結構的方法時的語法一樣，見第 216 頁的「用 impl 來定義方法」。

當現有的樹 *self 為空時，程式會執行第 5–9 行，將 Empty 樹改為 NonEmpty，然後呼叫 Box::new()，在 heap 配置新的 TreeNode。完成後，樹裡面有一個元素。它的左子樹與右子樹都是 Empty。

如果 *self 不是空的，我們在第 11 行比對模式：

```
BinaryTree::NonEmpty(ref mut node) => {
```

這個模式借用一個 Box<TreeNode<T>> 的可變參考，所以我們可以存取與修改那個樹節點裡面的資料。那個參考稱為 node，它位於第 12 行至第 16 行的作用域之內。因為在這個節點裡面已經有一個元素了，所以程式必須遞迴呼叫 .add()，將新元素加入左子樹或右子樹。

新方法可以這樣使用：

```
let mut tree = BinaryTree::Empty;
tree.add("Mercury");
tree.add("Venus");
...
```

大局

Rust 的 enum 對系統程式設計來說是一種新元素，但它們並不是新概念，它們在泛函程式語言裡面已經存在四十幾年了，曾經使用各種學術化的名稱，例如代數資料型態（*algebraic data types*）。我們不明白為何 C 的傳統語言很少使用它，也許只是因為對程式語言設計者來說，結合 variant、參考、可變性與記憶體安全性極具挑戰性。泛函程式語言沒有可變性。相較之下，C 的 union 有 variant、指標與可變性，但它們非常不安全，即使在 C 裡，它們也被視為最終手段。Rust 的借用檢查機制可以神奇地結合這四種元素，同時不需要做出任何妥協。

程式設計就是資料處理。「小巧、快速、優雅的程式」與「緩慢、龐大、如同膠帶般糾纏的虛擬方法呼叫」之間的差異，可能在於能否讓資料有正確的外形。

這就是 enum 想要解決的問題空間，它們是讓資料有正確外形的設計工具。如果一個值可能是某個東西，或另一個東西，或什麼都不是，使用 enum 在每個層面上都優於使用類別階層，它更快、更安全、需要更少程式碼、更容易製作文件。

但它的彈性有限。enum 的最終用戶無法加入新 variant 並擴展它，只能藉著修改 enum 的宣告式來加入 variant。而且這樣做會破壞既有的程式，他們必須修改匹配 enum 的每一個 variant 的每一個 match 運算式，而且要加入新分支來處理新 variant。有時用彈性換取簡單性是明智之舉，畢竟，JSON 的結構應該不會變。何況，在某些情況下，當 enum 發生變化時，重新檢查使用它的每一個地方剛好是我們想做的。例如，如果你在編譯器裡面使用 enum 來代表程式語言的各種運算子，當你加入新的運算子時，應該要看一下處理運算子的所有程式碼。

但有時你需要更多彈性。在這些情況下，Rust 有 trait 可用，這正是下一章的主題。

trait 與泛型

> 計算機科學家比較希望處理不一致的結構（案例 *1*、案例 *2*、案例 *3*），
> 數學家則比較希望用一致的定理來管理整個系統。
>
> —Donald Knuth

程式設計領域有一個重大的發明在於，你可以用一段程式來處理許多不同型態的值，即使是尚未發明的型態。舉兩個例子：

- Vec<T> 是泛型：你可以建立任何型態的值組成的向量，包括你自己的程式定義的、Vec 的作者還不知道的型態。

- 很多東西都有 .write() 方法，包括 File 與 TcpStream。你的程式可以用參考取得任何 writer，並將資料傳給它。你的程式不需要在乎 writer 的型態是什麼。之後，即使有人加入新型的 writer，你的程式也可以支援它。

當然，這種功能在 Rust 裡面並不新鮮，它稱為多型（*polymorphism*），它是 1970 年代最紅的程式語言新技術，現在它已經非常普遍了。Rust 用兩種特性來支援多型：trait 與泛型，這些概念對許多程式設計師來說並不陌生，但 Rust 採用一種新的做法，其靈感來自 Haskell 的 typeclass。

trait 是 Rust 的介面或抽象基礎類別，乍看之下，它們很像 Java 和 C# 的介面。用來寫入 bytes 的 trait 稱為 std::io::Write，它在標準程式庫裡面的定義最初是：

```
trait Write {
    fn write(&mut self, buf: &[u8]) -> Result<usize>;
    fn flush(&mut self) -> Result<()>;

    fn write_all(&mut self, buf: &[u8]) -> Result<()> { ... }
    ...
}
```

這個 trait 提供很多方法,我們只展示前三個。

標準型態 File 與 TcpStream 都實作了 std::io::Write,Vec<u8> 也是如此。這三種型態都提供 .write()、.flush()…等方法。這是使用 writer,但不在乎它的型態的程式:

```
use std::io::Write;

fn say_hello(out: &mut dyn Write) -> std::io::Result<()> {
    out.write_all(b"hello world\n")?;
    out.flush()
}
```

out 的型態是 &mut dyn Write,它的意思是「實作了 Write trait 的值的可變參考」。我們可以將任何這種值的可變參考傳給 say_hello:

```
use std::fs::File;
let mut local_file = File::create("hello.txt")?;
say_hello(&mut local_file)?;  // 可以

let mut bytes = vec![];
say_hello(&mut bytes)?;  // 也可以
assert_eq!(bytes, b"hello world\n");
```

本章先展示如何使用 trait、它們如何運作,以及如何定義你自己的 trait。但是 trait 還有很多我們尚未提到的性質。我們將使用它們來為既有型態加入方法,甚至為內建的型態加入,例如 str 與 bool。我們將解釋為何幫型態加入 trait 不需要使用額外的記憶體,以及如何使用 trait 而不需要付出呼叫虛擬方法的額外負擔。你將看到,內建的 trait 是 Rust 為運算子多載和其他功能提供的鉤點(hook)。我們也會討論 Self 型態、關聯函式與關聯型態,這三種功能是 Rust 從 Haskell 提取的,可優雅地處理其他語言只能用變通手段或黑客手法來處理的問題。

在 Rust 裡,泛型是另一種多型,如同 C++ 的模板(template),泛型函式或泛型型態可以配合各種不同型態的值:

```
/// 選擇兩個值裡面比較小的值。
fn min<T: Ord>(value1: T, value2: T) -> T {
    if value1 <= value2 {
        value1
    } else {
        value2
    }
}
```

這個函式裡面的 `<T: Ord>` 代表 min 可以是實作了 Ord trait 的任何 T 型態引數，也就是任何有序（ordered）型態。這種要求稱為 *bound*（約束條件），因為它規定 T 型態可能是哪一種。編譯器會幫你實際使用的每一種型態 T 量身打造機器碼。

泛型與 trait 有密切的關係：泛型函式使用 bound 裡的 trait 來描述它們可以處理哪種型態的引數。所以我們也會討論 `&mut dyn Write` 與 `<T: Write>` 的異同，以及如何在這兩種使用 trait 的方式之間做出選擇。

使用 trait

trait 是任何特定型態可支援或不支援的功能，trait 通常代表一種能力，是型態可做的事情。

- 實作了 `std::io::Write` 的值能將 bytes 寫出。
- 實作了 `std::iter::Iterator` 的值能產生一系列的值。
- 實作了 `std::clone::Clone` 的值能在記憶體裡面製作它自己的複本。
- 實作了 `std::fmt::Debug` 的值可用 `println!()` 與 `{:?}` 格式符號來印出。

這四種 trait 都是 Rust 的標準程式庫的一部分，許多標準型態都實作它們。例如：

- `std::fs::File` 實作 Write trait；它可以將 bytes 寫入本地檔案。`std::net::TcpStream` 可寫至網路連線。`Vec<u8>` 也實作 Write。對著 bytes 向量呼叫 `.write()` 會在結尾附加一些資料。
- `Range<i32>`（`0..10` 的型態）實作了 Iterator trait。與 slice、雜湊表…等有關的一些 iterator 型態也是如此。
- 大多數的標準程式庫型態都實作了 Clone，未實作的主要是 TcpStream 這種也可能代表非記憶體資料的型態。
- 同樣的，大多數的標準程式庫型態都支援 Debug。

trait 方法有一條不尋常的規則：trait 本身必須在作用域之內，否則，它的所有方法都會被隱藏：

```
let mut buf: Vec<u8> = vec![];
buf.write_all(b"hello")?;  // 錯誤：沒有稱為 `write_all` 的方法
```

編譯器在這個例子裡印出方便的錯誤訊息，建議你加入 use std::io::Write;。加入它的確可以修正這個問題：

```
use std::io::Write;

let mut buf: Vec<u8> = vec![];
buf.write_all(b"hello")?;  // ok
```

Rust 之所以制定這條規則是因為，稍後會提到，你可以使用 trait 來為任何型態加入新方法，即使是標準程式庫的型態，例如 u32 與 str。第三方的 crate 也可以做這件事。顯然，這可能導致名稱衝突！但是，既然 Rust 可讓你匯入你想使用的 trait，crate 當然也可以自由利用這種超能力。只有匯入的兩個 trait 都為同一個型態加入名稱相同的方法時，衝突才會發生，這實際上很罕見（當你遇到衝突時，你可以使用本章稍後介紹的 fully qualified 方法語法來指出你想要使用哪一個）。

Clone 與 Iterator 不需要做任何特殊的匯入就可以使用的原因在於，它們在預設情況下始終都在作用域內：它們是標準 prelude 的一部分，是 Rust 自動幫每一個模組匯入的名稱。事實上，prelude 大多是精心挑選的 trait。我們將在第 13 章介紹許多 prelude。

C++ 與 C# 程式設計師可以發現，trait 方法很像虛擬方法。儘管如此，諸如上面的例子裡面的呼叫也很快，與呼叫任何其他方法一樣快。簡單地說，這裡沒有多型。顯然 buf 是向量，不是檔案或網路連線，所以編譯器只要呼叫 Vec<u8>::write() 即可，它甚至可以將方法內聯（C++ 與 C# 通常也這樣做，儘管子類別有時會阻礙這種做法）。透過 &mut dyn Write 來進行呼叫才會產生動態調度的開銷，這種做法也稱為虛擬方法呼叫（virtual method call），這個動作是用型態內的 dyn 關鍵字來指示的。dyn Write 就是所謂的 *trait* 物件，我們會在接下來的小節裡介紹 trait 物件的技術細節，以及它們與泛型函式的比較。

trait 物件

在 Rust 裡，使用 trait 來撰寫多型程式的做法有兩種：trait 物件與泛型。我們先介紹 trait 物件，下一節再介紹泛型。

Rust 不允許變數使用 dyn Write 型態：

```
use std::io::Write;

let mut buf: Vec<u8> = vec![];
let writer: dyn Write = buf;  // 錯誤：`Write` 沒有固定的大小
```

Rust 必須在編譯期知道變數的大小，但實作 Write 的型態可能有任何大小。

如果你來自 C# 或 Java，你可能會覺得奇怪，但原因很簡單。在 Java 裡，型態為
OutputStream（相當於 std::io::Write 的 Java 標準介面）的變數是實作了 OutputStream
的任何物件的參考。它是參考是再明顯不過的事，它與 C# 和其他多數語言裡的介面
一樣。

我們在 Rust 裡面想要使用的是同一種東西，但是在 Rust 裡面，參考很清楚：

```
let mut buf: Vec<u8> = vec![];
let writer: &mut dyn Write = &mut buf;  // ok
```

像 writer 這種指向 trait 型態的參考稱為 *trait* 物件。如同任何其他參考，trait 物件指向某
個值，它有生命期，而且它可以 mut 或共享。

trait 物件的不同之處在於，Rust 在編譯期通常不知道參考對象的型態，所以 trait 物件有
一些關於參考對象型態的額外資訊，它完全是為了讓 Rust 自己在幕後使用的：當你呼叫
writer.write(data) 時，Rust 需要根據 *writer 的型態，取得型態資訊來動態呼叫正確的
write 方法。你不能直接查詢型態資訊，Rust 也不允許將 trait 物件 &mut dyn Write 轉義成
具體的型態，例如 Vec<u8>。

trait 物件佈局

在記憶體裡面，trait 物件是一個胖指標，它是由一個指向值的指標以及一個指向「描繪該
值的型態的表」的指標組成的。每一個 trait 物件都占用兩個機器 word，如圖 11-1 所示。

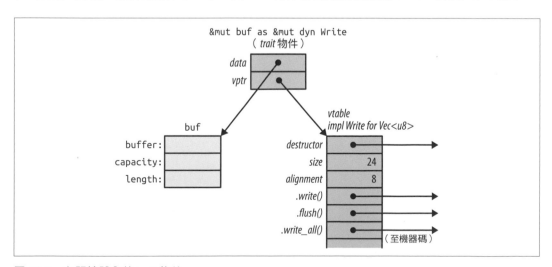

圖 11-1　在記憶體內的 trait 物件

C++ 也有這種執行期型態資訊，稱為虛擬表（*virtual table*），或 *vtable*。Rust 與 C++ 一樣，都在編譯期產生 vtable 一次，並讓同一個型態的所有物件共享它。在圖 11-1 中，深色的部分，包括 vtable，都是 Rust 的私用實作細節。它們都是你無法直接存取的欄位與資料結構。當你呼叫 trait 物件的方法時，這個語言會自動使用 vtable 來決定該呼叫哪一個實作。

經驗豐富的 C++ 程式設計師可以發現，Rust 與 C++ 使用記憶體的方式稍微不同。在 C++ 裡，vtable 指標（*vptr*）被存為結構的一部分，Rust 則使用胖指標，這個結構裡面只有它的欄位，如此一來，一個結構可以實作數十種 trait 而不需要容納數十種 vptr。即使是 i32 這種沒有空間容納 vptr 的型態也可以實作 trait。

Rust 會在必要時將普通的參考自動轉換成 trait 物件，這就是為什麼我們可以在這個例子中將 &mut local_file 傳給 say_hello：

```
let mut local_file = File::create("hello.txt")?;
say_hello(&mut local_file)?;
```

&mut local_file 的型態是 &mut File，而 say_hello 的引數型態是 &mut dyn Write。因為 File 是一種 writer，所以 Rust 允許這樣寫，它會自動將一般的參考轉換成 trait 物件。

同樣的，Rust 會將 Box<File> 轉換成 Box<dyn Write>，它是在 heap 裡，擁有 writer 的值：

```
let w:Box<dyn Write> = Box::new(local_file);
```

Box<dyn Write> 與 &mut dyn Write 一樣是胖指標：它裡面有 writer 本身的位址，以及 vtable 的位址。其他指標型態也是如此，例如 Rc<dyn Write>。

這種轉換是建立 trait 物件的唯一手段，編譯器此時的工作非常簡單，在進行轉換時，Rust 知道參考對象的真正型態（在此是 File），所以加入適當的 vtable 的位址，將一般的指標轉換成胖指標。

泛型函式與型態參數

在本章開頭，我們展示一個 say_hello() 函式，它接收一個 trait 物件引數。我們將那個函式改寫成泛型函式：

```
fn say_hello<W: Write>(out: &mut W) -> std::io::Result<()> {
    out.write_all(b"hello world\n")?;
    out.flush()
}
```

我們只修改型態簽章：

```
fn say_hello(out: &mut dyn Write)      // 一般函式

fn say_hello<W: Write>(out: &mut W)    // 泛型函式
```

<W: Write> 是將函式寫成泛型的關鍵，它是型態參數，它意味著在這個函式的整個本體裡面，W 都代表實作了 Write trait 的型態，根據慣例，型態參數通常是一個大寫字母。

Rust 根據泛型函式的用法來決定 W 的型態：

```
say_hello(&mut local_file)?;  // 呼叫 say_hello::<File>
say_hello(&mut bytes)?;       // 呼叫 say_hello::<Vec<u8>>
```

當你將 &mut local_file 傳給泛型函式 say_hello() 時，你呼叫的是 say_hello::<File>()。Rust 為這個函式產生的機器碼會呼叫 File::write_all() 與 File::flush()。當你傳遞 &mut bytes 時，你呼叫的是 say_hello::<Vec<u8>>()，Rust 為這個版本產生不同的機器碼，呼叫相應的 Vec<u8> 方法。在這兩個情況下，Rust 從引數的型態推斷出 W 型態，這個程序稱為單態化（*monomorphization*），編譯器會自動處理它。

雖然你也可以寫出型態參數：

```
say_hello::<File>(&mut local_file)?;
```

但你幾乎都不需要這樣寫，因為 Rust 通常可以藉著檢查引數來推斷型態參數。這裡的 say_hello 泛型函式期望收到 &mut W 引數，我們傳遞 &mut File 給它，所以 Rust 推斷 W = File。

如果你呼叫的泛型函式沒有任何引數可以提供線索，你可能必須寫出它：

```
// 呼叫 collect<C>() 的無引數泛型方法
let v1 = (0 .. 1000).collect();  // 錯誤：無法推斷型態
let v2 = (0 .. 1000).collect::<Vec<i32>>(); // ok
```

有時我們需要一個型態參數的多個功能。例如，如果我們要印出向量內最常見的前十個值，這些值必須是可列印的：

```
use std::fmt::Debug;

fn top_ten<T: Debug>(values: &Vec<T>) { ... }
```

但是這樣寫還不夠好，我們要怎麼知道哪些值最常出現？有一種做法是將值當成雜湊表的索引鍵，這意味著值必須支援 Hash 與 Eq 操作，所以 T 的 bound 必須加入它們和 Debug。寫這種程式的語法是使用 + 號：

```
use std::hash::Hash;
use std::fmt::Debug;

fn top_ten<T: Debug + Hash + Eq>(values: &Vec<T>) { ... }
```

有些型態實作了 Debug，有些實作了 Hash，有些支援 Eq，有些則實作了全部三種，例如 u32 與 String，如圖 11-2 所示。

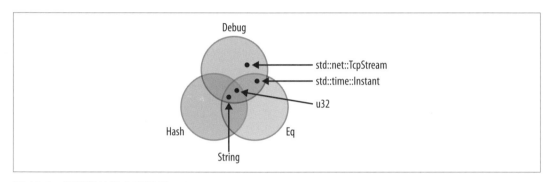

圖 11-2　用型態的集合來表示 trait

型態參數可能完全沒有 bound，但是如果你沒有為它指定 bound，它的值的用途將很有限，雖然你可以移動它，也可以將它放入 box 或向量，但能做的也就這些了。

泛型函式可以擁有多個型態參數：

```
/// 對著一個大型的、分區的資料組進行查詢
/// 見 <http://research.google.com/archive/mapreduce.html>.
fn run_query<M: Mapper + Serialize, R: Reducer + Serialize>(
    data: &DataSet, map: M, reduce: R) -> Results
{ ... }
```

這個範例的 bound 看起來很吃力，Rust 提供另一種語法，使用 where 關鍵字：

```
fn run_query<M, R>(data: &DataSet, map: M, reduce: R) -> Results
    where M: Mapper + Serialize,
          R: Reducer + Serialize
{ ... }
```

這段程式先宣告型態參數 M 與 R，但它將 bound 移到單獨的兩行。這種 where 子句也可以在泛型結構、enum、型態別名和方法中使用，只要可以使用 bound 的元素都能使用。

當然，取代 where 子句的另一種方案是保持簡單，盡量不要使用泛型。

第 113 頁的「用函式引數來接收參考」介紹了生命期參數的語法。泛型函式可以同時擁有生命期參數與型態參數。生命期參數要寫在前面：

```
/// 回傳 `candidates` 中最接近 `target`
/// 的那一點的參考。
fn nearest<'t, 'c, P>(target: &'t P, candidates: &'c [P]) -> &'c P
    where P: MeasureDistance
{
    ...
}
```

這個函式接收兩個引數，target 與 candidates，它們都是參考，我們給它們不同的生命期，'t 與 'c（見第 120 頁的「不同的生命期參數」）。此外，這個函式可以處理實作了 MeasureDistance trait 的任何型態 P，所以我們可能在 A 程式中用它來處理 Point2d 值，在 B 程式中用它來處理 Point3d 值。

生命期對機器碼沒有任何影響。如果兩個 nearest() 呼叫使用同一個型態 P 但不同生命期，它們都會呼叫同一個編譯好的函式。只有不同的型態會讓 Rust 為同一個泛型函式編譯多個版本。

除了型態與生命期之外，泛型函式也可以接收常數參數，例如我們在第 225 頁的「有常數參數的泛型結構」所展示的 Polynomial 結構：

```
fn dot_product<const N: usize>(a: [f64; N], b: [f64; N]) -> f64 {
    let mut sum = 0.;
    for i in 0..N {
        sum += a[i] * b[i];
    }
    sum
}
```

在此，<const N: usize> 代表函式 dot_product 期望收到泛型參數 N，它必須是個 usize。接收 N 之後，這個函式接收兩個型態為 [f64; N] 的引數，並將它們對映的元素的積相加。N 與普通的 usize 引數之間的區別在於，你可以在 dot_product 的簽章或主體裡面的型態中使用它。

如同型態參數，你可以明確地提供常數參數，或讓 Rust 推斷它們：

```
// 明確地提供 `3` 作為 `N` 的值。
dot_product::<3>([0.2, 0.4, 0.6], [0., 0., 1.])

// 讓 Rust 推斷 `N` 一定是 `2`。
dot_product([3., 4.], [-5., 1.])
```

當然，在 Rust 裡，泛型程式不是只有函式而已：

- 我們已經在第 222 頁的「泛型結構」與第 241 頁的「泛型 enum」討論過泛型型態了。

- 個別的方法也可以是泛型的，即使它所屬的型態不是泛型：

    ```
    impl PancakeStack {
        fn push<T:Topping>(&mut self, goop:T) -> PancakeResult<()> {
            goop.pour(&self);
            self.absorb_topping(goop)
        }
    }
    ```

- 型態別名也可以是泛型的：

    ```
    type PancakeResult<T> = Result<T, PancakeError>;
    ```

- 本章稍後會介紹泛型 trait。

這一節介紹的所有功能（bound、where 子句、生命期參數…等）都可以用於所有的泛型項目，不是只有函式而已。

該使用哪一個

在 trait 物件與泛型程式之間做出選擇很微妙。這兩種工具都以 trait 為基礎，所以它們有很多共同點。

當你需要混合各種型態的一群值時，trait 物件是正確的選擇，在技術上，你可以做出泛型沙拉：

```
trait Vegetable {
    ...
}

struct Salad<V:Vegetable> {
    veggies:Vec<V>
}
```

但這是一個很極端的設計，這種沙拉只有一種蔬菜，並非所有人都喜歡這種東西。本書的作者之一曾經花 14 美元購買 Salad<IcebergLettuce>，他一直沒有忘記那次經歷。

如何建構更好的沙拉？因為 Vegetable 值可能有各種不同的大小，所以我們不能要求 Rust 做出 Vec<dyn Vegetable>：

```
struct Salad {
    veggies: Vec<dyn Vegetable>  // 錯誤：`dyn Vegetable`
                                 // 的大小不固定
}
```

trait 物件是解決之道：

```
struct Salad {
    veggies: Vec<Box<dyn Vegetable>>
}
```

每一個 Box<dyn Vegetable> 都可以擁有任何型態的 vegetable，但是 box 本身有固定大小（兩個指標），適合放在向量裡。除了在字面上不幸將盒子（box）放到食物裡之外，這段程式正是我們需要的東西，而且它同樣適用於繪圖 app 裡面的形狀、遊戲裡面的怪物、網路路由器裡面的可插拔路由演算法…等。

使用 trait 物件的另一個原因是減少編譯好的程式碼總量。Rust 可能需要多次編譯同一個泛型函式，為它處理的每一種型態編譯一次，產生大型的二進制檔，C++ 界將這種現象稱為 *code bloat*（程式碼膨脹）。雖然現代的記憶體很充裕，多數人都可以忽略程式碼的大小，但有些環境的資源仍然很有限。

除了涉及沙拉或低資源環境的情況之外，泛型有三項優於 trait 物件的重要優勢，所以在 Rust 裡，泛型是比較常見的選擇。

第一個優勢是速度。注意，在泛型函式的簽章裡面沒有 dyn 關鍵字，因為我們是在編譯期指定型態，無論是明確地指定，還是透過型態推斷，編譯器都知道該呼叫哪個 write 方法。不使用 dyn 關鍵字的原因是沒有 trait 物件牽涉其中，因此不需要動態調度。

之前介紹的 min() 泛型函式與分別編寫的 min_u8、min_i64、min_string…等函式一樣快。編譯器可以將它內聯，就像任何其他函式一樣，所以在 release build 裡面，呼叫 min::<i32> 可能只要兩三行指令。用常數引數來呼叫更快，例如 min(5, 3)：Rust 可以在編譯期計算它，所以完全沒有執行期成本。

或者，考慮這個泛型函式呼叫：

```
let mut sink = std::io::sink();
say_hello(&mut sink)?;
```

std::io::sink() 回傳一個型態為 Sink 的 writer，它會悄悄地丟棄對它寫入的所有 bytes。

Rust 為它產生的機器碼可能會呼叫 Sink::write_all、檢查錯誤，然後呼叫 Sink::flush。這就是泛型函式的本體指定要做的事情。

或者，Rust 可能觀察這些方法並了解這些事情：

- Sink::write_all() 不做事。
- Sink::flush() 不做事。
- 這兩個方法都不會回傳錯誤。

簡言之，Rust 知道如何完全優化這個函式呼叫式。

拿這個行為與 trait 物件的行為相比，Rust 在執行期之前不知道 trait 物件指向哪種型態的值，所以即使你傳遞 Sink，你仍然要付出呼叫虛擬方法與檢查錯誤的成本。

泛型的第二個優勢是，並非每一個 trait 都支援 trait 物件。trait 支援的幾項功能（例如關聯函式）只與泛型合作：它們完全將 trait 物件排除在外。我們會在介紹這些功能時指出它們。

泛型的第三項優勢是，你可以一次用多個 trait 來 bound 一個泛型參數，就像 top_ten 函式要求它的 T 參數實作 Debug + Hash + Eq 那樣。trait 物件不能做這件事，Rust 不支援 &mut (dyn Debug + Hash + Eq) 這種型態（你可以用本章稍後定義的 subtrait（子 trait）來解決這個問題，但是這種做法有點複雜）。

定義與實作 trait

定義 trait 很簡單，你只要幫它取一個名稱，並列出 trait 方法的型態簽章即可。如果我們要寫一個遊戲，我們可能會使用這個 trait：

```
/// 用於字元、項目與風景的 trait ─
/// 在遊戲的世界中，可在螢幕上看到的任何東西。
trait Visible {
    /// 在指定的畫布（canvas）上畫出這個物件。
    fn draw(&self, canvas: &mut Canvas);
```

```
    /// 如果在 (x, y) 按下時應選擇此物件，
    /// 則回傳 true。
    fn hit_test(&self, x: i32, y: i32) -> bool;
}
```

實作 trait 的語法是 impl *TraitName* for *Type*：

```
impl Visible for Broom {
    fn draw(&self, canvas: &mut Canvas) {
        for y in self.y - self.height - 1 .. self.y {
            canvas.write_at(self.x, y, '|');
        }
        canvas.write_at(self.x, self.y, 'M');
    }

    fn hit_test(&self, x: i32, y: i32) -> bool {
        self.x == x
        && self.y - self.height - 1 <= y
        && y <= self.y
    }
}
```

注意，這個 impl 裡面只有 Visible trait 的各個方法的實作，沒有別的東西。在 trait impl 裡面定義的所有東西都必須是 trait 的功能；如果我們想要加入一個協助方法來支援 Broom::draw()，我們就要在一個單獨的 impl 區塊裡面定義它：

```
impl Broom {
    /// 讓 Broom::draw() 使用的協助函式。
    fn broomstick_range(&self) -> Range<i32> {
        self.y - self.height - 1 .. self.y
    }
}
```

這些協助函式可以在 trait impl 區塊裡面使用：

```
impl Visible for Broom {
    fn draw(&self, canvas: &mut Canvas) {
        for y in self.broomstick_range() {
            ...
        }
        ...
    }
    ...
}
```

預設方法

我們之前討論的 Sink writer 型態可以用幾行程式來實作。我們先定義型態：

```
/// 忽略你寫給它的任何資料的 Writer。
pub struct Sink;
```

Sink 是空結構，因為我們不需要在裡面儲存任何資料。接下來為 Sink 提供 Write trait 的
實作：

```
use std::io::{Write, Result};

impl Write for Sink {
    fn write(&mut self, buf: &[u8]) -> Result<usize> {
        // 宣告已成功寫入整個緩衝區。
        Ok(buf.len())
    }

    fn flush(&mut self) -> Result<()> {
        Ok(())
    }
}
```

到目前為止，這些程式很像 Visible trait。但是我們看過，Write trait 有一個 write_all
方法：

```
let mut out = Sink;
out.write_all(b"hello world\n")?;
```

為什麼 Rust 讓我們寫 impl Write for Sink 而不需要定義這個方法？答案是在標準程式庫
裡面的 Write trait 的定義有個 write_all 的預設實作：

```
trait Write {
    fn write(&mut self, buf: &[u8]) -> Result<usize>;
    fn flush(&mut self) -> Result<()>;

    fn write_all(&mut self, buf: &[u8]) -> Result<()> {
        let mut bytes_written = 0;
        while bytes_written < buf.len() {
            bytes_written += self.write(&buf[bytes_written..])?;
        }
        Ok(())
    }

    ...
}
```

write 與 flush 是每一個 writer 都必須實作的基本方法。writer 可能也會實作 write_all，
但如果沒有，將會使用之前的那個預設實作。

你自己的 trait 可以使用同樣的語法來納入預設的實作。

在標準程式庫的預設方法中，最引人注目的是 Iterator trait，它有一個必要的方法
（.next()）與幾十個預設的方法。第 15 章會說明原因。

trait 與別人的型態

Rust 可讓你為任何型態實作任何 trait，只要 trait 或型態有被加入當前的 crate 即可。

這意味著，只要你想要為任何型態加入一個方法，你都可以使用 trait 來做：

```
trait IsEmoji {
    fn is_emoji(&self) -> bool;
}

/// 為內建的字元型態實作 IsEmoji
impl IsEmoji for char {
    fn is_emoji(&self) -> bool {
        ...
    }
}

assert_eq!('$'.is_emoji(), false);
```

如同任何其他的 trait 方法，只有當 IsEmoji 在作用域裡面時，這個新的 is_emoji 方法才
會被看見。

這個 trait 的唯一目的是幫既有的型態 char 加上一個方法，它稱為擴展 *trait*。當然，你也
可以使用 impl IsEmoji for str { ... }…等，將這個 trait 加入型態。

你甚至可以使用泛型的 impl 區塊來為整個系列的型態加入擴展 trait。這個 trait 可以在任
何型態上實作：

```
use std::io::{self, Write};

/// 可對著它傳送 HTML 的值的 trait
trait WriteHtml {
    fn write_html(&mut self, html: &HtmlDocument) -> io::Result<()>;
}
```

為所有的 writer 實作這個 trait 會讓它變成擴展 trait，可將一個方法加入所有的 Rust writer。

```
/// 你可以將 HTML 寫至任何 std::io。
impl<W: Write> WriteHtml for W {
    fn write_html(&mut self, html: &HtmlDocument) -> io::Result<()> {
        ...
    }
}
```

impl<W: Write> WriteHtml for W 的意思是「對於實作了 Write 的每一個型態 W，以下是 W 的 WriteHtml 的實作」。

serde 程式庫提供一個很棒的例子，展示為標準型態實作自訂的 trait 有多實用。serde 是一種序列化程式庫，你可以用它來將 Rust 資料結構寫至磁碟，並在稍後重新載入它們。這個程式庫定義一個 trait，Serialize，程式庫為它支援的每一個資料型態實作這個 trait。所以在 serde 原始碼裡面，有一些程式為 bool、i8、i16、i32、陣列與 tuple 型態實作了 Serialize，透過所有的標準資料結構，例如 Vec 與 HashMap。

最終，serde 為所有這些型態都加入一個 .serialize() 方法。它可以這樣使用：

```
use serde::Serialize;
use serde_json;

pub fn save_configuration(config: &HashMap<String, String>)
    -> std::io::Result<()>
{
    // 建立一個 JSON serializer，來將資料寫入檔案。
    let writer = File::create(config_filename())?;
    let mut serializer = serde_json::Serializer::new(writer);

    //  serde `.serialize()` 方法做其餘的事情。
    config.serialize(&mut serializer)?;

    Ok(())
}
```

之前說過，當你實作 trait 時，trait 或型態在當前的 crate 裡面必須是新定義的，這稱為孤兒規則（*orphan rule*），它可協助 Rust 確保 trait 的實作是唯一的。你的程式碼無法 impl Write for u8，因為 Write 與 u8 是在標準程式庫裡面定義的，如果 Rust 讓 crate 做這件事，u8 的 Write 在不同的 crate 裡面可能有多個實作，Rust 將無法決定該讓特定的呼叫使用哪一個實作。

（C++ 有類似的唯一性限制：One Definition Rule（單一定義規則）。在典型的 C++ 風格裡，除非在最簡單的情況下，否則這條規則不是由編譯器執行的，而且當你破壞這條規則時，你會得到未定義行為。）

在 trait 裡面的 Self

trait 可以將關鍵字 Self 當成型態來使用。例如，標準的 Clone trait 長這樣（稍微簡化）：

```
pub trait Clone {
    fn clone(&self) -> Self;
    ...
}
```

這段程式將 Self 當成回傳型態的意思是 x.clone() 的型態與 x 的型態一樣，無論它是什麼。若 x 是 String，則 x.clone() 的型態也是 String，而不是 dyn Clone 或任何其他可複製型態。

同樣的，如果我們定義這個 trait：

```
pub trait Spliceable {
    fn splice(&self, other: &Self) -> Self;
}
```

並加入兩個實作：

```
impl Spliceable for CherryTree {
    fn splice(&self, other: &Self) -> Self {
        ...
    }
}

impl Spliceable for Mammoth {
    fn splice(&self, other: &Self) -> Self {
        ...
    }
}
```

那麼在第一個 impl 裡，Self 是 CherryTree 的別名，在第二個裡，它是 Mammoth 的別名。這意味著，我們可以拼接（splice）兩棵櫻桃樹（cherry trees）或兩頭猛獁象（mammoth），但不能建立櫻桃猛獁雜交獸。self 的型態與 other 的型態必須相符。

使用 Self 型態的 trait 與 trait 物件不相容：

```
// 錯誤：trait `Spliceable` 無法做成物件
fn splice_anything(left: &dyn Spliceable, right: &dyn Spliceable) {
    let combo = left.splice(right);
    // ...
}
```

不相容的理由會在我們探討 trait 的進階功能時不斷看到。Rust 之所以拒絕這段程式，是因為它無法對 left.splice(right) 進行型態檢查。關於 trait 物件的重點是：在執行期之前，型態是未知的；Rust 無法在編譯期知道 left 與 right 是不是同一個型態。

trait 物件其實是為最簡單的 trait 類型設計的，也就是可以用 Java 裡面的介面或 C++ 裡面的抽象基礎類別來實作的那種程式。雖然較進階的 trait 功能也很實用，但它們不能與 trait 物件共存，因為有了 trait 物件，你就失去型態資訊了，但 Rust 需要它來對你的程式進行型態檢查。

如果我們想要進行基因上不可能做到的拼接，我們可以設計一個與 trait 物件相容的 trait：

```rust
pub trait MegaSpliceable {
    fn splice(&self, other: &dyn MegaSpliceable) -> Box<dyn MegaSpliceable>;
}
```

這個 trait 與 trait 物件相容。Rust 可以為 .splice() 方法呼叫進行型態檢查，因為引數 other 的型態不需要與 self 的型態相符，只要它們的型態都是 MegaSpliceable 即可。

subtrait（子 trait）

我們可以藉著擴展一個 trait 來宣告另一個 trait：

```rust
/// 在遊戲世界裡的某個東西，可能是玩家或其他的
/// 精靈、石像鬼、松鼠、食人魔等。
trait Creature: Visible {
    fn position(&self) -> (i32, i32);
    fn facing(&self) -> Direction;
    ...
}
```

trait Creature: Visible 的意思是所有的生物都是可見的。實作 Creature 的型態也必須實作 Visible trait：

```rust
impl Visible for Broom {
    ...
}

impl Creature for Broom {
    ...
}
```

我們可以用任何順序實作這兩個 trait，但是為一個型態實作 Creature 卻不為它實作 Visible 是一種錯誤。在此，我們說 Creature 是 Visible 的 *subtrait*（子 *trait*），且 Visible 是 Creature 的 *supertrait*（父 *trait*）。

subtrait 類似 Java 或 C# 裡面的子介面，因為用戶可以認為實作了 subtrait 的任何值也實作 了它的 supertrait。但是在 Rust 裡，subtrait 並未繼承它的 supertrait 的相關項目，如果你 想要呼叫其中一個 trait 的方法，那個 trait 就必須在作用域之內。

事實上，Rust 的 subtrait 只是 Self 的一個 bound 的縮寫。Creature 的定義與之前的定義 完全等效：

```
trait Creature where Self: Visible {
    ...
}
```

型態關聯函式

在多數的物件導向語言裡面，介面不能容納靜態方法或建構式，但 trait 可以容納型態關 聯函式（在 Rust 中相當於靜態方法的函式）：

```
trait StringSet {
    /// 回傳一個新的空集合。
    fn new() -> Self;

    /// 回傳一個集合，裡面有 `strings` 內的所有字串。
    fn from_slice(strings: &[&str]) -> Self;

    /// 查詢這個集合裡面有沒有特定的 `value`。
    fn contains(&self, string: &str) -> bool;

    /// 將一個字串加入這個集合。
    fn add(&mut self, string: &str);
}
```

實作 StringSet trait 的每一個型態都必須實作這四個關聯函式。前兩個函式，new() 與 from_slice() 並未接收 self 引數，它們是建構式（constructor）。在非泛型程式中，你可 以用 :: 語法來呼叫這些函式，如同任何其他型態關聯函式：

```
// 建立兩個實作了 StringSet 的假設型態的集合：
let set1 = SortedStringSet::new();
let set2 = HashedStringSet::new();
```

在泛型程式裡的寫法一樣，但是這個型態通常是個型態變數，例如下面的 S::new()
呼叫：

```
/// 回傳在 `document` 但不在 `wordlist` 裡面的單字集合。
fn unknown_words<S: StringSet>(document: &[String], wordlist: &S) -> S {
    let mut unknowns = S::new();
    for word in document {
        if !wordlist.contains(word) {
            unknowns.add(word);
        }
    }
    unknowns
}
```

如同 Java 與 C# 介面，trait 物件不支援型態關聯函式。如果你想要使用 &dyn StringSet
trait 物件，你必須改變 trait，為沒有以參考接收 self 引數的每一個關聯函式加上 bound
where Self: Sized：

```
trait StringSet {
    fn new() -> Self
        where Self: Sized;

    fn from_slice(strings: &[&str]) -> Self
        where Self: Sized;

    fn contains(&self, string: &str) -> bool;

    fn add(&mut self, string: &str);
}
```

這個 bound 告訴 Rust：trait 物件不必支援這一個關聯函式。加入這些程式之後，你就可以
使用 StringSet trait 物件了，它們仍然不支援 new 或 from_slice，但是你可以建立它們，
或使用它們來呼叫 .contains() 與 .add()。同樣的技巧也適用於與 trait 物件不相容的任何
其他方法（我們不打算解釋相當繁瑣的工作原理，但第 13 章會介紹 Sized trait）。

fully qualified 的方法呼叫式

到目前為止的 trait 方法呼叫都讓 Rust 協助填入某些遺漏的部分。例如，當你這樣寫時：

```
"hello".to_string()
```

to_string 是指 ToString trait 的 to_string 方法，我們稱之為 str 型態的實作。所以這個
情況有四個參與者：trait、那個 trait 的方法、那個方法的實作，以及那個實作處理的值。

雖然不需要在每次呼叫方法時都寫出所有東西很好，但是有時你必須準確地表達你的意思，此時就要使用 fully qualified（完全合格的）方法呼叫式。

首先，你要知道，方法只是一種特殊的函式。這兩個呼叫是等效的：

```
"hello".to_string()

str::to_string("hello")
```

第二種形式看起來就像呼叫一個關聯函式，就算 to_string 方法接收 self 引數，你也可以這樣寫，只要將 self 當成函式的第一個引數來傳遞即可。

因為 to_string 是標準的 ToString trait 的一個方法，所以你也可以使用其他的兩種形式：

```
ToString::to_string("hello")

<str as ToString>::to_string("hello")
```

這四個方法呼叫都做同一件事。通常你只要寫 value.method() 即可。其他的形式都是 *qualified*（合格的）方法呼叫式，它們指定了方法的相關型態或 trait。使用角括號的最後一種形式指定兩者，它是 *fully qualified*（完全合格的）方法呼叫式。

使用 . 運算子的 "hello".to_string() 並未精確地指出你要呼叫哪個 to_string 方法，Rust 會用一種方法查詢演算法來找出它，根據型態、deref coercion…等。fully qualified 呼叫可以精確地指出你要使用哪個方法，這在一些特別的情況下很有幫助：

- 當兩個方法的名稱相同時。有一個經典的虛構範例是 Outlaw 有兩個 .draw() 方法，分別來自兩個不同的 trait，一個用來將它畫在螢幕上，一個用來與 law 互動：

  ```
  outlaw.draw();  // 錯誤：畫在螢幕上，還是拔出手槍？

  Visible::draw(&outlaw);  // ok: 畫在螢幕上
  HasPistol::draw(&outlaw);  // ok: 被抓去關
  ```

比較好的做法是修改其中一個方法的名稱，但有時沒辦法這樣做。

- 當 self 引數的型態無法推斷出來時：

  ```
  let zero = 0;  // 未指定型態，可能是 `i8`、`u8`、...

  zero.abs();  // 錯誤：不能對著不明確的
               // 數字型態呼叫 `abs` 方法

  i64::abs(zero);  // ok
  ```

- 將函式本身當成函式值來使用時：

```
let words: Vec<String> =
    line.split_whitespace()  // iterator 產生 &str 值
        .map(ToString::to_string)  // ok
        .collect();
```

- 呼叫巨集內的 trait 方法時，我們將在第 21 章解釋這一點。

fully qualified 語法也適用於關聯函式。在上一節，我們在一個泛型函式裡面用 S::new() 來建立一個新集合。我們也可以寫成 StringSet::new() 或 <S as StringSet>::new()。

定義型態之間的關係的 trait

到目前為止，我們看過的每一個 trait 都是獨立的：trait 是型態可實作的一組方法。trait 也可以用來讓多個型態互相合作，它們可以描述型態間的關係。

- std::iter::Iterator trait 描述各種 iterator 與它們產生的值的型態的關係。

- std::ops::Mul trait 描述可以當成被乘數的型態。在運算式 a * b 裡面，a 與 b 的值可以是同一種型態，也可以是不同型態。

- rand crate 有亂數產生器 trait（rand::Rng），以及可隨機生成的型態的 trait（rand::Distribution）。trait 本身定義了這些型態如何合作。

雖然建立這種 trait 的情況不常發生，但你會在標準程式庫與第三方 trait 裡面遇到它們，在這一節，我們將展示這些例子如何實作，並且在需要時，介紹相關的 Rust 語言功能。你必須掌握的技能是閱讀 trait 與方法簽章，以了解它們對於相關型態的說明。

關聯型態（或 iterator 如何運作）

我們從 iterator 談起。現在的每一種物件導向語言都以某種形式支援 iterator，iterator 物件代表著「遍歷一個值的序列」這個動作。

Rust 有個標準的 Iterator trait，它的定義如下：

```
pub trait Iterator {
    type Item;

    fn next(&mut self) -> Option<Self::Item>;
    ...
}
```

這個 trait 的第一個特徵，type Item;，是一個關聯型態。實作 Iterator 的每一個型態都必須指出它產生哪一種型態的項目。

第二個特徵，next() 方法，在它的回傳值裡使用關聯型態。next() 回傳 Option<Self::Item>：它可能是 Some(item)，也就是序列的下一個值，也可能是 None，也就是沒有值可以前往。它將型態寫成 Self::Item，而不是一般的 Item，因為 Item 是每一種 iterator 的特徵，不是獨立的型態。一如往常，當你使用 self 與 Self 型態的欄位、方法…時，它們就會明確地出現在程式碼裡面。

這是為一個型態實作 Iterator 的例子：

```
// （本程式來自 std::env 標準程式庫模組）
impl Iterator for Args {
    type Item = String;

    fn next(&mut self) -> Option<String> {
        ...
    }
    ...
}
```

std::env::Args 是標準程式庫函式 std::env::args() 回傳的 iterator 的型態，我們曾經在第 2 章使用這個函式來讀取命令列引數。它會產生 String 值，所以 impl 宣告 type Item = String;。

泛型程式可以使用關聯型態：

```
/// 以迴圈遍歷 iterator，將值存入一個新向量。
fn collect_into_vector<I: Iterator>(iter: I) -> Vec<I::Item> {
    let mut results = Vec::new();
    for value in iter {
        results.push(value);
    }
    results
}
```

在這個函式的本體裡面，Rust 為我們推斷 value 的型態，這是好事，但是我們必須指出 collect_into_vector 的回傳型態，唯一的做法是使用 Item 關聯型態。（不能使用 Vec<I>，否則就是宣告回傳一個 iterator 向量！）

你不需要自己編寫上面的程式，因為在看完第 15 章之後，你將知道 iterator 已經有一個標準方法可以做這件事了：iter.collect()。我們再來看一個例子：

```
/// 印出 iterator 產生的所有值
fn dump<I>(iter: I)
    where I: Iterator
{
    for (index, value) in iter.enumerate() {
        println!("{}: {:?}", index, value);    // 錯誤
    }
}
```

這段程式只有一個問題：value 也許不是一個可列印的型態。

```
error: `<I as Iterator>::Item` doesn't implement `Debug`
  |
8 |         println!("{}: {:?}", index, value);    // 錯誤
  |                                     ^^^^^
  |                         `<I as Iterator>::Item` cannot be formatted
  |                         using `{:?}` because it doesn't implement `Debug`
  |
  = help: the trait `Debug` is not implemented for `<I as Iterator>::Item`
  = note: required by `std::fmt::Debug::fmt`
help: consider further restricting the associated type
  |
5 |     where I: Iterator, <I as Iterator>::Item: Debug
  |                        ^^^^^^^^^^^^^^^^^^^^^^^^^^^^^
```

因為 Rust 使用 `<I as Iterator>::Item` 語法，所以這段錯誤訊息不太容易理解，
`<I as Iterator>::Item` 就是以明確但冗長的方式表達 `I::Item`，它是有效的 Rust 語法，但
你幾乎都不需要以那種方式寫出型態。

這段錯誤訊息的重點是，若要讓這個泛型函式可以編譯，你必須確保 `I::Item` 實作了
`Debug` trait，也就是可讓你用 `{:?}` 來將值格式化的 trait。根據錯誤訊息的提示，我們可以
為 `I::Item` 加上 bound：

```
use std::fmt::Debug;

fn dump<I>(iter: I)
    where I: Iterator, I::Item: Debug
{
    ...
}
```

或是寫出「我必須是一個迭代 `String` 值的 iterator」：

```
fn dump<I>(iter: I)
    where I: Iterator<Item=String>
{
```

```
        ...
    }
```

Iterator<Item=String> 本身是一個 trait。如果你將 Iterator 視為所有 iterator 型態的集合，那麼 Iterator<Item=String> 就是 Iterator 的子集合，也就是產生 String 的 iterator 型態的集合。可使用 trait 名稱的任何地方都可以使用這個語法，包括 trait 物件型態：

```
fn dump(iter: &mut dyn Iterator<Item=String>) {
    for (index, s) in iter.enumerate() {
        println!("{}: {:?}", index, s);
    }
}
```

有關聯型態的 trait（例如 Iterator）與 trait 方法相容，前提是你必須像這個例子一樣列出所有關聯型態，否則，s 的型態可能是任何東西，而且，Rust 將無法對這段程式進行型態檢查。

我們展示了許多涉及 iterator 的範例，我們很難不這麼做，因為它們是關聯型態目前最主要的用途。但是，當 trait 需要涵蓋的東西不只方法時，關聯型態也有廣泛的用途：

- 在執行緒池程式庫裡，代表工作單位的 Task trait 可以使用關聯 Output 型態。

- 代表字串搜尋方式的 Pattern trait 可以擁有關聯 Match 型態，該型態代表透過比對模式與字串收集的所有資訊：

```
trait Pattern {
    type Match;

    fn search(&self, string: &str) -> Option<Self::Match>;
}

/// 你可以在字串裡面尋找特定的字元。
impl Pattern for char {
    /// "match" 是字元
    /// 被找到的位置
    type Match = usize;

    fn search(&self, string: &str) -> Option<usize> {
        ...
    }
}
```

如果你熟悉正規表達式，你很容易看出 impl Pattern for RegExp 可使用更精巧的 Match 型態，或許是包含 match 的起點與長度、找到括號內的群組的位置…等的結構。

- 與關聯資料庫一起使用的程式庫可能有 `DatabaseConnection` trait，用關聯型態來代表交易、游標、準備好的陳述式…等。

關聯型態很適合在每一個實作都有一個特定的相關型態時使用：`Task` 的每一個型態都產生特定型態的 `Output`，`Pattern` 的每一個型態都尋找特定型態的 `Match`。但是，我們將看到，型態之間的關係並非都是如此。

泛型 trait（或運算子多載如何運作）

在 Rust 裡面的乘法使用這個 trait：

```
/// std::ops::Mul，讓支援 `*` 的型態使用的 trait。
pub trait Mul<RHS> {
    /// 套用 `*` 運算子之後產生的型態
    type Output;

    /// `*` 運算子的方法
    fn mul(self, rhs:RHS) -> Self::Output;
}
```

`Mul` 是一種泛型 trait。型態參數 RHS 是 *righthand side*（右邊）的縮寫。

型態參數在這裡的含義與它在結構或函式裡面的含義一樣：`Mul` 是一個泛型 trait，它的實例 `Mul<f64>`、`Mul<String>`、`Mul<Size>`… 等都是不同的 trait，如同 `min::<i32>` 與 `min::<String>` 是不同的函式，以及 `Vec<i32>` 與 `Vec<String>` 是不同的型態。

一個型態（例如 `WindowSize`）可以實作 `Mul<f64>` 與 `Mul<i32>`，以及其他 trait。所以你可以將一個 `WindowSize` 乘以許多其他型態。每一個實作都有它自己的關聯 `Output` 型態。

泛型 trait 不受孤兒規則約束：你可以為外部型態實作外部 trait，只要 trait 有一個型態參數是在當前的 crate 裡面定義的型態即可。所以，如果你自己定義了 `WindowSize`，你可以為 `f64` 實作 `Mul<WindowSize>`，即使你沒有定義 `Mul` 或 `f64`。這些實作甚至可以是泛型的，例如 `impl<T> Mul<WindowSize> for Vec<T>`，之所以可以如此是因為其他的 crate 都無法為任何東西定義 `Mul<WindowSize>`，因此不會導致實作間的衝突（我們曾經在第 273 頁的「trait 與別人的型態」介紹孤兒規則）。這就是 `nalgebra` 這類的 crate 為向量定義算術運算子的方式。

之前展示的 trait 缺少一個小細節。真正的 `Mul` 長這樣：

```
pub trait Mul<RHS=Self> {
    ...
}
```

RHS=Self 的意思是 RHS 預設是 Self。如果寫成 impl Mul for Complex，沒有指定 Mul 的型態參數，它代表 impl Mul<Complex> for Complex。在 bound 內，如果寫 where T: Mul，它代表 where T: Mul<T>。

在 Rust 裡，運算式 lhs * rhs 是 Mul::mul(lhs, rhs) 的縮寫。所以多載 Rust 的 * 運算子很簡單，只要實作 Mul trait 即可。我們將在下一章展示一些範例。

impl Trait

你應該可以想到，將許多泛型型態結合可能會讓程式變得很雜亂。例如，即使是用標準程式庫的組合器（combinator）來結合一些 iterator，回傳型態很快就會讓人眼花瞭亂：

```
use std::iter;
use std::vec::IntoIter;
fn cyclical_zip(v: Vec<u8>, u: Vec<u8>) ->
    iter::Cycle<iter::Chain<IntoIter<u8>, IntoIter<u8>>> {
        v.into_iter().chain(u.into_iter()).cycle()
}
```

你可以輕鬆地將這個醜陋的回傳型態換成一個 trait 物件：

```
fn cyclical_zip(v: Vec<u8>, u: Vec<u8>) -> Box<dyn Iterator<Item=u8>> {
    Box::new(v.into_iter().chain(u.into_iter()).cycle())
}
```

但是，為了避免醜陋的型態簽章，卻在每次呼叫函式時，付出動態調度和 heap 配置的代價，似乎不太划算。

Rust 有一種稱為 impl Trait 的功能就是為了處理這種情況而設計的。impl Trait 可讓我們「擦除」回傳值的型態，只指定它實作的 trait，避免進行動態調度或 heap 配置：

```
fn cyclical_zip(v: Vec<u8>, u: Vec<u8>) -> impl Iterator<Item=u8> {
    v.into_iter().chain(u.into_iter()).cycle()
}
```

cyclical_zip 簽章只宣告它回傳某種 u8 iterator，不需要指定 iterator 組合器結構的嵌套型態。回傳型態表達函式的意圖，而不是它的實作細節。

impl Trait 幫我們整理程式碼，讓它更容易閱讀，但它不僅僅是方便的縮寫，使用 impl Trait 意味著將來你可以改變回傳的實際型態，只要它仍然實作 Iterator<Item=u8> 即可，而且呼叫這個函式的任何程式仍然可以編譯，不會出問題。這為程式庫作者帶來許多彈性，因為只有相關的功能被寫在型態簽章裡。

例如，如果程式庫的第一版使用 iterator 組合器，但有人為同一個程序發明更好的演算法，程式庫作者可以使用不同的組合器，甚至製作自訂的型態並實作 Iterator，程式庫的用戶完全不需要改變他們的程式，就可以獲得性能的改善。

也許你想用 impl Trait 來模仿物件導向語言常用的工廠模式的靜態調度版本。例如，你可能會定義這種 trait：

```
trait Shape {
    fn new() -> Self;
    fn area(&self) -> f64;
}
```

為幾種型態實作這個 trait 之後，你可能想要根據執行期的值（例如用戶輸入的字串）來使用不同的 Shape。將 impl Shape 當成回傳型態是行不通的：

```
fn make_shape(shape: &str) -> impl Shape {
    match shape {
        "circle" => Circle::new(),
        "triangle" => Triangle::new(), // 錯誤：型態不相容
        "shape" => Rectangle::new(),
    }
}
```

從呼叫方的觀點來看，這種函式不太合理。impl Trait 是一種靜態調度，所以編譯器必須在編譯期知道函式回傳的型態，以便在堆疊配置正確的空間大小，並且正確地使用那個型態的欄位與方法，它可能是 Circle、Triangle 或 Rectangle，它們占用不同大小的空間，而且以不同的方式實作 area()。

Rust 不允許 trait 方法使用 impl Trait 回傳值。這種語言的型態系統必須做一些改進才能支援這項功能，在這項工作完成之前，只有自由函式與特定型態的關聯函式可以使用 impl Trait 回傳值。

impl Trait 也可以在接收泛型引數的函式裡面使用。例如，考慮這個簡單的泛型函式：

```
fn print<T: Display>(val: T) {
    println!("{}", val);
}
```

它與這個使用 impl Trait 的版本完全等效：

```
fn print(val: impl Display) {
    println!("{}", val);
}
```

但是有一件重要的例外情況，使用泛型可讓函式的呼叫方指定泛型引數的型態，例如
print::<i32>(42)，但是使用 impl Trait 不行。

每一個 impl Trait 引數都被指派它自己的匿名型態參數，所以只有引數的型態之間沒有
任何關係的簡單泛型函式，才可以在引數使用 impl Trait。

關聯常數

trait 和結構與 enum 一樣，可以擁有關聯常數。你可以用結構或 enum 的同一種語法來宣
告有關聯常數的 trait：

```
trait Greet {
    const GREETING: &'static str = "Hello";
    fn greet(&self) -> String;
}
```

在 trait 裡面的關聯常數有特殊的功能。如同關聯型態與函式，你可以宣告它們，但不指
定它們的值：

```
trait Float {
    const ZERO: Self;
    const ONE: Self;
}
```

trait 的實作方可以定義這些值：

```
impl Float for f32 {
    const ZERO: f32 = 0.0;
    const ONE: f32 = 1.0;
}

impl Float for f64 {
    const ZERO: f64 = 0.0;
    const ONE: f64 = 1.0;
}
```

你可以寫出使用這些值的泛型程式：

```
fn add_one<T: Float + Add<Output=T>>(value: T) -> T {
    value + T::ONE
}
```

注意，關聯常數不能與 trait 物件一起使用，因為編譯器在編譯期需要依靠實作程式的型
態資訊來選擇正確的值。

即使是一個完全沒有行為的簡單 trait，例如 Float，也可以提供足夠的型態資訊，以及一些運算子，來實作常見的數學函數，例如 Fibonacci：

```
fn fib<T: Float + Add<Output=T>>(n: usize) -> T {
    match n {
        0 => T::ZERO,
        1 => T::ONE,
        n => fib::<T>(n - 1) + fib::<T>(n - 2)
    }
}
```

我們在上兩節展示了 trait 描述型態間的關係的各種方式，它們也是避免虛擬方法額外負擔的手段，因為它們可讓 Rust 在編譯期知道更多具體型態。

bound 逆向工程

如果沒有 trait 可以滿足你的所有需求，編寫泛型程式可能是一項艱巨的任務。假如我們已經寫了這個非泛型的函式來做一些計算：

```
fn dot(v1: &[i64], v2: &[i64]) -> i64 {
    let mut total = 0;
    for i in 0 .. v1.len() {
        total = total + v1[i] * v2[i];
    }
    total
}
```

我們想要使用同樣的程式來處理浮點數，所以試著這樣寫：

```
fn dot<N>(v1: &[N], v2: &[N]) -> N {
    let mut total: N = 0;
    for i in 0 .. v1.len() {
        total = total + v1[i] * v2[i];
    }
    total
}
```

不幸的是，Rust 抱怨我們使用 *，以及 0 的型態。我們可以使用 Add 與 Mul trait 來要求 N 是支援 + 與 * 的型態，但這樣就要修改使用 0 的地方，因為在 Rust 裡，0 一定是整數，它對映的浮點值是 0.0。幸好，有預設值的型態可使用標準的 Default trait。數字型態的預設值一定是 0：

```
use std::ops::{Add, Mul};

fn dot<N: Add + Mul + Default>(v1: &[N], v2: &[N]) -> N {
    let mut total = N::default();
    for i in 0 .. v1.len() {
        total = total + v1[i] * v2[i];
    }
    total
}
```

我們離目標更近了，但程式仍然無法執行：

```
error: mismatched types
  |
5 | fn dot<N: Add + Mul + Default>(v1: &[N], v2: &[N]) -> N {
  |        - this type parameter
...
8 |         total = total + v1[i] * v2[i];
  |                         ^^^^^^^^^^^^^ expected type parameter `N`,
  |                                       found associated type
  |
  = note: expected type parameter `N`
             found associated type `<N as Mul>::Output`
help: consider further restricting this bound
  |
5 | fn dot<N: Add + Mul + Default + Mul<Output = N>>(v1: &[N], v2: &[N]) -> N {
  |                               ^^^^^^^^^^^^^^^^^^
```

我們的新程式假設將兩個 N 型態的值相乘會產生另一個 N 型態的值，但事實不一定如此。你可以多載乘法運算子來回傳你想要的型態。我們要告訴 Rust，這個泛型函式只能處理正常的乘法風格的型態，也就是 N * N 會回傳一個 N。錯誤訊息的建議幾乎對了：我們可以將 Mul 換成 Mul<Output=N> 來做這件事，我們也為 Add 做同一件事：

```
fn dot<N: Add<Output=N> + Mul<Output=N> + Default>(v1: &[N], v2: &[N]) -> N
{
    ...
}
```

此時，bound 越來越多，使得程式難以閱讀。我們將 bound 移入一個 where 子句：

```
fn dot<N>(v1: &[N], v2: &[N]) -> N
    where N: Add<Output=N> + Mul<Output=N> + Default
{
    ...
}
```

但是 Rust 仍然發出抱怨：

```
error: cannot move out of type `[N]`, a non-copy slice
  |
8 |         total = total + v1[i] * v2[i];
  |                         ^^^^^
  |                         |
  |                         cannot move out of here
  |                         move occurs because `v1[_]` has type `N`,
  |                         which does not implement the `Copy` trait
```

因為我們沒有要求 N 是可複製型態，所以 Rust 將 v1[i] 解讀成將一個值移出 slice，這是禁止的行為。但是我們根本不想要修改 slice，我們只想將值複製出來，以便操作它們。幸好，Rust 的所有內建數字型態都實作了 Copy，所以我們可以將它加入 N 的限制條件：

```
where N:Add<Output=N> + Mul<Output=N> + Default + Copy
```

如此一來，程式就可以編譯與執行了。最終的程式長這樣：

```
use std::ops::{Add, Mul};

fn dot<N>(v1: &[N], v2: &[N]) -> N
    where N: Add<Output=N> + Mul<Output=N> + Default + Copy
{
    let mut total = N::default();
    for i in 0 .. v1.len() {
        total = total + v1[i] * v2[i];
    }
    total
}

#[test]
fn test_dot() {
    assert_eq!(dot(&[1, 2, 3, 4], &[1, 1, 1, 1]), 10);
    assert_eq!(dot(&[53.0, 7.0], &[1.0, 5.0]), 88.0);
}
```

這種情況在 Rust 裡偶爾會發生：你和編譯器激烈地拉扯一段時間之後，寫出看起來還不錯的程式，彷彿寫起來輕而易舉，而且程式運行得很順暢。

我們的做法是對著 N 的 bound 進行逆向工程，使用編譯器來引導工作並進行檢查。程式寫起來有點痛苦的原因是，在標準程式庫裡面沒有 Number trait 包含我們想要使用的所有運算子與方法，但剛好有一個流行的開放原始碼 crate 定義了這種 trait，那個 crate 稱為 num！早知道的話，我們可以在 *Cargo.toml* 裡面加入 num，並這樣寫：

```
use num::Num;

fn dot<N: Num + Copy>(v1: &[N], v2: &[N]) -> N {
    let mut total = N::zero();
    for i in 0 .. v1.len() {
        total = total + v1[i] * v2[i];
    }
    total
}
```

在物件導向程式設計中，正確的介面可以讓一切變得美好，在泛型程式設計中，正確的 trait 也可以讓一切變得美好。

那麼，為什麼要搞得這麼麻煩？為什麼 Rust 的設計師不讓泛型更像 C++ 的模板一些，將約束條件隱藏在程式中，就像「鴨子定型」那樣？

Rust 的做法的好處之一是泛型程式的前向相容性。你可以修改公用泛型函式或方法裡面的實作，只要你沒有改變簽章，你就不會傷害它的任何使用者。

bound 的另一個好處在於，萬一你看到編譯錯誤，至少編譯器可以告訴你問題出在哪裡。在 C++ 裡，與模板有關的編譯錯誤訊息可能比 Rust 的長很多，它們可能指出許多不同的程式碼，因為編譯器沒辦法判斷誰該為問題負責：究竟是模板，還是呼叫它的程式？也許可能是模板，或是呼叫那個模板的程式…

也許明確地寫出 bound 最重要的好處是它們的存在，無論是在程式裡，還是在文件裡。你可以在 Rust 裡面查看泛型函式的簽章，了解它到底接收哪種引數，模板無法如此。為 Boost 之類的 C++ 程式庫完整記錄引數型態甚至比之前的過程還要辛苦。Boost 的開發者並沒有可以檢查程式的編譯器。

將 trait 當成基礎

trait 是 Rust 主要的組織功能之一，這是有很好的理由的。用優秀的介面來設計程式或程式庫是再好不過的事情了。

本章包含大量的語法、規則與解釋。我們已經為你打下基礎，可以開始討論 trait 與泛型在 Rust 程式內的各種用法了。事實上，我們只觸及皮毛，接下來的兩章將介紹標準程式庫提供的常見 trait。後續的章節將介紹 closure、iterator、輸入 / 輸出，以及並行。trait 與泛型在這些章節裡都扮演核心角色。

## 第十二章

運算子多載

在第 2 章的 Mandelbrot 集合繪圖程式裡，我們曾經使用 num crate 的 Complex 型態來代表複數平面的一個數字：

```
#[derive(Clone, Copy, Debug)]
struct Complex<T> {
    /// 複數的實數部分
    re:T,

    /// 複數的虛數部分
    im:T,
}
```

我們可以使用 Rust 的 + 與 * 運算子來對 Complex 數字進行加法與乘法，就像處理任何內建的數字型態一樣。

```
z = z * z + c;
```

你只要實作一些內建的 trait，就可以讓自己的型態支援算術和其他運算子了，這種做法稱為運算子多載，它的效果很像 C++、C#、Python 與 Ruby 裡面的運算子多載。

進行運算子多載的 trait 可分為幾類，根據它們支援語言的哪個部分，如表 12-1 所示，本章將介紹每一類，我們不但想要幫你將自己的型態整合到這種語言裡面，也想告訴你如何寫出好的泛型函式，例如第 288 頁的「bound 逆向工程」中敘述的內積函式，可透過這些運算子，以最自然的方式操作型態。本章將讓你了解這個語言本身的一些功能是如何實現的。

表 12-1 進行運算子多載的 trait 摘要

種類	trait	運算子
一元運算子	std::ops::Neg	-x
	std::ops::Not	!x
算術運算子	std::ops::Add	x + y
	std::ops::Sub	x - y
	std::ops::Mul	x * y
	std::ops::Div	x / y
	std::ops::Rem	x % y
位元運算子	std::ops::BitAnd	x & y
	std::ops::BitOr	x | y
	std::ops::BitXor	x ^ y
	std::ops::Shl	x << y
	std::ops::Shr	x >> y
複合賦值算術運算子	std::ops::AddAssign	x += y
	std::ops::SubAssign	x -= y
	std::ops::MulAssign	x *= y
	std::ops::DivAssign	x /= y
	std::ops::RemAssign	x %= y
複合賦值位元運算子	std::ops::BitAndAssign	x &= y
	std::ops::BitOrAssign	x |= y
	std::ops::BitXorAssign	x ^= y
	std::ops::ShlAssign	x <<= y
	std::ops::ShrAssign	x >>= y
比較	std::cmp::PartialEq	x == y, x != y
	std::cmp::PartialOrd	x < y, x <= y, x > y, x >= y
檢索	std::ops::Index	x[y], &x[y]
	std::ops::IndexMut	x[y] = z, &mut x[y]

算術與位元運算子

在 Rust 裡，運算式 a + b 其實是 a.add(b) 的簡寫，後者呼叫標準程式庫的 std::ops::Add trait 的 add 方法。Rust 的標準數字型態都實作了 std::ops::Add。為了讓運算式 a + b 可處理 Complex 值，num crate 也為 Complex 實作了這個 trait。其他運算子也有類似的 trait：a * b 是 a.mul(b) 的縮寫，它是 std::ops::Mul trait 的方法，而 std::ops::Neg 負責前綴負號運算子…等。

如果你想要寫出 z.add(c)，你必須將 Add trait 加入作用域，讓它的方法可被看見，完成之後，你就可以將所有算術視為函式呼叫了[1]：

```
use std::ops::Add;

assert_eq!(4.125f32.add(5.75), 9.875);
assert_eq!(10.add(20), 10 + 20);
```

這是 std::ops::Add 的定義：

```
trait Add<Rhs = Self> {
    type Output;
    fn add(self, rhs: Rhs) -> Self::Output;
}
```

換句話說，trait Add<T> 的功能是為自己加上 T 值。例如，如果你想讓自己的型態可以加上 i32 與 u32 值，你的型態必須實作 Add<i32> 與 Add<u32>。trait 的型態參數 Rhs 的預設值是 Self，所以如果你要實作兩個相同型態的值的加法，你只要寫 Add 即可。關聯型態 Output 描述加法的結果。

例如，為了將 Complex<i32> 值相加，Complex<i32> 必須實作 Add<Complex<i32>>。因為我們將一個型態加到它自己本身，所以只寫了 Add：

```
use std::ops::Add;

impl Add for Complex<i32> {
    type Output = Complex<i32>;
    fn add(self, rhs: Self) -> Self {
        Complex {
            re: self.re + rhs.re,
            im: self.im + rhs.im,
        }
    }
}
```

當然，我們不應該為 Complex<i32>、Complex<f32>、Complex<f64>…等型態分別實作 Add，否則除了型態之外，所有的定義看起來都是一樣的，我們應該寫一個泛型實作來涵蓋所有的實作，只要複數組件的型態本身支援加法即可：

```
use std::ops::Add;

impl<T> Add for Complex<T>
where
    T: Add<Output = T>,
```

---

1   Lisp 程式設計師感到歡欣鼓舞！運算式 <i32 as Add>::add 是處理 i32 的 + 運算子，它會被當成函式值。

```
{
    type Output = Self;
    fn add(self, rhs: Self) -> Self {
        Complex {
            re: self.re + rhs.re,
            im: self.im + rhs.im,
        }
    }
}
```

我們用 `where T: Add<Output=T>` 來將 T 限制為「可和自己相加，並產生另一個 T 值」的型態。這是合理的限制，但我們可以進一步放寬：Add trait 不要求 + 的兩個運算元有相同的型態，也不限制結果的型態。所以最泛型的實作可讓左右運算元獨立改變，並產生一個 Complex 值，具有加法產生的組件型態：

```
use std::ops::Add;

impl<L, R> Add<Complex<R>> for Complex<L>
where
    L: Add<R>,
{
    type Output = Complex<L::Output>;
    fn add(self, rhs: Complex<R>) -> Self::Output {
        Complex {
            re: self.re + rhs.re,
            im: self.im + rhs.im,
        }
    }
}
```

但是，在實務上，Rust 避免支援混合型態的操作，由於型態參數 L 必須實作 Add<R>，這通常代表 L 與 R 會有相同的型態：L 沒有那麼多型態可實作其他東西。所以，這個最泛型的版本可能不會比簡單的泛型定義更實用。

Rust 內建的算術與位元運算子有三大類：一元運算子、二元運算子，以及複合賦值運算子。在每一類裡，trait 與它們的方法都有相同的形式，所以我們只介紹每一類的一個例子。

一元運算子

除了我們將在第 318 頁的「Deref 與 DerefMut」分別介紹的解參考運算子 * 之外，Rust 還有兩個可讓你自訂的一元運算子，如表 12-2 所示。

表 12-2　一元運算子的內建 trait

trait 名稱	運算式	等效運算式
std::ops::Neg	-x	x.neg()
std::ops::Not	!x	x.not()

Rust 的帶正負號數字型態都實作了 std::ops::Neg，代表一元負號運算子 -。整數型態與 bool 實作了 std::ops::Not，代表一元補數運算子 !。這些型態的參考也有實作。

注意，! 會取 bool 值的補數，用它來處理整數時，會執行逐位元補數（也就是將位元換成另一個）；它扮演 C 與 C++ 的 ! 與 ~ 運算子的角色。

這些 trait 的定義很簡單：

```rust
trait Neg {
    type Output;
    fn neg(self) -> Self::Output;
}

trait Not {
    type Output;
    fn not(self) -> Self::Output;
}
```

否定複數就是否定它的每一個組件，這是否定 Complex 值的泛型實作：

```rust
use std::ops::Neg;

impl<T> Neg for Complex<T>
where
    T: Neg<Output = T>,
{
    type Output = Complex<T>;
    fn neg(self) -> Complex<T> {
        Complex {
            re: -self.re,
            im: -self.im,
        }
    }
}
```

二元運算子

表 12-3 是 Rust 的二元算術與位元運算子及其內建 trait。

表 12-3　內建的二元運算子 trait

種類	trait 名稱	運算式	等效運算式
算術運算子	std::ops::Add	x + y	x.add(y)
	std::ops::Sub	x - y	x.sub(y)
	std::ops::Mul	x * y	x.mul(y)
	std::ops::Div	x / y	x.div(y)
	std::ops::Rem	x % y	x.rem(y)
位元運算子	std::ops::BitAnd	x & y	x.bitand(y)
	std::ops::BitOr	x | y	x.bitor(y)
	std::ops::BitXor	x ^ y	x.bitxor(y)
	std::ops::Shl	x << y	x.shl(y)
	std::ops::Shr	x >> y	x.shr(y)

Rust 的數字型態都實作了算術運算子。Rust 的整數型態與 bool 都實作位元運算子。也有一些實作接收一個或兩個這些型態的運算元的參考。

這裡的 trait 的形式大致相同。^ 運算子的 std::ops::BitXor 的定義是這樣：

```
trait BitXor<Rhs = Self> {
    type Output;
    fn bitxor(self, rhs: Rhs) -> Self::Output;
}
```

本章開頭也展示了 std::ops::Add，它是這個種類的另一個 trait，以及一些實作範例。

你可以使用 + 運算子來將一個 String 與一個 &str slice 或另一個 String 串接起來。但是，Rust 不允許 + 的左運算元是 &str，以避免反覆串接左邊的小片段來建立長字串（這種寫法的效率很差，它的處理時間是最終字串長度的二次方）。使用 write! 巨集來逐段建立字串通常比較好，我們將在第 450 頁的「附加與插入文字」介紹怎麼做。

複合賦值運算子

複合賦值運算式長得像 x += y 或 x &= y：它接收兩個運算元，對它們執行一些運算，例如加法或位元 AND，並將結果存回左運算元。在 Rust 裡，複合賦值運算式的值一定是 ()，絕不是被儲存的值。

許多語言都有這種運算子，通常將它們定義成 x = x + y 與 x = x & y 這種運算式的簡寫。但是 Rust 不那樣做。事實上，x += y 是方法呼叫式 x.add_assign(y) 的簡寫，其中的 add_assign 是 std::ops::AddAssign trait 唯一的方法：

```
trait AddAssign<Rhs = Self> {
    fn add_assign(&mut self, rhs: Rhs);
}
```

表 12-4 是 Rust 的所有複合賦值運算子，以及實作它們的內建 trait。

表 12-4　內建的複合賦值運算子 trait

種類	trait 名稱	運算式	等效運算式
算術運算子	std::ops::AddAssign	x += y	x.add_assign(y)
	std::ops::SubAssign	x -= y	x.sub_assign(y)
	std::ops::MulAssign	x *= y	x.mul_assign(y)
	std::ops::DivAssign	x /= y	x.div_assign(y)
	std::ops::RemAssign	x %= y	x.rem_assign(y)
位元運算子	std::ops::BitAndAssign	x &= y	x.bitand_assign(y)
	std::ops::BitOrAssign	x |= y	x.bitor_assign(y)
	std::ops::BitXorAssign	x ^= y	x.bitxor_assign(y)
	std::ops::ShlAssign	x <<= y	x.shl_assign(y)
	std::ops::ShrAssign	x >>= y	x.shr_assign(y)

Rust 的所有數字型態都實作了算術複合賦值運算子。Rust 的整數型態與 bool 實作了位元複合賦值運算子。

我們的 Complex 型態的 AddAssign 的泛型實作很簡單：

```
use std::ops::AddAssign;

impl<T> AddAssign for Complex<T>
where
    T: AddAssign<T>,
{
    fn add_assign(&mut self, rhs: Complex<T>) {
        self.re += rhs.re;
        self.im += rhs.im;
    }
}
```

實作複合賦值運算子的內建 trait 與實作對映的二元運算子的內建 trait 是互相獨立的。實作 std::ops::Add 不會自動實作 std::ops::AddAssign；如果你想要讓型態可當成 += 運算子的左運算元，你必須自己實作 AddAssign。

等效性比較

Rust 的等效性運算子 == 與 != 是 std::cmp::PartialEq trait 的 eq 與 ne 方法呼叫的簡寫：

```
assert_eq!(x == y, x.eq(&y));
assert_eq!(x != y, x.ne(&y));
```

這是 std::cmp::PartialEq 的定義：

```
trait PartialEq<Rhs = Self>
where
    Rhs: ?Sized,
{
    fn eq(&self, other: &Rhs) -> bool;
    fn ne(&self, other: &Rhs) -> bool {
        !self.eq(other)
    }
}
```

因為 ne 方法有預設定義，你只需要定義 eq 來實作 PartialEq trait 即可，以下是 Complex 的完整實作：

```
impl<T: PartialEq> PartialEq for Complex<T> {
    fn eq(&self, other: &Complex<T>) -> bool {
        self.re == other.re && self.im == other.im
    }
}
```

換句話說，這段程式為任何一種本身可以比較等效性的組件型態 T 實作了 Complex<T> 的比較。假設我們也為 Complex 實作了 std::ops::Mul，我們可以這樣寫：

```
let x = Complex { re: 5, im: 2 };
let y = Complex { re: 2, im: 5 };
assert_eq!(x * y, Complex { re: 0, im: 29 });
```

PartialEq 的實作幾乎採取這裡展示的形式：它們拿左運算元的各個欄位與右運算元的對映欄位做比較。這些程式寫起來很枯燥，但等效性是常見的操作，所以當你提出要求時，Rust 會自動幫你產生 PartialEq 的實作，你只要在型態定義的 derive 屬性裡加入 PartialEq 即可：

```
#[derive(Clone, Copy, Debug, PartialEq)]
struct Complex<T> {
    ...
}
```

Rust 自動產生的實作與手寫的程式一致，它會依序比較型態的每個欄位或元素。Rust 也可以為 enum 型態產生 PartialEq 實作，這種型態裡的每一個值（或可能有的，就 enum 而言）本身都必須實作 PartialEq。

算術和位元 trait 以值接收運算元，但 PartialEq 以參考接收運算元。這意味著，比較 String、Vec 或 HashMap 等非 Copy 值不會移動它們，這是一件麻煩的事情：

```
let s = "d\x6fv\x65t\x61i\x6c".to_string();
let t = "\x64o\x76e\x74a\x69l".to_string();
assert!(s == t);  // s 與 t 只是借用的…

// ... 所以它們在此仍然擁有它們的值。
assert_eq!(format!("{} {}", s, t), "dovetail dovetail");
```

所以 trait 對 Rhs 型態參數使用 bound，這是我們沒有看過的情況：

```
where
    Rhs: ?Sized,
```

它放寬「型態參數必須是 sized 參數」這個要求，讓我們可以寫出 PartialEq<str> 或 PartialEq<[T]> 之類的 trait。eq 與 ne 方法接收 &Rhs 型態的參數，拿某樣東西與 &str 或 &[T] 做比較是完全合理的。因為 str 實作了 PartialEq<str>，所以下面的斷言是等效的：

```
assert!("ungula" != "ungulate");
assert!("ungula".ne("ungulate"));
```

這裡的 Self 與 Rhs 都是 unsized 型態 str，所以 ne 的 self 與 rhs 參數都是 &str 值。我們將在第 313 頁的「Sized」討論 sized 型態、unsized 型態，與 Sized trait。

為什麼這個 trait 稱為 PartialEq？在傳統數學定義裡，等價關係（*equivalence relation*）有三個要求（相等（equality）是等價關係的一個例子），對任何 x 與 y 值而言：

- 若 x == y 為 true，則 y == x 也必須為 true。也就是說，將等式的兩邊對換不會影響結果。

- 若 x == y 且 y == z，則 x == z。如果一系列的值裡面的每一個值都等於下一個值，那麼其中的每一個值都直接等於每一個其他值。相等有傳染性。

- x == x 必為真。

最後一條要求似乎是廢話，但它正是問題所在。Rust 的 f32 與 f64 是 IEEE 標準浮點值，根據這個標準，像 0.0/0.0 與其他無適當值的運算式都必須產生特殊的非數字（*not-a-number*）值，通常稱為 NaN 值。這個標準進一步要求，NaN 值不等於任何其他值，包括它自己。例如，這個標準要求具備以下的所有行為：

```
assert!(f64::is_nan(0.0 / 0.0));
assert_eq!(0.0 / 0.0 == 0.0 / 0.0, false);
assert_eq!(0.0 / 0.0 != 0.0 / 0.0, true);
```

此外，與 NaN 值進行任何有序比較都必須回傳 false：

```
assert_eq!(0.0 / 0.0 < 0.0 / 0.0, false);
assert_eq!(0.0 / 0.0 > 0.0 / 0.0, false);
assert_eq!(0.0 / 0.0 <= 0.0 / 0.0, false);
assert_eq!(0.0 / 0.0 >= 0.0 / 0.0, false);
```

所以，雖然 Rust 的 == 運算子符合等效關係的前兩條要求，但是它處理 IEEE 浮點值的做法顯然不符合第三條要求。這種情況稱為部分等效關係（*partial equivalence relation*），因此 Rust 將 == 運算子的內建 trait 命名為 PartialEq。當你使用 PartialEq 型態參數來撰寫泛型程式時，你可以假設前兩條要求成立，但不能假設值一定等於它自己。

這有點違反直覺，一不小心就會寫出 bug。如果你想讓泛型程式要求完全等效關係，你可以改用 std::cmp::Eq trait 作為 bound，它是完全等效關係：如果型態實作了 Eq，那麼對該型態的每個值 x 而言，x == x 都一定是 true。實際上，幾乎每一個實作 PartialEq 的型態也會實作 Eq。在標準程式庫裡面，只有 f32 與 f64 是 PartialEq 但不是 Eq。

標準程式庫將 Eq 定義成 PartialEq 的擴展，未加入新方法：

```
trait Eq: PartialEq<Self> {}
```

如果你的型態是 PartialEq，而且你也想讓它是 Eq，你必須明確地實作 Eq，即使你不需要定義任何新函式或型態。所以，為 Complex 型態實作 Eq 很簡單：

```
impl<T: Eq> Eq for Complex<T> {}
```

我們可以用更簡潔的方式來實作它，只要在 Complex 型態定義上面的 derive 屬性裡面加入 Eq 即可：

```
#[derive(Clone, Copy, Debug, Eq, PartialEq)]
struct Complex<T> {
    ...
}
```

泛型型態的衍生實作可能會依賴型態參數。使用 derive 屬性之後，Complex<i32> 會實作 Eq，因為 i32 實作它，但 Complex<f32> 只會實作 PartialEq，因為 f32 沒有實作 Eq。

當你自己實作 std::cmp::PartialEq 時，Rust 無法檢查 eq 與 ne 的定義是否滿足部分或完全等效的要求，它們可能做你想做的任何事情。Rust 只相信你說的：你用了一種滿足 trait 用戶期望的方式來實作相等性。

雖然 PartialEq 的定義為 ne 提供了預設的定義，但喜歡的話，你也可以提供你自己的實作，然而，你必須確保 ne 與 eq 是完全互補的。PartialEq trait 的用戶假設事實就是如此。

有序比較

Rust 用 std::cmp::PartialOrd 來指定有序比較運算子的行為，運算子包括 <、>、<= 與 >=：

```
trait PartialOrd<Rhs = Self>: PartialEq<Rhs>
where
    Rhs: ?Sized,
{
    fn partial_cmp(&self, other: &Rhs) -> Option<Ordering>;

    fn lt(&self, other: &Rhs) -> bool { ... }
    fn le(&self, other: &Rhs) -> bool { ... }
    fn gt(&self, other: &Rhs) -> bool { ... }
    fn ge(&self, other: &Rhs) -> bool { ... }
}
```

注意，PartialOrd<Rhs> 繼承 PartialEq<Rhs>：可比較相等性的型態才可以進行有序比較。

你需要自己實作的 PartialOrd 的方法只有 partial_cmp，當 partial_cmp 回傳 Some(o) 時，o 代表 self 與 other 的關係：

```
enum Ordering {
    Less,       // self < other
    Equal,      // self == other
    Greater,    // self > other
}
```

但如果 partial_cmp 回傳 None，則代表 self 與 other 彼此之間順序不同，不是其中一個比另一個大，也不是它們相等。在 Rust 的所有基本型態裡，只有浮點值之間的比較才會回傳 None，具體來說，拿 NaN（非數字）值與任何其他東西比較都會回傳 None。我們曾經在第 300 頁的「等效性比較」中介紹關於 NaN 值的背景。

如同其他的二元運算子，若要比較兩個型態 Left 與 Right 的值，Left 必須實作 PartialOrd<Right>。x < y 或 x >= y 之類的運算式是 PartialOrd 方法呼叫式的簡寫，如表 12-5 所示。

表 12-5　有序比較運算子與 PartialOrd 方法

運算式	等效方法呼叫式	預設定義
x < y	x.lt(y)	x.partial_cmp(&y) == Some(Less)
x > y	x.gt(y)	x.partial_cmp(&y) == Some(Greater)
x <= y	x.le(y)	matches!(x.partial_cmp(&y), Some(Less | Equal))
x >= y	x.ge(y)	matches!(x.partial_cmp(&y), Some(Greater | Equal))

與前面的例子一樣，這裡展示的等效方法呼叫皆假設 std::cmp::PartialOrd 與 std::cmp::Ordering 都在作用域內。

如果你知道兩個型態的值之間的順序總是相同的，你可以實作更嚴格的 std::cmp::Ord trait：

```
trait Ord: Eq + PartialOrd<Self> {
    fn cmp(&self, other: &Self) -> Ordering;
}
```

cmp 方法只回傳 Ordering，而不是 partial_cmp 的 Option<Ordering>。cmp 會指出它的引數相等，或指出它們的相對順序。實作了 PartialOrd 的型態幾乎都實作了 Ord。在標準程式庫裡，只有 f32 與 f64 例外。

因為複數沒有自然順序，我們無法使用前幾節的 Complex 型態來展示 PartialOrd 的實作範例。假如你使用下面的型態來代表一組半開放區間內的數字：

```
#[derive(Debug, PartialEq)]
struct Interval<T> {
    lower: T, // 包含
    upper: T, // 不包含
}
```

你想要讓這種型態的值部分有序：如果一個區間完全在另一個區間的前面，而且沒有重疊，那個區間就小於另一個區間。如果兩個不相等的區間重疊，它們是無序的：每個區間都有一些元素小於另一個區間的一些元素。而兩個相等的區間就是它們相等。下面的 PartialOrd 實作了這些規則：

```
use std::cmp::{Ordering, PartialOrd};

impl<T: PartialOrd> PartialOrd<Interval<T>> for Interval<T> {
    fn partial_cmp(&self, other: &Interval<T>) -> Option<Ordering> {
        if self == other {
            Some(Ordering::Equal)
```

```
        } else if self.lower >= other.upper {
            Some(Ordering::Greater)
        } else if self.upper <= other.lower {
            Some(Ordering::Less)
        } else {
            None
        }
    }
}
```

有了這段程式之後，你可以寫出下面的程式：

```
assert!(Interval { lower: 10, upper: 20 } <  Interval { lower: 20, upper: 40 });
assert!(Interval { lower: 7,  upper: 8  } >= Interval { lower: 0,  upper: 1  });
assert!(Interval { lower: 7,  upper: 8  } <= Interval { lower: 7,  upper: 8  });

// 重疊的區間彼此之間是無序的。
let left  = Interval { lower: 10, upper: 30 };
let right = Interval { lower: 20, upper: 40 };
assert!(!(left < right));
assert!(!(left >= right));
```

雖然 PartialOrd 很常見，但是有時你必須使用以 Ord 來定義的總排序（total ordering），就像在標準程式庫裡面實作的排序方法。例如，你無法僅用 PartialOrd 來排序區間。如果你要排序它們，你必須處理無序的案例。例如，你可能想用上限值來排序，用 sort_by_key 來做這件事很簡單：

```
intervals.sort_by_key(|i| i.upper);
```

Reverse 包裝型態利用這個函式，使用一個可將任何順序反過來的方法來實作 Ord。若型態 T 實作了 Ord，則 std::cmp::Reverse<T> 也實作了 Ord，但順序相反。例如，用下限值從高到低排序區間很簡單：

```
use std::cmp::Reverse;
intervals.sort_by_key(|i| Reverse(i.lower));
```

Index 與 IndexMut

你可以藉著實作 std::ops::Index 與 std::ops::IndexMut trait 來指定檢索運算式（例如 a[i]）如何處理型態。陣列直接支援 [] 運算子，但是對其他型態而言，運算式 a[i] 通常是 *a.index(i) 的簡寫，其中的 index 是 std::ops::Index trait 的一個方法。但是，如果運算式以可變的方式被指派或被借用，它就變成 *a.index_mut(i) 的簡寫，呼叫 std::ops::IndexMut trait 的方法。

trait 的定義是:

```
trait Index<Idx> {
    type Output: ?Sized;
    fn index(&self, index: Idx) -> &Self::Output;
}

trait IndexMut<Idx>: Index<Idx> {
    fn index_mut(&mut self, index: Idx) -> &mut Self::Output;
}
```

注意,這些 trait 以參數接收檢索運算式的型態。你可以使用一個 usize(引用一個元素)來檢索一個 slice,因為 slice 實作了 Index<usize>。但是你可以使用 a[i..j] 這種運算式來引用一個子 slice,因為它們也實作了 Index<Range<usize>>。那個運算式是這段程式的簡寫:

```
*a.index(std::ops::Range { start: i, end: j })
```

Rust 的 HashMap 與 BTreeMap 集合可讓你使用任何可雜湊化或有序型態作為索引。下面的程式可以執行,因為 HashMap<&str, i32> 實作了 Index<&str>:

```
use std::collections::HashMap;
let mut m = HashMap::new();
m.insert(" 十 ", 10);
m.insert(" 百 ", 100);
m.insert(" 千 ", 1000);
m.insert(" 万 ", 1_0000);
m.insert(" 億 ", 1_0000_0000);

assert_eq!(m[" 十 "], 10);
assert_eq!(m[" 千 "], 1000);
```

這些檢索運算式相當於:

```
use std::ops::Index;
assert_eq!(*m.index(" 十 "), 10);
assert_eq!(*m.index(" 千 "), 1000);
```

Index trait 的關聯型態 Output 設定檢索運算式產生哪種型態,對我們的 HashMap 而言,Index 實作的 Output 型態是 i32。

IndexMut trait 擴展 Index,加入一個 index_mut 方法,它接收 self 的可變參考,並回傳 Output 值的可變參考。Rust 會在檢索運算式出現在必要的背景時,自動選擇 index_mut。例如,假如你寫了這段程式:

```
let mut desserts =
    vec!["Howalon".to_string(), "Soan papdi".to_string()];
desserts[0].push_str(" (fictional)");
desserts[1].push_str(" (real)");
```

因為 push_str 方法處理的是 &mut self，最後兩行相當於：

```
use std::ops::IndexMut;
(*desserts.index_mut(0)).push_str(" (fictional)");
(*desserts.index_mut(1)).push_str(" (real)");
```

IndexMut 有一個限制在於，根據設計，它必須回傳某個值的可變參考，這就是為什麼你不能使用 m["十"] = 10; 這種運算式來將一個值插入 HashMap m：表（table）必須先為 "十" 建立一個項目，使用相同的預設值，並回傳它的可變參考。但並非所有型態都有低成本的預設值，而且有些值的卸除成本很高，建立這種值卻在進行賦值時立刻卸除它是很浪費的做法（這個語言打算在後續版本改善這個問題）。

檢索經常被用在集合上。假如我們要處理點陣圖像，例如第 2 章的 Mandelbrot 集合繪製程式建立的那種圖像，那段程式有這段程式碼：

```
pixels[row * bounds.0 + column] = ...;
```

我們想要有個行為類似二維陣列的 Image<u8> 型態，如此一來，我們就不必使用算術來讀取像素：

```
image[row][column] = ...;
```

為此，我們要宣告一個結構：

```
struct Image<P> {
    width: usize,
    pixels: Vec<P>,
}

impl<P: Default + Copy> Image<P> {
    /// 建立指定大小的新圖像。
    fn new(width: usize, height: usize) -> Image<P> {
        Image {
            width,
            pixels: vec![P::default(); width * height],
        }
    }
}
```

以下是符合這個要求的 Index 與 IndexMut 實作：

```
impl<P> std::ops::Index<usize> for Image<P> {
    type Output = [P];
    fn index(&self, row: usize) -> &[P] {
        let start = row * self.width;
        &self.pixels[start..start + self.width]
    }
}

impl<P> std::ops::IndexMut<usize> for Image<P> {
    fn index_mut(&mut self, row: usize) -> &mut [P] {
        let start = row * self.width;
        &mut self.pixels[start..start + self.width]
    }
}
```

當你檢索 Image 時，你會得到一個像素 slice，檢索該 slice 可得到個別的像素。

注意，當你使用 image[row][column] 時，如果 row 超出邊界，.index() 方法會試著檢索範圍外的 self.pixels，進而觸發 panic。這就是 Index 與 IndexMut 實作應有的行為：它會檢測超出邊界的操作，並造成 panic，當你檢索陣列、slice 或向量卻超出邊界時也會如此。

其他的運算子

在 Rust 裡，並非所有運算子都可以多載。在 Rust 1.50 裡，錯誤檢查運算子？只能處理 Result 與 Option 值，但是 Rust 正在擴展這種方便的型態。同樣的，邏輯運算子 && 與 || 只能處理 Boolean 值。.. 與 ..= 運算子總是建立一個代表範圍邊界的結構，& 運算子總是借用參考，= 總是移動或複製值，它們都不能多載。

解參考運算子 *val 與存取欄位和呼叫方法的句點運算子（例如 val.field 與 val.method()）可以用 Deref 與 DerefMut trait 來多載，下一章會介紹它們（沒有在本章介紹這些 trait 的原因是，它們的功能不是只有多載一些運算子而已）。

Rust 不支援多載函式呼叫運算子 f(x)。當我們需要一個可呼叫的值時，通常會直接寫一個 closure。我們將在第 14 章解釋它如何運作，並介紹 Fn、FnMut 與 FnOnce 特殊 trait。

## 第十三章

公用 trait

科學無非是在廣大的自然界多樣性中（或更確切地說，在我們的經驗的多樣性中）尋找並發現統一性。用 *Coleridge* 的話來說，詩歌、繪畫和藝術也是在多樣性中找出統一性。

—Jacob Bronowski

本章介紹 Rust 所謂的「公用（utility）」trait，它們是標準程式庫的各種 trait，對 Rust 的編寫方式有一定程度的影響力，你必須熟悉它們，才能寫出道地的程式碼，為你的 crate 設計具備 Rust 風格的公用介面。它們可分成三大類：

語言擴展 *trait*

如同上一章介紹的運算子多載 trait 可讓你使用 Rust 的運算式運算子來處理自己的型態，標準程式庫還有許多其他的 trait 被當成 Rust 的擴充點，可將你自己的型態與這種語言更緊密地整合在一起。這些 trait 包括 Drop、Deref 與 DerefMut，以及轉換 trait From 與 Into。本章會介紹它們。

標記 *trait*

這些 trait 經常用來 bound 泛型型態變數，以表達無法用其他方式來描述的限制。它們包括 Sized 與 Copy。

公用詞彙 *trait*

它們沒有任何神奇的編譯器整合，你也可以在你自己的程式裡面定義等效的 trait，但是它們有一個重要的目的：為常見的問題設計常規的解決方案。這些 trait 在介於 crate 與模組之間的公用介面內特別重要：它們可以減少沒必要的變化來讓介面更容易理解，但它們也可以讓不同 crate 的功能輕鬆地直接對接，不需要撰寫樣板程式或自製的膠水程式。這種 trait 包括 Default、借用參考的 trait AsRef、AsMut、Borrow 與 BorrowMut，可失敗的（fallible）轉換 trait TryFrom 與 TryInto，以及 ToOwned trait，它是廣義的 Clone。

表 13-1 是這些 trait 的摘要。

表 13-1　公用 trait 摘要

trait	說明
Drop	解構程式。當值被卸除時，Rust 會自動執行這個清理程式。
Sized	一種標記 trait，用來標記大小固定，而且可在編譯期知道大小的型態，與之相反的是動態決定大小的型態（例如 slice）。
Clone	可複製值的型態。
Copy	一種標記 trait，用來標記「只要逐 byte 複製包含值的記憶體即可成功複製」的型態。
Deref 與 DerefMut	聰明指標型態 trait。
Default	有合理的「預設值」的型態。
AsRef 與 AsMut	從另一種參考借用另一種參考的轉換 trait。
Borrow 與 BorrowMut	很像 AsRef/AsMut 的轉換 trait，但額外保證一致的雜湊化、順序與相等性。
From 與 Into	將一種值轉換成另一種值的轉換 trait。
TryFrom 與 TryInto	將一種值轉換成另一種值的轉換 trait，用於可能失敗的轉換。
ToOwned	將參考轉換成 owned 值的轉換 trait。

此外還有其他重要的標準程式庫 trait。我們將在第 15 章介紹 Iterator 與 IntoIterator，在第 16 章介紹計算雜湊碼的 Hash trait，在第 19 章介紹兩個用來標記執行緒安全型態的 trait，Send 與 Sync。

Drop

當一個值的所有權人離開時，Rust 會卸除（drop）該值。卸除一個值需要釋出該值擁有的其他值、heap 空間與系統資源。卸除會在各種情況下發生：當變數離開作用域時、在運算式結束時、當你裁切向量，將它尾部的元素移除時…等。

在多數情況下，Rust 會自動幫你卸除值。例如，假設你定義了這個型態：

```
struct Appellation {
    name: String,
    nicknames: Vec<String>
}
```

Appellation 擁有一個儲存字串內容和向量元素緩衝區的 heap 空間，Rust 會在 Appellation 被卸除時清理所有東西，你不需要寫任何其他程式。但是，你也可以選擇實作 std::ops::Drop trait 來自己決定如何卸除你的型態的值：

```
trait Drop {
    fn drop(&mut self);
}
```

Drop 的實作相當於 C++ 的 destructor，或其他語言的 finalizer。當值被卸除時，如果它實作了 std::ops::Drop，Rust 會呼叫它的 drop 方法，再繼續卸除它的欄位或元素擁有的值，就像一般的做法。drop 方法只能這樣隱性地呼叫，如果你試著自行呼叫它，Rust 會說那是個錯誤。

因為 Rust 會在卸除一個值的欄位或元素之前對著它呼叫 Drop::drop，所以這個方法接收的值一定是完全初始化的。為我們的 Appellation 型態實作 Drop 可以充分利用它的欄位：

```
impl Drop for Appellation {
    fn drop(&mut self) {
        print!("Dropping {}", self.name);
        if !self.nicknames.is_empty() {
            print!(" (AKA {})", self.nicknames.join(", "));
        }
        println!("");
    }
}
```

完成這個實作之後，我們可以寫這段程式：

```
{
    let mut a = Appellation {
        name: "Zeus".to_string(),
        nicknames: vec!["cloud collector".to_string(),
                        "king of the gods".to_string()]
    };

    println!("before assignment");
    a = Appellation { name: "Hera".to_string(), nicknames: vec![] };
    println!("at end of block");
}
```

當我們將第二個 Appellation 指派給 a 時，第一個會被卸除，當我們離開 a 的作用域時，第二個會被卸除。這段程式會印出：

```
before assignment
Dropping Zeus (AKA cloud collector, king of the gods)
at end of block
Dropping Hera
```

我們為 Appellation 實作的 std::ops::Drop 只印出訊息而不做其他事情，它的記憶體到底是怎麼清理的？ Vec 型態實作了 Drop，它會卸除它的每一個元素，然後釋出它們占用的 heap 緩衝區。String 在內部使用 Vec<u8> 來保存它的文字，所以 String 本身不需要實作 Drop，它讓它的 Vec 負責釋出字元。同樣的原則也延伸到 Appellation 值：當一個值被卸除時，最終是 Vec 的 Drop 實際釋出每個字串的內容，並最終釋出保存向量元素的緩衝區。保存 Appellation 值的記憶體本身也有所有權人，它可能是一個區域變數或某個資料結構，它要負責釋出 Appellation 值。

如果變數的值被移至別處，使得變數在離開作用域時變成未初始化，那麼 Rust 不會試著卸除該變數，因為它裡面沒有值需要卸除。

即使變數的值可能被移走，也可能未被移走，這個原則也適用，依控制流而定。在這種情況下，Rust 會用一個隱藏的旗標來追蹤變數的狀態，該旗標代表變數的值是否需要卸除：

```
let p;
{
    let q = Appellation { name: "Cardamine hirsuta".to_string(),
                          nicknames: vec!["shotweed".to_string(),
                                          "bittercress".to_string()] };
    if complicated_condition() {
        p = q;
    }
}
println!("Sproing! What was that?");
```

這段程式根據 complicated_condition 回傳 true 或 false 來決定最終擁有 Appellation 的是 p 還是 q，另一個變數則會變成未初始化。Appellation 的落腳處決定了它是在 println! 之前還是之後被卸除，因為 q 在 println! 之前離開作用域，p 在它之後。雖然值可能到處移動，但 Rust 只會卸除它一次。

你通常不需要實作 std::ops::Drop，除非你定義的型態擁有 Rust 不認識的資源。例如，在 Unix 系統內，Rust 的標準程式庫在內部使用下面的型態來代表作業系統檔案描述符（file descriptor）：

```
struct FileDesc {
    fd: c_int,
}
```

FileDesc 的 fd 欄位是程式使用它之後需要關閉的檔案描述符數量，c_int 是 i32 的別名。標準程式庫是這樣子為 FileDesc 實作 Drop 的：

```
impl Drop for FileDesc {
    fn drop(&mut self) {
        let _ = unsafe { libc::close(self.fd) };
    }
}
```

其中，libc::close 是 C 程式庫的 close 函式在 Rust 裡面的名稱。Rust 程式可能只會在 unsafe 區塊裡面呼叫 C 函式，所以程式庫在那裡使用它。

實作 Drop 的型態不能實作 Copy trait。如果型態是 Copy，那就代表簡單的逐 byte 複製即可產生值的獨立複本，但是對著同樣的資料多次呼叫同一個 drop 方法通常是錯誤的行為。

標準 prelude 有一個卸除值的函式，drop，它的定義平淡無奇：

```
fn drop<T>(_x: T) { }
```

換句話說，它以值接收引數，從呼叫方取得所有權，然後不對它做任何事情。Rust 在 _x 離開作用域之後卸除它的值，如同處理任何其他變數一般。

Sized

sized 型態的值在記憶體裡面的大小都一樣。Rust 的型態幾乎都是 sized：每一個 u64 都占用 8 bytes，每一個 (f32, f32, f32) 都占用 12 bytes，甚至 enum 也是 sized：無論 enum 實際是哪一個 variant，它一定占用足以容納最大 variant 的空間。雖然 Vec<T> 擁有一個大小可變的 heap 緩衝區，但 Vec<T> 值本身包含一個指向緩衝區的指標、緩衝區的容量與長度，所以 Vec<T> 也是 sized 型態。

所有的 sized 型態都實作 std::marker::Sized trait，它沒有方法或關聯型態。Rust 會自動幫所有適合的型態實作它，你不需要自己實作它。Sized 的唯一用途是當成型態變數的 bound：T: Sized 這種 bound 要求 T 是可以在編譯期知道大小的型態，這種 trait 稱為標記（*marker*）*trait*，因為 Rust 語言本身使用它們來標記某些型態具有某些特性。

但是，Rust 也有一些 *unsized* 型態，它們的值的大小可能不相同。例如，字串 slice 型態 str（注意，沒有 &）是 unsized，字串常值 "diminutive" 與 "big" 是 str slice 的參考，它們分別占用 10 bytes 與 3 bytes，如圖 13-1 所示。陣列 slice 型態是 unsized，例如 [T]（同樣沒有 &），&[u8] 這種共享參考可以指向任何大小的 [u8] slice。因為 str 與 [T] 型態代表大小不固定的一組值，所以它們也是 unsized 型態。

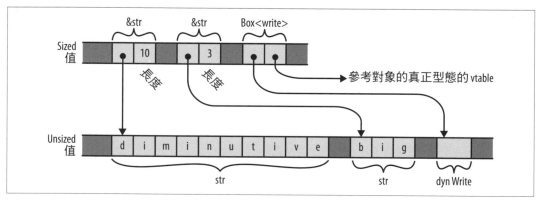

圖 13-1 unsized 值的參考

Rust 另一種常見的 unsized 型態是 dyn 型態，它是 trait 物件的參考對象。我們曾經在第 262 頁的「trait 物件」解釋過，trait 物件是一個指標，指向實作了特定 trait 的某個值。例如，型態 &dyn std::io::Write 與 Box<dyn std::io::Write> 是指向實作了 Write trait 的值的指標。參考對象可能是個檔案、網路介面，或實作了 Write 的型態。因為實作了 Write 的型態可能有任何數量，所以 dyn Write 是 unsized 型態，因為它的值有各種大小。

Rust 無法在變數裡面儲存 unsized 值，或將它們當成引數來傳送，你只能透過 &str 或 Box<dyn Write> 之類的指標來處理它們，這些指標本身是 sized。如圖 13-1 所示，指向 unsized 值的指標一定是胖指標，有 2 words 寬，因為指向 slice 的指標也有 slice 的長度，trait 物件也有一個指向方法實作 vtable 的指標。

trait 物件與 slice 指標很相似，它們的型態都缺少使用它們時需要的資訊：如果你不知道 [u8] 的長度，你就無法檢索它，如果你不知道被 Box<dyn Write> 指的特定值的 Write 的實作，你就無法對著它呼叫方法。對它們兩者而言，胖指標附有長度或 vtable 指標，可補充型態缺少的資訊。被省略的靜態資訊會被動態資訊取代。

因為 unsized 型態有很大的限制，所以大多數的泛型型態變數都應該限制為 Sized 型態，事實上，這正是 Rust 的隱性預設：當你寫出 struct S<T> { ... } 時，Rust 知道你的意思是 S<T: Sized> { ... }。如果你不想這樣限制 T，你必須明確地拒絕它，改成

struct S<T: ?Sized> { ... }。?Sized 語法是專門在這種情況下使用的,代表「不一定是 sized」。例如,如果你使用 struct S<T: ?Sized> { b: Box<T> },Rust 允許你寫 S<str> 與 S<dyn Write>,其中 box 變成胖指標,也允許你寫 S<i32> 與 S<String>,其中 box 是普通指標。

雖然 unsized 型態有其限制,但它們可讓 Rust 的型態系統運作起來更順暢。當你閱讀標準程式庫文件時,有時你會看到型態變數有 ?Sized bound,這幾乎都代表該型態只是被指的(pointed to),並允許相關的程式使用 slice 與 trait 物件以及普通值。當一個型態變數有 ?Sized bound 時,人們通常說它是 *questionably*(疑似)*sized*,它可能是 Sized,也可能不是。

除了 slice 與 trait 物件之外,我們還有一種 unsized 型態,結構型態的最後一個欄位可能是 unsized(但只有最後一個),而這種結構本身是 unsized。例如,Rc<T> 參考計數指標在內部被做成一個指向私用型態 RcBox<T> 的指標,它儲存 T 和參考數量。這是簡化的 RcBox 定義:

```
struct RcBox<T: ?Sized> {
    ref_count: usize,
    value: T,
}
```

value 欄位是 Rc<T> 計算參考數量的對象 T。Rc<T> 解參考指向這個欄位的指標。ref_count 欄位保存參考數量。

實際的 RcBox 只是標準程式庫的實作細節,不開放使用。但假設你使用上述的定義,你可以用這個 RcBox 來使用 sized 型態,例如 RcBox<String>,結果將是一個 sized 結構型態。你也可以用它來使用 unsized 型態,例如 RcBox<dyn std::fmt::Display>(其中的 Display 是個 trait,可被 println! 與類似的巨集格式化的型態使用);RcBox<dyn Display> 是 unsized 結構型態。

你不能直接建立 RcBox<dyn Display> 值。你要先建立一個普通的 sized RcBox,而且它的 value 型態必須實作 Display,例如 RcBox<String>。接著 Rust 可讓你將參考 &RcBox<String> 轉換成胖參考 &RcBox<dyn Display>:

```
let boxed_lunch: RcBox<String> = RcBox {
    ref_count: 1,
    value: "lunch".to_string()
};

use std::fmt::Display;
let boxed_displayable: &RcBox<dyn Display> = &boxed_lunch;
```

這個轉換會在傳值給函式時隱性地發生，所以你可以將 &RcBox<String> 傳給希望接收 &RcBox<dyn Display> 的函式：

```
fn display(boxed: &RcBox<dyn Display>) {
    println!("For your enjoyment: {}", &boxed.value);
}

display(&boxed_lunch);
```

它會產生下面的輸出：

```
For your enjoyment: lunch
```

Clone

std::clone::Clone trait 是讓「可製作自己的複本」的型態使用的。Clone 的定義是：

```
trait Clone: Sized {
    fn clone(&self) -> Self;
    fn clone_from(&mut self, source: &Self) {
        *self = source.clone()
    }
}
```

clone 方法須建構 self 的獨立複本並回傳它。因為這個方法的回傳型態是 Self，而且函式不能回傳 unsized 值，所以 Clone trait 本身繼承 Sized trait，因此可將實作的 Self 型態 bound 為 Sized。

複製一個值通常需要配置它所擁有的所有東西的複本，所以複製的代價可能很高，無論是時間還是金錢。例如，複製 Vec<String> 不但要複製向量，也要複製它的每一個 String 元素。這就是為什麼 Rust 不直接自動複製值，而是要求你明確地呼叫方法。參考計數指標，例如 Rc<T> 與 Arc<T> 是例外：複製它們只需要遞增參考數量，並給你一個新指標即可。

clone_from 方法會將 self 改成 source 的複本。clone_from 的預設定義只會複製 source，然後將它移入 *self。雖然這種做法必定有效，但是有些型態可以用比較快的手段來獲得同樣的效果。例如，假設 s 與 t 是 String。陳述式 s = t.clone(); 必須複製 t，卸除 s 的舊值，然後將複製的值移入 s，這些動作需要做一次 heap 配置與一次 heap 解除配置。但是如果原始的 s 的 heap 緩衝區有足夠的空間可以保存 t 的內容，我們就不需要進行配置或解除配置，只要將 t 的文字複製到 s 的緩衝區裡面，並調整長度即可。在泛型程式裡，你要儘可能地使用 clone_from 來利用優化的實作。

如果你的 Clone 實作只對型態的各個欄位或元素執行 clone，然後用那些複本來建構一個
新值，而且 clone_from 的預設定義夠好，Rust 可為你實作它，你只要在你的型態定義上
面加入 #[derive(Clone)] 即可。

標準程式庫裡面，幾乎每一種適合複製的型態都實作了 Clone。bool 與 i32 等基本型態
有實作它，String、Vec<T> 與 HashMap 等容器型態也有實作它。有些型態不適合複製，
例如 std::sync::Mutex，它們沒有實作 Clone。std::fs::File 這種型態可以複製，但如
果作業系統沒有必要的資源，複製可能失敗，所以這些型態沒有實作 Clone，因為複製
必須是不會失敗的（infallible）。然而，std::fs::File 提供一個 try_clone 方法，它回傳
std::io::Result<File>，可以回報失敗。

Copy

在第 4 章，我們曾經解釋，對大多數的型態而言，賦值會移動值，而不是複製它們。移
動值讓 Rust 更容易追蹤它們擁有的資源。但是在第 94 頁的「複製型態：移動的例外情
況」，我們提出例外情況：未擁有任何資源的簡單型態可為 Copy 型態，在這種情況下，賦
值會製作資源的複本，而不是移動值，並讓資源未初始化。

當時，我們沒有詳細說明 Copy 到底是什麼，但現在我們可以告訴你，當型態實作
std::marker::Copy 標記 trait 時，它就是 Copy，這個 trait 的定義是：

```
trait Copy: Clone { }
```

實作你自己的型態當然很簡單：

```
impl Copy for MyType { }
```

但是，因為 Copy 是標記 trait，對這種語言有特定意義，所以當型態只做淺層的逐 byte 複
製時， Rust 才允許它實作 Copy，擁有任何其他資源的型態都不能實作 Copy，例如 heap 緩
衝區或作業系統控點。

實作了 Drop trait 的型態也不能 Copy。Rust 假設，如果型態需要特殊的清理程式，它就一
定需要特殊的複製程式，因此不能 Copy。

與 Clone 一樣，你可以使用 #[derive(Copy)] 來要求 Rust 為你衍生（derive）Copy。你將
經常看到同時衍生兩者的程式，#[derive(Copy, Clone)]。

在你為型態實作 Copy 之前,請三思,雖然這可讓型態更容易使用,但也會對它的實作施加很大的限制。隱性複製也有可能非常昂貴。我們曾經在第 94 頁的「複製型態:移動的例外情況」解釋過這些因素。

Deref 與 DerefMut

你可以藉著實作 std::ops::Deref 與 std::ops::DerefMut trait 來指定解參考運算子(例如 * 與 .)如何處理你的型態。Box<T> 與 Rc<T> 之類的指標型態都實作了這些 trait,所以它們可以像 Rust 的內建型態指標那樣動作。例如,如果你有 Box<Complex> 值 b,那麼 *b 就是 b 所指的 Complex 值,而 b.re 就是它的實數。如果程式指派或借用可變參考給參考對象,Rust 會使用 DerefMut(dereference mutably)trait,否則使用唯讀存取即可,Rust 會使用 Deref。

這兩個 trait 的定義是:

```
trait Deref {
    type Target: ?Sized;
    fn deref(&self) -> &Self::Target;
}

trait DerefMut: Deref {
    fn deref_mut(&mut self) -> &mut Self::Target;
}
```

deref 與 deref_mut 方法接收一個 &Self 參考,並回傳一個 &Self::Target 參考。Target 必須是 Self 裡面的、擁有的,或引用的東西:以 Box<Complex> 為例,Target 型態是 Complex。注意,DerefMut 繼承 Deref:如果你可以解參考一個東西並修改它,你當然也可以借用它的共享參考。因為這些方法回傳的參考的生命期與 &self 一樣,只要回傳的參考還存活,self 就會被持續借用。

Deref 與 DerefMut trait 也扮演另一個角色。因為 deref 接收 &Self 參考,並回傳 &Self::Target 參考,所以 Rust 會用它來將第一個型態的參考自動轉換成第二個。換句話說,如果插入 deref 呼叫可避免型態不相符,Rust 就會幫你插入一個。實作 DerefMut 可讓可變參考進行對映的轉換,它們稱為 *deref coercion*:一種型態被「脅迫(coercion)」做出另一種型態的行為。

雖然你自己也可以明確地寫出 deref coercion,但它們很方便:

- 如果你有一個 Rc<String> 值 r，想要對它執行 String::find，你不需要寫 (*r).find('?')，只要寫 r.find('?') 即可：這個方法呼叫式會隱性地借用 r，且將 &Rc<String> 脅迫（coerce）成 &String，因為 Rc<T> 實作了 Deref<Target=T>。

- 因為 String 實作了 Deref<Target=str>，所以你可以對著 String 值使用 split_at 之類的方法，即使 split_at 是 str slice 型態的方法。String 不需要重新實作 str 的所有方法，因為你可以用 &String 來脅迫（coerce）&str。

- 如果你有 bytes 向量 v，而且你想要將它傳給接收 byte slice &[u8] 的函式，你可以傳遞 &v 引數，因為 Vec<T> 實作了 Deref<Target=[T]>。

Rust 會在必要時連續執行多次 deref coercion。例如，藉由之前提到的 coercion，你可以直接用 split_at 來處理 Rc<String>，因為 &Rc<String> 解參考為 &String，&String 解參考為 &str，&str 有 split_at 方法。

例如，假如你有這個型態：

```
struct Selector<T> {
    /// 在這個 `Selector` 裡面的元素。
    elements: Vec<T>,

    /// 在 `elements` 裡面的 "current" 元素的索引。
    /// `Selector` 就像一個指向當前元素的指標。
    current: usize
}
```

為了讓 Selector 有文件註釋所說的行為，你必須為該型態實作 Deref 與 DerefMut：

```
use std::ops::{Deref, DerefMut};

impl<T> Deref for Selector<T> {
    type Target = T;
    fn deref(&self) -> &T {
        &self.elements[self.current]
    }
}

impl<T> DerefMut for Selector<T> {
    fn deref_mut(&mut self) -> &mut T {
        &mut self.elements[self.current]
    }
}
```

完成這些實作之後，你可以這樣使用 Selector：

```
let mut s = Selector { elements: vec!['x', 'y', 'z'],
                       current: 2 };

// 因為 `Selector` 實作了 `Deref`，我們可以使用
// `*` 運算子來引用它當前的元素。
assert_eq!(*s, 'z');

// 斷言 'z' 按字母順序，透過 deref coercion
// 直接對著 `Selector` 使用 `char` 的方法。
assert!(s.is_alphabetic());

// 藉著指派給 `Selector` 的參考對象，將 'z' 改成 'w'
*s = 'w';

assert_eq!(s.elements, ['x', 'y', 'w']);
```

Deref 與 DerefMut trait 是為了實作聰明指標型態、和經常以參考來使用的型態的 owning 版本而設計的，前者例如 Box、Rc 與 Arc，後者例如 Vec<T> 與 String 是 of [T] 與 str 的 owning 版本。不要只為了像 C++ 的基礎類別的方法可在子類別裡面看見那樣，讓 Target 型態的方法自動出現在它上面，而為該型態實作 Deref 與 DerefMut，這種做法不見得如你想像的有效，而且當它出錯時，可能讓你一頭霧水。

deref coercion 有一個可能造成混亂的注意事項：Rust 用它們來解決型態衝突，而不是為了滿足型態變數的 bound。例如，下面的程式可以正常執行：

```
let s = Selector { elements: vec!["good", "bad", "ugly"],
                   current: 2 };

fn show_it(thing: &str) { println!("{}", thing); }
show_it(&s);
```

在 show_it(&s) 呼叫裡，Rust 看到一個 &Selector<&str> 型態的引數，以及一個 &str 型態的參數，找到 Deref<Target=str> 實作，並將呼叫改為 show_it(s.deref())，一如所需。

但是，如果你將 show_it 改成泛型函式，Rust 就突然不合作了：

```
use std::fmt::Display;
fn show_it_generic<T: Display>(thing: T) { println!("{}", thing); }
show_it_generic(&s);
```

Rust 抱怨：

```
error: `Selector<&str>` doesn't implement `std::fmt::Display`
     |
31 |   show_it_generic(&s);
     |                   ^^
     |                    |
     |                    `Selector<&str>` cannot be formatted with
     |                    the default formatter
     |                    help: consider adding dereference here: `&*s`
     |
note: required by a bound in `show_it_generic`
     |
30 |   fn show_it_generic<T: Display>(thing: T) { println!("{}", thing); }
     |                          ^^^^^^^ required by this bound
     |                                  in `show_it_generic`
```

這可能令人一頭霧水：將函式寫成泛型為什麼會出錯？Selector<&str> 本身的確沒有實作 Display，但它解參考為 &str，&str 有。

因為你傳遞 &Selector<&str> 型態的引數，而函式的參數型態是 &T，型態變數 T 必須是 Selector<&str>，然後，Rust 檢查 bound T: Display 是否滿足：因為它沒有套用 deref coercion 來滿足型態變數的 bound，所以檢查失敗。

為了處理這個問題，你可以使用 as 運算子來指明 coercion：

```
show_it_generic(&s as &str);
```

或是按照編譯器的指示，使用 &* 來執行 coercion：

```
show_it_generic(&*s);
```

Default

有些型態有明顯的預設值，例如預設的向量或字串是空的，預設的數字是零，預設的 Option 是 None…等，這些型態可以實作 std::default::Default trait：

```
trait Default {
    fn default() -> Self;
}
```

default 方法會回傳一個 Self 型態的新值。String 的 Default 實作很簡單：

```
impl Default for String {
    fn default() -> String {
        String::new()
```

```
    }
}
```

Rust 的所有集合型態（Vec、HashMap、BinaryHeap…等）都實作了回傳空集合的 default 方法。當你需要建立一個值的集合，但想要讓呼叫方決定該建立哪一種集合時，可採取這種做法。例如，Iterator trait 的 partition 方法可以將 iterator 產生的值分成兩個集合，它用一個 closure 來決定該將每個值放入哪一個集合：

```
use std::collections::HashSet;
let squares = [4, 9, 16, 25, 36, 49, 64];
let (powers_of_two, impure): (HashSet<i32>, HashSet<i32>)
    = squares.iter().partition(|&n| n & (n-1) == 0);

assert_eq!(powers_of_two.len(), 3);
assert_eq!(impure.len(), 4);
```

closure |&n| n & (n-1) == 0 可找出二的次方的數字，partition 則用它來產生兩個 HashSet。當然，partition 不只可以產生 HashSet，它也可以用來產生你喜歡的任何一種集合，前提是那個集合型態實作了 Default（可產生空集合），以及 Extend<T>（將 T 加入集合）。String 實作了 Default 與 Extend<char>，所以你可以這樣寫：

```
let (upper, lower): (String, String)
    = "Great Teacher Onizuka".chars().partition(|&c| c.is_uppercase());
assert_eq!(upper, "GTO");
assert_eq!(lower, "reat eacher nizuka");
```

Default 的另一個常見用途是幫「代表大量參數的結構」產生預設值，你通常不需要改變這種結構的內容。例如，glium crate 為強大且複雜的 OpenGL 圖形程式庫提供 Rust binding。glium::DrawParameters 結構有 24 個欄位，每一個都控制 OpenGL 如何呈現圖片的各種細節。glium draw 函式接收 DrawParameters 結構引數，因為 DrawParameters 實作了 Default，所以你可以建立它並傳給 draw，並且在裡面只指出你想改變的欄位：

```
let params = glium::DrawParameters {
    line_width: Some(0.02),
    point_size: Some(0.02),
    .. Default::default()
};

target.draw(..., &params).unwrap();
```

這段程式會呼叫 Default::default() 來建立一個 DrawParameters，並用預設值來將它的所有欄位初始化，然後使用 .. 語法來建立修改了 line_width 與 point_size 欄位的新結構，讓你可以傳給 target.draw。

如果 T 型態實作 Default，那麼標準程式庫會自動幫 Rc<T>、Arc<T>、Box<T>、Cell<T>、RefCell<T>、Cow<T>、Mutex<T> 與 RwLock<T> 實作 Default。例如，Rc<T> 型態的預設值是指向 T 型態的預設值的 Rc。

若 tuple 型態的所有元素型態都實作了 Default，則該 tuple 也實作了它，tuple 的預設值將存有各個元素的預設值。

Rust 不會私下幫結構型態實作 Default，但如果結構的所有欄位都實作 Default，你可以使用 #[derive(Default)] 來為結構自動實作 Default。

AsRef 與 AsMut

型態實作 AsRef<T> 代表你可以從它那裡借用 &T。AsMut 相當於可變參考。它們的定義是：

```
trait AsRef<T: ?Sized> {
    fn as_ref(&self) -> &T;
}

trait AsMut<T: ?Sized> {
    fn as_mut(&mut self) -> &mut T;
}
```

例如，Vec<T> 實作了 AsRef<[T]>，String 實作了 AsRef<str>。你也可以用 bytes 陣列來借用 String 的內容，所以 String 也實作了 AsRef<[u8]>。

很多函式在它接收的引數型態中使用 AsRef 來讓函式更靈活。例如，std::fs::File::open 函式是這樣宣告的：

```
fn open<P: AsRef<Path>>(path: P) -> Result<File>
```

open 真正想要的是 &Path，這個型態代表一個檔案系統路徑，但是在這個簽章裡，open 接受可借用 &Path 的任何東西，也就是實作了 AsRef<Path> 的任何東西。這種型態包括 String 與 str，作業系統介面字串型態 OsString 與 OsStr，當然還有 PathBuf 與 Path，完整清單請參考程式庫文件。這就是你可以將字串常值傳給 open 的原因：

```
let dot_emacs = std::fs::File::open("/home/jimb/.emacs")?;
```

標準程式庫的檔案系統操作函式都以這種方式接收 path 引數。對呼叫方而言，這種效果類似 C++ 的多載函式的效果，只是 Rust 採取不同的做法來確定哪些引數型態是可接受的。

但是故事還沒結束。字串常值是 &str，但是實作了 AsRef<Path> 的型態是 str，沒有 &。我們在第 318 頁的「Deref 與 DerefMut」說過，Rust 不會試著進行 deref coercion 來滿足型態變數 bound，所以它們在這裡沒有幫助。

幸好，標準程式庫有這個萬用的實作：

```
impl<'a, T, U> AsRef<U> for &'a T
    where T: AsRef<U>,
          T: ?Sized, U: ?Sized
{
    fn as_ref(&self) -> &U {
        (*self).as_ref()
    }
}
```

換句話說，對於任何型態 T 與 U，若 T: AsRef<U>，則 &T: AsRef<U>，你只要依循參考按原本的方式進行即可，也就是說，因為 str: AsRef<Path>，所以 &str: AsRef<Path>。在某種意義上，我們在檢查型態變數的 AsRef bound 時，執行有限的 deref coercion。

你可能認為，如果型態實作了 AsRef<T>，它也會實作 AsMut<T>。但是，有時這樣做不好。例如，我們說過，String 實作了 AsRef<[u8]>，這很合理，因為每一個 String 當然都有一個 bytes 緩衝區，方便當成二進制資料來操作。但是，String 進一步保證，這些 bytes 是格式良好的 UTF-8 編碼 Unicode 文字，如果 String 實作了 AsMut<[u8]>，呼叫方就可以將 String 的 bytes 改成任何東西，那麼，你將再也不能相信 String 是格式良好的 UTF-8。當你修改 T 不會違反型態的不變性時，讓型態實作 AsMut<T> 才有意義。

雖然 AsRef 與 AsMut 很簡單，但是使用標準的、泛型的 trait 來進行參考轉換可避免泛濫的具體轉換 trait。如果你只要實作 AsRef<Foo> 就可以實現目標，那就要避免定義你自己的 AsFoo trait。

Borrow 與 BorrowMut

std::borrow::Borrow trait 類似 AsRef：當型態實作 Borrow<T> 時，它的 borrow 方法會向它借用 &T。但是 Borrow 有更多限制：當 &T 進行雜湊化與比較的方式與它借用的值一樣時，型態才能實作 Borrow<T>（Rust 不強迫執行這一點，但它記錄了這個 trait 的意圖）。所以 Borrow 很適合用來處理雜湊表與樹狀結構裡面的索引鍵，或將被雜湊化或比較的值。

例如，這種區別在你借用 String 時很重要：String 實作了 AsRef<str>、AsRef<[u8]> 與 AsRef<Path>，但是這三個目標型態通常有不同的雜湊值。只有 &str slice 保證可以像等效的 String 或只實作 Borrow<str> 的 String 一樣雜湊化。

Borrow 的定義與 AsRef 的定義一樣，只有名稱不同：

```
trait Borrow<Borrowed: ?Sized> {
    fn borrow(&self) -> &Borrowed;
}
```

Borrow 是為了處理泛型雜湊表與其他關聯集合型態（associative collection type）的特定情況而設計的。例如，假設你有 std::collections::HashMap<String, i32>，可將字串對映到數字。這個表的索引鍵是 String，每一個項目都有一個。如果有一個方法可在這個表裡面查詢一個項目，該方法的簽章怎麼寫？這是第一種寫法：

```
impl<K, V> HashMap<K, V> where K: Eq + Hash
{
    fn get(&self, key: K) -> Option<&V> { ... }
}
```

這種寫法很合理，為了查詢一個項目，你必須提供一個型態適當的索引鍵，但是在這個例子中，K 是 String，這個簽章強迫你在每次呼叫 get 時，都以值傳遞一個 String，這顯然很浪費，其實只要使用索引鍵的參考即可：

```
impl<K, V> HashMap<K, V> where K: Eq + Hash
{
    fn get(&self, key: &K) -> Option<&V> { ... }
}
```

這種寫法比較好，但現在你必須用 &String 來傳遞索引鍵，所以當你想要查詢一個常數字串時，你要這樣寫：

```
hashtable.get(&"twenty-two".to_string())
```

這種寫法很荒謬：它在 heap 配置一個 String 緩衝區，並將文字複製到裡面，只為了用 &String 來借用它，將它傳給 get，然後卸除它。

我們只要傳遞可以雜湊化並且與我們的索引鍵型態進行比較的東西就可以了，例如 &str 應該是完美的選項。所以，這是最後一次修改，標準程式庫就是這樣寫的：

```
impl<K, V> HashMap<K, V> where K: Eq + Hash
{
    fn get<Q: ?Sized>(&self, key: &Q) -> Option<&V>
        where K: Borrow<Q>,
```

```
              Q: Eq + Hash
    { ... }
}
```

換句話說，如果你可以用 &Q 借用一個項目的索引鍵，而且你得到的參考的雜湊化與比較方式與索引鍵本身一樣，那麼顯然 &Q 是一個可接受的索引鍵型態。因為 String 實作了 Borrow<str> 與 Borrow<String>，所以這個最終版本可讓你根據需要，將 &String 或 &str 當成索引鍵來傳遞。

Vec<T> 與 [T: N] 實作了 Borrow<[T]>。每一種類字串型態都允許借用它對映的 slice 型態：String 實作了 Borrow<str>，PathBuf 實作了 Borrow<Path>…等。而且標準程式庫的所有相關集合型態都使用 Borrow 來決定哪些型態可以傳給它們的 lookup 函式。

標準程式庫有一個萬用的實作，讓你可以向每一種型態 T 借用它自己：T: Borrow<T>。它可以確保 &K 一定可以在 HashMap<K, V> 裡面用來查詢項目的型態。

為了方便起見，每一個 &mut T 型態也都實作 Borrow<T>，與平常一樣，它回傳一個共享的參考 &T。這可讓你將可變參考傳給集合查詢函式，而不需要借用共享的參考，模仿 Rust 從可變參考到共享參考的隱性 coercion。

BorrowMut trait 是可變參考版本的 Borrow：

```
trait BorrowMut<Borrowed: ?Sized>: Borrow<Borrowed> {
    fn borrow_mut(&mut self) -> &mut Borrowed;
}
```

我們提到的 Borrow 特性也適用於 BorrowMut。

From 與 Into

std::convert::From 與 std::convert::Into trait 代表耗用一個型態的值並回傳另一個型態的值。AsRef 與 AsMut trait 是從一個型態借另一個型態的參考，但 From 與 Into 會取得它們的引數的所有權，轉換它，然後將結果的所有權回傳給呼叫方。

它們的定義有很好的對稱性：

```
trait Into<T>: Sized {
    fn into(self) -> T;
}

trait From<T>: Sized {
```

```
        fn from(other: T) -> Self;
    }
```

標準程式庫會自動實作從每一個型態轉換成它自己的簡單轉換，每一種型態 T 都實作了 From<T> 與 Into<T>。

雖然這些 trait 提供兩種方式來做同一件事，但它們有不同的用途。

你通常使用 Into 來讓函式更靈活地接收引數。例如，如果你這樣寫：

```
use std::net::Ipv4Addr;
fn ping<A>(address: A) -> std::io::Result<bool>
    where A: Into<Ipv4Addr>
{
    let ipv4_address = address.into();
    ...
}
```

那麼 ping 不但可以接收 Ipv4Addr 引數，也可以接收 u32 或 [u8; 4] 陣列，因為這兩種型態都實作了 Into<Ipv4Addr>（有時將 IPv4 位址當成一個 32-bit 值或 4 bytes 的陣列很方便）。因為 ping 對於 address 只知道它實作了 Into<Ipv4Addr>，所以你不需要在呼叫 into 時指定你要的型態；因為只有一種型態可以使用，所以型態推斷機制為幫你補上它。

如同上一節的 AsRef，這種效果很像 C++ 的函式多載。使用上述的 ping 定義時，我們可以進行以下的呼叫：

```
println!("{:?}", ping(Ipv4Addr::new(23, 21, 68, 141))); // 傳遞一個 Ipv4Addr
println!("{:?}", ping([66, 146, 219, 98]));             // 傳遞一個 [u8; 4]
println!("{:?}", ping(0xd076eb94_u32));                 // 傳遞一個 u32
```

但是，From trait 扮演不同的角色。from 方法是泛型建構式，用來產生來自另一個值的型態的實例。例如，Ipv4Addr 沒有 from_array 與 from_u32 這兩個方法，它只實作 From<[u8;4]> 與 From<u32>，可讓我們寫：

```
let addr1 = Ipv4Addr::from([66, 146, 219, 98]);
let addr2 = Ipv4Addr::from(0xd076eb94_u32);
```

我們可以讓型態推斷機制推斷哪個實作適用。

有了適當的 From 實作之後，標準程式庫會自動實作對映的 Into trait。當你定義自己的型態時，如果它有單引數建構式，你應該將它們寫成適當型態的 From<T> 實作，免費獲得對映的 Into 實作。

因為 from 與 into 轉換方法擁有引數的所有權,所以轉換可以重複使用原始值的資源來建構轉換後的值。例如,假設你寫:

```
let text = "Beautiful Soup".to_string();
let bytes: Vec<u8> = text.into();
```

String 的 Into<Vec<u8>> 實作只接收 String 的 heap 緩衝區,並將它的用途改成回傳向量的元素緩衝區。這個轉換不需要配置或複製文字。這是「移動」可帶來高效率實作的另一個案例。

這些轉換也提供很好的辦法來將受約束的型態的值放寬成更有彈性的東西,而且不會削弱受約束的型態的保證。例如,String 保證它的內容一定是有效的 UTF-8;它的修改方法受到嚴格的限制,以確保你做的任何事情都不會導致不良的 UTF-8。但是這個範例將 String「降級」成一般的 bytes,讓你可以對著它做任何事情:也許你打算壓縮它,或將它與其他非 UTF-8 的二進制資料結合起來。因為 into 以值接收引數,所以 text 在轉換之後就不是初始化的了,也就是說,我們可以自由地存取之前的 String 緩衝區,而不會損壞任何現存的 String。

但是,低廉的轉換不在 Into 與 From 的合約之內。雖然 AsRef 與 AsMut 轉換應該是低廉的,但 From 與 Into 轉換可以配置、複製或是以其他方式處理值的內容。例如,String 實作了 From<&str>,它會將字串 slice 複製到新的 String heap 緩衝區裡面。而且 std::collections::BinaryHeap<T> 實作了 From<Vec<T>>,它會根據演算法的需求來比較與重新排序元素。

? 運算子使用 From 與 Into 來協助清理函式中可能以多種方式失敗的程式碼,在需要時,將特定的錯誤型態轉換成一般的錯誤型態。

例如,假設有一個系統需要讀取二進制資料,並將它的某個部分從 10 進制數字轉換成 UTF-8 文字並寫出來。這意味著它要使用 std::str::from_utf8 與 i32 的 FromStr 實作,它們回傳不同類型的錯誤。假如我們使用第 7 章討論錯誤處理時定義的 GenericError 與 GenericResult 型態,? 會幫我們做轉換:

```
type GenericError = Box<dyn std::error::Error + Send + Sync + 'static>;
type GenericResult<T> = Result<T, GenericError>;

fn parse_i32_bytes(b: &[u8]) -> GenericResult<i32> {
    Ok(std::str::from_utf8(b)?.parse::<i32>()?)
}
```

如同大多數的錯誤型態，Utf8Error 與 ParseIntError 實作了 Error trait，且標準程式庫提供一個萬用的 From impl 來將實作 Error 的任何東西轉換成 Box<dyn Error>，? 會自動使用它：

```
impl<'a, E: Error + Send + Sync + 'a> From<E>
  for Box<dyn Error + Send + Sync + 'a> {
    fn from(err: E) -> Box<dyn Error + Send + Sync + 'a> {
        Box::new(err)
    }
}
```

它將一個包含兩個 match 陳述式的大函式變成一行。

在 From 與 Into 被加入標準程式庫之前，Rust 程式充滿臨時性的轉換 trait 與建構方法，它們都只處理一種型態。From 與 Into 制定了可供遵循的公約，讓你的型態更容易使用，因為你的用戶已經很熟悉它們了。其他程式庫與語言本身也可以使用這些 trait，以規範化、標準化的方式來編寫轉換程式。

From 與 Into 是不會失敗的（infallible）trait，它們的 API 要求轉換不會失敗。不幸的是，許多轉換很複雜，例如，i64 這種大型整數可以儲存遠大於 i32 的數字，沒有額外資訊的話，你無法將 2_000_000_000_000i64 這種數字轉換成 i32。只進行簡單的逐位元轉換，將前 32 bits 丟掉，通常不會產生我們想要的結果：

```
let huge = 2_000_000_000_000i64;
let smaller = huge as i32;
println!("{}", smaller); // -1454759936
```

這種情況可以用幾種方法來處理。根據背景，也許這種「環繞（wrapping）」轉換是合適做法。另一方面，數位訊號處理應用程式與控制系統通常可以進行「飽和」轉換，將大於最大值的值限制成那個最大值。

TryFrom 與 TryInto

因為不知道這種轉換該怎麼做，所以 Rust 沒有幫 i32 實作 From<i64>，或任何其他會失去資訊的數字型態轉換。但是 i32 實作了 TryFrom<i64>。TryFrom 與 TryInto 是 From 與 Into 的會失敗（fallible）版本，它們也是同進退的，實作 TryFrom 意味著 TryInto 也被實作。

它們的定義只比 From 與 Into 複雜一些。

```
pub trait TryFrom<T>: Sized {
    type Error;
    fn try_from(value: T) -> Result<Self, Self::Error>;
}

pub trait TryInto<T>: Sized {
    type Error;
    fn try_into(self) -> Result<T, Self::Error>;
}
```

try_into() 方法給我們一個 Result，所以我們可以選擇在例外狀況下該怎麼做，例如數字太大，導致無法放入結果型態：

```
// 在溢位時飽和，而不是環繞
let smaller: i32 = huge.try_into().unwrap_or(i32::MAX);
```

如果我們也想要處理負數，我們可以使用 Result 的 unwrap_or_else() 方法：

```
let smaller: i32 = huge.try_into().unwrap_or_else(|_|{
    if huge >= 0 {
        i32::MAX
    } else {
        i32::MIN
    }
});
```

為你自己的型態實作會失敗（fallible）的轉換也很容易。你可以設計簡單的 Error 型態，也可以編寫複雜的，取決於特定應用程式的需求。標準程式庫使用空結構，只提供發生錯誤的事實，因為可能出現的錯誤只有溢位。另一方面，在比較複雜的型態之間進行轉換可能需要回傳更多資訊：

```
impl TryInto<LinearShift> for Transform {
    type Error = TransformError;

    fn try_into(self) -> Result<LinearShift, Self::Error> {
        if !self.normalized() {
            return Err(TransformError::NotNormalized);
        }
        ...
    }
}
```

From 與 Into 用簡單的轉換來建立型態之間的關係，TryFrom 與 TryInto 則擴展簡單的 From 與 Into 轉換，加入 Result 所提供的富表現力的錯誤處理。你可以在同一個 crate 裡面使用這四個 trait 來建立許多型態之間的關係。

ToOwned

當你取得一個參考之後，若要產生它的參考對象的 owned 複本，最常見的方法是呼叫 clone，如果該型態實作了 std::clone::Clone 的話。但如果你想要複製 &str 或 &[i32] 呢？你想要的東西應該是一個 String 或 Vec<i32>，但是 Clone 的定義不允許：根據定義，複製 &T 一定回傳一個 T 型態的值，而 str 與 [u8] 是 unsized，它們甚至不能被函式回傳。

std::borrow::ToOwned 提供一種比較寬鬆的方式來將參考轉換成 owned 值：

```
trait ToOwned {
    type Owned: Borrow<Self>;
    fn to_owned(&self) -> Self::Owned;
}
```

clone 一定回傳 Self，但 to_owned 可以回傳你可以借用 &Self 的任何東西：Owned 型態一定實作 Borrow<Self>。你可以向 Vec<T> 借用 &[T]，所以只要 T 實作了 Clone，[T] 就可以實作 ToOwned<Owned=Vec<T>>，所以我們可以將 slice 的元素複製到向量裡面。同樣的，str 實作了 ToOwned<Owned=String>，Path 實作了 ToOwned<Owned=PathBuf>，以此類推。

實際使用 Borrow 與 ToOwned：卑微的 Cow

為了善用 Rust，你必須考慮所有權問題，例如函式究竟該以參考接收參數，還是以值接收，你通常會在兩者之間做出一個決定，而那個決定可以從參數的型態看出來。但有時你在程式執行之前無法決定究竟要借用還是擁有，std::borrow::Cow 型態（Cow 是「clone on write」的縮寫）提供解決之道。

它的定義是：

```
enum Cow<'a, B: ?Sized>
    where B: ToOwned
{
    Borrowed(&'a B),
    Owned(<B as ToOwned>::Owned),
}
```

Cow<B> 要嘛借用 B 的共享參考，要嘛擁有一個值，讓你可以向那個值借用參考。因為 Cow 實作了 Deref，你可以對著它呼叫方法，彷彿它是 B 的共享參考一般：如果它是 Owned，它會借用 owned 值的共享參考，如果它是 Borrowed，它會交出它保存的參考。

你也可以呼叫 Cow 的 to_mut 方法，來取得它的值的可變參考，這個方法會回傳 &mut B。如果 Cow 是 Cow::Borrowed，to_mut 會呼叫參考的 to_owned 方法，來取得它擁有的參考對象複本，將 Cow 改成 Cow::Owned，並借用新 owned 值的可變參考。這就是這種型態的名稱中的「clone on write」行為。

同樣的，Cow 有個 into_owned 方法，可在必要時將參考提升為 owned 值然後回傳它，將所有權交給呼叫方，並在過程中耗用 Cow。

Cow 有一個常見的用途是回傳「靜態配置的字串常數」或「計算出來的字串」。例如，假設你要將一個錯誤（error）enum 轉換成訊息，它的 variant 大都可以用固定的字串來處理，但有些 variant 需要在訊息中放入額外的資料，此時你可以回傳一個 Cow<'static, str>：

```
use std::path::PathBuf;
use std::borrow::Cow;
fn describe(error: &Error) -> Cow<'static, str> {
    match *error {
        Error::OutOfMemory => "out of memory".into(),
        Error::StackOverflow => "stack overflow".into(),
        Error::MachineOnFire => "machine on fire".into(),
        Error::Unfathomable => "machine bewildered".into(),
        Error::FileNotFound(ref path) => {
            format!("file not found: {}", path.display()).into()
        }
    }
}
```

這段程式使用 Cow 的 Into 來建構值。match 陳述式大多數的分支都回傳 Cow::Borrowed，參考一個靜態配置的字串。但是當我們得到 FileNotFound variant 時，我們使用 format! 來建立一個加入檔名的訊息，這個 match 陳述式分支產生一個 Cow::Owned 值。

如果 describe 的呼叫方不需要改變值，它可以直接將 Cow 當成 &str：

```
println!("Disaster has struck: {}", describe(&error));
```

需要 owned 值的呼叫方可以立即產生一個：

```
let mut log: Vec<String> = Vec::new();
...
log.push(describe(&error).into_owned());
```

使用 Cow 可協助 describe 與它的呼叫方推遲配置，直到必要時再進行。

closure

排序整數向量很容易：

```
integers.sort();
```

遺憾的是，我們想要排序的資料幾乎都不是整數向量。我們通常有某種類型的紀錄，但內建的 sort 方法通常不能用：

```
struct City {
    name: String,
    population: i64,
    country: String,
    ...
}

fn sort_cities(cities: &mut Vec<City>) {
    cities.sort();  // 錯誤：你想怎麼排序它們？
}
```

Rust 抱怨 City 沒有實作 std::cmp::Ord。我們必須指定排序方式，例如：

```
/// 用人口來排序城市的協助函式
fn city_population_descending(city: &City) -> i64 {
    -city.population
}

fn sort_cities(cities: &mut Vec<City>) {
    cities.sort_by_key(city_population_descending);  // ok
}
```

協助函式 city_population_descending 接收一筆 City 紀錄，並提取索引鍵（*key*），也就是用來排序資料的欄位（它回傳負數，因為 sort 按遞增順序排列數字，我們想要按遞減順序，把人口最多的城市排在前面）。sort_by_key 方法以參數來接收這個 key 函式。

雖然這樣寫可以執行，但是將協助函式寫成 *closure*（匿名函式運算式）更簡潔：

```
fn sort_cities(cities: &mut Vec<City>) {
    cities.sort_by_key(|city| -city.population);
}
```

這裡的 closure 是 |city| -city.population，它接收引數 city，回傳 -city.population。Rust 會根據 closure 的用法來推斷引數型態與回傳型態。

接收 closure 的其他標準程式庫功能有：

- map 與 filter 等 Iterator 方法，用來處理序列資料。我們將在第 15 章討論這些方法。

- 執行緒 API，例如 thread::spawn，它會啟動一個新的系統執行緒。並行說穿了就是將工作搬到其他執行緒，而 closure 可以代表工作單位。我們將在第 19 章討論這些功能。

- 一些需要根據條件計算預設值的方法，例如 HashMap 項目的 or_insert_with 方法。這個方法會取得或建立 HashMap 的一個項目，它是在預設值的計算成本很高時使用的。你要用 closure 來傳入預設值，那個 closure 只會在必須建立新項目時呼叫。

當然，近來匿名函式隨處可見，即使在原本沒有它們的語言裡也是如此，例如 Java、C#、Python 與 C++。從現在起，我們假設你已經看過匿名函式，並且把重點放在「為何 Rust 的 closure 有點不同」上。本章將告訴你三種 closure、如何同時使用 closure 與標準程式庫的方法、closure 如何「捕捉」它的作用域裡面的變數、如何寫出使用 closure 引數的函式與方法，以及如何儲存 closure，以便將來將它當成 callback 來使用。我們也會解釋如何實作 Rust closure，以及為何它們比你想像的還要快。

抓變數

closure 可以使用包著它的函式的資料。例如：

```
/// 根據幾種不同的統計數據進行排序。
fn sort_by_statistic(cities: &mut Vec<City>, stat: Statistic) {
    cities.sort_by_key(|city| -city.get_statistic(stat));
}
```

這個 closure 使用 stat，它是包著它的 sort_by_statistic 函式的，這種情況稱為這個
closure「捕捉（capture）」到 stat，這是 closure 的經典功能之一，Rust 當然支援它，但
是在 Rust 裡面，這個功能有限制條款。

在具備 closure 的大多數語言裡面，垃圾回收都扮演重要的角色。例如，考慮這段
JavaScript 程式：

```javascript
// 啟動動畫，重新排列城市表裡面的資料列。
function startSortingAnimation(cities, stat) {
    // 我們將用來排序表格的協助函式。
    // 注意，這個函式引用 stat。
    function keyfn(city) {
        return city.get_statistic(stat);
    }

    if (pendingSort)
        pendingSort.cancel();

    // 現在啟動動畫，將 keyfn 傳給它。
    // 排序演算法稍後會呼叫 keyfn。
    pendingSort = new SortingAnimation(cities, keyfn);
}
```

我 們 將 closure keyfn 存 入 新 物 件 SortingAnimation， 這 個 closure 是 準 備 在
startSortingAnimation return 之後呼叫的。當函式 return 時，它的變數與引數通常會離
開作用域，並且被丟棄。但是在這裡，JavaScript 引擎必須以某種方式保存 stat，因為
closure 使用它。JavaScript 引擎的做法通常是在 heap 裡面配置 stat，稍後讓垃圾回收程
式回收它。

Rust 沒有垃圾回收，它怎麼做？為了回答這個問題，我們來看兩個例子。

借用的 closure

首先，我們再來看一下本節開頭的例子：

```rust
/// 根據幾種不同的統計數據進行排序。
fn sort_by_statistic(cities: &mut Vec<City>, stat: Statistic) {
    cities.sort_by_key(|city| -city.get_statistic(stat));
}
```

在這個例子裡，當 Rust 建立 closure 時，它會自動借用一個 stat 的參考，這很合理：
closure 引用 stat，所以它必須有它的參考。

其餘的程式很簡單。closure 遵守第 5 章介紹的借用與生命期規則。因為 closure 有 stat 的參考，所以 Rust 不會讓它的生命期超過 stat，因為 closure 只會在排序時使用，所以這個例子沒問題。

簡單說，Rust 藉著使用生命期而非垃圾回收（GC）來確保安全性。Rust 的做法更快：即使是速度飛快的 GC 配置，也比在堆疊中儲存 stat 還要慢。

盜用的 closure

第二個例子比較複雜：

```
use std::thread;

fn start_sorting_thread(mut cities: Vec<City>, stat: Statistic)
    -> thread::JoinHandle<Vec<City>>
{
    let key_fn = |city: &City| -> i64 { -city.get_statistic(stat) };

    thread::spawn(|| {
        cities.sort_by_key(key_fn);
        cities
    })
}
```

它的做法與 JavaScript 範例比較像：thread::spawn 接收一個 closure，並在新的系統執行緒裡面呼叫它。注意，|| 是 closure 的空引數列。

新執行緒與呼叫方平行運行，當 closure return 時，新執行緒退出（closure 的回傳值是以 JoinHandle 值送回去給呼叫方執行緒，我們將在第 19 章介紹它）。

同樣，closure key_fn 裡面有 stat 的參考。但是這一次，Rust 無法保證這個參考可被安全使用。因此，Rust 拒絕這個程式：

```
error: closure may outlive the current function, but it borrows `stat`,
    which is owned by the current function
   |
33 | let key_fn = |city: &City| -> i64 { -city.get_statistic(stat) };
   |              ^^^^^^^^^^^^^^^^^^^^^                      ^^^^
   |              |                                 `stat` is borrowed here
   |              may outlive borrowed value `stat`
```

事實上，這裡有兩個問題，因為 cities 也沒有被安全地共享。理由很簡單，我們沒辦法期望 thread::spawn 建立的新執行緒可在 cities 與 stat 於函式的結尾被銷毀之前完成它的工作。

這兩個問題的解決方案是一樣的：要求 Rust 將 cities 與 stat 移入使用它們的 closure，而不是借參考給它們。

```
fn start_sorting_thread(mut cities: Vec<City>, stat: Statistic)
    -> thread::JoinHandle<Vec<City>>
{
    let key_fn = move |city: &City| -> i64 { -city.get_statistic(stat) };

    thread::spawn(move || {
        cities.sort_by_key(key_fn);
        cities
    })
}
```

我們改變的地方只是在兩個 closure 的前面都加上 move 關鍵字。move 關鍵字告訴 Rust：closure 不會借用它所使用的變數，而是盜用（steal）它們。

第一個 closure key_fn 取得 stat 的所有權。第二個 closure 取得 cities 與 key_fn 的所有權。

因此 Rust 提供兩種方式來讓 closure 從它外面的作用域取得資料：移動與借用，closure 遵守第 4 章與第 5 章介紹過的同一套移動與借用規則。我們來說明幾個情況：

- 如同這個語言的任何其他地方，如果 closure 需要移動一個可複製型態的值，例如 i32，它會改成複製值。所以如果 Statistic 是個可複製的型態，即使我們建立一個使用 stat 的 move closure 之後，我們也可以繼續使用 stat。

- 像 Vec<City> 這種不可複製的型態的值實際上會被移動，上面的程式會透過 move closure，將 cities 移到新執行緒。建立 closure 之後，Rust 不允許我們用名稱來操作 cities。

- 這段程式在 closure 移動 cities 之後就不需要使用它了，但是，如果我們要使用它，做法很簡單：我們可以要求 Rust 複製 cities，並將複本存入不同的變數，closure 只會盜用其中一個複本，看它引用哪一個。

接受 Rust 的嚴格規則可以獲得重要的東西：執行緒安全。因為向量被移動，而不是被緒行緒共享，所以我們知道舊執行緒不會在新執行緒修改向量時釋出向量。

函式與 closure 型態

本章展示過被當成值來使用的函式與 closure，這當然意味著它們有型態。例如：

```
fn city_population_descending(city: &City) -> i64 {
    -city.population
}
```

這個函式接收一個引數（&City）並回傳 i64，它的型態是 fn(&City) -> i64。

你可以用函式來做你用其他值來做的任何事情，你可以將它們存入變數，或是使用一般的 Rust 語法來比較函式值：

```
let my_key_fn: fn(&City) -> i64 =
    if user.prefs.by_population {
        city_population_descending
    } else {
        city_monster_attack_risk_descending
    };

cities.sort_by_key(my_key_fn);
```

結構可能有函式型態欄位，Vec 這種泛型型態可以儲存大量的函式，只要那些函式都有相同的 fn 型態即可。而且函式值很小：fn 是函式的機器碼的記憶體位址，如同 C++ 裡面的函式指標。

函式可以用引數來接收其他的函式。例如：

```
/// 接收一個城市串列與一個測試函式，
/// 回傳有多少城市通過測試。
fn count_selected_cities(cities: &Vec<City>,
                         test_fn: fn(&City) -> bool) -> usize
{
    let mut count = 0;
    for city in cities {
        if test_fn(city) {
            count += 1;
        }
    }
    count
}

/// 測試函式範例。注意，這個函式的型態
/// 是 `fn(&City) -> bool`，與傳給
/// `count_selected_cities` 的 `test_fn` 引數一樣。
fn has_monster_attacks(city: &City) -> bool {
```

```
            city.monster_attack_risk > 0.0
    }

    // 有多少城市可能被怪獸襲擊?
    let n = count_selected_cities(&my_cities, has_monster_attacks);
```

如果你熟悉 C/C++ 裡面的函式指標,你會發現 Rust 的函式值就是同樣的東西。

但是,有一件事可能讓你倍感驚訝:closure 的型態與函式的型態不一樣:

```
    let limit = preferences.acceptable_monster_risk();
    let n = count_selected_cities(
        &my_cities,
        |city| city.monster_attack_risk > limit);  // 錯誤:型態不符
```

第二個引數造成型態錯誤。為了支援 closure,我們必須將這個函式的型態簽章改成這樣:

```
    fn count_selected_cities<F>(cities: &Vec<City>, test_fn: F) -> usize
        where F: Fn(&City) -> bool
    {
        let mut count = 0;
        for city in cities {
            if test_fn(city) {
                count += 1;
            }
        }
        count
    }
```

我們只修改 count_selected_cities 的型態簽章,沒有修改本體,新版本是泛型的,它接收任何型態 F 的 test_fn,只要 F 實作了特殊的 trait Fn(&City) -> bool 即可。所有的函式,以及接收 &City 並回傳布林值的多數 closure 都自動實作這個 trait:

```
    fn(&City) -> bool     // fn 型態 (只限函式)
    Fn(&City) -> bool     // Fn trait (函式與 closure)
```

這個特殊語法是語言內建的。-> 與回傳型態是選用的,如果你省略它們,回傳型態將是 ()。

新版的 count_selected_cities 可接收函式或 closure:

```
    count_selected_cities(
        &my_cities,
        has_monster_attacks);  // ok

    count_selected_cities(
```

```
    &my_cities,
    |city| city.monster_attack_risk > limit);  // 也 ok
```

為什麼第一次嘗試無效？因為，雖然 closure 可呼叫，但它不是 fn。closure |city| city.
monster_attack_risk > limit 有它自己的型態，不是 fn 型態。

事實上，你寫的每個 closure 都有它自己的型態，因為 closure 可能含有資料，也就是從外
面的作用域借用的或盜用的值，它可能是任何數量的變數，有任何型態組合，所以每一個
closure 都是編譯器視情況建立的型態，讓它們的大小足以容納那些資料。不同的 closure
之間不會有完全相同的型態，但是每個 closure 都實作 Fn trait，我們的例子裡的 closure
實作了 Fn(&City) -> i64。

因為每一個 closure 都有它自己的型態，所以使用 closure 的程式通常必須是泛型的，例如
count_selected_cities。雖然每次都寫出泛型型態很不方便，但是接下來你會看到這項設
計的優點。

closure 性能

Rust 的 closure 是為了快速執行而設計的，它比函式指標更快，快到足以讓你在性能敏感
的程式裡面使用它們。如果你熟悉 C++ lambda，你會發現 Rust 與它們一樣快且紮實，但
更安全。

多數語言將 closure 放到 heap 裡面，並且對它進行動態指派與垃圾回收。所以建立、呼叫
與收集它們需要耗費一些額外的 CPU 時間。糟糕的是，closure 往往排除內聯（*inline*）
的可能性。內聯這項關鍵技術可讓編譯器排除呼叫函式的額外負擔，以及啟用一系列其
他的優化。總之，closure 在這些語言裡面太慢了，所以值得手動將它們移出緊密的內部
迴圈。

Rust closure 沒有這些性能缺點，它們不會被垃圾回收，如同 Rust 的所有其他事物，它們
不會被放在 heap，除非你將它們放在 Box、Vec 或其他容器內。而且因為每一個 closure 都
有不同的型態，一旦 Rust 編譯器知道你呼叫的 closure 的型態，它就可以將那個 closure
的程式碼內聯，所以它可以在緊密的迴圈裡面使用 closure。你將在第 15 章看到，Rust 程
式的確經常這樣做。

圖 14-1 是 Rust closure 在記憶體裡面的樣子。在圖的最上面是一些 closure 將引用的區域
變數：一個字串 food，以及一個簡單的 enum weather，它的數字值是 27。

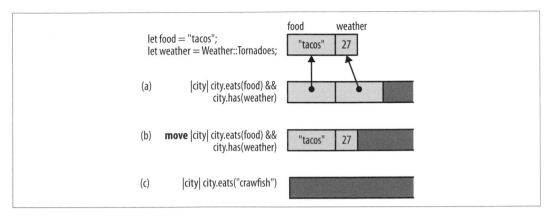

圖 14-1 closure 在記憶體裡面的佈局

closure (a) 使用這兩個變數。顯然我們想尋找既有 taco（墨西哥夾餅）也有 tornado（龍捲風）的城市。在記憶體裡面，這個 closure 看起來就像一個小型的結構，裡面有它使用的變數的參考。

注意，它裡面沒有指向它的程式碼的指標！它不需要這種東西，Rust 只要知道 closure 的型態就知道當你呼叫它時該執行哪些程式了。

closure (b) 完全一樣，但是它是個 move closure，所以它容納值，不是參考。

closure (c) 不使用來自它的周遭環境的任何變數，結構是空的，所以這個 closure 不占用任何記憶體。

如圖所示，這些 closure 不占用太多空間。但即使 bytes 很少，實際上不一定用得到。編譯器通常可以將所有 closure 呼叫內聯，於是，即使是這張圖裡面的小型結構也會被優化。

在第 347 頁的「回呼」裡，我們將展示如何在 heap 裡面配置 closure，並動態地呼叫它們，使用 trait 物件。雖然這種做法慢一些，但它仍然與任何其他 trait 物件方法一樣快。

closure 與安全性

本章討論了 Rust 如何確保 closure 從周圍的程式碼借用或移動變數時可以遵守語言的安全規則。但是 Rust 的做法還有一些不太明顯的後果。在這一節，我們將進一步解釋當 closure 卸除或修改被捕捉的值時會發生什麼事情。

殺手 closure

我們看過借用值的 closure，也看過盜用值的 closure，closure 的徹底黑化只是時間早晚的問題。

當然，殺（*kill*）不是正確的術語。在 Rust 裡，我們是卸除值，最直接的做法是呼叫 drop()：

```
let my_str = "hello".to_string();
let f = || drop(my_str);
```

呼叫 f 之後，my_str 就會被卸除。

如果呼叫它兩次呢？

```
f();
f();
```

當我們第一次呼叫 f 時，它會卸除 my_str，這意味著儲存字串的記憶體被釋出，還給系統。第二次呼叫 f 時，同一件事會發生。它會雙重釋出（*double free*），這種 C++ 程式的典型錯誤會觸發未定義行為。

卸除 String 兩次在 Rust 裡同樣是不好的事情，幸好，Rust 沒那麼容易上當：

```
f();  // ok
f();  // 錯誤：使用被移動的值
```

Rust 知道這個 closure 不能被呼叫兩次。

只能被呼叫一次的 closure 似乎不太正常，但本書一直討論所有權與生命期的概念，「值被耗用」（也就是被移除）是 Rust 的核心概念之一，它在 closure 上發揮的作用與任何其他東西一樣。

FnOnce

我們再來欺騙 Rust 卸除一個 String 兩次。這一次，我們使用這個泛型函式：

```
fn call_twice<F>(closure: F) where F: Fn() {
    closure();
    closure();
}
```

這個泛型函式可接收實作了 trait Fn() 的任何 closure，也就是不接收引數且回傳 () 的 closure（與函式一樣，如果回傳型態是 ()，那個回傳型態就可以忽略。Fn() 是 Fn() -> () 的簡寫）。

將我們的 unsafe closure 傳給這個泛型函式會怎樣？

```
let my_str = "hello".to_string();
let f = || drop(my_str);
call_twice(f);
```

同樣的，當這個 closure 被呼叫時，它會卸除 my_str，呼叫它兩次將是雙重釋出，但 Rust 一樣沒有上當：

```
error: expected a closure that implements the `Fn` trait, but
       this closure only implements `FnOnce`
   |
 8 | let f = || drop(my_str);
   |         ^^^^^^^^------^
   |         |       |
   |         |       closure is `FnOnce` because it moves the variable `my_str`
   |         |       out of its environment
   |         this closure implements `FnOnce`, not `Fn`
 9 | call_twice(f);
   | ---------- the requirement to implement `Fn` derives from here
```

這個錯誤訊息告訴我們更多關於 Rust 如何處理「殺手 closure」的資訊。雖然 Rust 可以完全禁止清理 closure，但有時這件事是很有用的，所以 Rust 限制這件事。Rust 不允許 f 這種會卸除值的 closure 擁有 Fn。從字面上看，它們根本不是 Fn。它們實作功能較弱的 trait，FnOnce，它是讓可被呼叫一次的 closure 使用的 trait。

當你第一次呼叫 FnOnce closure 時，這個 *closure* 本身會被耗用。這就像是有兩個 trait Fn 與 FnOnce 被定義成：

```
// 無引數的 `Fn` 與 `FnOnce` trait 的虛擬碼。
trait Fn() -> R {
    fn call(&self) -> R;
}

trait FnOnce() -> R {
    fn call_once(self) -> R;
}
```

正如同算術運算式 a + b 是方法呼叫式 Add::add(a, b) 的簡寫，Rust 將 closure() 當成上述範例中的一個或兩個 trait 方法的簡寫。對 Fn closure 而言，closure() 展開為 closure.call()，這個方法以參考接收 self，所以這個 closure 不會被移動。但如果這個 closure 只能安全地呼叫一次，那麼 closure() 展開為 closure.call_once()，這個方法以值接收 self，所以 closure 被耗用。

當然，我們在此故意使用 drop() 來製造麻煩。在實務上，這種情況都是意外出現的，它不常發生，但偶爾你會寫出無意間耗用值的 closure：

```
let dict = produce_glossary();
let debug_dump_dict = || {
    for (key, value) in dict {  // 哎呀！
        println!("{:?} - {:?}", key, value);
    }
};
```

於是，當你呼叫 debug_dump_dict() 超過一次時，你會看到這種錯誤訊息：

```
error: use of moved value: `debug_dump_dict`
   |
19 |     debug_dump_dict();
   |     ---------------- `debug_dump_dict` moved due to this call
20 |     debug_dump_dict();
   |     ^^^^^^^^^^^^^^^^ value used here after move
   |
note: closure cannot be invoked more than once because it moves the variable
`dict` out of its environment
   |
13 |         for (key, value) in dict {
   |                             ^^^^
```

為了偵錯，你必須釐清為何這個 closure 是 FnOnce。哪個值被耗用了？編譯器幫你指出它是 dict，在這個例子裡，它就是我們引用的唯一值，啊！bug 在這裡：我們直接迭代 dict 並耗用它了。我們應該迭代 &dict，而不是一般的 dict，以參考存取值：

```
let debug_dump_dict = || {
    for (key, value) in &dict {  // 不耗用 dict
        println!("{:?} - {:?}", key, value);
    }
};
```

這樣就修正 bug 了，現在這個函式是 Fn，可以呼叫任意的次數了。

FnMut

Rust 還有一種容納可變資料或 mut 參考的 closure。

Rust 認為非 mut 值可在執行緒之間安全地共用。但是共用包含 mut 資料的非 mut closure 是不安全的,讓多個執行緒呼叫這種 closure 可能導致各種爭用狀況(race condition),這種狀況會在多個執行緒同時對著同一筆資料進行讀取和寫入時發生。

因此,Rust 還有一種 closure,FnMut,也就是寫入的 closure。FnMut closure 是以 mut 參考來呼叫的,彷彿它們的定義是:

```
// `Fn`、`FnMut` 與 `FnOnce` trait 的虛擬碼
trait Fn() -> R {
    fn call(&self) -> R;
}

trait FnMut() -> R {
    fn call_mut(&mut self) -> R;
}

trait FnOnce() -> R {
    fn call_once(self) -> R;
}
```

需要以 mut 的方式操作值,但不卸除任何值的 closure 都是 FnMut closure。例如:

```
let mut i = 0;
let incr = || {
    i += 1;   // incr 借用 i 的 mut 參考
    println!("Ding! i is now: {}", i);
};
call_twice(incr);
```

我們寫的 call_twice 需要 Fn。因為 incr 是 FnMut 而不是 Fn,所以這段程式無法編譯。但是修正它很簡單,為了說明如何修改,讓我們後退一步,歸納一下你已經知道的關於三種 Rust closure 的事情。

- Fn 屬於 closure 與函式族群,你可以無限制地多次呼叫它們。這個最高類別也包含所有 fn 函式。

- FnMut 屬於 closure 族群,如果 closure 本身被宣告成 mut,它就可以被呼叫多次。

- FnOnce 屬於 closure 族群,可被呼叫一次,如果呼叫方擁有 closure 的話。

每一個 Fn 都滿足使用 FnMut 的條件,每一個 FnMut 都滿足使用 FnOnce 的條件。如圖 14-2 所示,它們不是三個獨立的種類。

Fn() 是 FnMut() 的子 trait,FnMut() 是 FnOnce() 的子 trait,所以 Fn 是最保守的且最強大的種類,FnMut 與 FnOnce 是較廣泛的種類,包括有使用限制的 closure。

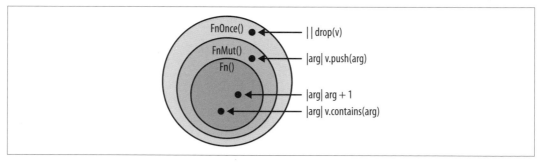

圖 14-2   三個 closure 種類的 Venn 圖

整理這些已經知道的事情之後,很明顯,為了接受最廣泛的 closure,我們的 call_twice 函式應該接收所有的 FnMut closure 如下:

```
fn call_twice<F>(mut closure: F) where F: FnMut() {
    closure();
    closure();
}
```

之前第一行的 bound 是 F: Fn(),現在是 F: FnMut(),如此修改之後,我們仍然接受所有的 Fn closure,而且我們還可以使用 call_twice 來處理會改變資料的 closure:

```
let mut i = 0;
call_twice(|| i += 1);  // ok!
assert_eq!(i, 2);
```

closure 的 copy 與 clone

如同 Rust 會自動確認哪些 closure 只能呼叫一次,它也可以確認哪些 closure 可以實作 Copy 與 Clone,哪些不行。

如前所述,Rust 將 closure 表示成一種結構,裡面有它們捕捉的變數的值(對 move closure 而言)或值的參考(對非 move closure 而言)。對 closure 進行 Copy 與 Clone 的規則就像對一般結構進行 Copy 與 Clone 的規則。不改變變數的非 move closure 只保存共享參考,那種參考既是 Clone 也是 Copy,所以那個 closure 也既是 Clone 也是 Copy:

```
let y = 10;
let add_y = |x| x + y;
let copy_of_add_y = add_y;                  // 這個 closure 是 `Copy`，所以 ...
assert_eq!(add_y(copy_of_add_y(22)), 42); // ... 我們可以呼叫兩者。
```

另一方面，會改變值的非 move closure 的內部表示形式裡面有可變參考。可變參考既不是
Clone 也不是 Copy，所以使用它們的 closure 也不是：

```
let mut x = 0;
let mut add_to_x = |n| { x += n; x };

let copy_of_add_to_x = add_to_x;            // 這會移動，而不是複製
assert_eq!(add_to_x(copy_of_add_to_x(1)), 2); // 錯誤，使用被移動的值
```

對 move closure 而言，規則更簡單。如果 move closure 捕捉的東西都是 Copy，它就是
Copy。如果它捕捉的東西都是 Clone，它就是 Clone。例如：

```
let mut greeting = String::from("Hello, ");
let greet = move |name| {
    greeting.push_str(name);
    println!("{}", greeting);
};
greet.clone()("Alfred");
greet.clone()("Bruce");
```

這個 .clone()(...) 語法有點奇怪，它其實只是代表我們複製 closure，然後呼叫 clone。
這段程式輸出：

```
Hello, Alfred
Hello, Bruce
```

當你在 greet 裡面使用 greeting 時，它會被移入在內部代表 greet 的結構內，因為它是個
move closure。所以，當我們複製 greet 時，它裡面的所有東西也會被複製。greeting 有兩
個複本，當 greet 的複本被呼叫時，它們會被分別修改。這本身沒有多大用處，但當你需
要將同一個 closure 傳給不只一個函式時，它可能非常有用。

回呼

許多程式庫的 API 都使用回呼（*callback*），回呼是由用戶提供，讓程式庫可以在稍
後呼叫的函式。事實上，你已經在本書中看過一些這種 API 了。我們曾經第 2 章使用
actix-web 框架來寫一個簡單的 web 伺服器。那個程式有一個很重要的部分是路由器
（router），它長這樣：

```
App::new()
    .route("/", web::get().to(get_index))
    .route("/gcd", web::post().to(post_gcd))
```

路由器的用途是將網際網路傳來的請求轉傳給處理那種請求的 Rust 程式碼。在這個例子裡，get_index 與 post_gcd 都是我們在別處使用 fn 關鍵字宣告的函式名稱。但我們也可以改成傳入 closure：

```
App::new()
    .route("/", web::get().to(|| {
        HttpResponse::Ok()
            .content_type("text/html")
            .body("<title>GCD Calculator</title>...")
    }))
    .route("/gcd", web::post().to(|form: web::Form<GcdParameters>| {
        HttpResponse::Ok()
            .content_type("text/html")
            .body(format!("The GCD of {} and {} is {}.",
                          form.n, form.m, gcd(form.n, form.m)))
    }))
```

因為 actix-web 可以接受任何執行緒安全的 Fn 引數。

我們怎麼在自己的程式裡面這樣做？讓我們試著從零開始撰寫我們自己的簡單路由器，而不使用 actix-web 的任何程式。我們先宣告一些代表 HTTP 請求與回應的型態：

```
struct Request {
    method: String,
    url: String,
    headers: HashMap<String, String>,
    body: Vec<u8>
}

struct Response {
    code: u32,
    headers: HashMap<String, String>,
    body: Vec<u8>
}
```

目前，路由器的工作只是儲存一個將 URL 對映到回呼的表，以便按需求呼叫正確的回呼（為了簡化，我們只讓用戶建立匹配一個 URL 的路徑）。

```
struct BasicRouter<C> where C: Fn(&Request) -> Response {
    routes: HashMap<String, C>
}
```

```
impl<C> BasicRouter<C> where C: Fn(&Request) -> Response {
    /// 建立空路由器。
    fn new() -> BasicRouter<C> {
        BasicRouter { routes: HashMap::new() }
    }

    /// 將一條路徑加入路由器。
    fn add_route(&mut self, url: &str, callback: C) {
        self.routes.insert(url.to_string(), callback);
    }
}
```

很遺憾，我們犯錯了。你有沒有發現？

如果我們只加入一條路徑，這個路由器可以正確動作：

```
let mut router = BasicRouter::new();
router.add_route("/", |_| get_form_response());
```

程式可以編譯與執行。但不幸的是，如果我們加入另一條路徑：

```
router.add_route("/gcd", |req| get_gcd_response(req));
```

我們會得到錯誤：

```
error: mismatched types
   |
41 |     router.add_route("/gcd", |req| get_gcd_response(req));
   |                              ^^^^^^^^^^^^^^^^^^^^^^^^^^^^
   |                              expected closure, found a different closure
   |
   = note: expected type `[closure@closures_bad_router.rs:40:27: 40:50]`
              found type `[closure@closures_bad_router.rs:41:30: 41:57]`
note: no two closures, even if identical, have the same type
help: consider boxing your closure and/or using it as a trait object
```

錯誤出在 BasicRouter 型態的定義方式：

```
struct BasicRouter<C> where C: Fn(&Request) -> Response {
    routes: HashMap<String, C>
}
```

我們在不知不覺中宣告每一個 BasicRouter 都有一個回呼型態 C，在 HashMap 裡面的所有回呼都是那個型態。在第 268 頁的「該使用哪一個」裡面，我們曾經展示一個有同樣問題的 Salad 型態：

```
struct Salad<V: Vegetable> {
    veggies: Vec<V>
}
```

這個問題的解決辦法與 Salad 一樣,因為我們想要支援各種型態,所以必須使用 box 與 trait 物件:

```
type BoxedCallback = Box<dyn Fn(&Request) -> Response>;

struct BasicRouter {
    routes: HashMap<String, BoxedCallback>
}
```

每一個 box 都可以容納不同型態的 closure,所以一個 HashMap 可以容納各種回呼。注意,現在型態參數 C 被拿掉了。

我們稍微修改一下方法:

```
impl BasicRouter {
    // 建立空路由器。
    fn new() -> BasicRouter {
        BasicRouter { routes: HashMap::new() }
    }

    // 將路徑加入路由器。
    fn add_route<C>(&mut self, url: &str, callback: C)
        where C: Fn(&Request) -> Response + 'static
    {
        self.routes.insert(url.to_string(), Box::new(callback));
    }
}
```

 注意 add_route 的型態簽章裡面,C 的兩個 bound:有一個 Fn trait,以及一個 'static 生命期。Rust 讓我們加入這個 'static bound。如果沒有它,呼叫 Box::new(callback) 將是個錯誤,因為如果 closure 包含即將離開作用域的借用變數參考,那麼儲存該 closure 是不安全的。

這個簡單的路由器終於可以處理傳來的請求了:

```
impl BasicRouter {
    fn handle_request(&self, request: &Request) -> Response {
        match self.routes.get(&request.url) {
            None => not_found_response(),
            Some(callback) => callback(request)
```

```
            }
        }
    }
```

我們犧牲一些彈性，寫出一個更節省空間的路由器版本，使用函式指標或 fn 型態，而不是儲存 trait 物件。這些型態（例如 fn(u32) -> u32）的作用很像 closure：

```
fn add_ten(x: u32) -> u32 {
    x + 10
}

let fn_ptr: fn(u32) -> u32 = add_ten;
let eleven = fn_ptr(1); //11
```

事實上，不從環境捕捉任何東西的 closure 與函式指標完全相同，因為它們不需要保存關於被捕捉的變數的額外資訊。如果你指定適當的 fn 型態，無論是在 binding 裡面，還是在函式簽章裡面，編譯器都會開心地讓你用那種方式使用它們：

```
let closure_ptr: fn(u32) -> u32 = |x| x + 1;
let two = closure_ptr(1); // 2
```

與捕捉東西的 closure 不同的是，這些函式指標只占用一個 usize。

保存函式指標的路由表長這樣：

```
struct FnPointerRouter {
    routes: HashMap<String, fn(&Request) -> Response>
}
```

在這裡，HashMap 只為每一個 String 儲存一個 usize，重點是沒有 Box。除了 HashMap 本身之外，完全沒有動態配置。當然，我們也要修改方法：

```
impl FnPointerRouter {
    // 建立空路由器。
    fn new() -> FnPointerRouter {
        FnPointerRouter { routes: HashMap::new() }
    }

    // 將路徑加入路由器。
    fn add_route(&mut self, url: &str, callback: fn(&Request) -> Response)
    {
        self.routes.insert(url.to_string(), callback);
    }
}
```

如圖 14-1 所示，closure 有獨特的型態，因為每一個 closure 都會捕捉不同的變數，所以它們都有不同的大小。如果它們不捕捉任何東西，那就沒有東西需要儲存。你可以在接收回呼的函式裡面使用 fn 指標來限制呼叫方只能使用不抓東西的 closure，在程式中使用回呼來獲得一些性能和彈性，但這會犧牲你的 API 用戶的彈性。

有效地使用 closure

我們知道，Rust 的 closure 與多數其他語言的 closure 不同，它們之間的最大差異是，在有垃圾回收的語言裡，你可以在 closure 裡面使用區域變數，而不需要考慮生命期或所有權。沒有垃圾回收的情況完全不同，有些在 Java、C# 與 JavaScript 裡常見的設計模式必須經過修改才能在 Rust 裡面運作。

例如 Model-View-Controller 設計模式（簡稱 MVC），如圖 14-3 所示。MVC 框架會幫用戶介面的每一個元素建立三個物件：一個 *model*，代表 UI 元素的狀態，一個 *view*，負責它的外觀，以及一個 *controller*，負責處理用戶的互動。多年來，MVC 已經產生無數的變體，但整體的概念就是用三個物件以某種方式分擔 UI 的職責。

問題來了。一般來說，每一個物件都有一個指向另一個或另兩個物件的參考，可能是直接指向對方，或是透過回呼，如圖 14-3 所示。當其中一個物件發生任何事情時，它會通知其他物件，讓所有事物都及時更新。哪個物件「擁有」其他物件從來都不是問題。

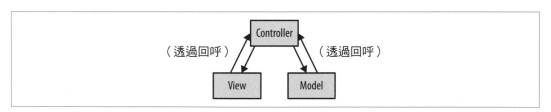

圖 14-3　Model-View-Controller 設計模式

但是你無法在 Rust 裡原封不動地實作這個模式，你必須將所有權明確化，而且必須消除參考循環。model 與 controller 不能有指向彼此的直接參考。

Rust 打賭世上有優秀的替代方案，有時你可以用 closure 所有權與生命期來修正問題，讓各個 closure 用引數來接收它需要的參考，有時你可以為系統內的每一個東西設定一個號碼，並傳遞號碼，而不是傳遞參考。或者，你可以實作某種 MVC 版本，裡面的物件都沒有彼此的參考。有些非 MVC 系統使用單向資料流，你也可以參考它們，建立你的工具組，例如 Facebook 的 Flux 架構，如圖 14-4 所示。

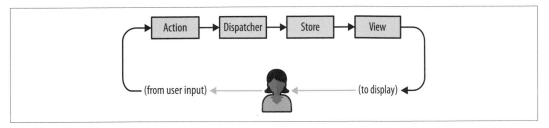

圖 14-4　Flux 架構，MVC 的替代方案

簡言之，如果你試著使用 Rust closure 來製作「物件海洋」，你會陷入很大的麻煩，但是世上有許多替代方案，在這個案例中，軟體工程界似乎已經慢慢往替代方案傾斜了，因為它們更簡單。

在下一章，我們將討論一個讓 closure 充分發揮作用的主題。我們要充分利用 Rust closure 的簡潔性、速度和效率來寫一種程式，這種程式寫起來饒富趣味，容易閱讀，且非常實用。下一個主題是：Rust iterator。

Iterator

iterator 是一種值,它可以產生一系列的值,通常要用迴圈來讀取。Rust 的標準程式庫提供了向量、字串、雜湊表以及其他集合的 iterator,程式庫也提供了接收輸入串流的 iterator、連接網路伺服器 iterator、從其他執行緒用通訊管道接收的值的 iterator,它們都會產生文字行。當然,你也可以實作自己的 iterator。Rust 的 for 迴圈提供自然的語法來讓你使用 iterator,但 iterator 本身也提供豐富的方法,可用來進行對映、過濾、連結、收集⋯等。

Rust 的 iterator 很靈活,富表達力,很有效率。考慮下面的函式,它回傳前 n 個正整數的總和(通常稱為第 *n* 個三角形數):

```
fn triangle(n: i32) -> i32 {
    let mut sum = 0;
    for i in 1..=n {
        sum += i;
    }
    sum
}
```

運算式 1..=n 是個 RangeInclusive<i32> 值,RangeInclusive<i32> 是個 iterator,可以產生一系列的整數,從它的開始值到它的結束值(包含兩者),所以可以當成 for 迴圈的運算元,來將 1 到 n 的值加總。

但是 iterator 也有一個 fold 方法,可以用來撰寫等效的定義:

```
fn triangle(n: i32) -> i32 {
    (1..=n).fold(0, |sum, item| sum + item)
}
```

fold 從 0 開始，將它當成運行總計（running total），並接收 1..=n 產生的每一個值，用 closure |sum, item| sum + item 來處理運行總計與值，這個 closure 的回傳值會成為新的運行總計，它回傳的最後一個值是 fold 本身回傳的值，在這個例子裡，它是整個序列的總和。如果你用過 for 與 while 迴圈，你可能會覺得它很奇怪，但是當你習慣 fold 之後，你會覺得它是既易讀又簡潔的替代方案。

對注重表達能力的泛函程式語言來說，這是非常標準的做法。但是 Rust 的 iterator 經過精心設計，讓編譯器可以將它們轉換成優秀的機器碼。在之前展示的第二個定義的 release build 裡，Rust 知道 fold 的定義，並將它內聯至 triangle 之內，然後 closure |sum, item| sum + item 會被內聯至它之內，最後，Rust 會檢查結合起來的程式，並發現有一種更簡單的做法可以將從 1 到 n 的數字加總：總和一定等於 n * (n+1) / 2，Rust 將 triangle 的本體、迴圈、closure 與所有東西都轉換成一個乘法指令以及一些其他的算術。

我們以簡單的算術為例，但是 iterator 被用來處理複雜的事情時也有很好的表現。它們是 Rust 提供靈活抽象的另一個案例，在典型的用法裡面，幾乎不會產生任何額外負擔。

在這一章，我們將介紹：

- Iterator 與 IntoIterator trait，它們是 Rust 的 iterator 的基礎。

- 典型的 iterator 流水線（pipeline）的三個階段：用值的來源來建立 iterator；藉著選擇或處理它們遇到的值，將一種 iterator 改造成另一種；然後耗用 iterator 產生的值。

- 如何為你自己的型態實作 iterator。

iterator 有很多方法，你可以在了解大致的概念之後跳過這一節。但是 iterator 在道地的 Rust 裡面很常見，熟悉它們提供的工具對掌握這種語言來說非常重要。

Iterator 與 IntoIterator trait

iterator 就是實作了 std::iter::Iterator trait 的任何值：

```
trait Iterator {
    type Item;
    fn next(&mut self) -> Option<Self::Item>;
    ... // 許多預設方法
}
```

Item 是 iterator 產生的值的型態。next 方法要嘛回傳 Some(v)，要嘛回傳 None。Some(v) 的 v 是 iterator 的下一個值，None 代表序列結束。我們先省略 Iterator 的許多預設方法，稍後會分別介紹它們。

如果某個型態可以用一種自然的方式來迭代，你可以為那個型態實作 std::iter::IntoIterator，它的 into_iter 方法接收一個值，並回傳一個迭代它的 iterator：

```
trait IntoIterator where Self::IntoIter: Iterator<Item=Self::Item> {
    type Item;
    type IntoIter: Iterator;
    fn into_iter(self) -> Self::IntoIter;
}
```

IntoIter 是 iterator 值本身的型態，Item 是 iterator 產生的值的型態。實作了 IntoIterator 的型態稱為 *iterable*，因為它是可被迭代的東西。

Rust 的 for 迴圈將以上的所有元素很好地整合起來。若要迭代一個向量的元素，你可以這樣寫：

```
println!("There's:");
let v = vec!["antimony", "arsenic", "aluminum", "selenium"];

for element in &v {
    println!("{}", element);
}
```

在底層，for 迴圈其實只是呼叫 IntoIterator 與 Iterator 方法的簡寫而已：

```
let mut iterator = (&v).into_iter();
while let Some(element) = iterator.next() {
    println!("{}", element);
}
```

for 迴圈使用 IntoIterator::into_iter 來將它的運算元 &v 轉換成 iterator，然後反覆呼叫 Iterator::next，每當它回傳 Some(element) 時，for 迴圈就執行它的本體，如果它回傳 None 時，迴圈終止。

看了這個範例之後，我們來了解一些關於 iterator 的術語：

- 之前說過，*iterator* 是實作了 Iterator 的任何型態。

- *iterable* 是實作了 IntoIterator 的任何型態，你可以呼叫它的 into_iter 方法來讓 iterator 遍歷它。在這個例子中，向量參考 &v 是 iterable。

- iterator 會產生值。

- iterator 產生的值是項目（*item*）。在此，項目是 "antimony"、"arsenic"…等。

- 接收 iterator 產生的項目的程式稱為耗用者（*comsumer*），在這個例子中，for 迴圈是耗用者。

雖然 for 迴圈始終對著它的運算元呼叫 into_iter，但你也可以將 iterator 直接傳給 for 迴圈，例如，這種事會在你迭代 Range 時發生。所有的 iterator 都自動實作 IntoIterator，它有一個回傳 iterator 的 into_iter 方法。

Iterator trait 並未規定當你在 iterator 回傳 None 之後，再次呼叫它的 next 方法時該怎麼處理。大多數的 iterator 會再次回傳 None，但有的不是如此（如果這造成問題，第 375 頁的「fuse」介紹的 fuse adapter 可以提供協助）。

建立 Iterator

Rust 標準程式庫的文件詳細說明了每一種型態提供哪些 iterator，這個程式庫藉由一些規範來幫助你找到你需要的東西。

iter 與 iter_mut 方法

大多數的集合型態都提供 iter 與 iter_mut 方法，這些方法回傳迭代該型態的 iterator，可產生每一個項目的共享或可變參考。&[T] 與 &mut [T] 這種陣列 slice 也有 iter 與 iter_mut 方法。如果你不想用 for 迴圈來處理的話，這些方法是最常用來取得 iterator 的方法：

```
let v = vec![4, 20, 12, 8, 6];
let mut iterator = v.iter();
assert_eq!(iterator.next(), Some(&4));
assert_eq!(iterator.next(), Some(&20));
assert_eq!(iterator.next(), Some(&12));
assert_eq!(iterator.next(), Some(&8));
assert_eq!(iterator.next(), Some(&6));
assert_eq!(iterator.next(), None);
```

iterator 的項目型態是 &i32，每次呼叫 next 都會產生下一個元素的參考，直到到達向量結尾為止。

每一個型態都可以自由地實作 iter 與 iter_mut，以最符合其目的的任何方式。std::path::Path 的 iter 方法回傳一個 iterator，它每次產生一個路徑組件：

```
use std::ffi::OsStr;
use std::path::Path;

let path = Path::new("C:/Users/JimB/Downloads/Fedora.iso");
let mut iterator = path.iter();
assert_eq!(iterator.next(), Some(OsStr::new("C:")));
assert_eq!(iterator.next(), Some(OsStr::new("Users")));
assert_eq!(iterator.next(), Some(OsStr::new("JimB")));
...
```

這個 iterator 的項目型態是 &std::ffi::OsStr，它是作業系統呼叫（operating system calls）所接收的字串的借用 slice。

如果某種型態迭代方法不只一種，那種型態通常為各種遍歷方式提供專屬的方法，因為一般的 iter 方法可能不明確。例如，&str 字串 slice 型態沒有 iter 方法，如果 s 是 &str，那麼 s.bytes() 會回傳一個產生 s 的各個 byte 的 iterator，而 s.chars() 會將內容解讀為 UTF-8，並產生各個 Unicode 字元。

IntoIterator 實作

如果型態實作了 IntoIterator，你可以自己呼叫它的 into_iter 方法，就像 for 迴圈的做法：

```
// 通常你應該會使用 HashSet，但是這個迭代順序是
// 不確定的，所以 BTreeSet 在範例中的效果較好。
use std::collections::BTreeSet;
let mut favorites = BTreeSet::new();
favorites.insert("Lucy in the Sky With Diamonds".to_string());
favorites.insert("Liebesträume No. 3".to_string());

let mut it = favorites.into_iter();
assert_eq!(it.next(), Some("Liebesträume No. 3".to_string()));
assert_eq!(it.next(), Some("Lucy in the Sky With Diamonds".to_string()));
assert_eq!(it.next(), None);
```

大多數的集合都提供一些 IntoIterator 的實作，來處理共享參考（&T）、可變參考（&mut T）與移動（T）：

- 當 into_iter 接收集合的共享參考後，它會回傳一個 iterator，這個 iterator 會產生項目的共享參考。例如，在上面的程式裡，(&favorites).into_iter() 會回傳一個 iterator，它的 Item 型態是 &String。

- 當 into_iter 收到集合的可變參考後,它會回傳一個 iterator,這個 iterator 會產生項目的可變參考。例如,如果 vector 是 Vec<String>,那麼呼叫 (&mut vector).into_iter() 會回傳一個 iterator,它的 Item 型態是 &mut String。

- 當 into_iter 以值收到集合後,into_iter 會回傳一個 iterator,該 iterator 擁有集合的所有權,並以值回傳項目;項目的所有權會從集合移交給耗用者,原始的集合在過程中會被耗用。例如,在上述的程式中呼叫 favorites.into_iter() 會回傳一個 iterator,它會以值產生每一個字串;耗用者將接收每一個字串的所有權。當 iterator 被卸除時,在 BTreeSet 裡面剩餘的任何元素也會被卸除,然後集合的空殼也會被丟棄。

因為 for 迴圈對它的運算元執行 IntoIterator::into_iter,所以這三個實作帶來下面的習慣寫法,以迭代共享的或可變的集合參考,或耗用集合,並取得其元素的所有權:

```
for element in &collection { ... }
for element in &mut collection { ... }
for element in collection { ... }
```

每一行程式都會呼叫以上所列的其中一個 IntoIterator 實作。

並非每一個型態都提供全部的三種實作。例如,HashSet、BTreeSet 與 BinaryHeap 未實作處理可變參考的 IntoIterator,因為修改它們的元素可能違反型態的不變性:修改過的值可能有不同的雜湊值,或是與鄰值的排列方式不同,導致它移到不正確的位置。有些型態雖然支援改變,但只能部分改變。例如,HashMap 與 BTreeMap 產生項目值的可變參考,但只有索引鍵是共享參考,出於類似的理由。

迭代的基本原則是有效率且可預測,因此,Rust 不會提供昂貴的或行為怪異的實作(例如,將改過的 HashSet 項目再次雜湊化,而且之後的迭代可能再遇到它們),Rust 會完全略去它們。

slice 實作了三個 IntoIterator 版本中的兩個,因為它們並未擁有它們的元素,所以沒有「以值」的情況。&[T] 與 &mut [T] 的 into_iter 會回傳一個 iterator,iterator 會產生元素的共享與可變參考。當你將底層的 slice 型態 [T] 想像成某種集合時,你會發現它符合整體模式。

你可能已經發現,處理共享與可變參考的兩個 IntoIterator 版本相當於對著參考對象呼叫 iter 或 iter_mut,為什麼 Rust 提供兩者?

IntoIterator 是讓 for 迴圈操作的東西，顯然它是必要的，但是當你不使用 for 迴圈時，使用 favorites.iter() 看起來比使用 (&favorites).into_iter() 更明確。以共享的參考來迭代是常做的事情，因此 iter 與 iter_mut 仍然有其價值。

IntoIterator 在泛型程式裡面也很有用，你可以使用 T: IntoIterator 來將型態變數 T 限制為可以迭代的型態。你也可以撰寫 T: IntoIterator<Item=U> 來進一步要求迭代產生特定的型態 U。例如，這個函式使用 "{:?}" 格式來將項目可列印的 iterable 的值印出來：

```
use std::fmt::Debug;

fn dump<T, U>(t: T)
    where T: IntoIterator<Item=U>,
          U: Debug
{
    for u in t {
        println!("{:?}", u);
    }
}
```

這個泛型函式不能使用 iter 與 iter_mut 來撰寫，因為它們不是 trait 的方法，大多數的 iterable 型態只是剛好讓方法使用這些名稱。

from_fn 與 successors

若要產生一系列的值，有一種簡單且通用的方式是提供一個回傳它們的 closure。

當 std::iter::from_fn 收到一個回傳 Option<T> 的函式之後，它會回傳一個 iterator，iterator 會呼叫這個函式來產生它的項目。例如：

```
use rand::random; // 在 Cargo.toml dependencies 中：rand = "0.7"
use std::iter::from_fn;

// 產生 1000 條隨機線段的長度，
// 它們通常在 [0, 1] 區間內均勻分布
// （你無法在 `rand_distr` crate 裡面
// 找到這種分布，但很容易自行製作。）
let lengths: Vec<f64> =
    from_fn(|| Some((random::<f64>() - random::<f64>()).abs()))
    .take(1000)
    .collect();
```

它呼叫 from_fn 來讓 iterator 產生隨機數字。因為 iterator 總是回傳 Some，所以這個序列永遠不會結束，但是我們可以呼叫 take(1000) 來限制為前 1,000 個元素。接下來，collect 會用迭代的結果來建構向量。用這種方式來建構已初始化的向量很有效率，本章將在第 391 頁的「建構集合：collect 與 FromIterator」解釋原因。

如果各個項目都依賴前一個項目，std::iter::successors 函式可以良好地運作。你可以提供一個初始項目，以及一個接收一個項目，並回傳下一個的 Option 的函式。當它回傳 None 時，迭代結束。例如，這是第 2 章的 Mandelbrot 集合繪圖程式的 escape_time 的另一種寫法：

```
use num::Complex;
use std::iter::successors;

fn escape_time(c: Complex<f64>, limit: usize) -> Option<usize> {
    let zero = Complex { re: 0.0, im: 0.0 };
    successors(Some(zero), |&z| { Some(z * z + c) })
        .take(limit)
        .enumerate()
        .find(|(_i, z)| z.norm_sqr() > 4.0)
        .map(|(i, _z)| i)
}
```

successors 呼叫式從零開始，反覆取上一個點的平方加上參數 c 來產生一系列複數平面的點。在繪製 Mandelbrot 集合時，我們想知道這個序列究竟永遠在原點附近徘徊，還是飛向無限遠的地方。take(limit) 呼叫式限制了追蹤序列的時間，並列舉每一個點的數字，將每個點 z 轉換成 tuple (i, z)。我們使用 find 來尋找第一個與原點的距離遠到可逃脫的點。如果有這個點，find 方法回傳 Option: Some((i, z))，否則回傳 None。呼叫 Option::map 會將 Some((i, z)) 轉換成 Some(i)，但是回傳同樣的 None，這正是我們想要的回傳值。

from_fn 與 successors 都接收 FnMut closure，closure 可以捕捉周圍作用域的變數並修改它們。例如，這個 fibonacci 函式使用一個 move closure 來捕捉一個變數，並將它當成它的運行狀態（running state）來使用：

```
fn fibonacci() -> impl Iterator<Item=usize> {
    let mut state = (0, 1);
    std::iter::from_fn(move || {
        state = (state.1, state.0 + state.1);
        Some(state.0)
    })
}
```

```
assert_eq!(fibonacci().take(8).collect::<Vec<_>>(),
           vec![1, 1, 2, 3, 5, 8, 13, 21]);
```

需注意的是，from_fn 與 successors 方法很靈活，所以你可以將幾乎任何一種 iterator 的用法改成呼叫這兩個方法的其中一個一次，並傳遞 closure 來產生你要的行為。但是這樣做就失去了讓 iterator 說明資料如何在計算過程中流動，以及使用常用模式的標準名稱的機會。在使用這兩種方法之前，務必先熟悉本章的其他 iterator 方法，你通常可以用更好的做法來完成工作。

drain 方法

許多集合型態都提供 drain 方法，它可接收一個集合的可變參考，並回傳一個 iterator，iterator 可將每一個元素的所有權交給耗用者。但是，into_iter() 方法以值接收集合，並耗用它，而 drain 只借用集合的可變參考，而且當 iterator 被卸除時，它會移除集合的所有剩餘元素，將它清空。

如果型態可以用範圍來檢索，例如 String、向量與 VecDeque，drain 方法會接收有待移除的元素範圍，而不是 drain 整個序列：

```
let mut outer = "Earth".to_string();
let inner = String::from_iter(outer.drain(1..4));

assert_eq!(outer, "Eh");
assert_eq!(inner, "art");
```

如果你需要 drain 整個序列，你可以使用所有範圍 .. 作為引數。

其他的 iterator 來源

前面幾節主要討論向量與 HashMap 等集合型態，但是標準程式庫還有許多其他支援迭代的型態。表 15-1 整理了比較值得注意的幾個，但此外還有許多型態。我們將在專門討論特定型態的章節裡面更仔細地探討這些方法（第 16、17、18 章）。

表 15-1　標準程式庫裡的其他 iterator

型態或 trait	運算式	說明
std::ops::Range	1..10	端點必須是可迭代的整數型態。範圍包括開始值，不包括結束值。
	(1..10).step_by(2)	產生 1、3、5、7、9。

型態或 trait	運算式	說明
std::ops::RangeFrom	1..	無界限迭代。開始點必須是整數。當值到達型態的限制時，可能 panic 或溢位。
std::ops::RangeInclusive	1..=10	與 Range 很像，但包括結束值。
Option<T>	Some(10).iter()	行為很像長度為 0（None）或 1（Some(v)）的向量。
Result<T, E>	Ok("blah").iter()	類似 Option，產生 Ok 值。
Vec<T>, &[T]	v.windows(16)	產生每一個特定長度的毗連 slice，從左到右。窗口重疊。
	v.chunks(16)	產生不重疊、指定長度的相連 slice，從左到右。
	v.chunks_mut(1024)	很像 chunks，但 slice 是可變的。
	v.split(|byte| byte & 1 != 0)	產生多個 slice，slice 之間以符合指定條件的元素分隔。
	v.split_mut(...)	與上面一樣，但產生可變（mutable）的 slice。
	v.rsplit(...)	與 split 一樣，但由右至左產生 slice。
	v.splitn(n, ...)	與 split 一樣，但最多產生 n 個 slice。
String, &str	s.bytes()	產生 UTF-8 格式的 bytes。
	s.chars()	產生 UTF-8 表示的 char。
	s.split_whitespace()	以空格分割字串，並產生非空格字元的 slice。
	s.lines()	產生字串行（line）的 slice。
	s.split('/')	按照指定的模式來分割字串，產生匹配的元素之間的 slice。模式可以使用許多東西：字元、字串、closure。
	s.matches(char::is_numeric)	產生符合指定模式的 slice。
std::collections::HashMap, std::collections::BTreeMap	map.keys(), map.values()	產生 map 的索引鍵或值的共享參考。
	map.values_mut()	產生項目的值的可變參考。

型態或 trait	運算式	說明
std::collections::HashSet, std::collections::BTreeSet	set1.union(set2)	產生 set1 與 set2 的聯集元素的共享參考。
	set1.intersection(set2)	產生 set1 與 set2 的交集元素的共享參考。
std::sync::mpsc::Receiver	recv.iter()	產生從對映的 Sender 上的另一個執行緒傳來的值。
std::io::Read	stream.bytes()	產生一個 I/O 串流的 bytes。
	stream.chars()	將串流解析成 UTF-8 並產生 char。
std::io::BufRead	bufstream.lines()	將串流解析成 UTF-8 並產生 String。
	bufstream.split(0)	用指定的 byte 分割串流,產生 byte 間(inter-byte)的 Vec<u8> 緩衝區。
std::fs::ReadDir	std::fs::read_dir(path)	產生目錄項目。
std::net::TcpListener	listener.incoming()	產生進入的網路連結。
Free functions	std::iter::empty()	立刻回傳 None。
	std::iter::once(5)	產生指定值並結束。
	std::iter::repeat("#9")	永遠產生指定值。

Iterator 改造方法

取得 iterator 之後,Iterator trait 提供了廣泛的改造方法(*adapter method*),簡稱 *adapter*,它們可以耗用一個 iterator,並建立一個具有實用行為的新 iterator。為了解釋 adapter 如何運作,我們先來看兩個最流行的 adapter,map 與 filter。接下來,我們會介紹其餘的 adapter 工具組,它們提供將一個序列轉換另一個序列的各種方式,包括裁切、跳過、組合、反過來、串接、重複…等。

map 與 filter

Iterator trait 的 map adapter 可對著一個 iterator 的項目執行一個 closure 來轉換它。filter adapter 可從一個 iterator 篩選出項目,用 closure 來決定哪些該保留,哪些該移除。

例如，假設你要迭代多行文字，並想要省略每行的開頭與結尾的空格。標準程式庫的
str::trim 方法可以移除一個 &str 的開頭與結尾空格，回傳一個新的、經過修剪的、向原
始字串借用的 &str。你可以使用 map adapter 來對 iterator 產生的每一行執行 str::trim：

```
let text = "  ponies \n   giraffes\niguanas  \nsquid".to_string();
let v: Vec<&str> = text.lines()
    .map(str::trim)
    .collect();
assert_eq!(v, ["ponies", "giraffes", "iguanas", "squid"]);
```

呼叫 text.lines() 會回傳一個 iterator，它可以產生字串行。對著那個 iterator 呼叫 map 會
回傳第二個 iterator，它可以用 str::trim 來處理每一行，將結果當成它的項目，最後，
collect 將這些項目收集到一個向量內。

當然，map 回傳的 iterator 本身也可以進一步改造。如果你想要將 iguanas 移出結果，你可
以這樣寫：

```
let text = "  ponies \n   giraffes\niguanas  \nsquid".to_string();
let v: Vec<&str> = text.lines()
    .map(str::trim)
    .filter(|s| *s != "iguanas")
    .collect();
assert_eq!(v, ["ponies", "giraffes", "squid"]);
```

這裡的 filter 回傳第三個 iterator，它只會產生 map iterator 產生的項目中，可讓 closure
|s| *s != "iguanas" 回傳 true 的項目。一系列的 iterator adapter 就像 Unix shell 裡面的
pipeline：每一個 adapter 都有一個目的，由左至右閱讀可以看出序列如何轉換。

這些 adapter 的簽章是：

```
fn map<B, F>(self, f: F) -> impl Iterator<Item=B>
    where Self: Sized, F: FnMut(Self::Item) -> B;

fn filter<P>(self, predicate: P) -> impl Iterator<Item=Self::Item>
    where Self: Sized, P: FnMut(&Self::Item) -> bool;
```

在標準程式庫裡面，map 與 filter 其實會回傳不透明的結構型態，稱為 std::iter::Map 與
std::iter::Filter。但是，它們的名稱沒有傳達足夠的資訊，所以在本書中，我們改成寫
為 -> impl Iterator<Item=...>，因為它可以表達我們想知道的事情：這個方法回傳一個
Iterator，那個 iterator 會產生特定型態的項目。

因為大多數的 adapter 都以值接收 self，所以它們要求 Self 是 Sized（多數常見的 iterator
都是如此）。

map iterator 將每個項目以值傳給它的 closure，並依序將 closure 產生的結果的所有權交給它的耗用者。filter iterator 以共享參考將各個項目傳給它的 closure，如果項目需要傳給它的耗用者，則保留所有權。這就是為什麼這個範例必須解參考 s 才能拿它和 "iguanas" 做比較：filter iterator 的項目型態是 &str，所以 closure 的引數 s 的型態是 &&str。

關於 iterator adapter 有兩個重點。

第一，對著 iterator 呼叫 adapter 不會耗用任何項目，它只會回傳一個新的 iterator，後者可視需要使用第一個 iterator 來產生它自己的項目。在一系列串連的 adapter 裡，實際完成任何工作的唯一辦法，就是對著最後一個 iterator 呼叫 next。

所以在之前的例子裡，text.lines() 本身其實不會解析字串的任何一行，它只會回傳一個將會視需求解析文字行的 iterator。同樣的，map 與 filter 只會回傳一個將會視需求進行對映或過濾的新 iterator。除非 collect 開始對著 filter iterator 呼叫 next，否則任何工作都不會執行。

如果你使用有副作用的 adapter，這一點特別重要，例如，這段程式不會印出任何東西：

```
["earth", "water", "air", "fire"]
    .iter().map(|elt| println!("{}", elt));
```

iter 會回傳一個迭代陣列元素的 iterator，map 會回傳第二個 iterator，它會用 closure 來處理第一個 iterator 產生的每一個值。但是我們沒有實際向整個呼叫鏈索取值，所以 next 方法不會執行。事實上，Rust 會警告你這件事：

```
warning: unused `std::iter::Map` that must be used
  |
7 | /     ["earth", "water", "air", "fire"]
8 | |         .iter().map(|elt| println!("{}", elt));
  | |_____^
  |
  = note: iterators are lazy and do nothing unless consumed
```

錯誤訊息裡面的「lazy」不是貶義詞，而是一個術語，代表將計算延遲到有人需要值才執行計算的機制。Rust 的慣例是，iterator 應該以最少工作量來滿足每一次 next 呼叫，這個範例完全沒有這個呼叫，所以不做任何工作。

第二個重點是，iterator adapter 是零額外成本的抽象。因為 map、filter 與它們的同伙都是泛型的，所以對著 iterator 執行它們時，Rust 會根據參與其中的 iterator 類型量身打造它們的程式碼。這意味著，Rust 有足夠的資訊可將各個 iterator 的 next 方法內聯至它的耗用者裡面，然後將整個安排視為一個單位，翻譯成機器碼。所以上述的 lines/map/filter iterator 鏈將和你親自撰寫的程式一樣高效：

```
for line in text.lines() {
    let line = line.trim();
    if line != "iguanas" {
        v.push(line);
    }
}
```

本節其餘的內容將討論 Iterator trait 的各種 adapter。

filter_map 與 fat_map

map adapter 很適合在每個傳來的項目都會產生一個輸出項目時使用，但如果你想要在迭代過程中刪除某些項目，而不是處理它們，或是將一個項目換成零或多個項目呢？filter_map 與 flat_map adapter 可提供這種彈性。

filter_map adapter 類似 map，但它可以讓 closure 將項目轉換成新項目（與 map 一樣），或在迭代時卸除項目，因此，它有點像 filter 與 map 的結合。它的簽章長這樣：

```
fn filter_map<B, F>(self, f: F) -> impl Iterator<Item=B>
    where Self: Sized, F: FnMut(Self::Item) -> Option<B>;
```

這個簽章與 map 一樣，但是它的 closure 回傳 Option<B>，而非只是 B。當 closure 回傳 None 時，項目會從迭代卸除，當它回傳 Some(b) 時，b 是 filter_map iterator 產生的下一個項目。

例如，假如你要掃描一個字串來找出以空格分開而且可以解析成數字的單字，並處理數字，卸除其他單字。你可以這樣寫：

```
use std::str::FromStr;

let text = "1\nfrond .25   289\n3.1415 estuary\n";
for number in text
    .split_whitespace()
    .filter_map(|w| f64::from_str(w).ok())
{
    println!("{:4.2}", number.sqrt());
}
```

它會印出：

```
1.00
0.50
17.00
1.77
```

被傳給 filter_map 的 closure 會試著使用 f64::from_str 來解析各個以空格分開的 slice，並回傳 Result<f64, ParseFloatError>，它的 .ok() 會轉換成 Option<f64>：解析錯誤會變成 None，而成功的解析則會變成 Some(v)。但 filter_map iterator 會卸除所有的 None 值，並為各個 Some(v) 產生 v 值。

但是，將 map 與 filter 插入單一操作而不是直接使用這些 adapter 有什麼意義？filter_map adapter 會在剛才這種情況下展示它的值，此時決定是否將一個項目加入迭代的最佳辦法是實際處理它。你也可以只用 filter 與 map 來做同一件事，但程式有點醜：

```
text.split_whitespace()
    .map(|w| f64::from_str(w))
    .filter(|r| r.is_ok())
    .map(|r| r.unwrap())
```

你也許認為 flat_map adapter 的工作邏輯和 map 和 filter_map 一樣，但現在 closure 不是只能回傳一個項目（像 map），或零或一個項目（像 filter_map），而是可以回傳一系列任何數量的項目。flat_map iterator 可產生 closure 回傳的序列的串連結果。

flat_map 的簽章是：

```
fn flat_map<U, F>(self, f: F) -> impl Iterator<Item=U::Item>
    where F: FnMut(Self::Item) -> U, U: IntoIterator;
```

傳給 flat_map 的 closure 必須回傳一個 iterable，但任何類型的 iterable 都可以[1]。

例如，假設我們有一個表，可將國家對映到它的主要城市。如果我們有一個國家清單，如何迭代它們的主要城市？

```
use std::collections::HashMap;

let mut major_cities = HashMap::new();
major_cities.insert("Japan", vec!["Tokyo", "Kyoto"]);
major_cities.insert("The United States", vec!["Portland", "Nashville"]);
major_cities.insert("Brazil", vec!["São Paulo", "Brasilia"]);
major_cities.insert("Kenya", vec!["Nairobi", "Mombasa"]);
```

---

[1] 事實上，因為 Option 是 iterable，其行為類似「零或一個項目組成的序列」，所以 iterator.filter_map(closure) 相當於 iterator.flat_map(closure)，假設 closure 回傳 Option<T>。

```
major_cities.insert("The Netherlands", vec!["Amsterdam", "Utrecht"]);

let countries = ["Japan", "Brazil", "Kenya"];

for &city in countries.iter().flat_map(|country| &major_cities[country]) {
    println!("{}", city);
}
```

它會印出：

```
Tokyo
Kyoto
São Paulo
Brasília
Nairobi
Mombasa
```

可能有人認為，我們可以幫每一個國家取得它的城市向量，將所有向量串接成一個序列，然後印出它。

但是別忘了，iterator 是遲緩（lazy）的，直到 for 迴圈呼叫 flat_map iterator 的 next 方法時，工作才會執行，絕不會在記憶體裡面建構完全串接的序列，Rust 會用一個小狀態機（state machine），每次從城市 iterator 提取一個項目，直到它耗盡為止，唯有此時才會幫下一個國家產生一個新的城市 iterator，這個效果與嵌套的迴圈一樣，但是被打包起來，當成 iterator 來使用。

flatten

flatten adapter 會串接 iterator 的項目，假設每個項目本身都是個 iterable：

```
use std::collections::BTreeMap;

// 將城市對映至它們的公園的表：每個值都是一個向量。
let mut parks = BTreeMap::new();
parks.insert("Portland",  vec!["Mt. Tabor Park", "Forest Park"]);
parks.insert("Kyoto",     vec!["Tadasu-no-Mori Forest", "Maruyama Koen"]);
parks.insert("Nashville", vec!["Percy Warner Park", "Dragon Park"]);

// 建立所有公園的向量，`values` 給我們一個產生向量
// 的 iterator，然後 `flatten` 會依序產生各個向量的元素。
let all_parks: Vec<_> = parks.values().flatten().cloned().collect();

assert_eq!(all_parks,
        vec!["Tadasu-no-Mori Forest", "Maruyama Koen", "Percy Warner Park",
            "Dragon Park", "Mt. Tabor Park", "Forest Park"]);
```

「flatten」這個名稱來自將雙層結構的圖像壓（flattening）成單層結構的圖像：BTreeMap 與它的名稱 Vec 被壓成一個可以產生所有名稱的 iterator。

flatten 的簽章是：

```
fn flatten(self) -> impl Iterator<Item=Self::Item::Item>
    where Self::Item: IntoIterator;
```

換句話說，底層的 iterator 項目本身必須實作 IntoIterator，所以它實質上是個序列的序列。flatten 方法會回傳一個迭代這些序列的串接結果的 iterator。當然，它同樣是以遲緩（lazy）的方式進行的，直到迭代最後一個項目之後，才會從 self 取出一個新項目。

flatten 方法有幾種神奇的用法，如果你有一個 Vec<Option<...>>，而且你只想迭代 Some 值，flatten 可以利落地幫你處理這件事：

```
assert_eq!(vec![None, Some("day"), None, Some("one")]
            .into_iter()
            .flatten()
            .collect::<Vec<_>>(),
          vec!["day", "one"]);
```

這段程式之所以可行是因為 Option 本身實作了 IntoIterator，代表一個由非零即一的元素組成的序列。None 元素對迭代沒有貢獻，而各個 Some 值貢獻一個值。你也可以用 flatten 來迭代 Option<Vec<...>> 值：None 的行為與空向量一樣。

Result 也實作了 IntoIterator，用 Err 來代表一個空序列，所以對著 Result 值的迭代器使用 flatten 可以擠出所有的 Err 並將它們丟棄，產生一系列未包裝（unwrapped）的成功值。我們不建議忽略錯誤，但如果你知道來龍去脈，這是很巧妙的做法。

有時可在需要使用 flat_map 時使用 flatten。例如，標準程式庫的 str::to_uppercase 方法可將字串轉換成大寫，它的做法類似：

```
fn to_uppercase(&self) -> String {
    self.chars()
        .map(char::to_uppercase)
        .flatten() // 有更好的做法
        .collect()
}
```

必須使用 flatten 的原因是 ch.to_uppercase() 不是回傳一個字元，而是回傳一個 iterator，可產生一或多個字元。將每一個字元對映至它的大寫會產生一個字元的 iterator 的 iterator，而 flatten 負責將它們全部拼接成可以放入一個 String 的東西。

但是因為 map 與 flatten 的組合太常用了，所以 Iterator 專門提供了 flat_map adapter（事實上，flat_map 比 flatten 更早被放入標準程式庫）。所以上面的程式可以改寫成：

```
fn to_uppercase(&self) -> String {
    self.chars()
        .flat_map(char::to_uppercase)
        .collect()
}
```

take 與 take_while

Iterator trait 的 take 與 take_while adapter 可讓你結束迭代，在某個數量的項目之後結束，或是在 closure 決定截止時結束。它們的簽章是：

```
fn take(self, n: usize) -> impl Iterator<Item=Self::Item>
    where Self: Sized;

fn take_while<P>(self, predicate: P) -> impl Iterator<Item=Self::Item>
    where Self: Sized, P: FnMut(&Self::Item) -> bool;
```

它們都擁有一個 iterator 的所有權，也都會回傳一個新 iterator，新 iterator 能夠傳出第一個 iterator 的項目，而且可能會提早結束序列。take iterator 會在產生最多 n 個項目後回傳 None。take_while iterator 會對各個項目執行 predicate，並且在第一個讓 predicate 回傳 false 的地方回傳 None，並在後續每次呼叫 next 時回傳 None。

例如，如果有一封 email 的標題與正文之間有一條空行，你可以使用 take_while 來迭代標題：

```
let message = "To: jimb\r\n\
               From: superego <editor@oreilly.com>\r\n\
               \r\n\
               Did you get any writing done today?\r\n\
               When will you stop wasting time plotting fractals?\r\n";
for header in message.lines().take_while(|l| !l.is_empty()) {
    println!("{}" , header);
}
```

第 73 頁的「字串常值」說過，當字串裡面的一行文字的結尾是反斜線時，Rust 不會加入下一行的縮排，所以字串的每一行的開頭都沒有空格。這意味著訊息的第三行是空的。take_while adapter 在看到空行時立刻終止迭代，所以這段程式只印出前兩行：

```
To: jimb
From: superego <editor@oreilly.com>
```

skip 與 skip_while

Iterator trait 的 skip 與 skip_while 方法是 take 與 take_while 的相反：它們會在迭代開始時卸出某個數量的項目，或是一直卸除項目，直到 closure 找到可接受到項目為止，然後將其餘的項目原封不動傳出去。它們的簽章是：

```
fn skip(self, n: usize) -> impl Iterator<Item=Self::Item>
    where Self: Sized;

fn skip_while<P>(self, predicate: P) -> impl Iterator<Item=Self::Item>
    where Self: Sized, P: FnMut(&Self::Item) -> bool;
```

在迭代程式的命令列引數時，skip adapter 經常被用來跳過命令名稱。第 2 章的最大公因數程式曾經使用下面的程式來迭代命令列引數：

```
for arg in std::env::args().skip(1) {
    ...
}
```

std::env::args 函式回傳一個 iterator，這個 iterator 可產生程式的引數 String，第一個項目就是程式本身的名稱，我們不想在迴圈裡處理這個字串，對著 iterator 呼叫 skip(1) 會產生一個新 iterator，它會在第一次被呼叫時卸除程式名稱，然後產生後續的所有引數。

skip_while adapter 使用 closure 來決定要從序列的開頭卸除多少項目。你可以這樣迭代上一節的 message 內文：

```
for body in message.lines()
    .skip_while(|l| !l.is_empty())
    .skip(1) {
    println!("{}" , body);
}
```

它用 skip_while 來跳過非空的文字行，但那個 iterator 本身產生了空行，畢竟，closure 在那一行回傳 false。所以我們也使用 skip 方法來卸除它，產生一個 iterator，它的第一個項目是 message 正文的第一行。結合上一節宣告的 message，這段程式會印出：

```
Did you get any writing done today?
When will you stop wasting time plotting fractals?
```

peekable

peekable iterator 可讓你偷看下一個項目，而不實際耗用它。你可以呼叫 Iterator trait 的 peekable 方法，來將任何 iterator 轉換成 peekable iterator：

```
fn peekable(self) -> std::iter::Peekable<Self>
    where Self: Sized;
```

這裡的 `Peekable<Self>` 是實作了 `Iterator<Item=Self::Item>` 的結構,而 `Self` 是底下的 iterator 的型態。

Peekable iterator 有一個額外的 `peek` 方法,它會回傳一個 `Option<&Item>`:若底下的 iterator 完成工作,則為 `None`,否則為 `Some(r)`,其中的 `r` 是下一個項目的共享參考(注意,如果 iterator 的項目型態已經是某個東西的參考了,它將是參考的參考)。

呼叫 `peek` 會試著從底層的 iterator 取出下一個項目,如果有下一個項目的話,快取它,直到下次呼叫 `next` 為止。`Peekable` 的所有其他 `Iterator` 方法都認識那個快取,例如,peekable iterator iter 的 `iter.last()` 知道在用盡底層的 iterator 之後檢查快取。

當你無法知道還要從 iterator 耗用多少項目,而且想要避免跑過頭時,Peekable iterator 非常重要。例如,若要從一系列字元中解析出數字,你必須看到數字後面出現非數字字元,才知道該數字已經結束:

```
use std::iter::Peekable;

fn parse_number<I>(tokens: &mut Peekable<I>) -> u32
    where I: Iterator<Item=char>
{
    let mut n = 0;
    loop {
        match tokens.peek() {
            Some(r) if r.is_digit(10) => {
                n = n * 10 + r.to_digit(10).unwrap();
            }
            _ => return n
        }
        tokens.next();
    }
}

let mut chars = "226153980,1766319049".chars().peekable();
assert_eq!(parse_number(&mut chars), 226153980);
// 看,`parse_number` 未耗用逗號!所以我們會。
assert_eq!(chars.next(), Some(','));
assert_eq!(parse_number(&mut chars), 1766319049);
assert_eq!(chars.next(), None);
```

parse_number 函式使用 peek 來檢查下一個字元，當它是數字時才會耗用它，如果它不是數字，或 iterator 已經耗盡（也就是 peek 回傳 None），那就回傳已解析的數字，讓下一個字元留在 iterator 裡，等著被耗用。

fuse

Iterator 回傳 None 之後，trait 並未規定再次呼叫它的 next 方法時該怎麼辦。大多數的 iterator 都會直接再次回傳 None，但並非全都如此，如果你的程式依賴這種行為，結果可能讓你大吃一驚。

fuse adapter 可接收任何 iterator，並產生一個 iterator，那個 iterator 會在第一次回傳 None 之後，繼續回傳 None：

```
struct Flaky(bool);

impl Iterator for Flaky {
    type Item = &'static str;
    fn next(&mut self) -> Option<Self::Item> {
        if self.0 {
            self.0 = false;
            Some("totally the last item")
        } else {
            self.0 = true; // 噢！
            None
        }
    }
}

let mut flaky = Flaky(true);
assert_eq!(flaky.next(), Some("totally the last item"));
assert_eq!(flaky.next(), None);
assert_eq!(flaky.next(), Some("totally the last item"));

let mut not_flaky = Flaky(true).fuse();
assert_eq!(not_flaky.next(), Some("totally the last item"));
assert_eq!(not_flaky.next(), None);
assert_eq!(not_flaky.next(), None);
```

如果你的泛型程式需要使用來源不確定的 iterator，fuse 非常方便，有了它之後，你就不用祈禱每個 iterator 都有正確的行為了，只要用它來確保這件事即可。

可逆的 iterator 與 rev

有些 iterator 可以從序列的兩端取出項目，rev adapter 來將這種 iterator 反過來。例如，迭代向量的 iterator 可以從結尾開始取出項目，就像從向量開頭取出項目一樣輕鬆。這種 iterator 可以實作 std::iter::DoubleEndedIterator trait，它繼承了 Iterator：

```
trait DoubleEndedIterator: Iterator {
    fn next_back(&mut self) -> Option<Self::Item>;
}
```

你可以將雙端的 iterator 想像成有兩個手指指向序列當前的前端與後端，從兩端取出項目會將那兩根手指朝著彼此移動，當它們相會時，迭代結束：

```
let bee_parts = ["head", "thorax", "abdomen"];

let mut iter = bee_parts.iter();
assert_eq!(iter.next(),      Some(&"head"));
assert_eq!(iter.next_back(), Some(&"abdomen"));
assert_eq!(iter.next(),      Some(&"thorax"));

assert_eq!(iter.next_back(), None);
assert_eq!(iter.next(),      None);
```

slice iterator 的結構可讓你輕鬆地做出這種行為：它實際上有一對指標，分別指向我們尚未產生的元素範圍的開始與結束；next 與 next_back 可從其中一個位置取出一個項目。BTreeSet 與 BTreeMap 這種有序集合的 iterator 也是雙端的，它們的 next_back 方法會先取出最大的元素或項目。一般來說，只要可行，標準程式庫就會提供雙端迭代。

但並非所有 iterator 都可以輕鬆地做這件事：如果 iterator 產生的值是其他執行緒送到通道的 Receiver 的，它將無法知道最後收到的值是什麼。一般來說，你必須閱讀標準程式庫的文件來了解哪些 iterator 實作了 DoubleEndedIterator，哪些沒有。

如果 iterator 是雙端的，你可以使用 rev adapter 來將它反過來：

```
fn rev(self) -> impl Iterator<Item=Self>
    where Self: Sized + DoubleEndedIterator;
```

它回傳的 iterator 也是雙端的，只是它的 next 與 next_back 互換了：

```
let meals = ["breakfast", "lunch", "dinner"];

let mut iter = meals.iter().rev();
assert_eq!(iter.next(), Some(&"dinner"));
assert_eq!(iter.next(), Some(&"lunch"));
```

```
assert_eq!(iter.next(), Some(&"breakfast"));
assert_eq!(iter.next(), None);
```

大多數的 iterator adapter 在處理可逆的 iterator 時，都會回傳另一個可逆的 iterator。例如，`map` 與 `filter` 可保留可逆性。

inspect

`inspect` adapter 可對 iterator adapter 流水線進行偵錯，但是生產程式（production code）不常使用它。這種 adapter 只是用一個 closure 來處理每一個項目的共享參考，然後將項目傳出去，那個 closure 不會影響項目，但可以做印出它們、或製作它們的斷言之類的事情。

在這個例子中，將一個字串轉換成大寫之後，它的長度會改變：

```
let upper_case: String = "große".chars()
    .inspect(|c| println!("before: {:?}", c))
    .flat_map(|c| c.to_uppercase())
    .inspect(|c| println!(" after:     {:?}", c))
    .collect();
assert_eq!(upper_case, "GROSSE");
```

小寫德文 "ß" 的大寫是 "SS"，這就是為什麼 `char::to_uppercase` 回傳的是字元 iterator，而不是一個替換字元，上面的程式使用 `flat_map` 來將 `to_uppercase` 回傳的所有序列串接成一個 `String`，在過程中印出這些內容：

```
before: 'g'
 after:     'G'
before: 'r'
 after:     'R'
before: 'o'
 after:     'O'
before: 'ß'
 after:     'S'
 after:     'S'
before: 'e'
 after:     'E'
```

chain

`chain` adapter 可將一個 iterator 附加至另一個 iterator。更準確地說，`i1.chain(i2)` 會回傳一個 iterator，該 iterator 會從 `i1` 取出項目，直到耗盡為止，接著從 `i2` 取出項目。

chain 的簽章是：

```
fn chain<U>(self, other: U) -> impl Iterator<Item=Self::Item>
    where Self: Sized, U: IntoIterator<Item=Self::Item>;
```

換句話說，你可將一個 iterator 與產生同一種型態的項目的任何 iterable 串接起來。

例如：

```
let v: Vec<i32> = (1..4).chain([20, 30, 40]).collect();
assert_eq!(v, [1, 2, 3, 20, 30, 40]);
```

chain iterator 的兩個底下 iterator 都是可逆的，它也是可逆的：

```
let v: Vec<i32> = (1..4).chain([20, 30, 40]).rev().collect();
assert_eq!(v, [40, 30, 20, 3, 2, 1]);
```

chain iterator 會追蹤這兩個底下的 iterator 是否已回傳 None，並視情況將 next 與 next_back 指向其中一個。

enumerate

Iterator trait 的 enumerate adapter 可將一個運行索引（running index）附加到序列，並接收一個產生項目 A, B, C, ... 的 iterator，然後回傳一個產生 (0, A), (1, B), (2, C), ... 的 iterator。它乍看之下平淡無奇，但經常被巧妙地運用。

耗用者可以使用那個索引來區分不同的項目，並建立處理每個項目的背景。例如，第 2 章的 Mandelbrot 集合繪圖程式將圖像分成 8 個橫條，並將每一個橫條分配給不同的執行緒，那段程式使用列舉來讓各個執行緒知道它的橫條對映到圖像的哪個部分。

它最初是一個矩形像素緩衝區：

```
let mut pixels = vec![0; columns * rows];
```

接下來，它使用 chunks_mut 來將圖像分成橫條，每個執行緒一個：

```
let threads = 8;
let band_rows = rows / threads + 1;
...
let bands: Vec<&mut [u8]> = pixels.chunks_mut(band_rows * columns).collect();
```

接下來，它迭代這些橫條，為每個橫條啟動一個執行緒：

```
for (i, band) in bands.into_iter().enumerate() {
    let top = band_rows * i;
```

```
        // 啟動執行緒來顯示橫列 `top..top + band_rows`
        ...
    }
```

每次迭代都會產生一對 (i, band)，其中的 band 是像素緩衝區的 &mut [u8] slice，執行緒必須在那裡繪圖，i 是那個橫條在整張圖像裡的索引，由 enumerate adapter 提供。有了圖的邊界與橫條的大小之後，執行緒就有足夠資訊可知道它被分配圖像的哪個部分，從而知道該在橫條中繪製哪些內容。

你可以將 enumerate 產生的 (index, item) 想成迭代 HashMap 或其他關聯集合時產生的 (key, value)。如果你迭代一個 slice 或向量，index 是項目所在的「key」。

zip

zip adapter 可將兩個 iterator 結合成一個，該 iterator 會產生一對值，分別來自各個 iterator，如同拉鏈（zipper）將兩邊拉成一條縫。當兩個底層的 iterator 之一結束時，zip 產生的 iterator 就結束。

例如，你可以 zip 無界限的範圍 0.. 與另一個 iterator 來產生與 enumerate adapter 一樣的效果：

```
    let v: Vec<_> = (0..).zip("ABCD".chars()).collect();
    assert_eq!(v, vec![(0, 'A'), (1, 'B'), (2, 'C'), (3, 'D')]);
```

你可以將 zip 視為廣義的 enumerate：enumerate 為序列附加索引，zip 可以附加任何 iterator 的項目，我們說過，enumerate 可協助提供處理項目所需的背景，zip 可以更靈活地做同一件事。

zip 的引數可以是任何 iterable，不一定要是 iterator：

```
    use std::iter::repeat;

    let endings = ["once", "twice", "chicken soup with rice"];
    let rhyme: Vec<_> = repeat("going")
        .zip(endings)
        .collect();
    assert_eq!(rhyme, vec![("going", "once"),
                           ("going", "twice"),
                           ("going", "chicken soup with rice")]);
```

by_ref

本節一直將 adapter 附加至 iterator，做了這件事之後，可以將 adapter 取下來嗎？通常不行：adapter 握有底層 iterator 的所有權，而且不提供取回所有權的方法。

iterator 的 by_ref 方法可以借一個可變參考給 iterator，所以你可以用 adapter 來處理參考，用完這些 adapter 的項目之後，你會卸除它，結束借用，重新取得原始 iterator 的使用權。

例如，本章稍早曾經使用 take_while 與 skip_while 來處理標題與郵件正文。如果你想要使用同一個底層的 iterator 來做這兩件事呢？使用 by_ref 的話，我們可以用 take_while 來處理標題，完成之後，取回底下的 iterator，它的 take_while 剛好在處理郵件正文的位置離開：

```
let message = "To: jimb\r\n\
               From: id\r\n\
               \r\n\
               Oooooh, donuts!!\r\n";

let mut lines = message.lines();

println!("Headers:");
for header in lines.by_ref().take_while(|l| !l.is_empty()) {
    println!("{}" , header);
}

println!("\nBody:");
for body in lines {
    println!("{}" , body);
}
```

lines.by_ref() 借一個可變參考給 iterator， take_while 握有這個參考的所有權。iterator 在第一個 for 迴圈結束時離開作用域，這意味著借用結束，所以你可以在第二個 for 迴圈再次使用 lines。這會印出：

```
Headers:
To: jimb
From: id

Body:
Oooooh, donuts!!
```

by_ref adapter 的定義很簡單：它回傳一個 iterator 的可變參考。標準程式庫有這段奇怪的小實作：

```
impl<'a, I: Iterator + ?Sized> Iterator for &'a mut I {
    type Item = I::Item;
    fn next(&mut self) -> Option<I::Item> {
        (**self).next()
    }
    fn size_hint(&self) -> (usize, Option<usize>) {
        (**self).size_hint()
    }
}
```

換句話說，如果 I 是某個 iterator 型態，那麼 &mut I 也是 iterator，它的 next 與 size_hint 方法會推遲（defer）給它的參考對象。當你對著一個 iterator 的可變參考呼叫 adapter 時，adapter 會取得該參考的所有權，而不是 iterator 本身的所有權，那只是借用，會在 adapter 離開作用域時結束。

cloned, copied

cloned adapter 接收一個產生參考的 iterator，並回傳一個用那些參考來產生值的 iterator，很像 iter.map(|item| item.clone())。當然，參考對象型態必須實作 Clone。例如：

```
let a = ['1', '2', '3', ' ∞ '];

assert_eq!(a.iter().next(),          Some(&'1'));
assert_eq!(a.iter().cloned().next(), Some('1'));
```

copied adapter 的概念類似，但限制性更強：參考對象的型態必須實作 Copy。iter.copied() 這種呼叫式大致上與 iter.map(|r| *r) 相同。因為實作 Copy 的型態也會實作 Clone，所以嚴格來說，cloned 比較泛用，但取決於項目型態，clone 呼叫可以做任意數量的配置與複製。如果你的項目型態比較簡單，所以你認為這種事情不可能發生，最好使用 copied 來讓型態檢查機制檢查你的假設。

cycle

cycle adapter 會回傳一個 iterator，它會無止盡地重複產生底下的 iterator 產生的序列。底下的 iterator 必須實作 std::clone::Clone，好讓 cycle 可以儲存它的初始狀態，並且在每次循環開始時重複使用它。

例如：

```
let dirs = ["North", "East", "South", "West"];
let mut spin = dirs.iter().cycle();
assert_eq!(spin.next(), Some(&"North"));
assert_eq!(spin.next(), Some(&"East"));
assert_eq!(spin.next(), Some(&"South"));
assert_eq!(spin.next(), Some(&"West"));
assert_eq!(spin.next(), Some(&"North"));
assert_eq!(spin.next(), Some(&"East"));
```

或無故使用 iterator：

```
use std::iter::{once, repeat};

let fizzes = repeat("").take(2).chain(once("fizz")).cycle();
let buzzes = repeat("").take(4).chain(once("buzz")).cycle();
let fizzes_buzzes = fizzes.zip(buzzes);

let fizz_buzz = (1..100).zip(fizzes_buzzes)
    .map(|tuple|
        match tuple {
            (i, ("", "")) => i.to_string(),
            (_, (fizz, buzz)) => format!("{}{}", fizz, buzz)
        });

for line in fizz_buzz {
    println!("{}", line);
}
```

這段程式玩了一場兒童的文字遊戲，有些公司將它當成程式設計職缺的面試考題。在這場遊戲裡，玩家要輪流進行計算，將可被 3 整除的數字換成 fizz，將可被 5 整除的數字換成 buzz，將可被兩者整除的數字換成 fizzbuzz。

耗用 iterator

到目前止，我們已經介紹了如何建立 iterator，以及如何將它們改造成新 iterator，接下來，我們將藉著展示如何耗用它們來結束這趟旅程。

當然，你可以用 for 迴圈來耗用 iterator，或明確地呼叫 next，但是在很多常見的工作裡，我們不該反覆編寫它們。Iterator trait 提供廣泛的方法來處理許多這類工作。

簡單的累計：count, sum, product

count 方法會從 iterator 取出項目直到它回傳 None 為止,並告訴你它取得多少個。下面是一段計算標準輸入的行數的程式:

```
use std::io::prelude::*;

fn main() {
    let stdin = std::io::stdin();
    println!("{}", stdin.lock().lines().count());
}
```

sum 與 product 方法可計算 iterator 的項目的總和與乘積,那些項目必須是整數或浮點數:

```
fn triangle(n: u64) -> u64 {
    (1..=n).sum()
}
assert_eq!(triangle(20), 210);

fn factorial(n: u64) -> u64 {
    (1..=n).product()
}
assert_eq!(factorial(20), 2432902008176640000);
```

(你可以藉著實作 std::iter::Sum 與 std::iter::Product trait 來擴展 sum 與 product,讓它們可處理其他型態,本書不討論這個部分。)

max, min

Iterator 的 min 與 max 方法回傳 iterator 最小或最大的項目。iterator 的項目型態必須實作 std::cmp::Ord,以便讓項目可互相比較。例如:

```
assert_eq!([-2, 0, 1, 0, -2, -5].iter().max(), Some(&1));
assert_eq!([-2, 0, 1, 0, -2, -5].iter().min(), Some(&-5));
```

這些方法回傳 Option<Self::Item>,所以如果 iterator 沒有產生任何項目,它們可以回傳 None。

第 300 頁 的「 等 效 性 比 較 」 說 過,Rust 的 浮 點 型 態 f32 與 f64 只 實 作 std::cmp::PartialOrd,未實作 std::cmp::Ord,所以你不能使用 min 與 max 方法來比較一系列浮點數的最小或最大項目。Rust 的這個設計不討喜,但它是經過深思熟慮的做法,因為這些函式該怎麼處理 IEEE 的 NaN 值尚不明確,直接忽略它們可能會掩蓋程式中更嚴重的問題。

如果你已經決定如何處理 NaN 值了，你可以改用 `max_by` 與 `min_by` iterator 方法，它可讓你提供自己的比較函式。

max_by, min_by

`max_by` 與 `min_by` 方法可回傳 iterator 產生的最大或最小項目，用你提供的比較函式來決定結果：

```
use std::cmp::Ordering;

// 比較兩個 f64 值。如果收到 NaN 就 panic。
fn cmp(lhs: &f64, rhs: &f64) -> Ordering {
    lhs.partial_cmp(rhs).unwrap()
}

let numbers = [1.0, 4.0, 2.0];
assert_eq!(numbers.iter().copied().max_by(cmp), Some(4.0));
assert_eq!(numbers.iter().copied().min_by(cmp), Some(1.0));

let numbers = [1.0, 4.0, std::f64::NAN, 2.0];
assert_eq!(numbers.iter().copied().max_by(cmp), Some(4.0)); // panic
```

`max_by` 與 `min_by` 以參考來將項目傳給比較函式，所以它們可以和任何一種 iterator 合作，因此，`cmp` 以參考來接收它的引數，即使我們使用 `copied` 來取得一個產生 f64 項目的 iterator。

max_by_key, min_by_key

Iterator 的 `max_by_key` 與 `min_by_key` 方法可對著各個項目執行一個 closure 來選擇最大或最小項目。那個 closure 可以選擇項目的一些欄位，或對著項目執行計算。因為我們通常想知道某個最小值或最大值的相關資料，而不僅僅是極值本身，所以這些函式通常比 `min` 與 `max` 更好用。它們的簽章是：

```
fn min_by_key<B: Ord, F>(self, f: F) -> Option<Self::Item>
    where Self: Sized, F: FnMut(&Self::Item) -> B;

fn max_by_key<B: Ord, F>(self, f: F) -> Option<Self::Item>
    where Self: Sized, F: FnMut(&Self::Item) -> B;
```

也就是說，當你將一個「接收一個項目，並回傳任何有序的 B 型態」的 closure 傳給它們之後，它們會回傳讓 closure 回傳最大（或最小）的 B 的項目，或者，當沒有項目產生時，回傳 None。

例如，若要掃描一個城市雜湊表，來尋找人口最多與最少的城市，你可以這樣寫：

```
use std::collections::HashMap;

let mut populations = HashMap::new();
populations.insert("Portland",   583_776);
populations.insert("Fossil",         449);
populations.insert("Greenhorn",        2);
populations.insert("Boring",       7_762);
populations.insert("The Dalles", 15_340);

assert_eq!(populations.iter().max_by_key(|&(_name, pop)| pop),
           Some((&"Portland", &583_776)));
assert_eq!(populations.iter().min_by_key(|&(_name, pop)| pop),
           Some((&"Greenhorn", &2)));
```

我們對著 iterator 產生的每一個項目執行 closure |&(_name, pop)| pop，並回傳用來比較的值，也就是城市人口。回傳值是整個項目，而不是只有 closure 回傳的值（當然，如果你經常進行這種查詢，你可能會用更有效率的方式來尋找項目，而不是在表中進行線性搜尋）。

比較項目順序

你可以使用 < 與 == 運算子來比較字串、向量與 slice，如果它們的元素都是可以比較的話。雖然 iterator 不支援 Rust 的比較運算子，但它們有 eq 與 lt 之類的方法可以做同樣的工作，從 iterator 取出成對的項目，並比較它們，直到可以決定為止。例如：

```
let packed =  "Helen of Troy";
let spaced =  "Helen   of   Troy";
let obscure = "Helen of Sandusky"; // 好人，只是沒什麼人認識

assert!(packed != spaced);
assert!(packed.split_whitespace().eq(spaced.split_whitespace()));

// 這是 true，因為 ' ' < 'o'。
assert!(spaced < obscure);

// 這是 true，因為 'Troy' > 'Sandusky'。
assert!(spaced.split_whitespace().gt(obscure.split_whitespace()));
```

呼叫 split_whitespace 會得到一個 iterator，它會迭代以空格分隔單字的字串。我們對著這些 iterator 使用 eq 與 gt 方法來執行逐單字比較，而不是進行逐字元比較。能這樣做是因為 &str 實作了 PartialOrd 與 PartialEq。

iterator 有進行相等比較的 eq 與 ne 方法，以及進行有序比較的 lt、le、gt 與 ge 方法。cmp 與 partial_cmp 方法的行為很像 Ord 與 PartialOrd trait 的對映方法。

any 與 all

any 與 all 方法可對著 iterator 產生的每一個項目執行一個 closure，並在 closure 處理任何一個項目（或所有項目）回傳 true 時回傳 true。

```
let id = "Iterator";

assert!( id.chars().any(char::is_uppercase));
assert!(!id.chars().all(char::is_uppercase));
```

這些方法只會耗用決定答案所需的項目。例如，如果 closure 處理特定項目後回傳 true，那麼 any 會立刻回傳 true，不會再從 iterator 取出任何項目。

position, rposition 與 ExactSizeIterator

position 方法可用一個 closure 來處理 iterator 產生的每個項目，並回傳讓 closure 回傳 true 的第一個項目的索引。更準確地說，它會回傳一個索引的 Option：若任何項目都無法讓 closure 回傳 true，則 position 回傳 None。position 會在 closure 回傳 true 時立刻停止取出項目。例如：

```
let text = "Xerxes";
assert_eq!(text.chars().position(|c| c == 'e'), Some(1));
assert_eq!(text.chars().position(|c| c == 'z'), None);
```

rposition 方法也一樣，但它會從右邊開始搜尋。例如：

```
let bytes = b"Xerxes";
assert_eq!(bytes.iter().rposition(|&c| c == b'e'), Some(4));
assert_eq!(bytes.iter().rposition(|&c| c == b'X'), Some(0));
```

rposition 方法需要可逆的 iterator，以便從序列的最右邊開始取出項目，它也需要一個 exact-size（精確大小）的 iterator，以便像 position 一樣指定索引，從左邊的 0 開始。exact-size 的迭代器就是實作了 std::iter::ExactSizeIterator trait 的迭代器：

```
trait ExactSizeIterator: Iterator {
    fn len(&self) -> usize { ... }
    fn is_empty(&self) -> bool { ... }
}
```

len 方法會回傳剩餘的項目數量，is_empty 方法會在迭代完成時回傳 true。

當然，並非每一個 iterator 都能夠事先知道它將產生多少項目。例如之前的 str::chars iterator 就無法知道（因為 UTF-8 是可變寬度編碼），所以你不能對著字串使用 rposition。但是 byte 陣列 iterator 當然知道陣列的長度，所以它可以實作 ExactSizeIterator。

fold 與 rfold

fold 方法是非常通用的工具，其功能是用 iterator 產生的整個項目序列來產生某種累計結果。當你提供一個初始值（我們稱為 *accumulator*）給 fold 之後，它會反覆地用 closure 來處理當前的 accumulator 與 iterator 產生的下一個項目。closure 回傳的值會變成新的 accumulator，並連同下一個項目一起傳給 closure。最終的 accumulator 值就是 fold 本身回傳的值。如果序列是空的，fold 只會回傳最初的 accumulator。

許多耗用 iterator 的值的方法也可以用 fold 來寫：

```
let a = [5, 6, 7, 8, 9, 10];

assert_eq!(a.iter().fold(0, |n, _| n+1), 6);          // 計數
assert_eq!(a.iter().fold(0, |n, i| n+i), 45);         // 和
assert_eq!(a.iter().fold(1, |n, i| n*i), 151200);     // 積

// 最大
assert_eq!(a.iter().cloned().fold(i32::min_value(), std::cmp::max),
           10);
```

fold 方法的簽章是：

```
fn fold<A, F>(self, init: A, f: F) -> A
    where Self: Sized, F: FnMut(A, Self::Item) -> A;
```

這裡的 A 是 accumulator 型態。init 引數是個 A，closure 的第一個引數和回傳值以及 fold 本身的回傳值也是 A。

注意，accumulator 值會被移入和移出 closure，所以你可以用 fold 來處理非 Copy accumulator 型態：

```
let a = ["Pack", "my", "box", "with",
         "five", "dozen", "liquor", "jugs"];

// 亦見：slice 的 `join` 方法，它的結尾
// 不提供額外的空格。
let pangram = a.iter()
    .fold(String::new(), |s, w| s + w + " ");
assert_eq!(pangram, "Pack my box with five dozen liquor jugs ");
```

rfold 方法與 fold 很像，但是它需要雙端 iterator，它會從最後面到最前面處理項目：

```
let weird_pangram = a.iter()
    .rfold(String::new(), |s, w| s + w + " ");
assert_eq!(weird_pangram, "jugs liquor dozen five with box my Pack ");
```

try_fold 與 try_rfold

try_fold 方法與 fold 相同，但迭代可以提早退出，而不需要耗用來自 iterator 的所有值。你傳給 try_fold 的 closure 回傳的值指示它究竟應該立刻返回，還是繼續 fold iterator 的項目。

你的 closure 可以回傳幾種型態之一，指出 fold 該如何進行：

- 如果你的 closure 回傳 Result<T, E>，也許是因為它在處理 I/O，或執行某種其他 fallible 操作，那麼回傳 Ok(v) 會告知 try_fold 繼續 fold，v 是新的 accumulator 值。回傳 Err(e) 會導致 fold 立刻停止。fold 的最終值是個 Result，裡面有最終的 accumulator 值，或 closure 回傳的錯誤。

- 如果你的 closure 回傳 Option<T>，那麼 Some(v) 代表 fold 應繼續執行，並使用 v 作為新的 accumulator 值，且 None 代表迭代應立刻停止。fold 的最終值也是個 Option。

- 最後，closure 可以回傳一個 std::ops::ControlFlow 值，這種型態是個 enum，它有兩個 variant：Continue(c) 與 Break(b)，代表使用新的 accumulator 值 c 繼續執行，或提早停止。fold 的結果是個 ControlFlow 值：如果 fold 耗用整個 iterator，則為 Continue(v)，提供最終的 accumulator 值 v；或 Break(b)，如果 closure 回傳那個值。

  Continue(c) 和 Break(b) 的行為與 Ok(c) 和 Err(b) 一樣。使用 ControlFlow 而非 Result 的優點在於，當提前退出不代表錯誤，而是答案提前產生時，它可以讓你的程式碼更清楚。接下來是它的一個範例。

下面是一段讀取標準輸入並產生總和數字的程式：

```
use std::error::Error;
use std::io::prelude::*;
use std::str::FromStr;

fn main() -> Result<(), Box<dyn Error>> {
    let stdin = std::io::stdin();
    let sum = stdin.lock()
        .lines()
        .try_fold(0, |sum, line| -> Result<u64, Box<dyn Error>> {
            Ok(sum + u64::from_str(&line?.trim())?)
```

```
        })?;
        println!("{}", sum);
        Ok(())
    }
```

迭代緩衝區內的輸入串流的 lines iterator 會產生型態為 Result<String, std::io::Error> 的項目，將 String 解析成整數可能也會失敗。在此使用 try_fold 會讓 closure 回傳 Result<u64, ...>，所以我們可以使用?運算子來將失敗從 closure 傳到 main 函式。

因為 try_fold 很靈活，所以它被用來實作 Iterator 的許多其他耗用方法。例如，這是 all 的程式：

```
    fn all<P>(&mut self, mut predicate: P) -> bool
        where P: FnMut(Self::Item) -> bool,
              Self: Sized
    {
        use std::ops::ControlFlow::*;
        self.try_fold((), |_, item| {
            if predicate(item) { Continue(()) } else { Break(()) }
        }) == Continue(())
    }
```

注意，它不能用普通的 fold 來寫：all 承諾在 predicate 回傳 false 時，立刻停止耗用底下的 iterator 產生的項目，但 fold 總是耗用整個 iterator。

如果你要實作自己的 iterator 型態，你可以研究你的 iterator 能不能更有效率地實作 try_fold，而非使用 Iterator trait 的預設定義。如果你可以提升 try_fold 的速度，用它來建構的其他方法也會因此受益。

顧名思義，try_rfold 方法與 try_fold 很像，但是它是從尾端開始取值，而不是從最前面，它需要雙端的 iterator。

nth, nth_back

nth 方法接收一個索引 n，跳過指定的 iterator 項目數量，並回傳下一個項目，如果序列在那個位置之前結束，則回傳 None。呼叫 .nth(0) 相當於呼叫 .next()。

它不像 adapter 那樣占用 iterator 的所有權，所以你可以呼叫它好幾次：

```
    let mut squares = (0..10).map(|i| i*i);

    assert_eq!(squares.nth(4), Some(16));
    assert_eq!(squares.nth(0), Some(25));
    assert_eq!(squares.nth(6), None);
```

它的簽章是：

```
fn nth(&mut self, n: usize) -> Option<Self::Item>
    where Self: Sized;
```

nth_back 方法基本相同，但它是從雙端 iterator 的尾端取出項目。呼叫 .nth_back(0) 相當於呼叫 .next_back()：它會回傳最後一個項目，若 iterator 是空的，則回傳 None。

last

last 方法會回傳 iterator 產生的最後一個項目，或是當它是空的時，則回傳 None。它的簽章長這樣：

```
fn last(self) -> Option<Self::Item>;
```

例如：

```
let squares = (0..10).map(|i| i*i);
assert_eq!(squares.last(), Some(81));
```

它會耗用 iterator 從最前面開始的所有項目，即使 iterator 是可逆的。如果你有可逆的 iterator，而且不需要耗用它的所有項目，你只要使用 iter.next_back() 即可。

find, rfind 與 find_map

find 方法會從 iterator 取出項目，回傳第一個讓 closure 回傳 true 的項目，或者，當序列在找到合適的項目之前就結束時，回傳 None。它的簽章是：

```
fn find<P>(&mut self, predicate: P) -> Option<Self::Item>
    where Self: Sized,
          P: FnMut(&Self::Item) -> bool;
```

rfind 方法類似，但是它需要雙端 iterator，而且會從後往前找值，回傳使得 closure 回傳 true 的最後一個項目。

例如，你可以這樣處理第 384 頁的「max_by_key, min_by_key」的城市與人口表：

```
assert_eq!(populations.iter().find(|&(_name, &pop)| pop > 1_000_000),
           None);
assert_eq!(populations.iter().find(|&(_name, &pop)| pop > 500_000),
           Some((&"Portland", &583_776)));
```

表中的城市的人口數都低於 100 萬，但是有一個城市的人口超過 50 萬。

有時你的 closure 所做的事情不僅僅是判斷每個項目的布林值,再處理下一個,它可能更複雜,能夠產生有趣的值,此時,你可以使用 find_map,它的簽章是:

```
fn find_map<B, F>(&mut self, f: F) -> Option<B> where
    F: FnMut(Self::Item) -> Option<B>;
```

它很像 find,但是它不回傳 bool,而是回傳某個值的 Option。find_map 會回傳第一個為 Some 的 Option。

例如,如果我們有一個資料庫,裡面儲存了各個城市的公園,我們可能想要知道公園裡面是否有火山,如果有,提供它的名稱:

```
let big_city_with_volcano_park = populations.iter()
    .find_map(|(&city, _)| {
        if let Some(park) = find_volcano_park(city, &parks) {
            // find_map 回傳這個值,所以呼叫方知道
            // 我們找到了 * 哪個 * 公園。
            return Some((city, park.name));
        }

        // 排除這個項目,繼續尋找。
        None
    });

assert_eq!(big_city_with_volcano_park,
           Some(("Portland", "Mt. Tabor Park")));
```

建構集合:collect 與 FromIterator

本書一直使用 collect 方法來建構保存 iterator 項目的向量。例如,在第 2 章裡,我們呼叫 std::env::args() 來讓一個 iterator 迭代一個程式的命令列引數,然後呼叫 iterator 的 collect 方法將它們都放入一個向量:

```
let args: Vec<String> = std::env::args().collect();
```

但是 collect 除了可以建構向量之外,也可以建構 Rust 標準程式庫的任何一種集合,只要 iterator 可以產生合適的項目型態即可:

```
use std::collections::{HashSet, BTreeSet, LinkedList, HashMap, BTreeMap};

let args: HashSet<String> = std::env::args().collect();
let args: BTreeSet<String> = std::env::args().collect();
let args: LinkedList<String> = std::env::args().collect();

// 收集 map 需要成對的 (key, value),所以這個例子
```

```
// 將字串序列與整數序列 zip 起來。
let args: HashMap<String, usize> = std::env::args().zip(0..).collect();
let args: BTreeMap<String, usize> = std::env::args().zip(0..).collect();

// 以此類推
```

當然，collect 本身不知道如何建構這些型態。如果集合型態知道如何用 iterator 來建構它本身（例如 Vec 或 HashMap），代表它實作了 std::iter::FromIterator trait，對它來說，collect 只是一個方便的外衣：

```
trait FromIterator<A>: Sized {
    fn from_iter<T: IntoIterator<Item=A>>(iter: T) -> Self;
}
```

如果集合型態實作了 FromIterator<A>，它的型態關聯函式 from_iter 可使用產生 A 型態的項目的 iterable 來建立那個型態的值。

在最簡單的情況下，實作可以建立一個空集合，然後將 iterator 產生的項目一個一個加入。例如，std::collections::LinkedList 的 FromIterator 實作就是這樣動作的。

但是，有些型態可以做得更好。例如，用 iterator iter 來建構向量可以這麼簡單：

```
let mut vec = Vec::new();
for item in iter {
    vec.push(item)
}
vec
```

但是這種做法並不理想：隨著向量變大，它可能要擴展緩衝區，需要呼叫 heap 配置程式，以及製作現存元素的複本。雖然向量利用演算法來降低這種額外負擔，但如果可以設法配置正確大小的緩衝區的話，根本不需要調整大小。

這就是 Iterator trait 的 size_hint 方法的功用：

```
trait Iterator {
    ...
    fn size_hint(&self) -> (usize, Option<usize>) {
        (0, None)
    }
}
```

這個方法會回傳 iterator 將產生的項目數量的下限，以及選擇性的上限。預設的回傳下限是 0，並且不指定上限，實際上，這代表「我不知道」，但是許多 iterator 可以做得更好。

例如，Range 的 iterator 知道它將產生多少項目，Vec 或 HashMap 的 iterator 也是如此。這種 iterator 提供了它們自己專門的 size_hint 定義。

這些界限正是 Vec 的 FromIterator 實作在最初確定新向量的緩衝區的大小時需要知道的資訊。插入的動作仍然會檢查緩衝區是否夠大，所以即使提示（hint）不正確，它也只會影響性能，不會影響安全性。其他的型態也可以採取類似的步驟，例如，HashSet 與 HashMap 也使用 Iterator::size_hint 來為雜湊表選擇適當的初始大小。

關於型態推斷有一件需要注意的事情：在本節的開頭，同一個 std::env::args().collect() 呼叫卻會根據上下文產生四種不同的集合有點奇怪。collect 的回傳型態是它的型態參數，所以前兩次呼叫相當於這些程式：

```
let args = std::env::args().collect::<Vec<String>>();
let args = std::env::args().collect::<HashSet<String>>();
```

但是只要只有一種型態可當成 collect 的引數，Rust 的型態推斷系統就會幫你提供它，寫出 args 的型態可做到這一點。

Extend trait

如果一個型態實作了 std::iter::Extend trait，那麼它的 extend 方法就可以將一個 iterable 的項目加入集合：

```
let mut v: Vec<i32> = (0..5).map(|i| 1 << i).collect();
v.extend([31, 57, 99, 163]);
assert_eq!(v, [1, 2, 4, 8, 16, 31, 57, 99, 163]);
```

所有的標準集合都實作了 Extend，所以它們都有這個方法，String 也是如此。有固定長度的陣列與 slice 則沒有。

這個 trait 的定義是：

```
trait Extend<A> {
    fn extend<T>(&mut self, iter: T)
        where T: IntoIterator<Item=A>;
}
```

它很像建立新集合的 std::iter::FromIterator，但 Extend 會擴展既有的集合。事實上，標準程式庫的一些 FromIterator 的實作會先建立一個新的空集合，再呼叫 extend 來填充它。例如，std::collections::LinkedList 的 FromIterator 的實作是這樣寫的：

```
impl<T> FromIterator<T> for LinkedList<T> {
    fn from_iter<I: IntoIterator<Item = T>>(iter: I) -> Self {
        let mut list = Self::new();
        list.extend(iter);
        list
    }
}
```

partition

partition 方法會將一個 iterator 的項目分成兩個集合，它用 closure 來決定每一個項目屬於哪個集合：

```
let things = ["doorknob", "mushroom", "noodle", "giraffe", "grapefruit"];

// 驚人的事實：生物的名稱
// 都是以奇數字母開頭的。
let (living, nonliving): (Vec<&str>, Vec<&str>)
    = things.iter().partition(|name| name.as_bytes()[0] & 1 != 0);

assert_eq!(living,    vec!["mushroom", "giraffe", "grapefruit"]);
assert_eq!(nonliving, vec!["doorknob", "noodle"]);
```

如同 collect，partition 可以製作你喜歡的任何一種集合，但兩個集合的型態必須相同。也如同 collect，你必須指定回傳型態：上面的例子寫出 living 與 nonliving 的型態，並讓型態推斷機制為 partition 呼叫式選擇正確的型態參數。

partition 的簽章是：

```
fn partition<B, F>(self, f: F) -> (B, B)
    where Self: Sized,
          B: Default + Extend<Self::Item>,
          F: FnMut(&Self::Item) -> bool;
```

雖 然 collect 要 求 它 的 結 果 型 態 實 作 FromIterator， 但 partition 要 求 實 作 std::default::Default，Rust 的 集 合 的 做 法 是 回 傳 一 個 空 集 合， 以 及 std::default::Extend。

其他語言提供的 partition 操作是將 iterator 分成兩個 iterator，而不是建立兩個集合，但是這種做法不適合 Rust，否則已從底下的 iterator 提取、但還沒有從拆開的 iterator 提取的項目就要放在某個緩衝區，無論如何，你最終都要在內部建立某種集合。

for_each 與 try_for_each

for_each 方法會用 closure 來處理各個項目：

```
["doves", "hens", "birds"].iter()
    .zip(["turtle", "french", "calling"])
    .zip(2..5)
    .rev()
    .map(|((item, kind), quantity)| {
        format!("{} {} {}", quantity, kind, item)
    })
    .for_each(|gift| {
        println!("You have received: {}", gift);
    });
```

這段程式印出：

```
You have received: 4 calling birds
You have received: 3 french hens
You have received: 2 turtle doves
```

它很像簡單的 for 迴圈，你也可以在裡面使用 break 與 continue 等控制結構。但是用 for 迴圈來寫這種一長串的 adapter 呼叫有點奇怪：

```
for gift in ["doves", "hens", "birds"].iter()
    .zip(["turtle", "french", "calling"])
    .zip(2..5)
    .rev()
    .map(|((item, kind), quantity)| {
        format!("{} {} {}", quantity, kind, item)
    })
{
    println!("You have received: {}", gift);
}
```

被約束的模式，gift，最終可能離使用它的迴圈本體很遠。

如果你的 closure 是會失敗的（fallible），或需要提早退出，你可以使用 try_for_each：

```
...
    .try_for_each(|gift| {
        writeln!(&mut output_file, "You have received: {}", gift)
    })?;
```

實作你自己的 iterator

你可以為自己的型態實作 IntoIterator 與 Iterator trait，讓本章的所有 adapter 與耗用者，以及針對標準 iterator 介面撰寫的其他程式庫與 crate 使用。在這一節，我們將展示一個簡單的範圍型態 iterator，以及一個比較複雜的二元樹型態 iterator。

假如我們有下面的範圍型態（這是標準程式庫的 std::ops::Range<T> 的簡化版本）：

```
struct I32Range {
    start: i32,
    end: i32
}
```

迭代 I32Range 需要兩個狀態：當前的值，以及讓迭代結束的極限值，I32Range 型態本身剛好可以提供它們，start 可當成下一個值，end 可當成極限值。所以你可以這樣實作 Iterator：

```
impl Iterator for I32Range {
    type Item = i32;
    fn next(&mut self) -> Option<i32> {
        if self.start >= self.end {
            return None;
        }
        let result = Some(self.start);
        self.start += 1;
        result
    }
}
```

這個 iterator 產生 i32 項目，所以它是 Item 的型態。如果迭代完成，next 會回傳 None，否則，它會產生下一個值，並更新它的狀態，以備下次呼叫。

當然，你要用 for 迴圈與 IntoIterator::into_iter 來將它的運算元轉換成 iterator。但是標準程式庫為每一個實作了 Iterator 的型態提供一個 IntoIterator 的萬用實作，所以 I32Range 可以使用它：

```
let mut pi = 0.0;
let mut numerator = 1.0;

for k in (I32Range { start: 0, end: 14 }) {
    pi += numerator / (2*k + 1) as f64;
    numerator /= -3.0;
}
```

```
pi *= f64::sqrt(12.0);

// IEEE 754 確切地指定這個結果。
assert_eq!(pi as f32, std::f32::consts::PI);
```

I32Range 是特殊案例，因為 iterable 與 iterator 的型態一樣，並非任何情況都如此簡單。
例如，這是第 10 章的二元樹型態：

```
enum BinaryTree<T> {
    Empty,
    NonEmpty(Box<TreeNode<T>>)
}

struct TreeNode<T> {
    element: T,
    left: BinaryTree<T>,
    right: BinaryTree<T>
}
```

遍歷二元樹的典型做法是遞迴（recurse），使用函式呼叫堆疊（stack of function call）來
追蹤你在樹裡的位置，以及你尚未到訪的節點。但是當你為 BinaryTree<T> 實作 Iterator
時，每一次呼叫 next 都必須產生一個值並 return。為了追蹤尚未產生的樹節點，iterator
必須維護自己的堆疊。BinaryTree 的 iterator 型態可能是這樣：

```
use self::BinaryTree::*;

// 依序遍歷 `BinaryTree` 的狀態。
struct TreeIter<'a, T> {
    // 樹節點的參考的堆疊。因為我們使用 `Vec` 的
    // `push` 與 `pop` 方法，所以堆疊的最上面是
    // 向量的結尾。
    //
    // iterator 接下來要造訪的節點在堆疊的最上面，
    // 尚未造訪的上一代節點在它下面。如果堆疊空了，
    // 迭代結束。
    unvisited: Vec<&'a TreeNode<T>>
}
```

當我們建立新的 TreeIter 時，它的初始狀態應該是即將產生最左邊的節點。根據
unvisited 堆疊的規則，它應該把那個葉節點放在最上面，接下來是它的未造訪祖輩：在
樹的左緣上的節點。為了將 unvisited 初始化，我們在樹的左緣從根節點遍歷到葉節點，
並 push 遇到的每一個節點，所以我們為 TreeIter 定義一個方法來做這件事：

```
impl<'a, T: 'a> TreeIter<'a, T> {
    fn push_left_edge(&mut self, mut tree: &'a BinaryTree<T>) {
        while let NonEmpty(ref node) = *tree {
            self.unvisited.push(node);
            tree = &node.left;
        }
    }
}
```

編寫 mut tree 可讓迴圈在沿著左緣遍歷時改變 tree 所指的節點，但是因為 tree 是共享參考，所以它不能改變節點本身。

寫了這個協助方法之後，我們為 BinaryTree 寫一個 iter 方法，讓它回傳樹的 iterator：

```
impl<T> BinaryTree<T> {
    fn iter(&self) -> TreeIter<T> {
        let mut iter = TreeIter { unvisited: Vec::new() };
        iter.push_left_edge(self);
        iter
    }
}
```

iter 方法用空的 unvisited 堆疊來建構一個 TreeIter，然後呼叫 push_left_edge 來將它初始化。按照 unvisited 堆疊規則的要求，最左邊的節點會在最上面。

然後我們可以按照標準程式庫的做法，呼叫 BinaryTree::iter，為樹的共享參考實作 IntoIterator：

```
impl<'a, T: 'a> IntoIterator for &'a BinaryTree<T> {
    type Item = &'a T;
    type IntoIter = TreeIter<'a, T>;
    fn into_iter(self) -> Self::IntoIter {
        self.iter()
    }
}
```

這個 IntoIter 的定義建立 TreeIter 作為 &BinaryTree 的 iterator 型態。

最後，在 Iterator 實作裡，我們實際遍歷樹，iterator 的 next 方法與 BinaryTree 的 iter 方法一樣遵守堆疊的規則：

```
impl<'a, T> Iterator for TreeIter<'a, T> {
    type Item = &'a T;
    fn next(&mut self) -> Option<&'a T> {
        // 尋找這次迭代必須產生的節點,
        // 或完成迭代 (如果它是 `None`,
        // 使用 `?` 運算子來立刻 return)。
        let node = self.unvisited.pop()?;

        // 在 `node` 之後,我們要產生的下一個東西一定是
        // `node` 的右子樹的最左邊子節點,所以要 push
        // 路徑。我們的協助方法正是我們需要的。
        self.push_left_edge(&node.right);

        // 產生這個節點的值的參考。
        Some(&node.element)
    }
}
```

若堆疊空了,迭代完成。否則,node 就是現在要造訪的節點的參考;這個呼叫將回傳它的 element 欄位的參考。但首先,我們必須讓 iterator 的狀態進入下一個節點。如果這個節點有右子樹,下一個要造訪的節點就是那個子樹最左邊的節點,我們可以使用 push_left_edge 來將它和未造訪的祖輩推入堆疊。但如果這個節點沒有右子樹,push_left_edge 就沒有效果,這是我們要的行為:我們可以預期堆疊最上面的是節點的第一個未造訪祖輩,如果有的話。

完成 IntoIterator 與 Iterator 實作之後,我們終於可以使用 for 迴圈,以參考迭代 BinaryTree 了。我們使用第 256 頁的「填寫二元樹」的 BinaryTree 的 add 方法:

```
// 建立小樹。
let mut tree = BinaryTree::Empty;
tree.add("jaeger");
tree.add("robot");
tree.add("droid");
tree.add("mecha");

// 迭代它。
let mut v = Vec::new();
for kind in &tree {
    v.push(*kind);
}
assert_eq!(v, ["droid", "jaeger", "mecha", "robot"]);
```

圖 15-1 是當我們迭代一個樹時，unvisited 堆疊的行為。在每一步，要造訪的下一個節點都在堆疊的最上面，未造訪的祖輩都在它下面。

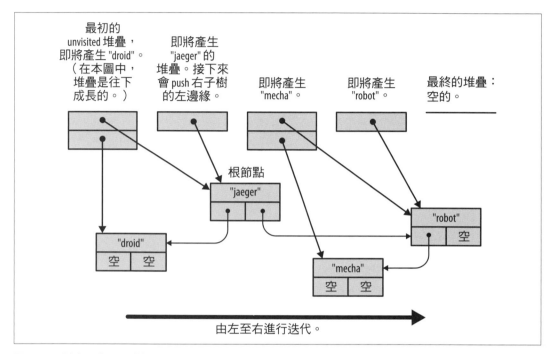

圖 15-1　迭代一棵二元樹

所有常見的 iterator adapter 與耗用者都可以處理我們的樹：

```
assert_eq!(tree.iter()
        .map(|name| format!("mega-{}", name))
        .collect::<Vec<_>>(),
        vec!["mega-droid", "mega-jaeger",
            "mega-mecha", "mega-robot"]);
```

iterator 體現了 Rust 的理念：提供強大的、零成本的抽象，以提升程式碼的表達性和易讀性。iterator 不會完全取代迴圈，但它們提供得力的基本型態，且內建遲緩（lazy）計算，與傑出的性能。

## 第十六章

集合

我們都像馬克斯威爾所說的惡魔，我們是有機體的組織。兩個世紀以來，冷
靜的物理學家願意讓這種卡通般的想像維持不墜的原因可以在日常經驗中找
到。我們會整理郵件、建造沙堡、破解拼圖遊戲、把小麥和糠秕分開、重新
排列棋子、集郵、按字母順序排放書籍、創造對稱性、創作十四行詩和奏鳴
曲、整理房間，只要運用智慧，我們所做的一切不需要多大的能量。

—James Gleick，《*The Information: A History, a Theory, a Flood*》

Rust 標準程式庫有幾種集合，它們是在記憶體內儲存資料的泛型型態。我們已經用過集
合了，例如 Vec 與 HashMap。本章將詳細討論這兩種型態的方法，以及六種其他的標準集
合。在開始之前，我們先來討論一下 Rust 的集合與其他語言的集合之間的系統性差異。

首先，在 Rust 裡，移動與借用隨處可見。Rust 使用移動來避免深複製值，這就是
Vec<T>::push(item) 以值接收引數，而不是以參考接收引數的原因。值會被移入向量。第
4 章的圖表展示了它的實際效果：將 Rust String 推入 Vec<String> 很快，因為 Rust 不需
要複製字串的字元資料，而且字串的所有權始終很明確。

第二，Rust 沒有失效錯誤（invalidation error），這是一種懸空指標 bug，這種
bug 會在集合被改變大小或以其他方式改變，但是程式仍然持有指向它裡面的資
料的指標時發生。失效錯誤是 C++ 的未定義行為的來源之一，有時它們會導致
ConcurrentModificationException，即使在記憶體安全的語言裡面亦然。Rust 的借用檢查
機制可以在編譯期排除它們。

最後，Rust 沒有 null，所以我們會看到，Rust 會在別的語言使用 null 的時機使用
Option。

除了這些差異之外，Rust 的集合與你想的一樣。如果你是有經驗的程式設計師，而且沒什麼時間，你可以略過這部分，但不要錯過第 427 頁的「Entry」。

概要

表 16-1 是 Rust 的八個標準集合，它們都是泛型型態。

表 16-1　標準集合概要

集合	說明	在其他語言中的類似集合型態		
		C++	Java	Python
Vec<T>	可成長的陣列	vector	ArrayList	list
VecDeque<T>	雙端佇列 （可成長環狀緩衝區）	deque	ArrayDeque	collections .deque
LinkedList<T>	雙向鏈結串列	list	LinkedList	—
BinaryHeap<T> where T: Ord	最大 heap	priority_queue	PriorityQueue	heapq
HashMap<K, V> where K: Eq + Hash	索引鍵 / 值雜湊表	unordered_map	HashMap	dict
BTreeMap<K, V> where K: Ord	有序的索引鍵 / 值雜湊表	map	TreeMap	—
HashSet<T> where T: Eq + Hash	無序雜湊集合	unordered_set	HashSet	set
BTreeSet<T> where T: Ord	有序的集合	set	TreeSet	—

Vec<T>、HashMap<K, V> 與 HashSet<T> 是最常用的集合型態，其餘的集合型態有特殊用途，本章將依序討論各種集合：

Vec<T>

可成長、在 heap 配置、T 型態值的陣列。本章會用大約一半的內容來討論 Vec 與它的許多實用方法。

VecDeque<T>

很像 Vec<T>，但是比較適合當成先入先出佇列來使用。它可以在串列的前面與後面高效率地加入與移除值，代價是其他操作稍微變慢。

BinaryHeap<T>

優先（priority）佇列。在 BinaryHeap 裡面的值是有組織的，所以尋找和移除最大值很有效率。

HashMap<K, V>

儲存成對的索引鍵與值的資料表。用索引鍵來查詢值很快。裡面的項目以任意順序儲存。

BTreeMap<K, V>

與 HashMap<K, V> 很像，但以索引鍵來排序項目。BTreeMap<String, i32> 按照 String 的比較順序來儲存項目。除非你想讓項目保持順序，否則 HashMap 比較快。

HashSet<T>

T 型態值的集合。加入與移除值很快，查詢特定值有沒有在集合裡面也很快。

BTreeSet<T>

很像 HashSet<T>，但以值來排序元素。同樣的，除非你需要排序資料，否則 HashSet 比較快。

因為 LinkedList 很少使用（而且在絕大多數的情況下有更好的替代方案，無論是就性能而言，還是就介面而言），所以我們在此不予以討論。

Vec<T>

我們假設你對 Vec 有一定的了解，因為本書一直在使用它。關於 Vec 的介紹，請參考第 68 頁的「向量」。我們終於要在這裡深入說明它的方法和它的內部做法了。

建立向量最簡單的做法是使用 vec! 巨集：

```
// 建立空向量
let mut numbers:Vec<i32> = vec![];

// 用指定的內容建立向量
let words = vec!["step", "on", "no", "pets"];
let mut buffer = vec![0u8; 1024]; // 1024 個歸零的 bytes
```

如第 4 章所述，向量有三個欄位：長度、容量與儲存元素的 heap 位置指標。圖 16-1 是上述的向量在記憶體內的情形。空向量 numbers 的初始容量是 0，在加入第一個元素之前，Rust 不會幫它配置 heap 記憶體。

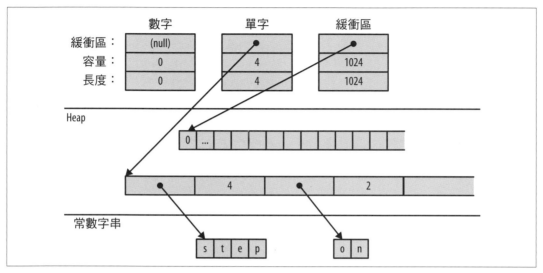

圖 16-1 向量在記憶體裡面的佈局：words 的每一個元素都是一個 &str 值，包含一個指標與一個長度

如同所有集合，Vec 實作了 std::iter::FromIterator，所以你可以使用任何 iterator 的 .collect() 方法來建立向量，如第 391 頁的「建構集合：collect 與 FromIterator」所述：

```
// 將任何其他集合轉換成向量。
let my_vec = my_set.into_iter().collect::<Vec<String>>();
```

存取元素

用索引來取得陣列、slice 或向量的元素很簡單：

```
// 取得一個元素的參考
let first_line = &lines[0];

// 取得一個元素的複本
let fifth_number = numbers[4];      // 需要 Copy
let second_line = lines[1].clone();  // 需要 Clone

// 取得一個 slice 的參考
let my_ref = &buffer[4..12];
```

```
// 取得一個 slice 的複本
let my_copy = buffer[4..12].to_vec(); // 需要 Clone
```

如果索引超出邊界，這些寫法都會 panic。

Rust 對數字型態很講究，對向量也不例外。向量的長度與索引的型態是 usize，將 u32、u64 或 isize 當成向量索引來使用是錯誤的做法。你可以視需求使用 n as usize 來轉義，見第 153 頁的「轉義」。

你可以用幾種做法來輕鬆地存取向量或 slice 的特定元素（注意，slice 的方法都可以用於陣列與向量）：

slice.first()

> 回傳 slice 的第一個元素的參考，若有的話。
>
> 回傳型態是 Option<&T>，所以當 slice 是空的時，回傳值是 None，不是空的時，則為 Some(&slice[0])：
>
> ```
> if let Some(item) = v.first() {
>     println!("We got one! {}", item);
> }
> ```

slice.last()

> 類似上一個方法，但回傳最後一個元素的參考。

slice.get(index)

> 回傳 slice[index] 的 Some 參考，若有的話。如果 slice 少於 index+1 元素，它會回傳 None：
>
> ```
> let slice = [0, 1, 2, 3];
> assert_eq!(slice.get(2), Some(&2));
> assert_eq!(slice.get(4), None);
> ```

slice.first_mut(), slice.last_mut(), slice.get_mut(index)

> 上一個方法的變體，但它借用 mut 參考：
>
> ```
> let mut slice = [0, 1, 2, 3];
> {
>     let last = slice.last_mut().unwrap();   // last 的型態：&mut i32
>     assert_eq!(*last, 3);
>     *last = 100;
> }
> assert_eq!(slice, [0, 1, 2, 100]);
> ```

因為以值回傳 T 代表移除它,所以就地操作元素的方法通常以參考回傳那些元素。

但 .to_vec() 是例外,它會製作複本:

slice.to_vec()

複製整個 slice,回傳一個新向量:

```
let v = [1, 2, 3, 4, 5, 6, 7, 8, 9];
assert_eq!(v.to_vec(),
           vec![1, 2, 3, 4, 5, 6, 7, 8, 9]);
assert_eq!(v[0..6].to_vec(),
           vec![1, 2, 3, 4, 5, 6]);
```

這個方法只能在元素可複製(cloneable)時使用,也就是 where T: Clone。

迭代

向量、陣列與 slice 都是 iterable,無論是以值還是以參考,它們遵循第 359 頁的「IntoIterator 實作」裡面介紹的模式:

- 迭代 Vec<T> 或陣列 [T; N] 會產生 T 型態的項目。元素會被一個接著一個移出向量或陣列並耗用。

- 迭代 &[T; N]、&[T] 或 &Vec<T> 型態的值(也就是陣列、slice 或向量的參考)會產生 &T 型態的項目,即指向各個元素的參考,它們不會被移除。

- 迭代 &mut [T; N]、&mut [T] 或 &mut Vec<T> 型態的值會產生 &mut T 型態的項目。

陣列、slice 與向量也有 .iter() 與 .iter_mut() 方法(見第 358 頁的「iter 與 iter_mut 方法」),可建立 iterator 以產生元素的參考。

我們將在第 411 頁的「拆分」討論一些比較奇特的 slice 迭代方法。

增長與收縮向量

陣列、slice 或向量的長度是它們裡面的元素的數量:

slice.len()

回傳 slice 的長度,單位是 usize。

slice.is_empty()

若 slice 裡面沒有元素(即 slice.len() == 0),則為 true。

本節接下來的方法都與向量的增長與收縮有關。建立之後就無法改變大小的陣列與 slice 都沒有這些方法。

向量的元素都被存放在一個連續的 heap 記憶體區塊裡面。向量的容量是可放入這個區塊的最大元素數量。Vec 通常會幫你管理容量，在需要更多空間時，自動配置更大的緩衝區，並將元素移入。你也可以用一些方法來明確地管理容量：

Vec::with_capacity(n)

建立一個新的、空的向量，其容量為 n。

vec.capacity()

回傳 vec 的容量，以 usize。vec.capacity() >= vec.len() 一定成立。

vec.reserve(n)

確保向量至少有足夠的剩餘空間可再容納 n 個元素，也就是說，vec.capacity() 至少是 vec.len() + n。如果空間足夠，這個函式不做任何事情，如果不夠，它會配置更大的緩衝區，並將向量的內容移入。

vec.reserve_exact(n)

與 vec.reserve(n) 很像，但要求 vec 不要為未來的增長配置超出 n 的任何額外空間。之後，vec.capacity() 就是 vec.len() + n。

vec.shrink_to_fit()

如果 vec.capacity() 大於 vec.len()，試著釋出額外的記憶體。

Vec<T> 有許多加入或移除元素的方法，它們會改變向量的長度。這些方法都用 mut 參考來接收它的 self 引數。

這兩個方法可在向量的結尾加入或移除一個值：

vec.push(value)

將 value 加入 vec 的結尾。

vec.pop()

移除並回傳最後一個元素。它的回傳型態是 Option<T>。如果 pop 出來的元素是 x，它會回傳 Some(x)；如果向量已經是空的，它會回傳 None。

注意，.push() 以值接收它的引數，不是以參考。同樣的，.pop() 回傳 pop 出來的值，不是參考。本節其餘的方法大多也是如此。它們會將值移入與移出向量。

這兩個方法會將一個值加入向量的任何地方，或從任何地方移除：

vec.insert(index, value)

在 vec[index] 插入 value，將 vec[index..] 裡面的任何既有值右移一位，以騰出空間。

若 index > vec.len()，則 panic。

vec.remove(index)

移除並回傳 vec[index]，將 vec[index+1..] 裡面的任何既有值左移一位，以補上空缺。

若 index >= vec.len() 則 panic，因為此時 vec[index] 沒有元素可移除。

向量越長，這項操作越慢。如果你需要做很多次 vec.remove(0)，可考慮使用 VecDeque 來取代 Vec（見第 419 頁的「VecDeque<T>」）。

越多元素需要移動，.insert() 與 .remove() 就越慢。

有四個方法可將向量的長度改為特定值：

vec.resize(new_len, value)

將 vec 的長度設為 new_len。如果這會增加 vec 的長度，它會將 value 的複本填入新空間。元素的型態必須實作 Clone trait。

vec.resize_with(new_len, closure)

與 vec.resize 一樣，但呼叫 closure 來建構各個新元素。它可以用來處理元素非 Clone 的向量。

vec.truncate(new_len)

將 vec 的長度減為 new_len，移除在 vec[new_len..] 範圍內的任何元素。

如果 vec.len() 已經小於或等於 new_len，什麼事都不會發生。

vec.clear()

移除 vec 的所有元素。它的效果與 vec.truncate(0) 一樣。

這四個方法可以一次加入或移除許多值：

vec.extend(iterable)

在 vec 的結尾依序加入 iterable 的所有項目。它就像多值版本的 .push()。iterable 引數可以是任何實作了 IntoIterator<Item=T> 的東西。

因為這個方法非常實用，所以它有一個標準 trait，Extend trait，所有標準集合都實作它。不幸的是，這導致 rustdoc 將 .extend() 與其他的 trait 方法都放在 HTML 的最下面，所以很難找到。你必須記得它的存在！詳情見第 393 頁的「Extend trait」。

vec.split_off(index)

與 vec.truncate(index) 很像，但是它回傳一個 Vec<T>，裡面有從 vec 的尾端移除的值。它很像 .pop() 的多值版本。

vec.append(&mut vec2)

它會將 vec2 的所有元素移入 vec，vec2 是 Vec<T> 型態的另一個向量。之後，vec2 會清空。

它很像 vec.extend(vec2)，但是它的 vec2 在事後仍然存在，容量不受影響。

vec.drain(range)

將 range vec[range] 從 vec 移除，並回傳一個迭代被移除的元素的 iterator。其中的 range 是個範圍值，例如 .. 或 0..4。

此外還有一些另類的方法可以選擇性地刪除向量的某些元素：

vec.retain(test)

移除未通過指定測試的所有元素。test 引數是一個實作了 FnMut(&T) -> bool 的函式或 closure。這個方法會針對 vec 的每一個元素呼叫 test(&element)，若它回傳 false，則該元素會被移除與卸除。

撇開性能不談，這個方法很像這段程式：

```
vec = vec.into_iter().filter(test).collect();
```

vec.dedup()

卸除重複的元素。它很像 Unix uniq 殼層（shell）公用程式。它會掃描 vec 並尋找相鄰元素相等的地方，然後卸除額外的相等值，只留下一個：

```
let mut byte_vec = b"Missssssssissippi".to_vec();
byte_vec.dedup();
assert_eq!(&byte_vec, b"Misisipi");
```

注意，在輸出裡面仍然有兩個 's' 字元。這個方法只移除相鄰的重複。若要移除所有重複，你有三種選項：先排序向量，再呼叫 .dedup()、將資料移入集合（set），或使用這個 .retain() 技巧（可保持元素的順序）：

```
let mut byte_vec = b"Missssssssissippi".to_vec();

let mut seen = HashSet::new();
byte_vec.retain(|r| seen.insert(*r));

assert_eq!(&byte_vec, b"Misp");
```

這種做法之所以有效，是因為 .insert() 會在集合已經有正在插入的項目時回傳 false。

vec.dedup_by(same)

與 vec.dedup() 一樣，但是它使用函式或 closure same(&mut elem1, &mut elem2) 來檢查兩個元素是否視為相等，而不是使用 == 運算子。

vec.dedup_by_key(key)

與 vec.dedup() 一樣，但是它會在 key(&mut elem1) == key(&mut elem2) 時，將兩個元素視為相等。

例如，如果 errors 是 Vec<Box<dyn Error>>，你可以這樣寫：

```
// 移除有多餘訊息的錯誤
errors.dedup_by_key(|err| err.to_string());
```

在本節介紹的所有方法裡面，只有 .resize() 會複製值。其他的方法只會將值從一個地方移到另一個地方。

連接

Rust 有兩種處理陣列的陣列的方法，陣列的陣列即元素本身是陣列、slice 或向量的任何陣列、slice 或向量。

`slices.concat()`

串接所有的 slice 來製作一個新向量並回傳：

```
assert_eq!([[1, 2], [3, 4], [5, 6]].concat(),
           vec![1, 2, 3, 4, 5, 6]);
```

`slices.join(&separator)`

一樣，但是在 slice 之間插入一個 separator 值的複本：

```
assert_eq!([[1, 2], [3, 4], [5, 6]].join(&0),
           vec![1, 2, 0, 3, 4, 0, 5, 6]);
```

拆分

一次將許多非 mut 參考放入陣列、slice 或向量很簡單：

```
let v = vec![0, 1, 2, 3];
let a = &v[i];
let b = &v[j];

let mid = v.len() / 2;
let front_half = &v[..mid];
let back_half = &v[mid..];
```

但是取得多個 mut 參考沒這麼容易：

```
let mut v = vec![0, 1, 2, 3];
let a = &mut v[i];
let b = &mut v[j];  // 錯誤：一次不能借用
                    //       可變的 `v` 超過一次

*a = 6;             // 在此使用參考 `a` 與 `b`，
*b = 7;             // 所以它們的生命期一定重疊
```

Rust 禁止這麼做的原因是，若 i == j，則 a 與 b 是指向同一個整數的兩個 mut 參考，這違反 Rust 的安全規則（見第 123 頁的「共用 vs. 可變性」）。

Rust 有幾個方法可以借用一個陣列、slice 或向量的多個部分的 mut 參考。與上面的程式不同的是，這些方法是安全的，因為在設計上，它們總是將資料拆成不重疊的區域。其中有許多方法也適合用來處理非 mut slice，所以每一種方法都有 mut 與非 mut 版本。

圖 16-2 是這些方法。

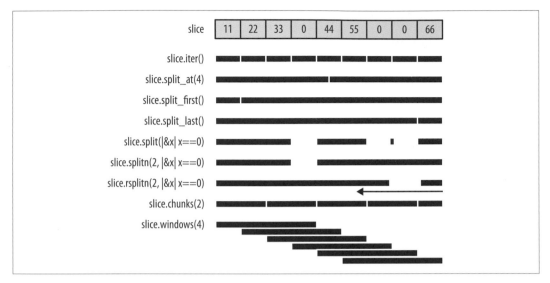

圖 16-2　拆分方法（注意：在 slice.split() 的輸出裡面的小矩形是兩個相鄰的分隔符號造成的空 slice。rsplitn 按照從最後面到最前面的順序來產生它的輸出，與其他的方法不同）

這些方法都不直接修改陣列、slice 或向量，它們只回傳裡面的部分資料的新參考：

slice.iter(), slice.iter_mut()

　　產生 slice 的各個元素的參考。我們曾經在第 406 頁的「迭代」裡面討論過它們。

slice.split_at(index), slice.split_at_mut(index)

　　將 slice 拆成兩個，回傳一對 slice。slice.split_at(index) 相當於 (&slice[..index], &slice[index..])。當 index 超出邊界時，這些方法會 panic。

slice.split_first(), slice.split_first_mut()

　　也回傳一對參考：一個是指向第一個元素（slice[0]）的參考，另一個是指向所有其餘元素（slice[1..]）的 slice 參考。

　　.split_first() 的回傳型態是 Option<(&T, &[T])>，當 slice 是空的時，結果是 None。

slice.split_last(), slice.split_last_mut()

　　它們與上一對方法相似，但拆開最後一個元素，而不是第一個。

　　.split_last() 的回傳型態是 Option<(&T, &[T])>。

slice.split(is_sep), slice.split_mut(is_sep)

將 slice 拆成一個或多個子 slice，使用函式或 closure is_sep 來決定要在哪裡拆開。它們回傳一個迭代子 slice 的 iterator。

當你耗用 iterator 時，它會幫 slice 的每一個元素呼叫 is_sep(&element)，如果 is_sep(&element) 是 true，元素就是分隔符號，分隔符號不會被放入任何輸出子 slice。

輸出一定至少包含一個子 slice，外加每個分隔符號一個 slice。如果有分隔符號彼此相鄰，或是與 slice 的結尾相鄰，它也會加入空的子 slice。

slice.split_inclusive(is_sep), slice.split_inclusive_mut(is_sep)

它們的動作很像 split 與 split_mut，但是在上一個子 slice 的結尾加上分隔符號，而不是排除它。

slice.rsplit(is_sep), slice.rsplit_mut(is_sep)

與 slice 和 slice_mut 很像，但是從 slice 的結尾開始。

slice.splitn(n, is_sep), slice.splitn_mut(n, is_sep)

一樣，但是最多產生 n 個子 slice。在找到前 n-1 個 slice 之後，is_sep 就不會被呼叫了。最後一個子 slice 包含所有剩餘的元素。

slice.rsplitn(n, is_sep), slice.rsplitn_mut(n, is_sep)

與 .splitn() 和 .splitn_mut() 很像，但是 slice 是以反向順序掃描的。也就是說，這些方法會根據 slice 裡面的後 n-1 個分隔符號進行拆分，而不是前幾個，而且從結尾開始產生子 slice。

slice.chunks(n), slice.chunks_mut(n)

回傳一個 iterator 來迭代不重疊且長度為 n 的子 slice。如果 slice.len() 不能被 n 整除，最後一個區塊的元素將少於 n 個。

slice.rchunks(n), slice.rchunks_mut(n)

與 slice.chunks 和 slice.chunks_mut 很像，但從 slice 的結尾開始。

slice.chunks_exact(n), slice.chunks_exact_mut(n)

回傳一個 iterator 來迭代不重疊且長度為 n 的子 slice。如果 slice.len() 無法被 n 整除，最後一個區塊（元素少於 n 個）可用結果的 remainder() 方法取得。

`slice.rchunks_exact(n), slice.rchunks_exact_mut(n)`

與 slice.chunks_exact 和 slice.chunks_exact_mut 很像,但從 slice 的結尾開始。

此外還有兩個迭代子 slice 的方法:

`slice.windows(n)`

回傳一個 iterator,該 iterator 的行為就像在 slice 的資料上面「滑動的窗口」。它會產生跨越 n 個連續元素的子 slice,它產生第一個值是 &slice[0..n],第二個值是 &slice[1..n+1],以此類推。

若 n 大於 slice 的長度,此方法不產生 slice。若 n 是 0,此方法會 panic。

例如,若 days.len() == 31,那麼我們可以藉著呼叫 days.windows(7) 來產生 days 裡面的所有七日跨度。

大小為 2 的滑動窗口很適合用來探索一個資料序列如何從一個資料點變成下一個:

```
let changes = daily_high_temperatures
                  .windows(2)              // 取得相鄰日的溫度
                  .map(|w| w[1] - w[0])    // 它改變多少?
                  .collect::<Vec<_>>();
```

因為子 slice 是重疊的,所以這個方法沒有回傳 mut 參考的版本。

對換

有一些方便的方法可對換 slice 的內容:

`slice.swap(i, j)`

對換 slice[i] 與 slice[j] 兩個元素。

`slice_a.swap(&mut slice_b)`

對換 slice_a 與 slice_b 的整個內容。slice_a 與 slice_b 的長度必須相同。

向量有一種相關的方法可以有效率地移除任何元素:

`vec.swap_remove(i)`

移除並回傳 vec[i]。它很像 vec.remove(i),但是它不會移動向量的其餘元素來填空,而是直接將 vec 的最後一個元素移入空缺。它很適合在你不在乎剩餘項目的順序時使用。

填充

有兩種方便的方法可用來替換可變 slice 的內容：

`slice.fill(value)`

　　將 value 的複本填入 slice。

`slice.fill_with(function)`

　　將呼叫函式得到的值填入 slice。這個方法特別適合用來處理實作 Default 但沒有實作 Clone 的型態，例如 Option<T> 或 Vec<T>，當 T 不是 Clone 時。

排序與搜尋

slice 提供三種排序方法：

`slice.sort()`

　　按遞增順序來排序元素。當元素型態實作了 Ord 時，這個方法才存在。

`slice.sort_by(cmp)`

　　使用函式或 closure cmp 來指定排序順序，以排序 slice 的元素。cmp 必須實作 Fn(&T, &T) -> std::cmp::Ordering。

　　親手撰寫 cmp 是痛苦的事情，但你可以將工作委託給 .cmp() 方法：

```
students.sort_by(|a, b| a.last_name.cmp(&b.last_name));
```

　　若要用一個欄位來排序，你可以使用第二個欄位作為分界符號（tiebreaker），比較 tuple：

```
students.sort_by(|a, b| {
    let a_key = (&a.last_name, &a.first_name);
    let b_key = (&b.last_name, &b.first_name);
    a_key.cmp(&b_key)
});
```

`slice.sort_by_key(key)`

　　用函式或 closure key 提供的排序鍵來將 slice 的元素按遞增順序排列。key 的型態必須實作 Fn(&T) -> K，其中 K: Ord。

這個方法很適合在 T 有一或多個有序欄位時使用，你可以用多種方式來排序它：

```
// 按平均分數排序，最低分排前面。
students.sort_by_key(|s| s.grade_point_average());
```

注意，這些排序鍵值在排序期間不會被存入快取，所以 key 函式可能被呼叫超過 *n* 次。

由於技術原因，key(element) 不能回傳向元素借的任何參考。這段程式無法執行：

```
students.sort_by_key(|s| &s.last_name);  // 錯誤：無法推斷生命期
```

Rust 無法確定生命期。但是在這些情況下，改用 .sort_by() 很容易。

這三個方法都執行穩定排序。

若要按相反的順序排序，你可以使用 sort_by 與一個對換兩個引數的 cmp closure。接收 |b, a| 引數而不是 |a, b| 會產生相反的順序。或者，你也可以在排序之後呼叫 .reverse() 方法：

slice.reverse()

將 slice 就地反過來。

排序好 slice 之後，你就可以有效率地搜尋它了：

slice.binary_search(&value), slice.binary_search_by(&value, cmp),
slice.binary_search_by_key(&value, key)

它們都是在已排序的 slice 裡面尋找 value。注意，value 是以參考傳遞的。

這些方法的回傳型態是 Result<usize, usize>。如果在指定的順序下，slice[index] 等於 value，它們會回傳 Ok(index)。如果沒有這個索引，它們會回傳 Err(insertion_point)，所以在 insertion_point 插入 value 會保留順序。

當然，二分搜尋在 slice 按照指定的順序來排序時才有效，否則，結果將是隨便產生的，正所謂 garbage in, garbage out。

因為 f32 與 f64 有 NaN 值，所以它們並未實作 Ord，而且不能直接當成索引鍵，與排序和二分搜尋方法一起使用。若要使用處理浮點資料的類似方法，你可以使用 ord_subset crate。

你可以用一種方法來搜尋未排序的向量：

```
slice.contains(&value)
```

若 slice 的任何元素等於 value 則回傳 true。它會檢查 slice 的每一個元素，直到找到符合的元素為止。value 同樣是以參考來傳遞的。

若要尋找一個值在 slice 裡面的位置，如同 JavaScript 的 `array.indexOf(value)`，你可以使用 iterator：

```
slice.iter().position(|x| *x == value)
```

它回傳 `Option<usize>`。

比較 slice

若型態 T 支援 == 與 != 運算子（PartialEq trait，見第 300 頁的「等效性比較」），則陣列 [T; N]、slice [T] 與向量 Vec<T> 也支援它們。若兩個 slice 有相同的長度，而且它們對映的元素是相等的，則它們也相等。對陣列與向量而言也是如此。

若 T 支援運算子 <、<=、> 與 >=（PartialOrd trait，見第 303 頁的「有序比較」），則 T 的陣列、slice 與向量也是如此。slice 的比較是按照詞典順序的。

有兩個方便的方法可執行常見的 slice 比較：

```
slice.starts_with(other)
```

若 slice 開頭的一連串值與 other slice 的元素相等，則回傳 true：

```
assert_eq!([1, 2, 3, 4].starts_with(&[1, 2]), true);
assert_eq!([1, 2, 3, 4].starts_with(&[2, 3]), false);
```

```
slice.ends_with(other)
```

與上一個方法類似，但檢查 slice 的結尾：

```
assert_eq!([1, 2, 3, 4].ends_with(&[3, 4]), true);
```

隨機元素

Rust 標準程式庫未內建隨機元素，但 rand crate 有，這個 crate 有兩個方法可從陣列、slice 或向量取得隨機的輸出：

```
slice.choose(&mut rng)
```

回傳 slice 的隨機元素的參考。它與 slice.first() 和 slice.last() 一樣回傳一個 Option<&T>，若 slice 是空的，它是 None。

```
slice.shuffle(&mut rng)
```

將 slice 的元素就地隨機重新排列。你必須以 mut 參考傳入 slice。

它們是 rand::Rng trait 的方法，所以你需要 Rng（隨機數字產生器）才能呼叫它們。幸好，你只要呼叫 rand::thread_rng() 就可以得到一個了。若要將向量 my_vec 洗亂，你可以這樣寫：

```
use rand::seq::SliceRandom;
use rand::thread_rng;

my_vec.shuffle(&mut thread_rng());
```

Rust 會排除失效錯誤

多數的主流程式語言都有集合與 iterator，而且它們都有這條規則的某個變體：不要在迭代一個集合的時候修改它。例如，向量相當於 Python 的串列（list）：

```
my_list = [1, 3, 5, 7, 9]
```

假如我們試著將 my_list 內大於 4 的值全部移除：

```
for index, val in enumerate(my_list):
    if val > 4:
        del my_list[index]  # bug：在迭代的時候修改串列

print(my_list)
```

（enumerate 函式是相當於 Rust 的 .enumerate() 方法的 Python 函式，見第 378 頁的「enumerate」。）

令人意外的是，這個程式印出 [1, 3, 7]，但 7 大於 4，它是怎麼逃過一劫的？這是一個失效錯誤（invalidation error）：程式在迭代資料的同時修改它，造成 iterator 失效。在 Java，它會產生例外，在 C++，它是未定義行為，在 Python，雖然行為是定義明確的，但它不直觀：iterator 會跳過一個元素。val 絕不會是 7。

讓我們試著在 Rust 裡面重現這個 bug：

```
n main() {
    let mut my_vec = vec![1, 3, 5, 7, 9];

    for (index, &val) in my_vec.iter().enumerate() {
        if val > 4 {
            my_vec.remove(index);  // 錯誤：不能借用可變的 `my_vec`
        }
    }
    println!("{:?}", my_vec);
}
```

Rust 在編譯期駁回這段程式。當我們呼叫 my_vec.iter() 時，它借用向量的共享（非 mut）參考。這個參考的生命期與 iterator 一樣長，一直到 for 迴圈的結尾。我們不能在非 mut 參考存在時呼叫 my_vec.remove(index) 來修改向量。

有訊息告訴你出錯是好事，但當然，你仍然要設法寫出想要的行為！最簡單的修正法是這樣寫：

```
my_vec.retain(|&val| val <= 4);
```

或者，你可以採取你在 Python 或任何其他語言裡面的做法：使用 filter 來建立一個新向量。

VecDeque<T>

Vec 只允許在結尾加入與移除元素。當程式需要一個地方來儲存「正在排隊等待」的值時，Vec 可能很慢。

Rust 的 std::collections::VecDeque<T> 是 *deque*（讀成「deck」），也就是雙端佇列。它可讓你在前端與後端進行加入與移除操作：

deque.push_front(value)

在佇列的前端加入一個值。

deque.push_back(value)

在後端加入一個值（這個方法的使用頻率比 .push_front() 更高，因為佇列的慣例是在後端加入值，在前端移除值，和人排隊時一樣）。

`deque.pop_front()`

　　移除佇列前端的值並回傳它，回傳一個 `Option<T>`，當佇列是空的時，它是 `None`，很像 `vec.pop()`。

`deque.pop_back()`

　　移除並回傳後端的值，同樣回傳 `Option<T>`。

`deque.front()`, `deque.back()`

　　它們的動作很像 `vec.first()` 和 `vec.last()`。它們會回傳指向佇列的前端或後端元素的參考。回傳值是 `Option<&T>`，當佇列是空的時，它是 `None`。

`deque.front_mut()`, `deque.back_mut()`

　　動作很像 `vec.first_mut()` 與 `vec.last_mut()`，回傳 `Option<&mut T>`。

`VecDeque` 的實作是一個環狀緩衝區，如圖 16-3 所示。

與 `Vec` 一樣的是，它有一個儲存元素的 heap 區塊。但與 `Vec` 不同的是，資料不一定從這個區塊的開頭開始存起，它可能「繞到」結尾，如圖所示。這個 deque 的元素依序是 `['A', 'B', 'C', 'D', 'E']`。`VecDeque` 有私用欄位，在圖中，它們是 `start` 與 `stop`，`VecDeque` 用它們來記住資料在緩衝區內的起點與終點。

將一個值加入佇列，無論在哪一端，都意味著要求一個未使用的空格（本圖以深色空格來表示），如果需要的話，佇列會做繞回的動作，或配置更大的記憶體區塊。

`VecDeque` 會管理繞回的動作，所以你不需要關心這件事。圖 16-3 是 Rust 讓 `.pop_front()` 跑得快的幕後視角。

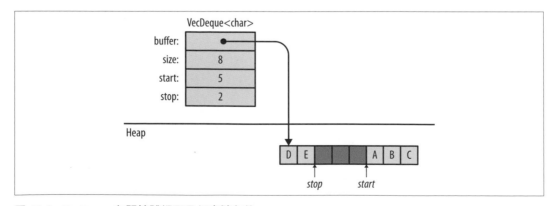

圖 16-3　VecDeque 在記憶體裡面是怎麼儲存的

當你使用 deque 時，通常你只需要使用 .push_back() 與 .pop_front() 方法。建立佇列的型態關聯函式 VecDeque::new() 與 VecDeque::with_capacity(n) 就像 Vec 的對映函式。VecDeque 有 Vec 的許多方法：.len() 與 .is_empty()、.insert(index, value)、.remove(index)、.extend(iterable)⋯等。

deque 就像向量，可以用值、用共享參考，或是用 mut 參考來迭代。它們有三個 iterator 方法，.into_iter()、.iter() 與 .iter_mut()。它們可以用一般的方式來檢索：deque[index]。

因為 deque 不是用連續的方式在記憶體裡面儲存元素，所以它們不能繼承 slice 的所有方法。但是如果你願意付出移動內容的代價，VecDeque 提供一個解決方法：

deque.make_contiguous()

接收 &mut self 並將 VecDeque 重新排列成連續的記憶體，回傳 &mut [T]。

Vec 與 VecDeque 有密切的關係，標準程式庫提供兩個 trait 實作，可在兩者之間輕鬆地轉換：

Vec::from(deque)

Vec<T> 實作了 From<VecDeque<T>>，所以它可將 deque 轉換成向量。它需要 O(n) 時間，因為它可能需要重新排列元素。

VecDeque::from(vec)

VecDeque<T> 實作了 From<Vec<T>>，所以它將向量轉換成 deque。它也是 O(n)，但是它通常很快，即使向量很大，因為向量的 heap 配置可以直接移到新 deque。

這個方法可讓你輕鬆地使用指定的元素來建立一個 deque，即使沒有標準巨集 vec_deque![]：

```
use std::collections::VecDeque;

let v = VecDeque::from(vec![1, 2, 3, 4]);
```

BinaryHeap<T>

BinaryHeap 是鬆散組織元素的集合，可讓最大值上浮至佇列的前端。以下是三個最常用的 BinaryHeap 方法：

`heap.push(value)`

將值加入 heap。

`heap.pop()`

將 heap 最大的值移除並回傳。它回傳一個 Option<T>，當 heap 是空的時，它是 None。

`heap.peek()`

回傳 heap 的最大值的參考。回傳型態是 Option<&T>。

`heap.peek_mut()`

回傳 PeekMut<T>，它的行為就像 heap 的最大值的可變參考，並提供型態關聯函式 pop() 來將這個值從 heap 中 pop 出來。這個方法可讓你根據最大值來選擇要不要從 heap 裡 pop 出來：

```
use std::collections::binary_heap::PeekMut;

if let Some(top) = heap.peek_mut() {
    if *top > 10 {
        PeekMut::pop(top);
    }
}
```

BinaryHeap 也支援 Vec 的一些方法，包括 BinaryHeap::new()、.len()、.is_empty()、.capacity()、.clear() 與 .append(&mut heap2)。

例如，假如我們要將一些數字填入 BinaryHeap：

```
use std::collections::BinaryHeap;

let mut heap = BinaryHeap::from(vec![2, 3, 8, 6, 9, 5, 4]);
```

9 這個值在 heap 的最上面：

```
assert_eq!(heap.peek(), Some(&9));
assert_eq!(heap.pop(), Some(9));
```

移除 9 也會稍微重新排列其他的元素，讓 8 在最前面，以此類推：

```
assert_eq!(heap.pop(), Some(8));
assert_eq!(heap.pop(), Some(6));
assert_eq!(heap.pop(), Some(5));
...
```

當然，BinaryHeap 不只可以保存數字，它可以保存實作了 Ord 內建 trait 的任何型態的值。

所以 BinaryHeap 很適合當成工作佇列。你可以定義一個工作結構，讓它根據優先順序實作 Ord，讓高順位的工作 Greater（大）於低順位的工作。然後建立一個 BinaryHeap 來保存所有待辦工作。它的 .pop() 一定回傳最重要的項目，也就是程式接下來要處理的工作。

注意：BinaryHeap 是 iterable，它有一個 .iter() 方法，但 iterator 以任意順序產生 heap 的元素，而不是從最大到最小。若要按照優先順序來耗用 BinaryHeap 的值，你可以使用 while 迴圈：

```
while let Some(task) = heap.pop() {
    handle(task);
}
```

HashMap<K, V> 與 BTreeMap<K, V>

map 是成對的索引鍵與值（稱為項目（*entry*））的集合。每個項目的索引鍵都不相同，而且項目是有組織的，所以如果你有一個索引鍵，你可以在 map 裡面快速地找到它的對映值。簡言之，map 是一個查詢表。

Rust 提供兩種 map 型態：HashMap<K, V> 與 BTreeMap<K, V>。它們有很多相同的方法，兩者的差異在於如何排列項目以便快速地查詢。

HashMap 在雜湊表裡面儲存索引鍵與值，所以它的索引鍵型態 K 必須實作 Hash 與 Eq，兩者是進行雜湊化與比較相等性的標準 trait。

圖 16-4 是 HashMap 在記憶體裡面的情況。暗色區域是未用的空間。所有的索引鍵、值與快取的雜湊碼都儲存在一個 heap 表裡。加入項目會迫使 HashMap 配置一個更大的表，並將所有資料移到它裡面。

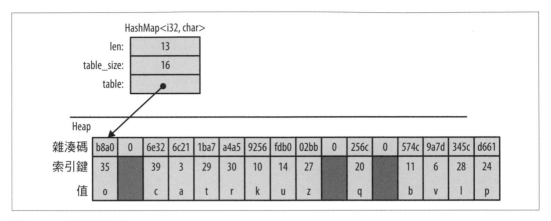

圖 16-4　在記憶體內的 HashMap

BTreeMap 使用樹狀結構按索引鍵順序儲存項目，所以它要求索引鍵型態 K 實作 Ord。圖 16-5 是一個 BTreeMap。暗色區域同樣是未用空間。

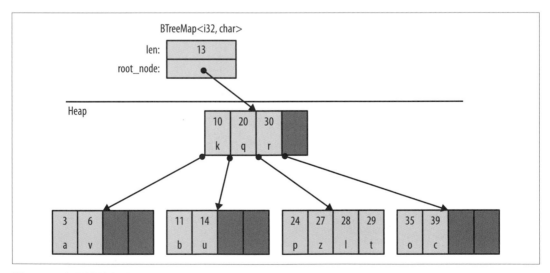

圖 16-5　在記憶體內的一個 BTreeMap

BTreeMap 將它的項目存入節點。在 BTreeMap 裡面的多數節點都只有成對的索引鍵與值。非葉節點（例如圖中的根節點）也有儲存子節點的指標的空間。在 (20, 'q') 與 (30, 'r') 之間的指標指向存有 20 與 30 之間的索引鍵的子節點。在加入項目時，通常會將節點的一些現有項目往右移，讓它們繼續依序排列，有時也要配置新節點。

受限於頁面，這張圖有點簡化。例如，真正的 BTreeMap 節點有容納 11 個項目的空間，不是 4 個。

Rust 標準程式庫使用 B-tree 而不是平衡二元樹，因為 B-tree 在現代硬體上比較快。二元樹每次搜尋的比較次數可能比 B-tree 少，但搜尋 B-tree 有更好的區域性（*locality*），也就是需要讀取的記憶體都在附近，而不是分散在整個 heap 裡面，所以 CPU 快取未命中的機會比較低，可明顯地提升速度。

建立 map 的方式有三種：

HashMap::new(), BTreeMap::new()

    建立一個新的、空的 map。

iter.collect()

    可用一對索引鍵與值來建立與填寫一個新的 HashMap 或 BTreeMap。iter 必須是個 Iterator<Item=(K, V)>。

HashMap::with_capacity(n)

    建立一個新的、空的雜湊 map，讓它的空間至少可容納 *n* 個項目。HashMap 與向量一樣將資料存入一塊 heap 裡面，所以它們有容量，與相關的方法 hash_map.capacity()、hash_map.reserve(additional) 與 hash_map.shrink_to_fit()。BTreeMap 沒有。

HashMap 與 BTreeMap 有同一組處理索引鍵與值的核心方法：

map.len()

    回傳項目的數量。

map.is_empty()

    若 map 沒有項目，則回傳 true。

map.contains_key(&key)

    若 key 在 map 裡面有項目，則回傳 true。

map.get(&key)

    在 map 裡面尋找有 key 的項目。如果找到符合的項目，它會回傳 Some(r)，其中的 r 是對映值的參考。否則，它回傳 None。

map.get_mut(&key)

類似，但它回傳值的 mut 參考。

一般來說，map 可讓你 mut 存取它們儲存的值，但不能這樣子存取索引鍵。值是你的，可以讓你隨意修改。索引鍵屬於 map 本身，它必須確保索引鍵不會改變，因為項目是用它們的索引鍵來組織的。就地修改索引鍵是 bug。

map.insert(key, value)

將項目 (key, value) 插入 map，並回傳舊值，若有的話。它的回傳型態是 Option<V>。如果 map 已經有該 key 的項目，新插入的值會覆寫舊的。

map.extend(iterable)

迭代 iterable 的 (K, V) 項目，並將每一對索引鍵與值插入 map。

map.append(&mut map2)

將 map2 的所有項目移入 map。之後，map2 會清空。

map.remove(&key)

在 map 裡面尋找有特定 key 的任何項目，並移除它們，回傳被移除的值，若有的話。它的回傳型態是 Option<V>。

map.remove_entry(&key)

在 map 裡面尋找有特定 key 的任何項目，並移除它們，回傳被移除的索引鍵與值，若有的話。它的回傳型態是 Option<(K, V)>。

map.retain(test)

移除未通過測試的所有元素。test 引數是實作了 FnMut(&K, &mut V) -> bool 的函式或 closure。這個方法會針對 map 裡面的每一個元素呼叫 test(&key, &mut value)，如果它回傳 false，元素會被移出 map 並卸除。

撇開性能不談，這個方法很像這段程式：

```
map = map.into_iter().filter(test).collect();
```

map.clear()

移除所有項目。

你也可以使用中括號來查詢 map：map[&key]。也就是說，map 實作了 Index 內建 trait。但是，如果沒有項目有 key，它會 panic，與存取超出陣列範圍的位置一樣，所以，這種寫法只能在你確定你想尋找的項目已被填入資料時使用。

.contains_key()、.get()、.get_mut() 與 .remove() 的 key 引數不一定要是 &K 型態。這些方法可使用「可從 K 借用」的型態。你可以對著 HashMap<String, Fish> 呼叫 fish_map.contains_key("conger")，即使 "conger" 不是 String，因為 String 實作了 Borrow<&str>。詳情見第 324 頁的「Borrow 與 BorrowMut」。

因為 BTreeMap<K, V> 用索引鍵來排序它的項目，所以它提供一項額外的操作：

btree_map.split_off(&key)

> 將 btree_map 拆成兩個。索引鍵小於 key 的項目會被留在 btree_map。回傳一個新的 BTreeMap<K, V>，裡面有其他的項目。

Entry

HashMap 與 BTreeMap 都有對映的 Entry 型態。Entry 的目的是消除多餘的 map 查詢。例如，這是一段取得或建立學生紀錄的程式：

```
// 我們已經有這位學生的紀錄了嗎？
if !student_map.contains_key(name) {
    // 沒有，建立一個。
    student_map.insert(name.to_string(), Student::new());
}
// 現在一定有紀錄了。
let record = student_map.get_mut(name).unwrap();
...
```

雖然這段程式可以動作，但是它存取 student_map 兩次以上，每次都做同樣的查詢。

Entry 背後的概念在於，它可以讓你只做一次查詢，產生一個 Entry，讓所有後續的操作都可以使用它。下面這一行程式相當於上面的所有程式，但是它只做一次查詢：

```
let record = student_map.entry(name.to_string()).or_insert_with(Student::new);
```

student_map.entry(name.to_string()) 回傳的 Entry 值就像一個指向 map 內的一個地方的可變參考，該地方要嘛被一對索引鍵與值占用，要嘛是空的，也就是那裡還沒有項目。如果是空的，項目的 .or_insert_with() 方法會插入一個新 Student。Entry 通常都是這樣使用的，簡單明瞭。

所有的 Entry 值都是同一個方法建立的:

map.entry(key)

回傳指定 key 的一個 Entry。如果在 map 裡面沒有那個 key,則回傳空的 Entry。

這個方法以 mut 參考接收它的 self 引數,並回傳一個有相符的生命期的 Entry:

```
pub fn entry<'a>(&'a mut self, key: K) -> Entry<'a, K, V>
```

Entry 型態有一個生命期參數 'a,因為它其實是指向 map 的借用 mut 參考。只要 Entry 存在,它就擁有 map 的獨家操作權。

在第 117 頁的「包含參考的結構」裡,我們學過如何在型態中儲存參考,以及它如何影響生命期。現在我們從用戶的角度來看一下它是什麼樣子。這就是 Entry 的情況。

不幸的是,如果 map 有 String 索引鍵,你就無法將 &str 型態的參考傳給這個方法。在這種情況下,.entry() 方法需要一個真正的 String。

Entry 值有三種處理空項目的方法:

map.entry(key).or_insert(value)

確保 map 裡面有一個項目有 key,並在需要時,插入具有 value 的新項目。它會回傳新值或既有值的 mut 參考。

假如我們需要統計選票,我們可以這樣寫:

```
let mut vote_counts: HashMap<String, usize> = HashMap::new();
for name in ballots {
    let count = vote_counts.entry(name).or_insert(0);
    *count += 1;
}
```

.or_insert() 回傳一個 mut 參考,所以 count 的型態是 &mut usize。

map.entry(key).or_default()

確保 map 裡面有一個項目具有 key,並在需要時插入包含 Default::default() 的回傳值的新項目。它只能用在實作了 Default 的型態上。如同 or_insert,這個方法回傳一個指向新值或既有值的 mut 參考。

map.entry(key).or_insert_with(default_fn)

一樣,但如果它需要建立新項目,它會呼叫 default_fn() 來產生預設值。如果在 map 裡面,key 已經有一個項目了,那就不使用 default_fn。

假如我們想要知道哪些單字出現在哪些檔案裡，我們可以這樣寫：

```
// 這個 map 為每個單字列出裡面有它的檔案。
let mut word_occurrence: HashMap<String, HashSet<String>> =
    HashMap::new();
for file in files {
    for word in read_words(file)? {
        let set = word_occurrence
            .entry(word)
            .or_insert_with(HashSet::new);
        set.insert(file.clone());
    }
}
```

Entry 也提供一種方便的方法來修改現存欄位。

map.entry(key).and_modify(closure)

如果索引鍵為 key 的項目存在，呼叫 closure，傳入值的可變參考。它回傳 Entry，所以它可以和其他的方法串接。

例如，我們可以用它來計算在一個字串裡面出現的單字數：

```
// 這個 map 裡面有特定字串裡面的所有單字，
// 以及它們出現的次數。
let mut word_frequency: HashMap<&str, u32> = HashMap::new();
for c in text.split_whitespace() {
    word_frequency.entry(c)
        .and_modify(|count| *count += 1)
        .or_insert(1);
}
```

Entry 型態是個 enum，其定義類似 HashMap 的定義（也類似 BTreeMap 的）：

```
// （於 std::collections::hash_map）
pub enum Entry<'a, K, V> {
    Occupied(OccupiedEntry<'a, K, V>),
    Vacant(VacantEntry<'a, K, V>)
}
```

OccupiedEntry 與 VacantEntry 型態有一些方法可以用來插入、移除與存取項目，且不會重複進行最初的查詢。你可以在線上文件中找到它們。有時你會用額外的方法來消除一兩次重複的查詢，但 .or_insert() 與 .or_insert_with() 可處理常見的情況。

map 迭代

迭代 map 的做法有以下幾種:

- 以值迭代(for (k, v) in map)會產生 (K, V)。它會耗用 map。

- 迭代共享的參考(for (k, v) in &map)會產生 (&K, &V)。

- 迭代 mut 參考(for (k, v) in &mut map)會產生 (&K, &mut V)。(同樣的,你無法對 map 裡面的索引鍵進行 mut 存取,因為 entry 是用它們的索引鍵來組織的。)

map 與向量一樣有 .iter() 與 .iter_mut() 方法,它們回傳以參考迭代的 iterator,就像迭代 &map 或 &mut map 一樣。此外還有:

map.keys()

以參考回傳一個只迭代索引鍵的 iterator。

map.values()

以參考回傳一個迭代值的 iterator。

map.values_mut()

以 mut 參考回傳一個迭代值的 iterator。

map.into_iter()、map.into_keys()、map.into_values()

耗用 map,回傳一個迭代器,分別迭代鍵值、鍵與值的 tuple (K, V)。

所有的 HashMap 都以任意順序造訪 map 的項目。BTreeMap iterator 以索引鍵順序來造訪它們。

HashSet<T> 與 BTreeSet<T>

set(集合)是為了快速測試一個值是不是成員而建立的集合:

```
let b1 = large_vector.contains(&"needle");    // 慢,檢查每一個元素
let b2 = large_hash_set.contains(&"needle");  // 快,雜湊查詢
```

在集合裡面,同一個值絕對不會有多個複本。

map 與集合有不同的方法，但是在幕後，set 就像只有鍵的 map，它沒有成對的索引鍵 /
值。事實上，Rust 的兩種 set 型態 HashSet<T> 與 BTreeSet<T> 都是在 HashMap<T, ()> 與
BTreeMap<T, ()> 外面套上一層薄包裝來實作的。

HashSet::new(), BTreeSet::new()

建立新 set。

iter.collect()

用任何 iterator 來建立新的 set。如果 iter 產生一個值超過一次，複本會被卸除。

HashSet::with_capacity(n)

建立一個空的 HashSet，且它的空間至少可容納 n 個值。

HashSet<T> 與 BTreeSet<T> 有相同的基本方法：

set.len()

回傳 set 的值的數量。

set.is_empty()

若 set 沒有元素，則回傳 true。

set.contains(&value)

若 set 有指定的 value，則回傳 true。

set.insert(value)

將一個 value 加入 set。如果那個值被加入了，回傳 true，如果它已經是 set 的成員，
則回傳 false。

set.remove(&value)

將 set 裡面的一個 value 移除。如果那個值被移除了，回傳 true，如果它本來就不是
set 的成員，則回傳 false。

set.retain(test)

移除未通過測試的所有元素。test 引數是一個實作了 FnMut(&T) -> bool 的函式
或 closure。這個方法會針對 set 裡面的每一個元素呼叫 test(&value)，如果它回傳
false，元素會被移出 set 並卸除。

撤開性能不談，這個方法很像這段程式：

```
set = set.into_iter().filter(test).collect();
```

如同 map，以參考查詢值的方法都可使用「可向 T 借用」的型態。詳情見第 324 頁的「Borrow 與 BorrowMut」。

set 迭代

迭代 set 的做法有以下兩種：

* 以值迭代（for v in set）會產生 set 的成員（並耗用集合）。
* 以共享參考迭代（for v in &set）會產生 set 成員的共享參考。

Rust 不支援以 mut 參考迭代 set。你無法取得 set 的值的 mut 參考。

set.iter()

回傳一個以參考迭代 set 成員的 iterator。

HashSet iterator 以任意順序產生值，與 HashMap iterator 一樣。BTreeSet iterator 依序產生值，很像已排序的向量。

當相等的值不同時

set 有一些奇特的方法，它們只會在你在乎「相等」的值之間的差異時用到。

這種差異確實經常存在。例如，有兩個相同的 String 值在記憶體的不同位置儲存它們的字元：

```
let s1 = "hello".to_string();
let s2 = "hello".to_string();
println!("{:p}", &s1 as &str);  // 0x7f8b32060008
println!("{:p}", &s2 as &str);  // 0x7f8b32060010
```

我們通常不在乎這種事。

但是如果你在乎，你可以使用下面的方法來存取一個 set 裡面的實際值。這些方法都回傳一個 Option，當 set 沒有相符的值時，它是 None：

set.get(&value)

回傳與 value 相等的 set 成員的共享參考，若有的話。回傳一個 Option<&T>。

`set.take(&value)`

　　與 `set.remove(&value)` 很像，但它回傳被移除的值，若有的話。回傳一個 `Option<T>`。

`set.replace(value)`

　　與 `set.insert(value)` 很像，但如果 set 已經有一個等於 value 的值了，它會替換並回傳舊值。回傳一個 `Option<T>`。

針對整個 set 進行操作

到目前為止，我們看過的多數 set 方法都處理一個 set 裡面的一個值。set 也有一些處理整個 set 的方法：

`set1.intersection(&set2)`

　　回傳一個 iterator，以迭代既在 set1 也在 set2 的所有值。

　　例如，如果你要印出既選修腦外科，也選修火箭科學課程的所有學生名字，你可以這樣寫：

```
for student in &brain_class {
    if rocket_class.contains(student) {
        println!("{}", student);
    }
}
```

　　或更簡短的寫法：

```
for student in brain_class.intersection(&rocket_class) {
    println!("{}", student);
}
```

　　很特別的是，有一個處理這種工作的運算子。

　　`&set1 & &set2` 會回傳一個新 set，它是 set1 與 set2 的交集，它用一個二進制位元 AND 運算子來處理兩個參考。它會找出既在 set1 也在 set2 裡面的值：

```
let overachievers = &brain_class & &rocket_class;
```

`set1.union(&set2)`

　　回傳一個 iterator，迭代在 set1 裡面，或是在 set2 裡面，或是在兩者裡面的值。

　　`&set1 | &set2` 會回傳一個新集合，裡面有全部的這些值。它會找出在 set1 或 set2 裡面的值。

`set1.difference(&set2)`

回傳一個 iterator，迭代在 set1 裡面，但不在 set2 裡面的值。

&set1 - &set2 會回傳一個新 set，裡面有全部的這些值。

`set1.symmetric_difference(&set2)`

回傳一個 iterator，迭代在 set1 或 set2 裡面，但不同時位於兩個 set 裡面的值。

&set1 ^ &set2 回傳一個新集合，裡面有所有這些值。

有三種方法可檢驗 set 之間的關係：

`set1.is_disjoint(set2)`

若 set1 與 set2 沒有相同值則為 true，它們的交集是空的。

`set1.is_subset(set2)`

若 set1 是 set2 的子集合則為 true，也就是在 set1 裡面的值也都在 set2 裡面。

`set1.is_superset(set2)`

與上面相反，若 set1 是 set2 的超集合則為 true。

set 也可以使用 == 與 != 來做相等性測試，如果兩個 set 裡面的值相同，它們就是相等的。

雜湊化

std::hash::Hash 是可雜湊化型態的標準程式庫 trait。HashMap 的索引鍵與 HashSet 的元素都必須實作 Hash 與 Eq。

實作 Eq 的內建型態通常也實作 Hash。整數型態、char 與 String 都是可雜湊化的，tuple、陣列、向量，及其元素也是可雜湊化的。

標準程式庫有一個原則是，一個值應該有相同的雜湊碼，無論你將它存放在哪裡，或你如何指向它。因此，一個參考的雜湊碼與被它指的值的雜湊碼一樣，而 Box 的雜湊碼與 boxed 值一樣。向量 vec 的雜湊碼與包含它的所有資料的 slice &vec[..] 一樣。String 的雜湊碼與具有相同字元的 &str 一樣。

結構與 enum 在預設情況下不實作 Hash，但你可以 derive 實作：

```
/// 大英博物館珍藏品的 ID 號碼。
#[derive(Clone, PartialEq, Eq, Hash)]
enum MuseumNumber {
    ...
}
```

只要型態的欄位都是可雜湊化的，這種做法就有效。

如果你為一個型態親手實作 PartialEq，你也要親手實作 Hash。例如，假如我們有一個代表無價歷史文物的型態：

```
struct Artifact {
    id: MuseumNumber,
    name: String,
    cultures: Vec<Culture>,
    date: RoughTime,
    ...
}
```

如果兩個 Artifact 有相同的 ID，它們就是相等的：

```
impl PartialEq for Artifact {
    fn eq(&self, other: &Artifact) -> bool {
        self.id == other.id
    }
}

impl Eq for Artifact {}
```

因為我們純粹以 ID 來比較文物，所以我們必須用同樣的方式來將它們雜湊化：

```
use std::hash::{Hash, Hasher};

impl Hash for Artifact {
    fn hash<H: Hasher>(&self, hasher: &mut H) {
        // 將雜湊化委託給 MuseumNumber。
        self.id.hash(hasher);
    }
}
```

（否則，HashSet<Artifact> 無法正確運作，如同所有雜湊表，它要求當 a == b 時，hash(a) == hash(b)。）

這可讓我們建立 Artifacts 的 HashSet。

```
let mut collection = HashSet::<Artifact>::new();
```

如這段程式所示，即使你親自實作 Hash，你也不需要知道關於雜湊演算法的任何事情。.hash() 接收 Hasher 的參考，它代表雜湊演算法。你只要將與 == 運算子有關的所有資料傳給這個 Hasher 即可。Hasher 會用你傳給它的東西來計算雜湊碼。

使用自訂的雜湊演算法

hash 方法是泛型的，所以之前展示的 Hash 實作可以將資料傳給實作了 Hasher 的任何型態。這就是 Rust 支援可插拔雜湊演算法的做法。

第三種 trait，std::hash::BuildHasher，是讓代表雜湊演算法的初始狀態的型態使用的 trait。每一個 Hasher 都是一次性的，與 iterator 一樣，使用一次就會被扔掉。BuildHasher 是可重複使用的。

每一個 HashMap 都有一個 BuildHasher，每次它需要計算雜湊碼時都會使用它。BuildHasher 值裡面有索引鍵、初始狀態，或雜湊演算法每次執行時需要的其他參數。

計算雜湊碼的完整協定長這樣：

```
use std::hash::{Hash, Hasher, BuildHasher};

fn compute_hash<B, T>(builder: &B, value: &T) -> u64
    where B: BuildHasher, T: Hash
{
    let mut hasher = builder.build_hasher();  // 1. 開始演算法
    value.hash(&mut hasher);                  // 2. 傳入資料
    hasher.finish()                           // 3. 完成，產生一個 u64
}
```

每次 HashMap 需要計算雜湊碼時，就會呼叫這三個方法。所有方法都是可內聯的，所以它非常快。

Rust 的預設雜湊演算法是著名的 SipHash-1-3 演算法。SipHash 很快，而且非常擅長將雜湊衝突最小化。事實上，它是一種加密演算法：目前還沒有已知的方法可有效地產生 SipHash-1-3 衝突。只要所有雜湊表使用的索引鍵都是不同的、不可預測的，Rust 就可以抵禦稱為 HashDoS 的阻斷服務攻擊，這種攻擊手法是故意使用雜湊衝突來讓伺服器的性能進入最糟糕的狀況。

但也許你的應用程式不需要使用它。如果你要儲存許多小索引鍵，例如整數或很短的字串，也許你可以實作一種更快的雜湊函數，但付出 HashDoS 安全性的代價。fnv crate 實作了一種這類的演算法：Fowler–Noll–Vo（FNV）雜湊。若要嘗試它，在你的 *Cargo.toml* 裡面加入這一行：

```
[dependencies]
fnv = "1.0"
```

然後從 fnv 匯入 map 與 set 型態：

```
use fnv::{FnvHashMap, FnvHashSet};
```

你可以用這兩種型態來替代 HashMap 與 HashSet。瀏覽 fnv 原始碼可看到它們是怎麼定義的：

```
/// 使用預設的 FNV hasher 的 `HashMap`。
pub type FnvHashMap<K, V> = HashMap<K, V, FnvBuildHasher>;

/// 使用預設的 FNV hasher 的 `HashSet`。
pub type FnvHashSet<T> = HashSet<T, FnvBuildHasher>;
```

標準的 HashMap 與 HashSet 集合可接收額外的選用型態，用來指定雜湊演算法；FnvHashMap 與 FnvHashSet 是 HashMap 與 HashSet 的泛型型態別名，可在那個參數指定 FNV hasher。

除了標準集合之外

在 Rust 裡建立新的、自訂的集合型態與在其他語言裡面做這件事很像。你要藉著組合這種語言提供的零件來安排資料，包括結構與 enum、標準集合、Option、Box…等。例如第 241 頁的「泛型 enum」裡面定義的 BinaryTree<T> 型態。

如果你曾經在 C++ 裡面實作資料結構，使用原始指標、手動記憶體管理、放上 new，以及明確地呼叫建構式來取得最佳性能，你一定會發現安全的 Rust 很有局限性。那些工具本質上都是不安全的。它們也可以在 Rust 裡面使用，但你必須選擇使用 unsafe 程式碼。第 22 章將展示如何使用它們，屆時有一個範例使用一些 unsafe 程式碼來實作安全自訂集合。

我們暫時先沉浸在標準集合和安全、高效率 API 的溫暖光輝中。如同大多數的 Rust 標準程式庫，它們的設計是為了盡量減少編寫 unsafe 的需求。

## 第十七章

字串與文本

字串是一種不討喜的資料結構，你將它傳到哪裡，
哪裡就有大量的重複程序。它是掩蓋資訊的完美媒介。

—Alan Perlis，箴言 #34

在本書中，我們一直在使用 Rust 的主要文本型態，包括 String、str 與 char。在第 73 頁的「字串型態」裡，我們介紹了字元與字串常值的語法，並展示字串在記憶體裡面的情況，本章將更詳細介紹文本處理。

在本章中：

- 我們將介紹一些 Unicode 的背景知識，它們可幫助你理解標準程式庫的設計。

- 我們將介紹 char 型態，它代表一個 Unicode 碼位。

- 我們將介紹 String 與 str 型態，它們代表 owned 與 borrowed Unicode 字元序列。它們有各種方法可建構、搜尋、修改與迭代其內容。

- 我們將介紹 Rust 的字串格式化機制，例如 println! 與 format! 巨集。你可以撰寫自己的巨集來格式化字串，並擴展它們來支援你自己的型態。

- 我們將概述 Rust 的正規表達式支援。

- 最後，我們將討論為何 Unicode 正規化很重要，並展示怎麼在 Rust 裡面做這件事。

一些 Unicode 背景

本書的主題是 Rust，不是 Unicode，Unicode 已經有完整的書籍專門介紹它了，但是 Rust 的字元與字串型態是圍繞著 Unicode 設計的，以下是一些有助於解釋 Rust 的 Unicode 細節。

ASCII、Latin-1 與 Unicode

Unicode 與 ASCII 的碼位一致，從 0 至 0x7f：例如，它們的字元 * 的碼位都是 42。類似地，Unicode 將 0 到 0xff 分配給與 ISO/IEC 8859-1 字元集一樣的字元，它是 ASCII 的 8 bit 超集合，用於西歐語言。Unicode 將這個範圍的碼位稱為 *Latin-1* 碼組，所以我們會將 ISO/IEC 8859-1 稱為比較傳神的 *Latin-1*。

因為 Unicode 是 Latin-1 的超集合，所以將 Latin-1 轉換成 Unicode 不需要查詢表即可做到：

```
fn latin1_to_char(latin1: u8) -> char {
    latin1 as char
}
```

逆向轉換也很簡單，假設碼位在 Latin-1 範圍內：

```
fn char_to_latin1(c: char) -> Option<u8> {
    if c as u32 <= 0xff {
        Some(c as u8)
    } else {
        None
    }
}
```

UTF-8

Rust 的 String 與 str 型態代表使用 UTF-8 編碼形式的文本。UTF-8 將字元編碼成一至四個 bytes 的序列（圖 17-1）。

格式良好的 UTF-8 序列有兩個限制。首先，對任何碼位而言，只有最短的編碼才格式良好，你不能用四個 bytes 來編碼可放入三個 bytes 的碼位。這條規則確保特定的碼位只有一個 UTF-8 編碼。第二，格式良好的 UTF-8 不能編碼 0xd800 至 0xdfff，或超過 0x10ffff 的數字，它們要嘛不是當成字元來使用，要嘛完全超出 Unicode 的範圍。

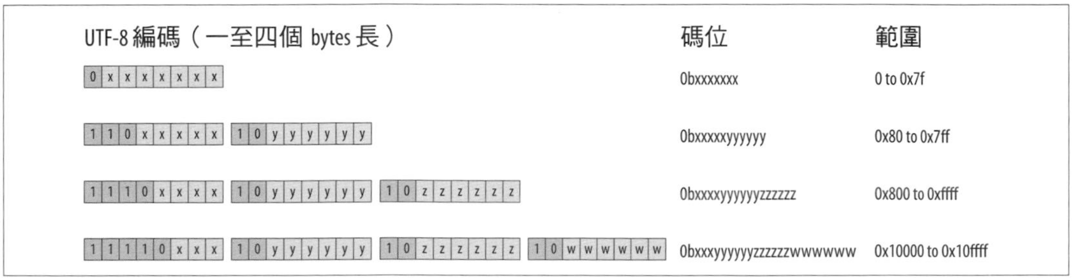

圖 17-1　UTF-8 編碼

見圖 17-2 的一些例子。

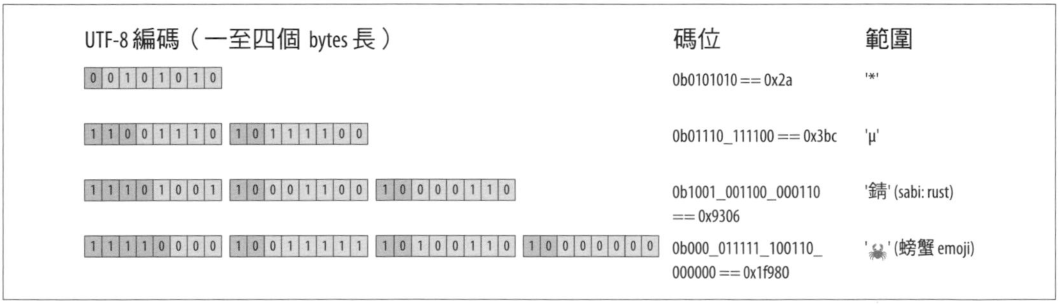

圖 17-2　UTF-8 範例

注意，即使螃蟹 emoji 的碼位的第一個 byte 都是零，但它仍然需要 4-byte 編碼：3-byte UTF-8 編碼只能表達 16-bit 碼位，但 `0x1f980` 有 17 bits 長。

下面這個字串包含不同長度編碼的字元：

```
assert_eq!("うどん : udon".as_bytes(),
           &[0xe3, 0x81, 0x86, // う
             0xe3, 0x81, 0xa9, // ど
             0xe3, 0x82, 0x93, // ん
             0x3a, 0x20, 0x75, 0x64, 0x6f, 0x6e // : udon
           ]);
```

圖 17-2 也展示了 UTF-8 一些非常實用的屬性：

• 因為 UTF-8 將 0 到 0x7f 碼位直接編碼成 0 到 0x7f 的 bytes，所以保存 ASCII 文字的 bytes 是有效的 UTF-8。如果 UTF-8 字串裡面只有 ASCII 字元，那麼反之亦然：UTF-8 編碼是有效的 ASCII。

但是對 Latin-1 來說並非如此，例如，Latin-1 將 é 編碼成 byte 0xe9，UTF-8 會將它解讀成 3-byte 編碼的第 1 個 byte。

- 你可以從任何 byte 的高 bit 立刻看出它是某個字元的 UTF-8 編碼的開頭，還是一個字元的中間 byte。

- 你可以從編碼的第一個 byte 的前幾個 bits 知道該編碼的完整長度。

- 因為編碼的長度都不超過 4 bytes，所以處理 UTF-8 不需要無界限（unbounded）迴圈，這在處理有疑慮的資料時是件好事。

- 在格式良好的 UTF-8 裡，你一定可以清楚地知道字元編碼的開始與結束，即使你從 bytes 中間的任何地方開始看起。UTF-8 的前幾個 bytes 與接下來的 bytes 一定是不同的，所以在任何編碼裡面都不可能有另一個編碼。編碼的前幾個 bytes 是編碼的總長度，所以任何編碼都不會是另一個編碼的開頭。這帶來很多很棒的後果。例如，若要在 UTF-8 字串中找到 ASCII 分隔符號（delimiter）字元，你只要尋找分隔符號的 byte 即可，它不可能是多 byte 編碼的任何部分，所以，你完全不需要追蹤 UTF-8 結構。同樣的，可在一個字串裡面尋找 1-byte 字串的演算法不需要經過修改即可處理 UTF-8 字串，即使有些演算法不會檢查文本的每一個 byte。

雖然寬度可變的編碼比寬度固定的編碼更複雜，但這些特性使得 UTF-8 比你預期的更容易使用。標準程式庫會幫你處理大部分的層面。

文本方向性

拉丁文、西里爾文與泰文等語文是從左到右書寫的，但有些語文是從右到左書寫的，例如希伯來文和阿拉伯文。Unicode 按照語文的書寫和閱讀順序來儲存它們的字元，所以希伯來文字串的開頭 bytes 是字面上最右邊的字元：

```
assert_eq!("ערב טוב".chars().next(), Some('ע'));
```

字元（char）

Rust 的 char 是保存 Unicode 碼位的 32-bit 值。char 一定在 0 至 0xd7ff，或 0xe000 至 0x10ffff 的範圍內；建立與操作 char 值的方法都要確保這件事。char 型態實作了 Copy 與 Clone，以及用來比較、雜湊化、格式化的所有常見 trait。

字串 slice 可用 slice.chars() 來產生一個迭代其字元的 iterator：

```
assert_eq!(" カニ ".chars().next(), Some(' カ '));
```

在下面的說明裡，變數 ch 的型態一定是 char。

分類字元

char 有一些方法可將字元分成一些常見的種類，如表 17-1 所示。它們的定義都來自 Unicode。

表 17-1　char 型態的分類方法

方法	說明	範例
ch.is_numeric()	數字字元。包括 Unicode 一般類別「Number; digit」與「Number; letter」，但不包括「Number; other」。	'4'.is_numeric() '↑'.is_numeric() '⑧'.is_numeric()
ch.is_alphabetic()	字母子元：Unicode 的「Alphabetic」衍生屬性。	'q'.is_alphabetic() ' 七 '.is_alphabetic()
ch.is_alphanumeric()	數字或字母，如上述定義。	'9'.is_alphanumeric() ' 饂 '.is_alphanumeric() !'*'.is_alphanumeric()
ch.is_whitespace()	空白字元：Unicode 字元屬性「WSpace=Y」。	' '.is_whitespace() '\n'.is_whitespace() '\u{A0}'.is_whitespace()
ch.is_control()	控制字元：Unicode 的「Other, control」類別。	'\n'.is_control() '\u{85}'.is_control()

char 有一組平行的方法只能處理 ASCII，在處理任何非 ASCII char 時，都會回傳 false（表 17-2）。

表 17-2　處理 char 的 ASCII 分類方法

方法	說明	範例
ch.is_ascii()	ASCII 字元：碼位介於 0 與 127（包含）之間的。	'n'.is_ascii() !'ñ'.is_ascii()
ch.is_ascii_alphabetic()	ASCII 字母的大寫或小寫，範圍落在 'A'..='Z' 或 'a'..='z'。	'n'.is_ascii_alphabetic() !'1'.is_ascii_alphabetic() !'ñ'.is_ascii_alphabetic()
ch.is_ascii_digit()	ASCII 數字，範圍落在 '0'..='9'。	'8'.is_ascii_digit() !'-'.is_ascii_digit() !'⑧'.is_ascii_digit()

方法	說明	範例
ch.is_ascii_hexdigit()	在 這 些 範 圍 內 的 任 何 字 元：'0'..='9'、'A'..='F' 或 'a'..='f'。	
ch.is_ascii_alphanumeric()	ASCII 數字，或大寫字母，或小寫字母。	'q'.is_ascii_alphanumeric() '0'.is_ascii_alphanumeric()
ch.is_ascii_control()	ASCII 控制字元，包括「DEL」。	'\n'.is_ascii_control() '\x7f'.is_ascii_control()
ch.is_ascii_graphic()	會在頁面上留下墨水的任何 ASCII 字元，不是空格，也不是控制字元。	'Q'.is_ascii_graphic() '~'.is_ascii_graphic() !' '.is_ascii_graphic()
ch.is_ascii_uppercase(), ch.is_ascii_lowercase()	ASCII 大寫與小寫字母。	'z'.is_ascii_lowercase() 'Z'.is_ascii_uppercase()
ch.is_ascii_punctuation()	既不是字母，也不是數字的任何 ASCII 圖形字元。	
ch.is_ascii_whitespace()	ASCII 空 白 字 元：空 格、橫 向 tab、換行、換頁，或回車。	' '.is_ascii_whitespace() '\n'.is_ascii_whitespace() !'\u{A0}'.is_ascii_whitespace()

所有的 is_ascii_… 方法也可以用於 u8 byte 型態：

```
assert!(32u8.is_ascii_whitespace());
assert!(b'9'.is_ascii_digit());
```

當你使用這些函式來實作既有的規格（例如程式語言標準或檔案格式）時要很小心，因為分類方式可能會驚人地不同。例如，請注意，is_whitespace 與 is_ascii_whitespace 處理某些字元的方式不一樣：

```
let line_tab = '\u{000b}'; // 'line tab'，又名 'vertical tab'
assert_eq!(line_tab.is_whitespace(), true);
assert_eq!(line_tab.is_ascii_whitespace(), false);
```

char::is_ascii_whitespace 函式實作了許多 web 標準共有的空白定義，但 char::is_whitespace 遵循 Unicode 標準。

處理數字

你可以用這些方法來處理數字:

`ch.to_digit(radix)`

> 確定 ch 是否為 radix 基數的一個數字,若是,則回傳 Some(num),其中的 num 是 u32,否則回傳 None。它只認識 ASCII 數字,而不是 char::is_numeric 所涵蓋的更廣泛的字元種類。radix 參數的範圍從 2 到 36。當 radix 大於 10 時,ASCII 字母會被視為數字,數字值從 10 到 35。

`std::char::from_digit(num, radix)`

> 如果可以的話,將 u32 數字值 num 轉換成 char 的自由函式。若 num 可以用 radix 裡面的一個數字來表示,則 from_digit 回傳 Some(ch),其中的 ch 是數字。當 radix 大於 10 時,ch 可能是小寫字母,否則回傳 None。
>
> 它 是 to_digit 的 相 反。 如 果 std::char::from_digit(num, radix) 是 Some(ch),ch.to_digit(radix) 則是 Some(num)。若 ch 是 ASCII 數字或小寫字母,則反之亦然。

`ch.is_digit(radix)`

> 若 ch 是 radix 基 數 的 一 個 ASCII 數 字, 則 回 傳 true。 它 相 當 於 ch.to_digit(radix) != None。

舉例來說:

```
assert_eq!('F'.to_digit(16), Some(15));
assert_eq!(std::char::from_digit(15, 16), Some('f'));
assert!(char::is_digit('f', 16));
```

字元的大小寫轉換

若要處理字元大小寫:

`ch.is_lowercase(), ch.is_uppercase()`

> 指出 ch 是小寫還是大寫字母字元。它們遵循 Unicode 的 Lowercase 與 Uppercase 衍生屬性,所以它們涵蓋非 Latin 字母,例如 Greek 與 Cyrillic,並可為 ASCII 提供預期的結果。

```
ch.to_lowercase(), ch.to_uppercase()
```

回傳 iterator，根據 Unicode Default Case Conversion 演算法，產生 ch 的對映小寫或大寫字元：

```
let mut upper = 's'.to_uppercase();
assert_eq!(upper.next(), Some('S'));
assert_eq!(upper.next(), None);
```

這些方法回傳一個 iterator 而不是一個字元的原因是，在 Unicode 裡，大小寫轉換不一定是一對一程序：

```
// 德文字母的 "sharp S" 的大寫是 "SS"：
let mut upper = 'ß'.to_uppercase();
assert_eq!(upper.next(), Some('S'));
assert_eq!(upper.next(), Some('S'));
assert_eq!(upper.next(), None);

// Unicode 說，當你將土耳其文中，有一點的大寫字母 'İ' 轉換成 'i' 時，
// 需要加上 `'\u{307}'`，即 COMBINING DOT ABOVE，
// 以便在以後轉換回大寫時，保留那一點。
let ch = 'İ'; // `'\u{130}'`
let mut lower = ch.to_lowercase();
assert_eq!(lower.next(), Some('i'));
assert_eq!(lower.next(), Some('\u{307}'));
assert_eq!(lower.next(), None);
```

為了方便起見，這些 iterator 實作了 std::fmt::Display trait，所以你可以將它們直接傳給 println! 或 write! 巨集。

字元與整數之間的轉換

Rust 的 as 運算子可將 char 轉換成任何整數型態，並悄悄地蓋掉任何高位元：

```
assert_eq!('B' as u32, 66);
assert_eq!('饂' as u8, 66);    // 高位元被刪除
assert_eq!('二' as i8, -116); // 一樣
```

as 運算子會將任何 u8 值轉換成 char，char 也實作了 From<u8>，但更寬廣的整數型態可能代表無效的碼位，你必須使用 std::char::from_u32 來處理它們，它回傳 Option<char>：

```
assert_eq!(char::from(66), 'B');
assert_eq!(std::char::from_u32(0x9942), Some('饂'));
assert_eq!(std::char::from_u32(0xd800), None); // 保留給 UTF-16
```

String 與 str

Rust 的 String 與 str 型態保證只保存格式良好的 UTF-8。程式庫確保這件事的做法是限制建立 String 與 str 的方式，以及你可以對著它們執行的操作，讓那些值被加入時就有良好的格式，並且在你處理它們時維持正確格式。它們的方法都會保護這項保證：對它們進行 safe 操作都不會產生格式錯誤的 UTF-8。它們可以簡化處理文本的程式碼。

Rust 為 str 或 String 加入文本處理方法時，會考慮該方法究竟需要大小可變的緩衝區，還是只需要就地使用文本。因為將 String 解參考變成 &str，在 str 定義的每一個方法也可以對著 String 使用。本節將展示這兩種型態的方法，並按照粗略的功能來分組。

這些方法都以 byte 位移量（offset）來檢索文本，並以 bytes 來衡量其長度，而不是使用字元。在實務上，考慮 Unicode 的性質，以字元來檢索並不像表面上那麼好用，byte 位移量比較快也比較簡單。如果你試著使用位於某個字元的 UTF-8 編碼中間的 byte 位移量，方法會 panic，所以用這種方式不可能產生格式錯誤的 UTF-8。

Rust 製作 String 的做法是在 Vec<u8> 外面加上薄薄的一層外殼，以確保向量的內容一定是格式良好的 UTF-8。Rust 永遠不會將 String 改成更複雜的表示形式，所以你可以假設 String 具有 Vec 的性能特性。

在這些說明裡，變數有表 17-3 所示的型態。

表 17-3　在說明中使用的變數型態

變數	假定型態
string	String
slice	&str 或可解參考成它的東西，例如 String 或 Rc<String>
ch	char
n	usize，長度
i, j	usize，byte 位移量
range	一個 usize byte 位移量範圍，可使用完整界限，例如 i..j，或部分界限，例如 i..、..j 或 ..
pattern	任何模式型態：char、String、&str、&[char] 或 FnMut(char) -> bool

我們會在第 453 頁的「用來搜尋文字的模式」介紹模式型態。

建立 String 值

以下是建立 String 值的幾種常見方式：

String::new()

回傳一個新的空字串。它不會配置 heap 緩衝區，但以後會視需求配置它。

String::with_capacity(n)

回傳一個新的空字串，並預先配置緩衝區來保存至少 n bytes。如果你事先知道你要建構的字串長度，這個建構式可讓你從一開始就設定正確的緩衝區大小，而不是在建構字串時調整緩衝區的大小。字串仍然會在長度超過 n bytes 時擴大它的緩衝區。字串與向量一樣有 capacity、reserve 與 shrink_to_fit 方法，但預設的配置邏輯通常是沒問題的。

str_slice.to_string()

配置新的 String，它的內容是 str_slice 的複本。我們已經在這本書看過諸如 "literal text".to_string() 等使用字串常值來製作 String 的運算式了。

iter.collect()

藉著串接 iterator 的項目來建構一個字串，那些項目可能是 char、&str 或 String 值。例如，這段程式可將一個字串裡面的所有空格移除：

```
let spacey = "man hat tan";
let spaceless: String =
    spacey.chars().filter(|c| !c.is_whitespace()).collect();
assert_eq!(spaceless, "manhattan");
```

以這種方式使用 collect 可利用 String 的 std::iter::FromIterator trait 實作。

slice.to_owned()

新配置一個 String 來回傳 slice 複本。str 型態不能實作 Clone：trait 需要 &str 的 clone 來回傳 str 值，但是 str 是 unsized。不過 &str 實作了 ToOwned，它可讓實作方指定它的 owned 等效物。

簡單的檢查

這些方法可取得字串 slice 的基本資訊：

slice.len()

> slice 的長度，以 bytes 為單位。

slice.is_empty()

> 若 slice.len() == 0 則 true。

slice[range]

> 回傳一個借用 slice 的特定部分的 slice。你可以使用部分界限或無界限的範圍，例如：

```
let full = "bookkeeping";
assert_eq!(&full[..4], "book");
assert_eq!(&full[5..], "eeping");
assert_eq!(&full[2..4], "ok");
assert_eq!(full[..].len(), 11);
assert_eq!(full[5..].contains("boo"), false);
```

> 注意，你不能用一個位置來檢索字串 slice，例如 slice[i]。從特定的 byte 位移量取出一個字元有點麻煩：你必須產生一個迭代 slice 的 chars iterator，並要求它解析一個字元的 UTF-8：

```
let parenthesized = "Rust ( 饂 )";
assert_eq!(parenthesized[6..].chars().next(), Some(' 饂 '));
```

> 然而，你幾乎不需要這樣做。Rust 有更好的 slice 迭代法，我們將在第 455 頁的「迭代文字」介紹。

slice.split_at(i)

> 借用 slice，回傳一個包含兩個 slice 的 tuple，一個是 byte 位移量 i 之前的部分，一個是它之後的部分。換句話說，它會回傳 (slice[..i], slice[i..])。

slice.is_char_boundary(i)

> 若 byte 位移量 i 介於字元邊界之間，則回傳 true，代表可當成 slice 的位移量。

當然，slice 可以進行相等性、順序、雜湊比較。有序的比較就是將字串視為 Unicode 碼位序列，並按字典順序比較它們。

附加與插入文字

下面的方法可將文字加入 String：

string.push(ch)

　　將字元 ch 附加至 String 結尾。

string.push_str(slice)

　　附加 slice 的所有內容。

string.extend(iter)

　　將 iterator iter 產生的項目附加至字串。iterator 可產生 char、str 或 String 值。它們
　　是 String 實作的 std::iter::Extend：

```
let mut also_spaceless = "con".to_string();
also_spaceless.extend("tri but ion".split_whitespace());
assert_eq!(also_spaceless, "contribution");
```

string.insert(i, ch)

　　在 string 裡面的 byte 位移量 i 插入一個字元 ch。這需要移動 i 之後的所有字元，來
　　為 ch 挪出空間，因此，以這種方式來建立字串的時間可能是字串長度的平方。

string.insert_str(i, slice)

　　功能與 slice 一樣，有相同的性能問題。

String 實作了 std::fmt::Write，這意味著 write! 與 writeln! 巨集可將格式化的文本附加
至 String：

```
use std::fmt::Write;

let mut letter = String::new();
writeln!(letter, "Whose {} these are I think I know", "rutabagas")?;
writeln!(letter, "His house is in the village though;")?;
assert_eq!(letter, "Whose rutabagas these are I think I know\n\
                    His house is in the village though;\n");
```

因為 write! 與 writeln! 是為了寫至輸出串流而設計的，所以它們回傳 Result，當你忽略
它時，Rust 會發出抱怨。這段程式使用 ? 運算子來處理它，但對 String 進行寫入是不會
失敗的，所以在這個例子中，呼叫 .unwrap() 也可以。

因為 String 實作了 Add<&str> 與 AddAssign<&str>，所以你可以這樣寫：

```
let left = "partners".to_string();
let mut right = "crime".to_string();
assert_eq!(left + " in " + &right, "partners in crime");

right += " doesn't pay";
assert_eq!(right, "crime doesn't pay");
```

在附加字串時，+ 運算子會以值取得它的左運算元，所以它可以重複使用執行附加之後產生的 String。因此，如果左運算元的緩衝區足以容納結果就不需要重新配置。

不幸的是，+ 的左運算元不能是 &str，所以你不能這樣寫：

```
let parenthetical = "(" + string + ")";
```

你要寫成：

```
let parenthetical = "(".to_string() + &string + ")";
```

但是，這種限制不鼓勵從末端往後建構字串，那種做法的效率很差，因為你必須將文字反覆地往緩衝區的結尾移動。

但是，從開頭到結尾附加小片段來建構字串的效率很好。String 的行為與向量一樣，當它需要更多容量時至少會將緩衝區的大小增加一倍。所以重新複製的額外負擔與最終的大小成正比。即使如此，使用 String::with_capacity 來建立有正確大小的緩衝區的字串可完全避免調整大小，也可以減少呼叫 heap 配置程式的次數。

移除與替換文法

String 有一些移除文字的方法（這些方法不會影響字串的容量，如果你需要釋出記憶體，請使用 shrink_to_fit）：

string.clear()

　　將 String 重設為空字串。

string.truncate(n)

　　將 byte 位移量 n 之後的所有字元捨棄，讓 string 的長度至少為 n。如果 string 短於 n bytes，這個方法不造成影響。

string.pop()

　　將 string 的後幾個字元移除，並用 Option<char> 來回傳它。

string.remove(i)

> 將 string 的 byte 位移量 i 的字元移除並回傳它,將它後面的所有字元往前移。這個方法的執行時間與接下來的字元數量成線性關係。

string.drain(range)

> 回傳一個 iterator,迭代指定範圍的 byte 索引,並且在 iterator 被卸除時移除字元。在範圍之後的字元會被前移:

```
let mut choco = "chocolate".to_string();
assert_eq!(choco.drain(3..6).collect::<String>(), "col");
assert_eq!(choco, "choate");
```

> 如果你只想要移除指定範圍,你可以立刻卸除 iterator,不從它裡面取出任何項目:

```
let mut winston = "Churchill".to_string();
winston.drain(2..6);
assert_eq!(winston, "Chill");
```

string.replace_range(range, replacement)

> 將 string 裡面的指定範圍換成 replacement 字串 slice,該 slice 不需要與你想替換的範圍一樣長,但除非你要替換的範圍到達 string 的結尾,否則在那個範圍之後的所有 bytes 都需要移動:

```
let mut beverage = "a piña colada".to_string();
beverage.replace_range(2..7, "kahlua"); // 'ñ' 有兩 bytes !
assert_eq!(beverage, "a kahlua colada");
```

進行搜尋與迭代的規範

可搜尋文字或迭代文字的 Rust 標準程式庫函式遵守一些命名規範,使它們更容易被記住:

r

> 多數操作處理文字的順序都是從開頭到結尾,但名字裡面有 **r** 的操作則是從結尾到開頭。例如,**rsplit** 是從結尾到開頭版本的 **split**。有時改變方向不僅影響值的產生順序,也影響值本身。圖 17-3 有一些例子。

n

> 名稱的結尾是 **n** 的 iterator 只迭代指定的匹配數量。

_indices

　　名稱結尾有 _indices 的 iterator 除了產生迭代值之外，也會產生那些值在 slice 裡面的 byte 位移量。

標準程式庫裡面的操作不一定提供所有的組合。例如，很多操作都沒有 n 版本，因為提早結束迭代很容易。

用來搜尋文字的模式

當標準程式庫函式需要搜尋、比對、拆分或修剪文字時，它會接收幾種不同的型態，代表想要尋找什麼：

```
let haystack = "One fine day, in the middle of the night";

assert_eq!(haystack.find(','), Some(12));
assert_eq!(haystack.find("night"), Some(35));
assert_eq!(haystack.find(char::is_whitespace), Some(3));
```

這些型態稱為模式（*pattern*），大多數的操作都支援它們：

```
assert_eq!("## Elephants"
            .trim_start_matches(|ch: char| ch == '#' || ch.is_whitespace()),
            "Elephants");
```

標準程式庫支援四種主要的模式：

- 比對字元的 char 模式。

- String 或 &str 或 &&str 模式，比對等於模式的子字串。

- FnMut(char) -> bool closure 模式，比對讓 closure 回傳 true 的一個字元。

- &[char] 模式（不是 &str，而是 char slice），比對出現在清單裡面的一個字元。注意，如果你用陣列常值來寫這個清單，你可能要呼叫 as_ref() 來產生正確的型態：

  ```
  let code = "\t    function noodle() { ";
  assert_eq!(code.trim_start_matches([' ', '\t'].as_ref()),
              "function noodle() { ");
  // 較簡短的等效程式：&[' ', '\t'][..]
  ```

  否則，Rust 會搞不清楚它與固定大小的陣列型態 &[char; 2]，後者不是模式型態。

在程式庫自己的程式裡，模式是實作了 std::str::Pattern trait 的任何型態。Pattern 還不穩定，所以你不能在 stable Rust 裡為自己的型態實作它，但 Rust 將來可能允許使用正規表達式或其他複雜的模式。Rust 保證現在有支援的模式，將來也可以繼續運作。

搜尋與替換

Rust 有一些方法可搜尋 slice 裡面的模式，以及將它們換成新文字：

slice.contains(pattern)

> 若 slice 裡面有符合 pattern 的元素，則回傳 true。

slice.starts_with(pattern), slice.ends_with(pattern)

> 若 slice 的開頭或結尾文字符合 pattern，則回傳 true：
> ```
> assert!("2017".starts_with(char::is_numeric));
> ```

slice.find(pattern), slice.rfind(pattern)

> 若 slice 有符合 pattern 的元素，則回傳 Some(i)，其中的 i 是出現該模式的 byte 位移量。find 方法回傳第一個相符的元素，rfind 回傳最後一個：
> ```
> let quip = "We also know there are known unknowns";
> assert_eq!(quip.find("know"), Some(8));
> assert_eq!(quip.rfind("know"), Some(31));
> assert_eq!(quip.find("ya know"), None);
> assert_eq!(quip.rfind(char::is_uppercase), Some(0));
> ```

slice.replace(pattern, replacement)

> 急切地（eagerly）將符合 pattern 的所有元素換成 replacement，組成一個新 String 並回傳：
> ```
> assert_eq!("The only thing we have to fear is fear itself"
>         .replace("fear", "spin"),
>         "The only thing we have to spin is spin itself");
>
> assert_eq!("`Borrow` and `BorrowMut`"
>         .replace(|ch:char| !ch.is_alphanumeric(), ""),
>         "BorrowandBorrowMut");
> ```
>
> 因為替換是急切地進行的，所以 .replace() 處理重疊的符合對象的行為可能出人意外。下面的範例有四個 "aba" 模式實例，但第二個與第四個在第一個與第三個被替換之後就不符了：
> ```
> assert_eq!("cababababababbage"
>         .replace("aba", "***"),
>         "c***b***babbage")
> ```

slice.replacen(pattern, replacement, n)

> 與上一個方法做同樣的事情，但最多替換前 n 個符合的對象。

迭代文字

標準程式庫提供了一些迭代 slice 的文字的手段。圖 17-3 展示其中的一些範例。

你可以將 split 與 match 視為互補的系列：split 就是介於 match 之間的範圍。

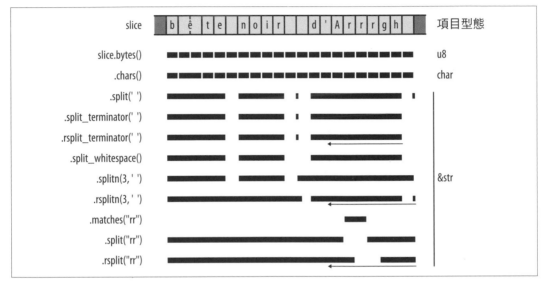

圖 17-3　迭代 slice 的一些做法

這些方法大多回傳可逆的 iterator（也就是說，它們都實作了 DoubleEndedIterator）：呼叫它們的 .rev() adapter 方法可得到一個以相反順序產生相同項目的 iterator。

slice.chars()

　　回傳一個迭代 slice 的字元的 iterator。

slice.char_indices()

　　回傳一個迭代 slice 的字元及其 bytes 位移量的 iterator：

```
assert_eq!("élan".char_indices().collect::<Vec<_>>(),
        vec![(0, 'é'), // 有雙 byte UTF-8 編碼
            (2, 'l'),
            (3, 'a'),
            (4, 'n')]);
```

注意，它與 .chars().enumerate() 不同，因為它提供各個字元在 slice 裡面的 byte 位移量，而不是只對字元進行編號。

`slice.bytes()`

回傳一個迭代 slice 的各個 byte 的 iterator，展示 UTF-8 編碼：

```
assert_eq!("élan".bytes().collect::<Vec<_>>(),
           vec![195, 169, b'l', b'a', b'n']);
```

`slice.lines()`

回傳一個迭代 slice 的文字行的 iterator。文字行的結尾是 "\n" 或 "\r \n"。它產生的每一個項目都是一個借自 slice 的 &str。項目不包含文字行的結束字元。

`slice.split(pattern)`

回傳一個 iterator，可迭代以 pattern 的匹配元素隔開的 slice 部分。如果匹配的元素是相鄰的，或是它在 slice 的開頭與結尾，iterator 會產生空字串。

如果 pattern 是 &str，這個方法回傳的 iterator 不是可逆的。這種模式可根據掃描的方向產生不同的匹配序列，可逆的 iterator 禁止做這種事。在這種情況下，也許你可以使用接下來的 rsplit 方法。

`slice.rsplit(pattern)`

這個方法的功能一樣，但它會從結尾到開頭掃描 slice，按照這個順序產生匹配元素。

`slice.split_terminator(pattern), slice.rsplit_terminator(pattern)`

這兩個方法的功能很像，但它們將模式視為終止符號，不是分隔符號：如果在 slice 的結尾有符合模式的元素，iterator 不會產生空 slice 來代表介於那個匹配元素與 slice 結尾之間的空字串，但 split 與 rsplit 會。例如：

```
// 在此，':' 字元是分隔符號。注意最後面的 ""。
assert_eq!("jimb:1000:Jim Blandy:".split(':').collect::<Vec<_>>(),
           vec!["jimb", "1000", "Jim Blandy", ""]);

// 在此，'\n' 字元是終止符號。
assert_eq!("127.0.0.1  localhost\n\
            127.0.0.1  www.reddit.com\n"
           .split_terminator('\n').collect::<Vec<_>>(),
           vec!["127.0.0.1  localhost",
                "127.0.0.1  www.reddit.com"]);
                // 注意，沒有最後面的 "" ！
```

slice.splitn(n, pattern), slice.rsplitn(n, pattern)

> 它們很像 split 與 rsplit，但是它們最多將字串拆成 n 個 slice，在前或後 n-1 個符合 pattern 的地方。

slice.split_whitespace(), slice.split_ascii_whitespace()

> 回傳一個 iterator，可迭代以空白字元分隔的 slice 部分。它們將連續的多個空白字元視為一個分隔符號，忽略結尾的空白字元。

> split_whitespace 方法使用空白字元的 Unicode 定義，由 char 的 is_whitespace 方法實作。split_ascii_whitespace 方法改用 char::is_ascii_whitespace，它只認識 ASCII 空白字元。

```
let poem = "This  is  just  to say\n\
            I have eaten\n\
            the plums\n\
            again\n";

assert_eq!(poem.split_whitespace().collect::<Vec<_>>(),
           vec!["This", "is", "just", "to", "say",
                "I", "have", "eaten", "the", "plums",
                "again"]);
```

slice.matches(pattern)

> 回傳一個 iterator，可迭代 slice 裡符合 pattern 的元素。slice.rmatches(pattern) 的功能一樣，但從結尾到開頭迭代。

slice.match_indices(pattern), slice.rmatch_indices(pattern)

> 它們很像，但產生的項目是一對 (offset, match)，其中的 offset 是相符的 slice 的開頭的 byte 位移量，match 是相符的 slice。

修剪

修剪（*trim*）字串就是將字串的開頭或結尾的文字移除，通常是空白字元。在檔案裡，用戶可能為了方便閱讀而加入縮排，或不小心在結尾留下空白字元，它通常用來清理從檔案讀取的輸入。

`slice.trim()`

> 回傳 slice 的子 slice，省略開頭與結尾的空白字元。`slice.trim_start()` 只省略開頭的空白字元，`slice.trim_end()` 只省略結尾的空白字元：
>
> ```
> assert_eq!("\t*.rs  ".trim(), "*.rs");
> assert_eq!("\t*.rs  ".trim_start(), "*.rs  ");
> assert_eq!("\t*.rs  ".trim_end(), "\t*.rs");
> ```

`slice.trim_matches(pattern)`

> 回傳 slice 的子 slice，省略開頭與結尾所有符合 pattern 的元素。`trim_start_matches` 與 `trim_end_matches` 方法的功能很像，但只省略開頭或結尾的符合元素：
>
> ```
> assert_eq!("001990".trim_start_matches('0'), "1990");
> ```

`slice.strip_prefix(pattern)`、`<C>slice.strip_suffix(pattern)`

> 若 slice 的開頭是 pattern，則 strip_prefix 回傳 Some，內含移除匹配文字的 slice。否則回傳 None。`strip_suffix` 方法類似前者，但檢查字串結尾是否匹配。
>
> 它們很像 `trim_start_matches` 與 `trim_end_matches`，但它們回傳 Option，並且只移除一個 pattern 的複本：
>
> ```
> let slice = "banana";
> assert_eq!(slice.strip_suffix("na"),
>            Some("bana"))
> ```

字串的大小寫轉換

`slice.to_uppercase()` 與 `slice.to_lowercase()` 回傳新配置的字串，裡面有轉換成大寫或小寫的 slice 文字。它們產生的結果可能與 slice 不一樣長，詳情見第 445 頁的「字元的大小寫轉換」。

將字串解析成其他型態

Rust 提供標準的 trait 來讓你從字串中解析值，以及產生值的文字表示形式。

如果一個型態實作了 `std::str::FromStr` trait，它就有標準的方式可讓你從字串 slice 解析值：

```
pub trait FromStr: Sized {
    type Err;
    fn from_str(s: &str) -> Result<Self, Self::Err>;
}
```

所有常見的機器型態都實作了 FromStr：

```
use std::str::FromStr;

assert_eq!(usize::from_str("3628800"), Ok(3628800));
assert_eq!(f64::from_str("128.5625"), Ok(128.5625));
assert_eq!(bool::from_str("true"), Ok(true));

assert!(f64::from_str("not a float at all").is_err());
assert!(bool::from_str("TRUE").is_err());
```

char 型態也實作了 FromStr，用來處理只有一個字元的字串：

```
assert_eq!(char::from_str("é"), Ok('é'));
assert!(char::from_str("abcdefg").is_err());
```

保存 IPv4 或 IPv6 網際網路位址的 std::net::IpAddr enum 型態也實作了 FromStr：

```
use std::net::IpAddr;

let address = IpAddr::from_str("fe80::0000:3ea9:f4ff:fe34:7a50")?;
assert_eq!(address,
           IpAddr::from([0xfe80, 0, 0, 0, 0x3ea9, 0xf4ff, 0xfe34, 0x7a50]));
```

字串 slice 有 parse 方法可將 slice 解析成你想要的型態，如果它有實作 FromStr 的話。如同 Iterator::collect，有時你需要指出你想要的型態，所以使用 parse 不一定比直接呼叫 from_str 更容易閱讀：

```
let address = "fe80::0000:3ea9:f4ff:fe34:7a50".parse::<IpAddr>()?;
```

將其他型態轉換成字串

你可以用三種主要的方式來將非文字值轉換成字串：

- 若型態可列印成人類看得懂的形式，它可以實作 std::fmt::Display trait，它可讓你在 format! 巨集裡面使用 {} 格式指定符號：

```
assert_eq!(format!("{}, wow", "doge"), "doge, wow");
assert_eq!(format!("{}", true), "true");
assert_eq!(format!("({:.3}, {:.3})", 0.5, f64::sqrt(3.0)/2.0),
           "(0.500, 0.866)");

// 使用上面的 `位址`。
let formatted_addr: String = format!("{}", address);
assert_eq!(formatted_addr, "fe80::3ea9:f4ff:fe34:7a50");
```

Rust 的機器數字型態都實作了 Display，字元、字串與 slice 也是如此。如果 T 本身實作了 Display，聰明指標型態 Box<T>、Rc<T> 與 Arc<T> 也實作它：它們的顯示形式就是參考對象的形式。諸如 Vec 與 HashMap 等容器沒有實作 Display，因為這些型態沒有人類可讀的自然形式。

- 如果型態實作了 Display，標準程式庫會自動幫它實作 std::str::ToString trait，當你不需要 format! 的彈性時，它唯一的方法 to_string 可能比較方便：

  ```
  // 延續上面的程式。
  assert_eq!(address.to_string(), "fe80::3ea9:f4ff:fe34:7a50");
  ```

  ToString trait 比 Display 更早被加入，比較不靈活。你自己的型態通常要實作 Display，而不是 ToString。

- 標準程式庫的每一個公用型態都實作了 std::fmt::Debug，它可以接收一個值，並將它格式化為一個幫助協助偵錯的字串。Debug 最簡單的用法是透過 format! 巨集的 {:?} 格式符號來產生一個字串：

  ```
  // 延續上面的程式。
  let addresses = vec![address,
                       IpAddr::from_str("192.168.0.1")?];
  assert_eq!(format!("{:?}", addresses),
             "[fe80::3ea9:f4ff:fe34:7a50, 192.168.0.1]");
  ```

  這段程式讓 Vec<T> 利用 Debug 的萬用實作，可處理本身實作了 Debug 的任何 T。Rust 的所有集合型態都有這種實作。

  你也應該為自己的型態實作 Debug。最好的做法通常是讓 Rust 衍生實作，就像我們在第 12 章為 Complex 型態做過的那樣：

  ```
  #[derive(Copy, Clone, Debug)]
  struct Complex { re: f64, im: f64 }
  ```

除了 Display 與 Debug 格式化 trait 之外，format! 巨集及其相關項目也可以用其他的 trait 來將值格式化為文字。我們還會在第 465 頁的「將值格式化」介紹其他的 trait，並解釋如何實作它們。

以其他的類文字型態來借用

你可以用幾種不同的方式來借用 slice 的內容：

- 實作了 AsRef<str>、AsRef<[u8]>、AsRef<Path> 與 AsRef<OsStr> 的 slice 與 String。標準程式庫的許多函式都使用這些 trait 作為參數型態的 bound，所以你可以直接將 slice 與字串傳給它們，即使它們真正想要的是其他型態。第 323 頁的「AsRef 與 AsMut」有更詳細的說明。

- 也實作了 std::borrow::Borrow<str> trait 的 slice 與字串。HashMap 與 BTreeMap 使用 Borrow 來讓 String 很好地扮演資料表的索引鍵。詳情見第 324 頁的「Borrow 與 BorrowMut」。

將文字當成 UTF-8 來存取

你可以用兩種主要的方式來取得代表文字的 bytes，取決於你想獲得 bytes 的所有權，還是只想借用它們：

slice.as_bytes()

將 slice 的 bytes 作為 &[u8] 來借用。因為它不是可變參考，slice 可假設它的 bytes 仍然是格式良好的 UTF-8。

string.into_bytes()

取得 string 的所有權，並以值回傳字串的 bytes 的 Vec<u8>。這是一種低成本的轉換，因為它只是交出被字串當成緩衝區的 Vec<u8>。因為 string 不復存在，所以 bytes 不需要繼續作為格式良好的 UTF-8，呼叫方可以隨意修改 Vec<u8>。

從 UTF-8 資料產生文字

如果你認為一段 bytes 裡面應該有 UTF-8 資料，你可以採取幾種做法來將它們轉換成 String 或 slice，取決於你想要如何處理錯誤：

str::from_utf8(byte_slice)

接收 bytes 的 &[u8] slice 並回傳一個 Result：若 byte_slice 裡面有格式良好的 UTF-8，則為 Ok(&str)，否則是錯誤（error）。

String::from_utf8(vec)

試著用「以值傳遞的 Vec<u8>」來建構一個字串。如果 vec 保存格式良好的 UTF-8，from_utf8 會回傳 Ok(string)，裡面的 string 將取得 vec 的所有權來當成緩衝區使用。它不做任何 heap 配置或文字複製。

如果 bytes 不是有效的 UTF-8，它回傳 Err(e)，其中的 e 是 FromUtf8Error 錯誤值。呼叫 e.into_bytes() 會得到原始向量 vec，所以它在轉換失敗時不會遺失：

```
let good_utf8: Vec<u8> = vec![0xe9, 0x8c, 0x86];
assert_eq!(String::from_utf8(good_utf8).ok(), Some(" 錆 ".to_string()));

let bad_utf8:  Vec<u8> = vec![0x9f, 0xf0, 0xa6, 0x80];
let result = String::from_utf8(bad_utf8);
assert!(result.is_err());
// String::from_utf8 失敗，所以它沒有耗用原始的向量，
// 錯誤值會按原樣將它還給我們。
assert_eq!(result.unwrap_err().into_bytes(),
           vec![0x9f, 0xf0, 0xa6, 0x80]);
```

String::from_utf8_lossy(byte_slice)

試著用 &[u8] 共享 bytes slice 來建構 String 或 &str。這個轉換一定成功，它會將任何格式錯誤的 UTF-8 換成 Unicode 替代字元。它的回傳值是 Cow<str>，它可能從 byte_slice 直接借用的一個 &str，如果它裡面的是格式良好的 UTF-8 的話，也可能是擁有一個新配置的 String，裡面是替代格式錯誤的 bytes 的字元。因此，當 byte_slice 格式良好時，不會執行 heap 配置或複製。我們將在底下的「延遲配置」更詳細地討論 Cow<str>。

String::from_utf8_unchecked

如果你知道你的 Vec<u8> 裡面有格式良好的 UTF-8，你可以呼叫 unsafe 函式。它會將 Vec<u8> 包成一個 String 並回傳，完全不檢查 bytes。你要自己確保你沒有將格式錯誤的 UTF-8 引入系統，這就是為什麼這個函式被標為 unsafe。

str::from_utf8_unchecked

同樣的，它接收一個 &[u8] 並以 &str 回傳它，不檢查它裡面是不是格式良好的 UTF-8。與 String::from _utf8_unchecked 一樣，你要自己確保它是安全的。

延遲配置

假如你想要讓程式向用戶打招呼。在 Unix，你可能會這樣寫：

```
fn get_name() -> String {
    std::env::var("USER") // Windows 使用 "USERNAME"
        .unwrap_or("whoever you are".to_string())
}

println!("Greetings, {}!", get_name());
```

對 Unix 用戶來說，它會用使用者名稱（username）來和他們打招呼。對於沒有名稱的 Windows 用戶，它會提供備用文字。

std::env::var 函式回傳一個 String，而且有很好的理由這樣做，我們在此不贅述。但是那意味著備用文字也必須以 String 回傳。這不是好事，因為當 get_name 回傳靜態字串時，完全不需要進行配置。

問題的關鍵在於，有時 get_name 的回傳值應該是個 owned String，有時它應該是 &'static str，在執行程式之前，我們不知道會是哪一個。這種動態的特性暗示我們可以使用 std::borrow::Cow，這是一種可保存 owned 或 borrowed 資料的「寫時複製（clone-on-write）」型態。

如同第 331 頁的「實際使用 Borrow 與 ToOwned：卑微的 Cow」所解釋的，Cow<'a, T> 是有兩種 variant 的 enum：Owned 與 Borrowed。Borrowed 保存參考 &'a T。對 &str 而言，Owned 保存擁有（owning）版本 &T: String，對 &[i32] 而言，則是 Vec<i32>，以此類推。無論是 Owned 或是 Borrowed，Cow<'a, T> 總是可以產生一個 &T 讓你使用。事實上，Cow<'a, T> 可解參考成 &T，其行為如同一種聰明指標。

我們修改 get_name 來回傳 Cow 結果：

```
use std::borrow::Cow;

fn get_name() -> Cow<'static, str> {
    std::env::var("USER")
        .map(|v| Cow::Owned(v))
        .unwrap_or(Cow::Borrowed("whoever you are"))
}
```

如果它成功地讀取 "USER" 環境變數，map 會以 Cow::Owned 回傳 String。如果它失敗，unwrap_or 會以 Cow::Borrowed 回傳它的靜態 &str。呼叫方不需要修改：

```
println!("Greetings, {}!", get_name());
```

只要 T 實作了 std::fmt::Display trait，顯示 Cow<'a, T> 的結果與顯示 T 一樣。

當你可能需要修改也可能不需要修改你借用的文字時，Cow 也很好用。當你不需要修改時，你可以繼續借用它。但是顧名思義，Cow 的 clone-on-write（寫時複製）行為可以視需求給你一個 owned、可變版本的值。Cow 的 to_mut 方法確保 Cow 是 Cow::Owned，可在需要時，使用值的 ToOwned 實作，然後回傳值的可變參考。

所以如果你發現有些用戶（不是全部）希望你用頭銜來稱呼他，你可以這樣寫：

```
fn get_title() -> Option<&'static str> { ... }

let mut name = get_name();
if let Some(title) = get_title() {
    name.to_mut().push_str(", ");
    name.to_mut().push_str(title);
}

println!("Greetings, {}!", name);
```

它可以產生這樣的輸出：

```
$ cargo run
Greetings, jimb, Esq.!
$
```

這種寫法很棒的地方在於，如果 get_name() 回傳一個靜態字串，且 get_title 回傳 None，Cow 會直接將靜態字串一路送到 println!，成功地將記憶體配置延遲到真的需要它時再進行，同時只使用簡單的程式碼。

因為 Cow 經常被用來處理字串，所以標準程式庫為 Cow<'a, str> 提供一些特殊的支援。它可以讓你從 String 與 &str 進行 From 與 Into 轉換，所以你可以寫出簡潔的 get_name：

```
fn get_name() -> Cow<'static, str> {
    std::env::var("USER")
        .map(|v| v.into())
        .unwrap_or("whoever you are".into())
}
```

Cow<'a, str> 也實作了 std::ops::Add 與 std::ops::AddAssign，所以你可以這樣幫名字加上頭銜：

```
if let Some(title) = get_title() {
    name += ", ";
    name += title;
}
```

或者，既然 String 可以當成 write! 巨集的目的地：

```
use std::fmt::Write;

if let Some(title) = get_title() {
    write!(name.to_mut(), ", {}", title).unwrap();
}
```

與之前一樣，除非你試著修改 Cow，否則任何配置都不會發生。

切記，並非每一個 Cow<..., str> 都必須是 'static：你可以使用 Cow 來借用之前計算出來的文字，直到必須進行複製的時候為止。

將字串當成泛型集合

同時實作了 std::default::Default 與 std::iter::Extend: default 的 String 會回傳一個空字串，它的 extend 可在字串結尾附加字元、字串 slice、Cow<..., str>，或字串。Rust 的其他集合型態（例如 Vec 與 HashMap）也為泛型建構模式（例如 collect 與 partition）實作了相同的 trait 組合。

&str 型態也實作了 Default，它會回傳一個空 slice。它很適合在一些罕見案例中使用，例如，它可以讓你為包含字串 slice 的結構衍生 Default。

將值格式化

在本書中，我們一直使用 println! 之類的文字格式化巨集：

```
println!("{:.3}µs: relocated {} at {:#x} to {:#x}, {} bytes",
         0.84391, "object",
         140737488346304_usize, 6299664_usize, 64);
```

這個呼叫式會產生下面的輸出：

```
0.844µs: relocated object at 0x7fffffffdcc0 to 0x602010, 64 bytes
```

我們將字串常值當成輸出的模板，在模板裡面的每一個 {...} 都會被換成後面的一個引數的格式化形式。模板字串必須是常數，讓 Rust 可以在編譯期檢查它與引數的型態。你必須使用每一個引數，否則 Rust 會回報編譯期錯誤。

標準程式庫的幾項功能都使用這種小語言來格式化字串：

- format! 巨集用它來建構 String。
- println! 與 print! 巨集將格式化的文字寫至標準輸出串流。
- writeln! 與 write! 巨集將它寫到指定的輸出串流裡。
- panic! 巨集用它來建立一個（有理想的資訊量的）令人沮喪的敘述。

Rust 的格式化機制是開放式設計。你可以藉著實作 std::fmt 模組的 formatting trait 來擴充這些巨集，以支援你自己的型態。你也可以使用 format_args! 巨集與 std::fmt::Arguments 型態來讓你自己的函式與巨集支援格式化語言。

格式化巨集總會將共享參考借給它們的引數，它們絕不取得它們的所有權或改變它們。

模板的 {...} 形式稱為格式參數（*format parameter*），它的形式是 {*which:how*}，其中的兩個部分都是選用的，{} 很常用。

which 值的功能是選擇取代參數的引數，你可以使用索引或是使用名稱來選擇引數。無 *which* 值的參數會從左到右與引數配對。

how 值的功能是指出引數如何格式化，例如要填補多少字元、精度、數字基數…等。如果有 *how*，它前面的冒號就不可省略。表 17-4 展示一些範例。

表 17-4　格式化字串範例

模板字串	引數列	結果
"number of {}: {}"	"elephants", 19	"number of elephants: 19"
"from {1} to {0}"	"the grave", "the cradle"	"from the cradle to the grave"
"v = {:?}"	vec![0,1,2,5,12,29]	"v = [0, 1, 2, 5, 12, 29]"
"name = {:?}"	"Nemo"	"name = \"Nemo\""
"{:8.2} km/s"	11.186	" 11.19 km/s"
"{:20} {:02x} {:02x}"	"adc #42", 105, 42	"adc #42 69 2a"
"{1:02x} {2:02x} {0}"	"adc #42", 105, 42	"69 2a adc #42"
"{lsb:02x} {msb:02x} {insn}"	insn="adc #42", lsb=105, msb=42	"69 2a adc #42"
"{:02?}"	[110, 11, 9]	"[110, 11, 09]"
"{:02x?}"	[110, 11, 9]	"[6e, 0b, 09]"

如果你想要在輸出中加入 { 或 } 字元，你可以在模板中使用兩個該字元：

```
assert_eq!(format!("{{a, c}} ⊂ {{a, b, c}}"),
           "{a, c} ⊂ {a, b, c}");
```

將文字值格式化

當你格式化文字型態，例如 &str 或 String（char 被視為單字元字串）時，參數的 *how* 值有好幾個部分，全部都是選用的：

- 文字長度上限。如果你的引數比它長，Rust 會裁切它。如果你指定無限制（no limit），Rust 會使用全部的文字。

- 最小欄寬。如果你的引數在裁切之後比它短，Rust 會它的右邊（預設）補上空格（預設），讓欄位成為那個寬度。如果你省略它，Rust 不會填補你的引數。

- 對齊。如果你的引數需要填補至最小欄寬，它是你的文字在欄位內的位置，<、^ 與 > 分別將你的文字放在開頭、中間與結尾。

- 在填補時使用的填補字元。如果你省略它，Rust 會使用空格。如果你指定填補字元，你也必須指定對齊。

表 17-5 用一些例子來展示一些寫法與它們的效果。它們都使用同一個八字元引數，"bookends"。

表 17-5　文字的格式字串指令

使用的功能	模板字串	結果
預設	"{}"	"bookends"
最小欄寬	"{:4}"	"bookends"
	"{:12}"	"bookends "
文字長度上限	"{:.4}"	"book"
	"{:.12}"	"bookends"
欄寬、長度上限	"{:12.20}"	"bookends "
	"{:4.20}"	"bookends"
	"{:4.6}"	"booken"
	"{:6.4}"	"book "
靠左，寬	"{:<12}"	"bookends "
置中，寬	"{:^12}"	" bookends "
靠右，寬	"{:>12}"	" bookends"
用 '=' 填補，置中，寬	"{:=^12}"	"==bookends=="
用 '*' 填補，靠右，寬，上限	"{:*>12.4}"	"********book"

Rust 的 formatter 以天真的想法看待寬度：它假設每個字元占用一欄，不考慮組合字元、半寬片假名、零寬空格，或 Unicode 的其他混亂的現實狀況。例如：

```
assert_eq!(format!("{:4}", "th\u{e9}"),   "th\u{e9} ");
assert_eq!(format!("{:4}", "the\u{301}"), "the\u{301}");
```

雖然 Unicode 指出這兩個字串都相當於 thé，但 Rust 的 formatter 不知道 \u{301} 這種
「結合重音」的字元需要做特別的處理。雖然它可以正確地填補第一個字串，但它假設
第二個是四欄寬，並且不進行填補。雖然我們很容易看到 Rust 如何改善這種特殊情況，
但是為所有的 Unicode 腳本提供真正的多語言文本格式化是一項艱巨的任務，最好使用平
台的用戶介面工具組來處理，或產生 HTML 與 CSS，並讓 web 瀏覽器處理一切。流行的
unicode-width crate 可以處理這種情況的一些層面。

除了 &str 與 String 之外，你也可以傳遞參考文字的格式化巨集聰明指標型態，例如
Rc<String> 或 Cow<'a, str>，不需要做任何儀式性的動作。

因為檔名路徑不一定是格式良好的 UTF-8，所以 std::path::Path 不是一種文字型態，你
不能將 std::path::Path 直接傳給格式化巨集。但是，Path 的 display 方法回傳可格式化
的值，可讓你用適合特定平台的方式解決問題：

```
println!("processing file: {}", path.display());
```

格式化數字

當格式化引數有數字型態，例如 usize 或 f64 時，參數的 *how* 值有以下的部分，它們都是
選用的：

- 填補與對齊，功能與文字型態一樣。

- 一個 + 字元，要求一定要顯示數字的正負號，即使引數是正的。

- 一個 # 字元，要求開頭加上明確的基數，例如 0x 或 0b。見總結這份清單的「符號」
  要點。

- 一個 0 字元，要求在數字的前面加上零來滿足最小欄寬，而不是採取一般的填補
  方式。

- 最小欄寬。如果格式化之後的數字比它窄，Rust 會在左邊（預設）使用空格（預設）
  來填補它，讓欄位有指定的寬度。

- 浮點引數的精度，告訴 Rust 要在小數點之後使用多少位數。Rust 會視情況用零來延
  伸，以產生這麼多位數。如果你省略精度，Rust 會試著使用盡可能少的位數來準確地
  表示值。整數型態的精度會被忽略。

- 標記。對整數型態而言，它可能是代表二進制的 b，代表八進制的 o，或代表十六進制的 x 或 X，使用小寫或大寫字母。如果你使用 # 字元，它們會加入 Rust 風格的基數字首，0b、0o、0x 或 0X。對浮點型態而言，基數字首 e 或 E 要求使用科學記數法，並使用標準化係數，用 e 或 E 來代表指數。如果你沒有指定任何標記，Rust 會將數字格式化為十進制。

表 17-6 是將 i32 值 1234 格式化的一些範例。

表 17-6　整數的字串格式化指令

使用的功能	模板字串	結果
預設	`"{}"`	`"1234"`
強制顯示正負號	`"{:+}"`	`"+1234"`
最小欄寬	`"{:12}"`	`"        1234"`
	`"{:2}"`	`"1234"`
正負號，寬	`"{:+12}"`	`"       +1234"`
前綴零，寬	`"{:012}"`	`"000000001234"`
正負號，零，寬	`"{:+012}"`	`"+00000001234"`
靠左，寬	`"{:<12}"`	`"1234        "`
置中，寬	`"{:^12}"`	`"    1234    "`
靠右，寬	`"{:>12}"`	`"        1234"`
靠左，正負號，寬	`"{:<+12}"`	`"+1234       "`
置中，正負號，寬	`"{:^+12}"`	`"   +1234    "`
靠右，正負號，寬	`"{:>+12}"`	`"       +1234"`
補 '='，置中，寬	`"{:=^12}"`	`"====1234===="`
二進制	`"{:b}"`	`"10011010010"`
寬，十六進制	`"{:12o}"`	`"        2322"`
正負號、寬，十六進制	`"{:+12x}"`	`"        +4d2"`
正負號，寬，大寫十六進制	`"{:+12X}"`	`"        +4D2"`
正負號，基數字首，寬，十六進制	`"{:+#12x}"`	`"      +0x4d2"`
正負號，基數，零，寬，十六進制	`"{:+#012x}"`	`"+0x0000004d2"`
	`"{:+#06x}"`	`"+0x4d2"`

如最後兩個例子所示，最小欄寬會應用到整個數字、正負號、基數字首，和所有東西。

負數一定附帶正負號，它們的結果與「強制顯示正負號」範例所示的很像。

當你要求前綴零時，對齊與填補字元會被忽略，因為零會擴展數字，填滿整個欄位。

我們使用引數 1234.5678 來顯示浮點型態專屬的效果（表 17-7）。

表 17-7　浮點數的字串格式化指令

使用的功能	模板字串	結果
預設	"{}"	"1234.5678"
精度	"{:.2}"	"1234.57"
	"{:.6}"	"1234.567800"
最小欄寬	"{:12}"	"　　1234.5678"
最小，精度	"{:12.2}"	"　　　　1234.57"
	"{:12.6}"	"　1234.567800"
前綴零，最小，精度	"{:012.6}"	"01234.567800"
科學	"{:e}"	"1.2345678e3"
科學，精度	"{:.3e}"	"1.235e3"
科學，最小，精度	"{:12.3e}"	"　　　　1.235e3"
	"{:12.3E}"	"　　　　1.235E3"

格式化其他型態

除了字串與數字外，你也可以格式化其他的標準程式庫型態：

- 你可以直接格式化錯誤型態，以便將它們加入錯誤訊息。每一個錯誤型態都要實作 std::error::Error trait，它繼承了預設的格式化 trait std::fmt::Display。因此，實作了 Error 的任何型態都可以格式化。

- 你 可 以 將 網 際 網 路 協 定 位 址 型 態 格 式 化， 例 如 std::net::IpAddr 與 std::net::SocketAddr。

- 布林 true 與 false 值可以格式化，雖然它們通常不適合直接顯示給最終用戶看。

格式化參數和處理字串時使用的一樣。長度上限、欄寬與對齊的功能與你想像的一樣。

將值格式化以進行偵錯

除了協助 debug 與 log 之外，{:?} 參數也可以將 Rust 標準程式庫裡面的任何公用型態格式化，以協助程式設計師。你可以用它來檢查向量、slice、tuple、雜湊表、執行緒，以及上百種其他型態。

例如，你可以這樣寫：

```
use std::collections::HashMap;
let mut map = HashMap::new();
map.insert("Portland", (45.5237606,-122.6819273));
map.insert("Taipei",   (25.0375167, 121.5637));
println!("{:?}", map);
```

這段程式印出：

```
{"Taipei": (25.0375167, 121.5637), "Portland": (45.5237606, -122.6819273)}
```

HashMap 與 (f64, f64) 型態已經知道如何格式化它們自己了，不需要你的幫忙。

如果你在格式參數裡面加入 # 字元，Rust 會漂亮地印出該值。將上面的程式改成 println!("{:#?}", map) 會產生這個輸出：

```
{
    "Taipei": (
        25.0375167,
        121.5637
    ),
    "Portland": (
        45.5237606,
        -122.6819273
    )
}
```

確切的格式可能依不同的 Rust 版本而異。

debug 格式通常用十進制來印出數字，但你可以在問號前面加上 x 或 X 來要求改用十六進制。你也可以使用前綴零與欄寬語法。例如：

```
println!("ordinary: {:02?}", [9, 15, 240]);
println!("hex:      {:02x?}", [9, 15, 240]);
```

這段程式印出：

```
ordinary: [09, 15, 240]
hex:      [09, 0f, f0]
```

如前所述，你可以使用 #[derive(Debug)] 語法來讓自己的型態使用 {:?}：

```
#[derive(Copy, Clone, Debug)]
struct Complex { re: f64, im: f64 }
```

如此定義之後，你可以使用 {:?} 格式來印出 Complex 值：

```
let third = Complex { re: -0.5, im: f64::sqrt(0.75) };
println!("{:?}", third);
```

這段程式印出：

```
Complex { re: -0.5, im: 0.8660254037844386 }
```

雖然它很適合用來 debug，但如果 {} 可以用更傳統的格式來印出它們就更好了，例如 -0.5 + 0.8660254037844386i。我們會在第 474 頁的「將你自己的型態格式化」告訴你怎麼做。

格式化指標以進行 debug

如果你將任何類型的指標（參考、Box 或 Rc）傳給格式化巨集，巨集通常會追隨指標並將它的參考對象格式化，指標本身不是重點。但是當你進行 debug 時，有時你需要檢查指標：位址可以當成值的「名稱」，在檢查有迴圈或共用的結構時，發揮啟發性作用。

{:p} 標記可將參考、box 與其他類指標型態格式化為位址：

```
use std::rc::Rc;
let original = Rc::new("mazurka".to_string());
let cloned = original.clone();
let impostor = Rc::new("mazurka".to_string());
println!("text:     {}, {}, {}",        original, cloned, impostor);
println!("pointers: {:p}, {:p}, {:p}", original, cloned, impostor);
```

這段程式印出：

```
text:     mazurka, mazurka, mazurka
pointers: 0x7f99af80e000, 0x7f99af80e000, 0x7f99af80e030
```

當然，具體的指標值在每次執行時都不一樣，但即使如此，藉由比較位址也可以清楚地看到，前兩個指標是指向同一個 String 的參考，第三個則是指向不同的值。

位址看起來就像一堆十六進制數字,所以進行進一步的視覺化應該比較好,但 {:p} 樣式仍然是個快速有效的解決方案。

用索引或名稱來引用引數

格式參數可以明確地選擇它要使用的引數。例如:

```
assert_eq!(format!("{1},{0},{2}", "zeroth", "first", "second"),
           "first,zeroth,second");
```

你可以在冒號後面加上格式參數:

```
assert_eq!(format!("{2:#06x},{1:b},{0:=>10}", "first", 10, 100),
           "0x0064,1010,=====first");
```

你也可以用名稱來選擇引數。這可讓具有許多參數的模板更清楚易讀。例如:

```
assert_eq!(format!("{description:.<25}{quantity:2} @ {price:5.2}",
                   price=3.25,
                   quantity=3,
                   description="Maple Turmeric Latte"),
           "Maple Turmeric Latte..... 3 @  3.25");
```

(有名稱的引數類似 Python 的關鍵字引數(keyword argument),但它只是格式化巨集的特殊功能,不是 Rust 的函式呼叫語法的一部分。)

你可以在一個格式化巨集裡面混合使用索引、名稱、位置(也就是不使用索引與名稱)參數。位置參數會由左至右對映引數,彷彿沒有索引和名稱參數一般:

```
assert_eq!(format!("{mode} {2} {} {}",
                   "people", "eater", "purple", mode="flying"),
           "flying purple people eater");
```

有名稱的引數必須放在一系列引數的最後面。

動態寬度與精度

參數的最小欄寬、文字長度上限與數字精度不需要是固定值,你可以在執行期選擇它們。

下面這個常見的運算式提供一個字串,其內容在一個 20 字元寬的欄位裡面靠右:

```
format!("{:>20}", content)
```

但如果你想要在執行期選擇欄寬，你可以這樣寫：

```
format!("{:>1$}", content, get_width())
```

將最小欄寬寫成 1$ 就是要求 format! 使用第二個引數的值作為寬度，它使用的引數必須是 usize。你也可以用名稱來指出引數：

```
format!("{:>width$}", content, width=get_width())
```

同樣的做法也適用於文字長度上限：

```
format!("{:>width$.limit$}", content,
        width=get_width(), limit=get_limit())
```

在設定長度上限或浮點精度的地方，你也可以使用 * 來要求將下一個位置引數當成精度。下面的程式會將 content 剪成最多 get_limit() 個字元：

```
format!("{:.*}", get_limit(), content)
```

精度引數必須是 usize。欄寬沒有對映的語法。

將你自己的型態格式化

格式化巨集使用一組在 std::fmt 模組裡面定義的 trait 來將值轉換成文字。你可以自己實作一或多個這些 trait，讓 Rust 的格式化巨集將你自己的型態格式化。

你可以從格式參數標記看出它的引數型態必須實作哪個 trait，如表 17-8 所示。

表 17-8　格式字串指令標記

標記	範例	trait	用途
none	{}	std::fmt::Display	文字、數字、錯誤：萬用 trait
b	{bits:#b}	std::fmt::Binary	二進制數字
o	{:#5o}	std::fmt::Octal	八進制數字
x	{:4x}	std::fmt::LowerHex	十六進制小寫數字
X	{:016X}	std::fmt::UpperHex	十六進制大寫數字
e	{:.3e}	std::fmt::LowerExp	科學記數法的浮點數字
E	{:.3E}	std::fmt::UpperExp	一樣，大寫的 E
?	{:#?}	std::fmt::Debug	debug，供開發者使用
p	{:p}	std::fmt::Pointer	位址指標，供開發者使用

為了使用 {:?} 格式參數而在型態定義上面使用 #[derive(Debug)] 屬性，相當於要求 Rust 為你實作 std::fmt::Debug trait。

格式化 trait 都有相同的結構，彼此間只有名稱不同。我們使用 std::fmt::Display 來代表：

```
trait Display {
    fn fmt(&self, dest: &mut std::fmt::Formatter)
        -> std::fmt::Result;
}
```

fmt 方法的功能是產生 self 的格式化表示法，並將它的字元寫至 dest。dest 引數除了作為輸出串流之外，它也附帶從格式參數中解析出來的細節，例如對齊方式與最小欄寬。

例如，我們曾經想用一般的 a + bi 形式來將 Complex 值列印出來。下面是做這那件事的 Display 實作：

```
use std::fmt;

impl fmt::Display for Complex {
    fn fmt(&self, dest: &mut fmt::Formatter) -> fmt::Result {
        let im_sign = if self.im < 0.0 { '-' } else { '+' };
        write!(dest, "{} {} {}i", self.re, im_sign, f64::abs(self.im))
    }
}
```

這段程式利用「Formatter 本身就是個輸出串流」這件事，write! 巨集可以幫我們完成大部分的工作。有了這個實作之後，我們可以這樣寫：

```
let one_twenty = Complex { re: -0.5, im: 0.866 };
assert_eq!(format!("{}", one_twenty),
           "-0.5 + 0.866i");

let two_forty = Complex { re: -0.5, im: -0.866 };
assert_eq!(format!("{}", two_forty),
           "-0.5 - 0.866i");
```

有時你要用極座標來顯示複數：想像你在複數平面上從原點到數字畫一條線，極座標就是那條線的長度，以及它與正 x 軸之間的順時針角度。在格式參數裡面的 # 字元通常用來選擇一種替代的顯示形式，Display 實作可以把它當成使用極座標的請求：

```
impl fmt::Display for Complex {
    fn fmt(&self, dest: &mut fmt::Formatter) -> fmt::Result {
        let (re, im) = (self.re, self.im);
        if dest.alternate() {
            let abs = f64::sqrt(re * re + im * im);
```

```
                    let angle = f64::atan2(im, re) / std::f64::consts::PI * 180.0;
                    write!(dest, "{} ∠ {}°", abs, angle)
            } else {
                    let im_sign = if im < 0.0 { '-' } else { '+' };
                    write!(dest, "{} {} {}i", re, im_sign, f64::abs(im))
            }
        }
    }
```

我們來使用這個實作：

```
    let ninety = Complex { re: 0.0, im: 2.0 };
    assert_eq!(format!("{}", ninety),
               "0 + 2i");
    assert_eq!(format!("{:#}", ninety),
               "2 ∠ 90°");
```

雖然格式化 trait 的 fmt 方法回傳一個 fmt::Result 值（典型的模組專屬 Result 型態），但你只能在操作 Formatter 時傳出錯誤，就像 fmt::Display 實作呼叫 write! 時的做法，你的格式化函式絕對不能自己產生錯誤。這可讓 format! 之類的巨集回傳一個 String，而不是 Result<String, ...>，因為將格式化之後的文字附加至 String 絕對不會失敗。它也確保你從 write! 或 writeln! 取得的任何錯誤都反映底層 I/O 串流的真實問題，而不是格式化問題。

Formatter 還有許多其他好用的方法，包括一些處理結構資料，例如 map、list…等的方法，我們不在此介紹，詳情請參考線上文件。

在你自己的程式中使用格式化語言

你可以使用 Rust 的 format_args! 巨集與 std::fmt::Arguments 型態，來自己撰寫接收格式模板與引數的函式與巨集。例如，假如你的程式需要在執行時 log 狀態訊息，而且你想要使用 Rust 的文字格式化語言來產生它們，你可以這樣寫：

```
    fn logging_enabled() -> bool { ... }

    use std::fs::OpenOptions;
    use std::io::Write;

    fn write_log_entry(entry: std::fmt::Arguments) {
        if logging_enabled() {
            // 先保持簡單，
            // 每次都打開檔案。
            let mut log_file = OpenOptions::new()
                .append(true)
```

```
                    .create(true)
                    .open("log-file-name")
                    .expect("failed to open log file");

            log_file.write_fmt(entry)
                    .expect("failed to write to log");
        }
    }
```

你可以這樣呼叫 write_log_entry：

```
    write_log_entry(format_args!("Hark! {:?}\n", mysterious_value));
```

在編譯期，format_args! 巨集會解析模板字串，並且用引數的型態來檢查它，若有任何問題則回報錯誤。在執行期，它會計算引數並建立一個 Arguments 值，該值含有格式化文字所需的所有資訊：模板解析前的形式，以及引數值的共享參考。

建構 Arguments 值的成本很低，它只需要收集一些指標，此時尚未進行格式化工作，只收集格式化時需要的資訊。有時這件事很重要：如果 logging 沒有啟用，那麼將數字轉換成十進制、填補值…等所花的時間都浪費掉了。

File 型態實作了 std::io::Write trait，它的 write_fmt 方法接收一個 Argument，並進行格式化。它將結構寫至底下的串流。

呼叫 write_log_entry 的程式不太好看，此時可使用巨集：

```
    macro_rules! log { // 在巨集的名稱後面不需要！
        ($format:tt, $($arg:expr),*) => (
            write_log_entry(format_args!($format, $($arg),*))
        )
    }
```

我們將在第 21 章討論巨集。現在你只要知道，它定義了一個新的 log! 巨集，該巨集將它的引數傳給 format_args!，然後對著產生的 Arguments 值呼叫你的 write_log_entry 函式。println!、writeln! 與 format! 這類的格式化巨集都有類似的概念。

你可以這樣使用 log!：

```
    log!("O day and night, but this is wondrous strange! {:?}\n",
        mysterious_value);
```

這段程式看起來很理想。

正規表達式

外部的（external）regex crate 是 Rust 的官方正規表達式程式庫。它提供一般的搜尋與比對函式，它支援 Unicode，但也可以搜尋 byte 字串。雖然它不支援其他的正規表達式程式包提供的一些功能，例如反向參考（backreference）與環視模式（look-around pattern），但這些簡化可以讓 regex 確保搜尋時間與表達式大小和被搜尋的文字長度成線性關係，這些保證讓 regex 即使以有疑慮的表達式來搜尋有疑慮的文本時，也是安全的。

本書只概要介紹 regex，詳情請參考線上文件。

雖然 regex crate 不在 std 內，但它是由 Rust 程式庫團隊維護的，該團隊也是負責 std 的團隊。若要使用 regex，請在你的 crate 的 *Cargo.toml* 檔案內的 [dependencies] 區域中加入這一行：

```
regex = "1"
```

在接下來的小節中，我們假設你已經完成這個更改了。

Regex 的基本用法

Regex 值代表一個已解析的正規表達式，隨時可供使用。Regex::new 建構式會試著將 &str 當成正規表達式來解析，並回傳 Result：

```
use regex::Regex;

// semver 版本號碼，例如 0.2.1。
// 後面可能有一個代表預先發表版本的單字，例如 0.2.1-alpha。
// （為了簡潔起見，這裡沒有組建參考資訊後綴文字。）
//
// 注意，使用 r"..." 原始字串語法，以避免反斜線暴風雪。
let semver = Regex::new(r"(\d+)\.(\d+)\.(\d+)(-[-.[:alnum:]]*)?")?;

// 簡單的搜尋，產生布林結果。
let haystack = r#"regex = "0.2.5""#;
assert!(semver.is_match(haystack));
```

Regex::captures 方法會在一個字串裡面找到第一個相符的字串，並回傳一個 regex::Captures 值，裡面有表達式裡面的每個群組的匹配資訊：

```
// 你可以提取 capture 群組：
let captures = semver.captures(haystack)
    .ok_or("semver regex should have matched")?;
assert_eq!(&captures[0], "0.2.5");
```

```
assert_eq!(&captures[1], "0");
assert_eq!(&captures[2], "2");
assert_eq!(&captures[3], "5");
```

如果請求的群組不相符，檢索 Captures 值會 panic。若要測驗特定的群組是相符，你可以呼叫 Captures::get，它會回傳一個 Option<regex::Match>。Match 值裡面有一個群組的匹配項：

```
assert_eq!(captures.get(4), None);
assert_eq!(captures.get(3).unwrap().start(), 13);
assert_eq!(captures.get(3).unwrap().end(), 14);
assert_eq!(captures.get(3).unwrap().as_str(), "5");
```

你可以迭代一個字串裡面的所有匹配項：

```
let haystack = "In the beginning, there was 1.0.0. \
                For a while, we used 1.0.1-beta, \
                but in the end, we settled on 1.2.4.";

let matches: Vec<&str> = semver.find_iter(haystack)
    .map(|match_| match_.as_str())
    .collect();
assert_eq!(matches, vec!["1.0.0", "1.0.1-beta", "1.2.4"]);
```

find_iter iterator 會幫表達式的每一個不重疊匹配項產生一個 Match 值，從字串的開頭到結尾。captures_iter 方法與它很像，但產生 Captures 值，裡面有所有 capture 群組。Regex 的搜尋速度在必須回報 capture 群組時比較慢，所以如果你不需要回報，最好使用不會回傳它們的方法。

以遲緩的方式建構 Regex 值

Regex::new 建構式的成本有時很高，在速度快的開發機器上，為一個有 1,200 個字元的正規表達式建構一個 Regex，可能需要將近一毫秒的時間，即使是很簡單的表達式也需要幾微秒。盡量不要把建構 Regex 的動作放在繁重的計算迴圈內，最好只建構 Regex 一次，之後重複使用同一個。

lazy_static crate 提供一種很棒的方式，可以在靜態值第一次被使用時，才遲緩（lazy）地建構它。若要使用它，在 *Cargo.toml* 檔案裡加入依賴項目：

```
[dependencies]
lazy_static = "1"
```

這個 crate 提供一個巨集來宣告這種變數：

```
use lazy_static::lazy_static;

lazy_static! {
    static ref SEMVER: Regex
        = Regex::new(r"(\d+)\.(\d+)\.(\d+)(-[-.[:alnum:]]*)?")
            .expect("error parsing regex");
}
```

這個巨集會展開成靜態變數 SEMVER 的宣告程式，但它的型態不是 Regex，而是巨集產生的型態，該型態實作了 Deref<Target=Regex>，因此公開了 Regex 的所有方法。當 SEMVER 第一次被解參考時，初始程式會執行，得到的值會被存起來以備後用。因為 SEMVER 是靜態變數，不是區域變數，所以每次程式執行時，初始程式只會執行一次。

有了這個宣告之後，使用 SEMVER 就很簡單了：

```
use std::io::BufRead;

let stdin = std::io::stdin();
for line_result in stdin.lock().lines() {
    let line = line_result?;
    if let Some(match_) = SEMVER.find(&line) {
        println!("{}", match_.as_str());
    }
}
```

你可以將 lazy_static! 宣告放入模組，甚至放入使用 Regex 的函式裡面，如果那是最合適的作用域的話。每次程式執行時，正規表達式仍然只編譯一次。

正規化

多數人認為 *thé*（法文的「茶」）是三個字元長，但是，Unicode 其實會用兩種方式來表示這個文字：

- 使用組合形式時，*thé* 包含三個字元，t、h 與 é，其中的 é 是一個 Unicode 字元，其碼位是 0xe9。

- 使用分解形式時，*thé* 包含四個字元，t、h 與 e 與 \u{301}，其中的 e 是一般的 ASCII 字元，沒有重音，而碼位 0x301 是「combining acute accent（組合用尖音符）」字元，它前面的字元會被加上一個尖音符。

Unicode 不在乎 *é* 的「正確」形式究竟是組合形式還是分解形式，而是將它們都視為同一個抽象字元的等效表示形式。Unicode 指出，這兩種形式應該用相同的方式來顯示，並且允許文字輸入法產生任何一種形式，所以用戶通常不知道他們看到的或輸入的是哪一種形式（Rust 讓你在字串常值中直接使用 Unicode 字元，所以你可以直接寫出 thé，如果你不在乎編碼的話。此時，為了清楚起見，我們將使用 \u 轉義）。

但是，作為 Rust &str 或 String 值的 "th\u{e9}" 與 "the\u{301}" 完全不同，它們有不同的長度，比較起來不相等，有不同的雜湊值，而且與其他字串排在一起的順序也不同：

```
assert!("th\u{e9}" != "the\u{301}");
assert!("th\u{e9}" >  "the\u{301}");

// Hasher 被設計成累加一系列值的雜湊，
// 所以只雜湊化一個有點笨重。
use std::hash::{Hash, Hasher};
use std::collections::hash_map::DefaultHasher;
fn hash<T: ?Sized + Hash>(t: &T) -> u64 {
    let mut s = DefaultHasher::new();
    t.hash(&mut s);
    s.finish()
}

// 這些值在未來的 Rust 版本中可能改變。
assert_eq!(hash("th\u{e9}"),   0x53e2d0734eb1dff3);
assert_eq!(hash("the\u{301}"), 0x90d837f0a0928144);
```

顯然，如果你要比較用戶提供的文本，或是在雜湊表或 B-tree 裡面將它當成索引鍵來使用，你就要先將字串轉換成某種規範形式。

幸好，Unicode 為字串規定了正規化形式。當兩個字串根據 Unicode 的規則應視為相同時，它們的正規化形式的每一個字元都相同。當它們用 UTF-8 來編碼時，它們的每一個 byte 都相同。這意味著你可以使用 == 來比較正規化的字串，在 HashMap 或 HashSet 裡面將它們當成索引鍵來使用…等，而且你可以得到 Unicode 的「相等性」概念。

未正規化甚至有安全隱患。例如，如果你的網站有時會將使用者名稱正規化，有時不會，也許你有兩個名為 bananasflambé 的用戶，有些程式將它們視為相同的用戶，有些視為不同的，導致其中一個的權限被錯誤地延伸至另一位。當然，你可以用很多種方式來避免這種問題，但綜觀歷史，導致這類問題的做法也有很多種。

正規化形式

Unicode 定義了四種正規化形式，每一種適合不同的用途，在使用它們前，你要回答兩個問題：

- 首先，你想讓字元盡可能地組合，還是盡可能地分解？

  例如，越南字 *Phở* 最具組合性的表示法是三個字元的字串 "Ph\u{1edf}"，用一個 '\u{1edf}' Unicode 字元來為基礎字元 "o" 加上音調記號 ˀ 與母音記號 ʾ。Unicode 很盡職地為 Latin 小寫 o 加上一撇和一鉤。

  最具分解性的表示法是將基礎字母與它的兩個記號分成三個獨立的 Unicode 字元：o、\u{31b}（Combining Horn），以及 \u{309}（Combining Hook Above），產生 Pho\u{31b}\u{309}（只要組合記號是單獨的字元，而不是組合字元的一部分，所有的正規化形式都規定了它們必須以何種固定順序出現，所以即使字元有多個音調，正規化形式也可以明確地指定它們）。

  組合形式的相容性問題通常比較少，因為它比較符合 Unicode 出現之前，大多數的語言使用的文字表示法，也比較適合與天真字串格式化功能一起使用，例如 Rust 的 format! 巨集。另一方面，分解形式比較適合用來顯示文字或搜尋，因為它讓文字的結構細節更加明確。

- 第二個問題是：如果有兩個字元序列代表相同的基礎文本，但文本應該以不同的方式來格式化，你要將它們視為等效，還是讓它們維持不同？

  在 Unicode 裡，普通數字 5、上標數字 ⁵（或 \u{2075}）與外加圓圈的數字 ⑤（或 u{2464}）有不同的字元，但它說三者是相容等效的（*compatibility equivalent*）。同樣的，Unicode 用一個字元來表示合字 ﬃ（\u{fb03}），但聲明它與三個字元的序列 ffi 是相容等效的。

  對搜尋而言，相容等效是有意義的：僅用 ASCII 字元來搜尋 "difficult" 應該可以找到字串 "di\u{fb03}cult"，這個字串使用 ﬃ 合字對 "di\u{fb03}cult" 字串進行相容性分解，會將那個合字換成三個普通字母 "ffi"，可方便搜尋。但是將文本正規化成相容等效形式可能會失去基本資訊，所以請謹慎地使用它。例如，在大多數情況下，將 "2⁵" 存為 "25" 都是不正確的。

Unicode Normalization Form C 與 Normalization Form D（NFC 與 NFD）使用每個字元的最大組合（maximally composed）和最大分解（maximally decomposed）形式，但不會試著統一相容等效序列。NFKC 與 NFKD 正規化形式很像 NFC 與 NFD，但是將所有相容等效序列正規化成它們類別的某種簡單代表。

全球資訊網協會的「Character Model For the World Wide Web」建議使用 NFC 來表示所有內容。Unicode Identifier and Pattern Syntax 附件建議在程式語言中使用 NFKC 作為代號（identifier），它也提供了一些在必要時調整格式的原則。

unicode-normalization crate

Rust 的 unicode-normalization crate 提供一種 trait 來為 &str 加入方法，來將文本變成四種正規化形式之一。若要使用它，在你的 *Cargo.toml* 檔案裡面的 [dependencies] 區域中加入下面這一行：

```
unicode-normalization = "0.1.17"
```

完成宣告之後，&str 就有四個回傳 iterator 的新方法，可迭代字串的特定正規化形式：

```
use unicode_normalization::UnicodeNormalization;

// 無論左邊的字串使用哪一種表示法
// （光用看的應該無法知道），
// 這些斷言都成立。
assert_eq!("Phở".nfd().collect::<String>(), "Pho\u{31b}\u{309}");
assert_eq!("Phở".nfc().collect::<String>(), "Ph\u{1edf}");

// 左邊使用 "ffi" 連接字元。
assert_eq!(" ① Di\u{fb03}culty".nfkc().collect::<String>(), "1 Difficulty");
```

如果你接收正規化的字串，並以相同的形式對它再做一次正規化，你一定會得到相同的文本。

已經正規化的字串的任何子字串都是已正規化的，但是將兩個已正規化的字串接在一起不一定是已正規化的：例如，第二個字串的開頭可能是結合字元，而且那些字元應該放在第一個字串結尾的結合字元之前才對。

只要文本在正規化時未使用未指定（unassigned）碼位，Unicode 就承諾在未來的標準版本裡，它的正規化形式不會改變。這意味著在持久保存機制中使用正規化形式應該是安全的，即使 Unicode 標準還在不斷演變。

## 第十八章

輸入與輸出

> *Doolittle*：你有什麼具體證據可證明你的存在？
> *Bomb #20*：嗯⋯這個嘛⋯我思，故我在。
> *Doolittle*：很好，非常好！但你怎麼知道其他東西也在？
> *Bomb #20*：我的感官說的。
>
> —Dark Star

Rust 標準程式庫的輸入與輸出功能是圍繞著三個 trait 組織的：Read、BufRead 與 Write：

- 實作了 Read 的值有一些處理 byte 輸入的方法。它們稱為 *reader*。

- 實作了 BufRead 的值是有緩衝區的 reader。它們支援 Read 的所有方法，外加讀取文字行⋯等方法。

- 實作了 Write 的值既支援 byte 導向也支援 UTF-8 文字輸出。它們稱為 *writer*。

圖 18-1 是這三種 trait，以及 reader 與 writer 型態的一些範例。

本章將解釋如何使用這些 trait 與它們的方法，介紹圖中展示的 reader 與 writer 型態，以及與檔案、終端機、網路互動的其他方式。

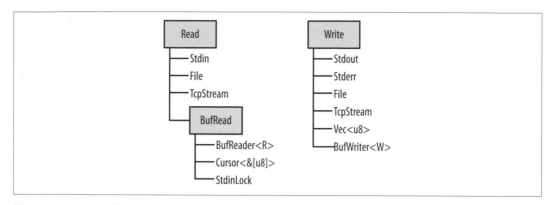

圖 18-1　Rust 的三個主要 I/O trait，以及實作了它們的一些型態

reader 與 writer

reader 是可用程式從中讀取 bytes 的值，例如：

- 使用 std::fs::File::open(filename) 來打開的檔案

- 從網路接收資料的 std::net::TcpStream

- 用來讀取程序的標準輸入串流的 std::io::stdin()

- std::io::Cursor<&[u8]> 與 std::io::Cursor<Vec<u8>> 值，這些 reader 可從記憶體內的 byte 陣列或向量「讀取」byte

writer 是可用程式寫入 bytes 的值。例如：

- 使用 std::fs::File::create(filename) 來打開的檔案

- 從網路讀取資料的 std::net::TcpStream

- 寫至終端機的 std::io::stdout() 與 std::io:stderr()

- Vec<u8>，它是將寫入方法附加至向量的 writer

- std::io::Cursor<Vec<u8>> 類似上一個項目，但既可讓你讀取資料，也可以讓你寫入資料，也可以在向量中前往不同的位置

- std::io::Cursor<&mut [u8]>，它很像 std::io::Cursor<Vec<u8>>，但是它無法增加緩衝區，因為它只是現有的 byte array 的一個 slice

因為 reader 與 writer 有標準 trait（std::io::Read 與 std::io::Write），我們通常用泛型程式來處理各式各樣的輸入或輸出管道。例如，下面的程式可將任何 reader 的所有 bytes 複製到任何 writer：

```
use std::io::{self, Read, Write, ErrorKind};

const DEFAULT_BUF_SIZE: usize = 8 * 1024;

pub fn copy<R: ?Sized, W: ?Sized>(reader: &mut R, writer: &mut W)
    -> io::Result<u64>
    where R: Read, W: Write
{
    let mut buf = [0; DEFAULT_BUF_SIZE];
    let mut written = 0;
    loop {
        let len = match reader.read(&mut buf) {
            Ok(0) => return Ok(written),
            Ok(len) => len,
            Err(ref e) if e.kind() == ErrorKind::Interrupted => continue,
            Err(e) => return Err(e),
        };
        writer.write_all(&buf[..len])?;
        written += len as u64;
    }
}
```

它是 Rust 標準程式庫的 std::io::copy() 的實作。因為它是泛型的，所以你可以用它來將 File 的資料複製到 TcpStream，從 Stdin 複製到記憶體內的 Vec<u8>…等。

如果你不太理解它的錯誤處理，你可以復習一下第 7 章。我們將在接下來幾頁反覆使用 Result 型態，你一定要知道它的工作原理。

因為 Read、BufRead 與 Write 這三個 std::io trait 以及 Seek 太常用了，所以 prelude 模組只包含這些 trait：

```
use std::io::prelude::*;
```

你將在本章看到它一兩次。我們也習慣匯入 std::io 模組本身：

```
use std::io::{self, Read, Write, ErrorKind};
```

我們用 self 關鍵字來宣告 io 是 std::io 模組的別名，以便將 std::io::Result 與 std::io::Error 寫成簡潔的 io::Result 與 io::Error。

reader

std::io::Read 有幾個讀取資料的方法。它們都以 mut 參考來接收 reader 本身。

reader.read(&mut buffer)

從資料源讀取 bytes，並將它們存入指定的緩衝區。buffer 引數的型態是 &mut [u8]，它最多可讀取 buffer.len() bytes。

它的回傳型態是 io::Result<u64>，這是 Result<u64, io::Error> 的型態別名。成功時，u64 值是讀取的 bytes 數，它可能等於或小於 buffer.len()，即使還會傳來更多資料。Ok(0) 代表沒有更多輸入可供讀取。

發生錯誤時，.read() 回傳 Err(err)，其中的 err 是個 io::Error 值。io::Error 是可列印的，以協助人類，例如，它有個 .kind() 方法可回傳 io::ErrorKind 型態的錯誤碼。這個 enum 成員使用諸如 PermissionDenied 與 ConnectionReset 等名稱，它們大都代表不可忽視的嚴重錯誤，但有一種錯誤需要特別處理：io::ErrorKind::Interrupted 相當於 Unix 錯誤碼 EINTR，代表讀取被訊號中斷了。除非程式知道如何處理訊號，否則你要重新試著讀取。上一節的 copy() 程式裡面有一個這種範例。

如你所見，.read() 方法非常低階，甚至繼承了底層作業系統的怪行為（quirk）。如果你想幫一種新型態的資料源實作 Read trait，它可以給你很大的迴旋空間，但如果你試著讀取某種資料，它將帶來麻煩。因此，Rust 提供一些高階的方便方法，它們都有 .read() 的預設實作，也都可以處理 ErrorKind::Interrupted，讓你不需要自己處理。

reader.read_to_end(&mut byte_vec)

從這個 reader 讀取所有剩餘的輸入，將它附加至 byte_vec，byte_vec 是個 Vec<u8>。它會回傳一個 io::Result<usize>，即讀取的 bytes 數。

這個方法塞入向量的資料量沒有限制，所以不要用它來處理有疑慮的來源（你可以使用接下來介紹的 .take() 方法來施加限制）。

reader.read_to_string(&mut string)

一樣，但將資料附加至指定的 String。如果串流不是有效的 UTF-8，它會回傳一個 ErrorKind::InvalidData 錯誤。

在一些程式語言裡面，bytes 輸入與字元輸入是用不同的型態來處理的。近來，UTF-8 已占主導地位，Rust 承認這個事實上的標準，並在所有地方支援 UTF-8。其他的字元集也有開放原始碼的編碼 crate 支援。

`reader.read_exact(&mut buf)`

> 讀取足夠填滿指定緩衝區的資料。引數型態是 &[u8]。如果 reader 在讀取 buf.len() bytes 之前沒有資料了，它會回傳一個 ErrorKind::UnexpectedEof 錯誤。

以上就是 Read trait 的主要方法。此外還有三種 adapter 方法，它們以值接收 reader，並將它們轉換成 iterator，或不同的 reader：

`reader.bytes()`

> 回傳一個 iterator，可迭代輸入串流的 bytes。項目的型態是 io::Result<u8>，所以需要對每一個 byte 進行錯誤檢查。此外，它為每個 byte 呼叫一次 reader.read()，無緩衝的 reader 非常沒有效率。

`reader.chain(reader2)`

> 回傳一個新 reader，可產生來自 reader 的所有輸入，加上來自 reader2 的所有輸入。

`reader.take(n)`

> 回傳一個新 reader，可從和 reader 相同的資源進行讀取，但只讀取 n bytes 的輸入。

Rust 沒有可以關閉 reader 的方法。reader 與 writer 通常實作了 Drop，所以它們可以自動關閉。

有緩衝區的 reader

為了提升效率，reader 與 writer 可緩衝（*buffered*），這意味著它們有一段記憶體（緩衝區）可保存某些輸入或輸出資料，這可以節省系統呼叫的次數，如圖 18-2 所示，應用程式呼叫 BufReader 的 .read_line() 方法來讀取資料，然後 BufReader 從作業系統提供的更大區塊裡面取得它的輸入。

這張圖並非按比例繪製。BufReader 的緩衝區的預設大小是幾 KB，所以一次系統讀取可能需要做幾百次 .read_line() 呼叫。因為系統呼叫慢，所以這件事非常重要。

（如圖所示，作業系統也有緩衝區，因為一樣的原因：雖然系統呼叫很慢，但是從磁碟讀取資料更慢。）

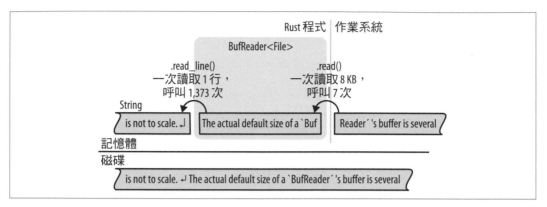

圖 18-2　使用緩衝區的檔案 reader

有緩衝的 reader 既實作了 Read，也實作了第二個 trait，BufRead。BufRead 加入以下的方法：

reader.read_line(&mut line)

> 讀取一行文字，並將它附加至 line，line 是個 String。文字行結尾的換行字元 '\n'
> 會被加入 line。如果輸入使用 Windows 風格的結尾，"\r\n"，它們都會被加入 line。
>
> 回傳值是 io::Result<usize>，即讀取的 bytes 數，包括行尾，若有的話。
>
> 如果 reader 在輸入的結尾，它會維持 line 不變，並回傳 Ok(0)。

reader.lines()

> 回傳一個 iterator，可迭代輸入的行。項目的型態是 io::Result<String>。換行字元
> 不會被放入字串中。如果輸入使用 Windows 風格的結尾 "\r\n"，那兩個字元都會被
> 移除。
>
> 你應該會用這個方法來處理文字輸入。接下來的兩節將用一些範例來說明它的用法。

reader.read_until(stop_byte, &mut byte_vec), reader.split(stop_byte)

> 很像 .read_line() 與 .lines()，不過它們是 byte 導向的，它們產生 Vec<u8>，不是
> String。你可以選擇分隔符號 stop_byte。

BufRead 也提供兩個低階方法，.fill_buf() 與 .consume(n)，可直接使用 reader 的內部緩
衝區。關於這兩個方法的詳情，請參考線上文件。

接下來兩節將詳細介紹有緩衝的 reader。

讀取文字行

這是一個實作了 Unix grep 公用程式的函式。它會在一個文本的多行文字中尋找指定的字串，該文本通常是從其他的命令 pipe 來的：

```
use std::io;
use std::io::prelude::*;

fn grep(target: &str) -> io::Result<()> {
    let stdin = io::stdin();
    for line_result in stdin.lock().lines() {
        let line = line_result?;
        if line.contains(target) {
            println!("{}", line);
        }
    }
    Ok(())
}
```

因為我們想要呼叫 .lines()，所以我們需要一個實作了 BufRead 的輸入源。在這個例子中，我們呼叫 io::stdin() 來取得被 pipe 給我們的資料。但是，Rust 標準程式庫用互斥鎖來保護 stdin，我們呼叫 .lock() 來開 stdin 的鎖，以單獨使用當前的執行緒。.lock() 回傳一個實作了 BufRead 的 StdinLock 值。在迴圈結束時，我們卸除 StdinLock，釋出互斥鎖（如果沒有互斥鎖，兩個執行緒同時讀取 stdin 會造成未定義行為。C 也有這個問題，它也採取同一種處理方式：C 標準輸入與輸出的所有函式都會在幕後取得鎖，唯一的差異在於，在 Rust 中，鎖是 API 的一部分）。

函式其餘的程式很簡單：它呼叫 .lines() 並迭代產生的 iterator。因為這個 iterator 產生 Result 值，我們使用 ? 運算子來檢查錯誤。

假如我們想要改善 grep 程式，讓它可以搜尋磁碟裡的檔案，我們可以將這個函式寫成泛型的：

```
fn grep<R>(target: &str, reader: R) -> io::Result<()>
    where R: BufRead
{
    for line_result in reader.lines() {
        let line = line_result?;
        if line.contains(target) {
            println!("{}", line);
        }
    }
    Ok(())
}
```

現在我們可以將它傳給 StdinLock 或有緩衝的檔案了：

```
let stdin = io::stdin();
grep(&target, stdin.lock())?;   // ok

let f = File::open(file)?;
grep(&target, BufReader::new(f))?;   // 也 ok
```

注意，File 不會被自動緩衝。雖然 File 實作了 Read，卻未實作 BufRead。然而，為 File 建立有緩衝的 reader 或任何其他無緩衝的 reader 很簡單，BufReader::new(reader) 可以做這件事（你可以使用 BufReader::with_capacity(size, reader) 來設定緩衝區的大小）。

在其他語言裡，檔案在預設情況下通常是緩衝的。如果你想要使用未緩衝的輸入或輸出，你要知道如何關閉緩衝。在 Rust 裡，File 與 BufReader 是兩個不同的程式庫功能，因為有時你想使用檔案但不想緩衝，有時你想要緩衝，但不使用檔案（例如緩衝網路傳來的輸入）。

下面是完整的程式，包含錯誤處理，以及一些粗略的引數解析：

```
// grep - 在 stdin 或檔案內尋找符合特定字串的行。

use std::error::Error;
use std::io::{self, BufReader};
use std::io::prelude::*;
use std::fs::File;
use std::path::PathBuf;

fn grep<R>(target: &str, reader: R) -> io::Result<()>
    where R: BufRead
{
    for line_result in reader.lines() {
        let line = line_result?;
        if line.contains(target) {
            println!("{}", line);
        }
    }
    Ok(())
}

fn grep_main() -> Result<(), Box<dyn Error>> {
    // 取得命令列引數。第一個引數是要尋找的字串，
    // 其餘的是檔名。
    let mut args = std::env::args().skip(1);
    let target = match args.next() {
        Some(s) => s,
```

```
        None => Err("usage: grep PATTERN FILE...")?
    };
    let files: Vec<PathBuf> = args.map(PathBuf::from).collect();

    if files.is_empty() {
        let stdin = io::stdin();
        grep(&target, stdin.lock())?;
    } else {
        for file in files {
            let f = File::open(file)?;
            grep(&target, BufReader::new(f))?;
        }
    }

    Ok(())
}

fn main() {
    let result = grep_main();
    if let Err(err) = result {
        eprintln!("{}", err);
        std::process::exit(1);
    }
}
```

收集行

有些 reader 方法，包括 .lines()，可回傳產生 Result 值的 iterator。當你第一次將一個檔案裡面的每一行都放入一個大型的向量時，你會遇到丟棄 Result 的問題：

```
// ok，但不是你要的
let results: Vec<io::Result<String>> = reader.lines().collect();

// 錯誤：不能將 Result 集合轉換成 Vec<String>
let lines: Vec<String> = reader.lines().collect();
```

第二段程式無法編譯：發生錯誤會怎樣？有一種簡單的解決辦法是寫一個迴圈來檢查每一個項目有沒有錯誤：

```
let mut lines = vec![];
for line_result in reader.lines() {
    lines.push(line_result?);
}
```

雖然這樣寫也行，但使用 .collect() 更好，我們確實可以使用它，但必須知道該要求哪個型態：

```
let lines = reader.lines().collect::<io::Result<Vec<String>>>()?;
```

它為什麼可以執行？因為標準程式庫為 Result 實作了 FromIterator（在線上文件中很容易忽略）來做這件事：

```
impl<T, E, C> FromIterator<Result<T, E>> for Result<C, E>
    where C: FromIterator<T>
{
    ...
}
```

這段程式必須仔細閱讀，但它是很棒的技巧。假設 C 是任何一種型態的集合，例如 Vec 或 HashSet，只要我們知道如何使用 T 值的 iterator 來建立 C，我們就可以用一個產生 Result<T, E> 值的 iterator 來建構 Result<C, E>。我們只要從 iterator 取出值，用 Ok 結果來建構集合，並且在看到 Err 時跳過它即可。

換句話說，io::Result<Vec<String>> 是一個集合型態，所以 .collect() 方法可以建立與填寫那個型態的值。

writer

如你所見，輸入大都是用方法來完成的，但輸出有點不同。

在本書中，我們曾經使用 println!() 來產生純文字輸出：

```
println!("Hello, world!");

println!("The greatest common divisor of {:?} is {}",
        numbers, d);

println!();  // 印出空行
```

此外也有一個 print!() 巨集，它不會在結尾加上一個換行字元，還有 eprintln! 與 eprint! 巨集，可寫至標準錯誤串流。它們的格式化程式與 format! 巨集的一樣，見第 465 頁的「將值格式化」。

你可以使用 write!() 與 writeln!() 巨集來將輸出傳給 writer。它們與 print!() 和 println!() 很像，但有兩項差異：

```
writeln!(io::stderr(), "error: world not helloable")?;
```

```
writeln!(&mut byte_vec, "The greatest common divisor of {:?} is {}",
         numbers, d)?;
```

其中一項差異是，write 巨集接收額外的第一個引數，writer。另一個差異是，它們回傳 Result，所以必須處理錯誤。這就是為什麼我們在每一行的結尾都使用 ? 運算子。

print 巨集不回傳 Result，它們會在寫入失敗時直接 panic。因為它們寫至終端機，所以這種情況很罕見。

Write trait 有這些方法：

writer.write(&buf)

將 buf slice 裡面的一些 bytes 寫至底下的串流。它回傳 io::Result<usize>。成功時，它提供被寫入的 bytes 數，這個數量可能少於 buf.len()。

如同 Reader::read()，它是個低階方法，應避免直接使用。

writer.write_all(&buf)

寫入 slice buf 裡面的所有 bytes。回傳 Result<()>。

writer.flush()

將任何緩衝資料沖（flush）到底層的串流。回傳 Result<()>。

注意，雖然 println! 與 eprintln! 巨集會自動 flush stdout 與 stderr 串流，但 print! 與 eprint! 巨集不會。在使用它們時，你可能必須自己呼叫 flush()。

如同 reader，當 writer 被卸除時，它們也會自動關閉。

BufReader::new(reader) 會幫任何 reader 加上緩衝區，BufWriter::new(writer) 也會幫任何 writer 加上緩衝區：

```
let file = File::create("tmp.txt")?;
let writer = BufWriter::new(file);
```

你可以使用 BufWriter::with_capacity(size, writer) 來設定緩衝區的大小。

當 BufWriter 被卸除時，所有剩餘的緩衝資料都會被寫至底下的 writer。但是，如果在這次寫入期間出現錯誤，該錯誤會被忽略（因為這是在 BufWriter 的 .drop() 方法內發生的，所以沒有地方可回報錯誤）。若要讓你的應用程式知道所有的輸出錯誤，你可以在卸除 writer 之前手動 .flush() 緩衝的 writer。

檔案

我們已經看過兩種開檔方式了：

`File::open(filename)`

打開既有的檔案以便讀取。它回傳 `io::Result<File>`，若檔案不存在，它是個錯誤。

`File::create(filename)`

建立新檔以便寫入。如果已經有指定名稱的檔案，它會被截斷（truncated）。

注意，`File` 型態在檔案系統模組 `std::fs` 裡，不是在 `std::io` 裡。

如果兩者都不能滿足你的要求，你可以使用 `OpenOptions` 來指定確切的行為：

```
use std::fs::OpenOptions;

let log = OpenOptions::new()
    .append(true)  // 若檔案存在則加至結尾。
    .open("server.log")?;

let file = OpenOptions::new()
    .write(true)
    .create_new(true)  // 若檔案存在則失敗。
    .open("new_file.txt")?;
```

`.append()`、`.write()`、`.create_new()` 等方法是為了如此串接而設計的，它們都回傳 `self`。因為這一種「方法串接」設計模式太常見了，所以它在 Rust 有專屬的名稱，稱為 *builder*。`std::process::Command` 是另一個例子。關於 `OpenOptions` 的詳情，請參考線上文件。

當 `File` 被打開後，它的行為就像任何其他的 reader 或 writer。你可以視需要增加緩衝區。`File` 會在你卸除它時自動關閉。

Seek

`File` 也實作了 Seek trait，這意味著你可以在 `File` 裡面四處移動，而不是從頭到尾讀取或寫入一遍。Seek 的定義如下：

```
pub trait Seek {
    fn seek(&mut self, pos: SeekFrom) -> io::Result<u64>;
}
```

```
pub enum SeekFrom {
    Start(u64),
    End(i64),
    Current(i64)
}
```

多虧了 enum，file.seek(SeekFrom::Start(0)) 方法極富表現力，你可以使用 file.seek(SeekFrom::Start(0)) 來倒帶至開頭，也可以使用 file.seek(SeekFrom::Current(-8)) 來往回走幾個 bytes，以此類推。

在檔案裡面執行 seek 很慢。無論你使用硬碟還是固態磁碟（SSD），seek 花掉的時間都與讀取幾 MB 的資料一樣久。

其他的 reader 與 writer 型態

截至目前為止，本章都以 File 為例，但此外還有許多其他好用的 reader 與 writer 型態：

io::stdin()

> 回傳一個標準輸入串流的 reader。它的型態是 io::Stdin。因為它是所有執行緒共享的，所以每次讀取都要取得與釋出互斥鎖。
>
> Stdin 有一個 .lock() 方法可索取互斥鎖，它回傳 io::StdinLock，這是個緩衝 reader，可持有互斥鎖，直到它被卸除為止。因此，針對 StdinLock 進行個別操作可避免互斥鎖帶來的額外開銷。我們曾經在第 491 頁的「讀取文字行」展示一個使用這個方法的範例程式。
>
> 出於技術上的原因，io::stdin().lock() 沒有作用。lock 持有一個 Stdin 值的參考，這意味著 Stdin 值必須存放在可讓它活得夠久的地方：
>
> ```
> let stdin = io::stdin();
> let lines = stdin.lock().lines();  // ok
> ```

io::stdout(), io::stderr()

> 回傳標準輸出與輸準錯誤串流的 Stdout 與 Stderr writer 型態。它們也有互斥鎖與 .lock() 方法。

Vec<u8>

> 實作 Write。對 Vec<u8> 進行寫入會用新資料來擴展向量。
>
> （但是 String 並未實作 Write。若要用 Write 來建立字串，你要先寫至 Vec<u8>，再用 String::from_utf8(vec) 來將向量轉換成字串。）

`Cursor::new(buf)`

> 建立 Cursor，它是個讀取 buf 的緩衝 reader。你可以用它來建立一個讀取 String 的 reader。引數 buf 可以使用實作了 AsRef<[u8]> 的任何型態，所以你也可以傳遞 &[u8]、&str 或 Vec<u8>。
>
> Cursor 的內部很簡單。它們只有兩個欄位：buf 本身，以及一個整數，那個整數是下一次該從 buf 的哪裡開始讀取的位移量，它的初始值是 0。
>
> Cursor 實作了 Read、BufRead 與 Seek。若 buf 的型態是 &mut [u8] 或 Vec<u8>，那麼 Cursor 也實作了 Write。對 cursor 進行寫入會覆寫緩衝區裡面從當前的位置開始的 bytes。如果你對著超出 &mut [u8] 的結尾的位置進行寫入，你會寫入部分的內容，或得到 io::Error。但是使用 cursor 來對著 Vec<u8> 結尾之後的位置進行寫入是沒問題的，它會擴展向量。Cursor<&mut [u8]> 與 Cursor<Vec<u8>> 實作了全部的四種 std::io::prelude trait。

`std::net::TcpStream`

> 代表 TCP 網路連結。因為 TCP 使用雙向通訊，所以它既是 reader，也是 writer。
>
> 型態關聯函式 TcpStream::connect(("hostname", PORT)) 會試著連接伺服器並回傳 io::Result<TcpStream>。

`std::process::Command`

> 支援生產（spawn）子程序，並將資料 pipe 至它的標準輸入，例如：
>
> ```rust
> use std::process::{Command, Stdio};
>
> let mut child =
>     Command::new("grep")
>     .arg("-e")
>     .arg("a.*e.*i.*o.*u")
>     .stdin(Stdio::piped())
>     .spawn()?;
>
> let mut to_child = child.stdin.take().unwrap();
> for word in my_words {
>     writeln!(to_child, "{}", word)?;
> }
> drop(to_child);  // 關閉 grep 的 stdin，所以它會退出
> child.wait()?;
> ```

child.stdin 的型態是 Option<std::process::ChildStdin>，我們在設定子程序時使用 .stdin(Stdio::piped())，所以當 .spawn() 成功時，child.stdin 一定被填入資料。如果我們沒有，child.stdin 將是 None。

Command 也有類似的方法：.stdout() 與 .stderr()，它們可以用來取得 child.stdout 與 child.stderr 的 reader。

std::io 模組也有一些可回傳 reader 與 writer 的函式：

io::sink()

它是無操作（no-op）writer。所有寫入方法都回傳 Ok，但資料會被捨棄。

io::empty()

它是無操作 reader，讀取一定成功，但它回傳輸入結束（end-of-input）。

io::repeat(byte)

回傳一個 reader，它會永遠重複指定的 byte。

二進制資料、壓縮與序列化

許多開放原始碼的 crate 都在 std::io 框架之上提供額外的功能。

byteorder crate 提供 ReadBytesExt 與 WriteBytesExt trait，可為所有 reader 和 writer 加入方法來進行二進制輸入與輸出：

```
use byteorder::{ReadBytesExt, WriteBytesExt, LittleEndian};

let n = reader.read_u32::<LittleEndian>()?;
writer.write_i64::<LittleEndian>(n as i64)?;
```

flate2 crate 提供 adapter 方法來讀取和寫入 gzip 壓縮資料：

```
use flate2::read::GzDecoder;
let file = File::open("access.log.gz")?;
let mut gzip_reader = GzDecoder::new(file);
```

serde crate 及其相關 crate，例如 serde_json，都實作了序列化與反序列化：它們可以在 Rust 的結構與 bytes 之間進行轉換。我們曾經在第 273 頁的「trait 與別人的型態」提到它。接下來，我們要仔細地研究它。

假如我們在 HashMap 裡面儲存了一些資料（文字冒險遊戲的地圖）：

```
type RoomId = String;                          // 每一間房間都有專屬的名稱
type RoomExits = Vec<(char, RoomId)>;          // ... 以及一系列的出口
type RoomMap = HashMap<RoomId, RoomExits>;     // 房間名稱與出口，簡單

// 建立簡單的地圖。
let mut map = RoomMap::new();
map.insert("Cobble Crawl".to_string(),
           vec![('W', "Debris Room".to_string())]);
map.insert("Debris Room".to_string(),
           vec![('E', "Cobble Crawl".to_string()),
                ('W', "Sloping Canyon".to_string())]);
...
```

只要用一行程式就可以將這筆資料轉換成 JSON，以便輸出：

```
serde_json::to_writer(&mut std::io::stdout(), &map)?;
```

在內部，serde_json::to_writer 使用 serde::Serialize trait 的 serialize 方法，如果程式庫知道如何將一個型態序列化，它會幫該型態附加這個 trait，包括在我們的資料中出現的所有型態：字串、字元、tuple、向量與 HashMap。

serde 很靈活，在這段程式中，輸出是 JSON 資料，因為我們選擇了 serde_json 序列化方法。你也可以使用其他的格式，例如 MessagePack。你同樣可以將這個輸出傳給檔案、Vec<u8> 或任何其他 writer。上面的程式會在 stdout 印出資料，它是：

```
{"Debris Room":[["E","Cobble Crawl"],["W","Sloping Canyon"]],"Cobble Crawl":
[["W","Debris Room"]]}
```

serde 也支援 derive 兩個重要的 serde trait：

```
#[derive(Serialize, Deserialize)]
struct Player {
    location: String,
    items: Vec<String>,
    health: u32
}
```

這個 #[derive] 屬性可能會讓編譯時間久一些，所以當你在 *Cargo.toml* 檔裡面將它加入依賴項目時，你必須明確地要求 serde 支援它。我們為上述的程式這樣設定：

```
[dependencies]
serde = { version = "1.0", features = ["derive"] }
serde_json = "1.0"
```

更多資訊請參考 serde 的文件。簡言之，組建系統會幫 Player 自動產生 serde::Serialize 與 serde::Deserialize 的實作，所以將 Player 值序列化很簡單：

```
serde_json::to_writer(&mut std::io::stdout(), &player)?;
```

它的輸出是：

```
{"location":"Cobble Crawl","items":["a wand"],"health":3}
```

檔案與目錄

我們已經展示如何使用 reader 與 writer 了，接下來幾節將介紹處理檔案與目錄的 Rust 功能，它們位於 std::path 與 std::fs 模組內。這些功能都使用檔名，我們從檔名型態看起。

OsStr 與 Path

很不方便的是，你的作業系統不會強迫檔名使用有效的 Unicode。下面有兩個建立文字檔的 Linux shell 命令。只有第一個使用有效的 UTF-8 檔名：

```
$ echo "hello world" > ô.txt
$ echo "O brave new world, that has such filenames in't" > $'\xf4'.txt
```

這兩個命令都通過了，Linux kernel 沒有任何意見，因為它不認識 Ogg Vorbis 的 UTF-8。對 kernel 而言，bytes 字串（不包括 null bytes 與斜線）是可接受的檔名。在 Windows 也有類似的情況：幾乎任何 16-bit「寬字元」組成的字串都是可接受的檔名，即使字串不是有效的 UTF-16。作業系統處理的其他字串也是如此，例如命令列引數與環境變數。

Rust 字串永遠是有效的 Unicode。在實務上，檔名幾乎都是 Unicode，但 Rust 必須處理它們不是 Unicode 的情況。這就是為什麼 Rust 有 std::ffi::OsStr 與 OsString。

OsStr 是一種字串型態，它是 UTF-8 的超集合，它的作用是在當前的系統上表示所有的檔名、命令列引數與環境變數，無論它們是不是有效的 *Unicode*。在 Unix 上，OsStr 可保存任何 bytes 序列。在 Windows 上，OsStr 使用 UTF-8 的一種擴展版本來儲存，它可以編碼任何 16-bit 序列，包括不匹配的代用碼位。

所以我們有兩種字串型態：儲存實際的 Unicode 字串的 str，以及儲存你的作業系統可能提供的任何亂七八糟的 OsStr。我們還有一種型態，std::path::Path，它是讓檔名使用的，這一種型態純粹是為了提供方便。Path 就是 OsStr，但它加入許多方便的檔名相關方法，我們將在下一節討論它們。請使用 Path 來代表絕對與相對路徑，使用 OsStr 來代表路徑的個別組件。

最後，每一種字串型態都有一個對映的 *owning* 型態：String 擁有一個配有 heap 的 str，std::ffi::OsString 擁有一個配有 heap 的 OsStr，std::path::PathBuf 擁有一個配有 heap 的 Path。表 18-1 是各種型態的一些特性。

表 18-1　檔名型態

	str	OsStr	Path
unsized 型態，始終以參考傳遞	是	是	是
可容納任何 Unicode 文字	是	是	是
看起來通常很像 UTF-8	是	是	是
可容納非 Unicode 資料	否	是	是
文字處理方法	有	無	無
檔名相關方法	無	無	有
owned、可增長、配有 heap 的等效型態	String	OsString	PathBuf
轉換成 owned 型態	.to_string()	.to_os_string()	.to_path_buf()

這三種型態都實作了同一個 AsRef<Path> trait，所以我們可以輕鬆地宣告一個泛型函式，以引數接收「任何檔名型態」。它使用第 323 頁的「AsRef 與 AsMut」介紹過的技術：

```
use std::path::Path;
use std::io;

fn swizzle_file<P>(path_arg: P) -> io::Result<()>
    where P: AsRef<Path>
{
    let path = path_arg.as_ref();
    ...
}
```

每一個接收 path 引數的標準函式與方法都使用這項技術，讓你可以自由地傳遞字串常值給它們任何一個。

Path 與 PathBuf 方法

Path 提供了以下的方法（有些未列入）：

Path::new(str)

將 &str 或 &OsStr 轉換成 &Path。它不複製字串。新的 &Path 指向與原始的 &str 或 &OsStr 一樣的 bytes：

```
use std::path::Path;
let home_dir = Path::new("/home/fwolfe");
```

（類似的方法 OsStr::new(str) 可將 &str 轉換成 &OsStr。）

path.parent()

回傳路徑的父目錄，若有的話。回傳型態是 Option<&Path>。

它不複製路徑。path 的父目錄一定是 path 的子字串：

```
assert_eq!(Path::new("/home/fwolfe/program.txt").parent(),
           Some(Path::new("/home/fwolfe")));
```

path.file_name()

回傳 path 的最後一個組件，若有的話。回傳型態是 Option<&OsStr>。

在典型的情況下，即 path 有一個目錄，然後一個斜線，然後一個檔名時，它會回傳檔名：

```
use std::ffi::OsStr;
assert_eq!(Path::new("/home/fwolfe/program.txt").file_name(),
           Some(OsStr::new("program.txt")));
```

path.is_absolute(), path.is_relative()

指出檔案究竟是絕對的，例如 Unix 路徑 */usr/bin/advent* 或 Windows 路徑 *C:\Program Files*，還是相對的，例如 *src/main.rs*。

path1.join(path2)

連接兩個路徑，回傳一個新的 PathBuf：

```
let path1 = Path::new("/usr/share/dict");
assert_eq!(path1.join("words"),
           Path::new("/usr/share/dict/words"));
```

如果 path2 是絕對路徑，它會回傳 path2 的複本，所以這個方法可將任何路徑轉換成絕對路徑：

```
let abs_path = std::env::current_dir()?.join(any_path);
```

path.components()

回傳一個 iterator，可迭代指定路徑的組件，從左至右。這個 iterator 的項目型態是 std::path::Component，它是一個 enum，代表檔名中可能出現的所有組件：

```
pub enum Component<'a> {
    Prefix(PrefixComponent<'a>),  // 磁碟機字母或共用目錄（在 Windows 上）
    RootDir,                      // 根目錄，`/` 或 `\`
    CurDir,                       // `.` 特殊目錄
    ParentDir,                    // `..` 特殊目錄
    Normal(&'a OsStr)             // 一般檔案與目錄名稱
}
```

例如，Windows 路徑 \\venice\Music\A Love Supreme\04-Psalm.mp3 包含一個代表 \\venice\Music 的 Prefix，然後有一個 RootDir，然後有兩個代表 A Love Supreme 與 04-Psalm.mp3 的 Normal 組件。

詳情請參考線上文件（https://oreil.ly/mtHCk）。

path.ancestors()

回傳一個 iterator，可從 path 往上遍歷至根目錄。它產生的每一個項目都是一個 Path：首先是 path 本身，然後是它的父目錄，然後是它的祖父目錄…以此類推：

```
let file = Path::new("/home/jimb/calendars/calendar-18x18.pdf");
assert_eq!(file.ancestors().collect::<Vec<_>>(),
           vec![Path::new("/home/jimb/calendars/calendar-18x18.pdf"),
                Path::new("/home/jimb/calendars"),
                Path::new("/home/jimb"),
                Path::new("/home"),
                Path::new("/")]);
```

這很像反覆呼叫 parent 直到它回傳 None 為止。最後一個項目一定是根目錄或前置詞路徑（prefix path）。

這些方法適用於記憶體內的字串。Path 也有一些查詢檔案系統的方法：.exists()、.is_file()、.is_dir()、.read_dir()、.canonicalize()…等。詳情見線上文件。

有三種方法可將 Path 轉換成字串。每一種方法都允許 Path 裡面有無效的 UTF-8：

path.to_str()

將 Path 轉換成字串，轉成 Option<&str>。如果 path 不是有效的 UTF-8，它回傳 None：

```
    if let Some(file_str) = path.to_str() {
        println!("{}", file_str);
    } // ... 否則跳過這個名稱很奇怪的檔案
```

`path.to_string_lossy()`

> 基本上它是同一個東西，但它無論如何都會回傳某種字串。如果 path 不是有效的 UTF-8，這些方法會製作複本，將每一個無效的 byte 序列換成 Unicode 替代字元 U+FFFD ('�')。
>
> 它的回傳型態是 `std::borrow::Cow<str>`：一個 borrowed 或 owned 字串。若要從這個值取得一個 `String`，你可以使用它的 `.to_owned()` 方法（關於 Cow 的詳情，見第 331 頁的「實際使用 Borrow 與 ToOwned：卑微的 Cow」）。

`path.display()`

> 它可以印出路徑：
>
> ```
> println!("Download found. You put it in: {}", dir_path.display());
> ```
>
> 它回傳的值不是字串，但它實作了 `std::fmt::Display`，所以可以和 `format!()`、`println!()`…等一起使用，如果路徑不是有效的 UTF-8，輸出可能包含 � 字元。

檔案系統操作函式

表 18-2 是 `std::fs` 的一些函式以及它們在 Unix 與 Windows 的近似等效函式。這些函式都回傳 `io::Result` 值，除非另有說明，否則它們是 `Result<()>`。

表 18-2　檔案系統存取函式摘要

	Rust 函式	Unix	Windows
建立與刪除	`create_dir(path)`	`mkdir()`	`CreateDirectory()`
	`create_dir_all(path)`	像 `mkdir -p`	像 `mkdir`
	`remove_dir(path)`	`rmdir()`	`RemoveDirectory()`
	`remove_dir_all(path)`	像 `rm -r`	像 `rmdir /s`
	`remove_file(path)`	`unlink()`	`DeleteFile()`
複製、移動與連結	`copy(src_path, dest_path) -> Result<u64>`	像 `cp -p`	`CopyFileEx()`
	`rename(src_path, dest_path)`	`rename()`	`MoveFileEx()`

	Rust 函式	Unix	Windows
	hard_link(src_path, dest_path)	link()	CreateHardLink()
檢查	canonicalize(path) -> Result<PathBuf>	realpath()	GetFinalPathNameByHandle()
	metadata(path) -> Result<Metadata>	stat()	GetFileInformationByHandle()
	symlink_metadata(path) -> Result<Metadata>	lstat()	GetFileInformationByHandle()
	read_dir(path) -> Result<ReadDir>	opendir()	FindFirstFile()
	read_link(path) -> Result<PathBuf>	readlink()	FSCTL_GET_REPARSE_POINT
權限	set_permissions(path, perm)	chmod()	SetFileAttributes()

（copy() 回傳的數字是複製檔案的大小，單位是 bytes。若要建立符號鏈接（symbolic link），請參考第 508 頁的「平台專屬功能」。）

如你所見，Rust 致力提供可移植的函式，這些函式在 Windows 以及 macOS、Linux 和其他 Unix 系統上都能以可預期的方式工作。

關於檔案系統的完整教學不在本書的範圍內，但如果你對這些函式感興趣，你可以在網路上輕鬆地找到它們的詳情。我們將在下一節展示一些範例。

這些函式都是藉著呼叫作業系統來實作的。例如，std::fs::canonicalize(path) 不僅僅使用字串處理程式來移除路徑的 . 與 ..，它會用當前使用的目錄來解析相對路徑，並追隨符號鏈結。路徑不存在是一項錯誤。

std::fs::metadata(path) 與 std::fs::symlink_metadata(path) 產生的 Metadata 型態包含諸如檔案型態與大小、權限、時戳等資訊。同樣的，詳情請參考文件。

為了方便起見，Path 型態以方法的形式內建了其中的一些，例如，path.metadata() 與 std::fs::metadata(path) 是同一種東西。

讀取目錄

你可以使用 std::fs::read_dir 來列出目錄的內容，或等效地使用 Path 的 .read_dir() 方法：

```
for entry_result in path.read_dir()? {
    let entry = entry_result?;
    println!("{}", entry.file_name().to_string_lossy());
}
```

注意，這段程式使用兩個 ?。第一行檢查打開目錄的錯誤。第二行檢查讀取下一個項目的錯誤。

entry 的型態是 std::fs::DirEntry，它是一個只有幾個方法的結構：

entry.file_name()

　　檔案或目錄的名稱，OsString 型態。

entry.path()

　　一樣，但連接原來的路徑，產生新 PathBuf。如果我們列出來的目錄是 "/home/jimb"，且 entry.file_name() 是 ".emacs"，那麼 entry.path() 會回傳 PathBuf::from("/home/jimb/.emacs")。

entry.file_type()

　　回 傳 io::Result<FileType>。FileType 有 .is_file()、.is_dir() 與 .is_symlink() 方法。

entry.metadata()

　　取得關於這個項目的其餘參考資訊。

特殊目錄 . 與 .. 在讀取目錄時不會列出來。

這是更有實質意義的例子。下面的程式會從磁碟的一個地方將目錄樹遞迴複製到另一個地方：

```
use std::fs;
use std::io;
use std::path::Path;

/// 將既有的目錄 `src` 複製到目前路徑 `dst`。
fn copy_dir_to(src: &Path, dst: &Path) -> io::Result<()> {
```

```
    if !dst.is_dir() {
        fs::create_dir(dst)?;
    }

    for entry_result in src.read_dir()? {
        let entry = entry_result?;
        let file_type = entry.file_type()?;
        copy_to(&entry.path(), &file_type, &dst.join(entry.file_name()))?;
    }

    Ok(())
}
```

另一個函式 copy_to 可複製個別的目錄項目:

```
/// 將 `src` 內的東西複製到目標路徑 `dst`。
fn copy_to(src: &Path, src_type: &fs::FileType, dst: &Path)
    -> io::Result<()>
{
    if src_type.is_file() {
        fs::copy(src, dst)?;
    } else if src_type.is_dir() {
        copy_dir_to(src, dst)?;
    } else {
        return Err(io::Error::new(io::ErrorKind::Other,
                                  format!("don't know how to copy: {}",
                                          src.display())));
    }
    Ok(())
}
```

平台專屬功能

我們的 copy_to 函式目前可以複製檔案與目錄,假設我們也想要在 Unix 上支援符號鏈接。

雖然我們無法用可移植的方式來建立既可在 Unix 上,也可在 Windows 上運作的符號鏈接,但標準程式庫提供一種 Unix 專屬的 symlink 函式:

```
use std::os::unix::fs::symlink;
```

它可以降低我們的工作負擔。我們只要為 copy_to 內的 if 運算式加上一個分支即可:

```
...
} else if src_type.is_symlink() {
    let target = src.read_link()?;
    symlink(target, dst)?;
...
```

當我們只為 Unix 系統（例如 Linux 與 macOS）編譯程式時，它就可以運作。

std::os 模組有 symlink 這類的各種平台專屬功能。std::os 在標準程式庫裡面的本體長這樣（簡直詩意盎然）：

```
//! OS 專屬功能。

#[cfg(unix)]                        pub mod unix;
#[cfg(windows)]                     pub mod windows;
#[cfg(target_os = "ios")]           pub mod ios;
#[cfg(target_os = "linux")]         pub mod linux;
#[cfg(target_os = "macos")]         pub mod macos;
...
```

#[cfg] 屬性表示條件式編譯：這些模組都只在某些平台上存在。這就是為什麼使用 std::os::unix 來修改的程式只能編譯成 Unix 版本：std::os::unix 在其他平台不存在。

如果我們想要讓程式可編譯成所有平台的版本，並在 Unix 上支援符號鏈接，我們必須在程式中使用 #[cfg]。在這個例子中，最簡單的做法是在 Unix 匯入 symlink，並且在其他系統定義我們自己的 symlink stub：

```
#[cfg(unix)]
use std::os::unix::fs::symlink;

/// 為不提供 `symlink` 的平台實作它的 stub
#[cfg(not(unix))]
fn symlink<P: AsRef<Path>, Q: AsRef<Path>>(src: P, _dst: Q)
    -> std::io::Result<()>
{
    Err(io::Error::new(io::ErrorKind::Other,
                       format!("can't copy symbolic link: {}",
                               src.as_ref().display())))
}
```

事實上，symlink 是一個特例。大多數的 Unix 專屬功能都不是獨立的函式，而是在標準程式的型態中加入新方法的擴展 trait（我們曾經在第 273 頁的「trait 與別人的型態」中介紹擴展 trait）。你可以用 prelude 模組來一次啟用所有擴展：

```
use std::os::unix::prelude::*;
```

例如，在 Unix 上，它會幫 std::fs::Permissions 加入 .mode() 方法，讓你可以存取代表 Unix 的權限的 u32 值，它也會幫 std::fs::Metadata 加入存取程式（accessor），可存取底下的 struct stat 值的欄位，例如 .uid()，即檔案的用戶 ID。

在 std::os 裡面的東西很基本。此外還有其他平台專屬功能可透過第三方 crate 取得,例如用來讀取 Windows 登錄資料(registry)的 winreg(*https://oreil.ly/UkEzd*)。

網路

關於網路的知識不在本書的討論範圍之內,但是,如果你已經略懂網路程式設計,本節將協助你使用 Rust 來編寫網路程式。

若要撰寫低階的網路程式,你可以先使用 std::net 模組,它提供 TCP 與 UDP 網路的跨平台支援。若要支援 SSL/TLS,可使用 native_tls crate。

這些模組為網路的直接及阻斷(blocking)輸入與輸出提供建構元素。藉著使用 std::net,並且為每一個連結生產一個執行緒,你可以用幾行程式來寫出一個簡單的伺服器。例如,這是個「回聲」伺服器:

```
use std::net::TcpListener;
use std::io;
use std::thread::spawn;

/// 永不停止地接收連結,並為每一個生產一個執行緒…
fn echo_main(addr: &str) -> io::Result<()> {
    let listener = TcpListener::bind(addr)?;
    println!("listening on {}", addr);
    loop {
        // 等待用戶端連接。
        let (mut stream, addr) = listener.accept()?;
        println!("connection received from {}", addr);

        // 生產一個執行緒來處理這個用戶端。
        let mut write_stream = stream.try_clone()?;
        spawn(move || {
            // 將我們從 `stream` 收到所有東西回應給它。
            io::copy(&mut stream, &mut write_stream)
                .expect("error in client thread: ");
            println!("connection closed");
        });
    }
}

fn main() {
    echo_main("127.0.0.1:17007").expect("error: ");
}
```

回聲伺服器只會將你傳給它的所有東西傳回來。這種程式與你用 Java 或 Python 寫出來的沒有什麼不同（下一章會介紹 std::thread::spawn()）。

但是，若要寫出高性能的伺服器，你必須使用非同步輸入與輸出。第 20 章會介紹 Rust 為非同步程式設計提供的支援，並展示網路用戶端與伺服器的完整程式。

高階協定是由第三方 crate 支援的。例如，reqwest crate 為 HTTP 用戶端提供漂亮的 API。下面這段完整的命令列程式可以抓取具有 http: 或 https: URL 的任何文件，並將它印到你的終端機。這段程式是用 reqwest = "0.11" 來寫的，並啟用它的 "blocking" 功能。reqwest 也提供一個非同步介面。

```
use std::error::Error;
use std::io;

fn http_get_main(url: &str) -> Result<(), Box<dyn Error>> {
    // 送出 HTTP 請求並取得回應。
    let mut response = reqwest::blocking::get(url)?;
    if !response.status().is_success() {
        Err(format!("{}", response.status()))?;
    }

    // 讀取回應本體，並將它寫到 stdout。
    let stdout = io::stdout();
    io::copy(&mut response, &mut stdout.lock())?;

    Ok(())
}

fn main() {
    let args: Vec<String> = std::env::args().collect();
    if args.len() != 2 {
        eprintln!("usage: http-get URL");
        return;
    }

    if let Err(err) = http_get_main(&args[1]) {
        eprintln!("error: {}", err);
    }
}
```

HTTP 伺服器的 actix-web 框架提供高階的接觸，例如 Service 與 Transform trait，它們可協助你用可插拔的零件來拼湊一個 app。websocket crate 實作了 WebSocket 協定，以此類推。Rust 是一種年輕的語言，具有朝氣蓬勃的開放原始碼生態系統，它為網路提供的支援正在快速地擴展。

## 第十九章

並行

長遠來看，如果機器導向語言不允許無限制地使用儲存位置（*store location*）和位址，我們就不建議用這種語言來編寫大型並行程式，因為你根本無法用它來寫出可靠的程式（即使是在複雜的硬體機制的協助之下）。

—Per Brinch Hansen（1977）

溝通模式就是平行模式。

—Whit Morriss

如果你對並行的看法在職業生涯中有所改變，你並不孤單，這種情況很常見。

起初，撰寫並行程式很簡單，也很有趣。你可以隨處取得和使用許多工具，例如執行緒、鎖、佇列…等。過程中確實有很多陷阱，但幸運的是，你知道它們的存在，並且小心翼翼地避免犯錯。

到了某個時刻，你必須 debug 別人的多執行緒程式，此時，你不得不得出一個結論：有些人實在不應該使用這些工具。

又到了某個時刻，你必須 debug 你自己的多執行緒程式。

這些經驗讓我們對多執行緒抱持著健康的懷疑態度，甚至徹底抗拒它。偶爾有些文章以令人費解的細節來解釋為何一些明顯正確的多執行緒寫法根本無效（與「記憶體模型」有關），但最終你會找到一種自認為可以務實地使用並行，又不會反覆造成錯誤的習慣寫法（idiom）。你可以把幾乎所有東西都塞進那個習慣寫法裡面，並且學會對增加複雜性說「不」（如果你真的擅長的話）。

當然，習慣寫法很多。系統程式設計師常用的方法包括：

- 讓一個背景執行緒負責一項工作並定期喚醒它來執行工作。

- 使用通用的工人池（*worker pool*），透過工作佇列來與用戶端溝通。

- 使用流水線，讓資料從一個執行緒流向下一個執行緒，讓每一個執行緒都做少量的工作。

- 資料平行化，假設（正確或錯誤地）整台電腦主要進行一次大型的計算，因此將它分成 *n* 個部分，在 *n* 個執行緒上執行它們，讓電腦的 *n* 個核心全部一起工作。

- 使用一個同步物件海，讓多個執行緒存取同一筆資料，並使用臨時性的低階基本鎖定機制來避免爭用，例如互斥鎖（Java 內建支援這種模型，它在 1990 至 2000 年左右非常流行）。

- 使用原子整數運算（*atomic integer operation*），讓多個核心透過一個機器 word 大小的欄位來傳遞溝通資訊（這種做法比其他做法都更難寫好，除非交換的資料就是整數值。在實務上，它通常是指標）。

隨著時間過去，也許你能夠學會其中幾種做法，並且安全地一起使用它們。你將成為這項技術的大師，如果其他人都無法以任何方式修改你的系統，一切都會很順利，畢竟善用執行緒的程式充斥著不成文規則。

Rust 提供更棒的並行做法，它不會強迫所有程式都採用單一風格（對系統程式設計師來說，這根本不是解決之道），而是安全地支援多種風格。它把不成文規定寫在程式碼裡面，交給編譯器執行。

你已經知道，Rust 可讓你寫出安全、快速、並行的程式。本章將告訴你它是怎麼做到的。我們將討論 Rust 執行緒的三種用法：

- fork-join（分叉結合）平行化

- 通道（Channels）

- 共享可變狀態（Shared mutable state）

在過程中，你將使用截至目前學過的 Rust 語言知識。Rust 在單執行緒程式中特別關注參考、可變性、生命期，這些做法已經讓這種語言非常有價值了，但是在並行程式中，這些規則才能展現它們的實際意義，它們可讓你擴展你的工具箱，快速且正確地修改多種形式的多執行緒程式，你不會有任何懷疑、不會懷疑別人、不會恐懼。

fork-join 平行化

最簡單的執行緒用法，就是用來同時完成幾個互相獨立的工作。

例如，假如我們要對大量的語料文件進行自然語言處理，於是寫了一個迴圈：

```
fn process_files(filenames: Vec<String>) -> io::Result<()> {
    for document in filenames {
        let text = load(&document)?;      // 讀取原始檔
        let results = process(text);      // 計算統計數據
        save(&document, results)?;        // 寫至輸出檔
    }
    Ok(())
}
```

圖 19-1 是這段程式的執行情況。

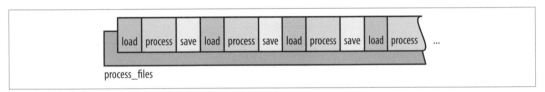

圖 19-1　以單執行緒來執行 process_files()

因為每一個文件都被分別處理，所以為了提升工作速度，將語料拆成許多區塊，並且用個別的執行緒來處理每一個區塊相對容易，如圖 19-2 所示。

這個模式稱為 *fork-join* 平行化。*fork*（分叉）就是啟動一個新執行緒，*join*（結合）執行緒就是等待它完成。我們曾經在第 2 章用它來加快 Mandelbrot 程式的速度。

fork-join 平行化有幾項誘人的原因：

- 它非常簡單。fork-join 很容易實作，而且很容易用 Rust 來寫。

- 它可以避免瓶頸。在 fork-join 裡面沒有共享資源鎖定。執行緒只在它結束工作時，才需要等待其他執行緒。而且，每一個執行緒都可以自由地執行，這可以降低切換工作的額外成本。

- 容易估計性能。如果你啟動四個執行緒，在最好的情況下，你可以用四分之一的時間完成工作。圖 19-2 說明你不能期待這個理想速度的一個原因：你可能無法將工作平均分配給所有執行緒。需要小心的另一個原因是，有時 fork-join 程式在 join 階段結合執行緒產生的結果之後，還要再花一點時間。也就是說，將工作完全分開可能會產生一

些額外的工作。不過,除了這兩點之外,任何具有獨立工作單位的 CPU 密集型程式都有機會大幅提升速度。

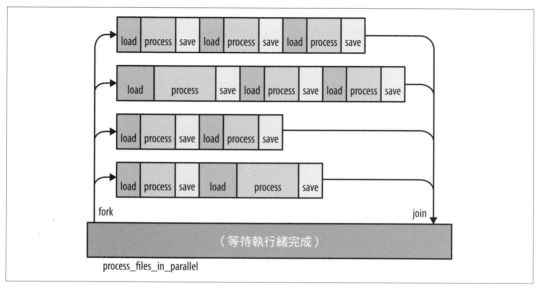

圖 19-2　使用 fork-join 法來進行多執行緒檔案處理

- 容易推理程式是否正確。只要執行緒真的是獨立的,fork-join 程式就是確定性的(*deterministic*),如同 Mandelbrot 程式裡面的計算執行緒。無論執行緒速度如何變化,程式總是產生相同的結果。它是沒有爭用情況的並行模型。

fork-join 的缺點主要是它需要獨立的工作單位。本章稍後會討論一些無法乾淨地劃分工作的問題。

目前我們先繼續以自然語言處理為例。我們將展示讓 process_files 函式使用 fork-join 模式的幾種方式。

spawn 與 join

std::thread::spawn 函式可啟動一個新執行緒:

```
use std::thread;

thread::spawn(|| {
    println!("hello from a child thread");
});
```

它接收一個引數：FnOnce closure 或函式。Rust 會啟動一個新執行緒來執行那個 closure 或函式的程式碼。那個新緒行緒是一個真正的作業系統執行緒，它有自己的堆疊，如同 C++、C# 與 Java 的執行緒。

這是個更有實質意義的範例，它使用 spawn 來實作 process_files 函式的平行版本：

```rust
use std::{thread, io};

fn process_files_in_parallel(filenames: Vec<String>) -> io::Result<()> {
    // 將工作分成幾塊。
    const NTHREADS: usize = 8;
    let worklists = split_vec_into_chunks(filenames, NTHREADS);

    // Fork：生產執行緒來處理每一塊。
    let mut thread_handles = vec![];
    for worklist in worklists {
        thread_handles.push(
            thread::spawn(move || process_files(worklist))
        );
    }

    // Join: 等待所有執行緒完成。
    for handle in thread_handles {
        handle.join().unwrap()?;
    }

    Ok(())
}
```

我們來逐行說明這個函式。

```rust
fn process_files_in_parallel(filenames: Vec<String>) -> io::Result<()> {
```

新函式的型態簽章與原始的 process_files 的一樣，所以它是個方便的替代函式。

```rust
    // 將工作分成幾塊。
    const NTHREADS: usize = 8;
    let worklists = split_vec_into_chunks(filenames, NTHREADS);
```

我們使用未在此展示的工具函式 split_vec_into_chunks 來拆分工作，它產生的 worklists 是向量的向量，裡面有原始向量 filenames 的八個一樣大的部分。

```rust
    // Fork：生產執行緒來處理每一塊。
    let mut thread_handles = vec![];
    for worklist in worklists {
        thread_handles.push(
            thread::spawn(move || process_files(worklist))
```

```
        );
    }
```

我們為每一個 worklist 生產一個執行緒。spawn() 回傳一個 JoinHandle 值,我們等一下會使用它。我們先將所有的 JoinHandle 放入一個向量。

注意我們是怎麼把檔名串列放入工作執行緒的:

- 我們在父執行緒裡,用 for 迴圈來定義 worklist 並填充它。

- 建立 move closure 後,我們將 worklist 移入 closure。

- 然後,spawn 將 closure(包括 worklist 向量)移到新的子執行緒。

這些搬移的成本都很低。如同我們在第 4 章討論過的 Vec<String> 移動,String 不會被複製。事實上,這段程式不會配置和釋出任何東西,它唯一移動的資料只有 Vec 本身,Vec 有三個機器 word。

你建立的執行緒幾乎都需要程式碼與資料才能啟動。方便的 Rust closure 包含你想要的程式碼和資料。

接下來是:

```
// Join: 等待所有執行緒完成。
for handle in thread_handles {
    handle.join().unwrap()?;
}
```

我們使用之前收集的 JoinHandle 的 .join() 方法來等待全部的八個執行緒完成。join 執行緒是為了確保正確性而必須做的事情,因為當 main return 時,Rust 程式就會退出,即使還有其他執行緒正在執行,此時解構式不會被呼叫,額外的執行緒會被直接殺掉,如果這個結果不是你要的,當你從 main return 之前,務必 join 你在乎的任何執行緒。

完成這個迴圈代表全部的八個子執行緒都成功地完成了。因此,我們的函式回傳 Ok(()) 並結束:

```
    Ok(())
}
```

在執行緒之間處理錯誤

在範例中用來 join 子執行緒的程式其實沒有表面上看起來那麼簡單，因為它需要處理錯誤。再看一次那一行程式：

```
handle.join().unwrap()?;
```

.join() 方法有條理地幫我們做了兩件事情。

首先，handle.join() 回傳 std::thread::Result，當子執行緒發生 *panic* 時，它是個錯誤（error），所以 Rust 的執行緒比 C++ 的執行緒可靠得多。在 C++ 裡，存取超出陣列範圍的地方是未定義行為，它無法保護系統的其他部分不受影響。在 Rust 裡，panic 是安全的，而且是在執行緒裡面發生的。執行緒彼此間的界限可視為阻擋 panic 的防火牆，panic 不會從一個執行緒擴散到依賴它的執行緒，在一個執行緒裡面的 panic，在另一個執行緒裡面會被回報為錯誤的 Result。所以整體的程式很容易恢復。

但是，我們的程式不做任何花俏的 panic 處理，而是立刻對著 Result 使用 .unwrap()，斷言它是 Ok 結果，而不是 Err 結果。如果子執行緒有 panic，這個斷言會失敗，所以父執行緒也會 panic。我們明確地將 panic 從子執行緒傳遞到父執行緒。

第二，handle.join() 將回傳值從子執行緒傳回父執行緒。我們傳給 spawn 的 closure 的回傳型態是 io::Result<()>，因為 process_files 回傳那種型態。這個回傳值不會被捨棄。當子執行緒完成工作時，它的回傳值會被存起來，JoinHandle::join() 會將那個值傳回給父執行緒。

在這段程式中，handle.join() 回傳的完整型態是 std::thread::Result<std::io::Result<()>>。thread::Result 是 spawn/join API 的一部分，io::Result 是我們的 app 的一部分。

在例子中，在 unwrap thread::Result 之後，我們對著 io::Result 使用 ? 運算子，明確地將 I/O 錯誤從子執行緒傳給父執行緒。

這些過程有點複雜，但是與其他語言相較之下，它只是一行程式。在 Java 與 C# 中，當子執行緒裡面有例外時，它們的預設行為是印至終端機然後忘了這件事。C++ 的預設行為是中止程序。在 Rust 裡，錯誤是 Result 值（資料）而不是例外（控制流程），它們會在執行緒之間傳遞，如同任何其他值一般。每次你使用低階的執行緒 API 時，你最終都得仔細地編寫錯誤處理程式，但既然你必須寫這種程式，Result 是很好的工具。

在執行緒之間共用不可變的資料

假如我們要做的分析需要大型的英文單字和短句資料庫：

```
// 之前
fn process_files(filenames: Vec<String>)

// 之後
fn process_files(filenames: Vec<String>, glossary: &GigabyteMap)
```

glossary 會很大，所以我們用參考來傳入。如何修改 process_files_in_parallel，來將 glossary 傳給工作執行緒？

直接修改沒有效果：

```
fn process_files_in_parallel(filenames: Vec<String>,
                             glossary: &GigabyteMap)
    -> io::Result<()>
{
    ...
    for worklist in worklists {
        thread_handles.push(
            spawn(move || process_files(worklist, glossary))  // 錯誤
        );
    }
    ...
}
```

我們為函式加入一個 glossary 引數，並將它傳給 process_files。Rust 抱怨：

```
error: explicit lifetime required in the type of `glossary`
   |
38 |             spawn(move || process_files(worklist, glossary))  // 錯誤
   |             ^^^^^ lifetime `'static` required
```

Rust 抱怨我們傳給 spawn 的 closure 的生命期有問題，編譯器顯示的「協助」訊息其實一點幫助都沒有。

spawn 啟動獨立的執行緒。Rust 無法知道子執行緒將執行多久，所以它假設最壞的情況：子執行會持續執行，即使父執行緒已經完成，而且父執行緒裡面的值全都不見了。顯然，如果子執行緒持續那麼久，它所執行的 closure 也要持續那麼久，但是這個 closure 的生命期有限：它依賴參考 glossary，而參考不會一直存在。

Rust 駁回這段程式是對的！按照我們的寫法，以後可能有一個執行緒遇到 I/O 錯誤，導致 process_files_in_parallel 在其他執行緒完成之前脫離。子執行緒可能會試著在主執行緒釋出 glossary 之後使用它，這是一種爭用，如果主執行緒贏了，最終的結果將是未定義行為。Rust 不允許這種事情。

看來 spawn 太開放了，不支援執行緒之間共用參考。事實上，我們已經在第 336 頁的「盜用的 closure」看過類似的情況了，當時的解決辦法是使用 move closure，將資料的所有權交給新執行緒，但是這裡不能那樣做，因為我們有許多執行緒需要使用同樣的資料。有一種安全的選擇是為每一個執行緒 clone 整個 glossary，但因為它很大，所以不適合這樣做。幸好，標準程式庫提供另一種手段：原子參考計數。

我們曾經在第 97 頁的「Rc 與 Arc：共享所有權」介紹過 Arc。是時候實際利用它了：

```
use std::sync::Arc;

fn process_files_in_parallel(filenames: Vec<String>,
                             glossary: Arc<GigabyteMap>)
    -> io::Result<()>
{
    ...
    for worklist in worklists {
        // 呼叫 .clone() 只會複製 Arc 並增加參考數。
        // 它不會複製 GigabyteMap。
        let glossary_for_child = glossary.clone();
        thread_handles.push(
            spawn(move || process_files(worklist, &glossary_for_child))
        );
    }
    ...
}
```

我們修改 glossary 的型態，為了平行地執行分析，呼叫方必須傳入 Arc<GigabyteMap>，也就是指向 GigabyteMap 的聰明指標。GigabyteMap 已經使用 Arc::new(giga_map) 移入 heap 了。

呼叫 glossary.clone() 會製作 Arc 聰明指標，而不是製作整個 GigabyteMap，這相當於將參考數量加一。

如此修改後，程式就可以編譯與執行了，因為它再也不依賴參考生命期了。只要有任何執行緒擁有 Arc<GigabyteMap>，map 都會存在，即使父執行緒提早退出。我們不會遇到任何資料爭用，因為在 Arc 裡面的資料是不可變的。

Rayon

標準程式庫的 spawn 函式是一項重要的基本元素，但它不是專門為了 fork-join 平行化而設計的。有人用它來建構有更好的 fork-join API，例如，我們曾經在第 2 章使用 Crossbeam 程式庫來將工作分給八個執行緒，Crossbeam 的 *scoped* 執行緒可以自然地支援 fork-join 平行化。

另一個例子是 Niko Matsakis 與 Josh Stone 創作的 Rayon 程式庫。它提供兩種並行執行工作的方式：

```
use rayon::prelude::*;

// 平行做兩件事
let (v1, v2) = rayon::join(fn1, fn2);

// 平行做 N 件事
giant_vector.par_iter().for_each(|value| {
    do_thing_with_value(value);
});
```

rayon::join(fn1, fn2) 會呼叫兩個函式並回傳兩個結果。.par_iter() 方法建立一個 ParallelIterator，這個值有 map、filter 與其他方法，很像 Rust Iterator。在這兩種情況下，Rayon 都會使用它自己的工作執行緒池來盡量分配工作。你只要告訴 Rayon 哪些工作可以平行執行，Rayon 就會管理執行緒，並盡量分配工作。

圖 19-3 是看待 giant_vector.par_iter().for_each(...) 呼叫的兩個角度。(a) Rayon 的行為就像它為向量內的每一個元素生產一個執行緒。(b) 在幕後，Rayon 為每一個 CPU 核心準備一個工作執行緒，這比較有效率。工作執行緒池是程式的所有執行緒共享的。如果有數以千計的工作同時出現，Rayon 會進行分工。

這一版的 process_files_in_parallel 使用 Rayon，以及只接收 &str（而不是 Vec<String>）的 process_file：

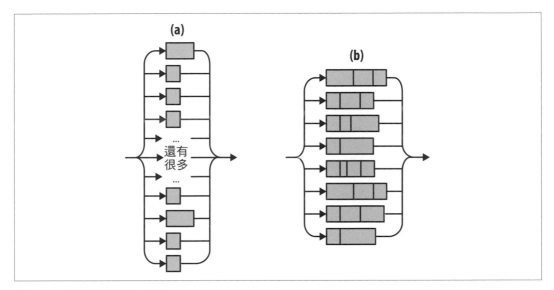

圖 19-3　理論上與實際上的 Rayon

```
use rayon::prelude::*;

fn process_files_in_parallel(filenames: Vec<String>, glossary: &GigabyteMap)
    -> io::Result<()>
{
    filenames.par_iter()
        .map(|filename| process_file(filename, glossary))
        .reduce_with(|r1, r2| {
            if r1.is_err() { r1 } else { r2 }
        })
        .unwrap_or(Ok(()))
}
```

這段程式比使用 std::thread::spawn 的版本更短，也較不麻煩。我們來逐行說明：

- 首先，我們使用 filenames.par_iter() 來建立平行 iterator。

- 我 們 使 用 .map() 來 對 著 每 一 個 檔 名 呼 叫 process_file。 它 會 產 生 一 個 ParallelIterator，可迭代一系列的 io::Result<()> 值。

- 我們用 .reduce_with() 來結合結果。我們在此保留第一個錯誤（若有的話），並捨棄其餘的。如果我們想要保留所有的錯誤，或印出它們，我們可以在這裡做。

  當你傳遞的是成功時可回傳有用值的 .map() closure 時，.reduce_with() 方法也很方便。接下來，你可以將一個知道如何結合兩個成功結果的 closure 傳給 .reduce_with()。

- reduce_with 回傳一個 Option，當 filenames 是空的時，它才會是 None。在此，我們用 Option 的 .unwrap_or() 方法來讓結果 Ok(())。

在幕後，Rayon 使用一種稱為 *work-stealing* 的技術，來動態平衡執行緒之間的工作負擔。它通常可以保持所有的 CPU 的繁忙狀態，效果比我們事先手動劃分工作（就像第 516 頁的「spawn 與 join」所介紹的）還要好。

更棒的是，Rayon 可讓執行緒之間共用參考。在幕後發生的任何平行處理都保證可在 reduce_with return 之前完成。這就解釋了為何我們可以將 glossary 傳給 process_file，即使 closure 會被多個執行緒呼叫。

（順便一提，我們使用一個 map 方法與一個 reduce 方法並不是巧合。Google 與 Apache Hadoop 推廣的 MapReduce 程式設計模型與 fork-join 有很多共同點。它可以視為一種查詢分散資料的 fork-join 法。）

回顧 Mandelbrot 集合

我們曾經在第 2 章使用 fork-join 並行來顯示 Mandelbrot 集合，它將繪圖速度提升四倍，雖然這個成果令人印象深刻，但是考慮到當時的程式生產了八個工作執行緒，並且在八核心電腦上執行，這個成果就令人有點失望了！

當時的問題在於工作負擔沒有平均分配。計算一個像素相當於執行一個迴圈（見第 23 頁的「Mandelbrot 集合是什麼」）。事實上，在圖像中，淺灰色（即迴圈快速退出的部分）的繪製速度比黑色（迴圈執行了整整 255 次迭代）還要快。因此，雖然我們將區域分成相同大小的橫條，但分配出來的工作量卻不相等，如圖 19-4 所示。

使用 Rayon 來解決這個問題很簡單。我們可以為輸出中的每一列像素啟動一個平行工作，創造出幾百個工作來讓 Rayon 分配給它的執行緒，多虧 work-stealing 技術，Rayon 會在過程中平衡工作，即使工作的大小不一致也無所謂。

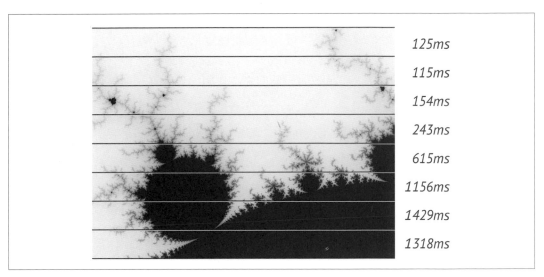

圖 19-4　Mandelbrot 程式未能平均分配工作

程式如下所示。第一行和最後一行是我們在第 34 頁的「並行的 Mandelbrot 程式」展示過的 main 函式的一部分，但我們修改了它們之間的繪圖程式：

```
let mut pixels = vec![0; bounds.0 * bounds.1];

// 將 `pixels` 切成橫條的範圍。
{
    let bands: Vec<(usize, &mut [u8])> = pixels
        .chunks_mut(bounds.0)
        .enumerate()
        .collect();

    bands.into_par_iter()
        .for_each(|(i, band)| {
            let top = i;
            let band_bounds = (bounds.0, 1);
            let band_upper_left = pixel_to_point(bounds, (0, top),
                                                 upper_left, lower_right);
            let band_lower_right = pixel_to_point(bounds, (bounds.0, top + 1),
                                                  upper_left, lower_right);
            render(band, band_bounds, band_upper_left, band_lower_right);
        });
}

write_image(&args[1], &pixels, bounds).expect("error writing PNG file");
```

我們先建立 bands，它是將傳給 Rayon 的工作集合。每一個工作都是一個型態為 (usize, &mut [u8]) 的 tuple，包括列數，因為進行計算需要使用它，以及要填入的 pixels slice。我們用 chunks_mut 方法來將圖像緩衝區拆成列，用 enumerate 來為每一列附加列號，用 collect 來將所有成對的數字 / slice 放入一個向量（使用向量的原因是 Rayon 只能用陣列與向量來建立平行 iterator）。

接下來，我們將 bands 轉換成平行 iterator，並使用 .for_each() 方法來告訴 Rayon 我們想完成哪些工作。

因為我們使用 Rayon，所以我們必須將這行加入 *main.rs*：

```
use rayon::prelude::*;
```

並將這兩行加入 *Cargo.toml*：

```
[dependencies]
rayon = "1"
```

進行這些修改後，現在程式在 8 核心機器上使用大約 7.75 個核心，比之前手動分工時快 75%，而且程式比較短，這說明讓 crate 執行工作（分工）比親力親為好在哪裡。

通道

通道是將值從一個執行緒送到另一個執行緒的單向管道，換句話說，它是執行緒安全的佇列。

圖 19-5 說明如何使用通道。它們很像 Unix 的 pipe：一端用來傳送資料，一端用來接收。通道的兩端通常屬於兩個不同的執行緒。但是，Unix pipe 是用來傳送 bytes 的，通道則是用來傳送 Rust 值。sender.send(item) 將一個值放入通道，receiver.recv() 移除一個值。所有權會從傳送方執行緒轉移給接收方執行緒。如果通道是空的，receiver.recv() 會塞住，直到值被送出為止。

有了通道之後，執行緒就可以藉著傳值給其他執行緒來溝通了。執行緒可以用這種非常簡單的方式來合作，不需要使用鎖定或共享的記憶體。

它不是新技術，Erlang 30 年來一直都有孤立程序（isolated process）與訊息傳遞機制。Unix pipe 已經存在大約 50 年了。我們往往認為 pipe 提供的是靈活性與組合性，而不是並行，但事實上，它們可以做上述的所有事情。圖 19-6 是 Unix pipeline 的一個例子，當然，全部的三個程式可以同時運行。

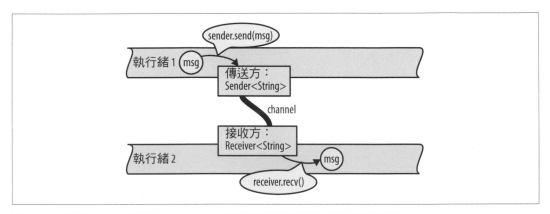

圖 19-5　傳送 String 的通道：字串 msg 的所有權從執行緒 1 轉移給執行緒 2

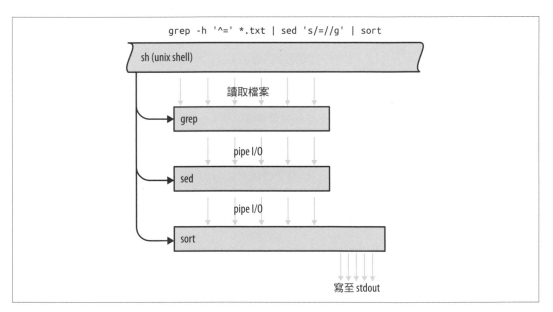

圖 19-6　執行 Unix pipeline

Rust 通道比 Unix pipe 更快。傳送值會移動值，而不是複製它，移動很快，即使是移動一個存有好幾個 MB 的資料的資料結構。

傳送值

在接下來幾節裡，我們將使用通道來建構一個並行程式，它可以建立一個反向索引（*inverted index*）。反向索引是搜尋引擎的關鍵元素之一，所有搜尋引擎處理的都是特定的文件集合，反向索引是指出「哪些詞出現在哪裡」的資料庫。

我們等一下展示的是與執行緒和通道有關的部分程式，完整的程式（*https://oreil.ly/yF3me*）很短，總共大約有 1000 行程式。

我們將程式寫成一個流水線（pipeline），如圖 19-7 所示。流水線只是通道的諸多用法之一（等一下會討論一些其他的用法），但它們是在既有的單執行緒程式中直接加入並行的一種手段。

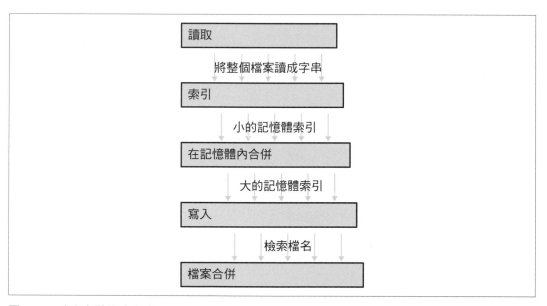

圖 19-7　建立索引的流水線，裡面的箭頭代表從一個執行緒透過通道送到另一個執行緒的值（未顯示磁碟 I/O）

我們總共會使用五個執行緒，讓每一個執行緒做不同的工作，每一個執行緒都會在程式的生命期內不斷地產生輸出。例如，第一個執行緒單純將磁碟中的原始文件依序讀入記憶體（用執行緒來做這件事的原因是，我們將使用 `fs::read_to_string` 來撰寫最簡單的程式碼，它是一個阻塞式（blocking）API。我們不想讓 CPU 在磁碟工作時閒置）。這個階段的輸出是為每個文件產生一個長 String，所以這個執行緒使用 String 通道來連接下一個執行緒。

首先，程式生產讀取檔案的執行緒。假設 documents 是 Vec<PathBuf>，它是個檔名向量。
這是啟動檔案讀取執行緒的程式：

```
use std::{fs, thread};
use std::sync::mpsc;

let (sender, receiver) = mpsc::channel();

let handle = thread::spawn(move || {
    for filename in documents {
        let text = fs::read_to_string(filename)?;

        if sender.send(text).is_err() {
            break;
        }
    }
    Ok(())
});
```

通道（channel）是 std::sync::mpsc 模組的一部分。我們等一下會解釋這個名稱的意思。
在那之前，我們先來看一下這段程式如何運作。我們先建立一個通道：

```
let (sender, receiver) = mpsc::channel();
```

channel 函式回傳一對值：一個 sender（傳送方）與一個 receiver（接收方）。底下的佇列
資料結構是標準程式庫未公開的實作細節。

通道是有型態的（typed）。我們將使用這個通道來傳送每個檔案的文字，所以我們有一個
Sender<String> 型態的傳送方，與一個 Receiver<String> 型態的接收方。我們原本可以用
mpsc::channel::<String>() 來明確地要求一個字串通道，但我們讓 Rust 的型態推斷機制
推導它。

```
let handle = thread::spawn(move || {
```

與之前一樣，我們使用 std::thread::spawn 來啟動一個執行緒。sender 的所有權（但不是
receiver）會透過這個 move closure 轉移給新執行緒。

接下來的幾行程式只是從磁碟讀取檔案：

```
    for filename in documents {
        let text = fs::read_to_string(filename)?;
```

成功讀取檔案後，我們將它的文字傳入通道：

```
        if sender.send(text).is_err() {
            break;
        }
    }
```

sender.send(text) 將 text 值移入通道。最終,它將再次被轉移給接收值的一方。無論 text 裡面有 10 行文字還是 10 MB,這項操作都會複製三個機器 word(String 結構的大小),而且對映的 receiver.recv() 呼叫式也會複製三個機器 word。

send 與 recv 方法都回傳 Result,但這些方法只會在通道的另一端已被卸除時失敗。如果 Receiver 已被卸除,send 呼叫會失敗,因為若非如此,值將永遠留在通道內:沒有 Receiver 的話,任何執行緒都無法接收它。同樣的,如果通道內沒有值在等待,且 Sender 已被卸除,recv 呼叫會失敗,因為若非如此,recv 將一直等待下去:沒有 Sender 的話,任何執行緒都無法傳送下一個值。卸除通道的一端是正常的「掛電話」動作,在用完連線之後關閉連線。

在我們的程式中,sender.send(text) 只會在 receiver 的執行緒提早退出時失敗。這對使用通道的程式來說很正常。無論那是故意做的,還是因為錯誤,我們的 reader 執行緒都可以默默地關閉自己。

發生這種情況時,或是當執行緒讀取所有的文件之後,它會回傳 Ok(()):

```
        Ok(())
    });
```

注意,這個 closure 回傳一個 Result。如果執行緒遇到 I/O 錯誤,它會立刻退出,錯誤會被存入執行緒的 JoinHandle。

當然,如同任何其他程式語言,Rust 承認在處理錯誤時有許多其他的可能性。當錯誤發生時,我們可以使用 println! 來印出它,並繼續處理下一個檔案。我們可以使用傳遞資料的通道來傳遞錯誤,將它做成 Results 的通道,或建立第二個通道,專門用來處理錯誤。我們選擇的做法既輕量又負責任,我們可以使用 ? 運算子,避免寫一堆樣板程式,甚至使用你在 Java 中看過的 try/catch,而且不會讓錯誤悄悄地溜過。

為了方便起見,我們將所有程式都包在一個函式中,讓那個函式回傳 receiver(我們還沒有用過)與新執行緒的 JoinHandle:

```
    fn start_file_reader_thread(documents: Vec<PathBuf>)
        -> (mpsc::Receiver<String>, thread::JoinHandle<io::Result<()>>)
    {
        let (sender, receiver) = mpsc::channel();
```

```
    let handle = thread::spawn(move || {
        ...
    });

    (receiver, handle)
}
```

注意，這個函式會啟動新執行緒並立刻 return。我們接下來要為流水線的每一個階段寫一個這樣的函式。

接收值

我們已經有一個執行迴圈來傳送值的執行緒了。我們可以生產第二個執行緒，讓它執行一個呼叫 receiver.recv() 的迴圈：

```
while let Ok(text) = receiver.recv() {
    do_something_with(text);
}
```

但是 Receiver 是 iterable，所以有更好的寫法：

```
for text in receiver {
    do_something_with(text);
}
```

這兩個迴圈是等效的。無論怎麼寫，如果控制流程到達迴圈的最上面時，通道剛好是空的，接收執行緒就會塞住，直到某個其他的執行緒送出值為止。當通道是空的，且 Sender 已被卸除時，迴圈會正常退出。在我們的程式中，這種情況會在讀取執行緒退出時自然發生。那個執行緒執行一個擁有 sender 變數的 closure，當 closure 退出時，sender 就被卸除。

現在我們可以寫流水線的第二階段的程式了：

```
fn start_file_indexing_thread(texts: mpsc::Receiver<String>)
    -> (mpsc::Receiver<InMemoryIndex>, thread::JoinHandle<()>)
{
    let (sender, receiver) = mpsc::channel();

    let handle = thread::spawn(move || {
        for (doc_id, text) in texts.into_iter().enumerate() {
            let index = InMemoryIndex::from_single_document(doc_id, text);
            if sender.send(index).is_err() {
                break;
```

```
            }
        }
    });

    (receiver, handle)
}
```

這個函式生產一個執行緒，該執行緒從一個通道（texts）接收 String 值，並將
InMemoryIndex 值傳給另一個通道（sender/receiver）。這個執行緒的工作是接收第一個
階段載入的每一個檔案，並將每一個文件轉換成一個小型的單檔、記憶體內（one-file, in-
memory）的反向索引。

這個執行緒的主迴圈很簡單。檢索文件的所有工作都是用函式 InMemoryIndex::from_
single_document 來完成的。我們不展示它的原始碼，它會在單字邊界處拆開輸入字串，
然後產生一個從單字指向一系列位置的對映（map）。

這個階段不執行 I/O，所以它不需要處理 io::Error。它回傳 ()，而不是 io::Result<()>。

執行流水線

剩餘的三個階段都有類似的設計。每一個階段都會耗用上一個階段建立的 Receiver，流水
線的其餘部分的目標是在磁碟裡將所有小索引合併成一個大型的索引檔，我們發現最快的
做法是採取三個階段。在此不展示程式，只列出這三個函式的簽章，完整的原始碼可在網
路上找到。

首先，我們合併記憶體內的索引，直到它們變得難以處理為止（第 3 階段）：

```
fn start_in_memory_merge_thread(file_indexes: mpsc::Receiver<InMemoryIndex>)
    -> (mpsc::Receiver<InMemoryIndex>, thread::JoinHandle<()>)
```

我們將這些大索引寫入磁碟（第 4 階段）：

```
fn start_index_writer_thread(big_indexes: mpsc::Receiver<InMemoryIndex>,
                             output_dir: &Path)
    -> (mpsc::Receiver<PathBuf>, thread::JoinHandle<io::Result<()>>)
```

最後，如果有多個大型檔案，我們使用合併演算法來合併它們（第 5 階段）：

```
fn merge_index_files(files: mpsc::Receiver<PathBuf>, output_dir: &Path)
    -> io::Result<()>
```

最後一個階段不會回傳 Receiver，因為它是最後一個，它會在磁碟裡面產生一個輸出檔。它不會回傳 JoinHandle，因為我們不需要為這個階段生產執行緒。工作已經在呼叫方的執行緒上完成了。

接下來是啟動執行緒與檢查錯誤的程式：

```
fn run_pipeline(documents: Vec<PathBuf>, output_dir: PathBuf)
    -> io::Result<()>
{
    // 啟動流水線的全部五個階段。
    let (texts,   h1) = start_file_reader_thread(documents);
    let (pints,   h2) = start_file_indexing_thread(texts);
    let (gallons, h3) = start_in_memory_merge_thread(pints);
    let (files,   h4) = start_index_writer_thread(gallons, &output_dir);
    let result = merge_index_files(files, &output_dir);

    // 等待執行緒完成，保留它遇到的任何錯誤。
    let r1 = h1.join().unwrap();
    h2.join().unwrap();
    h3.join().unwrap();
    let r4 = h4.join().unwrap();

    // 回傳遇到的第一個錯誤，若有的話。
    // （事實上，h2 與 h3 不會失敗：這些執行緒
    // 純粹在記憶體內處理資料。）
    r1?;
    r4?;
    result
}
```

與之前一樣，我們使用 .join().unwrap() 來將子執行緒的 panic 明確地傳給主執行緒。在這裡，唯一反常的事情就是我們沒有使用 ?，而是先將 io::Result 值放在一邊，直到連接全部的四個執行緒為止。

這個流水線比單執行緒版本快 40%。對一個休閒專案來說，這個成果還不錯，但是，相較於我們為 Mandelbrot 程式加速的 675%，它就顯得小巫見大巫了。顯然我們沒有充分利用系統 I/O 的能力，或所有的 CPU 核心。為何如此？

流水線就像工廠的生產線，整體性能受限於最慢階段的產出量。一條全新的、未經調整的生產線可能和單位生產（unit production）一樣慢，但針對性地調整生產線可帶來回報。在例子裡，根據測量結果，我們知道瓶頸在第二階段。我們的檢索執行緒使用 .to_lowercase() 與 .is_alphanumeric()，所以它花很多時間探尋 Unicode 表。下游的其他階段花了多數的時間在 Receiver::recv 中沉睡，等待輸入。

這意味著我們應該可以更快，處理瓶頸可提升平行化的程度。你已經知道如何使用通道，而且我們的程式已經是由獨立的程式組成的了，所以第一個瓶頸如何處理很容易看出來。我們可以手動優化第二階段的程式，如同任何其他程式一般，將工作拆成兩個或更多階段，或一次執行多個檔案檢索執行緒。

通道功能與性能

std::sync::mpsc 的 mpsc 部分是 *multiproducer，single-consumer* 的縮寫，簡單扼要地指出 Rust 通道提供的交流方式。

在範例程式中的通道將值從一個 sender 送到一個 receiver，這種情況很常見。但是 Rust 通道也支援多個 sender，以防萬一你需要用一個執行緒來處理許多用戶端執行緒送來的請求，如圖 19-8 所示。

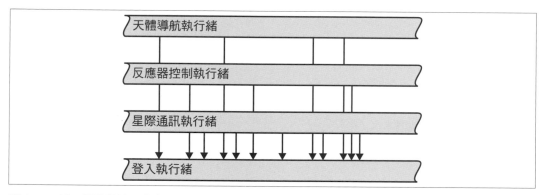

圖 19-8　以一個通道接收許多 sender 送來的請求

Sender<T> 實作了 Clone trait。若要取得有多個 sender 的通道，你只要建立一個一般的通道，並根據需要複製 sender 即可。你可以將每一個 Sender 值傳給不同的執行緒。

Receiver<T> 不能複製，所以如果你需要讓多個執行緒接收同一個通道送來的值，你要使用 Mutex。本章稍後將介紹該怎麼做。

Rust 通道都經過仔細地優化。當你第一次建立通道時，Rust 會使用一種特殊的「一次性」佇列實作。如果你只用通道傳送一個物件，它的額外負擔是最小的。如果你傳送第二個值，Rust 會切換到不同的佇列實作，那是為長遠發展而準備的通道，可以傳送許多值，同時盡量減少配置負擔。如果你複製 Sender，Rust 就必須使用另一種實作，那種實作在多個執行緒試著一次傳送值時是安全的。但是即使是這三種實作裡面最慢的一種也是無鎖佇列，所以傳送或接收值頂多也只是做幾次原子操作與 heap 配置，加上移動本身。系統呼叫只需要在佇列是空、接收方執行緒需要進入休眠時進行。當然，在這種情況下，透過你的通道傳送的流量無論如何都不會到達最大值。

儘管有這麼多優化，應用程式也非常容易在通道性能方面犯下一種錯誤：傳送值的速度比接收與處理它們的速度更快，這會導致通道內累積越來越多等待處理的值。例如，在我們的程式中，檔案讀取執行緒（第 1 階段）載入檔案的速度可能比檔案檢索執行緒（第 2 階段）檢索它們的速度還要快很多，所以我們可能從磁碟一次讀取幾百 MB 的原始資料，並且讓它們塞在佇列裡面。

這種錯誤的行為將消耗記憶體，並造成局部性傷害。更糟的是，傳送方執行緒會持續運行，使用 CPU 和其他系統資源來傳送更多值，但那些資源是接收端最需要的東西。

對此，Rust 再次借鑑了 Unix pipe 的做法。Unix 使用一種優雅的技巧來提供反壓（*backpressure*），強迫最快的傳送方放慢速度：Unix 系統的每一個 pipe 都有固定的大小，如果有程序試著對暫時已滿的 pipe 進行寫入，系統會擋住那個程序，直到 pipe 裡面有空間為止。這種機制在 Rust 裡稱為同步通道（*synchronous channel*）：

```
use std::sync::mpsc;

let (sender, receiver) = mpsc::sync_channel(1000);
```

同步通道很像一般的通道，但是當你建立它時，你要指定它可以容納多少值。對同步通道而言，sender.send(value) 是可能塞住的操作，塞住不一定是壞事，在範例中，當我們將 start_file_reader_thread 裡面的 channel 改成可容納 32 個值的 sync_channel 時，以基準資料組來測量，可讓記憶體使用量減少三分之二，且不會降低產出量。

執行緒安全：Send 與 Sync

到目前為止，我們一直將值視為可在執行緒之間自由移動和共享的東西，基本上這是對的，但完整的 Rust 執行緒安全劇本取決於兩個內建的 trait：std::marker::Send 與 std::marker::Sync。

- 實作了 Send 的型態可被安全地以值傳給另一個執行緒。它們可以在執行緒之間移動。
- 實作了 Sync 的型態可被安全地以非 mut 參考傳給另一個執行緒。它們可以在執行緒之間共享。

這裡的安全就是我們一般的意思：不會出現資料爭用與其他未定義行為。

例如，在第 516 頁的 process_files_in_parallel 範例裡，我們使用一個 closure 來將 Vec<String> 從父執行緒傳給每一個子執行緒，當時沒有提到的是，這意味著向量與它的字串都是在父執行緒裡面配置的，但是是在子執行緒裡面釋出的，Vec<String> 實作了 Send 代表 API 承諾這件事是 OK 的，Vec 與 String 在內部使用的配置程式是執行緒安全的。

（如果你要用快速且非執行緒安全的配置程式來編寫自己的 Vec 與 String 型態，你就必須用非 Send 的型態來實作它們，例如 unsafe 指標。Rust 會推斷你的 NonThreadSafeVec 與 NonThreadSafeString 型態不是 Send，並限制它們在單執行緒使用。但這種情況很罕見。）

如圖 19-9 所示，大多數的型態都是 Send 與 Sync。你甚至不需要在自己的結構與 enum 上面使用 #[derive] 來取得這些 trait，Rust 會幫你做。如果結構或 enum 的欄位是 Send，它就是 Send，若它的欄位是 Sync，它就是 Sync。

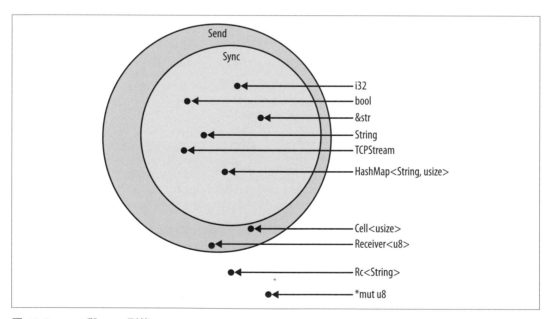

圖 19-9　Send 與 Sync 型態

有些型態是 Send 但不是 Sync。這通常是有目的的，比如 mpsc::Receiver，它保證 mpsc 通道的接收端一次只能被一個執行緒使用。

既不是 Send 也不是 Sync 的型態大都是以非執行緒安全的方式來使用可變型態。例如，考慮會計算參考數量的聰明指標型態 std::rc::Rc<T>。

如果 Rc<String> 是 Sync，可讓執行緒透過共享參考來共享一個 Rc 會怎樣？如果有兩個執行緒碰巧試著同時複製 Rc，如圖 19-10 所示，因為這兩個執行緒都遞增共享的參考計數，所以會發生資料爭用。參考計數可能變得不準確，導致釋出後使用（use-after-free）或重複釋出，這是未定義行為。

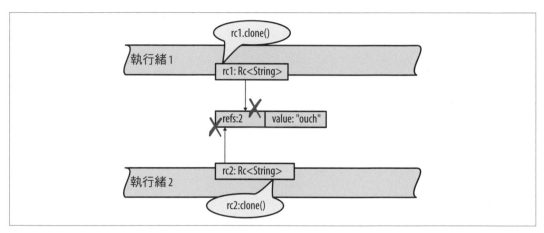

圖 19-10　為何 Rc<String> 既非 Sync 亦非 Send

當然 Rust 會防止這種事情。這是製造資料爭用的程式：

```
use std::thread;
use std::rc::Rc;

fn main() {
    let rc1 = Rc::new("ouch".to_string());
    let rc2 = rc1.clone();
    thread::spawn(move || {  // 錯誤
        rc2.clone();
    });
    rc1.clone();
}
```

Rust 拒絕編譯它，並提供詳細的錯誤訊息：

```
error: `Rc<String>` cannot be sent between threads safely
   |
10 |     thread::spawn(move || { // 錯誤
   |                   ^^^^^ `Rc<String>` cannot be sent between threads safely
   |
   = help: the trait `std::marker::Send` is not implemented for `Rc<String>`
   = note: required because it appears within the type `[closure@...]`
   = note: required by `std::thread::spawn`
```

你可以看到 Send 和 Sync 如何協助 Rust 實施執行緒安全。它們在跨執行緒傳送資料的函式的型態簽章內扮演 bound 的角色。當你 spawn 一個執行緒時，你傳遞的 closure 必須是 Send，這意味著它裡面的所有值都一定是 Send。類似地，如果你想要透過通道傳值給另一個執行緒，那些值必須是 Send。

將幾乎所有 iterator 送入通道

我們將反向索引建構程式做成流水線，雖然程式碼已經夠清楚了，但它讓我們手動設置通道與啟動執行緒。相較之下，我們在第 15 章建立的 iterator 流水線用短短幾行程式就處理了很多工作，我們可以把執行緒流水線做成那樣嗎？

事實上，將 iterator 流水線與執行緒流水線統一起來是很棒的事情，如此一來，我們的索引建構程式就可以寫成 iterator 流水線了。它最初可能長這樣：

```
documents.into_iter()
    .map(read_whole_file)
    .errors_to(error_sender)    // 篩出錯誤結果
    .off_thread()               // 為上面的工作生產一個執行緒
    .map(make_single_file_index)
    .off_thread()               // 為第 2 階段生產另一個執行緒
...
```

trait 可以讓我們為標準程式庫型態加入方法，所以我們的確可以做這件事。我們先寫一個 trait 來宣告想要的方法：

```
use std::sync::mpsc;

pub trait OffThreadExt: Iterator {
    /// 將這個 iterator 轉換成非執行緒 iterator：
    /// `next()` 是在單獨的工作執行緒呼叫的，
    /// 所以 iterator 與你的迴圈的本體是並行執行的。
    fn off_thread(self) -> mpsc::IntoIter<Self::Item>;
}
```

然後，我們為 iterator 型態實作這個 trait。很方便的是，mpsc::Receiver 已經是 iterable 了：

```
use std::thread;

impl<T> OffThreadExt for T
    where T: Iterator + Send + 'static,
          T::Item: Send + 'static
{
    fn off_thread(self) -> mpsc::IntoIter<Self::Item> {
        // 建立一個通道，從工作執行緒傳輸項目。
```

```
        let (sender, receiver) = mpsc::sync_channel(1024);

        // 將這個 iterator 移到新工作執行緒,並在那裡執行它。
        thread::spawn(move || {
            for item in self {
                if sender.send(item).is_err() {
                    break;
                }
            }
        });

        // 回傳一個從通道拉值的 iterator。
        receiver.into_iter()
    }
}
```

程式中的 where 子句是用類似第 288 頁的「bound 逆向工程」裡面的程序來決定的。起初,我們只有:

```
impl<T> OffThreadExt for T
```

也就是說,我們希望實作對所有 iterator 而言都有效。Rust 沒有任何實作。因為我們使用 spawn 來將一個 T 型態的 iterator 移到新執行緒,所以我們必須指定 T: Iterator + Send + 'static。因為我們用通道將項目送回,所以我們必須指定 T::Item: Send + 'static。這些修改讓 Rust 十分滿意。

這就是 Rust 的特點:我們可以幫這個語言的幾乎每一個 iterator 加入強大的並行工具,不過,你必須先了解與記錄讓它可以安全使用的限制。

除了流水線之外

我們在這一節以流水線為例的原因是,流水線是很棒的、很明顯的一種通道用法,所有人都了解它們,它們是具體的、實用的、確定性的。但是,通道的用處不僅僅是流水線,它們也可以快速、便利地為同一個程序內的其他執行緒提供非同步服務。

例如,假如你想要在它自己的執行緒上面做記錄(logging),如圖 19-8 所示,其他的執行緒可能透過通道來傳遞 log 訊息給記錄執行緒,因為你可以複製通道的 Sender,用戶端執行緒都可以擁有 sender,用它將 log 訊息傳給同一個記錄執行緒。

在自己的執行緒進行記錄有一些好處。記錄執行緒可以在需要的時候輪換記錄檔,它不需要和其他的執行緒做任何花俏的協調,這些執行緒不會被鎖住,在記錄執行緒重新開始工作之前,訊息可以在通道中無害地累積一段時間。

當執行緒需要將請求傳給另一個執行緒並取回某種回應時，通道也很有用。你可以將第一個執行緒的請求做成包含 Sender 的結構或 tuple，將它當成一種回郵信封，讓第二個執行緒用它來傳送回覆。這代表互動可以是非同步的。第一個執行緒必須決定究竟要阻塞並等待回應，還是使用 .try_recv() 方法來論詢它。

我們介紹的工具已經足以滿足廣泛的應用了，包括使用 fork-join 來進行高度平行化計算，以及用來鬆散地連接組件的通道。但是，我們還有工具還沒介紹。

共享可變狀態

在發表第 8 章的 fern_sim crate 的幾個月之後，你的蕨類模擬軟體紅起來了，現在你要建立一個多玩家的即時戰略遊戲，讓八位玩家在一個模擬的侏羅紀場景中，比賽種植擬真的蕨類。這個遊戲的伺服器是一個大規模的平行 app，用許多執行緒來處理雪片般飛來的請求。這些執行緒如何進行協調，以便在有八位玩家可以玩遊戲的情況下，立刻開始一場遊戲？

你要解決的問題在於，許多執行緒都需要讀取一個共享的玩家串列，在裡面有等待加入遊戲的玩家，這筆資料一定是可變的，也是必須讓所有執行緒共享的。如果 Rust 沒有共享可變狀態，我們該何去何從？

為了解決這個問題，你可以建立一個新執行緒，讓它專門負責管理這個串列，讓其他的執行緒透過通道來與它溝通。當然，如此一來，執行緒就會增加一個，帶來一些作業系統負擔。

另一種做法是使用 Rust 協助你安全地共用可變資料的工具，它們是低階的基本元素，用過執行緒的系統程式設計師都很熟悉它們。本節將介紹互斥鎖、讀寫鎖、條件變數，與原子整數。最後，我們將介紹如何在 Rust 裡實作全域可變變數。

何謂互斥鎖？

互斥鎖（*mutex* 或 *lock*）的用途是迫使多個執行緒輪流存取某些資料，我們將在下一節介紹 Rust 的互斥鎖，在那之前，我們要先來回顧一下其他語言的互斥鎖長怎樣。在 C++裡，互斥鎖的基本用法是：

```
// C++ 程式，不是 Rust
void FernEmpireApp::JoinWaitingList(PlayerId player) {
    mutex.Acquire();

    waitingList.push_back(player);
```

```
    // 如果有足夠的等待玩家，那就開始一場遊戲。
    if (waitingList.size() >= GAME_SIZE) {
        vector<PlayerId> players;
        waitingList.swap(players);
        StartGame(players);
    }

    mutex.Release();
}
```

在這段程式中，mutex.Acquire() 與 mutex.Release() 呼叫式代表一塊關鍵區域（*critical section*）的起點與終點。對程式中的每一個 mutex 而言，一次只有一個執行緒可以在關鍵區域內運行。如果有一個執行緒在關鍵區域內，呼叫 mutex.Acquire() 的其他執行緒都會被阻擋，直到第一個執行緒到達 mutex.Release() 為止。

我們說互斥鎖保護了資料，在這個例子裡，mutex 保護了 waitingList。但是，程式設計師必須負責確保執行緒一定會在存取資料之前取得互斥鎖，並在完成工作釋出互斥鎖。

互斥鎖的好用之處在於：

- 它們可以防止資料爭用，也就是有不同的執行緒同時讀取和寫入同一塊記憶體。資料爭用在 C++ 與 Go 裡是未定義行為。Java 與 C# 等管理型語言承諾不會崩潰，但資料爭用仍然會導致沒有意義的結果。

- 即使沒有資料爭用，甚至即使所有的讀取和寫入都按照程式的順序一一進行，如果沒有互斥鎖，不同執行緒的行動也會混亂地糾纏在一起。試想，你能不能讓一段程式在運行時有其他執行緒修改它的資料也可以正確運作？想一下你試著對它進行 debug 的情況，你的程式將彷彿出現靈異現象一般。

- 互斥鎖支援以不變性（*invariant*）來編寫程式，不變性是當你設定受保護的資料，以及在每一個關鍵區域維護它時，關於它在結構上為真的規則。

當然，這些好處其實都是出自同一個原因：不受控的爭用情況會讓程式很難寫。互斥鎖可為混亂帶來一些秩序（儘管不像通道或 fork-join 那麼有秩序）。

但是，在多數語言裡，互斥鎖非常容易出錯。在 C++ 裡，資料與鎖是不同的物件，與多數語言一樣。在理想情況下，人們會用註釋來提醒每一個執行緒都必須在接觸資料之前取得互斥鎖：

```
class FernEmpireApp {
    ...
```

```
private:
    // 等待進入遊戲的玩家串列，用 `mutex` 來保護。
    vector<PlayerId> waitingList;

    // 在讀取或寫入 `waitingList` 之前要取得的鎖。
    Mutex mutex;
    ...
};
```

但是即使有這麼棒的註釋，編譯器也不會執行安全存取。一旦有程式沒有取得互斥鎖，它就有未定義行為，在實務上，這意味著非常難以重現與修正的 bug。

即使在 Java 裡，物件與互斥鎖有名義上的關係，但這種關係並不深，編譯器不會強制執行它，而且在實務上，用鎖來保護的資料幾乎都不是關聯物件的欄位，它通常包含多個物件裡面的資料。上鎖的程序同樣很麻煩，註釋仍然是執行它們的主要工具。

Mutex<T>

接下來我們要展示用 Rust 來製作候補名單的做法。在 Fern Empire 遊戲伺服器裡，每位玩家都有一個專屬的 ID：

```
type PlayerId = u32;
```

候補名單只是一個玩家集合：

```
const GAME_SIZE: usize = 8;

/// 候補名單絕不大於 GAME_SIZE 位玩家。
type WaitingList = Vec<PlayerId>;
```

我們將候補名單存為 FernEmpireApp 的一個欄位，FernEmpireApp 是一個單例（singleton），在伺服器啟動時，我們在 Arc 裡面設定它。每一個執行緒都有一個指向它的 Arc，它裡面有所有的共享組態，與程式需要的其他雜物，大多是唯讀的。因為候補名單既是共享的，也是可變的，所以它必須用 Mutex 來保護：

```
use std::sync::Mutex;

/// 所有的執行緒都可以存取這個巨大的背景結構。
struct FernEmpireApp {
    ...
    waiting_list: Mutex<WaitingList>,
    ...
}
```

與 C++ 不同的是，在 Rust 裡，受保護的資料一般會被存放在 Mutex 裡面。這是設定 Mutex 的程式：

```
use std::sync::Arc;

let app = Arc::new(FernEmpireApp {
    ...
    waiting_list: Mutex::new(vec![]),
    ...
});
```

建立新的 Mutex 看起來很像建立新的 Box 或 Arc，雖然 Box 與 Arc 代表 heap 配置，但 Mutex 只與上鎖有關。如果你想要在 heap 配置 Mutex，你必須說明這件事，就像我們為整個 app 使用 Arc::new，以及只為受保護的資料使用 Mutex::new 一樣。這些型態通常一起使用。Arc 很適合用來在執行緒之間共享東西，Mutex 很適合讓執行緒共享的可變資料使用。

現在我們可以使用互斥鎖來實作 join_waiting_list 方法：

```
impl FernEmpireApp {
    /// 將一個玩家加入下一場遊戲的候補名單。
    /// 如果有夠多的等待玩家，立即開始新遊戲。
    fn join_waiting_list(&self, player: PlayerId) {
        // 將互斥鎖鎖上，存取裡面的資料。
        // `guard` 的作用域是關鍵區域。
        let mut guard = self.waiting_list.lock().unwrap();

        // 執行遊戲邏輯。
        guard.push(player);
        if guard.len() == GAME_SIZE {
            let players = guard.split_off(0);
            self.start_game(players);
        }
    }
}
```

你只能藉著呼叫 .lock() 方法來接觸資料：

```
let mut guard = self.waiting_list.lock().unwrap();
```

在可以取得互斥鎖之前，self.waiting_list.lock() 會塞住。這個方法回傳的 MutexGuard<WaitingList> 值是包著 &mut WaitingList 的薄包裝。多虧有第 318 頁介紹過的 deref coercion，我們可以直接對著 guard 呼叫 WaitingList 方法：

```
guard.push(player);
```

guard 甚至讓我們借用底下資料的直接參考。Rust 的生命期系統會確保這些參考的生命期不超過 guard 本身。未持有鎖就無法存取 Mutex 裡面的資料。

當 guard 被卸除時,鎖就會被釋出,這個動作通常會在區塊的結尾發生,但你也可以手動卸除它:

```
if guard.len() == GAME_SIZE {
    let players = guard.split_off(0);
    drop(guard);  // 不要在啟動遊戲時鎖住串列
    self.start_game(players);
}
```

mut 與 Mutex

join_waiting_list 方法不是以 mut 參考接收 self 似乎有點奇怪,它的型態簽章是:

```
fn join_waiting_list(&self, player: PlayerId)
```

當你呼叫底下的集合 Vec<PlayerId> 的 push 方法時,的確需要使用 mut 參考。它的型態簽章是:

```
pub fn push(&mut self, item: T)
```

但是這段程式可以編譯,也可以正常執行,為何如此?

在 Rust 裡,&mut 代表獨家操作(*exclusive access*)。一般的 & 代表共享操作(*shared access*)。

我們習慣從從父代將 &mut 存取傳到子代,從容器(container)傳到內容(content)。你必須先取得一個指向 starships 的 &mut 參考,才能對著 starships[id].engine 呼叫 &mut self 方法(或是你自己的 starships,若是如此,恭喜你成為 Elon Musk 了)。那是預設的行為,因為如果你無法獨家操作父代,Rust 就無法確保你可以獨家操作子代。

但是 Mutex 有一種方法:鎖。事實上,互斥鎖只不過是多做一點事情而已,它提供內部資料的獨家(mut)操作權,即使有多個執行緒可能共享(非 mut)Mutex 本身的操作權。

Rust 的型態系統告訴我們 Mutex 做了什麼,它動態地執行獨家操作,這通常是在編譯期由 Rust 編譯器靜態完成的。

(記得嗎? std::cell::RefCell 也做同樣的事情,只是它沒有支援多執行緒。Mutex 與 RefCell 都是內部可變性(interior mutability)的一種,我們曾經在第 228 頁討論過內部可變性。)

為何 Mutex 不見得好？

在討論 mutex 之前，我們曾經介紹一些並行的做法，如果你來自 C++，你可能會覺得它們詭異地容易正確使用。這並非巧合，這些做法都是為了一件事情而設計的：針對並行程式中最令人困惑的層面提供強力的保證。獨家使用 fork-join 平行化的程式是確定性的，不會鎖死，使用通道的程式有幾乎一樣好的表現。獨家使用通道來製作流水線的程式，例如我們的索引建構程式，是確定性的：雖然訊息傳遞時間點可能改變，但不會影響輸出，以此類推。關於多執行緒程式的保證很棒！

Rust Mutex 的設計可以讓你更系統性、更合理地使用互斥鎖。但是我們應該先停下來，想想 Rust 的安全保證能提供什麼幫助，不能提供什麼幫助。

安全的 Rust 程式不會觸發資料爭用。資料爭用是一種特別的 bug，代表有多個執行緒並行地讀取和寫入同一塊記憶體，造成無意義的結果。Rust 的這個特性很棒：資料爭用一定是 bug，而且在真正的多執行緒程式裡面很常見。

但是，使用互斥鎖的執行緒會遇到 Rust 無法為你處理的其他問題：

- 合理的 Rust 程式沒有資料爭用，但它們可能有其他的爭用情況，也就是某個程式的行為依賴執行緒之間的時間條件（timing），因此每次執行的結果都不一樣。有些爭用情況是良性的，有些則無法重現，產生難以修正的 bug。無條理地使用互斥鎖會招致爭用情況，你必須確保它們是良性的。

- 共享的可變狀態也會影響程式設計。雖然通道在程式中扮演抽象邊界的角色，讓你可以將某個組件獨立出來，以進行測試，但互斥鎖鼓勵「直接加入一個方法」，可能讓你將彼此有關的程式寫成一個大單體。

- 最後，互斥鎖不像乍看之下那麼簡單，接下來兩節會展示這一點。

以上的問題都是這些工具固有的，如果可以，你應該採取更結構化的做法，在真正必要時才使用 Mutex。

鎖死

執行緒可能試著索取一個它已經持有的鎖，而把自己鎖死：

```
let mut guard1 = self.waiting_list.lock().unwrap();
let mut guard2 = self.waiting_list.lock().unwrap(); // 鎖死
```

如果第一個 self.waiting_list.lock() 呼叫成功，取得鎖，第二個呼叫看到鎖已被持有，所以塞住，等待它被釋出，它將永遠等待。等鎖的執行緒與持有鎖的執行緒是同一個。

換句話說，在 Mutex 裡面的鎖不是遞迴鎖。

這段程式的 bug 很明顯，但是在真實的系統裡，兩個 lock() 呼叫可能位於兩個不同的方法裡，其中的一個呼叫另一個，這兩個方法的程式碼單獨看都沒有問題。鎖死有另一種產生的方式，涉及同時取得多個互斥鎖的多個執行緒。Rust 的借用系統無法避免鎖死，最好的保護措施是讓關鍵區域越小越好：進入，執行工作，離開。

鎖死也可能藉由通道產生。例如，兩個執行緒可能等著接收另一個執行緒的訊息。但是，好的程式設計可以讓你有充分的信心這種事情不會發生。在流水線裡，資料流不是環狀的，不像反向索引建構程式那樣。在這種程式中，鎖死就像 Unix shell 流水線一樣不可能發生。

中毒的互斥鎖

Mutex::lock() 回傳一個 Result，理由與 JoinHandle::join() 一樣：為了在另一個執行緒 panic 時優雅地失敗。使用 handle.join().unwrap() 就是要求 Rust 將 panic 從一個執行緒傳給另一個。mutex.lock().unwrap() 這個語法也很類似。

如果執行緒在持有 Mutex 時 panic，Rust 會將 Mutex 標為中毒（*poisoned*），接下來試著鎖住中毒的 Mutex 都會產生錯誤的結果。.unwrap() 呼叫要求 Rust 在發生這種事情時 panic，將 panic 從其他執行緒傳到這一個。

中毒的互斥鎖有多糟糕？雖然「中毒」聽起來很致命，但這種情況不一定是致命的。第 7 章說過，panic 是安全的。一個執行緒發生 panic 可讓程式的其他部分處於安全狀態。

讓互斥鎖在 panic 時中毒不是為了防止未定義行為，而是為了讓你注意你可能用了不變性來寫程式。程式 panic，還沒完成工作就離開關鍵區域，它可能更新了受保護資料的某些欄位，卻還沒有更新其他的欄位，所以不變性可能已經被破壞了。Rust 讓互斥鎖中毒是為了防止其他執行緒在無意間進入這種損壞的情況，讓情況變得更糟。你仍然可以鎖住中毒的互斥鎖，並存取裡面的資料，完全執行互斥的原則。請參考 PoisonError::into_inner() 的文件。但是你不會在無意間這樣做。

讓多耗用者通道使用互斥鎖

我們曾經說過，Rust 的通道是多個生產者，一個耗用者，或者更具體地說，一個通道只有一個 Receiver。我們不能製作一個執行緒池，讓裡面的許多執行緒使用一個 mpsc 通道作為共享的工作清單。

但是，我們其實有一個非常簡單的解決辦法，只要使用標準程式庫的元件即可。我們可以在 Receiver 周圍加上 Mutex 並分享它。下面的模組就是這樣做的：

```rust
pub mod shared_channel {
    use std::sync::{Arc, Mutex};
    use std::sync::mpsc::{channel, Sender, Receiver};

    /// 包著 `Receiver` 的執行緒安全包裝。
    #[derive(Clone)]
    pub struct SharedReceiver<T>(Arc<Mutex<Receiver<T>>>);

    impl<T> Iterator for SharedReceiver<T> {
        type Item = T;

        /// 從被包起來的 receiver 取得下一個項目。
        fn next(&mut self) -> Option<T> {
            let guard = self.0.lock().unwrap();
            guard.recv().ok()
        }
    }

    /// 建立一個新通道，讓它的 receiver 可被執行緒共享。
    /// 它回傳一個 sender 與一個 receiver，就像 stdlib 的
    /// `channel()`，有時可以當成替代品。
    pub fn shared_channel<T>() -> (Sender<T>, SharedReceiver<T>) {
        let (sender, receiver) = channel();
        (sender, SharedReceiver(Arc::new(Mutex::new(receiver))))
    }
}
```

我們使用 Arc<Mutex<Receiver<T>>>，裡面的泛型簡直堆積如山，這種情況在 Rust 裡面比在 C++ 裡面更常見。雖然它不容易理解，但通常你只要看一下名稱就可以了解它們了，如圖 19-11 所示。

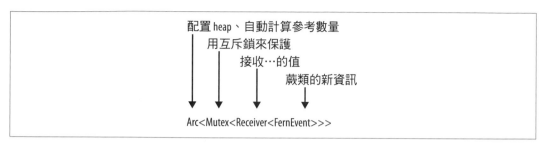

圖 19-11 如何閱讀複雜的型態

讀寫鎖（RwLock<T>）

看完互斥鎖之後，接下來我們要討論 std::sync 提供的其他工具。std::sync 是 Rust 標準程式庫執行緒同步工具組。我們會快速帶過這個部分，本書不打算完整討論這些工具。

伺服器程式通常有一些載入一次之後就幾乎不會改變的組態資訊。大多數的執行緒只會查詢組態，但是因為組態可能改變（例如，我們可能要求伺服器從磁碟重新載入它的組態），所以組態仍然要用鎖來保護。在這種情況下，雖然你可以使用互斥鎖，但它會成為沒必要的瓶頸，如果組態沒有改變，執行緒就不應該輪流查詢它，此時適合使用讀寫鎖，或 RwLock。

互斥鎖有一個 lock 方法，讀寫鎖有兩個鎖定方法，read 與 write。RwLock::write 方法很像 Mutex::lock，它會等待以獨家、mut 的方式來操作受保護的資料。RwLock::read 方法提供非 mut 讀取，好處是需要等待的機會較低，因為多個執行緒可以同時安全地讀取。使用互斥鎖時，在任何時刻，受保護的資料都只有一個 reader 或 writer（或沒有）。使用讀寫鎖時，它可以有一個 writer 或多個 reader，很像一般的 Rust 參考。

FernEmpireApp 可能有一個組態用的結構，被 RwLock 保護：

```
use std::sync::RwLock;

struct FernEmpireApp {
    ...
    config: RwLock<AppConfig>,
    ...
}
```

讀取組態的方法是 RwLock::read()：

```
/// 如果應該使用實驗真菌程式，則為 true。
fn mushrooms_enabled(&self) -> bool {
```

```
        let config_guard = self.config.read().unwrap();
        config_guard.mushrooms_enabled
    }
```

重新載入組態的方法是 RwLock::write()：

```
    fn reload_config(&self) -> io::Result<()> {
        let new_config = AppConfig::load()?;
        let mut config_guard = self.config.write().unwrap();
        *config_guard = new_config;
        Ok(())
    }
```

當然，Rust 非常適合對著 RwLock 資料執行安全規則。「一個 writer 或多個 reader」是 Rust 的借用系統的核心概念。self.config.read() 回傳一個 guard，提供針對 AppConfig 的非 mut（共享）操作；self.config.write() 回傳不同型態的 guard，提供 mut（獨家）操作。

條件變數（Condvar）

執行緒通常需要等待某個條件變成 true：

- 在伺服器關閉期間，主執行緒可能需要等待所有其他執行緒都退出。

- 當工作執行緒無事可做時，它必須等待有資料可以處理。

- 實作分散式共識協定（distributed consensus protocol）的執行緒可能需要等待足夠數量的同儕作出回應。

有時，我們想要等待的情況有方便的阻塞式 API 可用，例如用於伺服器關閉的 JoinHandle::join，但有時沒有內建的阻塞式 API 可用。程式可以使用條件變數來建立它們自己的 API。在 Rust 裡，std::sync::Condvar 型態實作了條件變數。Condvar 有 .wait() 與 .notify_all() 方法；.wait() 會塞住，直到某個其他執行緒呼叫 .notify_all() 為止。

因為條件變數一定與被特定的 Mutex 保護的資料的特定 true 或 false 條件有關，所以 Mutex 與 Condvar 是相關的。我們沒有足夠的篇幅進行完整的解釋，但為了幫助用過條件變數的程式設計師，接下來要展示程式的兩個關鍵部分。

當條件變 true 時，我們呼叫 Condvar::notify_all（或 notify_one）來喚醒任何等待的執行緒：

```
    self.has_data_condvar.notify_all();
```

若要休眠並等待一個條件變 true，我們可使用 Condvar::wait()：

```
while !guard.has_data() {
    guard = self.has_data_condvar.wait(guard).unwrap();
}
```

while 迴圈是條件變數的標準寫法。但是，Condvar::wait 的簽章比較不一樣，它以值接收 MutexGuard 物件，耗用它，在成功時回傳一個新的 MutexGuard。這給人這樣的直覺：wait 方法會釋出互斥鎖，然後重新獲得它，再 return。以值傳遞 MutexGuard 就是在說「.wait() 方法，我授予你釋出互斥鎖的專屬權力。」

原子

std::sync::atomic 模組有一些原子型態可用來設計無鎖並行程式。這些型態基本上與 Standard C++ 原子型態一樣，但有一些額外的差異：

- AtomicIsize 與 AtomicUsize 是共享整數型態，它們分別對映單執行緒的 isize 與 usize 型態。

- AtomicI8、AtomicI16、AtomicI32、AtomicI64 與它們的無正負號變數，例如 AtomicU8，都是共享的整數型態，對映單執行緒型態 i8、i16…等。

- AtomicBool 是共享的 bool 值。

- AtomicPtr<T> 是 unsafe 指標型態 *mut T 的共享值。

如何正確地使用原子資料不在本書討論範圍，你只要知道，多個執行緒可以同時讀取和寫入一個原子值，而不會導致資料爭用即可。

原子型態與一般的算術和邏輯運算子不同，它公開了一些方法，可以執行原子操作、個別載入、儲存、交換與算術運算，這些方法都以一個單元安全地執行，即使是其他執行緒也對著同一個記憶體位置執行原子操作。這是遞增一個名為 atom 的 AtomicIsize 的程式：

```
use std::sync::atomic::{AtomicIsize, Ordering};

let atom = AtomicIsize::new(0);
atom.fetch_add(1, Ordering::SeqCst);
```

這些方法可以編譯成專門的機器語言指令。在 x86-64 架構上，這個 .fetch_add() 呼叫式可編譯成 lock incq 指令，而一般的 n += 1 可能被編譯成普通的 incq 指令，或該主題的任何數量的變體。Rust 編譯器也不得不放棄圍繞著原子操作的一些優化，因為（與一般的載入或儲存不同）它可能影響其他執行緒，或被其他執行緒影響。

Ordering::SeqCst 引數是記憶體排序（*memory ordering*）。記憶體排序很像資料庫中的事務隔離等級（transaction isolation level），它們告訴系統，你有多在乎「因果關係」和「時間不循環」這類的哲學概念，而不是性能？記憶體排序對程式的正確性非常重要，它們也很難理解和推理。令人開心的是，選擇最嚴格的記憶體排序對性能造成負面影響的程度通常很低，性能惡化的程度還比不上將 SQL 資料庫設為 SERIALIZABLE 模式。所以當你不知道怎麼做時，請使用 Ordering::SeqCst。Rust 從 Standard C++ 原子繼承一些其他的記憶體排序，對於存在和因果關係性質有各種較弱的保證。我們在此不加以討論。

原子可以用來取消。假如有一個執行緒已經長時間執行一些運算，例如顯示影片，我們希望非同步地取消它。我們的問題在於如何與我們希望關閉的執行緒溝通。我們可以使用共享的 AtomicBool：

```
use std::sync::Arc;
use std::sync::atomic::AtomicBool;

let cancel_flag = Arc::new(AtomicBool::new(false));
let worker_cancel_flag = cancel_flag.clone();
```

這段程式建立兩個 Arc<AtomicBool> 聰明指標，它們指向同一個 heap AtomicBool，該值的初始值為 false。首先，cancel_flag 會停留在主執行緒內。其次，worker_cancel_flag 會被移到工作執行緒。

這是工作執行緒的程式：

```
use std::thread;
use std::sync::atomic::Ordering;

let worker_handle = thread::spawn(move || {
    for pixel in animation.pixels_mut() {
        render(pixel); // 光線追蹤，這需要幾微秒的時間
        if worker_cancel_flag.load(Ordering::SeqCst) {
            return None;
        }
    }
    Some(animation)
});
```

在顯示各個像素之後，執行緒呼叫旗標的 .load() 方法來檢查它的值：

```
worker_cancel_flag.load(Ordering::SeqCst)
```

如果在主執行緒裡面，我們決定取消工作執行緒，將 true 存入 AtomicBool，然後等待執行緒退出：

```
// 取消顯示。
cancel_flag.store(true, Ordering::SeqCst);

// 捨棄結果，它應該是 `None`。
worker_handle.join().unwrap();
```

當然，你也可以用其他的方式來實作它，將這裡的 `AtomicBool` 換成 `Mutex<bool>` 或通道。這些做法的主要的差異在於，原子的額外負擔最小，原子操作絕不使用系統呼叫，它的載入或儲存動作通常被編譯成一個 CPU 指令。

原子是內部可變性的一種形式，如同 `Mutex` 或 `RwLock` 一般，所以它們的方法以共享（非 `mut`）參考來接收 `self`，因此可以當成簡單的全域變數來使用。

全域變數

假如我們要寫一段網路程式，我們想要使用一個全域變數，它是一個計數變數，每次我們提供一個封包時，就將它遞增：

```
/// 伺服器已經成功提供的封包數量。
static PACKETS_SERVED: usize = 0;
```

它可以編譯，但是有一個問題，`PACKETS_SERVED` 不是可變的，所以我們無法改變它。

Rust 盡其所能地阻止全域可變狀態。用 `const` 來宣告的常數當然是不可變的，靜態變數在預設情況下也是不可變的，所以無法取得它的 `mut` 參考，`static` 可以宣告成 `mut`，但是接下來操作它是 `unsafe`。Rust 對於執行緒安全的堅持是制定這些規則的主要理由。

全域可變狀態也會帶來不幸的軟體工程後果：它往往會讓程式的各個部分更緊密地耦合、更難測試、更難修改。然而，有時它沒有合理的替代方案可用，所以我們要找到一種安全的方式來宣告可變靜態變數。

為了遞增 `PACKETS_SERVED` 並維持它的執行緒安全，最簡單的做法是把它寫成原子整數：

```
use std::sync::atomic::AtomicUsize;

static PACKETS_SERVED: AtomicUsize = AtomicUsize::new(0);
```

宣告這個 static 後，遞增封包數量很簡單：

```
use std::sync::atomic::Ordering;

PACKETS_SERVED.fetch_add(1, Ordering::SeqCst);
```

原子全域變數只能用於簡單的整數與布林。不過，建立任何其他型態的全域變數都要解決兩個問題。

首先，變數必須執行緒安全，否則它不能當成全域變數：為了安全起見，靜態變數必須是 Sync 且非 mut。幸運的是，我們已經看過這個問題的解決方案了。Rust 有一些型態可以安全地共享會變的值：Mutex、RwLock 與原子型態。這些型態即使被宣告成非 mut 也可以修改（見第 544 頁的「mut 與 Mutex」）。

其次，靜態初始化程式只能呼叫被宣告為 const 的函式，這些函式可讓編譯器在編譯期間計算。換句話說，它們的輸出是確定性的，它只依賴引數，不依賴任何其他狀態或 I/O。所以，編譯器可以將那次計算的結果當成編譯期常數嵌入。這很像 C++ constexpr。

Atomic 型態（AtomicUsize、AtomicBool…等）的建構式都是 const 函式，可讓我們及早建立 static AtomicUsize。有些其他的型態也有 const 建構式，例如 String、Ipv4Addr 與 Ipv6Addr。

你也可以在函式簽章前面加上 const 來定義你自己的 const 函式。Rust 限制 const 函式只能進行少數幾項操作，這些操作已經夠用了，而且它們不允許任何非確定性的結果。const 函式不能接收泛型引數型態，只能接收生命期，而且無法配置記憶體或操作原始指標，即使在 unsafe 區塊內亦然。但是，我們可以使用算術運算（包括包裝與飽和算術）、不會短路的邏輯運算，以及其他的 const 函式。例如，我們可以建立一個函式來方便定義 static 與 const，並減少重複的程式碼：

```
const fn mono_to_rgba(level: u8) -> Color {
    Color {
        red: level,
        green: level,
        blue: level,
        alpha: 0xFF
    }
}

const WHITE: Color = mono_to_rgba(255);
const BLACK: Color = mono_to_rgba(000);
```

我們可以結合這些技術來寫這段程式：

```
static HOSTNAME: Mutex<String> =
    Mutex::new(String::new());  // 錯誤：在 static 裡只能
                                // 呼叫常數函式、tuple 結構，
                                // 與 tuple 變數
```

不幸的是，雖然 AtomicUsize::new() 與 String::new() 是 const fn，但 Mutex::new() 不是。為了繞過這些限制，我們必須使用 lazy_static crate。

我們曾經在第 479 頁的「以遲緩的方式建構 Regex 值」介紹 lazy_static crate。用 lazy_static! 巨集來定義變數可讓你使用任何運算式來將它初始化，它會在變數第一次被解參考時執行，值會被儲存起來，讓你以後使用。

我們可以用 lazy_static 來宣告一個用 Mutex 來控制的全域 HashMap：

```
use lazy_static::lazy_static;

use std::sync::Mutex;

lazy_static! {
    static ref HOSTNAME: Mutex<String> = Mutex::new(String::new());
}
```

同樣的技術也可以用於其他複雜的資料結構，例如 HashMap 與 Deque。它也可以處理完全不可變，但需要稍微做比較複雜的初始化的靜態變數。

使用 lazy_static! 會在每次操作靜態資料時帶來一些性能成本。它的實作使用 std::sync::Once，這是低階的同步基元，是為了一次性初始化而設計的。在幕後，每次操作一個 lazy static 時，程式就會執行一個原子載入指令，來確認初始化是否已經發生（Once 有相當特殊的用途，所以我們不詳細介紹，改用 lazy_static! 通常比較方便。但是，它很適合用來初始化非 Rust 程式庫，範例見第 696 頁的「libgit2 的安全介面」）。

在 Rust 中修改並行的程式碼是什麼情況？

我們展示了三種在 Rust 中使用執行緒的技術：fork-join 平行化、通道，與使用鎖的共享可變狀態。我們的目的是介紹 Rust 提供的工具，並把重點放在如何將它們整合到實際的程式裡面。

Rust 堅持安全，所以從你決定撰寫多執行緒程式的那一刻起，你的重點就是建構安全、結構化的溝通。盡量孤立執行緒可讓 Rust 相信你做的事情是安全的。孤立剛好也是確保程式既正確且容易維護的好方法。Rust 再次指引你寫出優秀的程式。

更重要的是，Rust 讓你將技術與實驗結合起來，你可以快速地反覆嘗試，與其埋頭尋找資料爭用 bug，不如讓編譯器指引你如何讓程式快一點正確運行。

## 第二十章

設計非同步程式

假設你要寫一個聊天伺服器，你要解析每一個網路連線傳來的封包、傳出需要組裝的封包、管理安全參數、記錄聊天群組訂閱…等。為了同時管理許多連線的所有事情，你需要做一些組織。

在理想情況下，你可以為每一個進來的連線啟動一個獨立的執行緒：

```
use std::{net, thread};

let listener = net::TcpListener::bind(address)?;

for socket_result in listener.incoming() {
    let socket = socket_result?;
    let groups = chat_group_table.clone();
    thread::spawn(|| {
        log_error(serve(socket, groups));
    });
}
```

這段程式為每一個新連線生產一個新的執行緒，讓它執行 serve 函式，專門管理一個連線的需求。

雖然這樣做沒什麼問題，但是當你的事業比原本的預期好很多，突然擁有成千上萬名用戶時，情況就不一樣了，此時，一個執行緒的堆疊經常成長到 100 KiB 以上，你應該不想用幾 GB 的伺服器記憶體來處理它。執行緒適合用來將工作分配給多個處理器，它也是必要的工具，但它們的記憶體需求太大了，以致於我們經常需要採取配套措施來分解工作。

你可以使用 Rust 的非同步任務（*asynchronous task*），讓一個執行緒或一個工作執行緒池交錯執行許多獨立的活動。非同步任務很像執行緒，但建立非同步任務的速度快很多，它們之間可以更有效率地傳遞控制權，而且它們使用的記憶體比執行緒使用的還要少一個數量級。在一個程式裡面同時運行數十萬個非同步任務是完全可以做到的。當然，你的應用程式仍然可能被其他因素限制，例如網路頻寬、資料庫速度、計算速度，或工作固有的記憶體需求，但是非同步任務的記憶體負擔比執行緒少很多。

一般來說，非同步 Rust 程式看起來很像普通的多執行緒程式，但是可能塞住的操作（例如 I/O 或索引互斥鎖）需要用稍微不同的方式來處理，讓 Rust 獲得關於你的程式將如何表現的資訊，使性能有機會提升。上述程式的非同步版本長這樣：

```
use async_std::{net, task};

let listener = net::TcpListener::bind(address).await?;

let mut new_connections = listener.incoming();
while let Some(socket_result) = new_connections.next().await {
    let socket = socket_result?;
    let groups = chat_group_table.clone();
    task::spawn(async {
        log_error(serve(socket, groups).await);
    });
}
```

它使用 async_std crate 的 net 與 task 模組，並在可能塞住的呼叫式後面加上 .await。但是它的整體結構與執行緒版本相同。

本章不但要教你撰寫非同步程式，也要詳細展示它如何運作，讓你能夠預測它在你的 app 裡面的表現，並了解它何時可以帶來最大價值。

* 為了展示非同步程式的機制，我們將使用一小組語言功能，它們涵蓋了所有核心概念：future、非同步函式、await 運算式、任務，以及 block_on 和 spawn_local executor（執行函式）。

* 接著，我們要展示非同步區塊，以及 spawn executor。它們是完成實際工作的必要工具，但是概念上，它們只是剛才提到的功能的變體。在過程中，我們會指出你在設計非同步程式時可能遇到的特有問題，並解釋如何處理它們。

* 為了展示這些組件如何一起運作，我們將講解一個聊天伺服器及用戶端的完整程式，上面的程式就是它的一部分。

- 為了說明原始的 future 與 executor 如何運作，我們要展示簡單但功能齊全的 spawn_blocking 和 block_on 實作。

- 最後，我們要解釋 Pin 型態，它不時出現在非同步介面中，目的是確保非同步函式與區塊 future 有被安全地使用。

從同步到非同步

想一下，當你呼叫下面的函式時會怎樣（它是百分之百傳統的程式，不是非同步的）：

```
use std::io::prelude::*;
use std::net;

fn cheapo_request(host: &str, port: u16, path: &str)
                       -> std::io::Result<String>
{
    let mut socket = net::TcpStream::connect((host, port))?;

    let request = format!("GET {} HTTP/1.1\r\nHost: {}\r\n\r\n", path, host);
    socket.write_all(request.as_bytes())?;
    socket.shutdown(net::Shutdown::Write)?;

    let mut response = String::new();
    socket.read_to_string(&mut response)?;

    Ok(response)
}
```

它會打開一個與 web 伺服器的 TCP 連線，用過時的協定[1]對它傳送一個簡單的 HTTP 請求，然後讀取回應。圖 20-1 是這個函式在一段時間之間的執行情況。

這張圖由左至右展示函式呼叫堆疊隨著時間的行為。每一個函式呼叫都是一個方塊，被放在它的呼叫方上面。顯然，cheapo_request 函式貫穿整個執行過程。它呼叫 Rust 標準程式庫的函式，例如 TcpStream::connect，以及 TcpStream 實作的 write_all 與 read_to_string。這些函式又呼叫其他函式，但最後，程式發出系統呼叫，請求作業系統實際完成一些工作，例如打開 TCP 連線，或讀取或寫入某些資料。

1　如果你真的需要 HTTP 用戶端，應考慮使用優秀的 crate，例如 surf 與 reqwest，它們可以正確且非同步地完成工作。這個用戶端的主要工作只是設法讓 HTTPS 轉址。

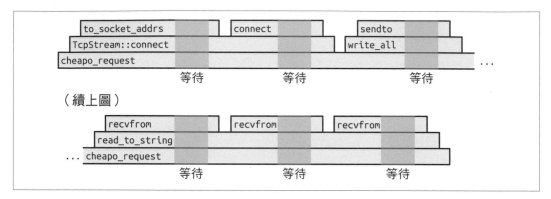

圖 20-1　同步 HTTP 請求的過程（深灰色區域代表等待作業系統）

深灰色背景代表程式等待作業系統完成系統呼叫的時刻，這些時間不是按比例繪製的，如果按比例的話，整個圖表都會是深灰色的，實際上，這個函式花了幾乎所有時間等待作業系統，上述程式只會在系統呼叫之間的窄縫中執行。

當這個函式等待系統呼叫 return 時，它的單一執行緒會塞住，在系統呼叫完成之前，它不能做任何其他事情。執行緒的堆疊經常有幾十或幾百 KB，所以如果它是某個更大系統的一部分，而且有許多執行緒都在做類似的工作，為了等待系統而鎖住這些執行緒的資源，不讓它們做任何事情的代價將非常高昂。

為了解決這個問題，執行緒必須在等待系統呼叫完成工作時承接其他的工作，但我們不知道該怎麼做，例如，讀取來自端點的回應的函式的簽章是：

```
fn read_to_string(&mut self, buf: &mut String) -> std::io::Result<usize>;
```

從型態可知，這個函式在工作完成或出問題之前不會 return。這個函式是同步的：呼叫方在操作完成時才會恢復工作。如果我們想要讓執行緒在作業系統處理它的工作時做其他事情，我們就要使用提供這個函式的非同步版本的新 I/O 程式庫。

Future

Rust 用 std::future::Future trait 來支援非同步操作：

```
trait Future {
    type Output;
    // 現在先將 `Pin<&mut Self>` 視為 `&mut Self`。
    fn poll(self: Pin<&mut Self>, cx: &mut Context<'_>) -> Poll<Self::Output>;
}
```

```
enum Poll<T> {
    Ready(T),
    Pending,
}
```

Future 就是一個可以測試是否完成工作的操作。future 的 poll 方法絕不等待操作完成，它一定會立刻 return。如果操作完成，poll 會回傳 Poll::Ready(output)，其中的 output 是最終結果，否則，它會回傳 Pending。future 承諾當它值得被再次輪詢（polling）時，它會藉著呼叫一個 *waker* 來讓我們知道，*waker* 是 Context 裡提供的回呼函式。我們將它稱為非同步程式設計的「彩馬」：針對 future，你只能用 poll 來敲打它，直到有值掉出來為止。

所有現代作業系統的系統呼叫都有一些變體可用來實作這種輪詢介面。例如，在 Unix 和 Windows 上，如果你讓網路端進入非阻塞模式，那麼如果讀取和寫入會塞住，它們就會回傳錯誤，你必須稍後再試。

所以非同步版本的 read_to_string 的簽章大概是這樣：

```
fn read_to_string(&mut self, buf: &mut String)
    -> impl Future<Output = Result<usize>>;
```

它與之前展示的簽章差不多，只有回傳型態不同：非同步版本回傳一個 Result<usize> 的 *future*。你必須輪詢這個 future，直到從它那裡得到 Ready(result) 為止。每次它被輪詢時，讀取就會盡可能地進行。最終的結果會給你成功值，或錯誤值，如同一般的 I/O 操作一般。任何函式的非同步版本通常接收與同步版本一樣的引數，但它回傳的型態外面會包著 Future。

呼叫這一版的 read_to_string 不會實際讀取任何東西，它的責任只有建構與回傳一個 future，輪詢 future 才會做真正的工作。這個 future 必須保存所有必要的資訊，以執行呼叫所提出的請求。例如，read_to_string 回傳的 future 必須記得程式是對著哪個輸入串流呼叫它的，以及它要對著什麼 String 附加資料。事實上，因為 future 保存了 self 與 buf 參考，所以 read_to_string 的簽章應該是：

```
fn read_to_string<'a>(&'a mut self, buf: &'a mut String)
    -> impl Future<Output = Result<usize>> + 'a;
```

它用生命期來指出它回傳的 future 的壽命只能與 self 和 buf 借用的值一樣長。

async-std crate 提供了 std 的 I/O 工具的非同步版本，包括非同步的 Read trait，該 trait 有個 read_to_string 方法。async-std 嚴格遵循 std 的設計，盡量在自己的介面裡使用 std

的型態，所以在它們之間，錯誤、結果、網路位址，以及其他大多數的相關資料都是相容的。熟悉 std 可協助你使用 asyncstd，反之亦然。

Future trait 有一條規則是，當 future 回傳 Poll::Ready 之後，它就可以假設它永遠不會再被輪詢了。有一些 future 被過度輪詢時會一直回傳 Poll::Pending，有一些則會 panic 或無回應（但是，它們不能違反記憶體或執行緒安全，或造成未定義行為）。Future 的 fuse adapter 方法可將任何 future 轉換成永遠回傳 Poll::Pending。但是耗用 future 的常見方式都遵守這條規則，所以 fuse 通常用不到。

如果你認為輪詢聽起來很沒效率，別擔心。Rust 的非同步架構經過精心設計，所以，只要基本 I/O 函式（例如 read_to_string）有正確地實作，你就只會在值得時輪詢 future。只要 poll 被呼叫，在某處的某個東西就要回傳 Ready，或至少朝著目標前進。我們將在第 598 頁的「原始的 Future 與 Executor：何時 Future 值得再次輪詢？」解釋它如何運作。

但使用 future 似乎是一項挑戰，如果在輪詢之後得到 Poll::Pending 該怎麼辦？此時你不得不尋找執行緒可以處理的其他工作，並且記得回來輪詢這個 future。你將使用大量的程式來記錄誰正在等待，以及當它們就緒時，該做什麼事情，於是，我們的 cheapo_request 函式毀了，它失去它的簡單性了。

告訴你一個好消息，它沒有被毀！

非同步函式與 await 運算式

這一版 cheapo_request 是用非同步函式寫出來的：

```
use async_std::io::prelude::*;
use async_std::net;

async fn cheapo_request(host: &str, port: u16, path: &str)
                        -> std::io::Result<String>
{
    let mut socket = net::TcpStream::connect((host, port)).await?;

    let request = format!("GET {} HTTP/1.1\r\nHost: {}\r\n\r\n", path, host);
    socket.write_all(request.as_bytes()).await?;
    socket.shutdown(net::Shutdown::Write)?;

    let mut response = String::new();
    socket.read_to_string(&mut response).await?;

    Ok(response)
}
```

它與原始版本很像,除了以下幾點:

- 函式的開頭是 async fn 而不是 fn。

- 它使用 async_std crate 的非同步版本的 TcpStream::connect、write_all 與 read_to_string,這些方法都回傳它們的結果的 future(本節的範例使用 1.7 版的 async_std)。

- 這段程式在每個回傳 future 的呼叫式後面使用 .await。它看起來很像指向 await 結構欄位的參考,其實它是這個語言內建的特殊語法,用來等待,直到 future 就緒為止。await 運算式會計算 future 的最終值。這就是這個函式從 connect、write_all 與 read_to_string 取得結果的方式。

與普通函式不同的是,當你呼叫非同步函式時,它會在本體開始執行之前立刻 return。顯然,呼叫的最終回傳值還沒有被算出來,你得到的是最終值的 *future*。所以,當你執行這段程式時:

```
let response = cheapo_request(host, port, path);
```

response 將是 std::io::Result<String> 的 future,而 cheapo_request 的本體還沒有開始執行。你不需要調整非同步函式的回傳型態;Rust 會自動將 async fn f(...) -> T 視為回傳 T 的 future 的函式,而不是直接回傳 T。

非同步函式回傳的 future 包含函式本體執行時需要的所有資訊,包括函式的引數、它的區域變數的空間…等(就像把呼叫堆疊框視為普通的 Rust 值)。所以 response 必須保存傳給 host、port 與 path 的值,因為 cheapo_request 的本體需要用它們來運行。

future 的特定型態是由編譯器自動產生的,根據函式的本體和引數。這個型態沒有名稱,你只知道它實作了 Future<Output=R>,其中的 R 是非同步函式的回傳型態。從這個角度來看,非同步函式的 future 就像 closure,closure 也有匿名型態、也是編譯器產生的,實作了 FnOnce、Fn 與 FnMut trait。

當你第一次輪詢 cheapo_request 回傳的 future 時,函式會從本體的最上面開始執行,到 TcpStream::connect 回傳的 future 的第一個 awiat 為止。await 運算式會輪詢 connect future,如果它還沒就緒,它會將 Poll::Pending 回傳給它自己的呼叫方。在輪詢 TcpStream::connect 的 future 產生 Poll::Ready 之前,輪詢 cheapo_request 的 future 不會超過第一個 await。所以 TcpStream::connect(...).await 的等效程式是:

```
{
    // 注意:這是虛擬碼,不是有效的 Rust
    let connect_future = TcpStream::connect(...);
```

```
    'retry_point:
    match connect_future.poll(cx) {
        Poll::Ready(value) => value,
        Poll::Pending => {
            // 安排 `cheapo_request` 的 future 的下一個 `poll`,
            // 在 'retry_point 恢復執行。
            ...
            return Poll::Pending;
        }
    }
}
```

await 運算式會取得 future 的所有權,然後輪詢它。如果它就緒了,future 的最終值就是 await 運算式的值,並繼續執行。否則,它會回傳 Poll::Pending 給呼叫方。

但很重要的是,下一次輪詢 cheapo_request 的 future 不會從函式的最上面開始執行,而是從函式的中間恢復執行,在它將要輪詢 connect_future 的地方。在 future 就緒之前,我們不會繼續執行非同步函式的其餘部分。

當 cheapo_request 的 future 被持續輪詢時,它會在函式本體內,從一個 await 執行到下一個 await,當它等待的子 future 就緒時,它才會繼續執行下一步。因此,cheapo_request 的 future 被輪詢的次數取決於子 future 的行為,以及函式自己的控制流程。cheapo_request 的 future 會記錄下一個 poll 應該在哪裡恢復執行,以及恢復執行時需要的本地狀態,包括變數、引數、臨時變數。

在函式中間暫停執行並且在稍後恢復執行是非同步函式的獨門行為。當普通函式 return 時,它的堆疊框(stack frame)就會永遠消失。由於 await 運算式需要恢復執行的能力,所以你只能在非同步函式裡面使用它們。

在筆者行文至此時,Rust 還不允許 trait 擁有非同步方法。只有自由函式與特定型態的固有函式可以非同步。若要取消這個限制,語言就必須進行一些修改。如果你需要定義包含非同步函式的 trait,你可以考慮使用 async-trait crate,它使用巨集來提供解決之道。

從同步程式呼叫非同步函式:block_on

從某方面來說,非同步函式只是推卸責任。的確,在非同步函式裡面取得 future 的值很簡單,只要 await 它即可。但是非同步函式本身回傳的是 future,所以呼叫方必須以某種方式論詢,最終,仍然有人需要等待值。

我們可以使用 async_std 的 task::block_on 函式，在普通的同步函式（例如 main）中呼叫 cheapo_request。block_on 會接收一個 future，並輪詢它，直到它產生值為止：

```
fn main() -> std::io::Result<()> {
    use async_std::task;

    let response = task::block_on(cheapo_request("example.com", 80, "/"))?;
    println!("{}", response);
    Ok(())
}
```

因為 block_on 是一個產生非同步函式的最終值的同步函式，所以你可以將它想成一個從非同步領域轉換到同步領域的轉接頭。但是它的阻塞特性也意味著你絕對不能在非同步函式裡面使用 block_on：它會塞住整個執行緒，直到值就緒為止。你要改用 await。

圖 20-2 是 main 的一些執行情況。

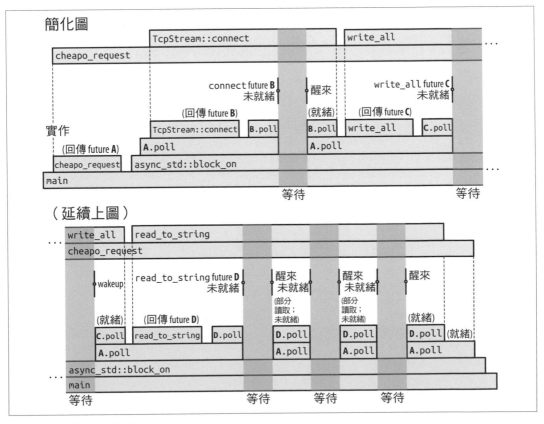

圖 20-2　非同步函式的阻塞

圖表上半部的「簡化圖」是程式的非同步呼叫的抽象畫面：cheapo_request 先呼叫 TcpStream::connect 來取得端點，然後對著那個端點呼叫 write_all 與 read_to_string，然後 return，這個時間線很像之前的同步版本的 cheapo_request 的時間線。

但是每一個非同步呼叫都是一個多步驟程序：它會建立一個 future，然後輪詢到它就緒為止，也許會在過程中建立與輪詢其他的子 future。下半部的時間線展示實作了這個非同步行為的實際同步呼叫。這是了解普通的非同步執行到底做了什麼事情的好機會：

- 首先，main 呼叫 cheapo_request，它回傳最終結果的 future A。然後 main 將那個 future 傳給 async_std::block_on，block_on 輪詢 future。

- 輪詢 future A 讓 cheapo_request 的本體開始執行，它呼叫 TcpStream::connect 來取得端點的 future B，然後等待它。更準確地說，因為 TcpStream::connect 可能遇到錯誤，B 是 Result<TcpStream, std::io::Error> 的 future。

- future B 被 await 輪詢。因為網路連線還沒有建立，所以 B.poll 回傳 Poll::Pending，但一旦端點準備好，它就會安排喚醒呼叫方 task。

- 因為 future B 尚未就緒，所以 A.poll 回傳 Poll::Pending 給它自己的呼叫方，block_on。

- 因為 block_on 沒有更好的事情可做，所以它進入休眠。現在整個執行緒塞住了。

- 當 B 的連線可以使用時，它會喚醒輪詢它的工作。這促使 block_on 開始行動，再次試著輪詢 future A。

- 輪詢 A 導致 cheapo_request 在它的第一個 await 中恢復，它在那裡再次輪詢 B。

- 這一次，B 就緒了：端點的建立已經完成，所以它回傳 Poll::Ready(Ok(socket)) 給 A.poll。

- 現在針對 TcpStream::connect 的非同步呼叫完成了。因此，TcpStream::connect(...).await 運算式的值是 Ok(socket)。

- cheapo_request 的本體繼續正常執行，使用 format! 巨集來建構請求字串，並將它傳給 socket.write_all。

- 因為 socket.write_all 是非同步函式，它會回傳它的結果的 future C，cheapo_request 會一如預期地等待它。

這個故事的其餘部分差不多一樣。在圖 20-2 展示的執行過程中，socket.read_to_string 的 future 在它就緒之前被輪詢四次，每一次醒來都從端點讀取一些資料，但是 read_to_string 會一直讀到輸入的結尾，這需要幾個操作。

寫一個迴圈來反覆呼叫 poll 聽起來並不難。但是 async_std::task::block_on 的價值在於，它知道如何進入休眠，直到 future 真的值得再次輪詢為止，而不是浪費處理器時間和電池壽命，來進行數十億次無結果的 poll 呼叫。connect 與 read_to_string 等基本 I/O 函式回傳的 future 保留了 Context 傳給 poll 的 waker，並且在 block_on 應該醒來並試著再次輪詢時呼叫它。我們會在第 598 頁的「原始的 Future 與 Executor：何時 Future 值得再次輪詢？」藉著實作簡單版的 block_on 來展示它是如何運作的。

如同前面介紹的原始同步版本，這個非同步版的 cheapo_request 花費大部分的時間來等待操作完成。如果我們按比例畫出時間線，這張圖將幾乎全都是深灰色，唯有當程式被喚醒時，才出現很細的計算時段。

這裡有很多細節，幸運的是，你通常只要以簡化的上半部時間線來思考就可以了，有些函式呼叫是同步的，有些是非同步的，而且需要 await，但它們都只是函式呼叫。Rust 的非同步支援之所以成功，是因為它可以協助程式設計師在實務上使用簡化的圖表，而不會被來來回回的工作分散注意力。

生產非同步任務

async_std::task::block_on 會持續塞住，直到有 future 的值就緒為止。但是在一個 future 完全塞住的執行緒不會比同步呼叫還要好，本章的目標是讓執行緒可以在等待時做其他的工作。

為此，你可以使用 async_std::task::spawn_local。這個函式接收一個 future，並將它加入一個池，block_on 會在導致它塞住的 future 尚未就緒時，試著論詢那個池。因此，如果你傳遞一堆 future 給 spawn_local，再用 block_on 來處理最終結果的 future，block_on 會在可以繼續前進時輪詢每一個 future，以並行的方式執行整個池，直到結果就緒為止。

在筆者行文至此時，你必須啟用 async-std 的 unstable 功能才能在這個 crate 裡面使用 spawn_local。為此，你必須在 *Cargo.toml* 裡面加入這一行來引用 async-std：

```
async-std = { version = "1", features = ["unstable"] }
```

spawn_local 是標準程式庫中,啟動執行緒的 std::thread::spawn 函式的非同步類似物:

- std::thread::spawn(c) 接收一個 closure c 並啟動一個執行它的執行緒,它回傳一個 std::thread::JoinHandle,它的 join 方法會等待執行緒完成,並回傳 c 回傳的東西。

- async_std::task::spawn_local(f) 接收 future f 並將它加入池,以便在當前的執行緒呼叫 block_on 時輪詢。spawn_local 回傳它自己的 async_std::task::JoinHandle 型態,它本身是個 future,可以讓你等待並取得 f 最終值。

例如,假如我們要以並行的方式發出整組的 HTTP 請求。這是第一種寫法:

```
pub async fn many_requests(requests: Vec<(String, u16, String)>)
                      -> Vec<std::io::Result<String>>
{
    use async_std::task;

    let mut handles = vec![];
    for (host, port, path) in requests {
        handles.push(task::spawn_local(cheapo_request(&host, port, &path)));
    }

    let mut results = vec![];
    for handle in handles {
        results.push(handle.await);
    }

    results
}
```

這個函式對著 requests 的每一個元素呼叫 cheapo_request,將每一個呼叫的 future 傳給 spawn_local,它將得到的 JoinHandle 都收集到一個向量裡面,然後等待它們。等待 join handle 的順序無關緊要,因為請求已經產生了,所以每當這個執行緒呼叫 block_on 而且沒有更好的事情可做時,請求的 future 就會視需要被輪詢。所有的請求都會以並行的方式執行。當它們完成時,many_requests 會回傳結果給它的呼叫方。

上面的程式幾乎正確了,但 Rust 的借用檢查機制擔心 cheapo_request 的 future 的生命期:

```
error: `host` does not live long enough

    handles.push(task::spawn_local(cheapo_request(&host, port, &path)));
                 --------------^^^^^--------------
                 |            |
                 |            borrowed value does not
                 |            live long enough
```

```
                        argument requires that `host` is borrowed for `'static`
    }
    - `host` dropped here while still borrowed
```

path 也有類似的錯誤。

當然，如果我們將參考傳給非同步函式，它回傳的 future 一定持有這些參考，所以 future 無法安全地活得比它借用的值更久。持有參考的任何值都有相同的限制。

問題在於，spawn_local 無法確定你會在 host 與 path 被卸除前等待任務完成。事實上，spawn_local 只接受生命期是 'static 的 future，因為你可以直接忽略它回傳的 JoinHandle，並且在接下來的執行過程中，讓任務繼續執行。這並不是非同步任務特有的情況：如果你試著使用 std::thread::spawn 來啟動一個執行緒，並讓它的 closure 捕捉區域變數的參考，你也會得到類似的錯誤。

修正這個錯誤的做法是建立另一個非同步函式，讓它接收 owned 版的引數：

```rust
async fn cheapo_owning_request(host: String, port: u16, path: String)
                            -> std::io::Result<String> {
    cheapo_request(&host, port, &path).await
}
```

這個函式接收 String 而不是 &str 參考，所以它的 future 擁有 host 與 path 字串本身，而且它的生命期是 'static。借用檢查機制可以看到它立即等待 cheapo_request 的 future，因此，如果那個 future 被輪詢，它借用的 host 與 path 變數一定還在，一切都沒問題。

你可以像這樣使用 cheapo_owning_request 生產所有的請求：

```rust
for (host, port, path) in requests {
    handles.push(task::spawn_local(cheapo_owning_request(host, port, path)));
}
```

你可以從同步的 main 函式呼叫 many_requests，使用 block_on：

```rust
let requests = vec![
    ("example.com".to_string(),      80, "/".to_string()),
    ("www.red-bean.com".to_string(), 80, "/".to_string()),
    ("en.wikipedia.org".to_string(), 80, "/".to_string()),
];

let results = async_std::task::block_on(many_requests(requests));
for result in results {
    match result {
        Ok(response) => println!("{}", response),
```

```
        Err(err) => eprintln!("error: {}", err),
    }
}
```

我們在 block_on 呼叫式裡面以並行的方式執行全部的三個請求。每一個請求都會在其他的請求被塞住時，伺機取得進展，全部都在呼叫方執行緒上執行。圖 20-3 是針對 cheapo_request 發出三次呼叫時的一種可能的執行情況。

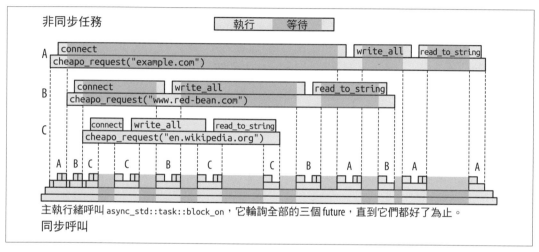

圖 20-3　在一個執行緒中執行三個非同步任務

（我們鼓勵你自己試著執行這段程式，在 cheapo_request 的最上面以及每一個 await 運算式後面加上 eprintln! 呼叫式，以觀察每次執行時，各個呼叫以不同的方式交錯。）

呼叫 many_requests（為了簡化未展示）會生產三個非同步任務，我們將它們標為 A、B 與 C。block_on 先輪詢 A，它開始連接至 example.com。當它回傳 Poll::Pending 時，block_on 將注意力轉向下一個生成的任務，輪詢 future B，最後 C，它們會開始連接到各自的伺服器。

當所有可輪詢的 future 都回傳 Poll::Pending 時，block_on 進入睡眠狀態，直到有一個 TcpStream::connect future 指出它的任務值得再次輪詢為止。

在這次的執行中，伺服器 en.wikipedia.org 的回應速度比其他的更快，所以那個任務先完成。當生成的任務完成時，它會將它的值存入它的 JoinHandle，並將它標為就緒（ready），讓 many_requests 在等待它時可以繼續工作。最終，針對 cheapo_request 的其他呼叫要嘛成功，要嘛回傳錯誤，而 many_requests 本身可以 return。最後，main 從 block_on 接收結果向量。

所有的執行都是在同一個執行緒上進行的，三個針對 cheapo_request 的呼叫都是藉著連續輪詢它們的 future 互相交錯進行。非同步呼叫看起來很像用一次函式呼叫來完成工作，但是這個非同步呼叫是針對 future 的 poll 方法進行一系列的同步呼叫來實現的。每個單獨的 poll 呼叫都會快速地返回，讓出執行緒，讓其他的非同步呼叫可以輪流使用。

我們終於實現在本章開頭提出的目標：讓執行緒在等待 I/O 完成的過程中承接其他工作，以免執行緒的資源被占用，而無所事事。更棒的是，這個目標是用看似平凡的 Rust 程式來實現的：有些函式被標為 async，有些函式呼叫式的後面有 .await，我們使用 async_std 的函式，而不是 std 的，但除此之外，它是普通的 Rust 程式。

非同步工作與執行緒有一項重要的差異：從一個非同步工作切換到另一個只會在 await 運算式發生，當你等待的 future 回傳 Poll::Pending 時。這意味著，如果你將長時間執行的計算放入 cheapo_request，那麼被傳到 spawn_local 的其他工作在那個計算完成之前都沒有機會運行。使用執行緒沒有這個問題，作業系統可以在任何時候暫停任何執行緒，並設置定時器，以確保沒有執行緒壟斷處理器。非同步程式依賴共用執行緒的 future 自願合作。如果你需要讓長期運行的計算與非同步程式共存，第 577 頁的「長期運行的計算：yield_now 與 spawn_blocking」將介紹一些選項。

async 區塊

除了非同步函式之外，Rust 也支援非同步區塊。普通的區塊陳述式會回傳最後一個運算式的值，而非同步區塊會回傳最後一個運算式的值的 *future*。你可以在非同步區塊內使用 await 運算式。

非同步區塊長得很像普通的區塊陳述式，在它的開頭有一個 async 關鍵字：

```
let serve_one = async {
    use async_std::net;

    // 監聽連線，並接受一個。
    let listener = net::TcpListener::bind("localhost:8087").await?;
    let (mut socket, _addr) = listener.accept().await?;
```

```
    // 在 `socket` 與用戶端交談。
    ...
};
```

這段程式用一個 future 來初始化 serve_one，被輪詢時，它會監聽與處理一個 TCP 連結。這個區塊的主體在 serve_one 被輪詢之前不會開始執行，如同非同步函式的呼叫式在它的 future 被輪詢之前不會開始執行。

如果我們在非同步區塊內，對著一個錯誤使用 ?，它會從區塊 return，而不是從外面的函式。例如，如果上面的 bind 呼叫式回傳錯誤，? 運算子會以 serve_one 的最終值來回傳它。同樣的，return 運算式會從非同步區塊 return，而不是外面的函式。

如果非同步區塊引用了周圍程式定義的變數，它的 future 會捕捉它們的值，與 closure 一樣。同樣如同 move closure（第 336 頁的「盜用的 closure」），你可以使用 async move 來開始一個區塊，以取得被捕捉的值的所有權，而不是只持有它們的參考。

非同步區塊提供簡明的方式來分離出一段你想要非同步執行的程式。例如，在上面的段落中，spawn_local 需要一個 'static future，所以我們定義了 cheapo_owning_request 包裝函式，來提供一個持有它的引數的所有權的 future。你可以在非同步區塊裡面呼叫 cheapo_request 來獲得同樣的效果，不需要訴諸包裝函式：

```
pub async fn many_requests(requests: Vec<(String, u16, String)>)
                          -> Vec<std::io::Result<String>>
{
    use async_std::task;

    let mut handles = vec![];
    for (host, port, path) in requests {
        handles.push(task::spawn_local(async move {
            cheapo_request(&host, port, &path).await
        }));
    }
    ...
}
```

因為它是一個 async move 區塊，所以它的 future 持有 String 值 host 與 path 的所有權，與 move closure 一樣。然後它將參考傳給 cheapo_request。借用檢查機制可以看到這個區塊的 await 運算式持有 cheapo_request 的 future 的所有權，所以 host 與 path 的參考的生命期不能超過被它們借用的、被捕捉的變數。這個非同步區塊完成與 cheapo_owning_request 一樣的事情，但使用較少樣板程式。

也許你會遇到一個小缺點：Rust 沒有用來指定非同步區塊的回傳型態的語法，類似在非同步函式的引數後面的 ->，所以當你使用 ? 運算子的時候可能會出問題：

```
let input = async_std::io::stdin();
let future = async {
    let mut line = String::new();

    // 回傳 `std::io::Result<usize>`。
    input.read_line(&mut line).await?;

    println!("Read line: {}", line);

    Ok(())
};
```

它產生這個錯誤並失敗了：

```
error: type annotations needed
   |
48 |     let future = async {
   |          ------ consider giving `future` a type
...
60 |         Ok(())
   |         ^^ cannot infer type for type parameter `E` declared
   |            on the enum `Result`
```

Rust 無法知道非同步區塊的回傳型態到底是什麼。read_line 方法回傳 Result<(), std::io::Error>，因為 ? 運算子使用 From trait 來將錯誤型態轉換成視情況需要的任何型態，所以非同步區塊的回傳型態是 Result<(), E>，對任何實作了 From<std::io::Error> 的 E 型態而言。

未來的 Rust 版本可能會加入指示 async 區塊的回傳型態的語法。就目前而言，你可以寫出區塊最終的 Ok 的型態來解決這個問題：

```
let future = async {
    ...
    Ok::<(), std::io::Error>(())
};
```

因為 Result 是泛型型態，期望以參數接收成功和錯誤型態，當我們像這裡一樣使用 Ok 或 Err 時，我們可以指定這些型態參數。

用非同步區塊來建立非同步函式

非同步區塊可以讓你用另一種方式來獲得與非同步函式一樣的效果，而且有更大的彈性。例如，我們可以將 cheapo_request 範例寫成一個普通的、同步的函式，讓它回傳一個非同步區塊的 future：

```
use std::io;
use std::future::Future;

fn cheapo_request<'a>(host: &'a str, port: u16, path: &'a str)
    -> impl Future<Output = io::Result<String>> + 'a
{
    async move {
        ... function body ...
    }
}
```

當你呼叫這個函式版本時，它會立刻回傳非同步區塊的值的 future，它會捕捉函式的引數，而且它的行為很像非同步函式回傳的 future。因為我們不是使用 async fn 語法，所以我們必須在回傳型態中寫出 impl Future，但就呼叫方而言，這兩個定義是可互換的實作，有相同的函式簽章。

如果你想要在函式被呼叫時立刻做一些計算，再建立它的結果的 future，你可以採取第二種做法。例如，讓 cheapo_request 與 spawn_local 互相配合的另一種做法是把它變成一個同步函式，讓該函式回傳一個 'static future，以該 future 捕捉引數的完全擁有（fully owned）複本：

```
fn cheapo_request(host: &str, port: u16, path: &str)
    -> impl Future<Output = io::Result<String>> + 'static
{
    let host = host.to_string();
    let path = path.to_string();

    async move {
        ... use &*host, port, and path ...
    }
}
```

這個版本可讓非同步區塊以 owned String 值來捕捉 host 與 path，而不是以 &str 參考。因為 future 擁有執行所需的所有資料，所以可以使用 'static 生命期（我們在上述的簽章中寫出 + 'static，但是 'static 是 -> impl 回傳型態的預設做法，所以省略它沒有任何影響）。

因為這一版的 cheapo_request 回傳 'static future，所以我們可以直接將它傳給 spawn_local：

```
let join_handle = async_std::task::spawn_local(
    cheapo_request("areweasyncyet.rs", 80, "/")
);

... other work ...

let response = join_handle.await?;
```

在執行緒池生產非同步工作

截至目前為止的範例都花了多數的時間等待 I/O，但有些工作混合了處理器工作與阻塞。當你有足夠的計算量要做，而且無法用一個處理器來處理時，你可以使用 async_std::task::spawn 在工作執行緒池中生成 future。該池的工作執行緒專門負責輪詢可以推進工作的 future。

async_std::task::spawn 的用法很像 async_std::task::spawn_local：

```
use async_std::task;

let mut handles = vec![];
for (host, port, path) in requests {
    handles.push(task::spawn(async move {
        cheapo_request(&host, port, &path).await
    }));
}
...
```

如同 spawn_local，spawn 會回傳一個 JoinHandle 值，你可以等待以取得 future 的最終值。但是與 spawn_local 不同的是，這個 future 不需要等你呼叫 block_on 來輪詢，只要執行緒池裡面有一個執行緒是有空的，它就會試著輪詢它。

在實務上，spawn 比 spawn_local 更常被使用，僅僅因為人們喜歡知道他們的工作被平均分配給機器資源，無論計算和阻塞各占多少。

當你使用 spawn 時必須記得一件事：執行緒池會試著維持忙碌狀態，所以你的 future 會被第一個接觸它的執行緒輪詢。非同步呼叫可能會在一個執行緒上執行，在 await 運算式塞住，在不同的執行緒恢復工作。所以，雖然你可以將非同步函式簡單地視為單一的、互相連接的程式執行過程（事實上，非同步函式與 await 運算式的目的，就是為了鼓勵你這樣想），但事實上，單一呼叫可能是由許多不同的執行緒執行的。

如果你使用執行緒的本地存放區，你在 await 運算式之前放在那裡的資料，可能會在執行它之後被換成完全不同的東西，因為現在你的工作被池裡的不同執行緒輪詢了。如果這是問題，你應該改用工作本地存放區（*task-local storage*），詳情見 async-std crate 文件中的 task_local! 巨集部分。

但是，你的 future 有實作 send 嗎？

spawn 施加了一個 spawn_local 未施加的限制。因為 future 被送到另一個執行緒來執行，所以 future 必須實作 Send 標記 trait。我們曾經在第 535 頁的「執行緒安全：Send 與 Sync」介紹 Send。當一個 future 裡面的值都是 Send 時，它才是 Send：所有的函式引數、區域變數，甚至匿名的臨時值都必須能夠安全地移到另一個執行緒。

與之前一樣，這項需求不是非同步工作獨有的：如果你試著使用 std::thread::spawn 來啟動一個執行緒，並讓它的 closure 捕捉非 Send 值，你會看到類似的錯誤。不同之處在於，被傳給 std::thread::spawn 的 closure 會停留在建立與執行它的執行緒上，但被生產至執行緒池裡的 future 在任何一次等待時，都有可能從一個執行緒跑到另一個。

這個限制很容易造成錯誤。例如，下面的程式似乎人畜無害：

```
use async_std::task;
use std::rc::Rc;

async fn reluctant() -> String {
    let string = Rc::new("ref-counted string".to_string());

    some_asynchronous_thing().await;

    format!("Your splendid string: {}", string)
}

task::spawn(reluctant());
```

有一個非同步函式的 future 需要保存足夠的資訊，來讓函式可以從一個 await 運算式繼續執行。在這個例子裡，reluctant 的 future 在 await 之後必須使用 string，所以 future 將會（或有時會）保存一個 Rc<String> 值。因為你不能在執行緒之間共享 Rc 指標，所以 future 本身不能被 Send。也因為 spawn 只接收本身是 Send 的 future，所以 Rust 駁回了：

```
error: future cannot be sent between threads safely
   |
17 |     task::spawn(reluctant());
   |     ^^^^^^^^^^^ future returned by `reluctant` is not `Send`
   |
```

```
      |
127 | T: Future + Send + 'static,
      |               ---- required by this bound in `async_std::task::spawn`
      |
   = help: within `impl Future`, the trait `Send` is not implemented
           for `Rc<String>`
note: future is not `Send` as this value is used across an await
      |
10 |           let string = Rc::new("ref-counted string".to_string());
      |               ------ has type `Rc<String>` which is not `Send`
11 |
12 |           some_asynchronous_thing().await;
      |           ^^^^^^^^^^^^^^^^^^^^^^^^^^^^^^
                 await occurs here, with `string` maybe used later
...
15 |      }
      |      - `string` is later dropped here
```

這段錯誤訊息很長，但它有很多有用的細節：

- 它解釋了為何 future 必須是 Send：因為 task::spawn 要求這件事。

- 它解釋了哪個值不是 Send：區域變數 string，它的型態是 Rc<String>。

- 它解釋了為何 string 影響了 future：它在訊息指出的 await 的作用域裡面。

這個問題有兩種解決辦法。第一種是限制非 Send 值的作用域，讓它不涵蓋任何 await 運算式，因此不需要存入函式的 future 內：

```
async fn reluctant() -> String {
    let return_value = {
        let string = Rc::new("ref-counted string".to_string());
        format!("Your splendid string: {}", string)
        // `Rc<String>` 在此離開作用域…
    };

    //... 因此，它在我們在此暫停時不存在。
    some_asynchronous_thing().await;

    return_value
}
```

另一個解決辦法是使用 std::sync::Arc 來取代 Rc。Arc 使用原子更新來管理它的參考數量，所以比較慢，但 Arc 指標是 Send。

雖然最終你將學會辨識和避免非 Send 型態,但它們一開始可能會讓你嚇一跳(至少,作者曾經被嚇一跳)。例如,舊的 Rust 程式有時會使用這樣子的泛型結果:

```
// 不建議!
type GenericError = Box<dyn std::error::Error>;
type GenericResult<T> = Result<T, GenericError>;
```

GenericError 型態使用 boxed trait 來保存實作了 std::error::Error 的型態的值,但是它並未對它施加任何其他限制:如果有人有一個實作了 Error 的非 Send 型態,他們可能將那個型態的 boxed 值轉換成 GenericError,因為有這種可能性,所以 GenericError 不是 Send,因此下面的程式無法運作:

```
fn some_fallible_thing() -> GenericResult<i32> {
    ...
}

// 這個函式的 future 不是 `Send`...
async fn unfortunate() {
    // ... 因為這個呼叫的值 ...
    match some_fallible_thing() {
        Err(error) => {
            report_error(error);
        }
        Ok(output) => {
            // ... 在這個 await 期間是存活的 ...
            use_output(output).await;
        }
    }
}

// ... 所以這個 `spawn` 是個錯誤。
async_std::task::spawn(unfortunate());
```

如同之前的範例,編譯器的錯誤訊息解釋了事情的來龍去脈,指出 Result 型態是罪魁禍首。因為 Rust 認為 some_fallible_thing 的結果在整個 match 陳述式中都是存在的,包括 await 運算式,所以它認為 unfortunate 的 future 不是 Send。Rust 對於這個錯誤太謹慎了:將 GenericError 送到另一個執行緒確實不安全,但 await 在結果是 Ok 時才會發生,所以錯誤值在我們等待 use_output 的 future 時絕對不會存在。

最理想的解決方案是使用更嚴格的泛型錯誤型態,例如第 166 頁的「處理多種錯誤型態」介紹的:

```
type GenericError = Box<dyn std::error::Error + Send + Sync + 'static>;
type GenericResult<T> = Result<T, GenericError>;
```

這個 trait 物件明確地要求底下的錯誤型態實作 Send，且一切正常。

如果你的 future 不是 Send，而且你不方便把它變成 Send，你仍然可以使用 spawn_local 在當前的執行緒上運行它。當然，你必須確保執行緒在某個時刻呼叫 block_on，給它一個運行的機會，而且，將工作分配給多個處理器將不會帶來好處。

長期運行的計算：yield_now 與 spawn_blocking

為了讓 future 與其他的工作共用它的執行緒，它的 poll 方法應該盡量快速地 return。但如果你執行漫長的計算，那麼到達下一個 await 的時間可能很久，導致其他的非同步工作等待執行緒的時間比你預期的還要久。

有一種避免這種情況的做法是偶爾 await 某個東西。async_std::task::yield_now 函式會回傳一個簡單的 future，它是專門為此設計的：

```
while computation_not_done() {
    ... do one medium-sized step of computation ...
    async_std::task::yield_now().await;
}
```

當 yield_now future 第一次被輪詢時，它會回傳 Poll::Pending，但很快就值得再次輪詢。使用它的效果在於，你的非同步呼叫會放棄執行緒，讓其他的工作有機會可以執行，但很快又會輪到你的呼叫。當 yield_now 的 future 被輪詢第二次時，它會回傳 Poll::Ready(())，你的非同步函式可以恢復執行。

但是，這種做法不一定可行，如果你使用外部的 crate 來執行長期的計算，或往外呼叫 C 或 C++，將程式改成「非同步友善」可能帶來不便。你可能也會難以確定每一條計算路徑都會不時遇到 await。

對此，你可以使用 async_std::task::spawn_blocking。這個函式接收一個 closure，在它自己的執行緒開始運行它，然後回傳它的回傳值的 future。非同步程式可以等待那個 future，將它的執行緒讓給其他工作，直到計算就緒為止。將困難的工作放在獨立的執行緒可讓作業系統妥善地分配處理器。

例如，假設我們要拿用戶提供的密碼與身分驗證資料庫裡面的雜湊版本做比較。為了安全起見，驗證密碼需要做大量的計算，如此一來，即使駭客取得資料庫的複本，他們也無法僅僅靠著比對數萬億個可能的密碼來破解。argonautica crate 提供一個專門為了儲存密碼而設計的雜湊函式：一個 argonautica 雜湊需要將近一秒的時間來驗證。我們可以在非同步 app 裡面這樣子使用 argonautica（0.2 版）：

```
async fn verify_password(password: &str, hash: &str, key: &str)
                         -> Result<bool, argonautica::Error>
{
    // 製作引數的複本，所以 closure 不能是 'static。
    let password = password.to_string();
    let hash = hash.to_string();
    let key = key.to_string();

    async_std::task::spawn_blocking(move || {
        argonautica::Verifier::default()
            .with_hash(hash)
            .with_password(password)
            .with_secret_key(key)
            .verify()
    }).await
}
```

如果 password 使用特定 key 時符合 hash，它會回傳 Ok(true)。key 是整個資料庫的一個索引鍵。在傳給 spawn_blocking 的 closure 裡面進行驗證可將高昂的計算交給它自己的執行緒處理，確保它不會影響回應用戶請求的速度。

比較非同步設計

在很多方面，Rust 的非同步程式設計法和其他語言很像。例如，JavaScript、C# 與 Rust 都有非同步函式，也有 await 運算式。這些語言都有代表未完成的計算的值：Rust 將它們稱為「future」，JavaScript 將它們稱為「promise」，C# 將它們稱為「task」，但它們都代表可能要晚一點才能獲得的值。

但是，Rust 的輪詢別樹一幟。在 JavaScript 與 C# 裡面，當非同步函式被呼叫時，它就會開始執行，而且它們的系統程式庫內建一個全域事件迴圈，會在暫停執行的非同步函式呼叫所等待的值就緒時恢復執行。但是，在 Rust 裡，非同步呼叫在你傳一個函式給它之前不會做任何事情，那個函式可能是 block_on、spawn 或 spawn_local，這些函式會輪詢它，並且推動工作完成，它們稱為 *executor*，扮演其他語言的全域事件迴圈的角色。

因為 Rust 允許程式設計師選擇輪詢 future 的 executor，所以 Rust 不需要在系統內建全域事件迴圈。async-std crate 提供了本章一直使用的 executor 函式，但我們等一下要使用的 tokio crate 定義了它自己的一組類似的 executor 函式。在本章結尾，我們也要實作我們自己的 executor。你可以在同一個程式裡面使用全部的三種 executor。

真正的非同步 HTTP 用戶端

身為稱職的作者，我們有義務展示一個以非同步 HTTP 用戶端 crate 建立的範例，因為它很簡單，而且有幾個很棒的 crate 可以選擇，包括 reqwest 與 surf。

下面的範例改寫自 many_requests，它使用 surf 來並行執行一系列請求，甚至比使用 cheapo_request 的程式還要簡單。請在 *Cargo.toml* 裡面加入這些依賴項目：

```
[dependencies]
async-std = "1.7"
surf = "1.0"
```

接下來，我們可以這樣定義 many_requests：

```
pub async fn many_requests(urls: &[String])
                        -> Vec<Result<String, surf::Exception>>
{
    let client = surf::Client::new();

    let mut handles = vec![];
    for url in urls {
        let request = client.get(&url).recv_string();
        handles.push(async_std::task::spawn(request));
    }

    let mut results = vec![];
    for handle in handles {
        results.push(handle.await);
    }

    results
}

fn main() {
    let requests = &["http://example.com".to_string(),
                     "https://www.red-bean.com".to_string(),
                     "https://en.wikipedia.org/wiki/Main_Page".to_string()];

    let results = async_std::task::block_on(many_requests(requests));
    for result in results {
        match result {
            Ok(response) => println!("*** {}\n", response),
            Err(err) => eprintln!("error: {}\n", err),
        }
    }
}
```

使用 surf::Client 來發出所有的請求可讓我們重複使用 HTTP 連結，如果裡面有一些連結指向同一個伺服器的話。我們不需要非同步區塊，因為 recv_string 是回傳 Send + 'static future 的非同步方法，我們可以將它的 future 直接傳給 spawn。

非同步用戶端與伺服器

現在要活用之前討論過的概念來撰寫一個可以運行的程式了。非同步 app 很像普通的多執行緒 app，但它們可能可以幫你寫出緊湊且富表現力的程式。

本節的例子是一組聊天伺服器與用戶端。*https://oreil.ly/QFSUS* 有完整的程式。真正的聊天系統很複雜，必須考慮一系列的事情，包括安全性、重新連接、隱私、合理的限制（moderation）…等，但為了把重點放在幾個興趣點上，我們將 app 簡化為一組簡單的功能。

具體來說，我們想要妥善地處理反壓，也就是說，如果有一個用戶端的網速很慢，或完全斷線，它絕對不能影響其他用戶端按自己的速度交換訊息的能力。而且，因為伺服器不應該花費無上限的記憶體來保存速度較慢的用戶端不斷累積的訊息，所以伺服器會刪除那些跟不上速度的用戶端的訊息，但也會讓它們知道它們的串流並不完整（真的聊天伺服器會將訊息記錄到磁碟，並讓用戶端提取他們沒有看到的訊息，在此不這樣做）。

我們執行 cargo new --lib async-chat 命令來開始一個專案，並在 *async-chat/Cargo.toml* 內加入這幾行：

```
[package]
name = "async-chat"
version = "0.1.0"
authors = ["You <you@example.com>"]
edition = "2021"

[dependencies]
async-std = { version = "1.7", features = ["unstable"] }
tokio = { version = "1.0", features = ["sync"] }
serde = { version = "1.0", features = ["derive", "rc"] }
serde_json = "1.0"
```

我們依賴四個 crate：

- async-std crate 包含非同步 I/O 基本元素與公用程式，本章一直使用它們。

- tokio crate 是類似 async-std 的另一組非同步基本元素，它是最舊且最成熟的 crate 之一。它被廣泛地使用，具有高標準的設計和實作，但需要比 async-std 更謹慎地使用。

tokio 是一個大型的 crate，但我們只需要它的一個組件，所以 *Cargo.toml* 裡面的 features = ["sync"] 這一行將 tokio 削減為我們需要的部分，使它成為一個輕量級的依賴項目。

以前，當非同步程式庫生態系統還不太成熟時，人們避免在同一個程式裡同時使用 tokio 與 async-std，但是，這兩個專案持續互相合作，讓大家可以一起使用它們，只要你遵守各個 crate 的規則即可。

- 第 18 章已經介紹 serde 與 serde_json 了。它們提供方便且高效的工具來產生與解析 JSON，我們的聊天協定在網路上使用 JSON 來表示資料。我們想要使用 serde 的一些選用功能，所以在提供依賴項目時選擇了它們。

下面是聊天 app 的整個結構，包括用戶端與伺服器：

```
async-chat
├── Cargo.toml
└── src
    ├── lib.rs
    ├── utils.rs
    └── bin
        ├── client.rs
        └── server
            ├── main.rs
            ├── connection.rs
            ├── group.rs
            └── group_table.rs
```

這個程式包規劃使用了第 190 頁的「src/bin 目錄」介紹過的 Cargo 功能：除了主程式庫 crate *src/lib.rs* 與它的子模組 *src/utils.rs* 之外，它也包含兩個可執行檔：

- *src/bin/client.rs* 是聊天用戶端的可執行檔。

- *src/bin/server* 是伺服器可執行檔，分為四個檔案：*main.rs* 保存 main 函式，此外還有三個子模組，*connection.rs*、*group.rs* 與 *group_table.rs*。

本章將展示每一個原始檔的內容，當你寫好它們之後，在這個樹狀結構裡輸入 cargo build 即可編譯程式庫 crate，然後組建各個可執行檔。Cargo 會自動將程式庫 crate 作為依賴項目加入，所以它很適合放置用戶端與伺服器共享的定義。同樣的，cargo check 會檢查整個原始樹。你可以使用這類的命令來執行任何一個可執行檔：

```
$ cargo run --release --bin server -- localhost:8088
$ cargo run --release --bin client -- localhost:8088
```

--bin 選項代表你要執行哪一個可執行檔，在 -- 選項後面的任何引數都會被傳給可執行檔本身。我們的用戶端與伺服器只想知道伺服器的位址與 TCP 埠。

錯誤與結果型態

程式庫 crate 的 utils 模組定義了我們將在整個 app 中使用的結果與錯誤型態。它在 *src/utils.rs* 裡：

```
use std::error::Error;

pub type ChatError = Box<dyn Error + Send + Sync + 'static>;
pub type ChatResult<T> = Result<T, ChatError>;
```

它們是我們在第 166 頁的「處理多種錯誤型態」裡面建議使用的通用錯誤型態。async_std、serde_json 與 tokio crate 分別定義了它們自己的錯誤型態，但是 ? 運算子可以自動將它們全部都轉換成 ChatError，它使用標準程式庫的 From trait 實作，可將任何合適的錯誤型態轉換成 Box<dyn Error + Send + Sync + 'static>。Send 與 Sync bound 可確保萬一有個生產到其他執行緒的工作失敗了，那個工作可以安全地將錯誤回報給主執行緒。

在真正的應用程式中，你可以考慮使用 anyhow crate，它提供類似的 Error 與 Result 型態。anyhow crate 不但很容易使用，它也提供我們的 ChatError 與 ChatResult 未能提供的一些好功能。

協定

程式庫 crate 以這兩個型態來描述整個聊天協定，定義於 *lib.rs*：

```
use serde::{Deserialize, Serialize};
use std::sync::Arc;

pub mod utils;

#[derive(Debug, Deserialize, Serialize, PartialEq)]
pub enum FromClient {
    Join { group_name: Arc<String> },
    Post {
        group_name: Arc<String>,
        message: Arc<String>,
    },
}

#[derive(Debug, Deserialize, Serialize, PartialEq)]
```

```
pub enum FromServer {
    Message {
        group_name: Arc<String>,
        message: Arc<String>,
    },
    Error(String),
}



#[test]
fn test_fromclient_json() {
    use std::sync::Arc;

    let from_client = FromClient::Post {
        group_name: Arc::new("Dogs".to_string()),
        message: Arc::new("Samoyeds rock!".to_string()),
    };

    let json = serde_json::to_string(&from_client).unwrap();
    assert_eq!(json,
               r#"{"Post":{"group_name":"Dogs","message":"Samoyeds rock!"}}"#);

    assert_eq!(serde_json::from_str::<FromClient>(&json).unwrap(),
               from_client);
}
```

FromClient 代表用戶端送給伺服器的封包,它可以要求加入一個群組,也可以在已經加入的群組貼出訊息。FromServer 代表伺服器可送回去的東西:被貼到群組的訊息,以及錯誤訊息。使用參考計數的 Arc<String> 而不是一般的 String 可協助伺服器在管理群組和分發訊息時,避免製作字串複本。

#[derive] 屬性要求 serde crate 為 FromClient 與 FromServer 產生它的 Serialize 與 Deserialize 的實作。它可讓我們呼叫 serde_json::to_string 來將它們轉換成 JSON 值,用網路傳遞它們,最後呼叫 serde_json::from_str 來將它們轉回 Rust 形式。

test_fromclient_json 單元測試說明了它的用法。有了 serde 衍生的 Serialize 實作之後,我們可以呼叫 serde_json::to_string 來將給定的 FromClient 值轉換成這個 JSON:

```
{"Post":{"group_name":"Dogs","message":"Samoyeds rock!"}}
```

然後衍生的 Deserialize 實作會將它解析回等效的 FromClient 值。注意,在 FromClient 裡面的 Arc 指標不會影響序列化的形式:參考計數字串直接作為 JSON 物件成員值出現。

取得用戶輸入：非同步串流

聊天用戶端的主要職責是讀取用戶端的命令，並且將相應的封包送給伺服器。管理適當的用戶介面不在本書的討論範圍之內，我們採取最簡單的做法：直接讀取標準輸入。下面的程式位於 *src/bin/client.rs*：

```rust
use async_std::prelude::*;
use async_chat::utils::{self, ChatResult};
use async_std::io;
use async_std::net;

async fn send_commands(mut to_server: net::TcpStream) -> ChatResult<()> {
    println!("Commands:\n\
             join GROUP\n\
             post GROUP MESSAGE...\n\
             Type Control-D (on Unix) or Control-Z (on Windows) \
             to close the connection.");

    let mut command_lines = io::BufReader::new(io::stdin()).lines();
    while let Some(command_result) = command_lines.next().await {
        let command = command_result?;
        // 在 GitHub repo 有 `parse_command` 的定義。
        let request = match parse_command(&command) {
            Some(request) => request,
            None => continue,
        };

        utils::send_as_json(&mut to_server, &request).await?;
        to_server.flush().await?;
    }

    Ok(())
}
```

它呼叫 async_std::io::stdin 來取得用戶端的標準輸入的非同步控點，將它包在 async_std::io::BufReader 裡面來緩衝它，然後呼叫 lines 來逐行處理用戶的輸入。它試著將每一行解析為與某個 FromClient 值對映的命令，如果成功，將那個值傳給伺服器。如果用戶輸入無法識別的命令，parse_command 會印出錯誤訊息並回傳 None，讓 send_commands 可以再次執行迴圈。若用戶輸入檔案結尾指示（end-of-file indication），則 lines 串流回傳 None，且 send_commands return。這段程式很像在普通的同步程式裡面寫的程式，但是它使用 async_std 的程式庫功能版本。

非同步 BufReader 的 lines 方法很有趣。它不能像標準程式庫那樣回傳 iterator：Iterator::next 方法是普通的同步函式，所以呼叫 command_lines.next() 會塞住執行緒，直到下一行就緒為止。lines 回傳 Result<String> 值的串流（*stream*）。串流是非同步版的 iterator：它可以按需求產生一系列的值，採取配合非同步的方式。這是 Stream trait 的定義，來自 async_std::stream 模組：

```
trait Stream {
    type Item;

    // 現在先將 `Pin<&mut Self>` 視為 `&mut Self`.
    fn poll_next(self: Pin<&mut Self>, cx: &mut Context<'_>)
        -> Poll<Option<Self::Item>>;
}
```

你可以將它當成 Iterator 與 Future trait 的混合體。如同 iterator，Stream 有相關的 Item 型態，並使用 Option 來指示序列何時結束。但是如同 future，你必須輪詢串流：為了取得下一個項目（或確定串流結束），你必須呼叫 poll_next，直到它回傳 Poll::Ready 為止。串流的 poll_next 實作應快速 return，不能塞住。如果串流回傳 Poll::Pending，當它值得再次輪詢時，必須用 Context 來通知呼叫方。

直接使用 poll_next 方法很奇怪，但通常你不需要這樣做。如同 iterator，串流有大量的工具方法，例如 filter 與 map，其中有個 next 方法，它會回傳串流的下一個 Option<Self::Item> 的 future。你可以呼叫 next 並等待它回傳的 future，而不需要明確地輪詢串流。

總之，send_commands 使用 next 與 while let 來迭代一個串流產生的值，來耗用輸入行串流。

```
while let Some(item) = stream.next().await {
    ... use item ...
}
```

（將來的 Rust 版本可能會加入 for 迴圈語法的非同步變體來耗用串流，就像普通的 for 迴圈耗用 Iterator 值一樣。）

在串流結束之後輪詢它（也就是說，在它已經回傳 Poll::Ready(None) 來代表串流結束之後）很像在 iterator 已經回傳 None 之後對著它呼叫 next，或是在 future 已經回傳 Poll::Ready 之後輪詢它：Stream trait 並未規定串流該怎麼做，而且可能有串流出現錯誤的行為。如同 future 與 iterator，串流有一個 fuse 方法可以在必要時確保這種呼叫的行為是可預測的，詳情見文件。

在使用串流時，你一定要記得使用 async_std prelude：

```
use async_std::prelude::*;
```

因為 Stream trait 的工具方法（例如 next、map、filter…等）其實不是在 Stream 本身定義的，它們是另一個 trait StreamExt 裡面的預設方法，所有的 Stream 都自動實作它：

```
pub trait StreamExt: Stream {
    ... define utility methods as default methods ...
}

impl<T: Stream> StreamExt for T { }
```

這是第 273 頁的「trait 與別人的型態」介紹過的擴展 trait 模式的一個例子。async_std::prelude 模組將 StreamExt 方法帶入作用域，所以使用 prelude 可確保它的方法在你的程式裡是可見的。

傳送封包

為了在網路端點傳送封包，用戶端與伺服器使用我們的程式庫 crate 的 utils 模組的 send_as_json 函式：

```
use async_std::prelude::*;
use serde::Serialize;
use std::marker::Unpin;

pub async fn send_as_json<S, P>(outbound: &mut S, packet: &P) -> ChatResult<()>
where
    S: async_std::io::Write + Unpin,
    P: Serialize,
{
    let mut json = serde_json::to_string(&packet)?;
    json.push('\n');
    outbound.write_all(json.as_bytes()).await?;
    Ok(())
}
```

這個函式使用 String 來建構封包的 JSON 表示法，在結尾加入換行，然後將它全部寫至 outbound。

你可以從 send_as_json 的 where 子句看到它很靈活。被送出去的封包型態 P 可以是實作了 serde::Serialize 的任何東西。輸出串流 S 可以是實作了 async_std::io::Write 的任何東西，async_std::io::Write 是輸出串流的 std::io::Write trait 的非同步版本。這足以讓我們在非同步的 TcpStream 上傳送 FromClient 與 FromServer 值。將 send_as_json 定義成泛

型可以確保它不會以驚人的方式依賴串流或封包型態的細節：send_as_json 只能使用這些 trait 的方法。

為了使用 write_all 方法，S 的 Unpin 約束條件是必要的。我們將在本章稍後討論 pinning 與 unpinning，現在你只要記得在必要時為型態變數加上 Unpin 約束條件即可，如果你忘了，Rust 編譯器會提醒你。

send_as_json 不是將封包直接序列化至 outbound 串流，而是先將它序列化至一個臨時 String，再將它寫至 outbound。雖然 serde_json crate 有一些函式可以直接將值序列化至輸出串流，但那些函式只支援同步串流。若要寫至非同步串流，我們必須對 serde_json 與 serde crate 的核心進行根本性的修改，因為它們是針對具有同步方法的 trait 設計的。

如同串流，async_std 的 I/O trait 的許多方法其實是在擴展 trait 上定義的，所以當你使用它們時，別忘了加上 use async_std::prelude::*。

接收封包：更多非同步串流

為了接收封包，我們的伺服器與用戶端將使用 async_std::io::BufReader<TcpStream> 這個 utils 模組的函式，從非同步緩衝 TCP 端點接收 FromClient 與 FromServer 值：

```
use serde::de::DeserializeOwned;

pub fn receive_as_json<S, P>(inbound: S) -> impl Stream<Item = ChatResult<P>>
    where S: async_std::io::BufRead + Unpin,
          P: DeserializeOwned,
{
    inbound.lines()
        .map(|line_result| -> ChatResult<P> {
            let line = line_result?;
            let parsed = serde_json::from_str::<P>(&line)?;
            Ok(parsed)
        })
}
```

如同 send_as_json，這個函式的輸入串流與封包型態是泛型的：

- 串流型態 S 必須實作 async_std::io::BufRead，它是 std::io::BufRead 的非同步版本，代表緩衝的輸入 byte 串流。

- 封包型態 P 必須實作 DeserializeOwned，它是 serde 的 Deserialize trait 的一種更嚴格的變體。為了提高效率，Deserialize 可以產生 &str 與 &[u8] 值，那些值可直接從解序列化之前的緩衝區借用內容，以避免複製資料。但是，在我們的例子中，這樣做並不好：我們要將反序列化的值回傳給呼叫方，所以它們的生命期必須比我們從中解析出它們的緩衝區更長。實作了 DeserializeOwned 的型態一定獨立於它解序列化之前的緩衝區。

呼叫 inbound.lines() 會得到一個 std::io::Result<String> 值的 Stream。我們使用串流的 map adapter 與一個 closure 來處理每一個項目，處理錯誤，並將每一行解析成 P 型態的值的 JSON 形式。這會產生一個 ChatResult<P> 值的串流，我們直接回傳它。函式的回傳型態是：

```
impl Stream<Item = ChatResult<P>>
```

這代表我們回傳某個以非同步的方式產生一系列 ChatResult<P> 值的型態，但我們的呼叫方無法確切地知道它的型態是什麼。因為我們傳給 map 的 closure 有匿名型態，所以它是 receive_as_json 可能回傳的最具體的型態。

注意，receive_as_json 本身不是非同步函式。它是回傳一個 async 值的普通函式，那個值是個串流。當你更深入地了解 Rust 的非同步機制，而非只是「到處使用 async 與 .await」時，你就可以寫出像這個例子一樣清楚、靈活、高效的定義，並充分利用這個語言。

為了說明 receive_as_json 如何使用，下面是來自 *src/bin/client.rs* 的聊天用戶端的 handle_replies 函式，它從網路接收一個 FromServer 值的串流，並將它們印出來給用戶看：

```
use async_chat::FromServer;

async fn handle_replies(from_server: net::TcpStream) -> ChatResult<()> {
    let buffered = io::BufReader::new(from_server);
    let mut reply_stream = utils::receive_as_json(buffered);

    while let Some(reply) = reply_stream.next().await {
        match reply? {
            FromServer::Message { group_name, message } => {
                println!("message posted to {}: {}", group_name, message);
            }
            FromServer::Error(message) => {
                println!("error from server: {}", message);
            }
        }
    }

    Ok(())
}
```

這個函式接收一個從伺服器接收資料的端點，幫它包上 BufReader（注意，async_std 版本），然後將它傳給 receive_as_json，來取得傳來的 FromServer 值的串流。接著它使用 while let 迴圈來處理收到的回覆，檢查有沒有錯誤的結果，然後印出各個伺服器回覆給使用者看。

用戶端的 main 函式

我們已經展示過 send_commands 與 handle_replies 了，接下來是用戶端的 main 函式，它來自 *src/bin/client.rs*：

```
use async_std::task;

fn main() -> ChatResult<()> {
    let address = std::env::args().nth(1)
        .expect("Usage: client ADDRESS:PORT");

    task::block_on(async {
        let socket = net::TcpStream::connect(address).await?;
        socket.set_nodelay(true)?;

        let to_server = send_commands(socket.clone());
        let from_server = handle_replies(socket);

        from_server.race(to_server).await?;

        Ok(())
    })
}
```

從命令列取得伺服器的位址後，main 有一系列的非同步函式想要呼叫，所以它將函式其餘的部分包在一個非同步區塊內，並將區塊的 future 傳給 async_std::task::block_on 來執行。

建立連線後，我們希望 send_commands 與 handle_replies 函式能夠平行執行，以便在打字時，看到別人傳來的訊息。如果我們輸入檔案結尾指示，或是與伺服器之間的連線斷線了，程式就必須退出。

根據我們在本章的其他地方完成的程式，你可能認為程式長這樣：

```
let to_server = task::spawn(send_commands(socket.clone()));
let from_server = task::spawn(handle_replies(socket));

to_server.await?;
from_server.await?;
```

但是，因為我們等待兩個 join handle，所以我們的程式會在兩個工作都完成後才退出。我們想要在任何一個工作完成時就退出。呼叫 from_server.race(to_server) 會得到一個新 future，它會輪詢 from_server 與 to_server，並在其中一個就緒時，回傳 Poll::Ready(v)。這兩個 future 必須使用相同的輸出型態，最終值是先完成的 future 的值，未完成的 future 會被卸除。

race 方法與許多其他方便的工具都是在 async_std::prelude::FutureExt trait 定義的，async_std::prelude 讓我們可以看到它。

我們還沒有展示的用戶端程式只剩下 parse_command 函式了。它是很簡單的文字處理程式，所以我們不在此展示它的定義。完整的程式見 Git 版本庫。

伺服器的 main 函式

下面是伺服器的 main 檔案（*src/bin/server/main.rs*）的完整內容：

```
use async_std::prelude::*;
use async_chat::utils::ChatResult;
use std::sync::Arc;

mod connection;
mod group;
mod group_table;

use connection::serve;

fn main() -> ChatResult<()> {
    let address = std::env::args().nth(1).expect("Usage: server ADDRESS");

    let chat_group_table = Arc::new(group_table::GroupTable::new());

    async_std::task::block_on(async {
        // 本章的引言曾展示這段程式。
        use async_std::{net, task};

        let listener = net::TcpListener::bind(address).await?;

        let mut new_connections = listener.incoming();
        while let Some(socket_result) = new_connections.next().await {
            let socket = socket_result?;
            let groups = chat_group_table.clone();
            task::spawn(async {
                log_error(serve(socket, groups).await);
            });
```

```
        }

        Ok(())
    })
}

fn log_error(result: ChatResult<()>) {
    if let Err(error) = result {
        eprintln!("Error: {}", error);
    }
}
```

伺服器的 main 函式類似用戶端的函式：它會做一些設定，然後呼叫 block_on 執行一個非同步區塊來執行實際的工作。它建立 TcpListener 端點來處理用戶端的連線，端點的 incoming 方法回傳一個 std::io::Result<TcpStream> 值的串流。

我們為每一個進入的連結，生產一個執行 connection::serve 函式的非同步工作，每個工作都接收一個 GroupTable 值的參考，它是伺服器當前的聊天群組清單，可讓所有的連結透過 Arc 參考計數指標來共享。

如果 connection::serve 回傳錯誤，我們就將訊息 log 至標準錯誤輸出，並讓工作退出，讓其他的連結繼續照常運行。

處理聊天連結：非同步互斥鎖

接下來是伺服器的主力：connection 模組的 serve 函式，位於 *src/bin/server/connection.rs*：

```
use async_chat::{FromClient, FromServer};
use async_chat::utils::{self, ChatResult};
use async_std::prelude::*;
use async_std::io::BufReader;
use async_std::net::TcpStream;
use async_std::sync::Arc;

use crate::group_table::GroupTable;

pub async fn serve(socket: TcpStream, groups: Arc<GroupTable>)
                -> ChatResult<()>
{
    let outbound = Arc::new(Outbound::new(socket.clone()));

    let buffered = BufReader::new(socket);
    let mut from_client = utils::receive_as_json(buffered);
    while let Some(request_result) = from_client.next().await {
```

```
        let request = request_result?;

        let result = match request {
            FromClient::Join { group_name } => {
                let group = groups.get_or_create(group_name);
                group.join(outbound.clone());
                Ok(())
            }

            FromClient::Post { group_name, message } => {
                match groups.get(&group_name) {
                    Some(group) => {
                        group.post(message);
                        Ok(())
                    }
                    None => {
                        Err(format!("Group '{}' does not exist", group_name))
                    }
                }
            }
        };

        if let Err(message) = result {
            let report = FromServer::Error(message);
            outbound.send(report).await?;
        }
    }

    Ok(())
}
```

它幾乎是用戶端的 handle_replies 函式的鏡像：大部分的程式都是一個迴圈，負責處理被傳來的 FromClient 串流，它們是用 receive_as_json 與緩衝的 TCP 串流來建立的。如果發生錯誤，我們產生一個 FromServer::Error 封包來將壞消息傳給用戶端。

除了錯誤訊息之外，用戶端也要從他們加入的群組接收訊息，所以我們必須讓每一個群組共享接到用戶端的連線。雖然我們可以直接提供每個群組一個 TcpStream 的複本，但如果有兩個來源同時對著端點寫入封包，它們的輸出可能會交錯在一起，導致用戶端收到錯亂的 JSON，所以我們必須設法對著連線進行安全的非行操作。

我們用 Outbound 型態來管理這件事，它是在 *src/bin/server/connection.rs* 裡面定義的：

```
    use async_std::sync::Mutex;

    pub struct Outbound(Mutex<TcpStream>);
```

```
impl Outbound {
    pub fn new(to_client: TcpStream) -> Outbound {
        Outbound(Mutex::new(to_client))
    }

    pub async fn send(&self, packet: FromServer) -> ChatResult<()> {
        let mut guard = self.0.lock().await;
        utils::send_as_json(&mut *guard, &packet).await?;
        guard.flush().await?;
        Ok(())
    }
}
```

當 Outbound 被建立時,它的值會取得一個 TcpStream 的所有權,並將它包在 Mutex 裡面,以確保一次只有一個工作可以使用它。serve 函式將每一個 Outbound 包入 Arc 參考計數指標,以便讓用戶端加入的群組都可以指向同一個共享的 Outbound 實例。

當你呼叫 Outbound::send 時,它會先鎖住互斥鎖,回傳一個解參考內部的 TcpStream 的 guard 值。我們使用 send_as_json 來傳遞封包,最後呼叫 guard.flush() 來確保它不會在某處的緩衝區裡面半途而廢(據我們所知,TcpStream 實際上沒有緩衝資料,但 Write trait 允許其實作這樣做,所以我們不該冒任何風險)。

運算式 &mut *guard 讓我們繞過「Rust 不會使用 deref coercion 來滿足 trait bound」這件事。我們明確地解參考 mutex guard,然後借用它保護的 TcpStream 的可變參考,產生 send_as_json 需要的 &mut TcpStream。

注意,Outbound 使用 async_std::sync::Mutex 型態,而不是標準程式庫的 Mutex,因為三個理由。

第一,如果工作在持有 mutex guard 時暫停,標準程式庫的 Mutex 可能會有錯誤的行為。如果執行那項工作的執行緒承接另一個工作,而且第二個工作試著鎖住同一個 Mutex,麻煩就來了:對 Mutex 而言,已擁有它的執行緒再次試著鎖住它。標準的 Mutex 不是為了處理這種情況而設計的,所以它會 panic 或鎖死(它絕對不會不正確地授予鎖)。目前 Rust 團隊正努力讓 Rust 在編譯期偵測這個問題,並且在 std::sync::Mutex guard 的生命期超出一個 await 運算式時發出警告。因為 Outbound::send 需要在等待 send_as_json 的 future 與 guard.flush 時持有鎖,所以它必須使用 async_std 的 Mutex。

第二,非同步 Mutex 的 lock 方法回傳一個 guard 的 future,所以等待互斥鎖上鎖的工作會將它的執行緒讓給其他工作來使用,直到互斥鎖就緒為止(如果互斥鎖已經可用,

lock future 就會立刻就緒，工作完全不會讓自己暫停）。另一方面，標準 Mutex 的 lock 方法會在等待取得鎖時，壟斷整個執行緒。因為上面的程式在透過網路傳遞封包時持有互斥鎖，所以這可能需要相當長的時間。

最後，標準的 Mutex 只能被鎖住它的執行緒解鎖。為了執行這條規則，標準 mutex 的 guard 型態未實作 Send：這意味著，持有這種 guard 的 future 本身並未實作 Send，不能被傳給 spawn 並且用執行緒池來執行，它只能用 block_on 或 spawn_local 來執行。async_std Mutex 的 guard 有實作 Send，所以在生成（spawned）的工作裡面使用它沒問題。

群組表：同步互斥鎖

但是，這個故事的教訓不僅僅是「在非同步程式裡，務必使用 async_std::sync::Mutex」如此簡單。有時持有互斥鎖時不需要等待任何事情，而且持鎖的時間不久，在這種情況下，標準程式庫的 Mutex 可能有效率許多。我們的聊天伺服器的 GroupTable 型態說明了這種情況。這是 *src/bin/server/group_table.rs* 的完整內容：

```
use crate::group::Group;
use std::collections::HashMap;
use std::sync::{Arc, Mutex};

pub struct GroupTable(Mutex<HashMap<Arc<String>, Arc<Group>>>);

impl GroupTable {
    pub fn new() -> GroupTable {
        GroupTable(Mutex::new(HashMap::new()))
    }

    pub fn get(&self, name: &String) -> Option<Arc<Group>> {
        self.0.lock()
            .unwrap()
            .get(name)
            .cloned()
    }

    pub fn get_or_create(&self, name: Arc<String>) -> Arc<Group> {
        self.0.lock()
            .unwrap()
            .entry(name.clone())
            .or_insert_with(|| Arc::new(Group::new(name)))
            .clone()
    }
}
```

GroupTable 是用互斥鎖來保護的雜湊表，它將聊天群組名稱對映至實際群組，兩者都是用參考計數指標來管理的。get 與 get_or_create 方法會鎖住互斥鎖，執行一些雜湊表操作，可能也會做一些配置（allocation），並 return。

在 GroupTable 裡面，我們使用普通的 std::sync::Mutex。這個模組完全沒有非同步程式，所以沒有 await 需要避免。事實上，如果我們想要在這裡使用 async_std::sync::Mutex，我們就要將 get 與 get_or_create 放入非同步函式，這只會增加以後建立、暫停和恢復時的負擔，卻沒有什麼好處：互斥鎖只會在進行某些雜湊操作以及進行一些配置時上鎖。

如果我們的聊天伺服器有上百萬位用戶，而且 GroupTable 互斥鎖真的變成瓶頸，將它做成非同步無法解決問題。比較好的做法也許是使用專門用於並行存取的集合型態，而非 HashMap。例如，dashmap crate 就有這種型態。

聊天群組：tokio 的廣播通道

在我們的伺服器中，group::Group 型態代表一個聊天群組。這個型態只需要支援兩個讓 connection::serve 呼叫的方法：用來加入新成員的 join，以及用來貼出訊息的 post。每一個被貼出去的訊息都必須分發給所有的成員。

我們在此處理之前提到的反壓的挑戰，我們的需求彼此之間有緊張的關係：

- 如果有一位成員無法即時看到被發送到群組的訊息（例如他們的網路比較慢），群組的其他成員不應受到影響。

- 即使有成員沒有跟上，他們也必須能夠重新加入對話，並以某種方式繼續參與。

- 用來緩衝訊息的記憶體不應該毫無限制地增長。

因為這些挑戰在實作多對多交流模式時很常見，所以 tokio crate 有一種廣播通道（*broadcast channel*）型態，可提供良好的平衡。tokio 廣播通道是一個值佇列（在我們的例子裡，值是聊天訊息），可讓任何數量的執行緒或工作傳送與接收值。它之所以稱為「廣播」通道是因為每一個耗用者都可以取得被送出來的每一個值的複本（值的型態必須實作 Clone）。

一般來說，廣播通道會在佇列中保留一個訊息，直到每一個耗用者都收到它們的複本為止。但如果佇列的長度超過通道的最大容量（在建立時指定），最舊的訊息會被卸除。跟不上的耗用者下次試圖取得它們的下一個訊息時會得到錯誤，通道會讓它們跟上仍然存在的最舊訊息。

例如，圖 20-4 是最大容量為 16 個值的廣播通道。

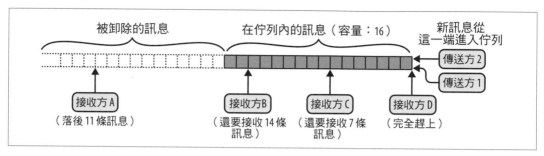

圖 20-4　tokio 廣播通道

這張圖有兩個傳送方將訊息送入佇列，也有四個接收方從佇列取出訊息，更準確地說，它們將佇列內的訊息複製出來。接收方 B 還有 14 條訊息需要接收，接收方 C 還有 7 條，接收方 D 完全趕上。接收方 A 落後了，有 11 條訊息在它看到之前就被卸除了，下一次接收訊息會失敗，它會收到一個錯誤指出這個情況，而且它將趕上佇列當前的尾端。

我們的伺服器使用承載 Arc<String> 值的廣播通道來代表每一個群組，將訊息貼到群組就會將它廣播至當前的所有成員。下面是 group::Group 型態的定義，位於 *src/bin/server/group.rs*：

```
use async_std::task;
use crate::connection::Outbound;
use std::sync::Arc;
use tokio::sync::broadcast;

pub struct Group {
    name: Arc<String>,
    sender: broadcast::Sender<Arc<String>>
}

impl Group {
    pub fn new(name: Arc<String>) -> Group {
        let (sender, _receiver) = broadcast::channel(1000);
        Group { name, sender }
    }

    pub fn join(&self, outbound: Arc<Outbound>) {
        let receiver = self.sender.subscribe();

        task::spawn(handle_subscriber(self.name.clone(),
                                      receiver,
```

```
                                          outbound));
    }

    pub fn post(&self, message: Arc<String>) {
        // 在沒有訂閱者的情況下，它只會回傳一個錯誤。
        // 連線的傳出端可能比傳入端更早退出，
        // 卸除它的訂閱，導致你可能試著對一個
        // 空群組傳送訊息。
        let _ignored = self.sender.send(message);
    }
}
```

我們用 Group 結構來保存聊天群組名稱以及一個代表群組廣播通道傳送端的 broadcast::Sender。Group::new 函式呼叫 broadcast::channel 來建立一個廣播通道，讓它的最大容量是 1,000 條訊息。channel 函式回傳一個 sender 與一個 receiver，但此時我們不需要 receiver，因為群組還沒有任何成員。

為了將新成員加入群組，Group::join 方法呼叫 sender 的 subscribe 方法來為通道建立一個新的 receiver，然後生產一個新的非同步工作來監視那個 receiver，看看有沒有訊息，然後將它們寫至用戶端，在 handle_subscribe 函式內。

完成這些細節後，Group::post 方法很簡單：它直接將訊息傳給廣播通道。因為通道承載的值是 Arc<String> 值，讓每一個 receiver 擁有它自己的訊息複本只會增加訊息的參考數，不會進行任何複製，或進行 heap 配置。為所有訂閱者傳送訊息後，我們將參考數歸零，並釋出訊息。

這是 handle_subscriber 的定義：

```
use async_chat::FromServer;
use tokio::sync::broadcast::error::RecvError;

async fn handle_subscriber(group_name: Arc<String>,
                           mut receiver: broadcast::Receiver<Arc<String>>,
                           outbound: Arc<Outbound>)
{
    loop {
        let packet = match receiver.recv().await {
            Ok(message) => FromServer::Message {
                group_name: group_name.clone(),
                message: message.clone(),
            },

            Err(RecvError::Lagged(n)) => FromServer::Error(
                format!("Dropped {} messages from {}.", n, group_name)
```

```
            ),

            Err(RecvError::Closed) => break,
        };

        if outbound.send(packet).await.is_err() {
            break;
        }
    }
}
```

雖然細節不同，但這個函式有相似的形式：它用一個迴圈從廣播通道接收訊息，並透過共享的 Outbound 值，將訊息送回去給用戶端。如果迴圈無法跟上廣播通道，它會收到一個 Lagged 錯誤，盡職地向用戶端報告。

如果將封包傳給用戶端的動作完全失敗，也許是因為連線被關閉，handle_subscriber 會退出迴圈並 return，造成非同步工作退出。這會卸除廣播通道的 Receiver，取消訂閱通道。如此一來，如果連線被切斷，下一次群組試著對它傳送訊息時，它的每一個群組成員都會被清除。

我們的聊天群組從未關閉，因為我們從未將群組表裡面的群組移除，但為了完整起見，handle_subscriber 可以藉著退出工作來處理 Closed 錯誤。

注意，我們為每一個用戶端的每一個群組成員建立一個新的非同步工作，能夠如此是因為非同步工作使用的記憶體比執行緒少很多，而且在一個程序中，從一個非同步工作切換到另一個很有效率。

以上就是聊天伺服器的完整程式。它有點簡陋，而且 async_std、tokio 和 futures crate 還有很多好用的功能無法在本書介紹，但是這個例子可以說明非同步生態系統的一些功能是如何一起發揮作用的，包括：非同步工作、串流、非同步 I/O trait、通道、以及兩種互斥鎖。

原始的 Future 與 Executor：何時 Future 值得再次輪詢？

聊天伺服器展示了如何使用非同步基本元素來撰寫程式，例如 TcpListener 與 broadcast 通道，以及如何使用 block_on 與 spawn 的 executor 來推動它們的執行。現在我們要來看一下這些元素是怎麼實作的。我們的主要問題在於，當 future 回傳 Poll::Pending 時，它是怎麼與 executor 協調，在正確的時間再次進行輪詢的？

考慮當我們執行這段程式時會發生什麼事，它來自聊天用戶端的 main 函式：

```
task::block_on(async {
    let socket = net::TcpStream::connect(address).await?;
    ...
})
```

當 block_on 第一次輪詢非同步區塊的 future 時，網路連線幾乎都不會立刻就緒，所以 block_on 進入休眠。但是它什麼時候該醒來？一旦網路連線就緒，TcpStream 就必須以某種方式要求 block_on 再次輪詢非同步區塊的 future，因為它知道這一次 await 將會完成，而且執行非同步區塊可以取得進展。

當 block_on 這類的 executor 輪詢 future 時，它必須傳入一個稱為 *waker* 的回呼。如果 future 尚未就緒，根據 Future trait 的規則，它現在必須回傳 Poll::Pending，並且安排在 future 值得再次輪詢時，再次呼叫 waker。

所以手寫的 Future 程式長這樣：

```
use std::task::Waker;

struct MyPrimitiveFuture {
    ...
    waker: Option<Waker>,
}

impl Future for MyPrimitiveFuture {
    type Output = ...;

    fn poll(mut self: Pin<&mut Self>, cx: &mut Context<'_>) -> Poll<...> {
        ...

        if ... future is ready ... {
            return Poll::Ready(final_value);
        }

        // 儲存 waker 備用。
        self.waker = Some(cx.waker().clone());
        Poll::Pending
    }
}
```

換句話說，如果 future 的值就緒了，那就回傳它，否則，就在某處儲存 Context 的 waker 的複本，並回傳 Poll::Pending。

當 future 值得再次輪詢時，future 必須通知上次輪詢它的 executor，藉著呼叫它的 waker 的 wake 方法：

```
// 如果我們有 waker，呼叫它，並清除 `self.waker`。
if let Some(waker) = self.waker.take() {
    waker.wake();
}
```

在理想情況下，executor 與 future 會輪流進行輪詢和喚醒：executor 輪詢 future 然後進入休眠，接著 future 呼叫 waker，所以 executor 醒來並再次輪詢 future。

非同步函式與區塊的 future 不會自己處理 waker，它們只會將它們收到的 context 傳給它們等待的子 future，將儲存和呼叫 waker 的義務委託給它們。在聊天用戶端裡面，第一次輪詢非同步區塊的 future 時只會傳遞 context，在它等待 TcpStream::connect 的 future 的時候。接下來的輪詢也會將它們的 context 傳給區塊接下來要等待的 future。

之前的範例展示了 TcpStream::connect 的 future handle 是如何被輪詢的：它將 waker 傳給一個協助執行緒，該執行緒會等待連線就緒，然後喚醒它。

Waker 實作了 Clone 與 Send，所以 future 一定可以製作它自己的 waker 複本，並將它送給其他執行緒。Waker::wake 方法會耗用 waker，此外還有一個 wake_by_ref 方法不會耗用 waker，但有些 executor 可以更有效率地實作耗用版本（差異頂多是一個 clone）。

executor 過度輪詢 future 不會造成傷害，只是很沒有效率。但是，future 只應該在輪詢可帶來實際的進展時呼叫 waker：錯誤的喚醒和輪詢會讓 executor 完全不休眠，造成電力的浪費，並且降低處理器對其他工作的反應速度。

了解 executor 與原始 future 如何溝通之後，我們要來實作原始 future 本身，然後解釋 block_on executor 的實作。

呼叫 waker：spawn_blocking

本章曾經介紹 spawn_blocking 函式，它讓一個 closure 在另一個執行緒上運行，並回傳該 closure 的回傳值的 future。現在我們已經具備自行實作 spawn_blocking 的所有元素了。為了簡化，我們的版本會幫每一個 closure 建立一個新的執行緒，而不是像 async_std 的版本那樣使用執行緒池。

雖然 spawn_blocking 回傳一個 future，但我們不打算將它寫成 async fn，而是將它寫成普通的同步函式，讓它回傳 SpawnBlocking 結構，我們將用它來自己實作 Future。

這是我們的 spawn_blocking 的簽章：

```
pub fn spawn_blocking<T, F>(closure: F) -> SpawnBlocking<T>
where F: FnOnce() -> T,
      F: Send + 'static,
      T: Send + 'static,
```

我們需要將 closure 送到另一個執行緒，並且取回回傳值，所以 closure F 與它的回傳值 T 都必須實作 Send。我們不知道執行緒將執行多久，所以它們也都必須是 'static。std::thread::spawn 本身也施加同樣的 bound。

SpawnBlocking<T> 是 closure 的回傳值的 future，它的定義是：

```
use std::sync::{Arc, Mutex};
use std::task::Waker;

pub struct SpawnBlocking<T>(Arc<Mutex<Shared<T>>>);

struct Shared<T> {
    value: Option<T>,
    waker: Option<Waker>,
}
```

Shared 結構是 future 與執行 closure 的執行緒的會合點，所以它是 Arc 擁有的，而且用 Mutex 來保護（在此也可以使用同步互斥鎖）。輪詢 future 會檢查值是否存在，若不存在，則將 waker 存入 waker。執行 closure 的執行緒會將它的回傳值存入 value，然後呼叫 waker，若存在的話。

這是 spawn_blocking 的完整定義：

```
pub fn spawn_blocking<T, F>(closure: F) -> SpawnBlocking<T>
where F: FnOnce() -> T,
      F: Send + 'static,
      T: Send + 'static,
{
    let inner = Arc::new(Mutex::new(Shared {
        value: None,
        waker: None,
    }));

    std::thread::spawn({
        let inner = inner.clone();
        move || {
            let value = closure();

            let maybe_waker = {
```

```
                    let mut guard = inner.lock().unwrap();
                    guard.value = Some(value);
                    guard.waker.take()
                };

                if let Some(waker) = maybe_waker {
                    waker.wake();
                }
            }
        });

        SpawnBlocking(inner)
    }
```

在建立 Shared 值之後，它會生產一個執行緒來執行 closure，將結果存入 Shared 的 value 欄位，並呼叫 waker，若有的話。

我們可以這樣子實作 SpawnBlocking 的 Future：

```
    use std::future::Future;
    use std::pin::Pin;
    use std::task::{Context, Poll};

    impl<T: Send> Future for SpawnBlocking<T> {
        type Output = T;

        fn poll(self: Pin<&mut Self>, cx: &mut Context<'_>) -> Poll<T> {
            let mut guard = self.0.lock().unwrap();
            if let Some(value) = guard.value.take() {
                return Poll::Ready(value);
            }

            guard.waker = Some(cx.waker().clone());
            Poll::Pending
        }
    }
```

輪詢 SpawnBlocking 會檢查 closure 的值是否就緒，若就緒，則取得它的所有權並回傳它，否則，future 仍然是等待完成的，所以它在 future 的 waker 欄位中儲存 context 的 waker 的複本。

一旦 Future 回傳 Poll::Ready，你就不能再輪詢它了。耗用 future 的做法（例如 await 與 block_on）都遵守這條規則。當 SpawnBlocking future 被過度輪詢時不會發生恐怖的事情，但是它也不會特別處理那種情況。手寫的 future 通常採取這種做法。

實作 block_on

我們除了可以實作原始的 future 之外，也擁有建構簡單的 executor 所需的所有元素了。在這一節，我們要編寫自己的 block_on。它比 async_std 的版本簡單得多，例如，它不支援 spawn_local、task-local 變數，或嵌套呼叫（從匿名程式呼叫 block_on）。但是它足以運行聊天用戶端和伺服器。

程式如下：

```rust
use waker_fn::waker_fn;       // Cargo.toml: waker-fn = "1.1"
use futures_lite::pin;        // Cargo.toml: futures-lite = "1.11"
use crossbeam::sync::Parker;  // Cargo.toml: crossbeam = "0.8"
use std::future::Future;
use std::task::{Context, Poll};

fn block_on<F: Future>(future: F) -> F::Output {
    let parker = Parker::new();
    let unparker = parker.unparker().clone();
    let waker = waker_fn(move || unparker.unpark());
    let mut context = Context::from_waker(&waker);

    pin!(future);

    loop {
        match future.as_mut().poll(&mut context) {
            Poll::Ready(value) => return value,
            Poll::Pending => parker.park(),
        }
    }
}
```

這段程式很短，但它做了很多事情，我們來逐一說明。

```rust
let parker = Parker::new();
let unparker = parker.unparker().clone();
```

crossbeam crate 的 Parker 型態是一個會阻塞的基本型態：呼叫 parker.park() 會塞住執行緒，直到別人呼叫對映的 Unparker 的 .unpark() 為止，unparker 是事先呼叫 parker.unparker() 來取得的。如果你 unpark 一個尚未 park 的執行緒，它下次呼叫 park 會立刻 return，不會塞住。我們的 block_on 會使用 Parker 在 future 尚未就緒時進行等待，我們傳給 future 的 waker 會將它 unpark。

```rust
let waker = waker_fn(move || unparker.unpark());
```

waker_fn 函式來自同名的 crate，它用指定的 closure 來建立一個 Waker。在此，我們製作一個 Waker，當它被呼叫時，它會呼叫 closure move || unparker.unpark()。你也可以藉著實作 std::task::Wake trait 來建立 waker，但 waker_fn 比較方便一些。

```
pin!(future);
```

當 pin! 巨集收到一個存有 F 型態的 future 的變數時，它會取得 future 的所有權，並宣告一個同名的新變數，新變數的型態是 Pin<&mut F>，並借用 future。所以我們有了 poll 方法所需的 Pin<&mut Self>。你必須先用 Pin 來引用非同步函式的 future 與區塊才能輪詢它們，原因會在下一節說明。

```
loop {
    match future.as_mut().poll(&mut context) {
        Poll::Ready(value) => return value,
        Poll::Pending => parker.park(),
    }
}
```

最後，輪詢迴圈很簡單。我們傳遞一個承載 waker 的 context，並輪詢 future，直到它回傳 Poll::Ready 為止。如果它回傳 Poll::Pending，我們就 park 執行緒，它會塞住，直到 waker 被呼叫為止。然後我們再試一次。

呼叫 as_mut 可讓我們在不放棄所有權的情況下輪詢 future，下一節會詳細解釋這一點。

使用 Pin

雖然非同步函式與區塊對寫出清楚的程式來說非常重要，但處理它們的 future 需要注意一些問題。Pin 型態可協助 Rust 確保它們被安全地使用。

在這一節，我們將說明為何非同步函式與區塊的 future 不能像普通的 Rust 值那樣自由處理。接下來會展示 Pin 如何扮演指標的「核准章」，讓我們可以信任那些指標能夠安全地管理這些 future。最後，我們將展示一些 Pin 值的用法。

future 的兩個生命階段

考慮這個簡單的非同步函式：

```
use async_std::io::prelude::*;
use async_std::{io, net};

async fn fetch_string(address: &str) -> io::Result<String> {
```

```
❶
let mut socket = net::TcpStream::connect(address).await ❷ ?;
let mut buf = String::new();
socket.read_to_string(&mut buf).await ❸ ?;
Ok(buf)
}
```

它打開一個接往指定位址的 TCP 連結，然後以 String 回傳伺服器想傳送的東西。程式中的❶、❷與❸是恢復點（*resumption point*），它們是在非同步函式裡面，可能暫停執行的地方。

假如你呼叫它，不進行等待：

```
let response = fetch_string("localhost:6502");
```

response 是一個 future，可在 fetch_string 的開頭使用給定的引數來執行。在記憶體裡內，future 長得像圖 20-5。

由於我們剛才建立了這個 future，它說執行會從恢復點❶開始，位於函式主體的最上面。在這個狀態下，future 繼續執行所需的值只有函式的引數。

現在假設你輪詢 response 好幾次，讓它到達函式本體的這個地方：

```
socket.read_to_string(&mut buf).await ❸ ?;
```

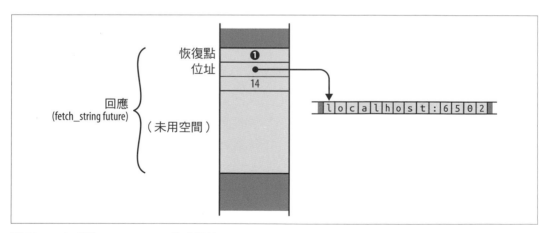

圖 20-5　在呼叫 fetch_string 後建構的 future

我們進一步假設 read_to_string 的結果尚未就緒,所以這次輪詢回傳 Poll::Pending。此時,future 長得像圖 20-6。

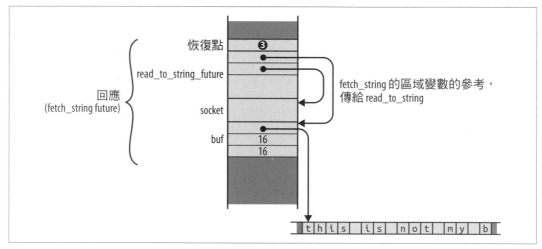

圖 20-6　同一個 future,在等待 read_to_string 的過程中

future 必須持有下一次輪詢時恢復執行所需的所有資訊。在這個例子中,它們是:

- 恢復點❸,指出應該在輪詢 read_to_string 的 future 的 await 內恢復執行。

- 在恢復點存活的變數:socket 與 buf。address 的值在 future 裡面不存在,因為函式不需要它了。

- read_to_string 子 future,它的 await 運算式位於輪詢的中間。

注意,呼叫 read_to_string 會借用 socket 與 buf 的參考。在同步函式裡,所有區域變數都被放在堆疊裡,但是在非同步函式裡,存活時間超過 await 的區域變數都必須放在 future 裡,以便在下一次被輪詢時使用。借用這種變數的參考會借用一部分的 future。

但是,Rust 規定值被借用時不能移動。假如你將這個 future 移到新位置:

```
let new_variable = response;
```

Rust 無法找到所有活躍的參考並相應地調整它們。參考不會指向 socket 與 buf 的新位置,而是繼續指向它們在目前未初始化的 response 裡面的舊位置。它們已經變成懸空指標了,如圖 20-7 所示。

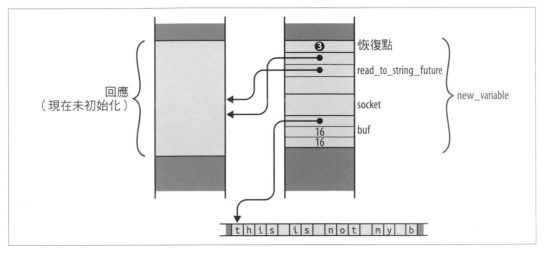

圖 20-7　fetch_string 的 future，在借用時移動（Rust 防止這件事）

防止被借用的值被移除通常是借用檢查機制的職責。借用檢查機制將變數視為所有權樹的
根，但是與存放在堆疊上的變數不同的是，被存放在 future 裡面的變數會在 future 本身移
動時跟著移動。這意味著，借用 socket 與 buf 不但會影響 fetch_string 可以對它自己的
變數做哪些事情，也會影響它的呼叫方可以安全地針對回應做哪些事情，呼叫方就是持有
它們的 future。非同步函式的 future 是借用檢查機制的盲點，如果 Rust 想要遵守它的記憶
體安全承諾，它就必須設法克服它。

Rust 處理這個問題的做法基於這件事情：當 future 被初次建立時，移動它是安全的，當它
們被輪詢時才會變成不能安全移動。藉著呼叫非同步函式來建立的 future 只存有恢復點與
引數值，它們只位於非同步函式本體的作用域內，那裡還沒有開始執行。只有輪詢 future
才能借用它的內容。

由此可見，每一個 future 都有兩個生命階段：

- 第一階段從 future 被建立時開始，因為函式的本體還沒有開始執行，所以它的所有部
  分還不能借用，此時，它可以像其他的 Rust 值一樣安全地移動。

- 第二階段從 future 第一次被輪詢時開始。當函式的本體開始執行時，它可以借出被儲
  存在 future 內的變數的參考，然後等待，讓那部分的 future 被借用。從第一次輪詢之
  後，我們必須假設 future 無法安全移動了。

靈活的第一個生命階段可讓我們傳遞 future 給 block_on 與 spawn，並呼叫 race 與 fuse 等 adapter 方法，它們都以值接收 future。事實上，即使是建立 future 的非同步函式呼叫也必須將它回傳給呼叫方，這也是一次移動。

future 被輪詢才會進入第二個生命階段。poll 方法規定 future 以 Pin<&mut Self> 值來傳遞。Pin 是指標型態的包裝（就像 &mut Self），它限制了指標的用法，確保它們的參考對象（例如 Self）再也不能移動。所以你必須先產生一個以 Pin 包裝，並且指向 future 的指標，才能輪詢它。

這就是 Rust 維持 future 安全的策略：在 future 被輪詢之前移動它不能帶來危險；若要輪詢一個 future，你必須建立一個以 Pin 包裝、指向它的指標；一旦你做了這件事，你就不能移動那個 future 了。

「不能移動的值」似乎是不可能的事情：移動在 Rust 裡面隨處可見。下一節會解釋 Pin 到底是怎麼保護 future 的。

雖然這一節討論的是非同步函式，但是本節提到的所有事情也都適用於非同步區塊。剛建立的非同步區塊的 future 會從周圍的程式捕捉它將使用的變數，如同 closure。只有輪詢 future 才可以建立指向它的內容的參考，讓它無法安全移動。

切記，只有非同步函式與區塊的 future，以及編譯器為它們特別產生的 Future 實作才有這種脆弱的移動性。如果你為自己的型態實作 Future，就像我們在第 600 頁的「呼叫 waker：spawn_blocking」裡面，為 SpawnBlocking 型態所做的那樣，這種 future 被輪詢之前都是可以安全移動的。在手寫的 poll 實作中，借用檢查機制會確保借給 self 的參考在 poll return 時會消失，因為非同步函式與區塊有能力在函式呼叫的過程中暫停執行，此時仍然在借用中，所以我們必須謹慎地處理它們的 future。

pinned 指標

Pin 型態是 future 的指標的包裝，它限制了指標的用法，以確保 future 被輪詢時不會移動。對於不介意被移動的 future，這些限制可以取消，但它們對安全地輪詢非同步函式和區塊的 future 而言非常重要。

我們所說的指標是指實作了 Deref 的型態，也許是實作了 DerefMut。被 Pin 包住的指標稱為 *pinned* 指標。Pin<&mut T> 與 Pin<Box<T>> 都是典型的案例。

Pin 在標準程式庫裡面的定義很簡單：

```
pub struct Pin<P> {
    pointer: P,
}
```

注意，pointer 欄位不是 pub。這意味著你只能透過該型態精心選擇的方法來建構或使用 Pin。

當你有一個非同步函式或區塊的 future 時，你只能用幾種方式來取得一個指向它的 pinned 指標：

- futures-lite crate 的 pin! 巨集可以使用 Pin<&mut T> 型態的新變數來 shadow T 型態的變數。新變數指向原始變數的值，該值已經被移到堆疊的一個無名的臨時位置了。當變數離開作用域時，那個值會被卸除。我們在 block_on 裡面使用 pin! 來 pin 我們想要輪詢的 future。

- 標準程式庫的 Box::pin 建構式會取得任何型態 T 的值的所有權，將它移入 heap，並回傳一個 Pin<Box<T>>

- Pin<Box<T>> 實作了 From<Box<T>>，所以 Pin::from(boxed) 取得 boxed 的所有權，並給你一個 pinned box，指向 heap 裡的同一個 T。

取得指向這些 future 的 pinned 指標的各種做法都要交出 future 的所有權，而且無法拿回來。pinned 指標本身當然可以用你喜歡的任何方式移動，但是移動指標不會移動它的參考對象。所以擁有一個指向 future 的 pinned 指標代表你已經永久放棄移動那個 future 的能力。以上就關於它可以被安全地輪詢的所有事情。

當你 pin 一個 future 之後，如果你想要輪詢它，所有的 Pin<pointer to T> 型態都有一個 as_mut 方法可解參考指標，並回傳那個 poll 需要的 Pin<&mut T>。

as_mut 方法也可以協助你輪詢一個 future 而不必放棄所有權。我們的 block_on 就是這樣使用它：

```
pin!(future);

loop {
    match future.as_mut().poll(&mut context) {
        Poll::Ready(value) => return value,
        Poll::Pending => parker.park(),
    }
}
```

在此，pin! 巨集將 future 重新宣告為 Pin<&mut F>，所以我們可以將它傳給 poll。但是可變參考不是 Copy，所以 Pin<&mut F> 也不是 Copy，這意味著直接呼叫 future.poll() 會取得 future 的所有權，使得迴圈的下一次迭代有一個未初始化的變數。為了避免這件事，我們在每一次迭代呼叫 future.as_mut() 來重新借用一個新的 Pin<&mut F>。

你無法取得 pinned future 的 &mut 參考：如果你可以，你就可以使用 std::mem::replace 或 std::mem::swap 來將它移出，並將一個不同的 future 放到它的位置。

在普通的非同步程式裡面不需要關心 pin future 的原因在於，取得 future 的值的常見做法（等待它，或傳一個 executor）都會取得 future 的所有權，並在內部管理 pinning。例如，我們的 block_on 實作取得 future 的所有權，並使用 pin! 巨集來產生輪詢所需的 Pin<&mut F>。await 運算式也會取得 future 的所有權，並在內部使用與 pin! 類似的做法。

Unpin trait

但是，並非所有 future 都需要這樣小心地處理。你為普通型態製作的任何 Future 實作，例如之前提到的 SpawnBlocking 型態，都不需要遵守關於建構與使用 pinned 指標的限制。

這種永久型態實作了 Unpin 標記 trait：

```
trait Unpin { }
```

Rust 的型態幾乎都自動實作了 Unpin，可使用編譯器的特殊支援，除了非同步函式與區塊 future 之外。

Pin 未對 Unpin 型態施加任何限制。你可以用普通的指標與 Pin::new 來製作一個 pinned 指標，並使用 Pin::into_inner 來取回指標。Pin 本身會傳遞指標本身的 Deref 與 DerefMut 實作。

例如，String 實作了 Unpin，所以我們可以這樣寫：

```
let mut string = "Pinned?".to_string();
let mut pinned: Pin<&mut String> = Pin::new(&mut string);

pinned.push_str(" Not");
Pin::into_inner(pinned).push_str(" so much.");

let new_home = string;
assert_eq!(new_home, "Pinned? Not so much.");
```

即使在製作 Pin<&mut String> 之後，我們也可以完全可變地操作字串。當 Pin 已經被 into_inner 耗用，且可變參考消失時，我們也可以將它移到新變數。所以對於本身是 Unpin 的型態而言（幾乎所有型態），Pin 是個包著該型態的指標的包裝。

這意味著當你為自己的 Unpin 型態實作 Future 時，你的 poll 實作可以將 self 視為 &mut Self，而不是 Pin<&mut Self>。pinning 變成幾乎可以忽略的事情。

即使 F 沒有實作 Unpin，Pin<&mut F> 與 Pin<Box<F>> 也實作了 Unpin。也許你很驚訝：Pin 怎麼可能是 Unpin？但仔細想一下每句話的意思會發現它很合理。即使 F 被輪詢後不能安全地移動，指向它的指標始終可以安全地移動，無論有沒有輪詢，移動的只有指標，它那脆弱的參考物維持不變。

如果你想要將非同步函式或區塊的 future 傳給一個只接受 Unpin future 的函式，你一定要知道上述的事情（這種函式在 async_std 裡面很少見，在 async 生態系統的其他地方更是稀有）。即使 F 不是 Unpin，Pin<Box<F>> 也是 Unpin，所以對著非同步函式或區塊 future 使用 Box::pin 會得到一個可在任何地方使用的 future，代價是你要配置 heap。

Rust 有各種 unsafe 方法可以和 Pin 一起使用，讓你用指標和它的目標做你想做的任何事情，即使目標的型態不是 Unpin。但是如同第 22 章說過的，Rust 無法檢查這些方法是否被正確使用，你要負責確保使用它們的程式的安全性。

非同步程式何時有用？

非同步程式比多執行緒程式更難寫。你必須使用正確的 I/O 與同步基元，親手拆開長期運行的計算，或將它拆到其他的執行緒上，並管理其他細節，例如在執行緒程式裡不會出現的 pinning，那麼，非同步程式到底有什麼特別的好處？

你可能會經常聽到兩種經不起推敲的說法：

- 「非同步程式很適合 I/O。」這種說法不太正確。如果 app 要花時間等待 I/O，把它寫成非同步不會讓 I/O 跑更快。當今常用的非同步 I/O 介面都不會比同步版本更有效率。無論採取哪種版本，作業系統都要做同樣的工作（事實上，尚未就緒的非同步 I/O 操作必須重試，因此需要兩次系統呼叫才能完成工作，而不是一次）。

- 「同步程式比多執行緒程式更容易寫。」在 JavaScript 與 Python 等語言中，這句話也許是對的。在這些語言裡，程式設計師將 async/await 當成並行的一種形式來使用：程式有一個執行緒，中斷只會發生在 await 運算式，所以通常不需要用互斥鎖來維持資料的一致性，只要別在使用到一半時 await 就好了！如果工作的切換只在你明確許可的情況下發生，了解你的程式就容易許多。

  但是這種說法在 Rust 裡不成立，因為 Rust 的執行緒沒那麼麻煩。如果程式可以編譯，它就不會出現資料爭用。非確定性的行為都被限制在同步功能裡，例如互斥鎖、通道、原子…等，而它們正是為了處理非確定性而設計的。所以非同步程式沒有獨特的優勢可以協助你在其他執行緒可能影響你時察覺這種情況，在所有的安全 Rust 程式裡，這都是明顯的事情。

  當然，Rust 的非同步支援和執行緒必須同時使用才能真正發揮它的威力，放棄它是很可惜的。

那麼，非同步程式的優點是什麼？

- 非同步程式可使用較少記憶體。在 Linux 上，執行緒使用的記憶體是 20 KiB 起跳，包括用戶和 kernel 空間[2]。future 可能小很多：我們的聊天伺服器的 future 是幾百 bytes，而且會隨著 Rust 編譯器的改善而越來越小。

- 非同步工作的建立速度比較快。在 Linux 上，建立一個執行緒需要大約 15 μs。生產一個非同步工作需要大約 300 ns，大約是 1/5 的時間。

- 非同步工作之間的背景切換速度比作業系統執行緒更快，在 Linux 是 0.2 μs vs. 1.7 μs[3]。但是，這個數據來自兩者的最佳情況：如果背景切換的原因是 I/O 就緒，兩者的成本都會上升至 1.7 μs。在執行緒之間的切換 vs. 在不同處理器核心上的工作之間的切換也有巨大的差異。核心之間的溝通速度非常緩慢。

由此可知非同步程式適合解決哪些問題。例如，非同步伺服器可能使用更少記憶體來處理每一個工作，因此可以處理更多同時出現的連結（這應該是非同步程式獲得「很適合 I/O」這種名聲的原因）。或者，如果你的設計很自然地組織成許多彼此溝通的獨立工作，那麼單一工作低成本、建立時間短、背景切換迅速都是很重要的優勢。這就是為什麼聊天伺服器是使用非同步程式的經典案例，但多人遊戲與網路路由器應該也很適合使用它。

---

2 這包括 kernel 記憶體，以及為執行緒配置的實體頁面，不包括虛擬的、尚未配置的頁面。這個數據在 macOS 與 Windows 上很接近。

3 在 kernel 因為處理器的安全缺陷而被迫使用較慢的技術之前，Linux 背景切換曾經也在 0.2 μs 範圍內。

在其他的情況下，非同步程式比較沒有明顯的用例。如果你的程式使用執行緒池來做大量的計算或坐等 I/O 完成，上述的優點應該不會對性能造成太大的影響。你必須優化你的計算，找到更快的網路連線，或做一些實際影響限制因素的其他事情。

在實務上，關於製作高流量伺服器的教學都強調測量、調整、以及尋找並消除工作彼此競爭的來源的重要性。非同步架構無法幫你省略這些工作。事實上，雖然有很多現成的工具可評估多執行緒程式的行為，但那些工具並不認識 Rust 非同步工作，因此 Rust 需要自己的工具。（正如某位智慧的長者所言「現在你有兩個問題。」）

即使你現在不使用非同步程式，知道這項工具也是一件好事，以防萬一你有幸比現在忙碌許多。

## 第二十一章

巨集

cento（「拼布」的拉丁語）是完全以其他詩人的作品組成的詩歌。

—Matt Madden

Rust 支援巨集（*macro*），巨集是一種擴展語言的方式，它可以做單獨使用函式無法做的事情。例如我們看過的 assert_eq! 巨集，它可以幫助你進行測試：

```
assert_eq!(gcd(6, 10), 2);
```

它也可以寫成泛型函式，但 assert_eq! 巨集做了一些函式做不到的事情，其中一件事就是當斷言失敗時，assert_eq! 會產生一個錯誤訊息，裡面有斷言的檔名和行數。函式無法取得那些資訊，巨集可以，因為它們的運作方式全然不同。

巨集是一種簡寫。在編譯的過程中，編譯器很早就展開巨集呼叫了，遠在編譯器檢查型態與產生任何機器碼之前，也就是說，它們都被轉換成某些 Rust 程式碼。將上述的巨集呼叫展開大概會變成：

```
match (&gcd(6, 10), &2) {
    (left_val, right_val) => {
        if !(*left_val == *right_val) {
            panic!("assertion failed: `(left == right)`, \
                    (left: `{:?}`, right: `{:?}`)", left_val, right_val);
        }
    }
}
```

panic! 也是巨集，它本身可以展開成更多 Rust 程式碼（在此不展示），那段程式碼也使用兩個其他的巨集，file!() 與 line!()。當 crate 裡面的每一個巨集呼叫都被完全展開時，Rust 會進入下一個編譯階段。

在執行期，斷言失敗可能長這樣（代表在 gcd() 裡面的一個 bug，因為 2 是正確答案）：

```
thread 'main' panicked at 'assertion failed: `(left == right)`, (left: `17`,
right: `2`)', gcd.rs:7
```

如果你來自 C++，你可能有一些關於巨集的糟糕經歷。Rust 巨集採取不同的做法，類似 Scheme 的 syntax-rules。相較於 C++ 巨集，Rust 巨集和這種語言的其餘部分整合得更好，所以比較不容易出錯。巨集呼叫一定有驚嘆號，所以它們很容易被看到，不會讓你想要呼叫函式卻不小心呼叫它們。Rust 巨集不會插入不成對的中括號或小括號，而且 Rust 巨集具備模式比對，可幫助你寫出容易維護且吸引人使用的巨集。

本章將用幾個簡單的範例來展示如何編寫巨集。但如同大部分的 Rust，更深入地了解巨集可讓你更充分地利用它，所以我們將探討一個複雜巨集的設計，那個巨集可讓我們直接在程式中嵌入 JSON 常值。但受限於篇幅，我們無法完整介紹巨集，所以最後，我們將介紹一些其他的研究資源，包括之前展示過的工具的高階技術，以及一種更強大的工具，稱為程序式巨集。

巨集基礎

圖 21-1 是 assert_eq! 巨集的部分原始碼。

模式　　模板

```
macro_rules! assert_eq {
    ($left:expr , $right:expr) => ({
        match (&$left, &$right) {
            (left_val, right_val) => {
                if !(*left_val == *right_val) {
                    panic!("assertion failed: `(left == right)` \
                           (left: `{:?}`, right: `{:?}`)",
                           left_val, right_val)
                }
            }
        }
    });
}
```

圖 21-1　assert_eq! 巨集

macro_rules! 是在 Rust 中定義巨集的主要工具。注意，在這個巨集的定義裡面，assert_eq 後面沒有 !，! 只在呼叫巨集時使用，在定義它時不需要。

並非所有巨集都以這種方式定義，有些巨集是編譯器內建的，例如 file!、line! 與 macro_rules!，本章結尾也會介紹另一種做法，稱為程序式巨集。但是我們會把重點放在 macro_rules! 上，因為它是自行編寫巨集最簡單的做法（到目前為止）。

用 macro_rules! 定義的巨集完全用模式比對來工作。巨集的本體只是一系列的規則：

    （模式 1）=>（模板 1）;

    （模式 2）=>（模板 2）;

    ...

在圖 21-1 中的 assert_eq! 版本只有一個模式與一個模板。

順便說一下，你可以將模式或模板周圍的小括號換成中括號或大括號，它們對 Rust 而言沒有不同，它們在呼叫巨集時也是等效的：

```
assert_eq!(gcd(6, 10), 2);
assert_eq![gcd(6, 10), 2];
assert_eq!{gcd(6, 10), 2}
```

它們唯一的區別在於，在大括號後面的分號通常可以省略。我們習慣在呼叫 assert_eq! 時使用小括號，在呼叫 vec! 時使用中括號，在呼叫 macro_rules! 時使用大括號。

使用簡單的範例來展示巨集的展開以及它的定義之後，接下來要探討它的運作細節：

• 我們將解釋 Rust 如何在程式中找到巨集的定義並展開它。

• 我們將介紹以巨集模板來生成程式碼的過程之中的微妙之處。

• 最後，我們將展示模式如何處理重複的結構。

巨集展開基本知識

Rust 在編譯的早期就展開巨集了。編譯器會從頭到尾讀取原始碼，在過程中定義和展開巨集。你不能在定義巨集之前呼叫它，因為 Rust 會立刻展開巨集呼叫再閱讀其餘的程式（相較之下，函式與其他項目不一定要按照特定的順序，你可以呼叫以後才在 crate 裡定義的函式）。

Rust 展開 assert_eq! 巨集呼叫很像計算一個 match 運算式。Rust 會先拿引數與模式進行比對，如圖 21-2 所示。

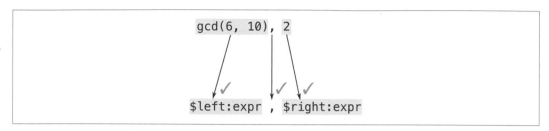

圖 21-2　展開巨集，第 1 部分：對引數進行模式比對

巨集模式是 Rust 內部的迷你語言，模式其實是比對程式碼的正規表達式。但是，正規表達式處理的是字元，模式則處理 基 元（token），也就是數字、名稱、標點符號…等 Rust 基本元素。這意味著，你可以在巨集模式內自由地使用註釋和空白字元來讓它們更容易閱讀。註釋與空白字元不是基元，所以它們不會影響比對。

正規表達式與巨集模式的另一個重要差異是，在 Rust 裡，小括號、中括號與大括號一定是成對的。Rust 會在展開巨集之前檢查這件事，它不是只在巨集模式裡檢查，而是在整個語言裡檢查。

這個例子的模式有個片 段（fragment）$left:expr，它要求 Rust 比對一個運算式（在此是 gcd(6, 10)）並為它指定名稱 $left。接下來，Rust 會比對模式內的逗號與 gcd 的引數後面的逗號。與正規表達式一樣，模式只有幾個特殊的字元會觸發有趣的比對行為，其他的任何東西，例如這個逗號，都必須一字不差，否則比對就會失敗。最後，Rust 比對運算式 2，並為它指定名稱 $right。

在這個模式裡面的兩個程式片段都是 expr 型態，代表它們希望看到運算式。我們將在第 627 頁的「片段型態」介紹其他的程式片段型態。

因為這個模式與所有引數一致，所以 Rust 展開對映的模板（template）（圖 21-3）。

Rust 將 $left 與 $right 換成它在比對過程中找到的程式片段。

很多人會錯誤地在輸出模板裡面使用片段型態，寫成 $left:expr，而不是 $left。Rust 不會立刻發現這種錯誤。它會將 $left 視為替代物，將 :expr 視為模板內的其他東西，也就是將要放入巨集輸出的基元。所以錯誤訊息在你呼叫巨集時才會發生，此時，它會產生一堆無法編譯的偽輸出。如果你在使用一個新巨集時看到類似這樣的錯誤訊息：cannot find type `expr` in this scope 與 help: maybe you meant to use a path separator here，請檢查一下有沒有這種錯誤（第 625 頁的「對巨集進行偵錯」針對這種情況提供更多的一般性建議）。

```
                                                          換成 gcd(6, 10)
                                                          換成 2
    {
        match (&$left, &$right) {
            (left_val, right_val) => {
                if !(*left_val == *right_val) {
                    panic!("assertion failed: `(left == right)` \
                            (left: `{:?}`, right: `{:?}`)",
                           left_val, right_val)
                }
            }
        }
    }
```

圖 21-3 展開巨集，第 2 部分：填入模板

巨集模板與 web 程式設計常用的十幾種模板語言沒有太大的不同。唯一的差異（而且是很重要的一個）在於，巨集模板的輸出是 Rust 程式碼。

意外的結果

「將程式片段插入模板」與「處理值的常規程式」有微妙的不同，這些差異有時不太明顯。剛才的巨集 assert_eq! 裡面有一些略顯奇怪的程式碼，其原因說明了很多關於巨集程式設計的問題。我們來看特別有趣的兩個地方。

首先，為何這個巨集要建立 left_val 與 right_val 變數？為什麼不能把模板簡化成這樣？

```
if !($left == $right) {
    panic!("assertion failed: `(left == right)` \
            (left: `{:?}`, right: `{:?}`)", $left, $right)
}
```

為了回答這個問題，請在腦海中展開巨集呼叫 assert_eq! (letters.pop(), Some('z'))。它的輸出是什麼？ Rust 會將相符的運算式插至模板的多個地方。但是在建立錯誤訊息時不應該重新計算整個運算式，不僅僅是因為這會花掉兩倍的時間，也因為 letters.pop() 會從向量移除一個值，所以當我們第二次呼叫它時，它會產生不同的值！這就是為什麼真正的巨集模板只會計算 $left 與 $right 一次，並儲存它們的值。

第二個問題是：為什麼這個巨集要借用 $left 與 $right 的值的參考？為什麼不直接將值存入變數就好，像這樣？

```
macro_rules! bad_assert_eq {
    ($left:expr, $right:expr) => ({
        match ($left, $right) {
            (left_val, right_val) => {
                if !(left_val == right_val) {
                    panic!("assertion failed" /* ... */);
                }
            }
        }
    });
}
```

在我們考慮的例子裡，巨集引數是整數，所以這樣寫沒問題，但是如果呼叫方傳遞 String 變數作為 $left 或 $right，這段程式會將值移出變數！

```
fn main() {
    let s = "a rose".to_string();
    bad_assert_eq!(s, "a rose");
    println!("confirmed: {} is a rose", s);  // 錯誤：使用被移動的值 "s"
}
```

因為我們不希望斷言移動值，所以巨集會借用參考。

（你可能納悶，為何巨集使用 match 而不是 let 來定義變數，我們也很納悶。事實上，這沒有什麼特別的理由。使用 let 也可以。）

簡言之，巨集可能有令人驚奇的行為。如果你寫的巨集的周圍發生奇怪的事情，那應該是巨集搞出來的。

這個經典的 C++ 巨集 bug 是你不會看到的：

```
// 有 bug 的 C++ 巨集，為一個數字加 1
#define ADD_ONE(n) n + 1
```

出於多數的 C++ 程式設計師都很熟悉，而且不值得在此特別解釋的原因，像 ADD_ONE(1) * 10 或 ADD_ONE(1 << 4) 這種不起眼的程式因為使用了這個巨集而造成非常驚人的結果，修正它的方法是在巨集定義裡加入更多小括號。在 Rust 裡不需要這樣做，因為 Rust 巨集和語言整合得很好，Rust 知道它正在處理運算式，所以當它將一個運算式貼到另一個時，它都會加上小括號。

重複

標準的 vec! 巨集有兩種形式：

```
// 重複一個值 N 次
let buffer = vec![0_u8; 1000];

// 一個值串列，以逗號分開
let numbers = vec!["udon", "ramen", "soba"];
```

它可以實作成這樣：

```
macro_rules! vec {
    ($elem:expr ; $n:expr) => {
        ::std::vec::from_elem($elem, $n)
    };
    ( $( $x:expr ),* ) => {
        <[_]>::into_vec(Box::new([ $( $x ),* ]))
    };
    ( $( $x:expr ),+ ,) => {
        vec![ $( $x ),* ]
    };
}
```

這段程式有三條規則。接下來我們會解釋多條規則如何運作，然後依次說明每一條規則。

當 Rust 展開一個巨集呼叫，例如 vec![1, 2, 3] 時，它會先試著比對引數 1, 2, 3 與第一條規則的模式，在此是 $elem:expr ; $n:expr，它們不相符，因為 1 是運算式，但這個模式要求它後面有個分號，它沒有，所以 Rust 繼續處理第二條規則，以此類推。沒有規則相符將是個錯誤。

第一條規則處理 vec![0u8; 1000] 這類的用法。標準函式（但未記載）std::vec::from_elem 剛好可以做這裡需要做的事情，所以這條規則很簡單。

第二條規則處理 vec!["udon", "ramen", "soba"]。$($x:expr),* 這個模式使用我們還不認識的功能：重複。它會比對 0 個或更多運算式，運算式以逗號隔開。語法 $(PATTERN),* 用來比對以逗號隔開的串列，而且串列內的每一個項目都符合 PATTERN。

* 的意思與正規表達式一樣（0 或更多），儘管 regexp 沒有特殊的 ,* 重複符號。你也可以使用 + 來要求至少要有一個符合，或使用 ? 來要求零個或一個符合。表 21-1 是所有的重複模式。

表 21-1　重複模式

模式	意義
$(...)*	符合 0 次或更多次，沒有分隔符號
$(...),*	符合 0 次或更多次，以逗號分隔
$(...);*	符合 0 次或更多次，以分號分隔
$(...)+	符合 1 次或更多次，沒有分隔符號
$(...),+	符合 1 次或更多次，以逗號分隔
$(...);+	符合 1 次或更多次，以分號分隔
$(...)?	符合 0 次或 1 次，沒有分隔符號
$(...),?	符合 0 次或 1 次，以逗號分隔
$(...);?	符合 0 次或 1 次，以分號分隔

程式片段 $x 不僅僅是一個運算式，它是一連串的運算式。這條規則的模板也使用重複語法：

```
<[_]>::into_vec(Box::new([ $( $x ),* ]))
```

Rust 一樣有標準的方法可以做我們需要的工作，這段程式建立一個 boxed 陣列，然後使用 [T]::into_vec 方法來將 boxed 陣列轉換成向量。

最前面的 <[_]> 代表「某個東西的 slice」型態，期望 Rust 推斷它的元素的型態。使用普通代號作為名稱的型態可在運算式裡正常使用，但 fn()、&str、[_] 等型態必須放在角括號裡面。

「重複」位於模板的末端，$($x),*。這個 $ (...),* 語法與模式的語法一樣，它會迭代與 $x 匹配的運算式串列，並將它們都插入模板，以逗號隔開。

在這個例子裡，「重複」輸出看起來就像輸入，但是有時並非如此，我們也可以將規則寫成這樣：

```
( $( $x:expr ),* ) => {
    {
        let mut v = Vec::new();
        $( v.push($x); )*
        v
    }
};
```

模板裡的 $(v.push($x);)* 會幫 $x 裡面的每一個運算式插入一個 v.push() 呼叫。一個巨集分支可以展開成一系列的運算式，但在此，我們只需要一個運算式，所以我們將向量包在一個區塊內。

與 Rust 其餘的部分不同的是，使用 $(...),* 的模式不會自動支援選用的結尾逗號。但是，你可以採取一種標準做法來支援結尾逗號，也就是加入一條額外的規則，這就是 vec! 巨集的第三條規則做的事情：

```
( $( $x:expr ),+ ,) => {   // 如果結尾逗號存在，
    vec![ $( $x ),* ]      // 移除它並重試。
};
```

我們用 $(...),+ , 來比對有額外逗號的串列，然後在模板內，我們遞迴呼叫 vec! 來省略多餘的逗號。這一次，第二條規則將會相符。

內建的巨集

Rust 編譯器支援幾個在你定義自己的巨集時很有幫助的巨集。它們都不能單獨使用 macro_rules! 來實作，它們是寫死在 rustc 裡面的：

file!(), line!(), column!()

　　file!() 會展開成一個字串常值：當前的檔名。line!() 與 column!() 會展開成 u32 常值，提供目前的行與列（從 1 開始）。

　　如果有一個巨集呼叫另一個，那一個又呼叫另一個，全部都在不同的檔案內，而且最後一個巨集呼叫 file!()、line!() 或 column!()，它會展開為第一個巨集呼叫的位置。

stringify!(...tokens...)

　　展開成一個字串常值，裡面有指定的基元。assert! 巨集用它來產生包含斷言程式碼的錯誤訊息。

　　在引數內的巨集呼叫不會被展開：stringify!(line!()) 會被展開成字串 "line!()"。

　　Rust 用基元來建構字串，所以字串內沒有換行或註釋。

concat!(str0, str1, ...)

　　將引數串接起來，展開成一個字串常值。

Rust 也定義了這些用來查詢組建環境的巨集:

cfg!(...)

展開為布林常數,若當前的組建組態符合括號內的條件,則為 true。例如,cfg!(debug_assertions) 在你啟用 debug 斷言來編譯時為 true。

這個巨集支援的語法與第 192 頁的「屬性」介紹的 #[cfg(...)] 屬性一樣,但你會得到 true 或 false 回覆,而不是條件性編譯。

env!("VAR_NAME")

展開為一個字串:你所指定的環境變數在編譯期的值。如果那個變數不存在,它就是個編譯錯誤。

除非 Cargo 在編譯 crate 時設定了一些有趣的環境變數,否則這個巨集沒有什麼價值。例如,若要取得你的 crate 當前的版本字串,你可以這樣寫:

```
let version = env!("CARGO_PKG_VERSION");
```

你可以在 Cargo 文件裡面找到環境變數的完整清單(*https://oreil.ly/CQyuz*)。

option_env!("VAR_NAME")

它與 env! 一樣,但是它回傳一個 Option<&'static str>,當指定的變數未被設定時,它是 None。

此外還有三個內建的巨集可讓你引入其他檔案的程式碼或資料:

include!("file.rs")

展開為指定檔案的內容,它必須是有效的 Rust 程式,例如運算式,或一系列的項目。

include_str!("file.txt")

展開成 &'static str,裡面有指定檔案的文字。你可以這樣子使用它:

```
const COMPOSITOR_SHADER: &str =
    include_str!("../resources/compositor.glsl");
```

若檔案不存在,或不是有效的 UTF-8,你會得到編譯錯誤。

include_bytes!("file.dat")

一樣,但檔案會被視為二進制資料,不是 UTF-8 文字。其結果為 &'static [u8]。

如同所有巨集，它們都是在編譯期處理的，如果檔案不存在，或不能讀取，編譯就會失敗。它們不會在執行期失敗。無論如何，如果檔名是相對路徑，Rust 會相對當前檔案的目錄解析它。

Rust 也提供一些我們尚未介紹過的方便巨集：

todo!(), unimplemented!()

> 它們相當於 panic!()，但有不同的目的。unimplemented! () 用於尚未被處理的 if 子句、match 分支，與其他情況，它一定會 panic。todo!() 幾乎一樣，但表達「這段程式還沒有被寫好」的意思，有些 IDE 會顯示它。

matches!(value, pattern)

> 比對一個值與一個模式，若它們相符則回傳 true，否則回傳 false。它相當於這樣寫：
>
> ```
> match value {
>   pattern => true,
>   _ => false
> }
> ```
>
> 如果你想了解如何編寫基本的巨集，它是很適合模仿的巨集，因為真正的實作相當簡單，你可以在標準程式庫文件裡面找到它。

對巨集進行偵錯

對一個不聽話的巨集進行偵錯有時很有挑戰性，此時最大的問題是無法看見巨集展開的過程，Rust 通常會展開所有的巨集，找出某種錯誤，然後印出一條錯誤訊息，但是該訊息不會顯示已展開的、包含錯誤的完整程式碼！

我們有三個工具可協助處理巨集的問題（這些功能還不穩定，但它們是為了協助開發而設計的，不是在你 check in 的程式裡面使用的，所以在實務上，這不成問題）。

首先，也是最簡單的，你可以要求 rustc 展示程式展開所有巨集之後的樣子。你可以使用 cargo build --verbose 來觀察 Cargo 如何呼叫 rustc。你可以複製 rustc 命令列，並加上 -Z unstable-options --pretty expanded 選項。完全展開的程式碼會被顯示在終端機上。遺憾的是，它在程式沒有語法錯誤時才可以運作。

第二，Rust 提供一個 log_syntax!() 巨集，可在編譯期將它的引數印到終端機。你可以用它來進行 println! 風格的偵錯。這個巨集必須使用 #![feature(log_syntax)] 功能旗標。

第三，你可以要求 Rust 編譯器在終端機 log 所有的巨集呼叫。你可以在程式中的一個地方插入 trace_macros!(true);，從那一個地方開始，每次 Rust 展開巨集時，巨集名稱與引數就會被印出來，例如這段程式：

```rust
#![feature(trace_macros)]

fn main() {
    trace_macros!(true);
    let numbers = vec![1, 2, 3];
    trace_macros!(false);
    println!("total: {}", numbers.iter().sum::<u64>());
}
```

它會產生這個輸出：

```
$ rustup override set nightly
...
$ rustc trace_example.rs
note: trace_macro
 --> trace_example.rs:5:19
  |
5 |     let numbers = vec![1, 2, 3];
  |                   ^^^^^^^^^^^^^
  |
  = note: expanding `vec! { 1 , 2 , 3 }`
  = note: to `< [ _ ] > :: into_vec ( box [ 1 , 2 , 3 ] )`
```

編譯器會展示每個巨集呼叫的程式碼，包括展開前和展開後的。trace_macros!(false); 會再次關閉追蹤，所以 println!() 呼叫不會被追蹤。

組建 json! 巨集

討論 macro_rules! 的核心功能之後，這一節要逐步開發一個用來建構 JSON 資料的巨集。我們將使用這個範例來展示開發巨集的情況，介紹 macro_rules! 的幾個剩餘部分，並提供一些建議，讓你知道如何確保巨集的行為符合要求。

我們曾經在第 10 章展示這個代表 JSON 資料的 enum：

```rust
#[derive(Clone, PartialEq, Debug)]
enum Json {
    Null,
    Boolean(bool),
    Number(f64),
    String(String),
```

```
        Array(Vec<Json>),
        Object(Box<HashMap<String, Json>>)
    }
```

但寫出 Json 值的語法很冗長：

```
let students = Json::Array(vec![
    Json::Object(Box::new(vec![
        ("name".to_string(), Json::String("Jim Blandy".to_string())),
        ("class_of".to_string(), Json::Number(1926.0)),
        ("major".to_string(), Json::String("Tibetan throat singing".to_string()))
    ].into_iter().collect())),
    Json::Object(Box::new(vec![
        ("name".to_string(), Json::String("Jason Orendorff".to_string())),
        ("class_of".to_string(), Json::Number(1702.0)),
        ("major".to_string(), Json::String("Knots".to_string()))
    ].into_iter().collect()))
]);
```

我們想要用比較像 JSON 的語法來寫那段程式：

```
let students = json!([
    {
        "name": "Jim Blandy",
        "class_of": 1926,
        "major": "Tibetan throat singing"
    },
    {
        "name": "Jason Orendorff",
        "class_of": 1702,
        "major": "Knots"
    }
]);
```

所以我們打算製作一個 json! 巨集，讓它以引數接收 JSON 值，並展開成類似上述範例的 Rust 運算式。

片段型態

在編寫任何複雜的巨集時，你要先想出如何比對或解析所需的輸入。

我們可以猜到，這個巨集將會有幾條規則，因為在 JSON 資料裡面有幾種不同的東西，包括物件、陣列、數字…等。事實上，我們將為每一個 JSON 型態制定一條規則：

```
macro_rules! json {
    (null)    => { Json::Null };
```

```
    ([ ... ])  => { Json::Array(...) };
    ({ ... })  => { Json::Object(...) };
    (???)      => { Json::Boolean(...) };
    (???)      => { Json::Number(...) };
    (???)      => { Json::String(...) };
}
```

這段程式並不正確,因為巨集模式無法區分最後三個情況,但等一下會告訴你如何處理它,至少前三種情況明顯是以不同的基元開始的,所以我們先來處理它們。

第一條規則已經可以運作了:

```
macro_rules! json {
    (null) => {
        Json::Null
    }
}

#[test]
fn json_null() {
    assert_eq!(json!(null), Json::Null);  // 通過!
}
```

為了支援 JSON 陣列,我們可以試著用 expr 來比對元素:

```
macro_rules! json {
    (null) => {
        Json::Null
    };
    ([ $( $element:expr ),* ]) => {
        Json::Array(vec![ $( $element ),* ])
    };
}
```

不幸的是,它無法比對所有的 JSON 陣列。下面的測試說明這個問題:

```
#[test]
fn json_array_with_json_element() {
    let macro_generated_value = json!(
        [
            // 不符合 `$element:expr` 的有效 JSON
            {
                "pitch": 440.0
            }
        ]
    );
    let hand_coded_value =
```

```
        Json::Array(vec![
            Json::Object(Box::new(vec![
                ("pitch".to_string(), Json::Number(440.0))
            ].into_iter().collect()))
        ]);
    assert_eq!(macro_generated_value, hand_coded_value);
}
```

`$( $element:expr ),*` 這個模式代表「以逗號分隔的一系列 Rust 運算式」。但是很多 JSON 值都不是有效的 Rust 運算式，尤其是物件，它們與它不符。

因為你要比對的程式碼不一定都是運算式，所以 Rust 提供一些其他的片段型態，如表 21-2 所示。

表 21-2 `macro_rules!` 支援的片段型態

片段型態	匹配（含範例）	後面可以加上…
expr	運算式：2 + 2, "udon", x.len()	=> , ;
stmt	運算式或宣告式，不包括任何結尾的分號（難用；試著改用 expr 或 block）	=> , ;
ty	型態：String, Vec<u8>, (&str, bool), dyn Read + Send	=> , ; = | { [: > as where
path	路徑（見第 183 頁）：ferns, ::std::sync::mpsc	=> , ; = | { [: > as where
pat	模式（見第 244 頁）：_, Some(ref x)	=> , = | if in
item	項目（見第 138 頁）： struct Point { x: f64, y: f64 }, mod ferns;	任何東西
block	區塊（見第 137 頁）：{ s += "ok\n"; true }	任何東西
meta	屬性的主體（見第 192 頁）：inline, derive(Copy, Clone), doc="3D models."	任何東西
literal	常值：1024, "Hello, world!", 1_000_000f64	任何東西
lifetime	生命期：'a, 'item, 'static	任何東西
vis	能見度符號：pub, pub(crate), pub(in module::submodule)	任何東西
ident	識別符號：std, Json, longish_variable_name	任何東西
tt	基元樹（見文字）：;, >=, {}, [0 1 (+ 0 1)]	任何東西

在這張表裡，大部分的選項都嚴格地執行 Rust 語法。expr 型態只與 Rust 運算式相符（不是 JSON 值），ty 只與 Rust 型態相符，以此類推。它們不能擴展：我們無法讓 expr 認識新算術運算子或新關鍵字。我們無法讓它們任何一個與任何 JSON 資料相匹配。

最後兩個選項，ident 與 tt，可比對長得不像 Rust 程式碼的巨集引數。ident 可比對任何代號。tt 可比對一個基元樹，它可能是成對的括號 (...)、[...] 或 {...} 以及它們之間的所有東西，包括嵌套的基元樹，或是無括號的單一基元，例如 1926 或 "Knots"。

基元樹正是我們的 json! 巨集需要的東西。每一個 JSON 值都是一個基元樹，例如數字、字串、布林值、null 都是一個基元，物件與陣列則是帶括號的基元。所以我們可以寫這樣的模式：

```
macro_rules! json {
    (null) => {
        Json::Null
    };
    ([ $( $element:tt ),* ]) => {
        Json::Array(...)
    };
    ({ $( $key:tt : $value:tt ),* }) => {
        Json::Object(...)
    };
    ($other:tt) => {
        ... // 待辦事項：回傳數字、字串或布林
    };
}
```

這一版的 json! 巨集可比對所有的 JSON 資料了，接下來只要產生正確的 Rust 程式碼就完成了。

為了確保 Rust 將來獲得新的語法功能時，不會破壞你現在寫好的任何巨集，Rust 限制了可出現在模式的片段後面的基元。表 21-2 的「後面可以加上…」欄位就是可使用的基元。例如，模式 $x:expr ~ $y:expr 是錯的，因為在 expr 後面不能有 ~。模式 $vars:pat => $handler:expr 是對的，因為 $vars:pat 後面是 =>，它是 pat 允許的基元之一，而 $handler:expr 後面沒有東西，一定沒問題。

巨集內的遞迴

你已經看過一個巨集呼叫它自己的案例了，我們的 vec! 使用遞迴來支援結尾的逗號。我們接下來要展示一個更重要的例子：json! 必須遞迴呼叫它自己。

也許你會試著支援 JSON 陣列而不使用遞迴，例如：

```
([ $( $element:tt ),* ]) => {
    Json::Array(vec![ $( $element ),* ])
};
```

但你不能這麼寫，因為你會把 JSON 資料（$element 基元樹）貼入 Rust 運算式，它們是不同的語言。

你必須將陣列的各個元素從 JSON 轉換成 Rust。幸運的是，有一個巨集可以做這件事：我們正在寫的這一個！

```
([ $( $element:tt ),* ]) => {
    Json::Array(vec![ $( json!($element) ),* ])
};
```

我們可以這樣支援物件：

```
({ $( $key:tt : $value:tt ),* }) => {
    Json::Object(Box::new(vec![
        $( ($key.to_string(), json!($value)) ),*
    ].into_iter().collect()))
};
```

在預設情況下，編譯器限制巨集只能遞迴呼叫 64 次。在正常使用時，這個次數對 json! 而言綽綽有餘，但複雜的遞迴巨集有時會達到極限。你可以在使用巨集的 crate 的最上面加入這個屬性來調整它：

```
#![recursion_limit = "256"]
```

json! 巨集快要完成了，我們需要支援的只剩下布林、數字與字串值。

使用 trait 與巨集

編寫複雜的巨集總會帶來謎題。切記，除了巨集本身之外，你也可以用其他的工具來解謎。

我們必須支援 json!(true)、json!(1.0) 與 json!("yes")，將值轉換成適當的 Json 值，無論它是什麼。但是巨集不擅長區分型態，你可能想這樣寫：

```
macro_rules! json {
    (true) => {
        Json::Boolean(true)
    };
    (false) => {
        Json::Boolean(false)
    };
    ...
}
```

這種做法很快就會讓你崩潰，目前只有兩個布林值，如果有更多數字，甚至更多字串呢？

幸好，有一種標準的做法可將各種型態的值轉換成一種指定型態：第 326 頁介紹的 From trait。我們只要為幾個型態實作這個 trait 即可：

```
impl From<bool> for Json {
    fn from(b: bool) -> Json {
        Json::Boolean(b)
    }
}

impl From<i32> for Json {
    fn from(i: i32) -> Json {
        Json::Number(i as f64)
    }
}

impl From<String> for Json {
    fn from(s: String) -> Json {
        Json::String(s)
    }
}

impl<'a> From<&'a str> for Json {
    fn from(s: &'a str) -> Json {
        Json::String(s.to_string())
    }
}
...
```

事實上，所有的 12 種數字型態有非常相似的實作，所以我們應該寫一個巨集來避免複製貼上：

```
macro_rules! impl_from_num_for_json {
    ( $( $t:ident )* ) => {
        $(
            impl From<$t> for Json {
                fn from(n: $t) -> Json {
                    Json::Number(n as f64)
                }
            }
        )*
    };
}

impl_from_num_for_json!(u8 i8 u16 i16 u32 i32 u64 i64 u128 i128
                        usize isize f32 f64);
```

現在我們可以使用 `Json::from(value)` 來將任何支援的型態的值轉換成 `Json` 了。在我們的巨集裡，它是：

```
( $other:tt ) => {
    Json::from($other)  // 處理布林 / 數字 / 字串
};
```

將這條規則加入 `json!` 巨集之後，它就可以通過我們目前寫好的所有測試了。將所有程式整合起來之後，它變成：

```
macro_rules! json {
    (null) => {
        Json::Null
    };
    ([ $( $element:tt ),* ]) => {
        Json::Array(vec![ $( json!($element) ),* ])
    };
    ({ $( $key:tt : $value:tt ),* }) => {
        Json::Object(Box::new(vec![
            $( ($key.to_string(), json!($value)) ),*
        ].into_iter().collect()))
    };
    ( $other:tt ) => {
        Json::from($other)  // 處理布林 / 數字 / 字串
    };
}
```

事實上，這個巨集出乎意料地支援在 JSON 資料裡面使用變數，甚至任何 Rust 運算式，這是很方便的額外功能：

```
let width = 4.0;
let desc =
    json!({
        "width": width,
        "height": (width * 9.0 / 4.0)
    });
```

`(width * 9.0 / 4.0)` 使用參數，它是一個基元樹，所以巨集在解析這個物件時，成功地用 `$value:tt` 比對它。

作用域與衛生

編寫巨集有一個非常麻煩的地方：它們需要把來自不同作用域的程式碼貼在一起。所以接下來幾頁將介紹 Rust 處理作用域問題的兩種做法，其中一種做法是處理區域變數與引數，另一種做法是處理所有其他東西。

為了說明這件事為何重要，我們要改寫解析 JSON 物件的規則（之前的 json! 巨集的第三條規則），以刪除臨時向量。我們將它改成這樣：

```
({ $($key:tt : $value:tt),* }) => {
    {
        let mut fields = Box::new(HashMap::new());
        $( fields.insert($key.to_string(), json!($value)); )*
        Json::Object(fields)
    }
};
```

現在不是用 collect() 來填充 HashMap，而是反覆呼叫 .insert() 方法。這意味著，我們必須將 map 儲存在一個臨時變數裡，我們稱之為 fields。

但是，如果呼叫 json! 的程式剛好也有一個叫做 fields 的自有變數呢？

```
let fields = "Fields, W.C.";
let role = json!({
    "name": "Larson E. Whipsnade",
    "actor": fields
});
```

展開這個巨集會將兩段程式貼在一起，它們用 fields 這個名稱來代表兩個不一樣的東西！

```
let fields = "Fields, W.C.";
let role = {
    let mut fields = Box::new(HashMap::new());
    fields.insert("name".to_string(), Json::from("Larson E. Whipsnade"));
    fields.insert("actor".to_string(), Json::from(fields));
    Json::Object(fields)
};
```

這似乎是當巨集使用臨時變數時難以避免的隱患，也許你已經在想該怎麼解決它了，可能是把 json! 巨集定義的變數名稱改成呼叫方不可能傳入的名字，將 fields 改成 __json$fields。

出乎意外的是，巨集就是這樣做的。Rust 會幫你更改變數名稱！這個功能最早是在 Scheme 巨集裡面實作的，它稱為 *hygiene*（衛生），所以有人說 Rust 有衛生的巨集（*hygienic macro*）。

了解巨集衛生最簡單的方法是想像每次有巨集被展開時，Rust 會將展開的部分塗成不同的顏色。

接下來，顏色不一樣的變數會被視為有不同的名稱：

```
let fields = "Fields, W.C.";
let role = {
    let mut fields = Box::new(HashMap::new());
    fields.insert("name".to_string(), Json::from("Larson E. Whipsnade"));
    fields.insert("actor".to_string(), Json::from(fields));
    Json::Object(fields)
};
```

注意，巨集的呼叫方傳入的程式碼，以及被貼到輸出裡面的程式碼都維持原本的顏色（黑色），例如 "name" 與 "actor"，只有來自巨集模板的基元被上色。

現在有一個變數名為 fields（在呼叫方裡面宣告的），以及另一個變數名為 fields（巨集加入的）。因為名稱有不同的顏色，所以這兩個變數不會被當成同一個。

如果巨集真的需要引用呼叫方的作用域內的變數，呼叫方必須將變數的名稱傳給巨集。

（用上色來比喻無法精準地說明衛生的工作方式，實際的機制比這個比喻更聰明一些，如果兩個代號指的是既在巨集的作用域內，也在呼叫方的作用域內的共同變數，Rust 也可以將兩者視為同一個，無論它們的「顏色」是什麼。但是這種情況在 Rust 裡很少見。了解上述的範例就可以知道如何使用衛生巨集了。）

你應該已經注意到了，隨著巨集的展開，許多其他的代號也被塗上一個或多個顏色，例如 Box、HashMap 與 Json。儘管有顏色，Rust 仍然可以毫不費力地認出這些型態名稱，因為在 Rust 裡面的衛生只限於區域變數與引數。對於常數、型態、方法、模組、靜態變數、巨集名稱，Rust 是「色盲」。

這意味著，如果你在一個模組裡面使用 json! 巨集，而且 Box、HashMap 或 Json 都不在作用域內的，巨集將無法動作。我們將在下一節說明如何避免這個問題。

首先，我們要考慮 Rust 嚴格的衛生機制防礙工作的情況，我們必須繞過它，假如我們有許多函式都有這一行程式：

```
let req = ServerRequest::new(server_socket.session());
```

複製與貼上那一行是很痛苦的事情，我們能不能改用巨集？

```
macro_rules! setup_req {
    () => {
        let req = ServerRequest::new(server_socket.session());
    }
}

fn handle_http_request(server_socket: &ServerSocket) {
```

```
    setup_req!();  // 宣告 `req`, 使用 `server_socket`
    ... // 使用 `req` 的程式
}
```

當筆者行文至此時,這段程式無法執行,因為在巨集裡面的名稱 `server_socket` 必須引用在函式中宣告的在地 `server_socket`,變數 `req` 也是如此。但衛生會防止巨集內的名稱與其他作用域內的名稱「互相衝突」,即使是在你希望如此的這種情況下。

解決辦法是將你打算在巨集程式裡面和外面使用的任何名稱傳給巨集:

```
macro_rules! setup_req {
    ($req:ident, $server_socket:ident) => {
        let $req = ServerRequest::new($server_socket.session());
    }
}

fn handle_http_request(server_socket: &ServerSocket) {
    setup_req!(req, server_socket);
    ... // 使用 `req` 的程式
}
```

因為現在 `req` 與 `server_socket` 是由函式提供的,所以它們都有那個作用域的「顏色」。

衛生讓這個巨集用起來比較麻煩,但這是一個功能,不是一個 bug:一旦你知道衛生巨集不會在背後亂用區域變數之後,理解它們就更容易了。如果你在一個函式裡搜尋 `server_socket` 之類的代號,你將找到使用它的所有地方,包括巨集呼叫。

匯入與匯出巨集

因為巨集在編譯的早期就被展開了,所以在 Rust 知道專案的所有模組結構之前,編譯器會用特殊的功能來匯出與匯入它們。

在某個模組內可見的巨集在它的子模組裡將自動可見。你可以使用 #[macro_use] 屬性來將一個巨集從一個模組「往上」匯出到它的父模組。例如,假設我們的 *lib.rs* 長這樣:

```
#[macro_use] mod macros;
mod client;
mod server;
```

在 `macros` 模組裡面定義的所有模組都會被匯入 *lib.rs*,因此可被 crate 的其他部分看見,包括 `client` 與 `server`。

被標上 #[macro_export] 的巨集會自動發布（pub），而且可以像其他項目一樣，用路徑來引用。

例如，lazy_static crate 有一個名為 lazy_static 的巨集，它被標上 #[macro_export]。若要在你自己的 crate 裡面使用這個巨集，你可以這樣寫：

```
use lazy_static::lazy_static;
lazy_static!{ }
```

匯入巨集後，你可以像任何其他項目一樣使用它：

```
use lazy_static::lazy_static;

mod m {
    crate::lazy_static!{ }
}
```

當然，做這些事意味著你可以在其他模組內呼叫你的巨集。因此，被匯出的巨集不應該依賴作用域內的任何東西，因為它不知道使用它的作用域會有什麼東西。即使是標準 prelude 的功能也有可能被 shadow。

巨集應使用絕對路徑來指名它使用的任何名稱。macro_rules! 提供特殊的片段 $crate 來協助處理這件事。它與 crate 不一樣，$crate 是可以在路徑中的任何地方使用的關鍵字，而不是只能在巨集內使用。$crate 就像一個絕對路徑，可前往定義巨集的 crate 的根模組。我們可以用 $crate::Json 來取代 Json，即使 Json 未被匯入也可以使用它。HashMap 可以改成 ::std::collections::HashMap 或 $crate::macros::HashMap。若改成後者，你必須重新匯出 HashMap，因為 $crate 不能用來操作 crate 的私用功能。它實際上只是擴展成 ::jsonlib 之類的普通路徑。可見性規則不受影響。

將巨集移到它自己的模組 macros，並修改它來使用 $crate 之後，它變成這樣，這是最後一版：

```
// macros.rs
pub use std::collections::HashMap;
pub use std::boxed::Box;
pub use std::string::ToString;

#[macro_export]
macro_rules! json {
    (null) => {
        $crate::Json::Null
    };
    ([ $( $element:tt ),* ]) => {
```

```
        $crate::Json::Array(vec![ $( json!($element) ),* ])
    };
    ({ $( $key:tt : $value:tt ),* }) => {
        {
            let mut fields = $crate::macros::Box::new(
                $crate::macros::HashMap::new());
            $(
                fields.insert($crate::macros::ToString::to_string($key),
                              json!($value));
            )*
            $crate::Json::Object(fields)
        }
    };
    ($other:tt) => {
        $crate::Json::from($other)
    };
}
```

因為 .to_string() 方法是標準的 ToString trait 的一部分，所以我們也使用 $crate 來引用它，並使用第 278 頁的「fully qualified 的方法呼叫式」介紹的語法：$crate::macros::ToString::to_string($key)。在我們的例子中，你不一定要這樣做才能讓巨集運作，因為 ToString 在標準 prelude 裡。但如果你呼叫的 trait 方法在巨集被呼叫時可能不在作用域內，使用 fully qualified 方法呼叫是最好的做法。

在比對期間避免語法錯誤

下面的兩個巨集看似正確，但它給 Rust 帶來一些麻煩：

```
macro_rules! complain {
    ($msg:expr) => {
        println!("Complaint filed: {}", $msg)
    };
    (user : $userid:tt , $msg:expr) => {
        println!("Complaint from user {}: {}", $userid, $msg)
    };
}
```

假如我們這樣呼叫它：

```
complain!(user: "jimb", "the AI lab's chatbots keep picking on me");
```

在人類眼裡，它顯然符合第二個模式。但 Rust 會先嘗試第一條規則，試著拿所有的輸入與 $msg:expr 進行比對，事情從這裡開始不對勁了，user: "jimb" 當然不是運算式，所以我們得到語法錯誤。Rust 拒絕排除地毯下的語法錯誤，畢竟巨集本身已經很難偵錯了，它立刻回報，並停止編譯。

如果在模式裡的任何其他基元不匹配，Rust 會比對下一條規則。只有語法錯誤是致命的（fatal），而語法錯誤只會在試著比對片段時發生。

這裡的問題不難理解，我們試著在錯誤的規則裡比對片段 $msg:expr。它不會相符，因為我們甚至不應該在那裡，呼叫方想要其他的規則。你可以用兩種方式來避免這件事。

第一種方式，避免易混淆的規則，例如，我們可以修改巨集，在每一個模式的開頭使用不同的代號：

```
macro_rules! complain {
    (msg : $msg:expr) => {
        println!("Complaint filed: {}", $msg)
    };
    (user : $userid:tt , msg : $msg:expr) => {
        println!("Complaint from user {}: {}", $userid, $msg)
    };
}
```

當巨集引數以 msg 開頭時，我們會得到規則 1。當它們以 user 開頭時，我們會得到規則 2。無論是哪一條規則，我們都可以在嘗試比對片段之前知道我們到達正確的規則。

避免假語法錯誤的另一種方式是把比較具體的規則放在第一個。將 user: 規則放在第一個可以修正 complain! 的問題，因為造成語法錯誤的規則永遠不會被遇到。

在 macro_rules! 之外

巨集模式也可以解析比 JSON 更複雜的輸入，但我們發現複雜性很快就會失控。

Daniel Keep 等人合著的《*The Little Book of Rust Macros*》（*https://oreil.ly/nZ2HP*）是優秀的 macro_rules! 高階程式設計手冊。這本書既清楚且巧妙，更詳細地介紹展開巨集的每一個層面。它也提供幾個非常聰明的技術，可將 macro_rules! 模式當成一種內行人使用的程式語言，用來解析複雜的輸入。但我們不熱衷此事，請謹慎使用。

Rust 1.15 加入一個不同的機制，稱為程序式巨集（*procedural macro*）。程序式巨集可擴展 #[derive] 屬性來處理自訂的衍生（derivation），如圖 21-4 所示，它也可以建立自訂屬性和新巨集，並且像之前討論的 macro_rules! 巨集一樣呼叫。

```
#[derive(Copy, Clone, PartialEq, Eq, IntoJson)]
struct Money {
    dollars: u32,
    cents: u16,
}
```
自訂衍生

圖 21-4　使用 #[derive] 屬性來呼叫假想的 IntoJson 程序式巨集

IntoJson trait 並不存在，但無所謂，因為程序式巨集可以使用這個鉤點來插入它想要的程式碼（對這個例子而言，也許是 impl From<Money> for Json { ... }）。

程序式巨集之所以稱為「程序式」是因為它被做成 Rust 函式，不是宣告式的規則集合。這個函式會透過薄薄的一層抽象來與編譯器互動，而且可以做成任意的複雜度。例如，diesel 資料庫程式庫使用程序式巨集來連接資料庫，並且在編譯期根據資料庫的綱要來產生程式碼。

因為程序式巨集與編譯器的內部互動，所以你必須了解編譯器的運作方式才能寫出有效的巨集，這個主題不在本書的討論範圍，但是線上文件（*https://oreil.ly/0xB2x*）廣泛地介紹這個主題。

也許看完這一章之後，你已經確定巨集不是你的菜了，那怎麼辦？另一個方案是使用組建腳本來產生 Rust 程式碼。Cargo 文件（*https://oreil.ly/42irF*）會逐步教你怎麼做。你要寫一個產生 Rust 程式碼的程式，在 *Cargo.toml* 裡面加入一行指令，在組建程序中執行那個程式，並使用 include! 來將生成的程式碼加入你的 crate。

unsafe 程式

> 勿讓人認為我卑微、軟弱或被動，
> 讓他們明白我是另一種人：
> 對敵人危險，對朋友忠誠。
> 榮耀歸於這種生命。
> —Euripides, *Medea*

設計系統程式有一個秘密的樂趣在於，在每一種安全語言和精心設計的抽象底下，都有一場不安全的機器語言和小位元操作引發的風暴。你也可以用 Rust 來撰寫它。

截至目前為止介紹的語言可以自動確保你的程式沒有記憶體錯誤與資料爭用，透過型態、生命期、bound 檢查…等機制。但是這種自動推理機制有其局限性，很多極有價值的技術都無法通過 Rust 的安全考核。

unsafe 程式可讓你告訴 Rust「我要使用你無法保證安全的功能」。將一個區塊或函式標成 unsafe 可讓你呼叫標準程式庫的 unsafe 函式、解參考 unsafe 指標、呼叫其他語言的函式，例如 C、C++，以及使用其他功能。Rust 仍然會照常進行其他的安全檢查，例如型態檢查、生命期檢查、針對索引的 bound 檢查。使用 unsafe 程式只是為了啟用一小組額外功能。

Rust 本身有許多基本功能必須依賴這種「跳出安全的 Rust 的邊界」的能力才做得出來，就像 C 和 C++ 被用來實作它們自己的標準程式庫一樣。unsafe 程式讓 Vec 可以有效地管理它的緩衝區，讓 std::io 模組可以和作業系統交流，讓 std::thread 與 std::sync 模組可以提供並行基本元素。

本章將介紹 unsafe 功能的基本概念：

- Rust 的 unsafe 區塊是「普通的、安全的 Rust 程式碼」和「使用 unsafe 功能的程式碼」之間的分界。

- 你可以將函式標成 unsafe，提醒呼叫方必須遵守額外的合約，以避免未定義行為。

- 原始指標和它們的方法可以無限制地操作記憶體，以及建立 Rust 的型態系統禁止的資料結構。Rust 的參考是安全但受限的，但任何 C 或 C++ 程式設計師都知道，原始指標是一種強大、犀利的工具。

- 了解「未定義行為」的定義可幫助你理解為什麼它造成的後果比「得不到正確的結果」還要嚴重。

- unsafe trait 類似 unsafe 函式，規定了各個實作（而不是各個呼叫方）必須遵守的合約。

哪裡不安全了？

本書的開頭展示了一個 C 程式，因為它沒有遵守 C 標準所規定的一條規則，而以一種令人驚訝的方式崩潰。你也可以在 Rust 裡做同一件事：

```
$ cat crash.rs
fn main() {
    let mut a: usize = 0;
    let ptr = &mut a as *mut usize;
    unsafe {
        *ptr.offset(3) = 0x7ffff72f484c;
    }
}
$ cargo build
   Compiling unsafe-samples v0.1.0
    Finished debug [unoptimized + debuginfo] target(s) in 0.44s
$ ../../target/debug/crash
crash: Error: .netrc file is readable by others.
crash: Remove password or make file unreadable by others.
Segmentation fault (core dumped)
$
```

這個程式借用了一個區域變數 a 的可變參考，將它轉義成 *mut usize 型態的原始指標，然後使用 offset 方法在往前 3 個 word 的記憶體位址產生一個指標，它剛好是儲存 main 的返回位址的地方。這段程式用一個常數蓋掉返回位址，於是，從 main 返回產生令人驚訝的行為。導致這個崩潰的原因是程式錯誤地使用 unsafe 功能，在這個例子中，它就是解參考原始指標的能力。

unsafe 功能就是在執行一個合約：有些規則是 Rust 無法自動執行的，但你必須遵守那些規則，以免造成未定義行為。

這種合約超出普通的型態檢查與生命期檢查，它們針對 unsafe 功能施加進一步的規則。一般來說，Rust 本身完全不知道那些合約，那些合約只會在功能的文件紀錄中說明。例如，原始指標型態有一條合約禁止對著超出原始參考對象結尾的指標解參考。範例中的運算式 `*ptr.offset(3) = ...` 破壞這條合約。但是，正如抄本（transcript）所展示的，Rust 在編譯程式時沒有發牢騷，它的安全檢查機制並未檢測到這個違規行為。當你使用 unsafe 功能時，身為程式設計師的你必須負責檢查程式有沒有遵守它們的合約。

很多功能都有一些規則，你必須遵守那些規則才能正確使用它們，但是那種規則不是這裡說的合約，除非它可能出現的後果包括未定義行為。未定義行為是 Rust 認定你的程式絕對不會出現的行為，例如，Rust 假設你不會用某個東西來蓋掉函式呼叫的返回位址。通過 Rust 的一般安全檢查，並且用 unsafe 功能的合約來編譯的程式不可能做這種事情。我們的程式違反原始指標合約，所以它的行為是未定義的，偏離正軌。

如果你的程式有未定義行為，你就違反了你和 Rust 之間的協議，所以 Rust 拒絕預測後果，其中一個結果是你的程式出現來自系統程式庫深處且不相關的錯誤訊息，並且崩潰，另一個結果是電腦的控制權被入侵者奪走。未定義行為的影響可能因 Rust 版本的不同而異，你不會獲得任何警告。但是，有時未定義行為沒有明顯的後果。例如，如果 main 函式從不返回（也許它呼叫 `std::process::exit` 來提早終止程式），那麼返回位址的損壞應該無關緊要。

你只能在 unsafe 區塊或 unsafe 函式內使用 unsafe 功能，我們將在接下來內容中解釋這兩種情況，所以你很難在不知情的情況下使用 unsafe 功能，Rust 藉著強迫你寫出 unsafe 區塊或函式來確保你已經知道你的程式有額外的規則需要遵守。

unsafe 區塊

unsafe 區塊就像普通的 Rust 區塊，它的前面有 unsafe 關鍵字，與普通區塊不一樣的地方在於你可以在那種區塊內使用 unsafe 功能：

```
unsafe {
    String::from_utf8_unchecked(ascii)
}
```

如果區塊的前面沒有 unsafe 關鍵字，Rust 會拒絕使用 from_utf8_unchecked，因為它是個 unsafe 函式。將它放入 unsafe 區塊之後，你就可以在任何地方使用這段程式了。

如同普通的 Rust 區塊，unsafe 區塊的值，就是它的最後一個運算式的值，如果它沒有那個運算式，則是 ()。在上面的程式中，String::from_utf8_unchecked 會產生這個區塊的值。

unsafe 區塊為你解鎖五個額外的選項：

- 你可以呼叫 unsafe 函式。每一個 unsafe 函式都必須根據它的目的指定它自己的合約。

- 你可以解參考原始指標。safe 程式可以到處傳遞原始指標、比較它們，藉著轉換參考來建立它們（甚至將整數轉換成它們），但只有 unsafe 程式可以實際使用它們來操作記憶體。我們將在第 654 頁的「原始指標」詳細介紹原始指標，並解釋如何安全地使用它們。

- 你可以存取 union 的欄位，編譯器無法確定 union 裡面的位元模式對各自的型態而言是有效的。

- 你可以存取可變 static 變數。第 552 頁的「全域變數」說過，Rust 無法確定執行緒何時使用可變 static 變數，所以它們的合約要求你確保所有的存取都是被正確地同步。

- 你可以操作以 Rust 的外部函式介面來宣告的函式或變數。即使它們是不可變的，它們也被視為 unsafe，因為不遵守 Rust 的安全規則的其他語言的程式可以看到它們。

將 unsafe 功能限制在 unsafe 區塊內無法真正防止你做任何事情，你完全可以在你的程式中插入一個 unsafe 區塊，然後繼續自行其事。規則的好處主要是提醒人們注意 Rust 不保證安全的程式碼：

- 你不會在不小心使用 unsafe 功能，然後才發現你必須遵守一個你原本不知道的合約。

- unsafe 區塊更容易吸引程式審查員的注意力。有些專案甚至用自動化的方式來標記會影響 unsafe 區塊的程式變動，以吸引注意力。

- 當你考慮編寫 unsafe 程式時，你可以花一點時間自問你的工作是否真的要這樣做。如果你是為了性能，你有沒有性能指標可以證明它的確是瓶頸？也許你可以用 safe Rust 來完成同樣的事情。

範例：高效的 ASCII 字串型態

下面是 Ascii 的定義，它是一種字串型態，可確保其內容一定是有效的 ASCII。這個型態使用 unsafe 功能來提供零成本的 String 轉換：

```
mod my_ascii {
    /// 以 ASCII 編碼的字串。
    #[derive(Debug, Eq, PartialEq)]
    pub struct Ascii(
        // 這只能保存格式良好的 ASCII 文字：
        // 從 `0` 至 `0x7f` 的 byte。
        Vec<u8>
    );

    impl Ascii {
        /// 用 `bytes` 裡面的 ASCII 文字來建立 `Ascii`。
        /// 若 `bytes` 裡面有任何非 ASCII 字元，
        /// 則回傳 `NotAsciiError` 錯誤。
        pub fn from_bytes(bytes: Vec<u8>) -> Result<Ascii, NotAsciiError> {
            if bytes.iter().any(|&byte| !byte.is_ascii()) {
                return Err(NotAsciiError(bytes));
            }
            Ok(Ascii(bytes))
        }
    }

    // 當轉換失敗時，回傳無法轉換的向量。
    // 原本應該實作 `std::error::Error`，為了簡化而省略。
    #[derive(Debug, Eq, PartialEq)]
    pub struct NotAsciiError(pub Vec<u8>);

    // 安全、有效的轉換，使用 unsafe 程式來實作。
    impl From<Ascii> for String {
        fn from(ascii: Ascii) -> String {
            // 如果這個模組沒有 bug，它就是安全的，
            // 因為格式良好的 ASCII 文字也是格式良好的 UTF-8。
            unsafe { String::from_utf8_unchecked(ascii.0) }
        }
    }
    ...
}
```

這個模組的重點是 Ascii 型態的定義。這個型態本身被標上 pub，讓它可被 my_ascii 模組外面的程式看到。但是型態的 Vec<u8> 元素不是公用的，所以只有 my_ascii 模組可以建構 Ascii 值，或引用它的元素，因此模組的程式碼可以百分之百控制哪些東西可以出現

在那裡或不可以出現在那裡。只要公用的建構式與方法確保新建立的 Ascii 值有正確的格式，而且在它們的整個生命期都是如此，那麼程式的其他部分都不可能違反那條規則。事實上，公用建構式 Ascii::from_bytes 會先仔細地檢查它收到的向量，才會同意用它來建構 Ascii。為了簡潔起見，我們不展示所有方法，但你可以想像，它用一組文字處理方法來確保 Ascii 值始終包含正確的 ASCII 文字，就像 String 的方法確保它的內容是格式良好的 UTF-8 一樣。

這種安排可讓我們非常有效率地為 String 實作 From<Ascii>。unsafe 函式 String::from_utf8_unchecked 接收一個 byte 向量，並用它來建立一個 String，函式並未檢查它的內容是不是格式良好的 UTF-8 文字，函式的合約要求呼叫方負責這件事。幸好，Ascii 型態執行的規則正是滿足 from_utf8_unchecked 的合約所需的規則。第 440 頁的「UTF-8」說過，任何 ASCII 文字都是格式良好的 UTF-8，所以 Ascii 底下的 Vec<u8> 可以立刻當成 String 緩衝區來使用。

有了這些定義之後，你可以這樣寫：

```
use my_ascii::Ascii;

let bytes: Vec<u8> = b"ASCII and ye shall receive".to_vec();

// 這個呼叫不需要進行配置或複製文字，只要掃描。
let ascii: Ascii = Ascii::from_bytes(bytes)
    .unwrap(); // 我們知道所選擇的 bytes 是沒問題的。

// 這個呼叫是零成本的，不需要配置、複製、掃描。
let string = String::from(ascii);

assert_eq!(string, "ASCII and ye shall receive");
```

使用 Ascii 不需要 unsafe 區塊。我們用 unsafe 操作實作了一個 safe 介面，並且滿足它們的合約，只依靠模組本身的程式，不依靠它的用戶的行為。

Ascii 其實只是包著 Vec<u8> 的包裝，隱藏在一個模組內，對它的內容執行額外的規則。這種型態稱為 *newtype*，它在 Rust 裡是常見的模組。Rust 自己的 String 就是用同樣的方式定義的，只是它的內容被限制成 UTF-8，而不是 ASCII。事實上，標準程式庫的 String 是這樣定義的：

```
pub struct String {
    vec: Vec<u8>,
}
```

在機器層面上,因為 Rust 的型態不存在了,newtype 與它的元素在記憶體裡面的表示法是一樣的,所以建構 newtype 完全不需要任何機器指令。在 Ascii::from_bytes 裡,運算式 Ascii(bytes) 直接認為 Vec<u8> 持有一個 Ascii 值。String::from_utf8_unchecked 被內聯之後同樣不需要機器指令,因為現在 Vec<u8> 被視為 String。

unsafe 函式

unsafe 函式的定義看起來就像在普通的函式定義前面加上 unsafe 關鍵字。unsafe 函式的主體會被自動視為 unsafe 區塊。

你只能在 unsafe 區塊裡面呼叫 unsafe 函式。這意味著,將函式標成 unsafe 就是在警告呼叫方,該函式有一些合約,它們必須滿足,以避免未定義行為。

例如,這是之前介紹的 Ascii 型態的新建構式,它用一個 byte 向量來建立一個 Ascii,而且沒有檢查它的內容是不是有效的 ASCII:

```
// 這必須放在 `my_ascii` 模組內。
impl Ascii {
    /// 用 `bytes` 來建立一個 `Ascii` 值,而不
    /// 檢查 `bytes` 裡面有沒有格式良好的 ASCII。
    ///
    /// 這個建構式是不會失敗的,它會直接回傳 `Ascii`,
    /// 而不是像 `from_bytes` 建構式那樣,
    /// 回傳 `Result<Ascii, NotAsciiError>`。
    ///
    /// # Safety
    ///
    /// 呼叫方必須確保 `bytes` 裡面只有 ASCII 字元,
    /// 也就是不大於 0x7f 的 byte。否則,效果是未定義的。
    pub unsafe fn from_bytes_unchecked(bytes: Vec<u8>) -> Ascii {
        Ascii(bytes)
    }
}
```

呼叫 Ascii::from_bytes_unchecked 的程式應該已經知道向量裡面只有 ASCII 字元了,所以 Ascii::from_bytes 堅持要做的檢查只是浪費時間,只會讓呼叫方必須用程式來處理永遠不會發生的 Err 結果。Ascii::from_bytes_unchecked 可讓呼叫方免於進行檢查和處理錯誤。

但我們曾經強調 Ascii 的公用建構式以及「確保 Ascii 值格式良好的方法」的重要性。from_bytes_unchecked 豈不是沒有履行這個責任?

事實不然：from_bytes_unchecked 透過合約來將履行合約的義務交給呼叫方。有了這個合約，將這個函式標成 unsafe 才是正確的做法：儘管這個函式沒有執行 unsafe 操作，但呼叫方必須遵守 Rust 無法自動執行的規則，才能避免未定義行為。

我們真的可以藉著打破 Ascii::from_bytes_unchecked 的合約來造成未定義行為嗎？可以。你可以這樣子建立一個存有格式錯誤的 UTF-8 的 String：

```
// 假設我們想用一個複雜的程序來產生 ASCII，
// 這個向量是它產生的結果。出錯了！
let bytes = vec![0xf7, 0xbf, 0xbf, 0xbf];

let ascii = unsafe {
    // 一旦 `bytes` 持有非 ASCII bytes，
    // 這個 unsafe 函式的合約就被違反了。
    Ascii::from_bytes_unchecked(bytes)
};

let bogus: String = ascii.into();

// 現在 `bogus` 持有格式不良的 UTF-8，解析它的第一個字元會產生
// 一個無效的 Unicode 碼位的 `char`。這是未定義行為，
// 所以這個語言並未說明這個斷言如何執行。
assert_eq!(bogus.chars().next().unwrap() as u32, 0x1fffff);
```

有人在某個 Rust 版本和某個平台上看到這個斷言失敗了，並顯示這個好玩的錯誤訊息：

```
thread 'main' panicked at 'assertion failed: `(left == right)`
  left: `2097151`,
 right: `2097151`', src/main.rs:42:5
```

在我們眼裡，這兩個數字是一樣的，但這不是 Rust 的錯，而是之前的 unsafe 區塊的錯。這就是我們所說的「未定義行為會導致不可預測的結果」的意思。

這個例子說明兩個關於 bug 和 unsafe 程式的重要事實：

- 在 *unsafe* 區塊之前出現的 *bug* 可能會破壞合約。unsafe 區塊是否造成未定義行為不僅僅取決於區塊內的程式碼，也取決於提供值給它的程式碼。你的 unsafe 程式賴以滿足合約的所有東西都是安全的關鍵。當模組的其他程式都正確地維持 Ascii 的不變性時，用 String::from_utf8_unchecked 來將 Ascii 轉換成 String 才是定義良好的。

- 違反合約的後果可能在離開 *unsafe* 區塊之後才出現。不遵守 unsafe 功能的合約導致的未定義行為通常不會發生在 unsafe 區塊內。像之前那樣建構錯誤的 String 可能在程式執行一段很長的時間之後才會造成問題。

基本上，Rust 的型態檢查機制、借用檢查機制，以及其他的靜態檢查機制都會檢查你的程式，並試著證明它不會表現出未定義行為。Rust 成功編譯你的程式代表它成功地證明你的程式是正確的。unsafe 區塊是這個證明的破口，因為你跟 Rust 說：「相信我，這段程式沒問題。」你的保證是否屬實，取決於可能影響 unsafe 區塊裡面發生的事情的任何程式，錯誤的後果可能會出現在被 unsafe 區塊影響的任何地方。寫下 unsafe 關鍵字等於提醒你，你將無法獲得這個語言的安全檢查機制所提供的任何好處。

如果可以選擇，你當然要建立 safe 介面，不訴諸合約，它們更容易使用，因為用戶可以依賴 Rust 的安全檢查機制來確保它們的程式沒有未定義行為。即使你的程式使用 unsafe 功能，最好還是使用 Rust 的型態、生命期和模組系統來滿足它們的合約，同時只使用你自己可以保證的東西，而不是把責任轉嫁給你的呼叫方。

不幸的是，坊間的 unsafe 函式幾乎都沒有在文件中盡職地解釋它們的合約，他們認為你應該根據你的經驗，以及你對程式行為的理解，自行推斷規則。如果你曾經不安地懷疑你用某個 C 或 C++ API 來處理事情是否 OK，你就知道我說的是什麼情況。

該使用 unsafe 區塊還是 unsafe 函式？

也許你不知道究竟要使用 unsafe 區塊，還是直接將整個函式標成 unsafe。我們建議你先從函式下決定：

- 如果函式的誤用可能導致它可以編譯，但仍然會造成未定義行為，你就必須把它標成 unsafe。規定如何正確使用函式的規則就是它的合約，有合約就是讓函式 unsafe 的因素。

- 否則，函式是 safe 的，正確地呼叫它不會造成未定義行為，所以不應該將它標成 unsafe。

函式有沒有在主體內使用 unsafe 功能不是重點，重點是合約的存在。我們曾經展示一個未使用 unsafe 功能的 unsafe 函式，以及一個使用 unsafe 功能的 safe 函式。

不要因為你在函式的主體內使用 unsafe 功能就將它標成 unsafe，這會讓函式更難用，並且造成讀者的困擾，如果他們會（正確地）尋找合約說明的話。你應該使用 unsafe 區塊才對，即使那個區塊是函式的整個本體。

未定義行為

在前言中，我們說過未定義行為的意思是「Rust 認定你的程式永遠不可能出現的行為」。這是一種奇怪的說法，尤其根據我們使用其他語言的經驗，這些行為的確會以某種頻率意外發生。為什麼這個概念可協助擬定 unsafe 程式的義務？

編譯器是將一種語言轉換成另一種語言的轉譯器。Rust 編譯器接收 Rust 程式，並將它轉換成等效的機器語言程式。但是，「兩個完全不同的語言的程式是等效的」這句話是什麼意思？

幸好，程式設計師回答這個問題比語言學者更容易。當我們說兩個程式等效時，我們的意思通常是它們執行時有相同的可見行為：它們會發出相同的系統呼叫、以相同的方式和外面的程式庫互動…等。這有點像針對程式進行圖靈測試：如果你無法分辨你究竟是和原始程式互動，還是和轉譯後的程式互動，那麼它們就是等效的。

現在考慮這段程式：

```
let i = 10;
very_trustworthy(&i);
println!("{}", i * 100);
```

即使不知道 `very_trustworthy` 的定義，我們也可以看出它只接收 i 的共享參考，所以這個呼叫不能改變 i 的值。既然被傳給 `println!` 的值一定是 1000，Rust 可以將這段程式轉換成這段程式的機器語言：

```
very_trustworthy(&10);
println!("{}", 1000);
```

這個轉換後的版本與原始版本有相同的可見行為，而且它可能跑得快一些。但是除非我們同意它的意義和原始版本一樣，否則這個版本的性能沒有任何意義。如果 `very_trustworthy` 是這樣定義的呢？

```
fn very_trustworthy(shared: &i32) {
    unsafe {
        // 將共享參考轉換成可變指標。
        // 這是未定義行為。
        let mutable = shared as *const i32 as *mut i32;
        *mutable = 20;
    }
}
```

這段程式破壞了共享參考的規則：它將 i 的值改成 20，即使 i 是借來共享的，所以不能改變。因此，我們為呼叫方進行的轉換造成的效果很明顯：如果 Rust 轉換程式碼，程式會印出 1000，如果 Rust 不理會它，並使用 i 的新值，程式會印出 2000。在 very_trustworthy 裡面破壞共享參考規則，意味著共享參考的行為將與它的呼叫方所期望的不符。

這種問題在 Rust 執行的每一種轉換裡幾乎都會出現。即使將函式內聯至呼叫它的地方，我們也會假設，當被呼叫的程式完成工作時，控制權會還給呼叫方。但是，本章開頭展示的那個行為不正確的範例連這個假設都違反了。

Rust（或任何其他語言）基本上不可能評估轉換程式能否保留它的意義，除非它能夠信任該語言的基本功能的確按照設計運行。它們能否這樣做，不僅取決於手頭的程式碼，也可能取決於遙遠的程式部分。為了用你的程式碼來執行任何事情，Rust 必須假設程式的其他部分都有正確的行為。

Rust 認為行為正確的程式滿足這些規則：

- 程式不能讀取未初始化的記憶體。
- 程式不能建立無效的基本值：
    — null 的參考、box 或 fn 指標。
    — 不是 0 或 1 的布林值。
    — 有無效判別值（discriminant value）的 enum 值
    — 無效的 char 值，非代理（nonsurrogate）Unicode 碼位
    — 格式不正確的 UTF-8 的 str 值
    — 有無效的 vtables/slice 長度的胖指標
    — 為不返回的函式建立任何「絕不（never）」型態的值，寫成 !
- 遵守第 5 章展示的參考規則。任何參考的生命期都不能超過它的參考對象、共享的操作是唯讀操作、可變的操作是獨家操作。
- 程式不能解參考 null 指標、未正確對齊的指標，或懸空指標。
- 程式不能使用指標來操作指標相關位置之外的記憶體。我們將在第 656 頁的「安全地解參考原始指標」詳細解釋這一條規則。

- 程式不能有資料爭用。資料爭用就是兩個執行緒未能同步地操作同一個記憶體位置，而且至少有一方進行寫入。

- 程式在進行回溯時，不能跨越另一個語言透過外界的函式介面進行的呼叫，見第 158 頁的「回溯（unwinding）」中的解釋。

- 程式必須遵守標準程式庫函式的合約。

因為我們還沒有 Rust 的 unsafe 程式語義（semantic）的完整模型，這份清單可能會隨著時間而改變，但這些項目應該仍然會被禁止。

違反這些規則的程式都構成未定義行為，讓 Rust 對程式進行的優化，以及將程式轉成機器語言的成果都變得不可信。如果你違反最後一條規則，將格式不良的 UTF-8 傳給 String::from_utf8_unchecked，也許 2097151 不會等於 2097151。

未使用 unsafe 功能的 Rust 程式在編譯之後保證遵守上述的所有規則（假設編譯器沒有 bug；雖然編譯器越來越成熟，但曲線絕不會與漸近線相交）。這些規則在你使用 unsafe 功能時才會變成你的責任。

在 C 和 C++ 裡，你的程式在編譯時沒有錯誤或警告比較沒有意義；如本書引言所述，即使是由最優秀的專案寫出來的高標準 C 和 C++ 程式，實際上也會出現未定義行為。

unsafe trait

如果一個 trait 的合約是 Rust 無法檢查或執行的，而且實作者必須滿足那些合約以避免未定義的行為，那個 trait 就是 *unsafe trait*。為了實作 unsafe trait，你必須將程式標成 unsafe。你必須了解 trait 的合約，並確保你的型態滿足它。

以 unsafe trait 來限制型態變數的函式通常使用 unsafe 功能，並且只藉著依賴 unsafe trait 的合約來滿足它們的合約。錯誤地實作 trait 可能導致這種函式出現未定義行為。

std::marker::Send 與 std::marker::Sync 是典型的 unsafe trait。這些 trait 沒有定義任何方法，所以為任何型態實作它們很簡單。但它們有合約：Send 要求實作必須能夠安全地移至另一個執行緒，Sync 要求它們能夠讓執行緒透過共享參考安全地共享。為不適當的型態實作 Send 可能導致（舉例）std::sync::Mutex 發生資料爭用。

舉一個簡單的例子，Rust 標準程式庫曾經有一個 unsafe trait，core::nonzero::Zeroable，來讓可以安全地初始化的型態使用（藉著將它們的所有 bytes 都設為零）。顯然，你可以將 usize 設為零，但是將 &T 設為零會產生 null 參考，當它被解參考時會造成崩潰。你可以為 Zeroable 型態進行一些優化，你可以用 std::ptr::write_bytes（Rust 版的 memset）或使用作業系統呼叫來配置零值分頁（zeroed page），以將它們的陣列快速地初始化（Zeroable 不穩定，在 Rust 1.26 被移至 num crate 僅供內部使用，但它是一個很好的、簡單的、真實的範例）。

Zeroable 是典型的標記 trait，沒有方法或關聯型態：

```
pub unsafe trait Zeroable {}
```

為適當的型態實作同樣很簡單：

```
unsafe impl Zeroable for u8 {}
unsafe impl Zeroable for i32 {}
unsafe impl Zeroable for usize {}
// 對所有整數型態也是如此
```

藉由這些定義，我們可以寫一個函式來快速地配置一個特定長度且容納 Zeroable 型態的向量：

```
use core::nonzero::Zeroable;

fn zeroed_vector<T>(len: usize) -> Vec<T>
    where T: Zeroable
{
    let mut vec = Vec::with_capacity(len);
    unsafe {
        std::ptr::write_bytes(vec.as_mut_ptr(), 0, len);
        vec.set_len(len);
    }
    vec
}
```

這個函式先建立一個空 Vec，讓它具有指定的容量，並呼叫 write_bytes 來將未被占用的緩衝區填入零（write_byte 函式將 len 視為 T 元素數量，而不是 bytes 數，所以這個呼叫不會填充整個緩衝區）。向量的 set_len 方法可改變向量的長度而不對緩衝區做任何事情，它是 unsafe，因為你必須確保新增的緩衝區存有已被正確初始化的 T 值。但這正是 T: Zeroable bound 的限制：一個以零 bytes 組成的、代表有效 T 值的區塊。我們使用 set_len 的方式是安全的。

我們來實際使用它：

```
let v:Vec<usize> = zeroed_vector(100_000);
assert!(v.iter().all(|&u| u == 0));
```

顯然，Zeroable 必須是個 unsafe trait，因為不遵守它的合約可能導致未定義行為：

```
struct HoldsRef<'a>(&'a mut i32);

unsafe impl<'a> Zeroable for HoldsRef<'a> { }

let mut v: Vec<HoldsRef> = zeroed_vector(1);
*v[0].0 = 1;    // 崩潰：解參考 null 指標
```

Rust 不知道 Zeroable 意味著什麼，所以 Rust 無法判斷你是否為不適當的型態實作它。如同任何其他 unsafe 功能，你必須了解與遵守 unsafe trait 的合約。

注意，unsafe 程式不得依賴「被正確地實作的普通 safe trait」。例如，假如有一個 std::hash::Hasher trait 的實作，它只會回傳一個隨機雜湊值，該回傳值與被雜湊化的值沒有關係。trait 要求將同一組位元雜湊化兩次必須產生同樣的雜湊值，但是這個實作沒有達到那個要求，它的做法完全不正確。但因為 Hasher 不是 unsafe trait，所以 unsafe 程式在使用這個 hasher 時不能表現出未定義行為。std::collections::HashMap 型態被精心編寫，以遵守它所使用的 unsafe 功能的合約，無論 hasher 有什麼行為。當然，table 無法正常運作，查詢會失敗，而且項目會隨機出現和消失，但是那張表不會表現出未定義行為。

原始指標

Rust 的原始指標是不受限制的指標。你可以使用原始指標來組合 Rust 的 checked 指標型態無法組合的各種結構，例如雙向鏈結串列或任何物件圖。但因為原始指標太靈活了，Rust 無法知道你是否安全地使用它們，所以你只能在 unsafe 區塊內解參考它們。

原始指標基本上相當於 C 或 C++ 的指標，所以它們很適合用來與其他語言的程式互動。

原始指標有兩種：

- *mut T 是指向 T 的原始指標，可修改參考對象。
- *const T 是指向 T 的原始指標，只能讀取它的參考對象。

（Rust 沒有普通的 *T 型態，你一定要指定 const 或 mut。）

你可以將參考轉換成原始指標，並使用 * 運算子來解參考它：

```
let mut x = 10;
let ptr_x = &mut x as *mut i32;

let y = Box::new(20);
```

```
let ptr_y = &*y as *const i32;

unsafe {
    *ptr_x += *ptr_y;
}
assert_eq!(x, 30);
```

與 box 和參考不同的是，原始指標不能是 null，像 C 的 NULL 或 C++ 的 nullptr 那樣：

```
fn option_to_raw<T>(opt: Option<&T>) -> *const T {
    match opt {
        None => std::ptr::null(),
        Some(r) => r as *const T
    }
}

assert!(!option_to_raw(Some(&("pea", "pod"))).is_null());
assert_eq!(option_to_raw::<i32>(None), std::ptr::null());
```

這個範例沒有 unsafe 區塊，因為建立原始指標，傳遞它們和比較它們都是 safe，只有解參考原始指標是 unsafe。

指向 unsized 型態的原始指標是胖指標，和相應的參考或 Box 型態一樣。*const [u8] 指標包含長度與位址。*mut dyn std::io::Write 這類的 trait 物件包含一個 vtable。

雖然 Rust 會在各種情況下私下解參考安全指標型態，但解參考原始指標必須明確地進行：

- . 運算子不會私下解參考原始指標，你必須使用 (*raw).field 或 (*raw).method(...)。

- 原始指標沒有實作 Deref，所以不能使用 deref coercion。

- == 與 < 之類的運算子會比較原始指標的位址，指向同一個記憶體位址的兩個原始指標是相等的。同樣的，將原始指標雜湊化會將它所指的位址雜湊化，不是雜湊化它所指的對象的值。

- std::fmt::Display 之類的格式化 trait 會自動追隨參考，完全不處理原始指標。但 std::fmt::Debug 與 std::fmt::Pointer 例外，它們會以十六進制位址來顯示原始指標，不會解參考它們。

與 C 和 C++ 的 + 運算子不同的是，Rust 的 + 不處理原始指標，但你可以用它們的 offset 和 wrapping_offset 方法來執行指標算術，或使用更方便的 add、sub、wrapping_add 與 wrapping_sub 方法。offset_from 方法提供兩個指標之間的距離，單位是 bytes，但我們要負責確保開頭與結尾在同一個記憶體區域內（例如，同一個 Vec 內）：

```
let trucks = vec!["garbage truck", "dump truck", "moonstruck"];
let first: *const &str = &trucks[0];
let last: *const &str = &trucks[2];
assert_eq!(unsafe { last.offset_from(first) }, 2);
assert_eq!(unsafe { first.offset_from(last) }, -2);
```

first 與 last 不需要做明確的轉換，只要指定型態就夠了。Rust 會私下脅迫（coerce）參考成為原始指標（但不會反過來做）。

as 運算子幾乎可以做所有合理的轉換，例如從參考到原始指標，或在兩個原始指標型態之間轉換。但是，你可能要將複雜的轉換拆成一系列更簡單的步驟。例如：

```
&vec![42_u8] as *const String;  // 錯誤：無效的轉換
&vec![42_u8] as *const Vec<u8> as *const String; // 可以
```

注意，as 不會將原始指標轉換成參考。這種轉換是 unsafe，但 as 應維持 safe 操作。你必須先解參考原始指標（在 unsafe 區塊內），再借用產生的值。

做這件事情時要很小心：用這種方式產生的參考有不受約束的生命期，它的壽命沒有任何限制，因為原始指標未提供任何資訊給 Rust 作為做決定的依據。在第 696 頁的「libgit2 的安全介面」，我們會用幾個例子來展示如何妥善地限制生命期。

許多型態都有 as_ptr 與 as_mut_ptr 方法，可回傳其內容的原始指標。例如，陣列 slice 與字串會回傳指向第一個元素的指標，有些 iterator 會回傳指向它們即將產生的下一個元素的指標。Box、Rc 與 Arc 等 owning 指標型態都有 into_raw 與 from_raw 函式，可轉換成原始指標，或從原始指標轉換回來。這些方法有一些合約提出令人驚訝的要求，所以在使用它們之前，務必先閱讀它們的文件。

你也可以轉換整數來建構原始指標，雖然可以放心地做這件事的整數，通常也是用指標來取得的整數。第 657 頁的「範例：RefWithFlag」會用這種方式來使用原始指標。

與參考不同的是，原始指標既非 Send 亦非 Sync。因此，包含原始指標的型態在預設情況下都不實作這些 trait。在執行緒之間傳送與共用原始指標沒有什麼本質上 unsafe 之處；畢竟，無論它們到哪裡，你都要用 unsafe 區塊來解參考它們。但有鑑於原始指標的角色，語言設計者認為採取這種預設的行為比較有幫助。我們已經在第 652 頁的「unsafe trait」討論如何自己實作 Send 與 Sync 了。

安全地解參考原始指標

以下是安全地使用原始指標的常識指南：

- 將 null 指標或懸空指標解參考是未定義行為，如同引用未初始化的記憶體，或引用離開作用域的值。

- 將型態不符合參考對象的指標解參考是未定義行為。

- 你必須遵守第 5 章介紹的參考安全規則才能向解參考的原始指標借用值：任何參考的生命期都不能超過它的參考對象、共享的操作是唯讀操作、可變的操作是獨家操作（這條規則很容易不小心打破，因為原始指標經常被用來建立資料結構，那些資料往往有不合規的共用行為或所有權）。

- 當原始指標的參考對象對它的型態而言是格式良好的值時，你才能使用它。例如，你必須確保解參考 *const char 會產生一個正確的、非代理的 Unicode 碼位。

- 你只能使用原始指標的 offset 與 wrapping_offset 方法來指向變數內的 byte 或原本的指標引用的 heap 區塊，或超出那個區域的第一個 byte。

  如果你為了做指標算術，而將指標轉換成整數，再對整數做算術，然後將它轉回去指標，結果必須是 offset 方法的規則允許產生的指標。

- 如果你對著原始指標的參考對象賦值，你不能違反參考對象所屬的任何型態的不變性。例如，如果你的 *mut u8 指向一個 String 的一個 byte，你在那個 u8 儲存的值必須使 String 依然是格式良好的 UTF-8。

撇開借用規則不談，這些規則基本上就是在 C 和 C++ 裡面使用指標時必須遵守的規則。

不違反型態不變性的原因很明顯。許多 Rust 的標準型態都在它們的實作中使用 unsafe 程式，但仍然提供 safe 介面，因為它們假設 Rust 的安全檢查機制、模組系統和可見性規則將被遵守。使用原始指標來規避這些保護措施會導致未定義行為。

完整的、精確的原始指標合約不容易聲明，而且可能會隨著語言的發展而改變。但是以上介紹的原則應該可以讓你處於安全地帶。

範例：RefWithFlag

這個範例說明如何使用原始指標來進行經典的位元級 hack[1]，並將它包成一個絕對安全的 Rust 型態。這個模組定義 RefWithFlag<'a, T> 型態，它裡面有一個 &'a T 與一個 bool。它很像 tuple (&'a T, bool)，但只占用一個機器 word，不是兩個。垃圾回收程式與虛擬機器經常使用這種技術，它們有些型態的數量非常多（例如代表物件的型態），就算只為每個值增加一個 word 都會大幅增加記憶體的使用量：

---

1 其實，它在我們工作的地方是個經典。

```
mod ref_with_flag {
    use std::marker::PhantomData;
    use std::mem::align_of;

    /// 一個 `&T` 與一個 `bool`，包在一個 word 裡。
    /// 型態 `T` 至少需要雙 byte 的對齊。
    ///
    /// 如果你看到任何指標都想竊取它的 2⁰-bit，
    /// 現在你可以安全地做這件事了！
    /// （但是這樣就不刺激了…）
    pub struct RefWithFlag<'a, T> {
        ptr_and_bit: usize,
        behaves_like: PhantomData<&'a T> // 不占用空間
    }

    impl<'a, T: 'a> RefWithFlag<'a, T> {
        pub fn new(ptr: &'a T, flag: bool) -> RefWithFlag<T> {
            assert!(align_of::<T>() % 2 == 0);
            RefWithFlag {
                ptr_and_bit: ptr as *const T as usize | flag as usize,
                behaves_like: PhantomData
            }
        }

        pub fn get_ref(&self) -> &'a T {
            unsafe {
                let ptr = (self.ptr_and_bit & !1) as *const T;
                &*ptr
            }
        }

        pub fn get_flag(&self) -> bool {
            self.ptr_and_bit & 1 != 0
        }
    }
}
```

這段程式利用「許多型態都必須放在記憶體的偶數位址」這個事實：因為偶數位址的最低有效位一定是零，所以我們可以在那裡儲存一些其他的東西，然後將最低位遮住，來重建原始位址。有的型態不能這樣做，例如 u8 與 (bool, [i8; 2]) 可放在任何位址。但是我們可以檢查型態構造的對齊情況，並且拒絕處理不能這樣做的型態。

你可以這樣使用 RefWithFlag：

```
use ref_with_flag::RefWithFlag;

let vec = vec![10, 20, 30];
let flagged = RefWithFlag::new(&vec, true);
assert_eq!(flagged.get_ref()[1], 20);
assert_eq!(flagged.get_flag(), true);
```

建構式 RefWithFlag::new 接收一個參考與一個 bool 值，判斷參考的型態是適當的，將參考轉換成原始指標，然後轉換成 usize。usize 型態的大小足以容納處理器的一個指標，所以將原始指標轉換成 usize 再轉換回來是定義明確的（well-defined）。有了 usize 之後，我們知道它一定是偶數，所以使用位元 or 運算子 | 來將它與 bool 結合，我們已經將 bool 轉換成整數 0 或 1 了。

get_flag 方法會提取 RefWithFlag 的 bool 成分，它的做法很簡單，只是將最低位元遮掉，並檢查它是不是非零。

get_ref 方法從 RefWithFlag 提取參考。它先將 usize 的最低位遮掉，並將它轉換成原始指標。as 運算子不會將原始指標轉換成參考，但我們可以解參考原始指標（當然是在 unsafe 區塊內），並借用它。借用原始指標的參考對象可獲得一個具有無限生命期的參考：Rust 會給予參考一個生命期，讓周圍程式可以檢查。但我們通常有比較具體的生命期可用，它比較準確，因此可以抓到更多錯誤。在這個例子裡，因為 get_ref 的回傳型態是 &'a T，所以 Rust 發現參考的生命期與 RefWithFlag 的生命期參數 'a 一樣，這正是我們要的：它就是我們一開始使用的參考的生命期。

在記憶體裡，RefWithFlag 看起來就像 usize：因為 PhantomData 是大小為零的型態，所以 behaves_like 欄位未占用結構的空間。但是 Rust 需要 PhantomData 才能知道如何在使用 RefWithFlag 的程式中處理生命期。想像一下沒有 behaves_like 欄位的型態長怎樣：

```
// 無法編譯
pub struct RefWithFlag<'a, T: 'a> {
    ptr_and_bit: usize
}
```

第 5 章說過，含有參考的結構的生命期都不能超過它們借用的值的生命期，以免參考變成懸空指標。結構必須遵守它的欄位的限制。RefWithFlag 當然也是如此：在剛才的程式中，flagged 的生命期不能超過 vec，因為 flagged.get_ref() 回傳它的參考。但是簡化的 RefWithFlag 型態完全沒有參考，而且從未使用它的生命期參數 'a，它只是一個 usize。Rust 如何知道 flagged 的生命期的任何限制？加入 PhantomData<&'a T> 欄位可讓 Rust 將 RefWithFlag<'a, T> 視為包含 &'a T，而不實際影響結構的表示形式。

雖然 Rust 不知道發生了什麼事（這就是 RefWithFlag unsafe 的原因），但它會盡力幫助你。如果你省略 behaves_like 欄位，Rust 會抱怨參數 'a 與 T 未被使用，並建議使用 PhantomData。

RefWithFlag 使用與之前的 Ascii 型態相同的策略來避免 unsafe 區塊內的未定義行為。型態本身是 pub，但它的欄位不是，這意味著只有 ref_with_flag 模組內的程式碼可以建立或查看 RefWithFlag 值。你不需要檢查太多程式碼就可以確信 ptr_and_bit 欄位有良好的構造。

可為 null 的指標

Rust 的 null 原始指標是零位址，與 C 和 C++ 一樣。對任何型態 T 而言，std::ptr::null<T> 函式會回傳一個 *const T null 指標，std::ptr::null_mut<T> 會回傳一個 *mut T null 指標。

你可以用幾種方式來檢查一個原始指標是不是 null。最簡單的方式是使用 is_null 方法，但 as_ref 也許更方便：它接收一個 *const T 指標，並回傳一個 Option<&'a T>，將 null 指標轉換成 None。類似地，as_mut 方法可將 *mut T 指標轉換成 Option<&'a mut T> 值。

型態的大小和對齊

Sized 型態的值在記憶體中占用固定的 byte 數，而且必須放在一個對齊值的倍數位址上，對齊值依機器架構而定。例如，(i32, i32) tuple 占用 8 bytes，大多數的處理器喜歡把它放在 4 的倍數的位址。

std::mem::size_of::<T>() 會回傳 T 型態的值的大小，單位為 bytes，而 std::mem::align_of::<T>() 會回傳它的對齊值。例如：

```
assert_eq!(std::mem::size_of::<i64>(), 8);
assert_eq!(std::mem::align_of::<(i32, i32)>(), 4);
```

任何型態的對齊值一定是 2 的次方。

型態的大小一定會進位成它的對齊值的倍數，即使在技術上，它可以放入更小的空間。例如，即使 (f32, u8) 這個 tuple 只需要 5 bytes，但 size_of::<(f32, u8)>() 是 8，因為 align_of::<(f32, u8)>() 是 4。這可確保當你使用陣列時，都可以用元素型態的大小來計算一個元素與下一個元素的間距。

unsized 型態的大小與對齊值取決於當前的值。當 std::mem::size_of_val 與 std::mem::align_of_val 函式收到 unsized 值的參考時，它們會回傳該值的大小與對齊值。這些函式可以處理 Sized 與 unsized 型態的參考：

```
// 胖指標，指向一個附帶參考對象的長度的 slice。
let slice: &[i32] = &[1, 3, 9, 27, 81];
assert_eq!(std::mem::size_of_val(slice), 20);

let text: &str = "alligator";
assert_eq!(std::mem::size_of_val(text), 9);

use std::fmt::Display;
let unremarkable: &dyn Display = &193_u8;
let remarkable: &dyn Display = &0.0072973525664;

// 回傳 trait 物件所指的值的大小 / 對齊值，
// 而不是 trait 物件本身的大小 / 對齊值。
// 這些資訊來自 trait 物件引用的 vtable。
assert_eq!(std::mem::size_of_val(unremarkable), 1);
assert_eq!(std::mem::align_of_val(remarkable), 8);
```

指標算術

Rust 將陣列、slice 或向量的元素排列成一個連續的記憶體區塊，如圖 22-1 所示。區塊的元素有固定的間隔，所以如果各個元素占用 size bytes，則第 i 個元素從第 i * size 個 byte 開始。

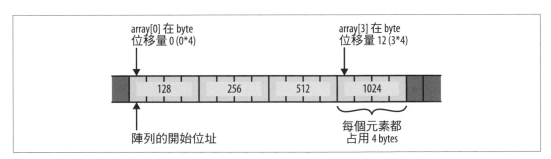

圖 22-1　在記憶體內的陣列

這樣做有一個很好的效果：如果有兩個指向陣列元素的原始指標，比較指標得到的結果與比較元素的索引得到的結果是相同的。若 i < j，則指向第 i 個元素的原始指標小於指向第 j 個元素的原始指標。所以原始指標可當成陣列遍歷的上限來使用。事實上，在標準程式庫裡，遍歷 slice 的 iterator 的原始定義是：

```
struct Iter<'a, T> {
    ptr: *const T,
    end: *const T,
    ...
}
```

ptr 欄位指向迭代產生的下一個元素，end 欄位是上限：迭代在 ptr == end 時完成。

另一個很好的效果是陣列佈局：如果 element_ptr 是 *const T 或 *mut T 原始指標，指向一個陣列的第 i 個元素，那麼 element_ptr.offset(o) 就是指向第 (i + o) 個元素的原始指標。它的定義相當於：

```
fn offset<T>(ptr: *const T, count: isize) -> *const T
    where T: Sized
{
    let bytes_per_element = std::mem::size_of::<T>() as isize;
    let byte_offset = count * bytes_per_element;
    (ptr as isize).checked_add(byte_offset).unwrap() as *const T
}
```

std::mem::size_of::<T> 函式回傳 T 型態的 byte 大小。因為根據定義，isize 的大小足以容納一個位址，所以你可以將基礎指標轉換成 isize，用那個值來進行計算，然後將結果轉換回去指標。

你可以產生一個指向陣列結束後的第一個 byte 的指標。雖然你不能解參考這種指標，但可以用它來代表迴圈的上限，或是做邊界檢查。

但是，使用 offset 來產生一個指向該位置之後的指標，或指向陣列開頭之前的指標是未定義行為。為了優化，Rust 假設當 i 是正值時，ptr.offset(i) > ptr，當 i 是負值時，ptr.offset(i) < ptr。這個假設看似安全，但萬一針對 offset 進行計算的結果超出 isize 值就不安全了。如果 i 被限制在 ptr 的同一個陣列內，越界就不會發生，畢竟，陣列本身不會超過位址空間的邊界（為了讓指向結尾後的第一個 byte 的指標是安全的，Rust 絕對不會在位址空間的上端（upper end）放值）。

如果你真的需要將指標移到它們所指的陣列的界限外，你可以使用 wrapping_offset 方法，它相當於 offset，但 Rust 不對 ptr.wrapping_offset(i) 與 ptr 本身的相對順序做任何假設。當然，除非這種指標位於陣列內，否則你不能解參考它們。

移入與移出記憶體

如果你要實作一個管理自己的記憶體的型態，你必須記錄記憶體的哪些部分保存了活躍值，哪些部分未初始化，就像 Rust 處理區域變數那樣。考慮這段程式：

```
let pot = "pasta".to_string();
let plate = pot;
```

圖 22-2 是執行這段程式之後的情況。

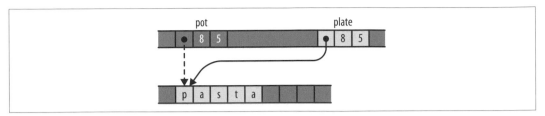

圖 22-2　將字串從一個區域變數移到另一個

在賦值之後，pot 是未初始化的，plate 是字串的所有者。

機器層面並未規定在移動時該對來源做什麼，但實際上，我們什麼都不做。賦值可能讓 pot 仍然持有指標、容量和字串的長度。當然，將它當成活躍值會產生災難性的後果，Rust 會確保你不這樣做。

自行管理記憶體的資料結構也要考慮同樣的事情。假如你執行這段程式：

```
let mut noodles = vec!["udon".to_string()];
let soba = "soba".to_string();
let last;
```

在記憶體內，狀態長得像圖 22-3。

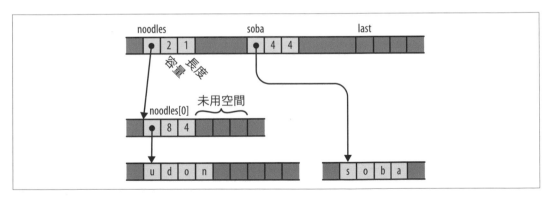

圖 22-3　在向量內，未初始化的未用空間

這個向量的未用空間可以再容納一個元素，但它的內容是垃圾，可能是記憶體之前容納的東西。如果接下來執行這段程式：

```
noodles.push(soba);
```

將字串 push 入向量會將那個未初始化的記憶體轉換成新元素，如圖 22-4 所示。

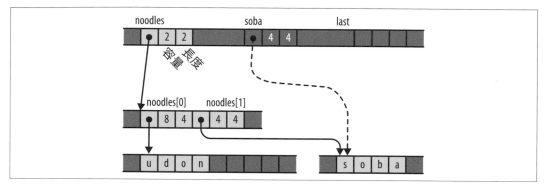

圖 22-4　將 soba 的值 push 入向量之後

向量將空的空間初始化來擁有字串,並增加它的長度,來將它標成新的、活躍的元素。現在向量是字串的所有者,你可以引用它的第二個元素,且卸除向量會釋出那兩個字串。而且現在 soba 是未初始化的。

最後,考慮從向量 pop 值會怎樣:

```
last = noodles.pop().unwrap();
```

圖 22-5 是記憶體裡面的情況。

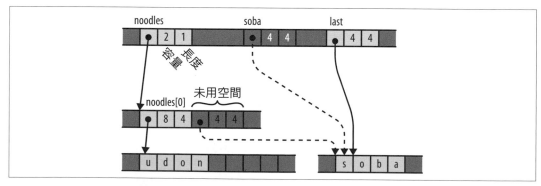

圖 22-5　將一個元素從向量 pop 至 last 之後的情況

變數 last 取得字串的所有權。向量減少它的長度,以指明之前用來保存字串的空間現在是未初始化的。

如同之前的 pot 與 pasta,soba、last 與向量的閒置空間三者可能都持有相同的位元模式,但只有最後那一個擁有值。將另外兩個位置視為活躍是錯的。

「已初始化的值」其實是指視為活躍的值。對一個值的 bytes 進行寫入通常是初始化的必要步驟，但這樣做只是為了幫值做好準備，讓它可以被視為活躍的。在記憶體裡面，移動與複製有相同的效果，兩者的差異在於，在移動後，來源就不再被視為活躍了，但是在複製後，來源與目的都是活躍的。

Rust 在編譯期會追蹤哪些局部變數是活躍的，並防止你使用值已被移到別處的變數。Vec、HashMap、Box…等型態會動態追蹤它們的緩衝區。當你實作可自行管理記憶體的型態時，你也要這樣做。

Rust 提供兩項重要的操作來讓你實作這種型態：

`std::ptr::read(src)`

將 src 所指的位置的值移出，將所有權交給呼叫方。src 引數必須是 *const T 原始指標，T 是 sized 型態。呼叫這個函式後，*src 的內容不受影響，但除非 T 是 Copy，否則必須確保程式將它視為未初始化的記憶體。

這就是 Vec::pop 背後的操作。pop 值會呼叫 read 來將值移出緩衝區，然後減去長度，將該空間標為未初始化空間。

`std::ptr::write(dest, value)`

將 value 移入 dest 所指的位置，它在呼叫前必須是未初始化的記憶體。現在參考對象擁有該值。dest 必須是 *mut T 原始指標，value 是 T 值，T 是 sized 型態。

這是 Vec::push 背後的操作。push 值會呼叫 write 來將值移入下一個可用空間，然後增加長度，來將那個空間標為有效元素。

它們都是自由函式，不是原始指標型態的方法。

注意，你不能用 Rust 的任何安全指標型態來做這些事情。安全指標型態都要求它們的參考對象在任何時候都是初始化的，所以將未初始化的記憶體轉換成值，或反過來，都不是它們有能力做的事情。原始指標可以這樣做。

標準程式庫也有一些將值的陣列從一個記憶體區塊移到另一個的函式：

`std::ptr::copy(src, dst, count)`

將 src 記憶體位置開始的 count 值陣列移到 dst 記憶體位置，如同手寫一個呼叫 read 與 write 的迴圈，一次移動一個一般。在呼叫前，目的記憶體必須是未初始化的，在呼叫之後，來源記憶體將保持未初始化。src 與 dest 引數必須是 *const T 與 *mut T 原始指標，count 必須是 usize。

`ptr.copy_to(dst, count)`

更方便版的 copy，可將從記憶體位置 ptr 開始的 count 陣列移到 dst，而不是以引數來接收它的開始位置。

`std::ptr::copy_nonoverlapping(src, dst, count)`

如同呼叫相映的 copy，但是它的合約進一步要求來源與目的記憶體不能重疊。它可能比呼叫 copy 快一些。

`ptr.copy_to_nonoverlapping(dst, count)`

方便版的 copy_nonoverlapping，很像 copy_to。

在 std::ptr 模組內還有兩個其他系列的 read 與 write 函式：

`read_unaligned, write_unaligned`

這些函式很像 read 與 write，但指標不需要像參考對象型態那樣對齊。這些函式可能比一般的 read 和 write 函式更慢。

`read_volatile, write_volatile`

這些函式相當於 C 和 C++ 的 volatile 讀和寫。

範例：GapBufer

接下來的範例將實際使用剛才介紹的原始指標函式。

假如你要寫一個文字編輯器，你正在尋找一個代表文字的型態。雖然我們可以選擇 String，並使用 insert 與 remove 方法，在用戶輸入時插入和刪除字元。但是，如果他們在一個大型檔案的開頭編輯文字，這些方法可能很昂貴：插入一個新字元需要將記憶體內的整個字串的其餘部分右移，刪除字元則要將整個區塊左移。我讓這種常見的操作更便宜。

Emacs 文字編輯器使用一種簡單的資料結構，稱為 *gap buffer*，它可以用常數時間來插入和刪除字元。String 將所有未用空間都放在文字的結尾，所以 push 與 pop 的成本很低，gap buffer 則是將未用空間放在文字的中間，位於正在編輯的地方。這個未用空間稱為 *gap*，在 gap 裡插入或刪除元素的成本很低，只要視需求縮小或放大 gap 即可。你只要將 gap 一邊的文字移到另一邊，就可以將 gap 移到任何位置。當 gap 變成空的時，你就要遷移至更大的緩衝區。

雖然在 gap 緩衝區裡面進行插入與刪除很快，但改變進行插入與刪除的位置必須將 gap 移到新位置。移動元素的時間與移動距離成正比。幸好，典型的編輯動作是在緩衝區的一塊相鄰區域做一堆修改，再到其他地方處理那裡的文字。

本節將用 Rust 來實作 gap。為了避免被 UTF-8 干擾，我們將在緩衝區直接儲存 char 值，但如果你儲存其他形式的文字，操作原則也是相同的。

首先，我們將展示 gap 緩衝區的動作。這段程式建立一個 GapBuffer，在裡面插入一些文字，然後將插入點移到最後一個單字之前：

```
let mut buf = GapBuffer::new();
buf.insert_iter("Lord of the Rings".chars());
buf.set_position(12);
```

執行這段程式後，緩衝區長得像圖 22-6。

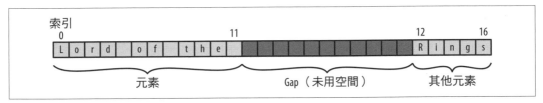

圖 22-6　存有一些文字的 gap 緩衝區

插入就是將新文字填入 gap。這段程式加入一個單字，毀了電影名稱：

```
buf.insert_iter("Onion ".chars());
```

圖 22-7 是插入的結果。

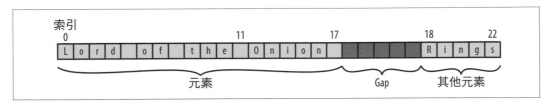

圖 22-7　包含更多文字的 gap 緩衝區

這是 GapBuffer 型態：

```
use std;
use std::ops::Range;

pub struct GapBuffer<T> {
    // 儲存元素的地方。它有我們需要的容量,
    // 但長度始終為零。GapBuffer 將它的元素
    // 與 gap 放在這個 `Vec` 的「未用」空間。
    storage: Vec<T>,

    // 在 `storage` 中間的未初始化元素的範圍。
    // 在這個範圍之前與之後的元素都是初始化的。
    gap:Range<usize>
}
```

GapBuffer 用一種奇怪的方式來使用它的 storage 欄位 [2]。它絕對不會在向量中實際儲存任何元素,或者說,不會完全如此。它只會呼叫 Vec::with_capacity(n) 來取得一個大小足以容納 n 個值的記憶體區塊,用向量的 as_ptr 和 as_mut_ptr 方法取得那塊記憶體的原始指標,然後直接使用緩衝區來做它想做的事。向量的長度始終是零。當 Vec 被卸除時,Vec 不會試著釋出它的元素,因為它不知道它有任何元素,但它會釋出記憶體區塊。這就是 GapBuffer 想要的,它有自己的 Drop 實作,可知道活躍的元素在哪裡並正確地卸除它們。

GapBuffer 最簡單的方法應該和你想的一樣:

```
impl<T> GapBuffer<T> {
    pub fn new() -> GapBuffer<T> {
        GapBuffer { storage: Vec::new(), gap: 0..0 }
    }

    /// 回傳這個 GapBuffer 在不重新配置
    /// 的情況下可容納的元素數量。
    pub fn capacity(&self) -> usize {
        self.storage.capacity()
    }

    /// 回傳 GapBuffer 目前容納多少元素。
    pub fn len(&self) -> usize {
        self.capacity() - self.gap.len()
    }

    /// 回傳當前的插入位置。
    pub fn position(&self) -> usize {
        self.gap.start
```

2　編譯器內建的 alloc crate 的 RawVec 型態可用更好的方式來處理這個問題,但那個 crate 還不穩定。

```
    }

    ...
}
```

上面的程式讓接下來的函式可以用一個工具方法來取得指向特定索引的緩衝區元素的原始指標。因為這種語言是 Rust，所以我們要用一個方法來處理 mut 指標，以及用一個方法來處理 const。與上面的方法不同的是，它們不是公用的。延續這個 impl 區塊：

```
/// 回傳一個指向底下的存放區的第 `index` 個元素的指標，
/// 不考慮 gap。
///
/// 安全性：`index` 必須是指向 `self.storage` 內的有效索引。
unsafe fn space(&self, index: usize) -> *const T {
    self.storage.as_ptr().offset(index as isize)
}

/// 回傳一個指向底下的存放區的第 `index` 個元素
/// 的可變指標，不考慮 gap。
///
/// 安全性：`index` 必須是指向 `self.storage` 內的有效索引。
unsafe fn space_mut(&mut self, index: usize) -> *mut T {
    self.storage.as_mut_ptr().offset(index as isize)
}
```

為了找到位於一個索引的元素，你必須考慮該索引在 gap 前面還是後面，並做適當地調整。

```
/// 回傳第 `index` 個元素在緩衝區內的位移量，
/// 並考慮 gap。它不檢查索引是否在範圍內，
/// 但它絕不會回傳 gap 內的索引。
fn index_to_raw(&self, index: usize) -> usize {
    if index < self.gap.start {
        index
    } else {
        index + self.gap.len()
    }
}

/// 回傳第 `index` 個元素的參考，
/// 或 `index` 不在範圍內時，回傳 `None`。
pub fn get(&self, index: usize) -> Option<&T> {
    let raw = self.index_to_raw(index);
    if raw < self.capacity() {
        unsafe {
            // 我們只比較 `raw` 與 self.capacity()，
```

```
            // 且 index_to_raw 跳過 gap，所以這是安全的。
            Some(&*self.space(raw))
        }
    } else {
        None
    }
}
```

當你開始在緩衝區的不同部分進行插入和刪除時，你要將 gap 移到新位置。將 gap 往右移需要將元素往左移，反之亦然，就像水平儀裡面的氣泡會在液體流往某個方向時，朝著另一個方向移動：

```
/// 將當前的插入位置設為 `pos`。
/// 如果 `pos` 在邊界外，則 panic。
pub fn set_position(&mut self, pos: usize) {
    if pos > self.len() {
        panic!("index {} out of range for GapBuffer", pos);
    }

    unsafe {
        let gap = self.gap.clone();
        if pos > gap.start {
            // `pos` 在 gap 後面。將 gap 右移，
            // 藉著將 gap 後面的元素移到它前面。
            let distance = pos - gap.start;
            std::ptr::copy(self.space(gap.end),
                           self.space_mut(gap.start),
                           distance);
        } else if pos < gap.start {
            // `pos` 在 gap 前面。將 gap 左移，
            // 藉著將 gap 前面的元素移到它後面。
            let distance = gap.start - pos;
            std::ptr::copy(self.space(pos),
                           self.space_mut(gap.end - distance),
                           distance);
        }

        self.gap = pos .. pos + gap.len();
    }
}
```

這個函式使用 std::ptr::copy 方法來移動元素；copy 要求目的地是未初始化的，並且會讓來源未初始化。來源與目的地的範圍可能重疊，但 copy 可以正確地處理這種情況。因為 gap 在呼叫前是未初始化的記憶體，而且函式會調整 gap 的位置來覆蓋複製騰出來的空間，所以 copy 函式的合約有被滿足。

插入和移除元素比較簡單。插入會占用 gap 的一個空間給新元素使用，而移除會移出一個值，並擴大 gap 來包含它曾經占用的空間：

```
/// 在當前的插入位置插入 `elt`，
/// 並將插入位置留在它後面。
pub fn insert(&mut self, elt: T) {
    if self.gap.len() == 0 {
        self.enlarge_gap();
    }

    unsafe {
        let index = self.gap.start;
        std::ptr::write(self.space_mut(index), elt);
    }
    self.gap.start += 1;
}

/// 將 `iter` 產生的元素插入當前的插入位置，
/// 並將插入位置留在它後面。
pub fn insert_iter<I>(&mut self, iterable: I)
    where I: IntoIterator<Item=T>
{
    for item in iterable {
        self.insert(item)
    }
}

/// 將插入位置後面的元素移除並回傳它，
/// 當插入位置在 GapBuffer 結尾時，
/// 則回傳 `None`。
pub fn remove(&mut self) -> Option<T> {
    if self.gap.end == self.capacity() {
        return None;
    }

    let element = unsafe {
        std::ptr::read(self.space(self.gap.end))
    };
    self.gap.end += 1;
    Some(element)
}
```

類似 Vec 使用 std::ptr::write 來 push，以及使用 std::ptr::read 來 pop 的做法，GapBuffer 使用 write 來 insert，用 read 來 remove。也如同 Vec 必須調整長度來維護已初始化的元素和未用空間之間的邊界，GapBuffer 也調整它的 gap。

當 gap 被填入後，insert 方法必須增加緩衝區來獲得更多的空間。enlarge_gap 方法
（impl 區塊的最後一個）負責這件事：

```
/// 將 `self.storage` 的容量放大兩倍。
fn enlarge_gap(&mut self) {
    let mut new_capacity = self.capacity() * 2;
    if new_capacity == 0 {
        // 現有的向量是空的。
        // 選擇一個合理的起始容量。
        new_capacity = 4;
    }

    // 我們不知道改變 Vec 的大小對它的未用空間有什麼影響。
    // 所以只建立一個新向量，並移動元素。
    let mut new = Vec::with_capacity(new_capacity);
    let after_gap = self.capacity() - self.gap.end;
    let new_gap = self.gap.start .. new.capacity() - after_gap;

    unsafe {
        // 移動 gap 之前的元素。
        std::ptr::copy_nonoverlapping(self.space(0),
                                      new.as_mut_ptr(),
                                      self.gap.start);

        // 移動 gap 之後的元素。
        let new_gap_end = new.as_mut_ptr().offset(new_gap.end as isize);
        std::ptr::copy_nonoverlapping(self.space(self.gap.end),
                                      new_gap_end,
                                      after_gap);
    }

    // 釋出舊 Vec，但不會卸除元素。
    // 因為 Vec 的長度是零。
    self.storage = new;
    self.gap = new_gap;
}
```

set_position 使 用 copy 在 gap 裡 面 來 回 移 動 元 素，enlarge_gap 則 使 用
copy_nonoverlapping，因為它將元素移到一塊全新的緩衝區。

將新向量移入 self.storage 會卸除舊向量。因為長度為零，所以舊向量相信它沒有元素需
要卸除，只釋出它的緩衝區。巧妙的是，copy_nonoverlapping 讓它的來源未初始化，所
以舊向量是正確的：現在所有元素的所有權都屬於新向量。

最後,我們要確保卸除 GapBuffer 會卸除它的所有元素:

```
impl<T> Drop for GapBuffer<T> {
    fn drop(&mut self) {
        unsafe {
            for i in 0 .. self.gap.start {
                std::ptr::drop_in_place(self.space_mut(i));
            }
            for i in self.gap.end .. self.capacity() {
                std::ptr::drop_in_place(self.space_mut(i));
            }
        }
    }
}
```

因 為 gap 的 前 面 與 後 面 都 有 元 素 , 所 以 我 們 迭 代 各 個 區 域 , 並 使 用 std::ptr::drop_in_place 函式來卸除每一個。drop_in_place 函式是一個工具程式,它 的行為很像 drop(std::ptr::read(ptr)),但不會將值移到它的呼叫方(因此處理的是 unsized 型態)。而且如同 enlarge_gap,當向量 self.storage 被卸除時,它的緩衝區是未 初始化的。

如同本章展示過的其他型態,GapBuffer 會確保它自己的不變性足以確保它所使用的每一 個 unsafe 功能的合約都被遵守,所以它的公用方法都不需要標成 unsafe。GapBuffer 為無 法用 safe 程式來編寫的功能實作了一個 safe 介面。

在 unsafe 程式中的 panic 安全性

在 Rust 裡,panic 通常不會導致未定義行為,panic! 巨集不是 unsafe 功能。但是當你決定 使用 unsafe 程式碼時,維護 panic 的安全性就變成你的工作了。

考慮上一節的 GapBuffer::remove 方法:

```
pub fn remove(&mut self) -> Option<T> {
    if self.gap.end == self.capacity() {
        return None;
    }

    let element = unsafe {
        std::ptr::read(self.space(self.gap.end))
    };
    self.gap.end += 1;
    Some(element)
}
```

呼叫 read 會將緊隨 gap 的元素移出緩衝區，留下未初始化的空間。此時，GapBuffer 處於不一致的狀態：我們已經打破了在 gap 外面的所有元素都必須初始化的不變性。幸好，接下來的陳述式擴大 gap 來覆蓋那個空間，所以當我們 return 時，不變性再次成立。

但是考慮一下，如果這段程式在呼叫 read 之後，在調整 self.gap.end 之前試著使用一個可能 panic 的功能，例如檢索一個 slice 呢？在這兩個動作之間的任何時刻突然退出該方法都會使得 GapBuffer 在 gap 外面有一個未初始化的元素。下一次呼叫 remove 可能再次試著 read 它，即使是卸除 GapBuffer 也會試著卸除它。它們都是未定義行為，因為它們都操作未初始化的記憶體。

型態的方法難免在工作時暫時放鬆型態的不變性，然後在 return 之前將一切恢復正常。在執行方法的過程中出現的 panic 可能提前終止清理程序，使得型態處於不一致的狀態。

如果該型態只使用 safe 程式，這種不一致性可能導致型態行為不正確，但不會引入未定義行為。但使用 unsafe 功能的程式通常依賴不變性來滿足這些功能的合約。破壞不變性會破壞合約，導致未定義行為。

在使用 unsafe 功能時，你必須特別注意不變性被暫時放鬆的敏感區域，確保它們不做可能 panic 的任何行為。

用 union 來重新解譯記憶體

Rust 提供許多好用的抽象，但你寫出來的軟體終究只是將 bytes 推來推去。union 是 Rust 最強大的功能，它可以讓你操作這些 bytes，並選擇它們如何被解讀。例如，任何 32 bits（4 bytes）的集合都可以解讀成整數或浮點數。

這兩種解讀都是有效的，儘管將其中一種型態的資料解讀成另一種型態可能變成胡言亂語。

這個 union 代表一群可以解讀為整數或浮點數的 bytes：

```
union FloatOrInt {
    f: f32,
    i: i32,
}
```

這個 union 有兩個欄位，f 與 i。它們可以像 struct 的欄位一樣賦值，但是與 struct 不一樣的是，當你建構 union 時，你只能選擇一個欄位。struct 的欄位指向不同的記憶體位置，但 union 的欄位指向同一系列的 bits 的不同解釋，對不同的欄位賦值代表覆寫一些或全部的 bits，取決於型態。在下面的程式中，one 是記憶體的一塊 32-bit 區域，它先儲存被編碼為整數的 1，然後儲存被編碼為 IEEE 754 浮點數的 1.0。當我們對著 f 寫入值時，之前寫入 FloatOrInt 的值會被覆寫：

```
let mut one = FloatOrInt { i:1 };
assert_eq!(unsafe { one.i }, 0x00_00_00_01);
one.f = 1.0;
assert_eq!(unsafe { one.i }, 0x3F_80_00_00);
```

出於同樣的原因，union 的大小是由最大的欄位決定的。例如，這個 union 的大小是 64 bits，雖然 SmallOrLarge::s 只是個 bool：

```
union SmallOrLarge {
    s: bool,
    l: u64
}
```

雖然建構 union 或是對它的欄位賦值是完全 safe 的，但讀取 union 的任何欄位始終是 unsafe 的：

```
let u = SmallOrLarge { l:1337 };
println!("{}", unsafe {u.l}); // 印出 1337
```

因為 union 與 enum 不一樣，它沒有標記（tag）。編譯器不會加入額外的位元來區分 variant。除非程式有一些額外的背景，否則在執行期，Rust 不知道 SmallOrLarge 究竟該解讀成 u64 還是 bool。

Rust 也無法保證特定欄位的位元模式是否有效。例如，對著 SmallOrLarge 值的 l 欄位進行寫入會覆寫它的 s 欄位，建立一個沒有任何意義的位元模式，而且很可能不是有效的 bool。因此，雖然對著 union 欄位進行寫入是 safe，但每一次讀取都需要 unsafe。當 s 欄位的 bits 組成有效的 bool 時，Rust 才允許讀取 u.s，否則，進行讀取就是未定義行為。

考慮到這些限制，union 很適合用來暫時重新解讀一些資料，尤其是在針對「值的表示形式」進行計算，而不是針對「值本身」進行計算時。例如，上述的 FloatOrInt 型態可以用來印出浮點數的各個位元，即使 f32 並未實作 Binary 格式化程式：

```
let float = FloatOrInt { f:31337.0 };
// 印出 1000110111101001101001000000000
println!("{:b}", unsafe { float.i });
```

雖然這些簡單的例子在任何版本的編譯器上幾乎都可以正常運作，但我們無法保證任何欄位都從特定位置開始，除非你在 union 的定義裡面加入一個屬性，告訴編譯器如何在記憶體裡面佈局資料。加入 #[repr(C)] 屬性可保證所有欄位都從位移量 0 開始，而不是編譯器喜歡的任何位置。有了這個保證之後，我們就可以用覆寫來提取個別位元，例如整數的正負號位元：

```
#[repr(C)]
union SignExtractor {
    value: i64,
    bytes: [u8; 8]
}

fn sign(int: i64) -> bool {
    let se = SignExtractor { value: int};
    println!( "{:b} ({:?})", unsafe { se.value }, unsafe { se.bytes });
    unsafe { se.bytes[7] >= 0b10000000 }
}

assert_eq!(sign(-1), true);
assert_eq!(sign(1), false);
assert_eq!(sign(i64::MAX), false);
assert_eq!(sign(i64::MIN), true);
```

這裡的正負號位元是最高有效 byte 的最高有效位元。因為 x86 處理器是 little-endian，所以這些 byte 的順序是相反的，最高有效 byte 不是 bytes[0]，而是 bytes[7]。一般來說，這不是 Rust 程式需要處理的事情，但是因為這段程式直接處理記憶體內的 i64 表示形式，所以這些低階的細節就很重要了。

因為 union 不知道如何卸除它們的內容，所以它們的欄位都必須是 Copy。但是，如果你必須在 union 裡面儲存 String，有一種變通辦法可用，請參考標準程式庫文件的 std::mem::ManuallyDrop。

比對 union

比對 Rust union 就像比對 struct，但各個模式都必須指定一個欄位：

```
unsafe {
    match u {
        SmallOrLarge { s: true } => { println!("boolean true"); }
        SmallOrLarge { l: 2 } => { println!("integer 2"); }
        _ => { println!("something else"); }
    }
}
```

如果你拿 match 分支與一個 union 變體進行比對，但沒有指定值，它一定會成功。在下面的程式中，如果 u 的最後一個欄位是 u.i，它一定會造成未定義行為：

```
// 未定義行為！
unsafe {
    match u {
        FloatOrInt { f } => { println!("float {}", f) },
        // 警告：無法到達的模式
        FloatOrInt { i } => { println!("int {}", i) }
    }
}
```

借用 union

借用 union 的一個欄位會借用整個 union。這意味著，按照一般的借用規則，以可變的方式借用一個欄位之後，你就不能再借用那個欄位或其他欄位了，而且，以不可變的方式借用一個欄位，代表你不能對任何欄位進行可變的借用。

我們將在下一章看到，Rust 不但可以協助你為自己的 unsafe 程式建立安全介面，也可以為其他語言的程式這麼做。從字面上看，unsafe 令人擔心，但謹慎地使用它可以讓你建構高性能的程式，並保留 Rust 程式設計師享有的保障。

## 第二十三章

外部函式

網路空間。難以想像的複雜性。光線在心靈、叢集和資料星座的非空間中延
伸，彷彿城市燈光，逐漸暗淡…」

—William Gibson, *Neuromancer*

可嘆的是，世界上的程式不是都用 Rust 寫出來的，我們也想要在自己的 Rust 程式裡
面使用其他語言寫出來的重要程式庫和介面。Rust 的外部函式介面（*foreign function
interface*, FFI）可讓 Rust 程式呼叫 C 函式，有時可以呼叫 C++ 函式。因為大多數的作業
系統都提供 C 介面，所以 Rust 的外部函式介面可讓你立刻操作各種低階工具。

本章要寫一個與 libgit2 連結的程式，libgit2 是用來和 Git 版本控制系統合作的 C 程式
庫。首先，我們將展示在 Rust 中直接使用 C 函式是什麼樣子，我們會使用上一章介紹的
unsafe 功能。接下來，我們將展示如何建構一個結合 libgit2 的安全介面，開放原始碼的
git2-rs crate 就是這樣做的。

我們假設你已經熟悉 C 以及編譯和連結 C 程式的機制了。使用 C++ 很類似。我們也假設
你已經對 Git 版本控制系統有一定的了解。

目前有一些 Rust crate 可讓你和許多其他語言交流，包括 Python、JavaScript、Lua 與
Java。我們沒有足夠的篇幅可介紹它們，但那些介面終究是用 C 外部函式介面來建立的，
因此，無論你想使用哪一種語言，本章都可以當成你的起點。

尋找通用資料表示法

機器語言是 Rust 與 C 的公分母，所以為了想像 Rust 值在 C 程式眼裡是什麼樣子，或相反的視角，你必須考慮它們的機器層表示形式。本書已經展示值在記憶體裡面的實際表示方式了，所以你應該已經發現，C 與 Rust 的資料有很多共同點：Rust 的 usize 與 C 的 size_t 是相同的，而且這兩種語言的 struct 基本上是同一個概念。為了建立 Rust 和 C 型態之間的對映關係，我們將從基本型態開始，逐漸介紹更複雜的型態。

考慮 C 這種系統語言的主要用途，C 的型態表示形式總是出奇地寬鬆：int 通常是 32 bits 長，但可以更長，或更短的 16 bits，C 的 char 可以是 signed 或 unsigned…等。為了應對這種變化，Rust 的 std::os::raw 模組定義了一組 Rust 型態，它們保證與一些 C 型態使用相同的表示形式（表 23-1），它們包括基本整數和字元型態。

表 23-1 Rust 的 std::os::raw 型態

C 型態	對映的 std::os::raw 型態
short	c_short
int	c_int
long	c_long
long long	c_longlong
unsigned short	c_ushort
unsigned, unsigned int	c_uint
unsigned long	c_ulong
unsigned long long	c_ulonglong
char	c_char
signed char	c_schar
unsigned char	c_uchar
float	c_float
double	c_double
void *, const void *	*mut c_void, *const c_void

以下是關於表 23-1 的一些說明：

- 除了 c_void 之外，以上的所有 Rust 型態都只是 Rust 基本型態的別名，例如，c_char 不是 i8 就是 u8。

- Rust bool 相當於 C 和 C++ bool。

- Rust 的 32-bit char 型態不是類似 wchar_t 的型態，它的寬與編碼在不同的實作裡面是不一樣的。C 的 char32_t 型態比較接近它，但它的編碼仍然不保證是 Unicode。

- Rust 的基本型態 usize 與 isize 的表示形式與 C 的 size_t 和 ptrdiff_t 一樣。

- C 和 C++ 的指標與 C++ 的參考相當於 Rust 的原始指標型態 *mut T 與 *const T。

- 在技術上，C 標準允許程式使用在 Rust 沒有對映型態的表示形式：36-bit 整數、signed 值的符號數值表示法…等。在移植 Rust 的每一個平台上，每種常見的 C 整數型態都有對映的 Rust 型態。

你可以使用 #[repr(C)] 屬性來定義與 C struct 相容的 Rust struct 型態。在一個 struct 的定義上面加上 #[repr(C)] 可要求 Rust 在記憶體內佈局該 struct 欄位時，採取 C 編譯器在記憶體內佈局對映的 C struct 型態的方式。例如，libgit2 的 *git2/errors.h* 標頭檔定義下面的 C struct 來提供之前報告的錯誤的細節：

```
typedef struct {
    char *message;
    int klass;
} git_error;
```

你可以用一樣的表示法來定義 Rust 型態如下：

```
use std::os::raw::{c_char, c_int};

#[repr(C)]
pub struct git_error {
    pub message: *const c_char,
    pub klass: c_int
}
```

#[repr(C)] 屬性只會影響 struct 本身的佈局，不會影響個別欄位的表示形式，所以若要符合 C struct，每個欄位也都必須使用類似 C 的型態：用 *const c_char 來代表 char *，用 c_int 來代表 int…等。

在這個例子中，#[repr(C)] 屬性可能不會改變 git_error 的佈局。指標和整數的佈局種類不會太多。C 與 C++ 保證結構的成員會按照它們的宣告順序在記憶體裡面出現，每一個成員都在不同的位址，但 Rust 會重新排列欄位，將 struct 的整體大小降到最低，而且不讓大小為零的型態占用空間。#[repr(C)] 屬性要求 Rust 按照 C 的規則來安排指定的型態。

你也可以使用 #[repr(C)] 來控制 C 風格 enum 的表示形式：

```
#[repr(C)]
#[allow(non_camel_case_types)]
enum git_error_code {
    GIT_OK         =  0,
    GIT_ERROR      = -1,
    GIT_ENOTFOUND  = -3,
    GIT_EEXISTS    = -4,
    ...
}
```

一般情況下，Rust 會使用各種手段來表示 enum。例如，我們說過 Rust 在一個 word 裡面儲存 Option<&T> 的技巧（若 T 為 sized），如果沒有 #[repr(C)]，Rust 會使用一個 byte 來表示 git_error_code enum，有 #[repr(C)] 時，Rust 會使用一個 C int 大小的值，與 C 的做法一樣。

你也可以要求 Rust 讓 enum 的表示形式與某些整數型態一樣。在定義的開頭加上 #[repr(i16)] 可產生一個 16-bit 型態，其表示形式與下面的 C++ enum 一樣：

```
#include <stdint.h>

enum git_error_code: int16_t {
    GIT_OK         =  0,
    GIT_ERROR      = -1,
    GIT_ENOTFOUND  = -3,
    GIT_EEXISTS    = -4,
    ...
};
```

如前所述，#[repr(C)] 也可以用在 union 上。#[repr(C)] union 的欄位始終始於 union 的記憶體的第一個 bit，也就是索引 0。

假如你有一個 C struct 使用 union 來保存一些資料，並使用一個 tag 值來指出應使用 union 的哪一個欄位，類似 Rust enum。

```
enum tag {
    FLOAT = 0,
    INT   = 1,
};

union number {
    float f;
    short i;
};
```

```
struct tagged_number {
    tag t;
    number n;
};
```

Rust 程式可以對著 enum、結構與 union 型態套用 #[repr(C)] 來和這個結構交互操作,並使用 match 陳述式,在一個更大的 struct 裡面,用 tag 來選擇一個 union:

```
#[repr(C)]
enum Tag {
    Float = 0,
    Int = 1
}

#[repr(C)]
union FloatOrInt {
    f: f32,
    i: i32,
}

#[repr(C)]
struct Value {
    tag: Tag,
    union: FloatOrInt
}

fn is_zero(v: Value) -> bool {
    use self::Tag::*;
    unsafe {
        match v {
            Value { tag: Int, union: FloatOrInt { i: 0 } } => true,
            Value { tag: Float, union: FloatOrInt { f: num } } => (num == 0.0),
            _ => false
        }
    }
}
```

就算是複雜的結構也可以藉由這種技術,跨越 FFI 邊界來輕鬆地使用。

在 Rust 與 C 之間傳遞字串比較難一些。C 將字串表示成指向一個字元陣列的指標,該陣列最終有個 null 字元。另一方面,Rust 會明確地儲存字串的長度,可能是用 String 的一個欄位,或是用胖參考 &str 的第二個 word。Rust 字串的結尾沒有 null,事實上,字串的內容可能有 null 字元,如同任何其他字元。

這意味著，你不能將 Rust 字串當成 C 字串來借用：如果你將 Rust 字串指標傳給 C 程式，它可能會誤以為字串內的 null 字元是字串結尾，或是在結尾尋找不存在的 null。反過來看，你可以將 C 字串當成 Rust &str 來借用，只要它的內容是格式良好的 UTF-8 即可。

這種情況迫使 Rust 將 C 字串視為與 String 和 &str 完全不同的型態。在 std::ffi 模組內，CString 與 CStr 型態代表結尾為 null 的 owned 與 borrowed bytes 陣列。與 String 和 str 相比，CString 和 CStr 的方法很有限，只有進行建構和轉換成其他型態的方法。我們將在下一節展示這些型態的實際動作。

宣告外部函式與變數

你可以用 extern 區塊來宣告其他程式庫定義的函式或變數，並讓最終的 Rust 可執行檔連結那些程式庫。例如，在多數平台上，每一個 Rust 程式都連結 C 標準程式庫，所以我們可以讓 Rust 知道 C 程式庫的 strlen 函式：

```
use std::os::raw::c_char;

extern {
    fn strlen(s: *const c_char) -> usize;
}
```

它讓 Rust 知道函式的名稱與型態，稍後再連結定義。

Rust 假設在 extern 區塊內宣告的函式都使用 C 的規範來傳遞引數與接收回傳值。它們都被定義成 unsafe 函式。對 strlen 而言，這是正確的選擇：它確實是 C 函式，而且 C 的規範要求你傳一個指向正確終止的字串的指標給它，這是 Rust 無法執行的合約（接收原始指標的函式幾乎都是 unsafe：safe Rust 可以用任何一個整數來建構原始指標，解參考這種指標是未定義行為）。

有了這個 extern 區塊後，我們可以像呼叫任何其他 Rust 函式一樣呼叫 strlen，雖然它的型態洩露了它只是一個外人：

```
use std::ffi::CString;

let rust_str = "I'll be back";
let null_terminated = CString::new(rust_str).unwrap();
unsafe {
    assert_eq!(strlen(null_terminated.as_ptr()), 12);
}
```

CString::new 函式建立一個以 null 結束的 C 字串。它先檢查它的引數裡面有沒有 null 字元，因為那些 null 字元不能出現在 C 字串裡面，若有 null，則回傳錯誤（因此需要 unwrap 結果）。否則，它會在結尾加上一個 null byte，並回傳一個擁有結果字元的 CString。

CString::new 的成本取決於你傳給它什麼型態。它可以接收實作了 Into<Vec<u8>> 的任何東西。傳遞 &str 需要進行配置和複製，因為在轉換成 Vec<u8> 的過程中會在 heap 幫向量建立一個字串複本。但是以值傳遞 String 只會耗用字串並接管它的緩衝區，所以除非附加 null 字元迫使緩衝區改變大小，否則這個轉換根本不需要複製文字或進行配置。

將 CString 解參考會得到 CStr，它的 as_ptr 方法會回傳一個指向字串開頭的 *const c_char，這是 strlen 期望的型態。在這個範例中，strlen 沿著字串進行處理，找出 CString::new 放置的 null 字元，並回傳長度，以 byte 為單位。

你也可以在 extern 區塊內宣告全域變數。POSIX 系統有一個名為 environ 的全域變數，裡面有程序的環境變數的值。在 C 裡，它是這樣宣告的：

```
extern char **environ;
```

在 Rust 裡，你可以這樣寫：

```
use std::ffi::CStr;
use std::os::raw::c_char;

extern {
    static environ: *mut *mut c_char;
}
```

你可以這樣印出環境變數的第一個元素：

```
unsafe {
    if !environ.is_null() && !(*environ).is_null() {
        let var = CStr::from_ptr(*environ);
        println!("first environment variable: {}",
                var.to_string_lossy())
    }
}
```

這段程式在確定 environ 有第一個元素後，呼叫 CStr::from_ptr 來建立一個借用它的 CStr。to_string_lossy 方法回傳 Cow<str>：如果 C 字串裡面有格式良好的 UTF-8，Cow 會以 &str 借用它的內容，不包含最後面的 null byte。否則，to_string_lossy 會在 heap 裡製作文字的複本，將格式不正確的 UTF-8 序列換成官方的 Unicode 替代字元（�），並用它來建立一個屬於自己的 Cow。無論如何，結果都實作 Display，所以你可以用 {} 格式參數來印出它。

使用程式庫裡面的函式

若要使用特定程式庫的函式，你可以在 extern 區塊的最上面放一個 #[link] 屬性，並指出 Rust 可執行檔必須連結的程式庫。例如，這段程式只呼叫 libgit2 的 initialization 與 shutdown 方法，不做其他事情：

```
use std::os::raw::c_int;

#[link(name = "git2")]
extern {
    pub fn git_libgit2_init() -> c_int;
    pub fn git_libgit2_shutdown() -> c_int;
}

fn main() {
    unsafe {
        git_libgit2_init();
        git_libgit2_shutdown();
    }
}
```

extern 區塊像之前一樣宣告外部函式。#[link(name = "git2")] 屬性在 crate 裡面留下一個說明（note），大意是說，當 Rust 建立最終的可執行檔或共享的程式庫時，它要與 git2 程式庫連結。Rust 使用系統連結器來建立可執行檔，在 Unix 上，它在連結器命令列傳遞 -lgit2 引數，在 Windows 上，它傳遞 git2.LIB。

#[link] 屬性在程式庫 crate 裡面也可以使用。當你組建一個依賴其他 crate 的程式時，Cargo 會將整個依賴圖裡的連結說明（note）收集起來，全部放入最終的連結中。

如果你想要在自己的電腦上執行這個範例，你要自己組建 libgit2。我們使用 libgit2（*https://oreil.ly/T1dPr*）0.25.1 版。若要編譯 libgit2，你必須安裝 CMake 組建工具與 Python 語言；我們使用 CMake（*https://cmake.org*）3.8.0 版，與 Python（*https://www.python.org*）2.7.13 版。

你可以在 libgit2 的網站找到組建它的完整說明，但它們很簡單，以下是它的重點。在 Linux 上，假設你已經將程式庫的原始檔解壓縮至目錄 */home/jimb/libgit2-0.25.1* 了：

```
$ cd /home/jimb/libgit2-0.25.1
$ mkdir build
$ cd build
$ cmake ..
$ cmake --build .
```

在 Linux 上，它會產生一個共享程式庫 */home/jimb/libgit2-0.25.1/build/libgit2.so.0.25.1*，與指向它的一些 symlink，包括一個叫做 *libgit2.so* 的。在 macOS 上的結果很類似，但程式庫叫做 *libgit2.dylib*。

在 Windows 上，事情也很簡單。假設你已經將原始檔解壓縮至目錄 *C:\Users\JimB\libgit2-0.25.1* 了。在 Visual Studio 命令提示裡：

```
> cd C:\Users\JimB\libgit2-0.25.1
> mkdir build
> cd build
> cmake -A x64 ..
> cmake --build .
```

這些命令與 Linux 的一樣，但你必須在第一次執行 CMake 時要求 64-bit build，以配合你的 Rust 編譯器（如果你已經安裝 32-bit Rust 工具組了，你應該省略第一個 cmake 命令裡的 -A x64 旗標）。它會產生一個匯入程式庫 *git2.LIB*，以及一個動態連結程式庫 *git2.DLL*，兩者都在 *C:\Users\JimB\libgit2-0.25.1\build\Debug* 目錄內（其餘的指令都是 Unix 的，除非 Windows 的有很大的不同）。

在另一個目錄建立 Rust 程式：

```
$ cd /home/jimb
$ cargo new --bin git-toy
    Created binary (application) `git-toy` package
```

將之前展示的程式放入 *src/main.rs*。當然，當你試著組建它時，Rust 不知道該去哪裡尋找你建立的 libgit2：

```
$ cd git-toy
$ cargo run
   Compiling git-toy v0.1.0 (/home/jimb/git-toy)
error: linking with `cc` failed: exit status: 1
  |
  = note: /usr/bin/ld: error: cannot find -lgit2
          src/main.rs:11: error: undefined reference to 'git_libgit2_init'
          src/main.rs:12: error: undefined reference to 'git_libgit2_shutdown'
          collect2: error: ld returned 1 exit status


error: could not compile `git-toy` due to previous error
```

你可以寫一個組建腳本來告訴 Rust 該去哪裡尋找程式庫，也就是 Cargo 在組建期編譯和執行的 Rust 程式。組建腳本可以做各種事情：動態產生程式碼、編譯 C 程式並將它放入 crate…等。在這個例子中，你只要在可執行檔的連結命令中，加入一個程式庫搜尋路徑即可。當 Cargo 執行組建腳本時，它會解析組建腳本的輸入，以取得這種資訊，所以組建腳本只需要在它的標準輸出印出正確的結果即可。

為了建立你的組建腳本，請在 *Cargo.toml* 檔案的所在目錄中加入一個檔案，將它命名為 *build.rs*，在它裡面加入這些內容：

```
fn main() {
    println!(r"cargo:rustc-link-search=native=/home/jimb/libgit2-0.25.1/build");
}
```

這是 Linux 的路徑，在 Windows 上，你要將 native= 後面的路徑改成 C:\Users\JimB\libgit2-0.25.1\build\Debug（為了讓這個例子簡單一點，我們抄了近路；在實際的 app 中，請勿在組建腳本裡使用絕對路徑。我們會在本節結束時，引用文件來說明怎麼做）。

現在你幾乎可以執行程式了。在 macOS 上，它應該立刻可以執行，在 Linux 系統上，你可能會看到這個訊息：

```
$ cargo run
Compiling git-toy v0.1.0 (/tmp/rustbook-transcript-tests/git-toy)
Finished dev [unoptimized + debuginfo] target(s)
Running `target/debug/git-toy`
target/debug/git-toy: error while loading shared libraries:
libgit2.so.25: cannot open shared object file: No such file or directory
```

它的意思是，雖然 Cargo 成功地將可執行檔與程式庫連結起來了，但它在執行期不知道怎麼找到共享程式庫。Windows 藉著顯示一個對話方塊來回報這個失敗。在 Linux，你必須設定 LD_LIBRARY_PATH 環境變數：

```
$ cargo run
  Compiling git-toy v0.1.0 (/tmp/rustbook-transcript-tests/git-toy)
   Finished dev [unoptimized + debuginfo] target(s)
    Running `target/debug/git-toy`
target/debug/git-toy: error while loading shared libraries:
libgit2.so.25: cannot open shared object file: No such file or directory
```

在 macOS，你要設定 DYLD_LIBRARY_PATH。

在 Windows，你必須設定 PATH 環境變數：

```
> set PATH=C:\Users\JimB\libgit2-0.25.1\build\Debug;%PATH%
> cargo run
    Finished dev [unoptimized + debuginfo] target(s) in 0.0 secs
     Running `target/debug/git-toy`
>
```

當然，在已部署的 app 裡，你要避免為了尋找程式庫的程式碼而設定環境變數。有一種替代方案是將 C 程式庫靜態連結到你的 crate 內，也就是將程式庫的物件檔複製到 crate 的 *.rlib* 檔裡面，連同物件檔和 crate 的 Rust 程式碼的詮釋資料，然後用整個集合來進行最終的連結。

根據 Cargo 的規範，讓你可以使用 C 程式庫的 crate 應命名為 LIB-sys，其中的 LIB 是 C 程式庫的名稱。在 -sys crate 裡面只能放入靜態連結的程式庫，以及包含 extern 區塊和型態定義的 Rust 模組。更高階的介面則放在使用 -sys crate 的 crate 裡面。這可讓多個上游 crate 使用同一個 -sys crate，假如只有一個 -sys crate 版本可以滿足所有人的需求的話。

若要進一步了解 Cargo 為組建腳本和連結系統程式庫提供的支援，可參考 Cargo 的線上文件（*https://oreil.ly/Rxa1D*），它展示了如何避免在組建腳本裡使用絕對路徑、控制編譯旗標、使用 pkg-config 之類的工具…等。git2-rs crate 也提供一些很好的擬真範例，它的組建腳本可處理一些複雜的情況。

libgit2 的原始介面

為了確定如何正確地使用 libgit2，我們要回答兩個問題：

- 怎樣才能在 Rust 裡面使用 libgit2 函式？
- 如何用它們來建立一個 safe Rust 介面？

讓我們逐一回答這些問題。在這一節，我們要寫一個程式，它基本上是一個巨大的 unsafe 區塊，充滿不道地的 Rust 程式碼，反映了混用語言固有的型態系統和規範衝突。我們將它稱為原始介面（*raw* interface）。這段程式很亂，但它清楚地展示讓 Rust 程式使用 libgit2 所需的所有步驟。

在下一節，我們將建立 libgit2 的 safe 介面，用 Rust 的型態來執行 libgit2 要求用戶遵守的規則。幸運的是，libgit2 是設計得很好的 C 程式庫，所以 Rust 的安全要求迫使我們提出的問題都有很好的解答，讓我們可以建構一個沒有 unsafe 函式的典型 Rust 介面。

我們要寫的程式非常簡單：它會從命令列引數接收一個路徑，打開那裡的 Git 版本庫，然後印出 head commit。但是這個簡單的程式足以說明如何建構安全且道地的 Rust 介面。

程式總有一天需要使用更多的 libgit2 函式與型態，所以我們應該將 extern 區塊移至它自己的模組。我們在 *git-toy/src* 內建立一個名為 *raw.rs* 的檔案，其內容如下所示：

```rust
#![allow(non_camel_case_types)]

use std::os::raw::{c_int, c_char, c_uchar};

#[link(name = "git2")]
extern {
    pub fn git_libgit2_init() -> c_int;
    pub fn git_libgit2_shutdown() -> c_int;
    pub fn giterr_last() -> *const git_error;

    pub fn git_repository_open(out: *mut *mut git_repository,
                              path: *const c_char) -> c_int;
    pub fn git_repository_free(repo: *mut git_repository);

    pub fn git_reference_name_to_id(out: *mut git_oid,
                                   repo: *mut git_repository,
                                   reference: *const c_char) -> c_int;

    pub fn git_commit_lookup(out: *mut *mut git_commit,
                            repo: *mut git_repository,
                            id: *const git_oid) -> c_int;

    pub fn git_commit_author(commit: *const git_commit) -> *const git_signature;
    pub fn git_commit_message(commit: *const git_commit) -> *const c_char;
    pub fn git_commit_free(commit: *mut git_commit);
}

#[repr(C)] pub struct git_repository { _private: [u8; 0] }
#[repr(C)] pub struct git_commit { _private: [u8; 0] }

#[repr(C)]
pub struct git_error {
    pub message: *const c_char,
    pub klass: c_int
}
```

```
pub const GIT_OID_RAWSZ: usize = 20;

#[repr(C)]
pub struct git_oid {
    pub id: [c_uchar; GIT_OID_RAWSZ]
}

pub type git_time_t = i64;

#[repr(C)]
pub struct git_time {
    pub time: git_time_t,
    pub offset: c_int
}

#[repr(C)]
pub struct git_signature {
    pub name: *const c_char,
    pub email: *const c_char,
    pub when: git_time
}
```

這裡的每一個項目都是根據 libgit2 自己的標頭檔內的宣告來建立的。例如，
libgit2-0.25.1/include/git2/repository.h 裡面有這個宣告：

```
extern int git_repository_open(git_repository **out, const char *path);
```

這個函式試著打開 path 的 Git 版本庫。如果一切順利，它會建立一個 git_repository 物
件，並在 out 所指的位置裡面儲存一個指向它的指標。這是等效的 Rust 宣告式：

```
pub fn git_repository_open(out: *mut *mut git_repository,
                           path: *const c_char) -> c_int;
```

libgit2 公用標頭檔用 typedef 來將 git_repository 型態定義成一個不完整的 struct 型態：

```
typedef struct git_repository git_repository;
```

因為這個型態的細節是程式庫的秘密，所以公用的標頭不會定義 struct git_repository，
以確保程式庫的用戶絕不自己建立這個型態的實例。不完整的 String 型態在 Rust 裡的類
似程式可能是：

```
#[repr(C)] pub struct git_repository { _private: [u8; 0] }
```

它是個 String 型態，裡面有一個無元素陣列。因為 _private 欄位不是 pub，所以這個型態的值不能在這個模組的外面建構，這完美地反映了只有 libgit2 才能建構的 C 型態，而且它只能透過原始指標來操作。

親手撰寫一個大型的 extern 區塊可能是一件痛苦的事情。如果你要建立一個複雜的 C 程式庫的 Rust 介面，你可以試試 bindgen crate，它有一些函式可以在組建腳本裡用來解析 C 標頭檔，並自動產生對映的 Rust 宣告。我們沒有空間展示 bindgen，crates.io 的 bindgen 網頁有它的文件的連結（*https://oreil.ly/sr8rS*）。

接下來我們要徹底改寫 *main.rs*。我們先宣告 raw 模組：

```
mod raw;
```

根據 libgit2 的規範，會失敗（fallible）的函式要回傳一個整數碼，它在成功時是正數或零，在失敗時是負數。如果發生錯誤，giterr_last 函式會回傳一個指向 git_error 結構的指標，該結構提供關於錯誤的細節。libgit2 擁有這個結構，所以我們不需要自己釋出它，但它可能被我們發出的下一個程式庫呼叫覆寫。Rust 介面應使用 Result，但是在原始版本中，我們想要按原樣使用 libgit2 的函式，所以我們自行編寫函式來處理錯誤：

```
use std::ffi::CStr;
use std::os::raw::c_int;

fn check(activity: &'static str, status: c_int) -> c_int {
    if status < 0 {
        unsafe {
            let error = &*raw::giterr_last();
            println!("error while {}: {} ({})",
                    activity,
                    CStr::from_ptr(error.message).to_string_lossy(),
                    error.klass);
            std::process::exit(1);
        }
    }

    status
}
```

我們將使用這個函式來檢查呼叫 libgit2 的結果，例如：

```
check("initializing library", raw::git_libgit2_init());
```

它使用之前用過的同一組 CStr 方法，用 from_ptr 和 C 字串來建構 CStr，用 to_string_lossy 來將它轉換成 Rust 可以印出來的東西。

接下來，我們需要一個印出 commit 的函式：

```rust
unsafe fn show_commit(commit: *const raw::git_commit) {
    let author = raw::git_commit_author(commit);

    let name = CStr::from_ptr((*author).name).to_string_lossy();
    let email = CStr::from_ptr((*author).email).to_string_lossy();
    println!("{} <{}>\n", name, email);

    let message = raw::git_commit_message(commit);
    println!("{}", CStr::from_ptr(message).to_string_lossy());
}
```

取 得 指 向 git_commit 的 指 標 後，show_commit 呼 叫 git_commit_author 與 git_commit_message 來取得它需要的資訊。這兩個函式遵守一個慣例，libgit2 文件解釋如下：

> 如果函式將物件當成回傳值，那個函式就是一個 *getter*，而且物件的生命期將綁定父物件。

按照 Rust 的說法，author 與 message 都是向 commit 借的：show_commit 不需要釋出它自己，但是當 commit 被釋出之後，它就不能持有它們了。因為這個 API 使用原始指標，所以 Rust 不會幫我們檢查它的生命期。如果程式不小心出現懸空指標，我們大概只會在程式崩潰時發現這件事。

上面的程式假設這些欄位持有 UTF-8 文字，但事實不一定如此，Git 也允許其他的編碼。若要正確地解讀這些字串，你可能要使用 encoding crate。為了簡潔起見，我們在此略過這個主題。

我們的程式的 main 函式是：

```rust
use std::ffi::CString;
use std::mem;
use std::ptr;
use std::os::raw::c_char;

fn main() {
    let path = std::env::args().skip(1).next()
        .expect("usage: git-toy PATH");
    let path = CString::new(path)
        .expect("path contains null characters");

    unsafe {
        check("initializing library", raw::git_libgit2_init());
```

```
        let mut repo = ptr::null_mut();
        check("opening repository",
              raw::git_repository_open(&mut repo, path.as_ptr()));

        let c_name = b"HEAD\0".as_ptr() as *const c_char;
        let oid = {
            let mut oid = mem::MaybeUninit::uninit();
            check("looking up HEAD",
                  raw::git_reference_name_to_id(oid.as_mut_ptr(), repo, c_name));
            oid.assume_init()
        };

        let mut commit = ptr::null_mut();
        check("looking up commit",
              raw::git_commit_lookup(&mut commit, repo, &oid));

        show_commit(commit);

        raw::git_commit_free(commit);

        raw::git_repository_free(repo);

        check("shutting down library", raw::git_libgit2_shutdown());
    }
}
```

首先是處理路徑引數與初始化程式庫的程式，我們已經看過它們了。第一段新程式是：

```
    let mut repo = ptr::null_mut();
    check("opening repository",
          raw::git_repository_open(&mut repo, path.as_ptr()));
```

git_repository_open 呼叫式會試著打開指定路徑的 Git 版本庫，如果成功，它會幫它配置一個新的 git_repository 物件，並讓 repo 指向它。Rust 私下脅迫（coerce）參考成為原始指標，所以在此傳遞 &mut repo 可提供呼叫式期望的 *mut *mut git_repository。

這展示了另一個 libgit2 規範（來自 libgit2 文件）：

> 透過第一個引數以指標對指標（*pointer-to-pointer*）的形式回傳的物件歸呼叫方所有，呼叫方應負責釋出它們。

用 Rust 的話來說，git_repository_open 這種函式會將新值的所有權交給呼叫方。

接下來，考慮這段查詢版本庫當前的 head commit 的物件雜湊的程式：

```
let oid = {
    let mut oid = mem::MaybeUninit::uninit();
    check("looking up HEAD",
            raw::git_reference_name_to_id(oid.as_mut_ptr(), repo, c_name));
    oid.assume_init()
};
```

`git_oid` 型態儲存一個物件代號，它是一個 160-bit 的雜湊碼，Git 在內部（並在整個令人愉悅的用戶介面中）用它來識別 commit、個別檔案的版本…等。呼叫 `git_reference_name_to_id` 可查詢當前的 "HEAD" commit 的物件代號。

在 C 裡，為了初始化一個變數，將指向該變數的指標傳給一個函式，再用該函式來設定該變數的值是很正常的事情，`git_reference_name_to_id` 正是期望如此處理它的第一個引數。但是 Rust 不讓我們將參考借給未初始化的變數。我們可以用零來初始化 oid，但是這樣做很浪費：被存在那裡的值都會被覆寫。

你可以要求 Rust 給我們未初始化的記憶體，但無論何時，讀取未初始化的記憶體都是未定義行為，所以 Rust 提供一個方便的抽象：`MaybeUninit`。`MaybeUninit<T>` 要求編譯器保留足夠的記憶體給型態 T 使用，但不要碰它，直到你說這樣做是安全的為止。雖然這個記憶體是 `MaybeUninit` 擁有的，但編譯器也會避免可能導致未定義行為的優化，即使你沒有針對未初始化的記憶體做任何明顯的操作。

`MaybeUninit` 有一個 `as_mut_ptr()` 方法，可產生一個 *mut T，指向它裡面可能未初始化的記憶體。將那個指標傳給一個初始化記憶體的外部函式，然後對著 `MaybeUninit` 呼叫 unsafe 方法 `assume_init` 來產生完全初始化的 T，即可避免未定義行為，並且不會造成初始化一個值就立刻丟棄它的額外開銷。`assume_init` 是 unsafe，因為在不確定記憶體是否真的被初始化的情況下，對著 `MaybeUninit` 呼叫它會立刻導致未定義行為。

在這個例子中，它是 safe，因為 `git_reference_name_to_id` 初始化 `MaybeUninit` 擁有的記憶體。我們也可以用 `MaybeUninit` 來處理 repo 與 commit 變數，但是因為它們只有一個 word，所以我們直接將它們初始化為 null：

```
let mut commit = ptr::null_mut();
check("looking up commit",
        raw::git_commit_lookup(&mut commit, repo, &oid));
```

它接收 commit 的物件代號，並查詢實際的 commit，成功時，在 commit 裡面儲存 `git_commit` 指標。

main 函式其餘的部分應該不需要解釋。它呼叫之前定義的 show_commit 函式，釋出 commit 與版本庫物件，並關閉程式庫。

現在我們可以用程式來處理手上的任何 Git 版本庫了：

```
$ cargo run /home/jimb/rbattle
    Finished dev [unoptimized + debuginfo] target(s) in 0.0 secs
     Running `target/debug/git-toy /home/jimb/rbattle`
Jim Blandy <jimb@red-bean.com>

Animate goop a bit.
```

libgit2 的安全介面

libgit2 的原始介面是 unsafe 功能的完美範例：它當然可被正確使用（如同我們在這裡做的，據我們所知），但 Rust 無法執行你必須遵守的規則。為程式庫設計這種 safe API 必須確認所有的規則，然後想辦法將違反它們的行為轉換成型態或借用檢查錯誤（type or borrow-checking error）。

下面是 libgit2 為程式使用的功能制定的規則：

- 你 必 須 先 呼 叫 git_libgit2_init，才 能 使 用 任 何 其 他 程 式 庫 函 式。呼 叫 git_libgit2_shutdown 之後不能使用任何程式庫函式。

- 除了輸出參數之外，傳給 libgit2 函式的值都必須完全初始化。

- 當呼叫失敗時，被傳過去用來保存呼叫結果的輸出參數會變成未初始化，你不能使用它們的值。

- git_commit 物件引用衍生它的 git_repository 物件，所以前者的生命期不能超過後者（libgit2 文件未說明這一點，我們從介面的一些函式推論出這件事，並藉著閱讀原始碼來確認它）。

- 類似地，git_signature 始終是從 git_commit 借來的，前者的生命期不能超過後者（文件有說這件事）。

- 與 commit 有關的訊息，以及作者的名字和 email 地址，都是向 commit 借用的，在 commit 被釋出之後都不能使用。

- 當 libgit2 物件被釋出後，它就絕對不能使用。

事實上，你可以為 libgit2 建立一個執行以上所有規則的 Rust 介面，也許是透過 Rust 的型態系統，也許是在內部管理細節。

在開始之前，讓我們先來重組一下專案。我們希望有一個匯出 safe 介面的 git 模組，之前程式的原始介面是它的私用子模組。

整個原始碼樹狀結構長這樣：

```
git-toy/
├── Cargo.toml
├── build.rs
└── src/
    ├── main.rs
    └── git/
        ├── mod.rs
        └── raw.rs
```

按照我們在第 181 頁的「將模組放入不同的檔案」裡解釋的規則，git 模組的原始檔位於 *git/mod.rs*，它的 git::raw 子模組的原始檔位於 *git/raw.rs*。

我們將再次完全改寫 *main.rs*。首先，它要宣告 git 模組：

```
mod git;
```

接下來，我們要建立 *git* 子目錄，並將 *raw.rs* 移入：

```
$ cd /home/jimb/git-toy
$ mkdir src/git
$ mv src/raw.rs src/git/raw.rs
```

git 模組需要宣告它的 raw 子模組。*src/git/mod.rs* 檔案必須有：

```
mod raw;
```

因為這個子模組不是 pub，所以主程式看不到它。

稍後我們要使用 libc crate 的一些函式，所以我們必須在 *Cargo.toml* 裡面加入依賴關係。這個檔案的完整內容是：

```
[package]
name = "git-toy"
version = "0.1.0"
authors = ["You <you@example.com>"]
edition = "2021"

[dependencies]
libc = "0.2"
```

重建模組後，我們來考慮錯誤處理。即使是 libgit2 的初始化函式也可能回傳錯誤碼，所以我們必須先解決這個問題才能開始。道地的 Rust 介面需要用自己的 Error 型態來捕捉 libgit2 失敗碼，以及來自 giterr_last 的錯誤訊息和類別。錯誤型態必須實作 Error、Debug 與 Display trait，然後，它需要有自己的 Result 型態，並讓該型態使用這個 Error 型態。這是在 *src/git/mod.rs* 裡面的必要定義：

```
use std::error;
use std::fmt;
use std::result;

#[derive(Debug)]
pub struct Error {
    code: i32,
    message: String,
    class: i32
}

impl fmt::Display for Error {
    fn fmt(&self, f: &mut fmt::Formatter) -> result::Result<(), fmt::Error> {
        // 顯示 `Error` 就是顯示 libgit2 的訊息。
        self.message.fmt(f)
    }
}

impl error::Error for Error { }

pub type Result<T> = result::Result<T, Error>;
```

為了檢查呼叫原始程式庫的結果，模組需要一個將 libgit2 回傳碼轉換成 Result 的函式：

```
use std::os::raw::c_int;
use std::ffi::CStr;

fn check(code: c_int) -> Result<c_int> {
    if code >= 0 {
        return Ok(code);
    }

    unsafe {
        let error = raw::giterr_last();

        // libgit2 確保 (*error).message 一定是非 null，
        // 並以 null 結束，所以這個呼叫是 safe。
        let message = CStr::from_ptr((*error).message)
            .to_string_lossy()
            .into_owned();
```

```
        Err(Error {
            code: code as i32,
            message,
            class: (*error).klass as i32
        })
    }
}
```

這個函式與原始版本的 check 函式的主要差異在於，它會建構一個 Error 值，而不是印出錯誤訊息並且立刻退出。

現在我們可以開始處理 libgit2 的初始化了。safe 介面將會提供一個代表 open Git 版本庫的 Repository 型態，它有一些用來解析參考、尋找 commit…等的方法。延續 *git/mod.rs* 的內容，這是 Repository 的定義：

```
/// Git 版本庫。
pub struct Repository {
    // 這一定是指向活耀的 `git_repository` 結構的指標。
    // 沒有其他的 `Repository` 會指向它。
    raw: *mut raw::git_repository
}
```

Repository 的 raw 欄位不是公用的。因為只有這個模組的程式可以使用 raw::git_repository 指標，把這個模組寫好可以確保該指標被正確地使用。

如果建立 Repository 的唯一方法是成功地打開一個新的 Git 版本庫，那麼每一個 Repository 都會指向一個不同的 git_repository 物件：

```
use std::path::Path;
use std::ptr;

impl Repository {
    pub fn open<P: AsRef<Path>>(path: P) -> Result<Repository> {
        ensure_initialized();

        let path = path_to_cstring(path.as_ref())?;
        let mut repo = ptr::null_mut();
        unsafe {
            check(raw::git_repository_open(&mut repo, path.as_ptr()))?;
        }
        Ok(Repository { raw: repo })
    }
}
```

因為使用 safe 介面來做任何事情的唯一辦法是從 Repository 值開始,而且 Repository::open 在一開始就呼叫 ensure_initialized,所以我們可以確定,我們會在任何 libgit2 函式之前呼叫 ensure_initialized。它的定義是:

```
fn ensure_initialized() {
    static ONCE: std::sync::Once = std::sync::Once::new();
    ONCE.call_once(|| {
        unsafe {
            check(raw::git_libgit2_init())
                .expect("initializing libgit2 failed");
            assert_eq!(libc::atexit(shutdown), 0);
        }
    });
}

extern fn shutdown() {
    unsafe {
        if let Err(e) = check(raw::git_libgit2_shutdown()) {
            eprintln!("shutting down libgit2 failed: {}", e);
            std::process::abort();
        }
    }
}
```

std::sync::Once 型態協助以執行緒安全的方式執行初始化程式。只有第一個呼叫 ONCE.call_once 的執行緒會執行指定的 closure。任何後續的呼叫都會塞住,無論它來自這個執行緒還是其他執行緒,直到第一個執行緒完成並立刻 return,不再次執行 closure 為止。一旦 closure 曾經完成,呼叫 ONCE.call_once 的成本就會變得很低,只要載入 ONCE 裡面的一個旗標即可。

在上述的程式裡,初始化 closure 呼叫 git_libgit2_init 並檢查結果。它只用 expect 來確保初始化成功,而不是試著將錯誤傳回去給呼叫方。

為了確保程式呼叫 git_libgit2_shutdown,初始化 closure 使用 C 程式庫的 atexit 函式,它接收一個函式指標,該指標指向程序退出之前呼叫的函式。Rust closure 不能當成 C 函式指標:closure 是一個匿名型態的值,存有它捕捉到的變數的值,或它們的參考;C 函式指標單純是個指標。但是,Rust fn 型態可以正常使用,只要你將它們宣告成 extern,讓 Rust 知道使用 C 呼叫規範即可。區域函式 shutdown 符合要求,且確保 libgit2 被正確關閉。

在第 158 頁的「回溯(unwinding)」中,我們提到跨越語言邊界的 panic 是未定義行為。從 atexit 呼叫 shutdown 就是這種邊界,所以 shutdown 一定不能 panic。這就是為什麼

shutdown 不能直接使用 .expect 來處理 raw::git_libgit2_shutdown 回報的錯誤。它必須回報錯誤，並且自己終止程序。POSIX 禁止在 atexit 裡面呼叫 exit，所以 shutdown 呼叫 std::process::abort 來驟然終止程式。

也許我們可以更早呼叫 git_libgit2_shutdown，例如，當最後一個 Repository 值被卸除時，但無論我們如何安排，呼叫 git_libgit2_shutdown 都是 safe API 的責任。當它被呼叫時，任何現存的 libgit2 物件將變得無法安全使用，所以 safe API 不能直接公開這個函式。

Repository 的原始指標必須始終指向活躍的 git_repository 物件。這意味著，我們只能藉著卸除擁有版本庫的 Repository 值來卸除它：

```
impl Drop for Repository {
    fn drop(&mut self) {
        unsafe {
            raw::git_repository_free(self.raw);
        }
    }
}
```

我們只在指向 raw::git_repository 的唯一指標即將消失之前呼叫 git_repository_free，所以 Repository 型態也可以確保該指標絕對不會在它被釋出之後被使用。

Repository::open 方法使用一個名為 path_to_cstring 的私用函式，它有兩個定義：一個讓 Unix 系統使用，另一個讓 Windows 使用：

```
use std::ffi::CString;

#[cfg(unix)]
fn path_to_cstring(path: &Path) -> Result<CString> {
    // `as_bytes` 方法只會在 Unix 系統上退出。
    use std::os::unix::ffi::OsStrExt;

    Ok(CString::new(path.as_os_str().as_bytes())?)
}

#[cfg(windows)]
fn path_to_cstring(path: &Path) -> Result<CString> {
    // 試著轉換成 UTF-8。若失敗，libgit2
    // 將無法處理路徑。
    match path.to_str() {
        Some(s) => Ok(CString::new(s)?),
        None => {
            let message = format!("Couldn't convert path '{}' to UTF-8",
```

```
                                    path.display());
                Err(message.into())
            }
        }
    }
```

libgit2 介面使得這段程式有點複雜。在所有平台上，libgit2 都以 C 字串來接收路徑，它的結尾是 null。在 Windows 上，libgit2 假設這些 C 字串都保存格式良好的 UTF-8，並在內部將它們轉換成 Windows 實際需要的 16-bit 路徑。這種做法通常有效，但不太理想。Windows 允許檔名使用非格式良好的 Unicode，因此不能用 UTF-8 來表示。如果你有這種檔案，你根本無法將它的名稱傳給 libgit2。

在 Rust 裡，檔案系統路徑的正確表示格式是 std::path::Path，它經過精心設計，可以處理 Windows 或 POSIX 的任何路徑。這意味著 Windows 有些 Path 值無法傳給 libgit2，因為它們不是格式良好的 UTF-8。所以，儘管 path_to_cstring 的行為不太理想，但是對 libgit2 介面而言，它已經是最好的做法了。

剛才的兩個 path_to_cstring 定義都需要轉換成我們的 Error 型態：我們用 ? 運算子來試圖進行這種轉換，並在 Windows 版明確地呼叫 .into()。這些轉換沒什麼特別之處：

```rust
impl From<String> for Error {
    fn from(message: String) -> Error {
        Error { code: -1, message, class: 0 }
    }
}

// 當字串裡面有零 bytes 時，
// `CString::new` 會回傳 NulError。
impl From<std::ffi::NulError> for Error {
    fn from(e: std::ffi::NulError) -> Error {
        Error { code: -1, message: e.to_string(), class: 0 }
    }
}
```

接下來，我們來釐清如何將 Git 參考解析成物件代號。因為物件代號只是一個 20-byte 雜湊值，在 safe API 公開絕對沒問題：

```rust
/// 物件的代號被存放在 Git 物件資料庫裡，
/// 那些物件可能是 commit、tree、blob、tag…等。
/// 這是物件內容的寬雜湊。
pub struct Oid {
    pub raw: raw::git_oid
}
```

我們為 Repository 加入一個執行查詢的方法：

```
use std::mem;
use std::os::raw::c_char;

impl Repository {
    pub fn reference_name_to_id(&self, name: &str) -> Result<Oid> {
        let name = CString::new(name)?;
        unsafe {
            let oid = {
                let mut oid = mem::MaybeUninit::uninit();
                check(raw::git_reference_name_to_id(
                        oid.as_mut_ptr(), self.raw,
                        name.as_ptr() as *const c_char))?;
                oid.assume_init()
            };
            Ok(Oid { raw: oid })
        }
    }
}
```

雖然 oid 在查詢失敗時會維持未初始化，但這個函式單純採取 Rust 的 Result 慣用法來保證它的呼叫方絕對不會看到未初始化的值，呼叫方要嘛取得一個 Ok，裡面有適當地初始化的 Oid 值，要嘛取得一個 Err。

接下來，模組要設法從版本庫取得 commit。我們定義一個 Commit 型態：

```
use std::marker::PhantomData;

pub struct Commit<'repo> {
    // 它必須是一個指向可用的 `git_commit` 結構的指標。
    raw: *mut raw::git_commit,
    _marker:PhantomData<&'repo Repository>,
}
```

如前所述，git_commit 物件的生命期絕不能超過衍生它的 git_repository 物件。Rust 的生命期讓這段程式準確地符合這一條規則。

本章稍早的 RefWithFlag 範例使用 PhantomData 欄位來要求 Rust 將一個型態視為存有一個具有特定生命期的參考，即使該型態裡面顯然沒有這種參考。Commit 型態需要做類似的事情。在這個例子裡，_marker 欄位的型態是 PhantomData<&'repo Repository>，表示 Rust 應該將 Commit<'repo> 視為存有一個參考，且該參考的生命期是某個 Repository 的 'repo。

查詢 commit 的方法是：

```
impl Repository {
    pub fn find_commit(&self, oid: &Oid) -> Result<Commit> {
        let mut commit = ptr::null_mut();
        unsafe {
            check(raw::git_commit_lookup(&mut commit, self.raw, &oid.raw))?;
        }
        Ok(Commit { raw: commit, _marker: PhantomData })
    }
}
```

它如何將 Commit 的生命期與 Repository 的生命期聯繫起來？ find_commit 的簽章根據第 121 頁的「省略生命期參數」介紹的規則省略了參考的生命期。如果我們寫出生命期，完整的簽章是：

```
fn find_commit<'repo, 'id>(&'repo self, oid: &'id Oid)
    -> Result<Commit<'repo>>
```

這正是我們要的：Rust 將回傳的 Commit 視為它向 self 借用的某個東西，那是 Repository。

當 Commit 被卸除時，它必須釋出它的 raw::git_commit：

```
impl<'repo> Drop for Commit<'repo> {
    fn drop(&mut self) {
        unsafe {
            raw::git_commit_free(self.raw);
        }
    }
}
```

你可以向 Commit 借用一個 Signature（名稱與 email 地址），以及 commit 訊息的文字：

```
impl<'repo> Commit<'repo> {
    pub fn author(&self) -> Signature {
        unsafe {
            Signature {
                raw: raw::git_commit_author(self.raw),
                _marker: PhantomData
            }
        }
    }

    pub fn message(&self) -> Option<&str> {
        unsafe {
            let message = raw::git_commit_message(self.raw);
            char_ptr_to_str(self, message)
```

```
        }
    }
}
```

這是 Signature 型態：

```
pub struct Signature<'text> {
    raw: *const raw::git_signature,
    _marker: PhantomData<&'text str>
}
```

git_signature 物件必定向別處借用它的文字，特別是 git_commit_author 回傳的 signatures 向 git_commit 借用它的文字。所以 safe Signature 型態有一個 PhantomData<&'text str>，用來要求 Rust 將它視為存有一個生命期為 'text 的 &str。與之前一樣，Commit::author 正確地將它回傳的 Signature 的 'text 生命期與 Commit 的生命期聯繫起來，我們不需要寫任何東西。Commit::message 方法也對存有 commit 訊息的 Option<&str> 做同樣的事情。

Signature 裡面有取得作者名字與 email 地址的方法：

```
impl<'text> Signature<'text> {
    /// 以 `&str` 回傳作者的名字，
    /// 如果它不是正確的 UTF-8，則為 `None`。
    pub fn name(&self) -> Option<&str> {
        unsafe {
            char_ptr_to_str(self, (*self.raw).name)
        }
    }

    /// 以 `&str` 回傳作者的 email，
    /// 如果它不是正確的 UTF-8，則為 `None`。
    pub fn email(&self) -> Option<&str> {
        unsafe {
            char_ptr_to_str(self, (*self.raw).email)
        }
    }
}
```

上面的方法使用一個私用的工具函式 char_ptr_to_str：

```
/// 考慮到 `ptr` 可能是 null 或引用不正確的 UTF-8，
/// 試著從 `ptr` 借用 `&str`，給結果一個生命期，
/// 就好像它是向 `_owner` 借的一樣。
///
/// 安全性：如果 `ptr` 不是 null，它必須指向一個以 null 結束的 C 字串，
/// 而且該字串至少在 `_owner` 的生命期內可以安全操作。
unsafe fn char_ptr_to_str<T>(_owner: &T, ptr: *const c_char) -> Option<&str> {
```

```
    if ptr.is_null() {
        return None;
    } else {
        CStr::from_ptr(ptr).to_str().ok()
    }
}
```

_owner 參數的值從未被使用，但它的生命期有被使用。在函式簽章裡明確地寫出生命期是：

```
fn char_ptr_to_str<'o, T: 'o>(_owner: &'o T, ptr: *const c_char)
    -> Option<&'o str>
```

CStr::from_ptr 函式回傳 &CStr，它的生命期是完全無界限的，因為它是從一個解參考的原始指標借來的。無界限的生命期幾乎都不準確，所以應該儘快約束它們。加入 _owner 參數可讓 Rust 將它的生命期綁定回傳值的型態，讓呼叫方可以收到更準確的有界限參考。

雖然 libgit2 的文件相當不錯，但是它沒有指出 git_signature 的 email 和 author 指標能不能是 null。筆者鑽研原始碼一段時間仍無法得出結論，最終認為 char_ptr_to_str 應防範 null 指標，以防萬一。在 Rust 裡，這種問題可以立刻用型態來回答：如果它是 &str，你可以相信字串是存在的，如果它是 Option<&str>，它是選擇性的。

最後，我們為所有功能提供 safe 介面。在 *src/main.rs* 裡面，新的 main 函式精簡不少，看起來就像真的 Rust 程式：

```
fn main() {
    let path = std::env::args_os().skip(1).next()
        .expect("usage: git-toy PATH");

    let repo = git::Repository::open(&path)
        .expect("opening repository");

    let commit_oid = repo.reference_name_to_id("HEAD")
        .expect("looking up 'HEAD' reference");

    let commit = repo.find_commit(&commit_oid)
        .expect("looking up commit");

    let author = commit.author();
    println!("{} <{}>\n",
             author.name().unwrap_or("(none)"),
             author.email().unwrap_or("none"));
```

```
        println!("{}", commit.message().unwrap_or("(none)"));
    }
```

在這一章，我們將未提供任何安全保證的簡單介面改成 safe API，這個 API 包著一個本質上 unsafe 的 API，將違反合約的任何行為都變成 Rust 型態錯誤，最終得到一個可讓 Rust 確保有被正確使用的介面。在多數情況下，我們讓 Rust 執行的規則都是 C 和 C++ 程式設計師強迫他們自己遵守的那些規則。人們之所以覺得 Rust 比 C 和 C++ 更嚴格，不是因為那些規則太另類，而是因為那些規則是機械化且全面性地實施的。

總結

Rust 不是一種簡單的語言。它的目標是橫跨兩個全然不同的世界。它是一種現代程式語言，設計上很安全，有 closure 和 iterator 等便利工具，但它的目的是讓你控制程式底下的機器的原始功能，同時將執行時間降到最低。

這個語言的結構是由這些目標決定的。Rust 設法縮短自己和安全程式之間的距離。它的借用檢查機制和零成本抽象可讓你盡可能地靠近裸機（bare metal），同時又能避免未定義行為。如果這些還不夠，或是你想要利用現有的 C 程式碼，unsafe 程式與外部函式介面也隨時供你使用。但再次強調，這個語言並非只是提供這些 unsafe 功能然後祝你一切順利，它的目標一直都是使用 unsafe 功能來建構 safe API。這就是我們為 libgit2 做的事情，也是 Rust 團隊為 Box、Vec 和其他的集合、通導…等做的事情。標準程式庫充滿安全的抽象，但它們私底下是用一些 unsafe 程式來實作的。

像 Rust 這種野心勃勃的語言可能注定不是最簡單的工具，但 Rust 安全、快速、並行，而且高效。它可以用來建構大型、快速、安全、穩健的系統，充分利用硬體的所有功能，也可以讓軟體更好。

索引

※ 提醒你：由於翻譯書排版的關係，部份索引名詞的對應頁碼會和實際頁碼有一頁之差。

A

G

S

V

作者簡介

Jim Blandy 從 1981 年開始寫程式，並自 1990 年開始編寫自由軟體。他曾經維護 GNU Emacs 和 GNU Guile，也曾經維護 GDB 和 GNU Debugger。他是 Subversion 版本控制系統的初始設計者之一。Jim 目前正在 Firefox 為 Mozilla 製作圖形和顯示功能。

Jason Orendorff 在 GitHub 參與未公開的 Rust 專案。他曾經參與 Mozilla 的 SpiderMonkey JavaScript 引擎專案。他的興趣是語法、烘焙、時間旅行，以及協助人們了解複雜的主題。

Leonora Tindall 是型態系統愛好者和軟體工程師，他使用 Rust、Elixir 與其他高階語言來為醫療保健和資料所有權等高影響力的領域建構可靠、強韌的系統軟體。她曾經參與各種開放原始碼專案，包括以陌生的語言來演進程式的遺傳演算法、Rust 核心程式庫，以及 crate 生態系統，並喜歡幫支持性和多樣性的社群專案做出貢獻。在空閒時間，Leonora 會製作音訊合成電子設備，她也是狂熱的無線電愛好者。她對硬體的熱愛也延伸到軟體工程經歷。她曾經用 Rust 和 Python 為 LoRa 無線電編寫應用程式，以及使用軟體和 DIY 硬體，在 Eurorack 合成器上創作實驗性的電子音樂。

封面記事

本書封面上的動物是 Montagu 蟹（*Xantho hydrophilus*）。Montagu 蟹出沒於大西洋東北部和地中海，在退潮時，牠會待在岩石下，如果有人把石頭搬開，讓牠暴露在外，牠會猛然舉起並打開蟹螯，讓自己顯得更大。

這種健壯的螃蟹看起來有發達的肌肉，蟹殼寬約 70 mm，殼的邊緣有皺紋，顏色是黃褐色或紅褐色。牠有 10 隻腳，最前面的一對（螯足）大小相當，有黑色的尖爪或蟹鉗，接下來有三對粗壯、相對較短的步行足，最後一對蟹足是用來游泳的。牠們側身行走和游泳。

這種螃蟹是雜食性動物，牠們的主食是藻類、蝸牛，和其他種類的螃蟹。牠們幾乎都在夜間活動。3 月至 7 月是雌蟹的抱卵期，在夏季的大部分時間裡，幼蟹都生活在浮游生物之間。

O'Reilly 書籍封面上的許多動物都面臨瀕臨絕種的危機，牠們都是這個世界重要的一份子。

封面插圖是 Karen Montgomery 根據 *Wood* 的 *Natural History* 繪製的。

Rust 程式設計第二版

作　　　者：Jim Blandy, Jason Orendorff, Leonora F. S. Tindall

譯　　　者：賴屹民
企劃編輯：蔡彤孟
文字編輯：王雅雯
設計裝幀：陶相騰
發 行 人：廖文良

發 行 所：碁峰資訊股份有限公司
地　　　址：台北市南港區三重路 66 號 7 樓之 6
電　　　話：(02)2788-2408
傳　　　真：(02)8192-4433
網　　　站：www.gotop.com.tw
書　　　號：A703
版　　　次：2022 年 08 月初版
建議售價：NT$1200

國家圖書館出版品預行編目資料

Rust 程式設計 / Jim Blandy, Jason Orendorff, Leonora F. S. Tindall 原著；賴屹民譯. -- 初版. -- 臺北市：碁峰資訊, 2022.08
　　面；　　公分
　　譯自：Programming Rust, 2nd ed.
　　ISBN 978-626-324-232-6(平裝)
　　1.CST：Rust(電腦程式語言)
312.32R8　　　　　　　　　　　　　　　111009569

讀者服務

● 感謝您購買碁峰圖書，如果您對本書的內容或表達上有不清楚的地方或其他建議，請至碁峰網站：「聯絡我們」\「圖書問題」留下您所購買之書籍及問題。(請註明購買書籍之書號及書名，以及問題頁數，以便能儘快為您處理)

http://www.gotop.com.tw

● 售後服務僅限書籍本身內容，若是軟、硬體問題，請您直接與軟體廠商聯絡。

● 若於購買書籍後發現有破損、缺頁、裝訂錯誤之問題，請直接將書寄回更換，並註明您的姓名、連絡電話及地址，將有專人與您連絡補寄商品。